U0390109

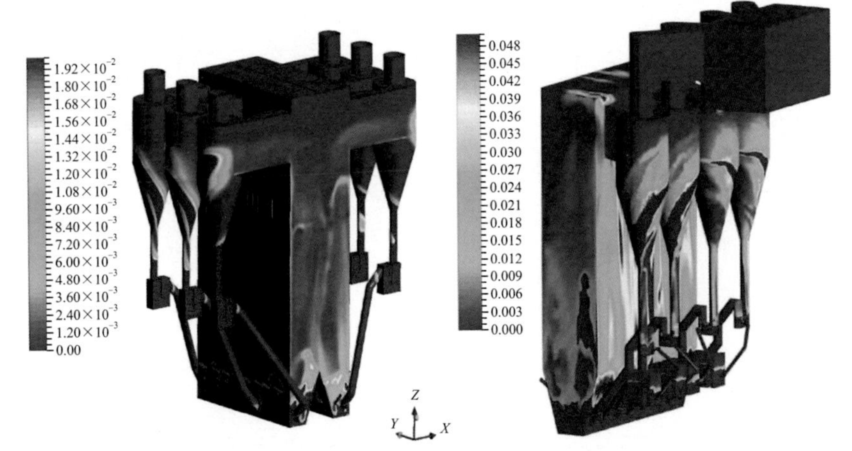

(a) 炉膛2侧墙布置6分离器循环流化床锅炉
(固相体积分数)

(b) 炉膛单侧墙布置4分离器循环流化床锅炉
(固相体积分数)

图 5-1 典型大型超/超超临界循环流化床锅炉

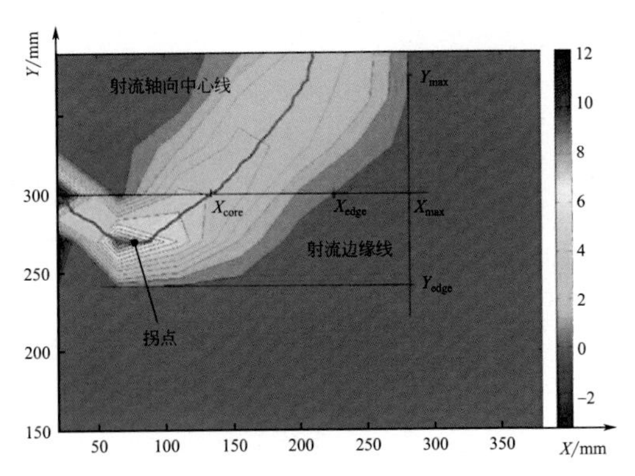

图 5-56 典型的水平气速分布等高图

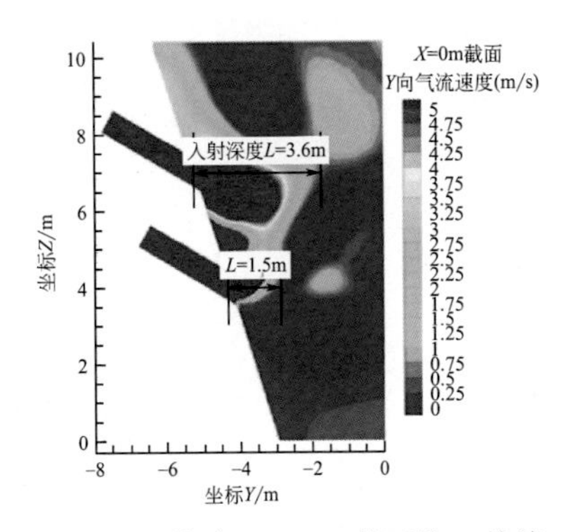

图 5-69 炉膛 X=0m 截面处，前墙二次风的穿透深度

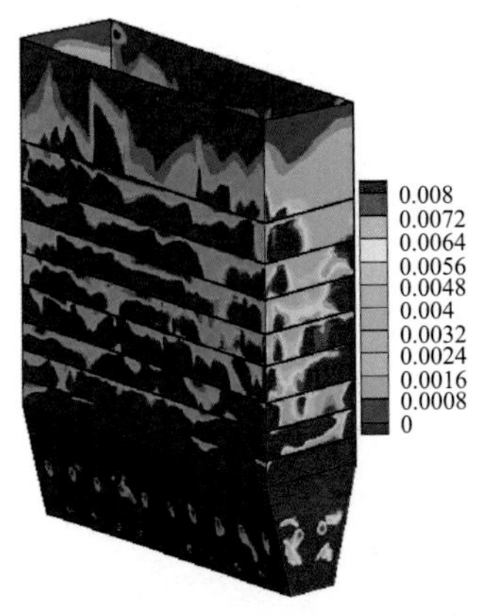

(a) 水冷壁面颗粒体积分数三维分布

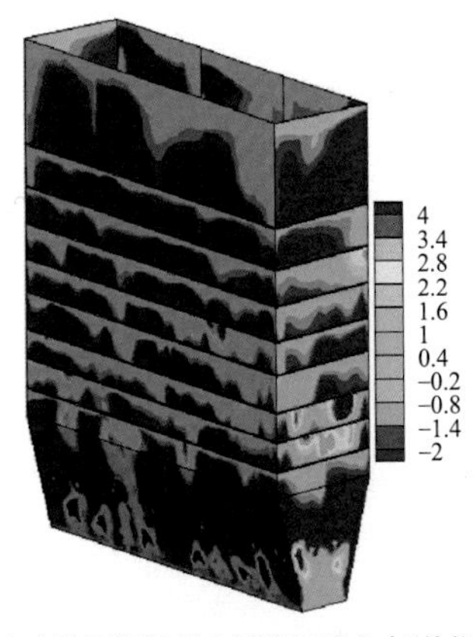

(b) 水冷壁面颗粒轴向速度三维分布(单位：m/s)

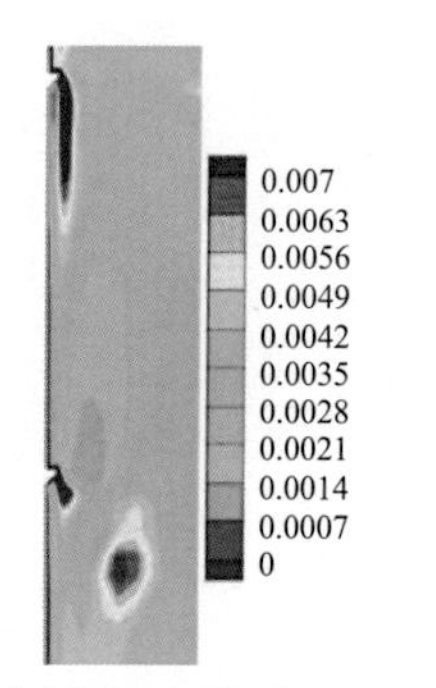

(c) 防磨梁周围颗粒体积分数分布

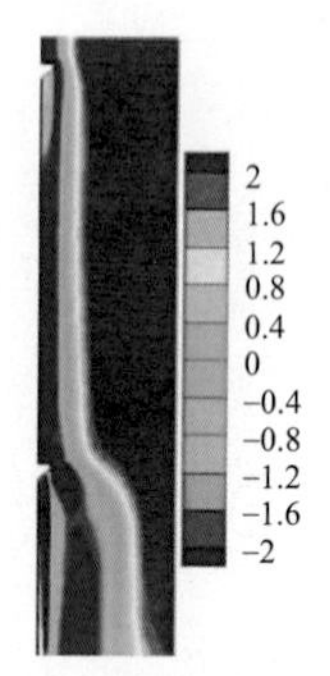

(d) 防磨梁周围颗粒轴向速度分布(单位：m/s)

图 5-122 水冷壁面颗粒体积分数和轴向速度分布

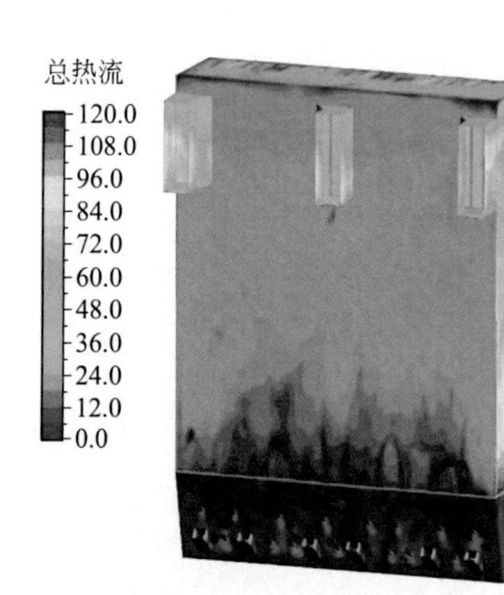

图 6-11 350MW 超临界 CFB 壁面热流密度分布（单位：kW/m^2）

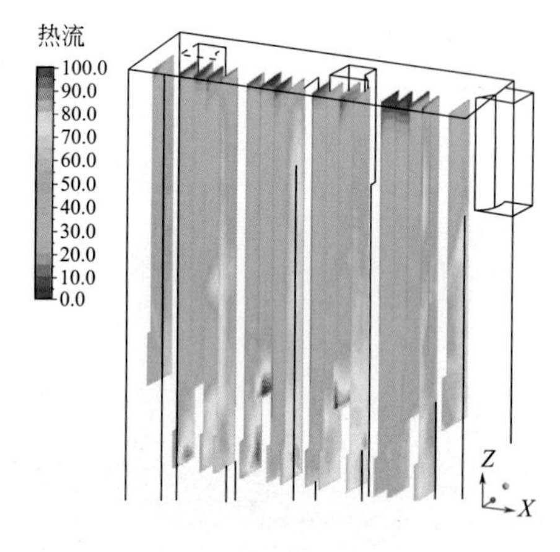

图 6-13 350MW 超临界 CFB 悬吊屏热流密度分布（单位：kW/m^2）

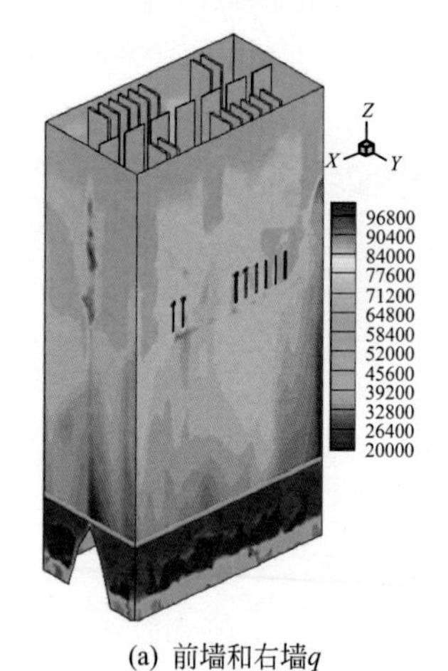

(a) 前墙和右墙q

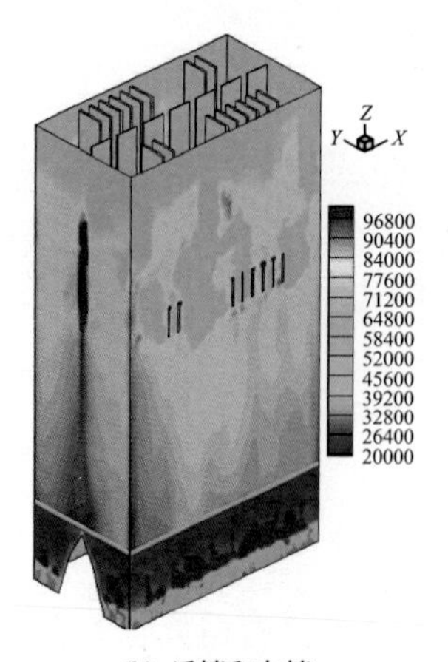

(b) 后墙和左墙q

图 6-21 实炉水冷壁热流密度三维分布（单位：W/m^2）

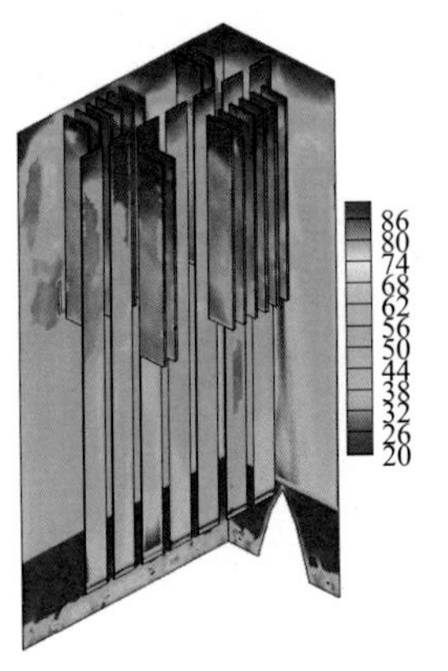

(a) 对流传热系数h_{conv}

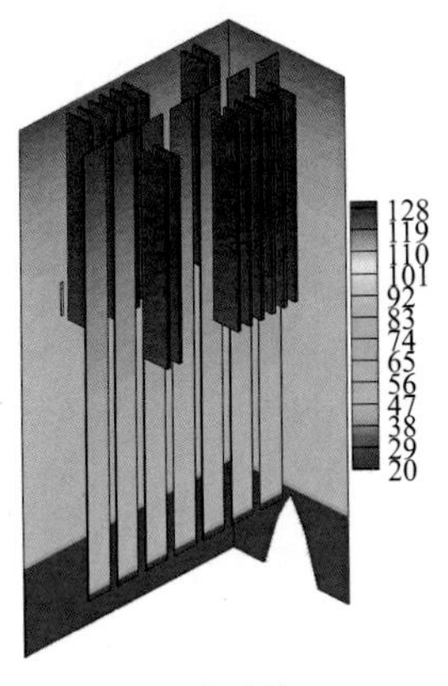

(b) 辐射传热系数h_{rad}

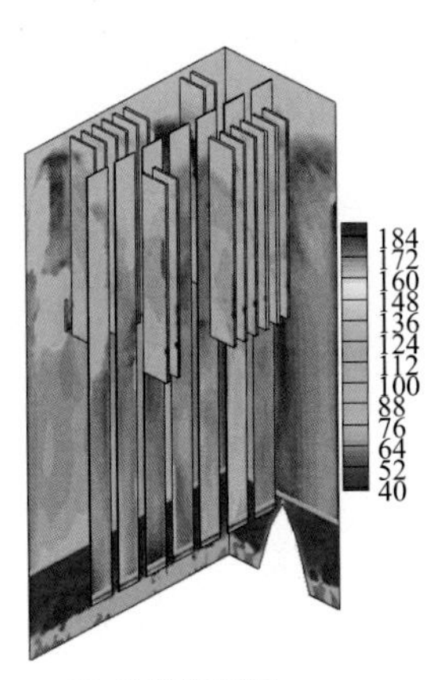

(c) 总传热系数h_{total}

图 6-33　实炉不同受热面的传热系数三维比较［单位：W/(m^2・K)］

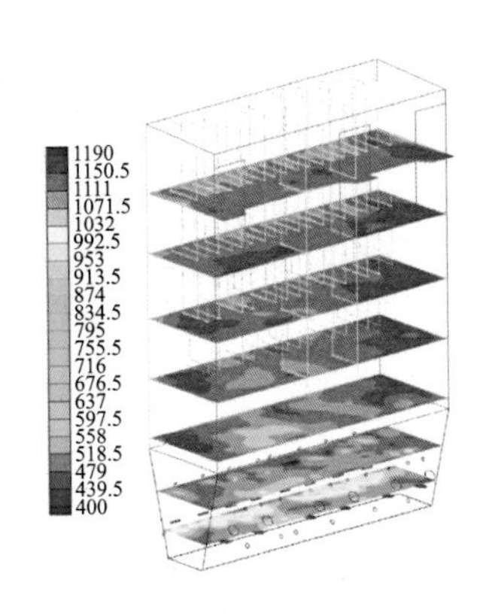

图 7-1　300MW 循环流化床炉内温度分布（单位：K）

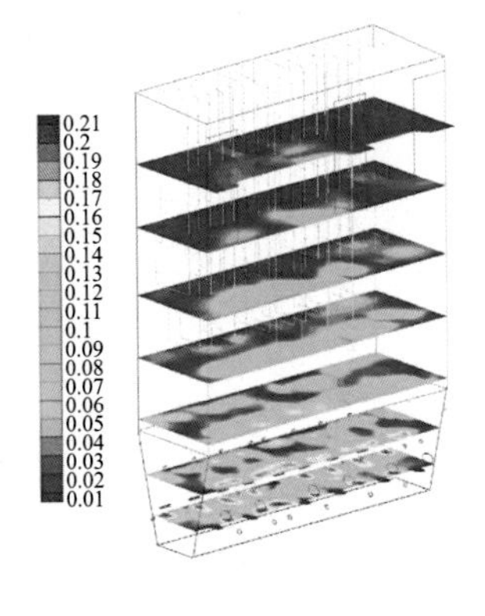

图 7-2　300MW 循环流化床炉内 O_2 分布（质量分数）

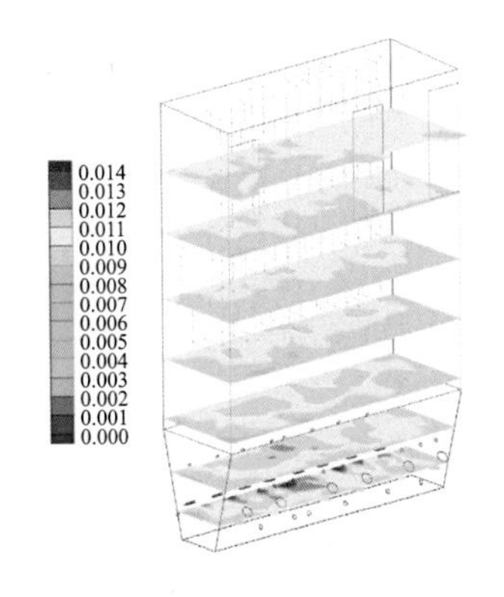

图 7-3　300MW 循环流化床炉内焦炭分布（质量分数）

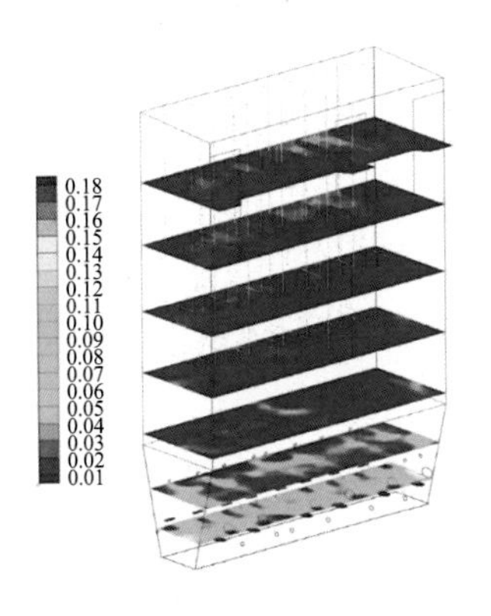

图 7-4　300MW 循环流化床炉内 CO 分布（体积分数）

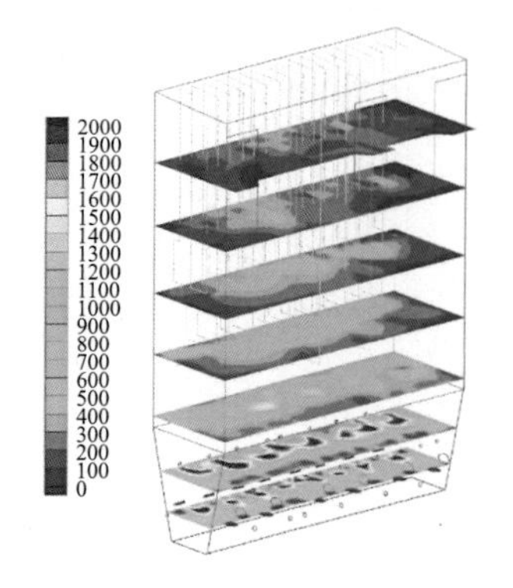

图 7-5 300MW 循环流化床炉内 NO 浓度分布（单位：mg/m³）

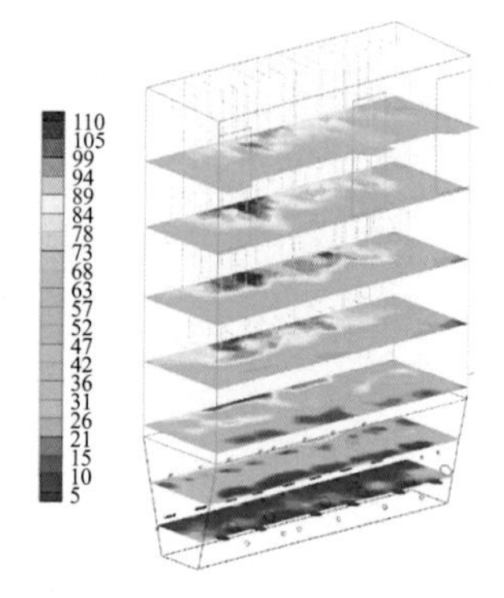

图 7-6 300MW 循环流化床炉内 N_2O 浓度分布（单位：mg/m³）

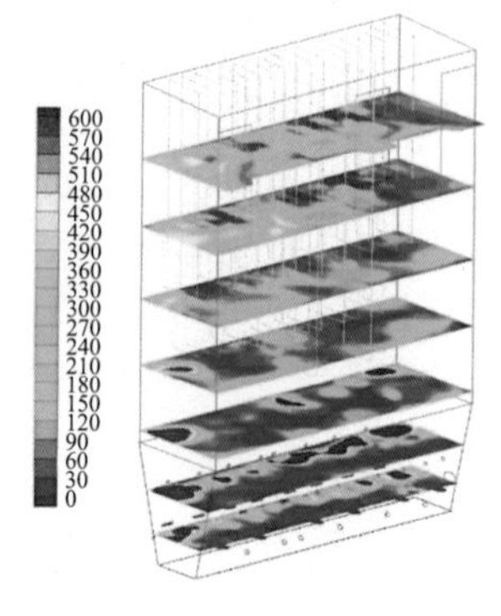

图 7-7 300MW 循环流化床炉内 SO_2 分布（单位：mg/m³）

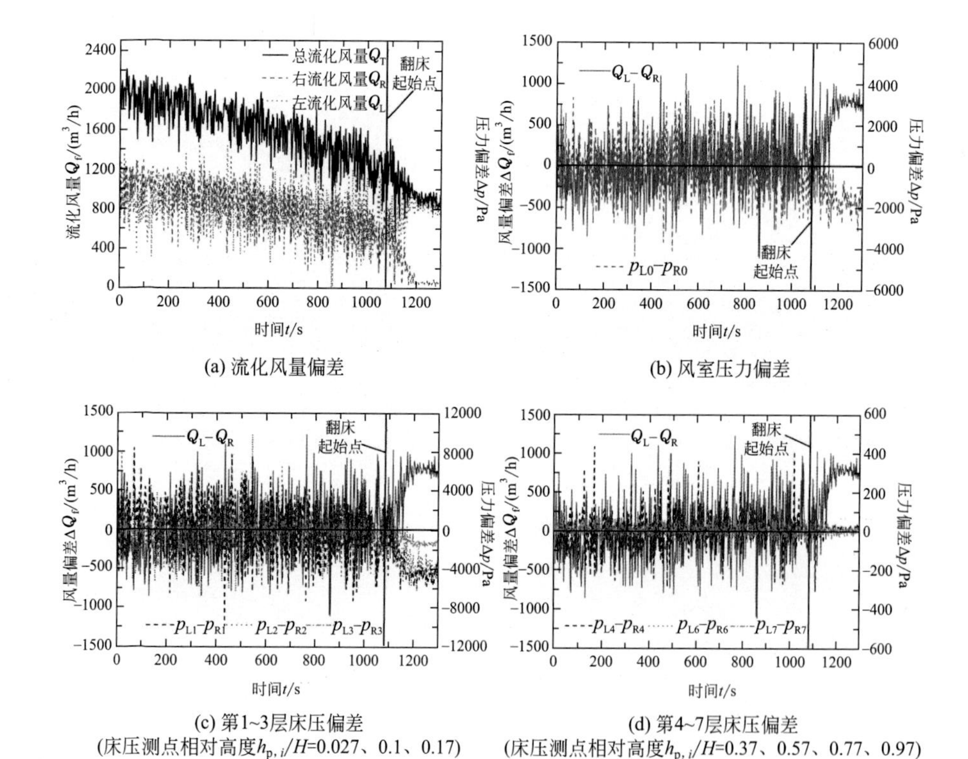

(a) 流化风量偏差

(b) 风室压力偏差

(c) 第1~3层床压偏差
(床压测点相对高度$h_{p,i}/H$=0.027、0.1、0.17)

(d) 第4~7层床压偏差
(床压测点相对高度$h_{p,i}/H$=0.37、0.57、0.77、0.97)

图 8-4 总流化风量逐渐减小过程中的风量-床压动态曲线

先进热能工程丛书

岑可法 主编

循环流化床锅炉数值优化设计与运行

程乐鸣　岑可法 著

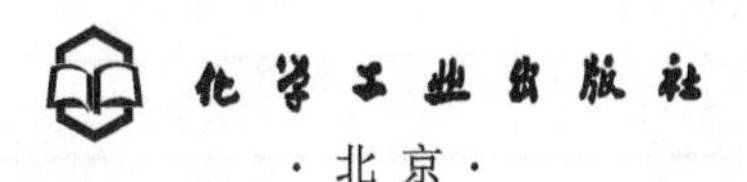

内容简介

《循环流化床锅炉数值优化设计与运行》是在浙江大学热能工程研究所/能源清洁利用国家重点实验室近十余年有关大型循环流化床锅炉数值模型研发和数值试验研究结果积累的基础上完成的学术专著。

本书主要包括三部分内容：一是国内外大型循环流化床技术发展和发展中的问题；二是模型基础，包括循环流化床气固流动、传热、磨损、燃烧、燃烧产物、受热面沾污结渣模型与模拟，大型循环流化床锅炉三维整体数值模型与二维当量快算数值模型；三是针对实际大型/超/超超临界循环流化床锅炉设计、运行中的问题开展的数值计算、结果与讨论。

本书可供从事循环流化床锅炉和热能动力研究、设计、运行和管理的人员参考，也可作为高等院校有关专业研究生、大学生的参考资料。书末有相关文献资料目录，供读者参考。

图书在版编目（CIP）数据

循环流化床锅炉数值优化设计与运行/程乐鸣，岑可法著. —北京：化学工业出版社，2022.7

（先进热能工程丛书）

ISBN 978-7-122-41063-4

Ⅰ. ①循…　Ⅱ. ①程…②岑…　Ⅲ. ①循环流化床锅炉-研究　Ⅳ. ①TK229.6

中国版本图书馆 CIP 数据核字（2022）第 052151 号

责任编辑：袁海燕　　文字编辑：陈立璞

责任校对：边　涛　　装帧设计：王晓宇

出版发行：化学工业出版社（北京市东城区青年湖南街 13 号　邮政编码 100011）

印　　装：北京虎彩文化传播有限公司

710mm×1000mm　1/16　印张 23　彩插 2　字数 469 千字　2023 年 1 月北京第 1 版第 1 次印刷

购书咨询：010-64518888　　售后服务：010-64518899

网　　址：http：//www.cip.com.cn

凡购买本书，如有缺损质量问题，本社销售中心负责调换。

定　　价：168.00 元

丛书序

能源是人类社会生存发展的重要物质基础，攸关国计民生和国家战略竞争力。当前，世界能源格局深刻调整，应对气候变化进入新阶段，新一轮能源革命蓬勃兴起。我国经济发展步入新常态，能源消费增速趋缓，发展质量和效率问题突出，供给侧结构性改革刻不容缓，能源转型变革任重道远。

我国能源结构具有“贫油、富煤、少气”的基本特征，煤炭是我国基础能源和重要原料，为我国能源安全提供了重要保障。随着国际社会对保障能源安全、保护生态环境、应对气候变化等问题日益重视，可再生能源已经成为全球能源转型的重大战略举措。到 2020 年，我国煤炭消费占能源消费总量的 56.8%，天然气、水电、核电、风电等清洁能源消费比重达到了 20%以上，高效、清洁、低碳开发利用煤炭和大力发展光电、风电等可再生能源发电技术已经成为能源领域的重要课题。

党的十八大以来，以习近平同志为核心的党中央提出“四个革命、一个合作”能源安全新战略，即“推动能源消费革命、能源供给革命、能源技术革命和能源体制革命，全方位加强国际合作”，着力构建清洁低碳、安全高效的能源体系，开辟了中国特色能源发展新道路，推动中国能源生产和利用方式迈上新台阶、取得新突破。气候变化是当今人类面临的重大全球性挑战。2020 年 9 月 22 日，中国政府在第七十五届联合国大会上提出：“中国将提高国家自主贡献力度，采取更加有力的政策和措施，二氧化碳排放力争于 2030 年前达到峰值，努力争取 2060 年前实现碳中和。”构建资源、能源、环境一体化的可持续发展能源系统是我国能源的战略方向。

当今世界，百年未有之大变局正加速演进，世界正在经历一场更大范围、更深层次的科技革命和产业变革，能源发展呈现低碳化、电力化、智能化趋势。浙江大学能源学科团队长期面向国家发展的重大需求，在燃煤烟气超低排放、固废能源化利用、生物质利用、太阳能热发电、烟气 CO_2 捕集封存及利用、大规模低温分离、旋转机械和过程装备节能、智慧能源系统及智慧供热等方向已经取得了突破性创新成果。“先进热能工程丛书”是对团队十多年来在国家自然科学基金、国家重点研发计划、国家“973”计划、国家“863”计划等支持下取得的系列原创研究成果的系统总结，涵盖面广，系统性、创新性强，契合我国“十四五”规划中智能化、数字化、绿色环保、低碳的发展需求。

我们希望丛书的出版，可为能源、环境等领域的科研人员和工程技术人员提供有意义的参考，同时通过系统化的知识促进我国能源利用技术的新发展、新突破，技术支撑助力我国建成清洁低碳、安全高效的能源体系，实现“碳达峰、碳中和”国家战略目标。

岑可法

前言

经过三十余年的发展，中国循环流化床理论和技术已处于世界前沿。为实现国家能源高效清洁利用目标，大型/超/超超临界循环流化床锅炉需求持续发展成为了研究开发热点。

以往循环流化床锅炉研发设计优化运行较多在实验室试验、前人经验和实炉测试的基础上进行。随着国家对燃煤锅炉节能减排要求的日益提高，循环流化床锅炉要求容量更大、参数更高。在此过程中，参考信息较少、现场试验困难、费用高昂，发展实用于工业大型循环流化床锅炉的数学模型和数值模拟计算，采用计算机辅助试验方法分析、解决大型/超/超超临界循环流化床锅炉研发中出现的新问题是重要的发展方向和解决办法。本书的出版即针对该领域的工业应用和理论发展需求。

浙江大学循环流化床研究团队自 20 世纪 80 年代初以来一直在开展循环流化床理论和技术研究，1991 年组织了中国循环流化床工业界培训会议，1994 年翻译了世界上第一本关于循环流化床的专业书 *Circulating Fluidized Bed Boilers Design and Operations*（《循环流化床锅炉的设计与运行》），1998 年撰写了《循环流化床锅炉理论设计与运行》专著，2003 年编写了“循环流化床设计导则”，2005 年组织承办了第 8 届国际循环流化床会议；近十余年来结合国家项目和市场需求，积极开展了超/超超临界循环流化床锅炉的理论和技术工作，特别是在长期试验和理论研发的基础上，针对大型循环流化床锅炉现场试验困难的问题，发展了适用于大型炉膛的循环流化床锅炉综合数学模型，采用数值模拟计算机辅助试验方法解决大型循环流化床锅炉研发、优化运行过程中的新问题。本书为浙江大学十年来大型循环流化床数值模型研发与数值试验研究的结果与积累。

本书不是一本关于数值计算方法的书籍，而是一本利用数值方法解决大型多颗粒循环流化床锅炉设计、运行中实际问题的书籍。在循环流化床气固流动、传热、磨损、燃烧、燃烧产物、受热面沾污结渣模型与模拟，大型循环流化床锅炉三维整体数值模型与二维当量快算数值模型的基础上，以不同循环流化床炉型

（包括 300MW，330MW，600MW，660MW 和 1000MW 等循环流化床锅炉）为例，针对大型循环流化床大炉膛双布风板支腿密相区颗粒混合、床料平衡与控制、高炉膛气固浓度分布、二次风穿透、悬吊受热面表面颗粒流动、多分离器循环回路物料平衡、炉膛水冷壁、中隔墙和悬吊受热面热流分布、超临界水动力特性、回料系统受阻对炉膛运行影响等设计与运行中至关重要和必须解决的问题开展数值模拟、变参数数值试验，给出了问题的数值回答与讨论，为循环流化床锅炉设计、运行提供参考和思路。

考虑其实用性，本书作者就书稿大纲进行了认真的讨论。本书的特点是：①针对目前热点——超/超超临界参数大容量循环流化床锅炉研发中的新问题；②数值计算用于大型循环流化床锅炉设计与应用的最新成果；③浙江大学十年来大型循环流化床数值模型研发与数值试验研究的结果与积累；④基于计算机辅助实验探讨大型循环流化床锅炉研发中的热点、难点问题。

需要注意的是，不同的示例可能有不同的数据结果，这主要是因为各种计算条件、场景不同，也可能是关注的要点不同。

理论与技术知识发展无止境，本书无法涵盖读者关心的所有内容，如多粒径、多密度多元燃料炉膛扩散与燃烧，烟道出口连接方式对炉膛气固流场的影响，石灰石分级给入炉膛对燃烧产物的影响，外置式换热器中的流场等也都是大型循环流化床锅炉发展中的重要问题。读者可以参考书中解决问题的思路和方法解决新问题。

本书是作者和所在单位广大同事多年来紧密合作、共同研究的集体结晶。特别要感谢的是周星龙博士、夏云飞博士、许霖杰博士、季杰强博士，刘炎泉博士、王超硕士、邹阳军硕士、李立垚博士研究生，书中很多内容引自他们在浙江大学学习研究期间的杰出工作；要感谢蔡毅博士、聂立博士、黄晨硕士、黄勋硕士、吴灵辉硕士、丰凡硕士、彭宇硕士，是他们在浙江大学的辛勤研究与劳动，充实了本书的内容。在本书的撰写过程中，得到了浙江大学热能工程研究所循环流化床课题组同事和研究生们的大力帮助，感谢倪明江教授、骆仲泱教授、方梦祥教授、王勤辉教授、高翔教授、周劲松教授、王树荣教授、余春江教授、郑成航教授、肖刚教授、施正伦研究员、张维国工程师、龚玲玲、黄贵芝和王诗依等各位同事；还得到了东方锅炉股份有限公司、哈尔滨锅炉厂有限责任公司、上海锅炉厂有限公司等锅炉公司的大力支持和帮助，特此感谢。没有大家的帮助，本书是不可能完成的。

书稿文字主要完成于 2021 年暑假和之后的这个学期，除了上课大部分时间都热衷于书稿的撰写，初稿完成后又进行了几次修改。在书稿的准备过程中，马张珂博士研究生、罗瀍文博士研究生、张庆禹博士研究生和李坤博士研究生付出了时间和精力。

感谢本书的编辑，在她的督促和鼓励下，使本书的出版成为现实。

感谢国内外循环流化床理论和技术的研究人员和单位，很多的启发和引用来自他们的研究成果。

本书可供从事循环流化床锅炉和热能动力研究、设计、运行和管理的人员参考，也可作为高等院校有关专业研究生、大学生的参考资料。书末附有相关文献资料目录，供读者参考。

循环流化床理论和技术基于市场需求仍在迅速发展中，限于作者知识水平，书中难免有不妥之处；此外，书中涉及的模型、公式较多，符号表符号注释可能不全。为了方便读者，本书的彩图统一放在网上，通过扫描每章所附二维码可以免费下载本章彩图。希望对读者阅读理解有帮助。不尽之处，请批评指正。

著者

2022 年 1 月于浙江大学求是园

目录

第 4 章　大型循环流化床锅炉三维整体数值模型与二维当量快算数值模型　127

第 5 章　大型循环流化床气固流场与其设计、运行　176

第 6 章　大型循环流化床锅炉受热面传热　230

第 7 章　大型循环流化床锅炉燃烧、污染物生成与控制　270

第1章

大型循环流化床锅炉发展

(本章彩图请扫描右侧二维码下载。参考方法：扫描二维码后，点击界面右上角“…”，发送到电脑下载并解压后查看。后同此)

流态化是指流体与固体颗粒物料相互作用，通过动量传递而形成的一种新的具有流体属性的状态[1]。通常不同的流化状态可以通过流化风速来判断，可以分为鼓泡床、湍流床、快速床和气力输送等。当流化风速超过固体颗粒的临界流化风速后，床层将由固定床向鼓泡床过渡；如果进一步提高流化风速，床层就将过渡到湍流床和快速流化床，如图 1-1 所示。

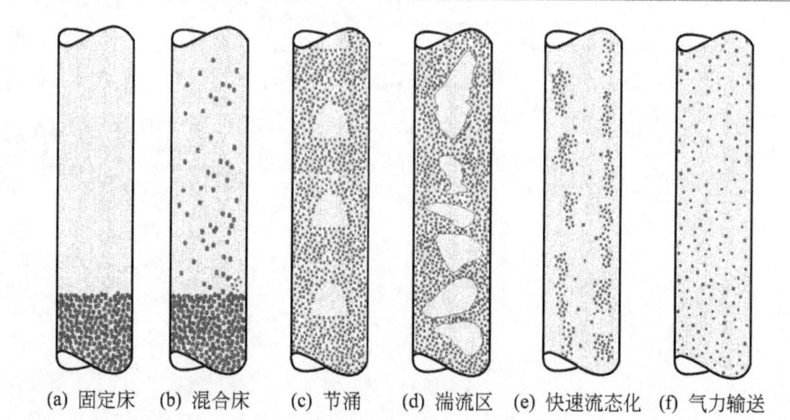

图 1-1 不同流化风速下的气固流态变化

快速流化床中，当流化风速高于颗粒吹出速度时，颗粒就会被吹出流化床。通过增加气固物料分离和固体物料回送装置，颗粒能够在整个装置内循环流动，此装置即为循环流化床。

流化床燃烧设备主要有鼓泡流化床锅炉和循环流化床（CFB）锅炉两种。在 20 世纪 70 年代，循环流化床锅炉逐渐应用于发电领域，是一项高效清洁的煤燃烧技术。锅炉主体通常由炉膛（通常为快速流化床）、气固分离装置（如旋风分离器）、物料再循环装置（如密封回料阀）等构成。随着锅炉容量增大、蒸汽参数增加，炉内也逐渐需要布置挂屏受热面，以确保工质在炉内的吸热量。图 1-2 为典型的循环流化床锅炉燃烧系统。

循环流化床锅炉独有的气固流体动力学特性使得该燃烧技术主要具有以下优点[2]：

① 燃料适应性广，不仅可以燃用优质煤，还可燃用各种劣质燃料；

② 锅炉燃烧效率高；

③ 负荷调节范围大、调节快，调节比可达（3～4）：1，负荷连续变化速率可达 7%～12%/min；

④ 高效脱硫，可用石灰石作脱硫添加剂低成本实现炉内脱硫；

⑤ 低温、分级燃烧，氮氧化物（NO_x）排放低；

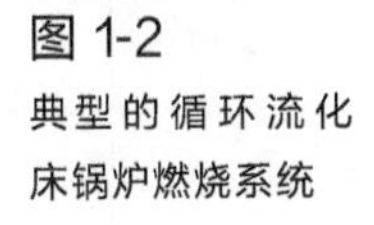
图 1-2
典型的循环流化床锅炉燃烧系统

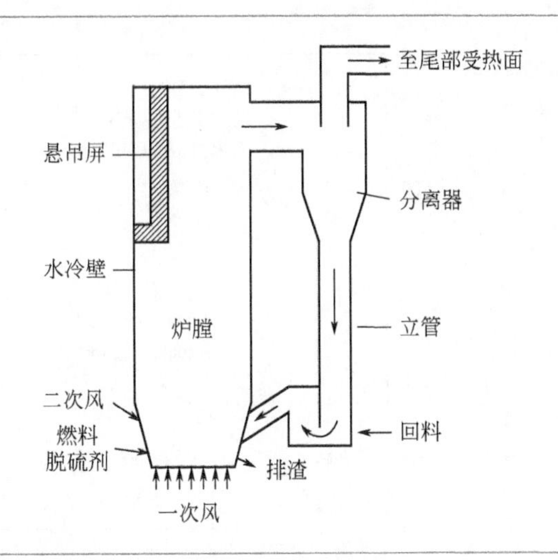

⑥ 灰渣便于综合利用。

循环流化床锅炉燃烧理论和技术包括基础理论、锅炉性能设计、重要部件设计、测试试验、优化运行、综合利用及与系统的匹配等方面，主要涉及气固流体动力、燃烧、传热传质、产物生成与控制、磨损、沾污积灰结渣特性，锅炉性能计算方法、整体综合模型和数值模拟、炉内受热面、气固分离器、物料回送装置、布风装置、给煤/料装置、点火装置、外置式换热器、冷渣装置等的设计，实验室、现场测试方法与手段，清洁高效、节能低耗、启停优化、安全长时、超低负荷灵活性运行和灰渣综合利用等内容，其中循环流化体气固流体动力特性是基础。

1.1 大型循环流化床锅炉发展

循环流化床燃烧技术由于燃料适应性广，硫、氮污染物排放较低和负荷调节性好等优点得到了快速发展。图 1-3 和图 1-4 为国内外循环流化床锅炉整体发展历程。自 1985 年德国 Duisburg 95.8MW（14.5MPa/553℃）循环流化床锅炉投运以来，目前循环流化床锅炉正向大型化、超/超超临界参数方向发展。

1.1.1 国外大型循环流化床锅炉发展

1979 年，芬兰奥斯龙（Ahlstrom）公司开发了一台热功率 15MW 的商业循环流化床锅炉在芬兰投运，燃料为树皮、木材废料和替代燃料煤[3]。1982 年，德国 Vereinigte Aluminium Werke AG（VAW）在 Luenen 投运了

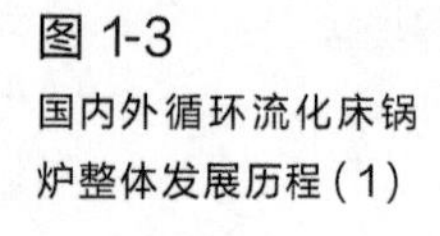

图 1-3
国内外循环流化床锅炉整体发展历程（1）

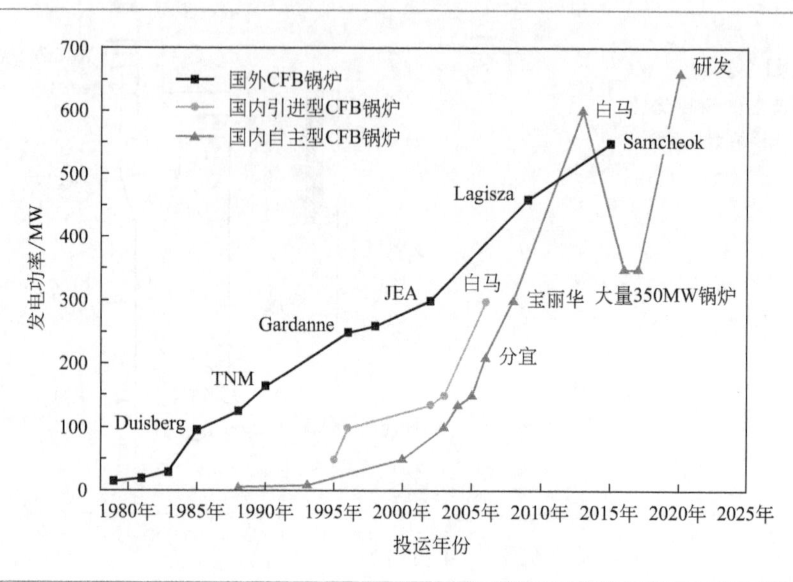

热功率为 84MW 的循环流化床锅炉，燃料为洗煤厂尾料，炉膛温度 850℃，Ca/S 摩尔比 1.5，SO_2 脱除率>90%，HCl、HF 脱除率≥90%，NO_x 排放<120mg/m^3[4]。1985 年，由 Stadtwerke Duisburg、Lurgi、Deutsche Babcock 和 KWU 共同建造，在德国 Stadtwerke Duisburg 热电厂投运了热容量 208MW、电功率 95.8MW（过热蒸汽流量 270t/h，温度 535℃，压力 14.5MPa；再热蒸汽流量 230t/h，温度 535℃，压力 3.4MPa；给水温度 234℃）的循环流化床锅炉，燃料热值 25000kJ/kg，其炉型为带有外置式换热器的 Lurgi 型 CFB 锅炉，有再热器，锅炉热效率 92%[4]。1990 年，阿尔斯通（Alstom）公司为美国 Texas-New-Mexico（TNM）电力公司研发的 165MW（500t/h，540℃/540℃，13.7MPa）CFB 锅炉投运。1996 年，Alstom 公司为法国 Gardanne 电厂建造了 250MW（700t/h，567℃/566℃，16.9MPa）的 CFB 锅炉。2002 年，美国 JEA 电厂投运了世界上首台 300MW 循环流化床锅炉，该锅炉由 Foster Wheeler（FW）公司设计制造，参数为 904t/h/806t/h、540℃/540℃、17.2MPa/3.8MPa。

循环流化床锅炉快速发展的几十年里，国外出现了不同的锅炉技术流派和锅炉制造商。其中比较有代表性的有德国鲁奇（Lurgi）公司（Lurgi 型循环流化床锅炉）、芬兰奥斯龙（Ahlstrom）公司（Pyroflow 型循环流化床锅炉）和德国 Babcock 公司（Circofluid 型循环流化床锅炉）[2]。随着国外循环流化床锅炉厂商之间不断地收购、合并及吸收，各家的循环流化床锅炉制造技术也逐步融合，在国外逐渐形成了以 Foster Wheeler 公司和 Alstom 公司为主的两大循环流化床锅炉生产商局面[5]。除此之外，循环流化床锅炉制造

图 1-4
国内外循环流化床锅炉整体发展历程（2）

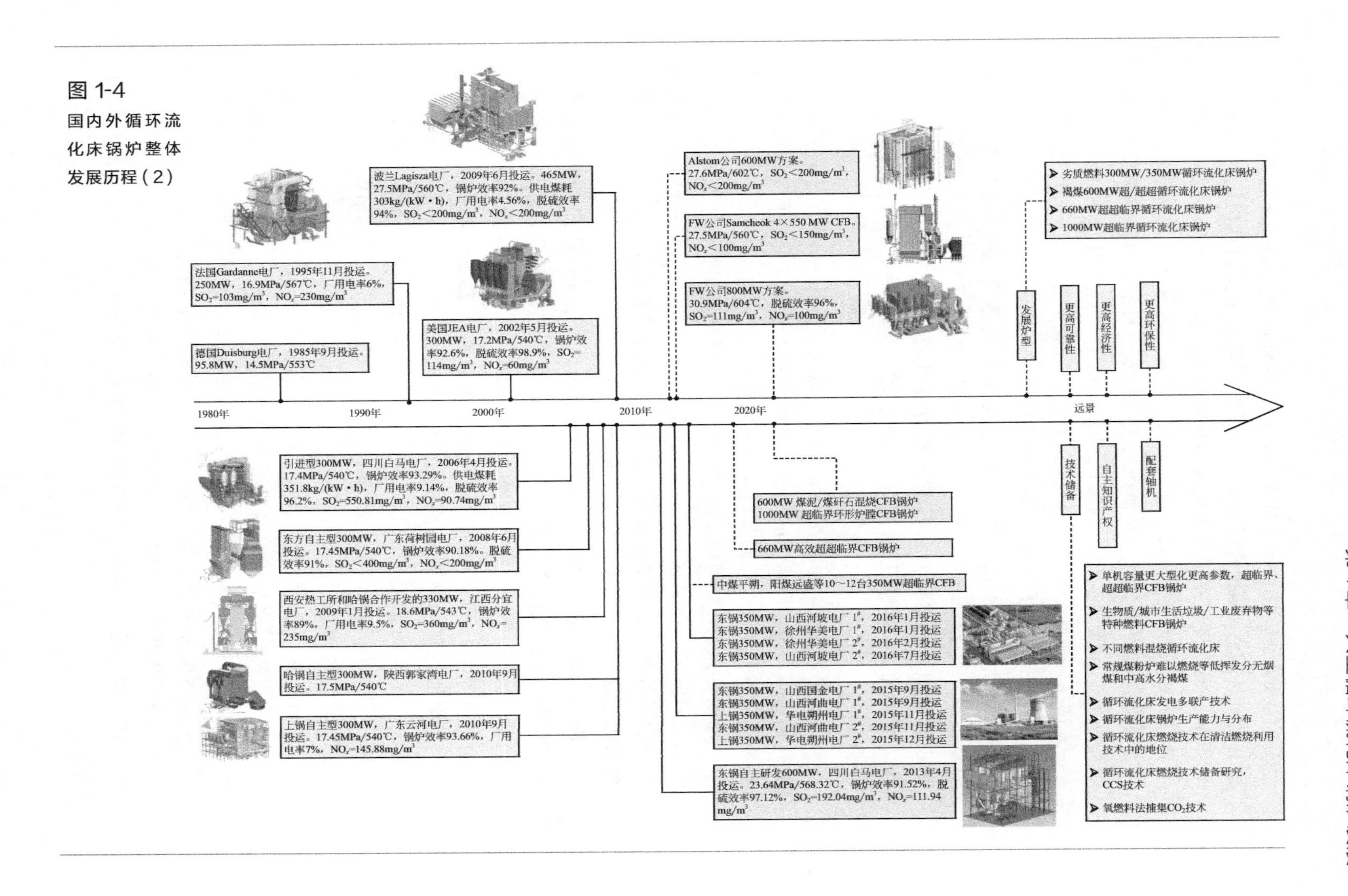

商还有美国巴威（Babcock&Wilcox）公司和芬兰 Kaverner 公司等。

近年来，Alstom 公司将其火电板块出售给了美国通用电气公司（GE），而 FW 公司则将新建循环流化床锅炉业务出售给了 AMEC，此后该业务又被日本住友重机械工业株式会社（SHI）收购。尽管如此，这两次并购仍保持了原来两种循环流化床锅炉流派的关键技术。目前，国外循环流化床技术中具有代表性和较强生命力的循环流化床锅炉炉型主要为 Lurgi 公司开发的 Lurgi 型循环流化床锅炉、Ahlstrom 公司开发的 Pyroflow 型循环流化床锅炉和 FW 公司开发的 FW 型循环流化床锅炉。

鲁奇型循环流化床锅炉的特点在于采用了流化床外置式换热器（external heat exchanger，EHE）。这一设计增加了锅炉受热面如再热器等的布置面积，通过调节回料量能够方便地控制锅炉温度、负荷和汽温等，为流化床机组大型化创造了有利条件，但也增加了设备和运行的复杂性[2]。

奥斯龙（Ahlstrom）公司的锅炉型式为 Pyroflow 型。它的特点是无外置式换热器，循环回路中的热量依靠水冷壁和分隔墙受热面来吸收，同时再热蒸汽调温由蒸汽旁通调节汽温技术来解决。

德国 Babcock 公司的 Circofliud 型循环流化床锅炉的主要特点是在炉膛下部为湍流床，在二次风口上布置了屏式过热器、管式过热器、蒸发受热面、省煤器等，不采用高温旋风分离器和外置式换热器。但省煤器及过热面的磨损是设计中需要着重考虑的问题。

Foster Wheeler（FW）公司基于汽冷式分离器和一体式返料换热器（INTREX™）技术形成了其第一代 FW 型循环流化床锅炉。该炉型采用水（汽）冷旋风分离器，强化锅炉对工质的传热，加快锅炉的启动过程；炉内不安装屏式受热面，部分过热器和再热器布置在整体再循环热交换器中；分离回送灰的热量在热交换器中继续被吸收。该炉型的典型代表有 1993 年投运的加拿大 Point Aconi 电站的 165MW（12.78MPa/541℃/541℃）机组和 1999 年投运的波兰 Turow 电厂的 3 台 235MW（13.17MPa/540℃/540℃）机组[5]。

Foster Wheeler 公司在收购了奥斯龙（Ahlstrom）公司后，综合汽冷分离器和 INTREX™ 技术与紧凑式布置等技术，形成了 FW 新一代紧凑型循环流化床锅炉。紧凑式布置是指将圆筒形分离器改为方形，使得分离器能够和炉膛与尾部烟道直接匹配，解决了圆筒形绝热旋风分离器给锅炉整体布置造成的困难[6]。Foster Wheeler 为 Turow 电厂提供的另外 3 台 262MW CFB 锅炉即为这一类型。典型的 FW 型紧凑式循环流化床锅炉结构如图 1-5 所示。

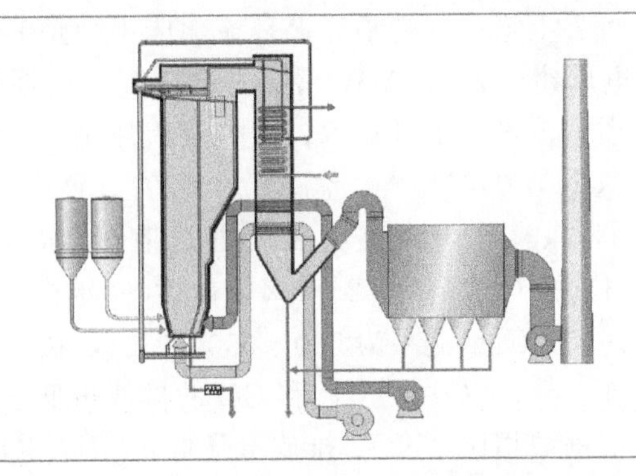

图 1-5
典型的 FW 型紧凑式循环流化床锅炉结构

法国 Alstom 公司兼并收购了法国 Stein 公司、美国 CE 公司及德国 EVT 公司后，下属有 Alstom-Stein、Alstom-CE 和 Alstom-EVT 三家子公司。Alstom 公司的循环流化床锅炉技术源于 Lurgi 公司，外置式换热器是 Alstom 循环流化床锅炉的最大特点之一。其另一大特点是“裤衩型双布风板结构”，在解决大炉膛截面均匀布风、增强二次风穿透和抑制上部贫氧区等问题上具有优势[7]，但这种炉膛结构会发生“翻床”问题，需要由自动监视控制系统实时调节一次风量。

外置式换热器具有方便受热面布置、降低受热面磨损、方便炉膛温度以及负荷的控制、再热汽温调节灵活等优势[8]。1995 年 11 月，由 Alstom 公司制造的 250MW 循环流化床锅炉机组在普罗旺斯 Gardanne 电厂正式投入商业运行。该锅炉主蒸汽流量为 194.44kg/s，蒸汽参数为 16.9MPa/567℃/566℃，排烟温度为 140℃[9]；采用了 4 个直径为 7.4m 的高温绝热旋风分离器，对称布置于两侧，在分离器相应的床料循环回路上共布置有 4 个外置式换热器（EHE）。运行时，炉膛温度通过调节 EHE 的中温过热器来控制，再热蒸汽温度则通过 EHE 的高温再热器来控制，过热蒸汽的温度由喷水减温器控制。其主要结构如图 1-6 所示。2003 年，中国三大锅炉引进的 Alstom 公司 250～300MW 循环流化床锅炉技术就是基于 Gardanne 电厂的技术。

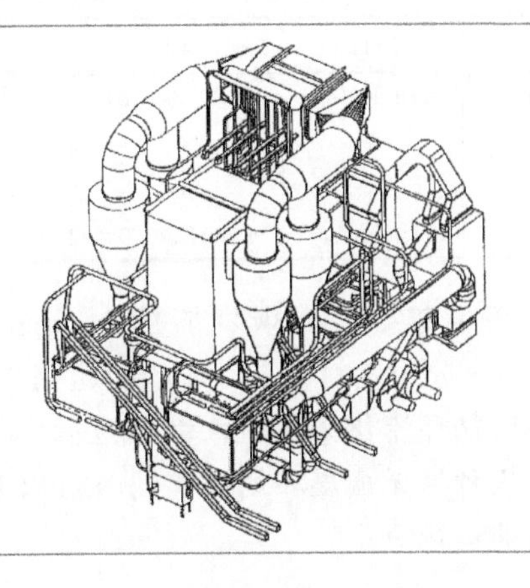

图 1-6
Alstom 公司为 Gardanne 电厂制造的 250MW CFB 锅炉

世界上第一台超临界循环流化床锅炉是 Foster Wheeler 公司在波兰 Lagisza 电厂建立的 460MW 超临界循环流化床锅炉机组，水冷壁采用西门子本生低质量流量垂直管技术，过热蒸汽压力为 27.5MPa、温度为 560℃，再热蒸汽压力为 5.46MPa、温度为 580℃。所燃用的波兰烟煤热值为 18000～23000kJ/kg，可添加最大 30%的热值在 7000～17000kJ/kg 的煤泥，为控制 SO_2 排放，Ca/S 比为 2～2.4，自 2009 年投入商业运行以来，运行稳定，满负荷时工质质量流率为 550～650kg/m^2，在 25%～100%MCR 运行工况与设计预期一致，SO_2、NO_x 和 CO 的排放量低于欧盟燃烧设备排放标准。与原电厂旧锅炉相比，NO_x 排放量降低 71%，CO_2 排放量减少 28%，电厂效率从 34.7%提高到接近 44%[10,11]。

Lagisza 循环流化床锅炉是典型的 FW 型循环流化床结构，采用水（汽）冷式方形分离器和 INTREX^{TM}技术，如图 1-7 所示。该锅炉的设计参数如表 1-1 所示。投运后，该锅炉的供电煤耗为 303g/(kW·h)，厂用电率为 4.56%，电厂效率为 43.3%，SO_2、NO_x 排放均低于 200 mg/m^3[12]。

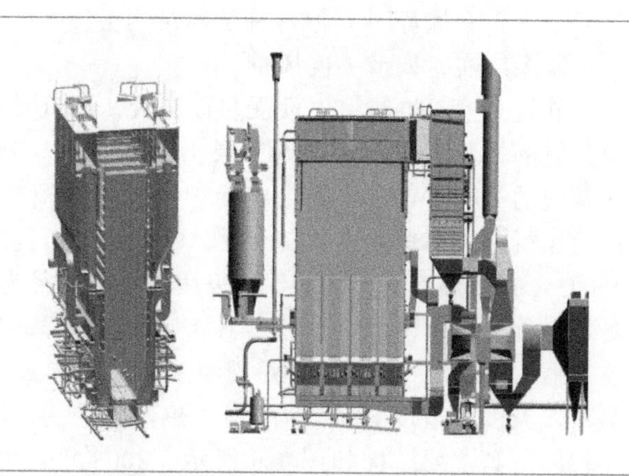

图 1-7
波兰 Lagisza 460MW
超临界 CFB 锅炉

表 1-1　Lagisza 460MW 超临界 CFB 锅炉满负荷运行参数[10]

项目	单位	数值	项目	单位	数值
过热蒸汽流量	t/h(kg/s)	1300(359.8)	再热蒸汽压力	MPa	5.46
过热蒸汽压力	MPa	27.5	再热蒸汽进口温度	℃	314.3
过热蒸汽温度	℃	560	再热蒸汽出口温度	℃	580
再热蒸汽流量	t/h(kg/s)	1105(306.9)	给水温度	℃	289.7

2008 年 2 月，俄罗斯的 Novocherkassk GRÉS 电厂与 AMEC-Foster-Wheeler 公司签订了 330MW 的超临界循环流化床锅炉合同。这是俄罗斯的第一台循环流化床锅炉，世界范围内的第 2 座超临界直流循环流化床锅炉，设计煤种为无烟煤和烟煤，同时可以掺烧 30%的无烟煤煤浆，在 2016 年投入商业运行[13,14]。

2011 年，韩国 Samcheok 电厂与 Foster Wheeler 公司签订了 4×550MW 的超超临界循环流化床锅炉合同（2017 年，FW 公司的 CFB 技术转让给了 Sumitomo 集团）并于 2015 年投入商业运行，如图 1-8 所示。该机组的过热蒸汽压力为 25.6MPa、温度为 603℃，再热蒸汽压力为 5.4MPa、温度为 603℃，锅炉净效率为 42.4%，设计煤种为褐煤或次烟煤，最高可掺混 5% 的木屑颗粒，热值为 16000kJ/kg[15,16]。这 4 台锅炉采用两炉一机的配置，即两台锅炉配一台 1100MW 的汽轮机。该项目设计标准煤耗 296g/(kW・h)。表 1-2 为该锅炉的部分参数。

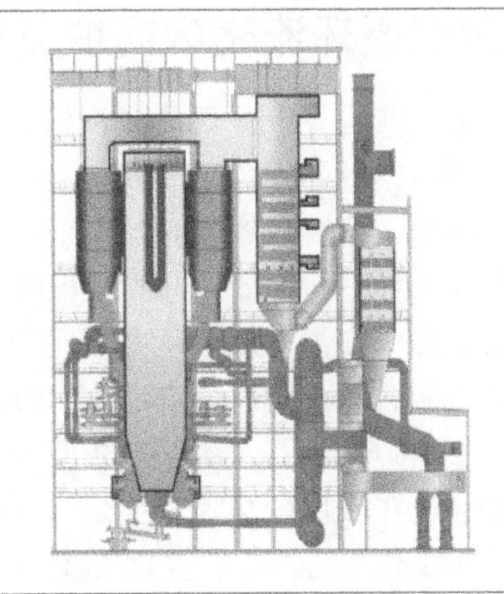

图 1-8
FW 型三陟电厂 550MW 循环流化床锅炉

表 1-2　韩国 Samcheok 电厂的 550MW 循环流化床锅炉设计参数

项目	单位	数值	项目	单位	数值
主蒸汽流量	t/h	1575	再热蒸汽出口温度	℃	603
主蒸汽出口压力	MPa	25.7	省煤器进口给水温度	℃	297
主蒸汽出口温度	℃	603	SO_2 排放	mg/m^3	<143(设计值，根据 ppm 数据换算)
再热蒸汽流量	t/h	1283	NO_x 排放	mg/m^3	<103(设计值，以 NO_2 计，根据 ppm 数据换算)
再热蒸汽进口压力	MPa	5.3			

为实现更高的效率，降低二氧化碳排放，Foster Wheeler 公司进行了 800MW 超超临界循环流化床锅炉概念设计；2 个设计案例中锅炉的主蒸汽压力分别为 30.0MPa/34.9MPa，主蒸汽温度分别为 600℃/700℃，再热蒸汽压力分别为 4.5MPa/6.7MPa，再热蒸汽温度分别为 620℃/720℃。锅炉炉膛采用垂直光管建造，宽 39.5m、深 11.6m、高 50m，配置了 8 台紧凑式旋风分离器、16 台 INTREX™ 换热器和 2 台冷渣器[17]。

GE 公司（2015 年收购了 Alstom 能源部门）也开发了 600MW 超临界循环流化床锅炉和 660MW 超超临界循环流化床技术，其中 600MW 超临界循环流化床锅炉采用单炉膛双布风板结构，在炉膛两侧各布置有 3 个分离器和外置床。该锅炉的蒸发量为 1738.8t/h，蒸汽参数为 27.6MPa/600℃，预期 NO_x/SO_2 排放量为 $150mg/m^3/250mg/m^3$。660MW 超超临界循环流化床锅炉设计蒸汽流量为 1820t/h，蒸汽参数为 270bar（$1bar=10^5Pa$）/600℃/620℃，设计煤种为无烟煤或褐煤，预期 NO_x/SO_2 排放量为 $150mg/m^3/200mg/m^3$；采用空气分级技术可将 NO_x 排放量控制到 50～$200mg/m^3$，通过新集成的炉内脱硫技术可以减少石灰石用量，脱硫效率可达 98%[18]，尾部烟道后端无需脱硫装置。

1.1.2 中国大型循环流化床锅炉发展

中国是目前世界上循环流化床锅炉装机容量最大、数量最多的国家。截至 2018 年底，中国 100MW（410t/h）以上等级的大容量循环流化床锅炉累计投产 440 台，总装机容量超过 82.3GW[19]。

自 1988 年第一台 35t/h 的 CFB 锅炉投运以来，经过近 30 年时间消化吸收和自主研究，中国完成了从高压、超高压、亚临界到超临界循环流化床锅炉技术的飞跃。2003 年 6 月，国产 100MW 的 CFB 锅炉在江西分宜发电厂投运[20]。2006 年 4 月，国内引进型 300MW 的 CFB 锅炉（法国 Alstom 公司）示范电站在四川白马建成投运。2008 年 6 月，东方锅炉自主设计制造的 300MW CFB 锅炉在广东宝丽华电厂投运[21]。2013 年 4 月，四川白马 600MW 超临界循环流化床锅炉示范电站顺利投运。

国内循环流化床锅炉技术在 30 余年的发展历程中，通过技术引进、消化吸收和自主研发等方式得到了迅速发展。目前，中国主要的循环流化床锅炉生产厂家有东方锅炉股份有限公司（东方锅炉，DBC）、哈尔滨锅炉厂有限责任公司（哈电锅炉，HBC）、上海锅炉厂有限公司（上海锅炉，SBWL）、济南锅炉集团有限公司、无锡华光环保能源集团股份有限公司、杭州锅炉集团股份有限公司、南通万达锅炉有限公司等[22]。其中以东方锅炉、哈电锅炉和上海锅炉三家为主，在装机容量上占国内市场份额的 80%以上。

东方锅炉于 1994 年引进了美国 Foster Wheeler 公司的 50～100MW 及以上容量等级 CFB 锅炉技术。之后，东方锅炉自主设计开发了 135～200MW 再热循环流化床锅炉。2003 年，在原国家计委的支持下，国内三大锅炉制造商（哈电锅炉、东方锅炉、上海锅炉）和国家电力公司电力规划设计总院（现中国电力工程顾问集团公司）及下属东北、华北、华东、华中、西南、西北六大电力设计院以四川白马 300MW CFB 锅炉示范电站为依托，联合引进了法国 Alstom 的 200～350MW 循环流化床锅炉技术。四川白马 300MW CFB 锅炉示范电站于 2006 年 4 月完成 168h 试运投入商业运行[23]。在此基础上，东方锅炉设计制造了秦皇岛三期工程 300MW CFB 锅炉并于 2006 年 11 月正式投运。与此同时，东方锅炉开展了具有自主知识产权的300MW CFB锅炉技术的研发。东方锅炉自主型300MW CFB锅炉技术与引进型的不同之处在于：单炉膛结构，三分离器单侧布置，无外置式换热器，炉内除了布置过热器和再热器悬吊受热面外，还布置有水冷受热屏，尾部烟道采用双烟道结构[21]（图1-9）。

2013年4月，由东方锅炉设计制造的白马600MW超临界CFB锅炉通过了168h考核运行。该锅炉为超临界直流锅炉，采用了单炉膛双布风板分体炉膛中隔墙结构、H形布置、平衡通风、一次中间再热、循环流化床燃烧方式，设置了6个汽冷型高温旋风分离器；炉膛水冷壁采用了低质量流率垂直管技术，利用6个外置式换热器（FBHEs）调节床温、再热蒸汽温度和过热蒸汽温度[24]，如图1-10所示。表1-3为600MW超临界循环流化床锅炉的主要蒸汽参数。

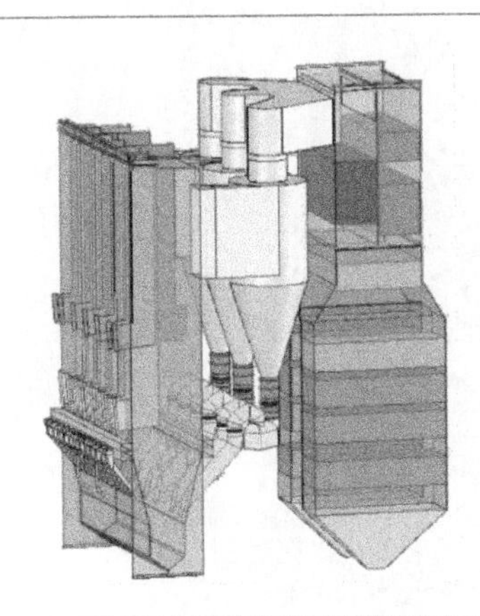

图1-9
东方锅炉300MW循环流化床锅炉

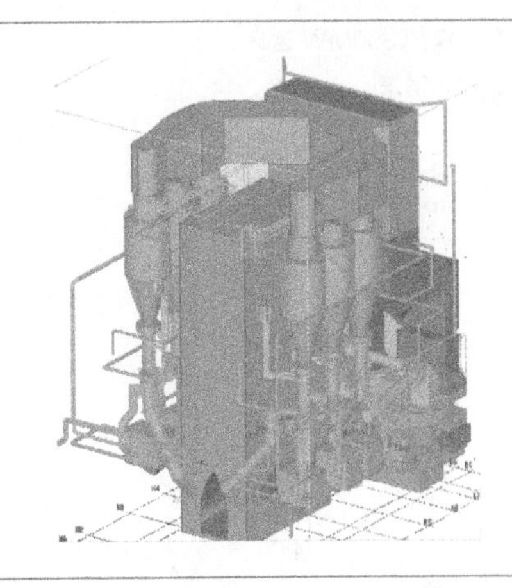

图1-10
东方锅炉600MW超临界循环流化床锅炉

表1-3　白马电厂600MW超临界循环流化床主要汽水参数

项目	单位	满负荷	项目	单位	满负荷
过热蒸汽流量	t/h	1900	再热蒸汽进口温度	℃	322
过热蒸汽出口压力	MPa	25.50	再热蒸汽出口压力	MPa	4.513
过热蒸汽出口温度	℃	571	再热蒸汽出口温度	℃	569
再热蒸汽流量	t/h	1552.96	给水温度	℃	287
再热蒸汽进口压力	MPa	4.728			

600MW超临界循环流化床锅炉投运后运行稳定，表1-4给出了该锅炉投运1年后的性能试验指标。

表1-4　白马电厂600MW超临界循环流化床性能试验主要指标

项目	单位	保证值/设计值	性能试验结果	项目	单位	保证值/设计值	性能试验结果
最大连续蒸发量	t/h	1900	1903	SO_2 排放	$mg/m^3(6\%O_2)$	380	192.04
钙硫摩尔比		2.1	2.07	NO_x 排放	$mg/m^3(6\%O_2)$	160	111.94
脱硫效率	%	96.7	97.12	锅炉效率	%	91.01	91.52

在600MW超临界循环流化床锅炉成功运行的基础上，东方锅炉进一步自主开发了350MW等级的超临界循环流化床锅炉机组（图1-11）。350MW超临界CFB锅炉的总热容量稍大于300MW亚临界CFB锅炉，在炉膛尺寸及结构上两者相似。该锅炉为超临界直流锅炉，采用了单炉膛、3分离器单侧M形布置、平衡通风、中间一次再热、循环流化床燃烧方式，设置了一分为二回料器，无外置式换热器。锅炉再热蒸汽温度由尾部烟气挡板调节[25]。2015年9月，东方锅炉第一台350MW超临界循环流化床锅炉在山西国金电力有限公司投入运行。

图1-11
东方锅炉350MW循环流化床锅炉

东方锅炉研发完成了660MW超临界循环流化床锅炉、660～1000MW超临界环形炉膛循环流化床锅炉[26]。其中，660MW超临界CFB锅炉的布置形式与白马的600MW超临界CFB锅炉相似。而在660～1000MW超临界环形炉膛CFB锅炉设计时采用了环形炉膛设计理念，在增加锅炉受热面积的同时也保证了炉内二次风的穿透性，如图1-12所示。2020年9月，东方锅炉第一台660MW超临界循环流化床锅炉在中煤平朔第一煤矸石发电有限公司投运。

哈电锅炉于1992年与美国PPC公司（Ahlstrom技术）合作，生产了220t/h Pyroflow型CFB锅炉。1999年7月，哈电锅炉引进了Alstom（原德国EVT）公司的220～410t/h级循环流化床锅炉技术。

2003年，三大锅炉制造商联合引进了法国Alstom的200～350MW级循环流化床锅炉技术，之后哈电锅炉设计生产了多台300MW循环流化床锅炉机组。在引进技术及优化的同时，哈电锅炉重视完全自主知识产权循环流化

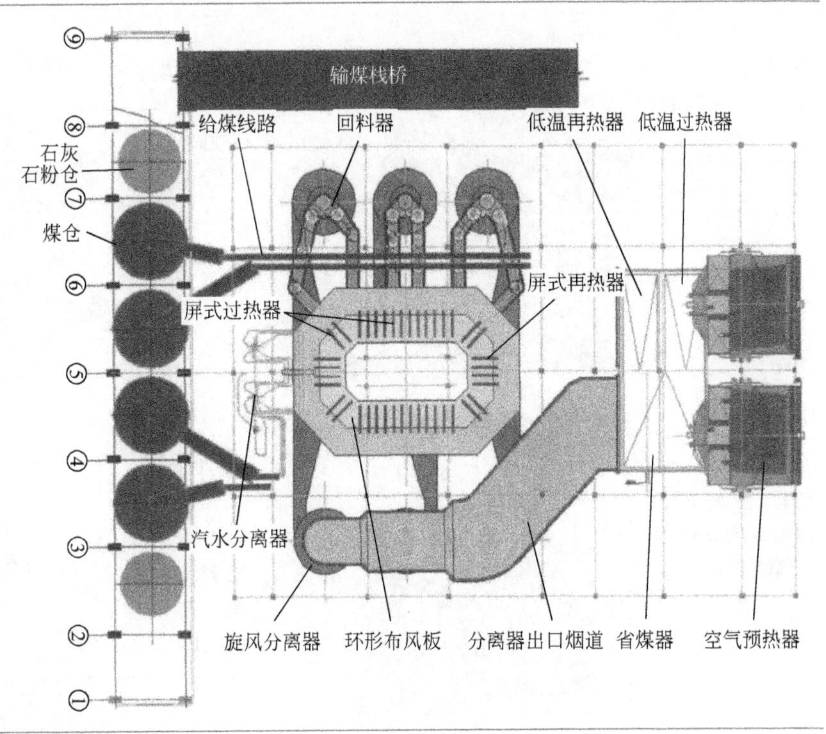

图 1-12
东方锅炉 660MW 环形炉膛超临界 CFB 锅炉

床锅炉技术的研发。目前，哈电锅炉 300MW 等级的 CFB 锅炉主要有 3 种：经优化设计的引进型；带有气动分流回灰换热器的炉型；自主开发的双烟道挡板调温炉型[27]。其中，自主开发的 300MW 循环流化床锅炉采用了单炉膛双水冷布风板结构、大直径钟罩式风帽，燃烧室蒸发受热面为膜式水冷壁及延伸墙式水冷壁，利用回料阀给煤；4 个高温绝热旋风分离器在两侧对称布置；尾部采用了双烟道结构，过热蒸汽由喷减温水调节，再热蒸汽由烟气挡板调节[28]（图 1-13）。

哈电锅炉设计开发的 600MW 超临界循环流化床锅炉为超临界参数变压运行一次中间再热直流锅炉，采用单炉膛双布风板结构，其整体布置见图 1-14。炉内蒸发受热面采用低中质量流速的光管和内螺纹管垂直管圈水冷壁，炉膛左、右两侧各布置有 3 个高效绝热旋风分离器，下部分别对应布置一个回料器和一个外置床换热器，以调节再热器汽温和床温[29]。

此外，哈电锅炉研发了 350MW 超临界循环流化床锅炉。2019 年 5 月，哈锅的首台 350MW 超临界循环流化床锅炉在大同煤矿集团阳高热电有限公司投产。图 1-15 为哈电锅炉的 350MW 超临界循环流化床锅炉。

哈电锅炉也提出和完成了 660MW 超超临界循环流化床锅炉的设计。该锅炉采用了单炉膛单布风板 M 形布置方式，4 个蜗壳式汽冷分离器对称布置于后墙，对应 4 个回料阀和 4 个外置床，其整体布置结构如图 1-16 所示。

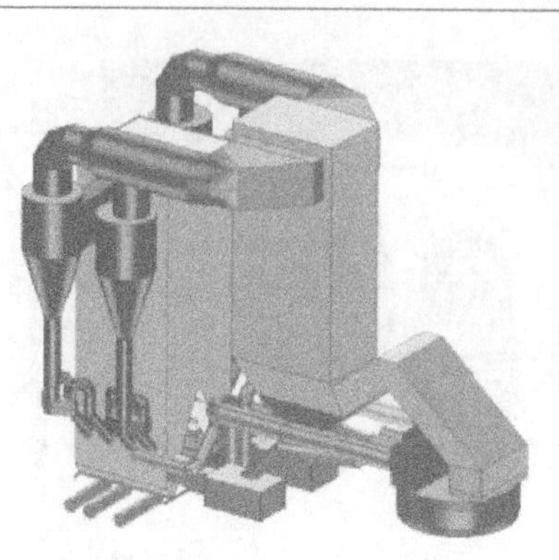

图 1-13
哈电锅炉 300MW CFB 锅炉

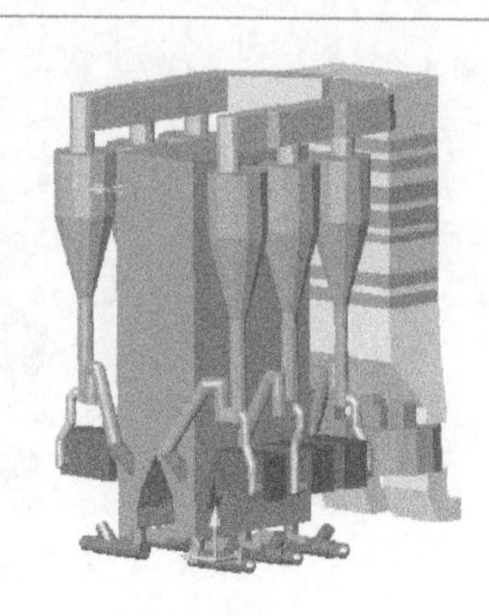

图 1-14
哈电锅炉 600MW CFB 锅炉

图 1-15
哈电锅炉 350MW 超临界循环流化床锅炉

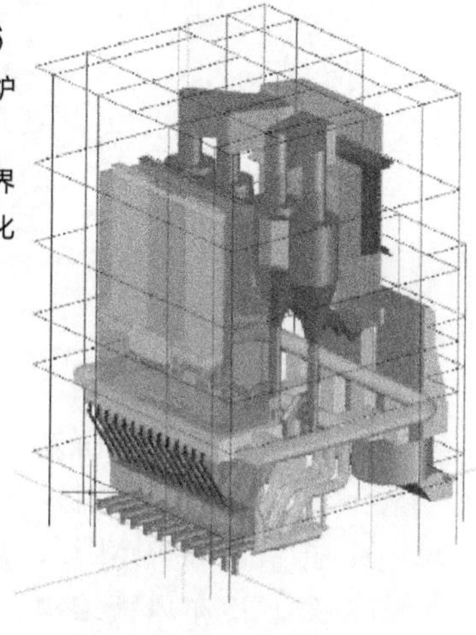

图 1-16
哈电锅炉 660MW 超超临界循环流化床锅炉

上海锅炉于 2001 年 8 月引进了全套 ABB-CE 公司的 50～200MW 循环流化床锅炉技术[30]，在消化吸收引进技术的基础上设计生产了 20 余台 135～150MW 高压和超高压 CFB 锅炉机组。

2003 年，上海锅炉与东方锅炉、哈电锅炉一起引进了法国 Alstom 公司的 200～350MW 级循环流化床技术。在不断发展中，上海锅炉自主开发设计了 300MW 的 CFB 锅炉并于 2010 年 6 月在广东云浮电厂成功投运[31]。上海锅炉自主型的 300MW 亚临界循环流化床锅炉采用了单炉膛单布风板结构，在炉膛单侧“M”形布置 3 个绝热型旋风分离器，无外置式换热器[32]；尾部采用双烟道结构，由挡板调整再热温度，过热温度则通过喷水减温控制，采用四分仓回转式空气预热器（图 1-17）。

上海锅炉也进行了 600MW 超临界循环流化床锅炉设计。其方案的主要特点为：采用单炉膛双布风板结构；在炉膛两侧布置 6 个绝热式分离器，分别对应 6 个外置式换热床；采用一进二出回料器；再热温度由外置床控制，过热温度则通过喷水减温控制；采用中低质量流速内螺纹垂直管圈水冷壁；采用单台回转式四分仓空气预热器等（图 1-18）。

2015 年 11 月，上海锅炉首台 350MW 级超临界循环流化床锅炉在山西朔州通过了 168h 满负荷试运行，其结构如图 1-19 所示。

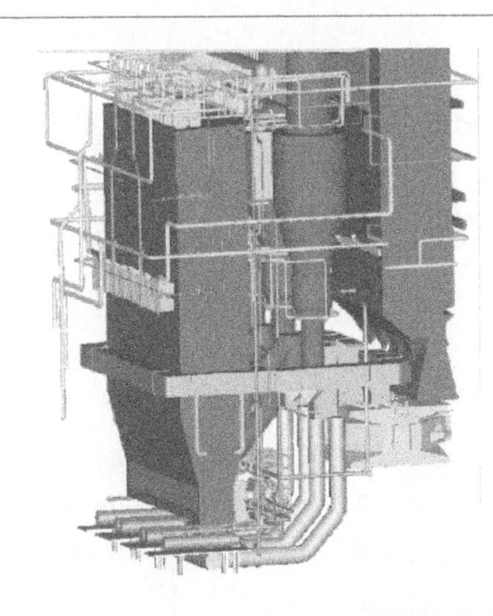

图 1-17 上海锅炉 300MW 循环流化床锅炉

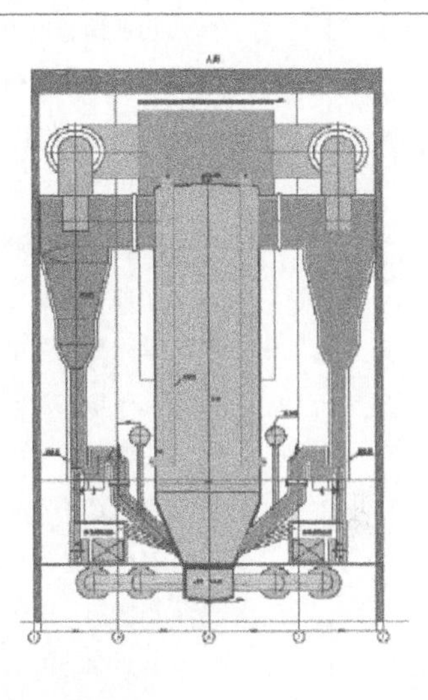

图 1-18 上海锅炉 600MW 循环流化床锅炉

图 1-19 上海锅炉 350MW 超临界循环流化床锅炉

随着国家环保要求提高，循环流化床锅炉基本配有 SNCR 烟气脱硝装置，尾部预留有 SCR 空间，以便为后续可能进一步严苛的环保要求做准备，同时锅炉一般采用炉内脱硫和尾部脱硫相结合，从而满足最新的环保要求。

截止到 2021 年 12 月，我国已有 53 台超临界循环流化床锅炉投运[19]，其中 350MW 的 50 台，600MW 的 1 台，660MW 的 2 台。表 1-5 列出了截止到2021年12月的投运机组名单。

表1-5 截至2021年12月中国已投产的超临界循环流化床锅炉机组

序号	电厂/项目名称	编号	容量/MW	投产日期	生产厂家
1	四川白马循环流化床示范电站有限责任公司	61	600	2013-04-14	东方锅炉
2	山西国金电力有限公司	1	350	2015-09-18	东方锅炉
3	神华神东电力山西河曲发电有限公司	1	350	2015-09-28	东方锅炉
4	华电国际电力股份有限公司朔州热电分公司	1	350	2015-11-03	上海锅炉
5	神华神东电力山西河曲发电有限公司	2	350	2015-11-13	东方锅炉
6	华电国际电力股份有限公司朔州热电分公司	1	350	2015-12-14	上海锅炉
7	山西河坡发电有限公司	1	350	2016-01-30	东方锅炉
8	徐州华美热电有限公司	1	350	2016-01-31	东方锅炉
9	徐州华美热电有限公司	2	350	2016-02-27	东方锅炉
10	山西河坡发电有限公司	2	350	2016-07-15	东方锅炉
11	百色百矿发电有限公司	1	350	2016-09-05	东方锅炉
12	百色百矿发电有限公司	2	350	2016-09-13	东方锅炉
13	山西国金电力有限公司	2	350	2016-12-11	东方锅炉
14	粤华韶关电力有限公司	1	350	2017-11-10	上海锅炉
15	粤华韶关电力有限公司	2	350	2017-12-11	上海锅炉
16	晋能大土河热电有限公司	1	350	2017-12-28	东方锅炉
17	枣庄八一水煤浆热电有限责任公司	1	350	2018-02-11	东方锅炉
18	安徽钱营孜发电有限公司	1	350	2018-04-29	上海锅炉
19	广西华正铝业有限公司热电厂	1	350	2018-06-25	东方锅炉
20	安徽钱营孜发电有限公司	2	350	2018-08-10	上海锅炉
21	广西华正铝业有限公司热电厂	3	350	2018-08-30	东方锅炉
22	广西华正铝业有限公司热电厂	2	350	2018-10-22	东方锅炉
23	晋能大土河热电有限公司	2	350	2018-11-18	东方锅炉
24	广东华电韶关热电有限公司	1	350	2018-12-18	东方锅炉
25	陕西秦龙电力股份有限公司	1	350	2019-01-18	东方锅炉
26	江苏大屯热电有限公司	1	350	2019-01-19	东方锅炉
27	山西启光发电有限公司	1	350	2019-04-28	上海锅炉
28	陕西秦龙电力股份有限公司	2	350	2019-05-05	东方锅炉
29	大同煤矿集团阳高热电有限公司	2	350	2019-05-24	哈电锅炉
30	江苏大屯热电有限公司	2	350	2019-05-24	东方锅炉
31	山西昱光发电有限公司	4	350	2019-06-05	东方锅炉
32	山西昱光发电有限公司	3	350	2019-06-13	东方锅炉
33	大同煤矿集团阳高热电有限公司	1	350	2019-06-28	哈电锅炉

续表

序号	电厂/项目名称	编号	容量/MW	投产日期	生产厂家
34	广东华电韶关热电有限公司	2	350	2019-07-02	东方锅炉
35	山西启光发电有限公司	2	350	2019-09-11	上海锅炉
36	内蒙古京能双欣发电有限公司	1	350	2019-09-17	东方锅炉
37	山西京能吕临发电有限公司	1	350	2019-10-02	东方锅炉
38	贞丰县电力投资有限责任公司	2	350	2019-11-25	东方锅炉
39	大同煤矿集团朔州热电有限公司	1	350	2019-12-06	哈电锅炉
40	内蒙古京能双欣发电有限公司	2	350	2019-12-12	东方锅炉
41	贞丰县电力投资有限责任公司	1	350	2019-12-14	东方锅炉
42	山西京能吕临发电有限公司	2	350	2019-12-30	东方锅炉
43	大同煤矿集团朔州热电有限公司	2	350	2020-01-17	哈电锅炉
44	贵州兴义元豪煤电铝一体化动力车间	2	350	2020-05-22	东方锅炉
45	中煤平朔第一煤矸石发电有限公司	1	660	2020-09-16	东方锅炉
46	中煤平朔第一煤矸石发电有限公司	2	660	2020-09-30	东方锅炉
47	贵州兴义元豪煤电铝一体化动力车间	1	350	2020-11-17	东方锅炉
48	山西国际能源崇光发电有限公司	1	350	2020-12-26	上海锅炉
49	山西国际能源崇光发电有限公司	2	350	2021-02-03	上海锅炉
50	晋能孝义煤电有限公司	1	350	2021-07-20	上海锅炉
51	晋能孝义煤电有限公司	2	350	2021-08-18	上海锅炉
52	吉利百矿集团德保项目	1	350	2021-11-02	东方锅炉
53	天津南港项目	1	350	2021-12-04	东方锅炉
	合计		19420		

2019年初，两台660MW超超临界循环流化床锅炉发电项目获得了国家能源局批复列为国家电力示范项目。其中一个是贵州威赫的660MW超超临界循环流化床发电项目，该锅炉燃用贵州高硫无烟煤，最大连续蒸发量（BMCR）为2057t/h，过热蒸汽出口温度605℃、出口压力29.4MPa，再热蒸汽流量1738t/h，再热蒸汽出口温度623℃、出口压力6.44MPa，由东方锅炉负责设计制造。其整体基本沿用了白马600MW超临界循环流化床锅炉炉型，采用了双布风板炉膛、6台汽冷式旋风分离器、6台回料装置以及6台外置式换热器，炉内和外置式换热器内分别布置有水冷壁、水冷隔墙、屏式受热面和蛇形管受热面，尾部烟道包括低温级蛇形管受热面和省煤器，单独布置有两台四分仓回转式空气预热器。

另一个是山西彬长的660MW超超临界循环流化床发电项目，其燃料为煤矸石、煤泥、中煤和末原煤混合煤质，最大连续蒸发量（BMCR）为1914t/h，过热蒸汽出口温度605℃、出口压力29.4MPa，再热蒸汽流量

1621t/h，再热蒸汽出口温度623℃、出口压力5.96MPa，由哈尔滨锅炉有限公司设计制造。该锅炉采用了单炉膛单布风板结构，风室后墙中部6点进风，炉膛单侧设置有4个分离器、4个中过外置床，再热汽温由双烟道挡板调节，水系统采用二次上升结构，煤泥由煤泥枪给入炉膛密相区。

此外，上海锅炉厂有限公司开展了700MW超超临界循环流化床锅炉设计，设计燃料为烟煤和无烟煤，考虑大比例掺烧煤矸石和煤泥，最大连续蒸发量（BMCR）为2214t/h，过热蒸汽温度605℃，出口压力29.3MPa，再热蒸汽流量1496t/h，再热蒸汽温度623℃，出口压力6.92MPa。该锅炉的特点是采用单炉膛、单布风板结构，分离器前后布置，无外置式换热器，水冷壁、水冷屏串联设计，设置有8个汽冷式旋风分离器，采用新型双N型回料器、尾部双烟道结构，配备两台四分仓回转式空气预热器，利用前后回料腿给煤，底部排渣，采用两级冷渣系统（图1-20）。

图1-20
上海锅炉700MW超超临界循环流化床锅炉

1.2 大型循环流化床锅炉发展中的问题

随着循环流化床锅炉大型化，锅炉蒸发量增加，蒸汽温度和压力提高，炉膛尺寸、炉内颗粒数量大大增加；同时，炉膛内部空间中设置的受热面从无到有，设置方式包括L形、Ω管、U形、中隔墙受热面等，管内工质流程也有不同方式。此外，对锅炉的运行要求更全面，包括清洁高效、节能低耗、启停优化、方便自动、安全长时、超低负荷灵活性运行和灰渣综合利用等。循环流化床锅炉在大型化中面临新的问题。表1-6给出了不同容量循环流化床锅炉的炉膛尺寸和其中固体颗粒的数量。

表 1-6 循环流化床锅炉的炉膛尺寸和其中固体颗粒数量的变化

锅炉容量	炉膛尺寸(长×宽×高)/m	悬吊受热面/m	炉膛截面积/m^2	炉膛容积/m^3	床料颗粒数量/10^9	给煤颗粒数量/(10^7/s)
35t/h	4×3×12	—	12	144	0.3	
75t/h	6×3×22	—	18	396	0.5	
125MW/150MW	18×7.5×30		135	4050	3.5	
200MW	23×8×38		184	6992	4.5	
300MW	28×8.5×50		238	11900	6.5	0.11
350MW(超临界)	31×9.8×50	4.5×33×18片	300	15190	7.0	0.12
600MW(超临界)	28×15×55	4×21×16片	420	23100	11	0.19
660MW(超超临界)	31.5×16.5×55	4×32	520	28586	12	0.20
1000MW	环形炉膛				15	0.30

气固两相在大截面高参数循环流化床炉膛中的流动、燃烧、传热，与其在化工领域快速流态化反应器、小型流化床锅炉中存在差异，这些将影响大型循环流化床锅炉的设计和运行。如大炉膛双布风板支腿密相区颗粒混合问题，床料平衡与控制问题，高炉膛气固浓度分布，二次风穿透问题，悬吊受热面表面颗粒流动问题，多分离器循环回路物料平衡问题，炉膛水冷壁、中隔墙和悬吊受热面的热流分布规律，超临界水动力特性，回料系统受阻对炉膛运行的影响问题等，是大型高参数循环流化床锅炉设计和运行中至关重要及必须解决的问题[33,34]。

1.2.1 炉内气固混合流动特性

气固流体动力特性是基础。循环流化床锅炉炉膛中气固间强烈的混合有利于固体颗粒和气相间的质量、热量传递，改善炉内燃烧，温度均衡，产物生成及与受热面间传热，对炉内燃烧及稳定操作运行均有着重要的作用。随着锅炉容量和蒸汽参数的不断增大，炉膛横截面尺寸、高度随之增大；循环流化床炉膛中的气固环核分布、贴壁下降颗粒流是否会发生变化，炉膛中部空间是否会形成颗粒团等，这些随炉膛体积增大后发生的炉内气固流动特性变化将直接影响大型循环流化床锅炉炉膛内的燃烧、传热、产物生成与控制等特性。

炉内固相颗粒的混合是大型超临界循环流化床锅炉研发和高效清洁运行的一大关键问题。对于大型循环流化床锅炉的下部区域，无论是单布风板、双布风板结构还是环形炉膛布风板结构，布风板面积均较大，燃料、循环物料以及排渣颗粒在炉膛内的扩散流动条件均比较复杂。如四川白马 600MW 超临界 CFB 锅炉的横截面积为 15m×28m，炉膛中部设有中隔墙，并在顶部设有多个悬吊屏[24,35]，这些结构对炉内固相颗粒的扩散混合产生影响，从而影响燃料的燃烧燃尽、产物生成与抑制等。

对于大尺度炉膛，二次风穿透特性影响炉膛内的气固混合和浓度分布。二次风入射口的几何结构、尺寸和间距、入射流的速度和动量、炉内气固流体温度和浓度分布均影响炉内气固间的混合状况[36-39]。

随着容量、参数增加，为满足炉内吸热要求，循环流化床锅炉通常在炉内设有悬吊屏或翼墙。当锅炉容量达到600MW超/超超临界时，炉膛上部需要设有更多的悬吊屏或翼墙来满足锅炉的蒸汽参数和负荷要求，这将不可避免地影响悬吊受热面区域炉内气固、固固相颗粒的混合。此外，固体颗粒在悬吊受热面表面和在水冷壁表面的贴壁下滑流动特性是否存在较大变化，这会影响炉内气固相对悬吊受热面的传热和磨损特性。这在炉膛悬吊受热面设计与运行中是需要关注的。

轴向固相浓度分布是循环流化床锅炉气固流场的重要参数，直接影响炉内各受热面的传热系数和受热面的布置，同时还对炉内气固混合，如二次风穿透等存在影响。白马600MW CFB锅炉的炉膛高度达到了54m，高于已有的绝大部分实验台或锅炉，因而锅炉设计过程中需要对炉内轴向气固流动特性重新认识。

1.2.2 床料平衡及翻床控制

由前面内容可知，一些大型循环流化床锅炉采用了双布风板结构设计，当双布风板支腿间物料失衡时，易导致翻床事故，影响锅炉安全稳定运行。了解循环流化床锅炉双布风板支腿间的床压平衡特性及机理，并提出有效的双布风板支腿物料平衡策略是超临界CFB锅炉研发过程中的一项关键内容。

国内对翻床的研究主要集中在引进型300MW CFB锅炉，相应的研究工作包括实炉运行调试[40-42]、试验台研究[43,44]和数值仿真模拟[45-47]。研究认为由于左、右侧炉膛外界条件的不对称（如给煤量、回料量等存在偏差），引起两侧炉膛内物料流动的不对称，进而导致裤衩腿上部物料发生横向不对称流动，当单侧床压流阻达到一定程度时会造成翻床。

循环流化床锅炉双布风板支腿结构具有自平衡特性，但当总流化风量低于某一临界值时将导致翻床事故发生。具有双布风板设计的循环流化床锅炉运行中使双布风板支腿系统始终处于自平衡状态运行是保证锅炉安全稳定运行的第一选择。

1.2.3 多分离器循环物料分配特性

受限于锅炉尺寸和分离器效率，大型CFB锅炉通常采用多分离器设计[10,24]。如白马600MW的CFB锅炉在炉膛左右对称布置有6个分离器。

不均匀的气固两相流进入不同分离器后，有可能导致各分离器分离效率不一致，并最终导致循环物料分配不均匀。Hartge 等[48]在波兰 235MW 的 CFB 锅炉上测得平行分布的两个分离器出口顶部流量并不相同。Kim 等[49]也发现某大型 CFB 锅炉对称分布的两个出口处磨损形态存在明显差异，间接说明出口流量并不均匀。

气固两相流不均匀分布影响炉膛壁面的气固流动，将导致换热面不均匀换热、局部超温、不均匀燃烧和污染排放等诸多问题，了解多分离器循环物料分配特性是超临界循环流化床研发过程中的一项重要内容。

1.2.4　降低炉膛燃烧污染物

随着燃烧污染物排放法规日益严格，对循环流化床锅炉产生的污染物（包括硫氧化物、氮氧化物）排放要求也越来越高，需要研究、提出更为先进的理论和技术以减少炉内污染物的产生。大型循环流化床炉膛截面积和高度较大，气固两相在其中运动不均匀程度大，局部区域气氛不同。

超大循环流化床锅炉炉膛内高效协同抑制硫氮污染物的技术和实现方法可包括：①炉膛过量空气系数控制、一二次风分级配风法；②二次风延迟入炉法；③炉膛中部配风法；④二次风交变配风方式；⑤炉膛密、稀相区脱硫剂分级送入技术。一二次风口、燃料给入口、返料口位置及流率等对燃烧污染的产生和抑制有较大影响，针对不同锅炉、不同燃料，确定优化给入位置和流率对于锅炉高效清洁燃烧非常重要，在炉膛内通过运行控制温度、氧化还原气氛等方法尽量抑制燃烧污染物的排放是经济的首选方法。

1.2.5　水冷壁磨损与防磨梁防磨

在循环流化床锅炉炉膛中，密、稀相区的交界处、炉膛四角角部、悬吊受热面下部、分离器入口等区域是易磨损区。特别是燃烧灰分较高的燃料时，CFB 锅炉炉膛的水冷壁会发生大面积磨损。水冷壁磨损爆管是我国循环流化床锅炉非正常停炉的重要原因之一。

在循环流化床锅炉炉膛中，水冷壁面存在的颗粒下降流是造成磨损的主要原因。一般锅炉厂或电厂会选择在水冷壁表面间隔设置防磨梁[50-53]，以此来破坏贴壁颗粒持续下降流，降低其下降速度，减轻水冷壁的磨损[54-56]。设置防磨梁后炉膛受热面壁面的气固流场发生变化，需要了解其对炉膛受热面传热、磨损等的影响特性。

1.2.6　床存量、粒径对炉膛压降的影响

循环流化床锅炉运行中的节能问题很重要，与经济性和环保性相关。

锅炉运行能耗受烟风阻力系统阻力的影响较大。一般地，循环流化床锅

炉烟风阻力系统阻力包括一、二次风风道阻力，布风板阻力，二次风口阻力，炉膛压降，分离器阻力，尾部烟道阻力及脱硫、脱硝、除尘设备和烟囱阻力，其中较高密度的气固相在炉膛中运动，炉膛压降是锅炉运行能耗的重要组成部分。

炉膛压降受到炉膛床存量、粒径分布的影响。在循环流化床中，床存量、粒径分布对炉膛中的颗粒浓度分布影响较大。一方面，床存量减少对于降低炉膛压降、减少锅炉能耗是有益处的；但另一方面，由于循环流化床锅炉的热量传递主要通过较高浓度的固体颗粒与受热面间的对流换热和气固相与受热面间的辐射换热进行，为保证炉膛受热面的热量传递，需要炉膛上部有较高的颗粒浓度，否则会影响锅炉负荷，如果床存量过少则影响锅炉负荷。

了解不同运行工况、不同燃烧煤种等条件下床存量、粒径对炉膛压降的影响如何，对于大型循环流化床锅炉的经济、清洁运行十分重要。

1.2.7 受热面热流分布特性

合理优化的水冷壁及炉内换热面布置是锅炉，尤其是超临界锅炉安全稳定运行的重要基础。对于超超临界流化床锅炉，由于水冷壁管子内工质沿程发生汽化，其温度是变化的，水冷壁壁面温度沿炉膛高度也是变化的。明确炉内受热面的热流分布是超临界循环流化床锅炉研发过程中的一项重要内容，它决定炉膛受热面的面积和布置。

炉膛热流分布取决于炉膛侧的热量传递和受热面侧的工质吸热情况。循环流化床炉膛中，传热系数可分为对流和辐射两部分，它们的数值取决于炉膛气、固流动特性和受热面温度分布[57]。

对于小型循环流化床锅炉，一般可采用经验公式或简单的颗粒团更新传热模型计算炉膛水冷壁的传热系数。不过，对于复杂气固流场与多种受热面设置的大型循环流化床锅炉，则情况会复杂些。如白马600MW的超临界循环流化床锅炉在炉膛内除四周水冷壁外，炉膛上部布置有悬吊受热屏，炉膛中间设置有中隔墙。大型炉膛中气固两相在这些受热表面的流场与水冷壁存在差别，同时超临界参数条件下水冷壁壁面温度沿炉膛高度是变化的，这些受热面的传热热流数值在新条件下的确定需要研究解决。

如果采用颗粒团传热模型[58]来确定这些受热面的传热特性，因为气固流场特性发生变化，需要对一些关键参数进行计算修改，包括颗粒团壁面覆盖率、固体颗粒悬浮浓度、固体颗粒在壁面上的速度等。不同的受热面根据流场特性参数不同对待。

1.2.8 超临界循环流化床锅炉的水动力特性

超临界CFB锅炉与亚临界CFB锅炉相比，运行参数高，运行方式更加复杂，水动力设计时既需要确保锅炉不发生偏离核态沸腾（DNB），又要保证在蒸干（dryout）发生后水冷壁壁温处于安全状态。为此，需要在不同热负荷条件下，开展工质在不同尺寸垂直上升管（包括内螺纹管）中的传热特性实验研究，了解其在超临界CFB锅炉工作范围内的传热特性，掌握在工作范围内不发生DNB，即使蒸干发生后壁温飞升也在安全范围内的规律[59,60]。

此外，为更加准确地了解超临界循环流化床锅炉设计方案下水冷壁的水动力特性，如壁温分布特性、流量偏差、热偏差和动态响应特性等，需要基于能量、质量平衡方程开展数值研究，研究不同负荷下，超临界循环流化床锅炉管壁温度处于管子材料允许温度范围内[61,62]的设计水冷壁流量偏差和热偏差，发生扰动后的响应参数变化趋势，流动系统稳定性等，判定水冷壁设计和运行的安全可靠性[63]。

1.2.9　回料系统受阻时对炉膛运行的影响

CFB锅炉的物料循环系统对锅炉的安全稳定运行起着重要作用。大型循环流化床锅炉的气固主循环回路通常由多个分离器、返料系统组成，运行中某一个或几个循环回路发生故障会导致炉内颗粒浓度及压力分布发生变化，影响锅炉安全稳定运行。这需要提前了解后果以便建立防止预案。因此，了解大型循环流化床锅炉在某一循环回路部分或全部中断时，炉膛内的局部空隙率变化具有重要意义。

1.2.10　高碱煤燃烧碱金属迁移与受热面沾污

中国新疆地区煤炭资源丰富，其中准东煤的水分和挥发分含量高，灰分和硫含量较低，易着火、易燃尽，煤质较好[64]；但由于碱金属含量高，灰熔点低，是一种典型的高碱煤，具有很强的沾污结渣倾向。

相比煤粉炉燃烧，循环流化床锅炉在运行过程中炉温较低，一般控制在850～950℃，一方面会减少碱金属的释放，另一方面可防止飞灰达到熔融温度，在一定程度上缓解了高碱煤在燃用过程中出现的沾污结渣问题。此外，循环流化床内大量的床料冲刷不利于受热面上渣层的生长。然而，在电厂实际运行过程中，运行人员发现循环流化床锅炉内同样出现了沾污结渣的问题。

沾污结渣是锅炉燃用高碱煤过程中易出现的问题，研究炉内碱金属在燃烧过程中的迁移转化规律对于理解沾污结渣的机理以及实现锅炉安全、经济燃用高碱煤具有重要意义。

1.2.11　多元燃料燃烧

循环流化床锅炉燃料适应性广，可燃燃料包括煤矸石、煤泥、石煤、生物质、城市废弃物和垃圾等，这些燃料在粒径分布、颗粒密度、成分和热值等方面与一般燃煤不同。此外，在循环流化床锅炉中，多元/多种燃料在同一炉膛中的燃烧，燃料粒径不同、密度不同，颗粒形状差别较大，磨损与破碎特性也不同，其气固流动特性比单一燃料燃烧复杂，燃烧稳定性、炉内硫氮污染物协同控制等具有多变性。获得多元低热值燃料循环流化床的燃烧特性、产物生成与控制特性、宽范围变负荷安全运行调配特性及硫氮污染物协同控制机制，形成多元燃料大容量高参数循环流化床清洁高效燃烧技术是高效清洁利用多元燃料的基础。

1.2.12 灵活性运行

偏离循环流化床锅炉的设计工况并不是值得推荐的运行方式，但在当前的能源结构调整形势条件下，为适应新能源电力系统的发展和实现对大规模可再生能源的消纳，要求热电联产机组具备更为灵活的调峰能力，需要相应的循环流化床锅炉机组发展低热值煤清洁高效燃烧资源利用与灵活发电关键技术，包括大负荷灵活运行与机组的匹配，超低负荷条件下的燃烧稳定、工质循环、参数保证，变负荷过程中的燃烧污染物生成与控制，负荷变动率对设备的影响等。

此外，研发更大容量、更高参数、更多炉型的循环流化床锅炉，进行旧锅炉循环流化床高效清洁节能改造，发展循环流化床燃烧二氧化碳捕捉与利用（CCS/CCUS）技术，拓宽循环流化床锅炉灰渣（包括高钙硫比脱硫灰渣）综合利用，以及开展双循环流化床系统技术利用等都是大型循环流化床锅炉技术发展中可深入开展与需要精细化的工作领域。

随着循环流化床锅炉向大型化、超临界参数方向发展，设计运行中出现了各种问题。在试验困难、试验方法局限的条件下，针对上述在大型、超/超超临界循环流化床锅炉发展中的问题，本书基于大型循环流化床锅炉综合数学模型，开展了数值计算研究，给出数值回答，为设计、运行提供参考思路。

需要注意的是，数值结果的体现包括具体数值和变化趋势，考虑各种条件的不同性，具体数值结果会存在误差，但影响趋势特别是局部区域的参数分布和变化具有指导意义。

参考文献

[1] 李佑楚．流态化过程工程导论［M］．北京：科学出版社，2008.

[2] 岑可法，倪明江，骆仲泱，等．循环流化床锅炉理论设计与运行［M］．北京：中国电力出版社，1998.

[3] Leckner B. Development in fluidized bed conversion of solid fuels ［J］. Thermal Science，2016，20（增刊 1）：1-18.

[4] Reh L. The circulating fluid bed reactor-its main features and applications [J]. Chemical Engineering and Processing: Process Intensification, 1986, 20 (3): 117-127.
[5] 程乐鸣，周星龙，郑成航，等．大型循环流化床锅炉的发展 [J]. 动力工程，2008，28 (6)：817-826.
[6] Chen W, Jiang P. Design and operation of CFB with compact separator [J]. Power Gen Asia, 2011.
[7] Butler J J, Mohn N C, Semedard J-C, et al. CFB technology: can the original clean coal technology continue to compete [C]//Power Gen International, 2005.
[8] 周一工．循环流化床锅炉外置式换热器研究 [J]. 热电技术，2005 (3)：8-13.
[9] Jaud P, Jacquet L, Delot P, et al. CFB boiler at Gardanne (France) [J]. EPRI, 1995, 1: 105258.
[10] Hotta A. Foster Wheeler's solutions for large scale CFB boiler technology: features and operational performance of Łagisza 460MWe CFB boiler [C]//Proceedings of the 20th International Conference on Fluidized Bed Combustion. Berlin: Springer, 2009.
[11] Utt J, Hotta A, Goidich S. Utility CFB goes "supercritical" —Foster Wheeler's Lagisza 460MWe operating experience and 600-800MWe designs [C]//Presented at Coal-Gen 2009. Charlotte, 2009.
[12] Psik R, Slomczynski Z. Final stage of first supercritical 460MWe CFB boiler construction—Project update [C]//Presented at Power Gen International. Orlando, 2008.
[13] Ryabov G A. Economical comporison PC and CFB boilers for retrofit and new power plants in russia [C]//Proceedings of the 20th International Conference on Fluidized Bed Combustion. Berlin: Springer, 2009.
[14] https: //www. power-eng. com/2008/02/13/foster-wheeler-wins-russian-contract-for-advanced-cfb-steam-generator/.
[15] Nuortimo K. State of the art CFB technology for flexible large scale utility power production [J]. Power Gen Russia, 2015.
[16] Utt J, Giglio R. Foster Wheeler's 660MWe supercritical CFBC technology provides fuel flexibility for Asian power markets [J]. Power Gen Asia, 2012.
[17] Robertson A, Goidich S, Fan Z. 1300 F 800MWe USC CFB boiler design study [C]//Proceedings of the 20th International Conference on Fluidized Bed Combustion. Berlin: Springer, 2009.
[18] Marchetti M M, Czarnecki T S, Semedard J C, et al. Alstom's large CFBs and Results [C]// Proceedings of the 17th International Conference on Fluidized Bed Combustion. Jacksonville, 2003.
[19] 黄中，杨娟，车得福．大容量循环流化床锅炉技术发展应用现状 [J]. 热力发电，2019 (6)：1-8.
[20] 孙献斌．循环流化床锅炉大型化的发展与应用 [J]. 电站系统工程，2009 (4)：1-4.
[21] 聂立，王鹏，霍锁善，等．东方型 300MW 循环流化床锅炉开发设计 [J]. 东方电气评论，2007：21 (2)：33-42.
[22] 骆仲泱，何宏舟，王勤辉，等．循环流化床锅炉技术的现状及发展前景 [J]. 动力工程，2004，24 (6)：761-767.
[23] 四川白马 300MW 循环流化床示范工程总结编委会．四川白马 300MW 循环流化床示范工程总结 [M]. 北京：中国电力出版社，2007.
[24] 聂立，王鹏，彭雷，等．600MW 超临界循环流化床锅炉的设计 [J]. 动力工程，2008，28

(5)：701-706.

[25] 苏虎，聂立，杨雪芬，等．东方型350MW超临界循环流化床锅炉的开发与设计［J］．东方锅炉，2010（1）：1-6.

[26] 巩李明，聂立，王鹏，等．东方锅炉660MW～1000MW超临界环形炉膛CFB锅炉开发［C］//全国电力行业CFB机组技术交流服务协作网第十二届年会论文集．长沙，2013.

[27] 赵果然．哈锅300MW循环流化床锅炉技术［J］．电站系统工程，2009，25（3）：40-40.

[28] 张彦军，王凤君，姜孝国．哈锅自主开发型300MW CFB锅炉设计特点［J］．锅炉制造，2008（3）：1-3.

[29] 张曼，姜孝国，王凤君，等．600MW超临界循环流化床锅炉有技术特点［J］．锅炉制造，2009（6）：1-6.

[30] 牛天况，顾凯棣．上海锅炉厂有限公司循环流化床锅炉技术发展的现状［J］．锅炉技术，2000，31（6）：1-6.

[31] 肖峰，王冬福，李炳顺，等．上锅循环流化床锅炉业绩和技术特点［C］//循环流化床锅炉技术2010年会论文集．长沙，2010.

[32] 吴润，汪小华，陈卓卫，等．上锅首台300MW自主型循环流化床锅炉设计和运行［C］//循环流化床锅炉技术2010年会论文集．长沙，2010.

[33] 程乐鸣，许霖杰，夏云飞，等．600MW超临界循环流化床锅炉关键问题研究［J］．中国电机工程学报，2015，21：5520-5532.

[34] Cheng L M，Ji J Q，Wei Y J，et al. A note on large-size supercritical CFB technology development［J］. Powder Technology，2020，363：398-407.

[35] 郑兴胜，郭强，周棋．首台自主研发600MW超临界CFB锅炉启动调试及试运行［J］．东方电气评论，2014，28（109）：19-22.

[36] 郑成航，程乐鸣，周星龙，等．300MW单炉膛循环流化床锅炉二次风射程的数值模拟［J］．动力工程，2009，29（09）：801-805，812.

[37] 郑成航，程乐鸣，骆仲泱，等．裤衩型300MW循环流化床炉膛二次风数值模拟［J］．浙江大学学报（工学版），2010，240（04）：743-749.

[38] Zhou X L，Cheng L M，Wang Q H，et al. Study of air jet penetration in a fluidized bed［C］//The 20th International Conference on Fluidized Bed Combustion. Xian，2009.

[39] Zhou X L，Cheng L M，Wang Q H，et al. Influence of secondary air ratio on gas-solid mixing and combustion in a 300MWe CFB boiler furnace［C］//2010 International Conference on E-Product E-Service and E-Entertainment. Henan，2010.

[40] 吴玉平，周嗣林，蒋茂庆．300MW循环流化床锅炉翻床现象及处理方法［J］．热力发电，2007（8）：55-57.

[41] 王引成．300MW双炉室循环流化床锅炉偏床问题研究［J］．电力学报，2010，25（2）：121-130.

[42] 赵凯，李前宇，米子德．双支腿循环流化床锅炉的燃烧调整［J］．华北电力技术，2007（7）：22-25，39.

[43] Li J，Wang W，Yang H，Lv J，et al. Bed inventory overturn in a circulating fluid bed riser with pant-leg structure［J］. Energy & Fuels，2009，23：2565-2569.

[44] Li J，Zhang H，Yang H，et al. The mechanism of lateral solid transfer in a CFB riser with pant-Leg structure［J］. Energy & Fuels，2010，24：2628-2633.

[45] 李金晶，吕俊复．刘树清，等．300MW循环流化床的仿真建模［J］．清华大学学报（自然科学版），2009，49（11）：1813-1817.

[46] 杨志伟，王哲，李政，等．裤衩型循环流化床动态数学模型研究［J］．动力工程学报，2010，30（11）：820-826.

[47] 孙纪宁，王哲，杨志伟，等．裤衩腿循环流化床流动特性及翻床机理的研究［J］．动力工程学报，2010，30（5）：336-341.

[48] Hartge E U，Budinger S，Werther J，Spatial effects in the combustion chamber of the 235MWe CFB boiler Turow［C］//Circulating fluidized bed technology Ⅷ. Hangzhou：International Academic Publishers，2005.

[49] Kim T W，Choi J H，Shun D W，et al. Wear of water walls in a commercial circulating fluidized bed combustor with two gas exits［J］. Powder Technology，2007，178：143-150.

[50] 钱宇，张敏，李力全．循环流化床锅炉防磨技术［J］．热力发电，2007（6）：72-74.

[51] 李渭春．循环流化床锅炉磨损问题分析及防磨措施［J］．锅炉制造，2008（5）：7-9.

[52] 肖平，吕海生，徐正泉，等．大型CFB锅炉安装防磨梁后防磨效果及锅炉运行性能影响研究［C］//全国电力行业CFB机组技术交流服务协作网第十届年会论文集．成都，2011.

[53] 王东峰．465t/h循环流化床锅炉炉内防磨损改造［J］．能源工程，2014（4）：76-80.

[54] 西安热工研究院有限公司．一种带有防磨装置的循环流化床锅炉炉膛：200520118121.2［P］．2007-01-03.

[55] 浙江大学．一种循环流化床反应器内壁面的防磨结构：200820083290.0［P］．2009-01-28.

[56] 华北电力大学．循环流化床锅炉水冷壁防磨导流装置：201010623581.6［P］．2011-05-11.

[57] 程乐鸣，王勤辉，施正伦，等．大型循环流化床锅炉中的传热［J］．动力工程，2006，03：305-310.

[58] 程乐鸣，岑可法，倪明江，等，循环流化床锅炉炉膛热力计算［J］．中国电机工程学报，2002，22（12）：146-151

[59] 张彦军，杨冬，于辉，等．600MW超临界循环流化床锅炉水冷壁的选型及水动力研究［J］．动力工程，2008，28（3）：339-344.

[60] Yang D，Pan J，Zhou C Q，et al. Experimental investigation on heat transfer and frictional characteristics of vertical upward rifled tube in supercritical CFB boiler［J］. Experimental Thermal and Fluid Science，2011，35（2）：291-300.

[61] 周旭，杨冬，肖峰，等．超临界循环流化床锅炉中等质量流速水冷壁流量分配及壁温计算［J］．中国电机工程学报，2009，29（26）：13-18.

[62] 李燕，李文凯，吴玉新，等．带隔墙600MW超临界循环流化床锅炉水冷壁水动力特性［J］．中国电机工程学报，2008，28（29）：1-5.

[63] 杨冬，马彦花，潘杰，等．600MW超临界循环流化床锅炉水冷壁动态特性的研究［J］．动力工程，2009，29（8）：722-727.

[64] 杨忠灿，刘家利，何红光．新疆准东煤特性研究及其锅炉选型［J］．热力发电，2010，39（8）：38-40.

第2章

循环流化床气固流动、传热、磨损模型与模拟

（本章彩图请扫描右侧二维码下载。）

循环流化床中的气固流体动力特性是燃烧、传热、磨损、产物生成与抑制的基础。循环流化床内强烈的气固湍动、混合过程直接决定传热、传质过程，影响炉内的气固燃烧和热量分布。准确描述大型循环流化床锅炉内的气固流动特性是建立准确的循环流化床燃烧系统数学模型的基础。

2.1 循环流化床气固流动模拟

循环流化床气固流场模拟可分为基于半经验公式的和基于数值计算的两种流场计算方法，分别对应半经验燃烧模型和数值计算燃烧模型。

2.1.1 半经验方法

流场半经验计算模型，一般是指基于对循环床床内流场一定的认识和合理假设，将流场划分为若干个典型的气固流动区域，采用经验性的公式或结论在一定程度上描述这些区域内的气固相浓度、速度分布特性，根据质量以及动量守恒方程获得完整的炉内气固流动特性分布。

早期的循环流化床气固流动借鉴了鼓泡床流动模型，沿轴向将床分成密相区和稀相区两部分，如图 2-1 所示。其中，密相区常当成鼓泡床或湍流床，认为其中的气固浓度和温度分布均匀，不考虑煤、回料等进入炉膛后的混合过程。随着对流化床内气固流动特性的认识加深，研究者在稀密相之间加入了过渡区（加速区或飞溅区），用于考虑固相由于扬析等作用从密相区进入稀相区，也允许了上下两区之间的质量、动量交换。为了考虑炉膛出口对炉内气固分布，特别是炉顶区域的影响，后续模型也在上部增加了出口区域[1]。

当循环流化床内环核流动结构发现和确立后，研究者进一步将床内稀相区分成了固相高浓度的边壁下滑区和固相低浓度的气固上升核心区两部分，如图 2-2 所示。在 20 世纪 90 年代，相关的循环流化床流动模拟研究工作建立了大量气固环-核流动特性模型，其中比较典型的有 Hartge[2]、Rhodes[3]、Berruti、Kalogerakis[4]以及 Bai[5]等的模型。通常，环核结构流动模型认为炉膛核心区域以上升气相为主，固相浓度较低且随气相作上升流；而边壁区以固相为主，空隙率一般接近临界流化空隙率，并以接近颗粒终端速度的速度下滑；同时，核心区和边壁区之间存在质量、动量交换。但对于两区中的固相浓度、边壁厚度、颗粒速度参数的设定或求解存在不同的假设和简化。环核结构的稀相区结合床下部的密相区，从而形成了循环流化床 1.5 维流场结构（图 2-2）。

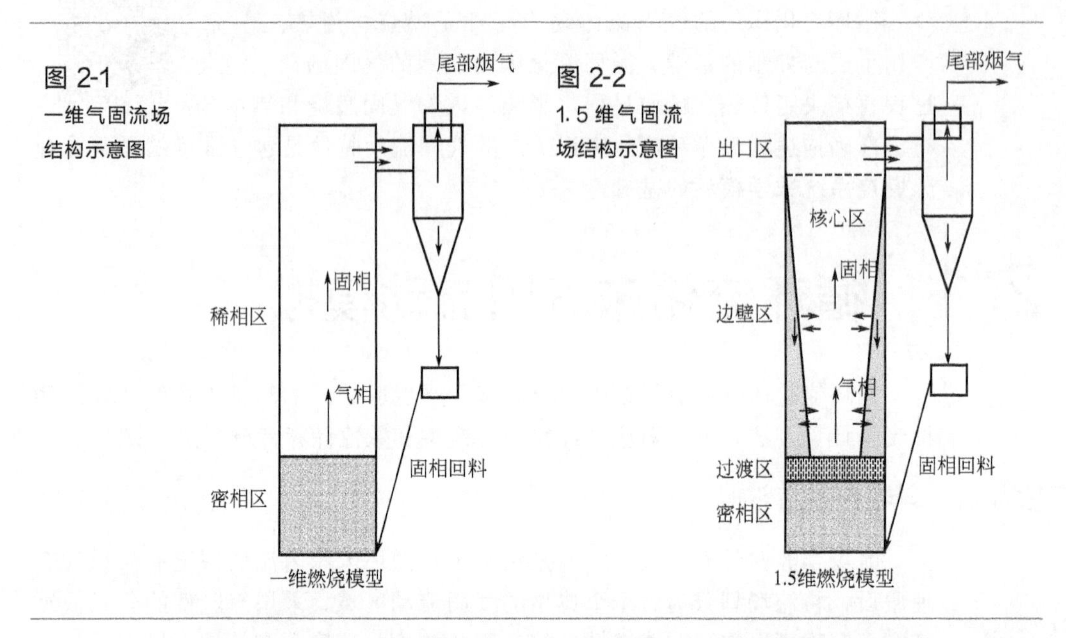

图 2-1 一维气固流场结构示意图

图 2-2 1.5 维气固流场结构示意图

随着环核流动模型发展至成熟，研究者也在原有 1.5 维流动模型的基础上进一步拓展，建立了 3 维气固流动模型。这些模型在结构形式上与原模型类似，更多的是加入了炉膛宽度或深度方向上的气固流动特性，考虑了炉膛截面气固 2 维分布特性。这部分流场建模工作大多是基于 3 维循环流化床锅炉燃烧模型的需要，如德国汉堡工业大学建立的 3 维燃烧模型[6]，查尔姆斯理工大学建立的 3 维燃烧模型[7]等。但基于半经验假设的三维流动模型存在如何确定大炉膛截面上的固相浓度分布以及环核结构是否适用于大截面炉膛等问题，需要进一步地研究和验证。

循环流化床锅炉炉膛的固相轴向浓度分布受运行风速、固相粒径、循环倍率、气相黏度等的影响。在半经验燃烧模型中，底部密相区的空隙率一般可按照运行参数和颗粒物性等直接选取［0.6～0.78（湍流床）、0.4～0.6（鼓泡床）］[8]或者采用半经验公式计算[9]。由于现有气固流场模型较多以大高径比的小型流化床为建模对象，床层稀相区固相轴向空隙率分布通常呈现为 S 型分布或指数型分布曲线，较多情况下可直接采用半经验公式得到。其中 Kunii-Levenspiel 公式[10]应用较多。

$$\frac{\varepsilon^{*}-\varepsilon(z)}{\varepsilon^{*}-\varepsilon_{1}}=\mathrm{e}^{-az} \tag{2-1}$$

式中，ε^{*} 为密相区固相空隙率；ε_1 为顶部空隙率；a 为系数；z 为某一位置高度。

除此之外，在环核模型中，研究者也通过求解气固相在核心区和边壁区的质量、动量方程，得到了气固轴向的浓度和速度分布情况[11]。由于该方程组并不封闭，通常需要一定的假设，如假定滑移速度、气相速度或两区的通量等。在实际计算中，对于稀相区常沿轴向划分为若干个小室，每个小室中间为核心区，两侧为边壁区，通过对每个小室进行质量和动量计算进行求解。

循环流化床内截面径向固相空隙率分布在一维流动模型中未考虑。但实际上，循环流化床中床层截面固相空隙率分布是不均匀的，边壁区要远低于中心区，这也是环核流动结构建立的物理基础。在环核流动模型中，通常认为边壁区内为高浓度颗粒下降流，中心区为颗粒浓度较低的气相上升流，其中边壁区厚度、两区内固相浓度等是重要参变量。这些参量在部分模型中常被简化为常量，但实际上边壁区厚度随着高度的增加而减小，该厚度的计算较多采用 Werther-Wein 公式[12]。

$$\frac{\delta}{D}=0.55Re^{-0.22}\left(\frac{H_b}{D}\right)^{0.21}\left(\frac{H_b-h_i}{H_b}\right)^{0.73} \tag{2-2}$$

式中，δ 为边壁区厚度；H_b 为床高；D 为床当量直径；h_i 为某一位置的高度；雷诺数 $Re=\frac{U_g D\rho_g}{\mu_g}$。

关于边壁区厚度，Hartge 等[13]采用水冷探针对波兰 Turow 电厂一台235MW 循环流化床锅炉炉内的气固流场进行测量后发现，炉膛贴壁边界层的厚度随炉膛高度的降低而增大，分布在 0.1～0.3m 的厚度范围内。周星龙等[14]在一台水冷壁装有防磨梁的 330MW 循环流化床锅炉中测得炉膛中上部边壁区厚度为 0.1～0.18m。

也有试验表明，截面局部空隙率仅是截面平均空隙率和无量纲径向距离 r/R 的函数。因此，对于中心区内的径向固相空隙率分布可以用 Rhodes 等的公式[15]来表示。

$$\frac{\varepsilon_p}{\overline{\varepsilon}_p}=1-\frac{\beta}{2}+\beta\left(\frac{r}{R}\right)^2 \tag{2-3}$$

式中，β 为比例系数；r 为径向位置；R 为床半径。

2.1.2 数值模拟方法

随着计算机技术的发展，计算流体动力学（computational fluid dynamics）已经逐渐成为研究气固两相流动的有力工具，且随着相应计算模型和计算工具的完善，逐渐应用到实际工程领域。若要对循环流化床炉膛内的燃烧进行模拟，一个合适的气固流体动力学模型是循环流化床燃烧模型成功的关键。

一般地，对气固两相流的数值模拟按照描述方法主要分为两类，即欧拉-

拉格朗日方法和欧拉-欧拉方法。欧拉-拉格朗日方法是将气体和颗粒分别作为连续介质和离散相进行处理，即利用欧拉坐标系考察气体运动，利用拉格朗日坐标系研究颗粒群的运动，也称颗粒轨道模型。在颗粒轨道模型中，Cundall 和 Strack[16] 提出的离散单元模型（DEM 模型）被较多的研究采用。其处理离散颗粒相的思路是在拉格朗日坐标系下对每一个颗粒的受力情况和运动轨迹进行跟踪，对于颗粒与流体之间的作用力采用经验关系式确定。DEM 模型颗粒间的作用力根据不同模型确定，按照所采用模型的不同，又分为软球模型和硬球模型。欧拉-拉格朗日方法在计算过程中需要对每个颗粒进行跟踪，颗粒运动方程数和颗粒数目成正比，计算量也随颗粒数增加而增大，计算颗粒数受计算机性能的限制[17-19]。

欧拉-欧拉方法是基于欧拉坐标系的连续介质模型，把颗粒作为拟流体，认为颗粒与流体是共同存在且相互渗透的连续介质，两相均在欧拉坐标系下处理，用宏观连续介质原理中的质量、动量、能量守恒方程进行描述，也称为双流体模型（two-phase flow model）。该模型先后发展出了无滑移模型、小滑移双流体模型和有滑移-扩散的双流体模型，另外目前研究采用较多的颗粒动力学模型也属于双流体模型，其基础是颗粒碰撞理论。对于较浓相的气固两相流，双流体模型通过固体黏度和固体压力来表示颗粒间的相互作用。

在现阶段针对大型工业循环流化床锅炉燃烧的数值模拟计算中，炉内气固流场模拟主要基于欧拉两相流模型。

欧拉两相流模型由 Jackson[20]、Murray[21] 和 Anderson[22] 等人提出。1986 年，Gidaspow 等[23]在双流体模型中将颗粒作为连续相处理，成功地预测了鼓泡床的流体力学行为。该模型是将一定浓度下的离散固体颗粒看作一种假想的连续介质，认为颗粒相与真实流体之间相互渗透，两相流场是拟流体和真实流体的各自运动及相互作用的综合表现。连续介质是指将流体当成由无数质点构成的连续介质，宏观描述流体的物理性质和运动特性，并假设这些流体的各种物理量在流体空间上的分布和变化均为连续的。在模型中，颗粒相的空间占量用体积分数来表示。颗粒相间的作用通过颗粒黏度来耦合，气固相间的作用常通过气固曳力来耦合。

欧拉两相流模型对两相方程中的各种应力项及曳力项需要给出封闭模型。在模型实际运用中，气相通常采用 k-ε 模型描述，如标准 k-ε 模型[24,25] 和 RNG k-ε 模型[26]等。而对颗粒相处理时，目前主流方法是采用根据稠密气的分子动力学理论建立的颗粒动力学（kinetic theory of granular flow，KTGF）理论。颗粒动力学理论由 Savage 等许多研究者[27]在研究气固两相流的稠密颗粒流问题时，类比稠密气体分子运动理论的基础上初步建立。Chapman 和 Cowling[28]、Ding 和 Gidaspow[29]、Kuipers 等[30]以及 Boemer

等[31]则将颗粒动动学理论发展了起来并用于处理颗粒相切应力的计算问题，其中 Ding 和 Gidaspow 将这个方法应用在了双流体模拟中[29]。

欧拉两相流模型经历长时间的发展，已经有了较好的研究基础，但其仍存在如何正确描述气固间曳力作用以及如何进行多粒径气固流动模拟的问题。由于在炉内局部流动结构中存在颗粒团聚等现象，基于固相均匀分布的曳力计算模型，如 Gidaspow 曳力模型等无法准确地模拟床内气固分布。在现阶段，energy-minimization multi-scale（EMMS）曳力模型[32,33]能够较好地反映炉内气固分布的不均匀性，在计算中可以得到与实际较为相符的模拟结果[34]。

此外，数值计算中，发展于粒子网格模拟法（particle-in-cell）[35,36]的多相粒子网格模拟法（multiphase particle-in-cell，MP-PIC）[37,38]，充分利用了欧拉-欧拉连续体模型和欧拉-拉格朗日离散模型，对连续介质流体（如空气）的求解基于“欧拉”框架，采用连续性方程和 Navier-Stokes 方程求解流体运动；对离散相（如颗粒）的求解基于“拉格朗日”框架，将部分相同粒径和密度的真实颗粒“打包”成计算颗粒（parcel），采用牛顿第二定律更新计算颗粒的速度及位置进行求解。并且，MP-PIC 模型不直接求解颗粒间的碰撞，而是引入 Harris & Crighton 固相颗粒压力来表征碰撞过程[39]，即不直接计算具体每个颗粒的碰撞行为，而是用力的方式（颗粒压力）表征颗粒受到其他颗粒的碰撞过程。该模型的最大特点，一是采用计算颗粒替代真实颗粒简化计算，二是引入颗粒压力表征碰撞过程，这两大特点使得工业尺度、多颗粒（真实颗粒数量$>10^{10}$）体系的“拉格朗日”数值模拟成为可能，可实现不同密度不同粒径的混合燃料计算。

MP-PIC 模型的基本方程如下：

（1）控制方程

气相控制方程：

$$\frac{\partial \alpha_{\mathrm{f}}}{\partial t}+\nabla(\alpha_{\mathrm{f}}\vec{u}_{\mathrm{f}})=0 \tag{2-4}$$

$$\frac{\partial(\alpha_{\mathrm{f}}\vec{u}_{\mathrm{f}})}{\partial t}+\nabla(\alpha_{\mathrm{f}}\vec{u}_{\mathrm{f}}\vec{u}_{\mathrm{f}})=\frac{-\alpha_{\mathrm{f}}\nabla p}{\rho_{\mathrm{f}}}-\frac{\nabla\tau_{\mathrm{f}}}{\rho_{\mathrm{f}}}-\frac{1}{\rho_{\mathrm{f}}}D_{\mathrm{p}}(\vec{u}_{\mathrm{f}}-\vec{u}_{\mathrm{p}})+\alpha_{\mathrm{f}}\vec{g} \tag{2-5}$$

式中，α_{f} 为气相体积分数；$\vec{u}_{\mathrm{f}}$ 和 $\vec{u}_{\mathrm{p}}$ 分别为气相速度和固相颗粒速度；p 为气体压力；ρ_{f} 为气体密度；τ_{f} 为气相应力；D_{p} 为曳力系数；$\vec{g}$ 为重力加速度。

固相控制方程：

$$\frac{\mathrm{d}x_{\mathrm{p}}}{\mathrm{d}t}=u_{\mathrm{p}} \tag{2-6}$$

$$\frac{\mathrm{d}\vec{u}_{\mathrm{p}}}{\mathrm{d}t}=D_{\mathrm{p}}(\vec{u}_{\mathrm{f}}-\vec{u}_{\mathrm{p}})-\frac{1}{\rho_{\mathrm{p}}}\nabla p+\vec{g}-\frac{1}{\alpha_{\mathrm{p}}\rho_{\mathrm{p}}}\nabla\tau_{\mathrm{p}} \tag{2-7}$$

式中，x_p 为计算颗粒的位置；等号右边第一项到第四项分别为气固曳力、气相压力梯度力、重力和固相颗粒压力梯度力；τ_p 为固相颗粒压力。

(2) 本构方程

气相应力：

$$\tau_f = \alpha_f u_f(\nabla \vec{u}_f + \nabla \vec{u}_f^T) - \frac{2}{3}\alpha_f \mu_f(\nabla \vec{u}_f) \tag{2-8}$$

式中，μ_f 为气相体积黏度。

固相颗粒应力：

$$\tau_p = P_s \frac{\alpha_p^{\beta}}{\max[\alpha_{cp} - \alpha_p, \varepsilon\alpha_f]} \tag{2-9}$$

式中，α_{cp}为颗粒在自然堆积状态下的固相体积分数；P_s 为颗粒压力常数；α_p为固相体积分数，即 $\alpha_p = 1 - \alpha_f$；β 为颗粒压力系数，常取 $2<\beta<5$。

曳力系数：

$$D_p = \frac{3}{4} C_d H_d \frac{\rho_f}{\rho_p} \times \frac{|\tilde{\vec{u}}_f - \vec{u}_p|}{d_p} \tag{2-10}$$

式中，$\tilde{\vec{u}}_f$ 为网格平均气相速度在颗粒位置的插值；H_d 为不同曳力模型（如 EMMS 曳力模型）相较于 Wen-Yu 曳力的曳力修正因子；ρ_p 和 d_p 分别为固相颗粒的真实密度和粒径；C_d 计算如下：

$$C_d = \begin{cases} \dfrac{24}{Re}\alpha_f^{-2.65}(1+0.5Re^{0.687}) & Re<1000 \\ 0.44\alpha_f^{-2.65} & Re\geqslant 1000 \end{cases}$$

Re 为颗粒雷诺数，$Re = \dfrac{\rho_f d_p |\tilde{\vec{u}}_f - \vec{u}_p|}{\mu_f}$。

表 2-1 给出了两相流计算基本模型的对比。

表 2-1 两相流基本模型的对比

基本物理模型描述和应用场景对比						
气固两相流基本动力学方法	气相-固相方程及描述	颗粒解析程度	气固曳力	颗粒间作用(碰撞)	粒径分布PSD及多颗粒密度系统	应用场景
颗粒解析直接数值模拟(PR-DNS)	气相流体通过连续性方程、动量方程描述；颗粒运动用牛顿第二定律描述	可对颗粒边界的受力及周围气固流场进行解析(计算网格尺寸一般<$\frac{1}{16}d_p$)	不需要引入曳力模型(气固作用力通过积分流体在颗粒边界的应力张量获得)	引入碰撞模型，直接求解颗粒间作用	可方便模拟 PSD 及多颗粒密度系统	计算颗粒数目<10^4、尺度<1cm的气固系统

续表

基本物理模型描述和应用场景对比						
气固两相流基本动力学方法	气相-固相方程及描述	颗粒解析程度	气固曳力	颗粒间作用(碰撞)	粒径分布PSD及多颗粒密度系统	应用场景
离散单元模型(CFD-DEM)	气相流体通过连续性方程和动量方程描述;颗粒运动用牛顿第二定律描述	位置与速度等参数可在颗粒层面解析,但无法求解颗粒附近的流场	需要引入Wen-Yu、Gidaspow、EMMS等曳力模型(因网格尺寸大于颗粒尺寸)	引入碰撞模型,直接求解颗粒间作用	可方便模拟PSD及多颗粒密度系统	计算尺度小于1m、模拟颗粒数目$<10^8$的气固系统
双流体模型(TFM)	气体及固体颗粒都描述为"拟流体",通过动量方程和连续性方程求解流场	对固相颗粒的求解精度限于网格平均尺度	需要引入Wen-Yu、Gidaspow、EMMS等曳力模型;气固曳力的计算尺度在网格层面	运用固相压力模型描述颗粒间作用	因固相颗粒视作拟流体,连续介质PSD较难在模型中考虑	计算尺度可达大型商业锅炉;不用考虑颗粒具体数量
多相粒子网格模拟(MP-PIC)	气相流体通过连续性方程和动量方程描述;颗粒运动:将相同物性、速度的一定数量颗粒打包成计算颗粒并对其求解牛顿第二定律	对固相颗粒的求解精度在计算颗粒层面	需要引入Wen-Yu、Gidaspow、EMMS等曳力模型;气固曳力的计算尺度在计算颗粒层面	运用固相颗粒压力模型描述颗粒间作用	可方便模拟PSD及多颗粒密度系统	计算真实颗粒数目可达10^{16},尺度可达大型商业锅炉
计算速度及计算精度比较						
计算速度	MP-PIC模型≥TFM模型>CFD-DEM模型>PR-DNS模型					
计算精度(颗粒解析程度)	PR-DNS模型>CFD-DEM模型>MP-PIC模型>TFM模型					

总体而言，虽然半经验的流场模拟简单便捷、发展十分成熟，但由于模型计算中需要输入一定的实际运行参量，如轴向分布、截面质量通量等，因此在模型通用性方面较差。另外随着大截面、高炉膛的循环流化床锅炉发展，在现有经验不足的情况下，预测气固流场方面存在一定的未知性和不确定性，这一类模型的应用更倾向于对成熟的机组整体运行情况进行分析和建议。而数值计算模型的优势在于对气固流场的详细预测，特别是对新炉型的性能判断和现有机组的优化方面更加强大。

2.2 循环流化床气固流动双流体模型

双流体模型认为在微元控制体内气固两相均为连续介质，两相可以互相渗透，也称为连续介质模型。连续介质模型不针对单个颗粒的运动进行研究，它是将宏观物理上力学行为表现相同或相似的颗粒群以一个基本的运动单元或控制体进行处理，在欧拉坐标系中研究它们的运动状态和行为。连续介质模型认为大量的离散颗粒运动时，存在这样的运动单元或控制体：它满足控制体的特征尺寸 l 远远小于整个流场的特征尺寸 L，同时又远远大于单个颗粒的特征尺寸 d_s，即

$$d_s \ll l \ll L \tag{2-11}$$

在该条件界定下的控制体中所有颗粒（固相）与该控制体内的气相均为相互共存和渗透的关系。颗粒相（固相）总体积在控制体中所占的份额为 α_s，由于控制体中的颗粒均有同样的速度 u_s 和真实密度 ρ_s，因此该控制体中的颗粒相（固相）可以用一个与气相相互均匀融合且体积份额为 α_s、宏观表征密度为 $\alpha_s\rho_s$、速度为 u_s 的“拟流体”来代表。这种方法对原本处于离散运动状态的大量颗粒非常技巧地用了一个类似于真实流体的连续运动表征方法来代替，因此也常常被称为拟流体模型。这样处理可以直接利用流体力学中的欧拉方法建立颗粒的运动方程，在一定程度上避免了直接跟踪每个颗粒运动而带来的巨大计算量。

2.2.1 控制方程

常用的双流体模型主要用于模拟气固两相流动，不考虑反应和传热等情况。其主要控制方程包括气固相的连续性方程和动量方程。

连续性方程：

气相：
$$\frac{\partial}{\partial t}(\alpha_g \rho_g) + \nabla(\alpha_g \rho_g \vec{v}_g) = 0 \tag{2-12}$$

固相：
$$\frac{\partial}{\partial t}(\alpha_s \rho_s) + \nabla(\alpha_s \rho_s \vec{v}_s) = 0 \tag{2-13}$$

动量守恒方程：

气相：

$$\frac{\partial}{\partial t}(\alpha_g \rho_g \vec{v}_g) + \nabla(\alpha_g \rho_g \vec{v}_g \vec{v}_g) = -\alpha_g \nabla p + \nabla \bar{\bar{\tau}}_g + \alpha_g \rho_g \vec{g} + \beta(\vec{v}_s - \vec{v}_g) \tag{2-14}$$

固相：

$$\frac{\partial}{\partial t}(\alpha_s \rho_s \vec{v}_s) + \nabla(\alpha_s \rho_s \vec{v}_s \vec{v}_s) = -\alpha_s \nabla p - \nabla p_s + \nabla \bar{\bar{\tau}}_s + \alpha_s \rho_s \vec{g} + \beta(\vec{v}_g - \vec{v}_s) \tag{2-15}$$

式中，α_g、α_s 分别为气、固相体积分数；ρ_g、ρ_s 分别为气、固相密度；$\vec{v}_g$、$\vec{v}_s$ 分别为气、固相速度向量；p、p_s 分别为气、固相压力；$\bar{\bar{\tau}}_g$、$\bar{\bar{\tau}}_s$ 分别为气、固相应力应变张量；β 为相间动量传递系数。

2.2.2 本构方程

上述两相流动量方程组中的气相和固相应力 τ_g、τ_s 需要本构方程来实现模型封闭。

气相应力：
$$\bar{\bar{\tau}}_g=\alpha_g\mu_g(\nabla\vec{v}_g+\nabla\vec{v}_g^T)-\frac{2}{3}\alpha_g\mu_g(\nabla\vec{v}_g)\bar{\bar{I}} \tag{2-16}$$

固相应力：
$$\bar{\bar{\tau}}_s=\alpha_s\mu_s(\nabla\vec{v}_s+\nabla\vec{v}_s^T)+\alpha_s\left(\lambda_s-\frac{2}{3}\mu_s\right)(\nabla\vec{v}_s)\bar{\bar{I}} \tag{2-17}$$

式中，$\bar{\bar{I}}$ 为单位张量；λ_s 为固相体积黏度；μ_g、μ_s 为气、固相黏度系数。

在上述式(2-15) 和式(2-17) 中出现了固相压力和固相黏度的概念，相关文献中的处理方法主要有两种。第一种为实验关联方法。该方法或者忽略固相黏度，或者假设固相黏度为常数，或者将固相黏度看作颗粒相浓度的函数，而应用经验关联式来计算固相压力。Gidaspow[40] 在其早期的研究中将固相应力归结为颗粒相压力的计算，而忽略了颗粒相黏度，模拟了鼓泡流化床中单孔射流生成气泡的流体动力学行为。Tsuo 和 Gidaspow[41] 用无黏模型模拟出了循环流化床中的环-核流动结构。Benyahia 等[42] 的计算中将固相黏度表达为颗粒相浓度的函数。

一般地，固相压力的经验关联式为

$$\nabla p_s=G(\varepsilon_s)\nabla\varepsilon_s \tag{2-18}$$

式中，$G(\varepsilon_s)$ 为固相弹性模量，相关文献中存在着几种不同的计算公式，比较常用的是 Gidaspow 和 Ettehadieh[43] 提出的有关弹性模量的关联式

$$G(\varepsilon_g)=10^{a\varepsilon_g+b} \tag{2-19}$$

式中，a 和 b 为常数，不同文献中取值略有不同[44]。

对于固相黏度，可以忽略[40]，也可以假设为常数[41]，或者看作是颗粒浓度的函数[45]。

第二种方法是颗粒动力学理论（KTGF)。颗粒动力学方法借鉴了非均匀系统中的稠密气体分子运动理论，将颗粒比拟为气体分子，通过假定颗粒的速度分布函数（如 Maxwellian 函数）得到颗粒相的宏观流体力学特性参数，如颗粒相输运方程、颗粒相压力、黏性系数、扩散系数、热导率、颗粒温度等。类比于气体分子热运动，与气体热力学温度相似，颗粒动力学理论采用“颗粒温度”来表示颗粒速度的脉动量。

$$\Theta=\frac{1}{3}<\vec{v}_s'^2> \tag{2-20}$$

式中，Θ 为颗粒温度；$\vec{v}_s'$ 为颗粒脉动速度，为颗粒实际瞬时速度与平均速度之差。

于是颗粒应力的计算便归结于颗粒速度脉动，即颗粒温度的概念，因此连续性方程和动量守恒方程式(2-12)～式(2-15) 便可以通过颗粒相能量平衡方程进行封闭[40]。

$$\frac{3}{2}\left[\frac{\partial}{\partial t}(\rho_s\alpha_s\Theta)+\nabla(\rho_s\alpha_s\vec{v}_s\Theta)\right]=(-p_s\bar{\bar{I}}+\bar{\bar{\tau}}_s):\nabla\vec{v}_s+\nabla(k_s\nabla\Theta)-\gamma_s+\phi_{gs} \tag{2-21}$$

式中，$\bar{\bar{I}}$ 为单位张量。等式左侧为颗粒脉动动能的累积项和对流项；等式右侧第一项为因颗粒相剪切应力而产生的脉动动能，第二项为因脉动动能梯度产生的扩散项；其中的 k_s 为颗粒脉动能扩散系数[46]。

$$k_s=\frac{15d_s\rho_s\alpha_s\sqrt{\pi\Theta}}{4(41-33\eta)}\left[1+\frac{12}{5}\eta^2(4\eta-3)\alpha_s g_0+\frac{16}{15\pi}(41-33\eta)\eta\alpha_s g_0\right] \tag{2-22}$$

式中，$\eta=\frac{1}{2}(1+e_{ss})$，$e_{ss}$ 为弹性恢复系数，一般默认取值为 0.9；g_0 为径向分布函数，用来修正固相份额/颗粒相增加时颗粒间的碰撞概率，或者解释为颗粒间的无量纲距离。对于气固流中只存在单一颗粒相的情况[47]

$$g_0=\left[1-\left(\frac{\alpha_s}{\alpha_{s,max}}\right)^{1/3}\right]^{-1} \tag{2-23}$$

式中，$\alpha_{s,max}$ 通常取 0.6。

式(2-21) 中的 γ_s 表示颗粒间非弹性碰撞引起的能量耗散[48]。

$$\gamma_s=\frac{12(1-e_{ss}^2)g_0}{d_s\sqrt{\pi}}\rho_s\alpha_s^2\Theta^{3/2} \tag{2-24}$$

式(2-21) 中的 ϕ_{gs} 表示气固相间作用对脉动动能的影响，即固相随机脉动动能向气相的传递[49]。

$$\phi_{gs}=-3\beta\Theta \tag{2-25}$$

由以上式子可见，正如气体热力学中的温度概念一样，“颗粒温度”是颗粒动力学计算方法中最主要的概念。颗粒动力学温度表征了颗粒之间的随机碰撞，其值正比于颗粒脉动速度平方的平均值。

如果用牛顿黏性假设表示固相应力，则可推导出颗粒相压力和黏度的表达式。颗粒相压力 p_s 表示单位时间内通过单位面积交换的颗粒动量，即颗粒法向应力。

$$p_s=\alpha_s\rho_s\Theta+2\rho_s(1+e_{ss})\alpha_s^2 g_0\Theta \tag{2-26}$$

等式右边第一项为动能贡献，第二项为颗粒碰撞贡献。

式(2-17) 中的固相黏度包括由于颗粒输送和碰撞过程动量交换产生的剪切黏度和体积黏度，其中固相剪切黏度包括碰撞、动力和摩擦三部分，即

$$\mu_s=\mu_{s,col}+\mu_{s,kin}+\mu_{s,fr} \tag{2-27}$$

式中，碰撞黏度[46,49]为

$$\mu_{s,col}=\frac{4}{5}\alpha_s\rho_s d_s g_0(1+e_{ss})\sqrt{\frac{\Theta}{\pi}} \tag{2-28}$$

动力黏度一般有两种表达式，其一（Syamlal 等[46]）为

$$\mu_{s,kin}=\frac{\alpha_s d_s\rho_s\sqrt{\Theta\pi}}{6(3-e_{ss})}\left[1+\frac{2}{5}(1+e_{ss})(3e_{ss}-1)\alpha_s g_0\right] \tag{2-29}$$

其二（Gidaspow 等[49]）为

$$\mu_{s,kin}=\frac{10\rho_s d_s\sqrt{\Theta\pi}}{96\alpha_s(1+e_{ss})g_0}\left[1+\frac{4}{5}g_0\alpha_s(1+e_{ss})\right]^2 \tag{2-30}$$

摩擦黏度[50]：

$$\mu_{s,fr}=\frac{p_s\sin\phi}{2\sqrt{\overline{\overline{I}}_{2D}}} \tag{2-31}$$

式中，ϕ 为内部摩擦角；$\overline{\overline{I}}_{2D}$ 为偏应力张量的第二不变式。然而，一般认为，只有当颗粒接近堆积状态时，颗粒总剪切黏度才需要考虑摩擦黏度部分。在一般的气固两相流计算中固相剪切黏度一般用有效黏度（effective viscosity）来表示。

$$\mu_{s,eff}=\max(\mu_{s,col}+\mu_{s,kin},\mu_{s,fr}) \tag{2-32}$$

固相体积黏度表示颗粒对压缩和扩散的抵抗力，其表达式（Lun 等[48]）为

$$\lambda_s=\frac{4}{3}\alpha_s\rho_s d_s g_0(1+e_{ss})\sqrt{\frac{\Theta}{\pi}} \tag{2-33}$$

在实际应用中，由于式(2-21) 颗粒相能量平衡方程为偏微分形式，使用时比较麻烦，因此 Mfix、Fluent 等软件中也提供了颗粒温度的代数表达式。该代数表达式只考虑颗粒脉动动能的产生项和耗散项[44]，即

$$\overline{\overline{\tau}}_s:\nabla\vec{v}_s=\gamma_s \tag{2-34}$$

基于此，可推出颗粒温度、颗粒压力、颗粒黏度等参数的具体代数表达式。

2.2.3 双流体模型的应用特点

一般来说，循环流化床装置中的气固两相流相对比较稠密，实际运行中的大型循环流化床锅炉的颗粒数超过 10^{11}[17]。稠密气固两相流的特殊性在于：①由于体积分数较高，颗粒相对流动的影响较大，从简单跟随流体运动的均匀情形转变为与流体两相明显分离的非均匀流动；②颗粒之间的自由空间由于颗粒浓度增加而缩小，颗粒间的相互作用力加强，颗粒的脉动、碰撞、团聚加强。以计算每个颗粒运动轨迹为主要思路的拉格朗日方法因模型

的计算量过大以及颗粒之间的作用力难以准确计算困难性大，以两相浓度计算为主要思路的欧拉方法则成为密相两相流动数值模拟的主要手段。

同时，在工程实际问题中，人们关心的并不是单个颗粒的运动轨迹，而是大量颗粒运动时产生的流动总结果和总效应，即在流场各处的压力、温度、密度、平均速度等宏观量的空间分布以及随时间的变化。欧拉数值模拟是目前大多条件下能够在大尺度范围内描述稠密气固两相流动的有效方法。

当然，双流体模型也存在一些不足和无法回避的问题。首先，双流体模型是建立在连续介质假设的基础上，只有气固两相都满足连续性假设才能在混合积分形式守恒方程转化为各相瞬时局部微分方程时应用 Gauss 散度定理，但是这个假设从物理角度看是不严格的。其次，双流体模型假设固相是由相同粒径和物性的单组分颗粒组成的，与实际锅炉中的床料宽筛分特性有差距。为此，有学者采用将颗粒相根据粒径或密度拆分为两相的做法，同时考虑各颗粒组分之间和组分内颗粒间的相互作用，对循环流化床双组分颗粒气固两相流进行了探索[51-53]。

此外，双流体模型中一个被认为较为薄弱的环节是气固间作用力的计算。双流体模型中气固相间作用封闭方程主要归结为微元体曳力系数的计算，相关文献中常见的气固曳力系数计算模型有 Wen-Yu、Syamlal-O′Brien、Gidaspow 和 Ergun 方程或其他类似改进的关联式，这类关联式一般均由液固流化床（散式流态化）或固定床等流动结构相对均匀体系的实验数据导出。当计算网格划分较大时，实际流动过程中亚网格尺度空间内会形成团聚物结构，而对非均匀流动结构的微元体积进行均匀处理，将导致曳力系数的超估[54]。

如果不考虑计算能力，为计算对象划分足以捕捉微小尺度的颗粒团聚现象的网格，如此做法确实可以对气固流动进行比较精确的模拟。例如 Cloete 等[55]开展的一个循环流化床提升管二维模拟中划分了尺寸为 0.67mm×1.34mm 的细网格，对不同的模型和参数进行研究，发现由于采用了较小尺寸的网格，选用无颗粒团聚修正的曳力模型与相应的实验结果吻合良好。但是在实际循环流化床锅炉的模拟中，如 300MW 亚临界、600MW 超临界循环流化床锅炉，其炉膛长、宽、高分别为 28m×8.5m×50m 和 28m×15m×55m，模拟对象的网格尺寸需要考虑计算机能力的限制。如果将几何尺寸巨大的炉膛划分为可以捕捉颗粒团聚现象的毫米级网格，将得到极其庞大的网格数量，目前计算机能力不足。另外，连续介质的假设对于常规比较粗的网格仍有争议，对于较细的网格则更加有待研究，因为连续介质模型所假设的控制体特征尺寸要求远大于单个颗粒的特征尺寸。

2.2.4 高浓度气固两相流的气固曳力

固体颗粒在气流场中运动可能受到的作用力包括重力、曳力、浮力、Magnus 力、Saffman 力、Basset 力等。除自身重力外，气固曳力是颗粒最重要的外部作用力，是表征气相与颗粒相之间动量交换的重要参数，描述了相间相互作用和流体夹带离散颗粒运动的能力。气固曳力系数也称相间动量传递系数、相间交换系数、相间摩擦系数。

在双流体方法中，曳力方向与相间平均滑移速度一致，大小正比于气固滑移速度。气固两相流相间曳力一般的表达式形式为

$$\vec{F}_D=\beta(\vec{v}_g-\vec{v}_s) \tag{2-35}$$

式中，β 为颗粒群曳力系数。

在垂直稠密气固两相流动（如循环流化床流动）中，曳力决定了气流对固体颗粒的夹带和输送能力及颗粒在床内的内循环运动。曳力项在计算中的影响极大，甚至可以掩盖模型中其他的不足（如固相黏性系数、湍流效应等）[56]。大量研究表明，曳力的选择对模拟结果的准确与否至关重要。

通常以曳力系数来表征曳力，其值由曳力模型来决定。流化床中气固曳力模型一般通过两种途径得到：一种是由单位高度上的气固两相流动压降推导关系式得到；另一种是基于对理想情况的单颗粒气固曳力系数关系式进行空隙率函数修正得到。

曳力系数的大小受到许多因素的影响，它与单颗粒的雷诺数、气体的湍流运动、颗粒的形状、壁面的存在及颗粒群的浓度等因素有关。在已有的曳力模型中，Wen-Yu 模型、Gidaspow 模型、Syamlal-O′ Brien 模型和 EMMS（energy-minimization multi-scale）曳力模型等被广泛应用。

需要注意的是，当气固系统中存在非球形颗粒、宽筛分颗粒时，要关注气固曳力的变化及其在不同类别颗粒间的分配情况。

（1）Wen-Yu 模型　Wen 和 Yu[57]依据实验验证得到了颗粒在混合物中的曳力系数并进行了修正，其表达式为

$$\beta=\frac{3}{4}C_D\frac{\alpha_s\alpha_g\rho_g|\vec{v}_s-\vec{v}_g|}{d_s}\alpha_g^{-2.65} \tag{2-36}$$

其中，
$$C_D=\frac{24}{\alpha_g Re_s}[1+0.15(\alpha_g Re_s)^{0.687}]\quad Re_s<1000 \tag{2-37}$$

$$C_D=0.44\quad Re_s\geqslant 1000 \tag{2-38}$$

$$Re_s=\frac{\rho_g d_s|\vec{v}_g-\vec{v}_s|}{\mu_g} \tag{2-39}$$

式中，α_g、α_s 分别为气、固相体积分数；$\vec{v}_g$ 和 $\vec{v}_s$ 分别为气、固相速度；d_s 为颗粒直径；Re_s 为颗粒雷诺数；C_D 为颗粒的曳力系数；μ_g 为气相

黏度。

(2) Gidaspow 模型　Gidaspow 基于 Ergun 方程和 Wen-Yu 的曳力系数修正公式，将其应用在了 Euler 数值模拟以及离散颗粒模拟[41]。

当 $\alpha_g > 0.8$ 时

$$\beta=\frac{3}{4}C_D\frac{\alpha_s\alpha_g\rho_g|\vec{v}_s-\vec{v}_g|}{d_s}\alpha_g^{-2.65} \tag{2-40}$$

当 $\alpha_g \leqslant 0.8$ 时

$$\beta=150\frac{\alpha_s(1-\alpha_g)\mu_g}{\alpha_g d_s^2}+1.75\frac{\alpha_s\rho_g|\vec{v}_s-\vec{v}_g|}{d_s} \tag{2-41}$$

式中，μ_g 为气相黏度；d_s 为颗粒直径；C_D 的计算方法与 Wen-Yu 模型相同。

(3) Syamlal-O′ Brien 曳力模型　基于颗粒沉降速度的实验结果，O′ Brien 和 Syamlal 对 Gidaspow 模型进行了修正[58]，加入了颗粒团聚带来的影响。

$$\beta=\frac{3}{4}\times\frac{\alpha_s\alpha_g\rho_g}{v_{r,s}^2 d_s}C_D\frac{Re_s}{v_{r,s}}|\vec{v}_s-\vec{v}_g| \tag{2-42}$$

式中，$v_{r,s}$为固相颗粒的终端速度。

$$v_{r,s}=0.5[A-0.06Re_s+\sqrt{0.0036Re_s^2+0.12Re_s(2B-A)+A^2}] \tag{2-43}$$

当 $\alpha_g \leqslant 0.85$ 时，$A=\alpha_g^{4.14}$，$B=0.8\alpha_g^{1.28}$；当 $\alpha_g > 0.85$ 时，$A=\alpha_g^{4.14}$，$B=\alpha_g^{2.65}$。

C_D 和 Re_s 的计算方法与 Wen-Yu 模型相同。

(4) EMMS 曳力模型　对于循环流化床气固流动体系而言，整体区域内固相分布不是均匀的，上部呈现颗粒浓度较低的稀相，下部则为颗粒浓度较高的密相；同时局部气固也非均匀分布，部分颗粒会以颗粒团聚物的方式流动，与弥散的颗粒相共存于流化床内。由于双流体模型的计算尺度通常介于颗粒尺寸和颗粒团尺寸之间，这种局部的不均匀性在模型中表现困难。这一不足将造成双流体模型对计算单元内气固曳力过高估计，带来较大的计算偏差。

根据流体能量消耗的方式，两相流系统可以分解成悬浮输送和能量耗散两个分系统。在悬浮输送分系统中，流体消耗的能量全部用于悬浮和输送颗粒，而能量耗散分系统中气流的能量则消耗于颗粒的碰撞、混合、加速和循环等过程[32]。在并流向上的气固两相流中，流体区域选择最小阻力的途径流动，而颗粒趋于最小位能的位置。在气固各自的运动趋势相互协调下，使得流态化系统处于稳定状态，表现为悬浮输送颗粒消耗能量趋向于最小值。EMMS 模型对非均匀流动结构进行分解（图 2-3），将颗粒流体系统的气固相间作用分解为了稀相内部和密相内部单颗粒与流体之间的作用（微尺度作用）、稀相流体与密相团聚物之间的作用（介尺度作用）以及气固两相悬浮物与床层边界的作用（宏尺度作用），并用八个参数描述了这种非均匀流动结构，即稀相和密相的空隙率 ε_f 和 ε_c、稀相和密相中的表观流体速度 U_{gf} 和 U_{gc}、稀相和密相中的表观颗粒速度 U_{sf} 和 U_{sc}、密相团聚物尺度 d_{cl} 和体积份额 f_c。

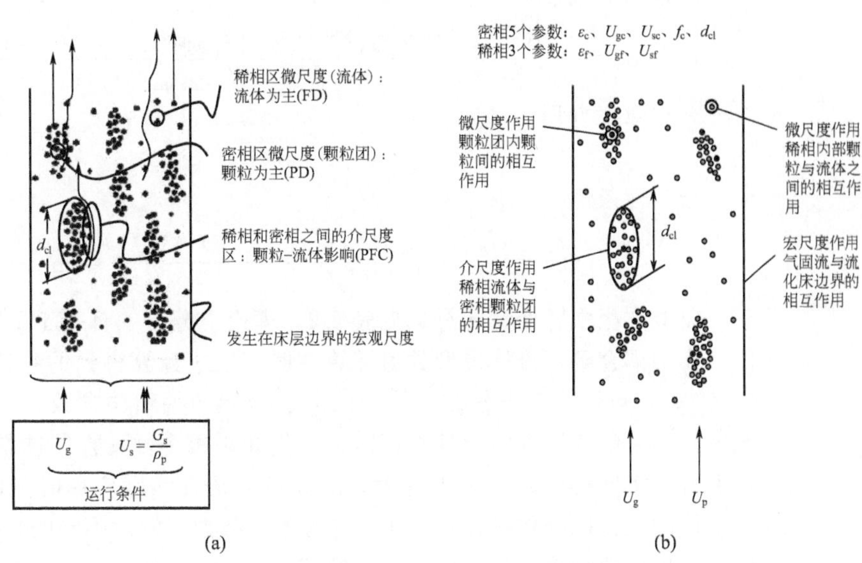

图 2-3 EMMS 模型流动机理与对非均匀结构和气固相间作用的多尺度分解

EMMS 模型[33]认为气固的局部不均匀性可以理解为颗粒密集的密相、颗粒较少的稀相以及两者之间的相互作用相等 3 个均匀子系统共存的状态，如图 2-3 所示，对三相可分别列出连续方程、动量守恒方程、压降平衡方程和团聚物直径方程等。结合系统悬浮输送颗粒消耗能量趋向于最小值作为系统稳定性条件来求解以下的基本方程，可得到局部流动参数。相关方程如下：

密相颗粒的动量方程

$$\frac{3}{4}C_{Dc}\frac{f_c(1-\varepsilon_c)}{d_s}\rho_g U_{slip-c}^2+\frac{3}{4}C_{Di}\frac{f_c}{d_s}\rho_g U_{slip-i}^2=f_c(1-\varepsilon_c)(\rho_s-\rho_g)(g+a) \tag{2-44}$$

稀相颗粒的动量方程

$$\frac{3}{4}C_{Df}\frac{(1-f_c)(1-\varepsilon_f)}{d_s}\rho_g U_{slip-c}^2=(1-f_c)(1-\varepsilon_f)(\rho_s-\rho_g)(g+a) \tag{2-45}$$

压降平衡方程

$$C_{Df}\frac{1-\varepsilon_f}{d_s}\rho_g U_{slip\text{-}f}^2+\frac{3}{4}C_{Di}\frac{f_c}{(1-f)d_{cl}}\rho_g U_{slip\text{-}i}^2=C_{Dc}\frac{1-\varepsilon_c}{d_{cl}}\rho_g U_{slip\text{-}c}^2 \tag{2-46}$$

气相质量守恒方程

$$U_g=f_c U_c+(1-f_c)U_f \tag{2-47}$$

颗粒质量守恒方程

$$U_{solid}=f_c U_{solid\text{-}c}+(1-f_c)U_{solid\text{-}f} \tag{2-48}$$

团聚物的直径

$$d_{cl}=\frac{d_s\{U_{solid}/(1-\varepsilon_{max})-[U_{mf}+U_{solid}\varepsilon_{mf}/(1-\varepsilon_{mf})]\}g}{N_{st}\rho_s/(\rho_s-\rho_g)-[U_{mf}+U_{solid}\varepsilon_{mf}/(1-\varepsilon_{mf})]g} \tag{2-49}$$

总空隙率方程

$$\alpha_g=\varepsilon_c f_c+\varepsilon_f(1-f_c) \tag{2-50}$$

稳定性条件

$$\frac{N_{st}}{N_T}=\frac{U_g(1-\alpha_g)-fU_f(\varepsilon_f-\alpha_g)(1-f_c)}{U_g(1-\alpha_g)}=\min \tag{2-51}$$

以上方程中各变量的意义见表 2-2。理论上分析，将基于 EMMS 的曳力修正模型耦合到双流体模型数值计算中时，通过计算得到的各控制体的 U_g、G_s 和 α_g，可以求解出各控制体中的稀、密相相关结构参数，于是可以得到该微元体中的气固曳力及其修正因子。但如果每个微元控制体都按此过程进行求解，将使得计算量过于庞大，因此该方法在实际应用时可以进行简化：以整体的流化床操作参数 U_g、G_s 作为输入参数，针对不同的 α_g 求解出相应曳力，最终拟合得到曳力函数 β 与空隙率 α_g 的关系式。

表 2-2 EMMS 模型中各变量的意义

变量	密相	稀相	相间	总体
流体密度	ρ_g	ρ_g	ρ_g	
颗粒密度	ρ_s	ρ_s	$\rho_s(1-\varepsilon_c)$	
固相尺寸	d_s	d_s	d_{cl}	
空隙率	ε_c	ε_f	$1-f_c$	$\alpha_g=\varepsilon_c f_c+\varepsilon_f(1-f_c)$
体积份额	f_c	$1-f_c$		1
表观流体速度	U_c	U_f	$U_f(1-f_c)$	$U_g=f_c U_c+(1-f_c)U_f$
表观颗粒速度	$U_{solid\text{-}c}$	$U_{solid\text{-}f}$		$U_{solid}=f_c U_{solid\text{-}c}+(1-f_c)U_{solid\text{-}f}$
表观滑移速度	$U_{slip\text{-}c}$	$U_{slip\text{-}f}$	$U_{slip\text{-}i}$	$U_{slip}=U_g-\alpha_g U_{solid}/(1-\alpha_g)$
床层曳力系数	C_{Dc}	C_{Df}	C_{Di}	
悬浮输送能耗	$(N_{st})_c$	$(N_{st})_f$	$(N_{st})_i$	$N_{st}=(N_{st})_c+(N_{st})_f+(N_{st})_i$

Wen-Yu 等多数曳力模型都是从气固流动的实验数据得出的经验公式，主要基于对理想情况单颗粒或颗粒均匀分布时的气固曳力系数关系式进行空

隙率函数修正得到。由于这些曳力模型没有考虑颗粒团聚引起的曳力下降，在计算中将高估曳力和颗粒循环流率。如图2-4所示，相比于EMMS曳力模型，大多数模型在0.1<ε<0.5之间过高估计了曳力值，得到的炉内轴向固相浓度分布不合理[59]。周星龙[34]采用EMMS模型和Gidaspow曳力模型分别模拟了600MW冷态模化试验台内的气固流场，发现EMMS曳力模型得到的炉膛密相区和稀相区颗粒浓度分布与试验结果比较接近，如图2-5所示。因此，为获得更为准确的循环流化床炉内气固流场结果，建议采用EMMS模型来计算气固两相之间的曳力大小。

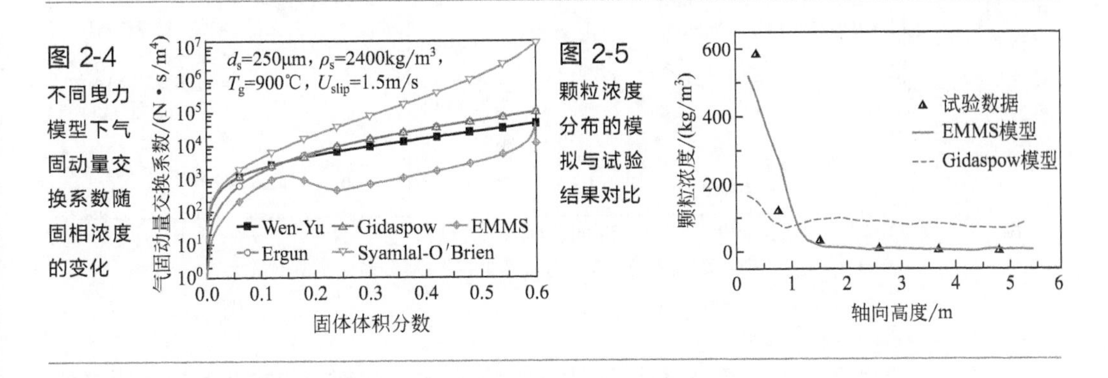

图2-4 不同曳力模型下气固动量交换系数随固相浓度的变化

图2-5 颗粒浓度分布的模拟与试验结果对比

2.3 循环流化床传热模型

燃料在循环流化床锅炉炉膛中流动、燃烧，存在气体与颗粒之间、颗粒与颗粒之间、气体与壁面之间以及颗粒与壁面之间的换热。根据对循环流化床内传热机理的理解不同，传热模型可以分为流化气体作为传热介质的连续薄膜模型[60,61]、固体颗粒作为传热载体的颗粒传热模型[62,63]和基于循环流化床环核流动结构的颗粒团更新传热模型[64-66]。

连续薄膜模型是在气体对流换热的基础上考虑颗粒运动对边界层厚度的影响，该模型没有考虑颗粒物性对传热的影响，其传热系数预测值与实验结果相差较大。颗粒传热模型能够解释传热系数随颗粒粒径减小而增大的现象，但应用颗粒传热模型时，传热表面上颗粒的接触点数不易确定。颗粒团更新传热模型是目前较为普遍的模型，虽然其计算方法相对比较复杂，但是能较好地反映出循环流化床传热的物理特征，通过多个试验台和实炉测试数据的比较，其计算值比较接近实测值。

2.3.1 传热系数的影响因素

在循环流化床中，传热系数受很多因素影响，如床内固体颗粒浓度、床温、运行风速、传热面几何状况等。图 2-6(a) 为研究者们在试验台上得到的颗粒悬浮浓度对传热系数影响的结果，循环流化床中颗粒悬浮浓度对床层与壁面之间的传热系数影响是显著的。随着床层颗粒悬浮浓度的增大，传热系数增大[67]。图 2-6(b) 为一台 165MW 的循环流化床锅炉实测数据[68]。图中过热器 1 为炉膛中部的 Ω 管屏，过热器 2 为炉膛上部的悬吊屏，结果同样显示随着床层密度增大传热系数增大的趋势。

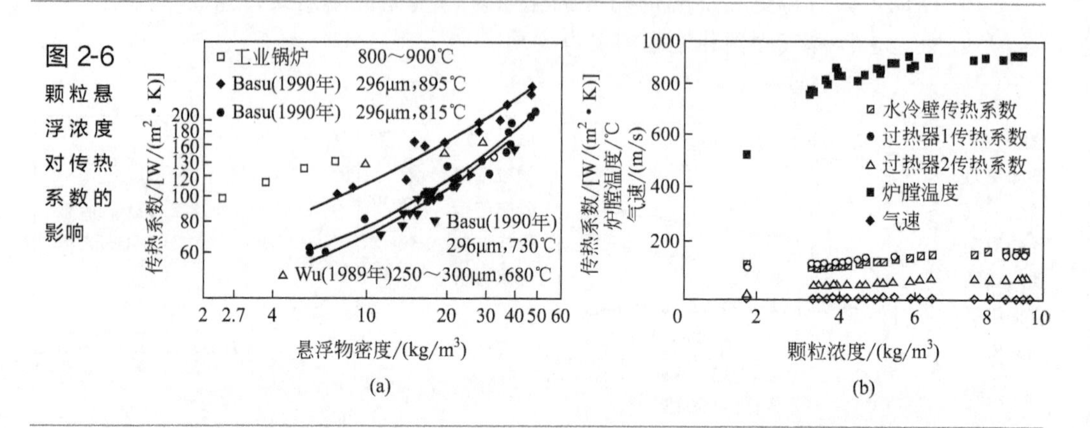

图 2-6 颗粒悬浮浓度对传热系数的影响

空截面气速主要是通过对床层密度的影响，从而对传热系数产生间接的影响。当保持循环物料量一定时，随着空截面气速的增大，会引起床层密度的减小，进而使得传热系数下降。但是，如果保持床层密度不变，空截面气速对床层与床壁面之间的传热系数几乎不产生影响。如图 2-7(a) 为 Wu 等[69]的试验结果，图 2-7(b) 为 165MW 实炉测试结果[68]。

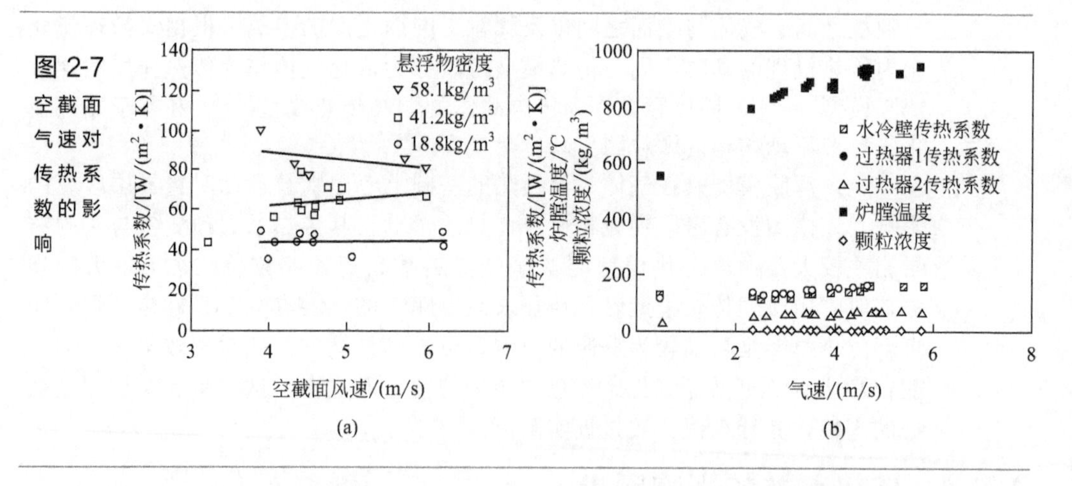

图 2-7 空截面气速对传热系数的影响

在较低的床层温度下（$t<400$℃），Wu 等[69]观察到床温对传热的影响不明显。但当床温高于 400℃时，传热系数随床层温度升高明显增大（图 2-8）[70]。

床层温度升高引起传热系数增大的原因有两方面：一方面是由于温度升高使得辐射相传热作用加强；另一方面是由于气体热导率随着温度的升高而增大，进而引起对流相传热作用的增强[71,72]。图 2-8 为 165MW 实炉测试结果[68]。图中过热器 1 由于所处位置较低，颗粒悬浮浓度较高，因此随床温的变化幅度大于过热器 2。

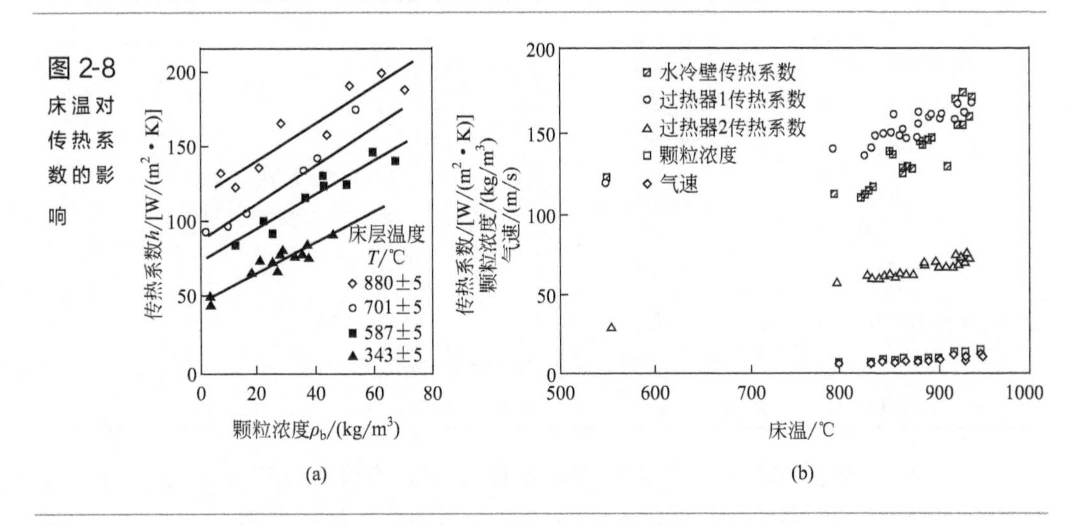

图 2-8 床温对传热系数的影响

由于小颗粒具有较大的比表面积，在同样的床层密度下，小颗粒与受热面的接触面积和频率都高于大颗粒，因此随着颗粒粒径的增大，传热系数将减小[67,73]，如图 2-9 所示。但是 Wu 等[69]及其他一些研究者的实验结果表明，颗粒粒径对传热系数的影响在传热面较短时比较明显，而随着传热面长度的增大其影响将减弱。

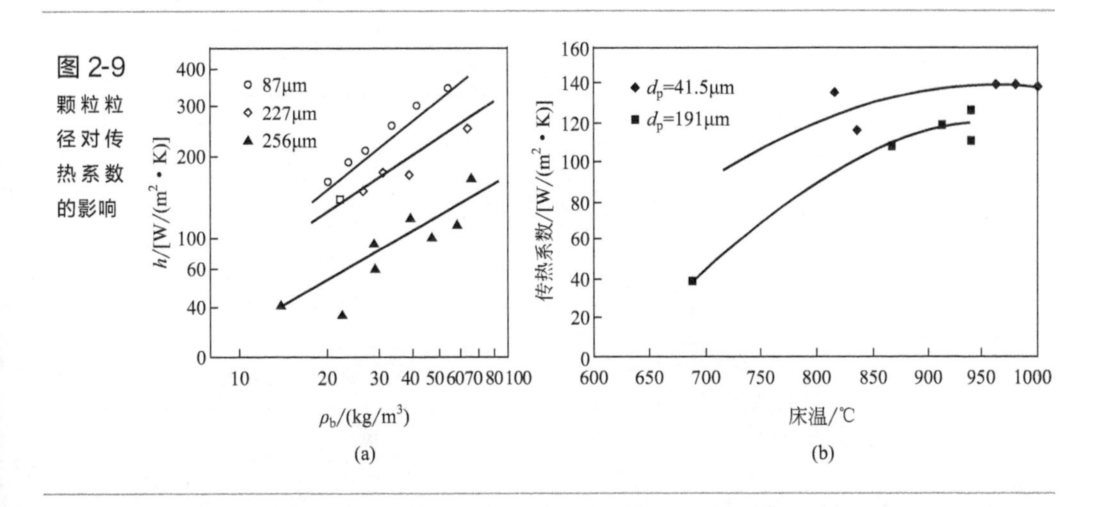

图 2-9 颗粒粒径对传热系数的影响

2.3.2 床内气固间换热

公开文献中适用于快速床的颗粒传热公式较少[74]。表 2-3 给出了若干常见的床内颗粒传热计算关联式。这些关联式主要来自于固定床和流化床中。

表 2-3 常见的床内颗粒传热关联式

作者		关联式
Ranz-Marshal[75]	单颗粒	$Nu=2+0.6Re^{1/3}Pr^{1/2}$
Wakao[76]	固定床	$Nu=2+1.1Re^{0.6}Pr^{1/2}$
Ranz[77]	固定床	$Nu=2+1.8Re^{1/2}Pr^{1/3}$
Gunn[78]	流化床	$Nu_s=(7-10\alpha_g+5\alpha_g^2)(1+0.7Re_s^{0.2}Pr^{1/3})+(1.33-2.4\alpha_g+1.2\alpha_g^2)Re_s^{0.7}Pr^{1/3}$
程乐鸣[79]	流化床	$Nu=2+2.38\dfrac{Re^{0.44}}{\varepsilon}Pr^{-0.65}$
Chakraborty-Howard[80]	流化床	$Nu=2\varepsilon+0.69Re^{1/2}Pr^{1/3}$
Rowe[81]	流化床	$Nu=2+0.74Re^{1/3}Pr^{1/2}$
Kothari[82]	—	$Nu=0.03Re^{1.3}$

一般地，颗粒传热系数或努塞尔数 Nu 随颗粒雷诺数的增大而增大（图 2-10），其中灰色区域是部分文献报道的传热研究结果[8]。当 $Re>100$ 时，大部分固定床或流化床的经验关联式计算结果与实验结果符合较好；当 $Re<100$ 时，实验结果则与除了 Kothari 关联式以外的大多数关联式不太相符。

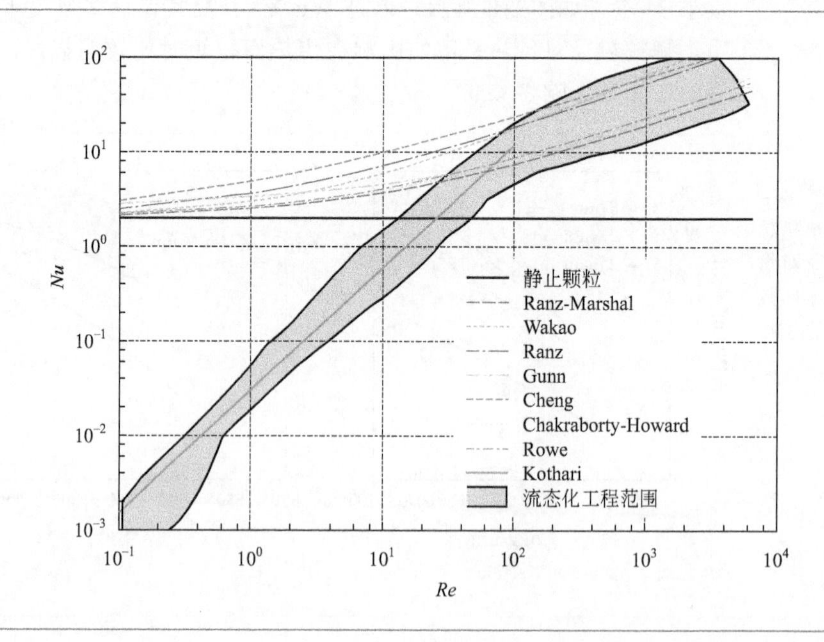

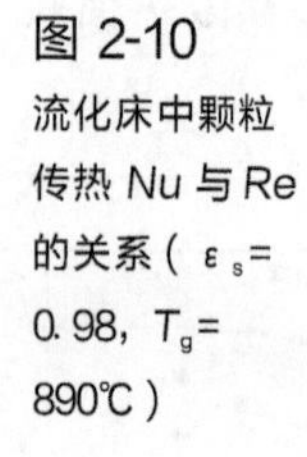

图 2-10 流化床中颗粒传热 Nu 与 Re 的关系（ε_s=0.98，T_g=890℃）

对此，Kunii 等将其分成了单颗粒传热系数和全床传热系数，认为大多数试验结果属于全床传热系数。在实际计算中，Kunii 等认为采用颗粒传热系数计算煤颗粒的加热速度比较合理。

由于循环流化床锅炉内大部分区域的雷诺数都在 10 以下，相应的努塞尔数 Nu 也将小于 10。因此，不同计算公式得到的颗粒传热系数差别有限，Gunn 经验关系式被较多的燃烧模型采用。

2.3.3 气固对壁面间换热

循环流化床锅炉中工质吸收的热量通过炉内气固相对受热面的传热实现。实验研究表明，炉内固相颗粒的悬浮密度和运行温度是床对受热面换热的最大影响因素，传热系数随着物料浓度和运行温度的增大而增大[83]。一般而言，常规运行的循环流化床锅炉内受热面的平均传热系数大约为 100～200W/(m^2·K)，其中挂屏受热面的传热系数要略低于水冷壁。表 2-4 给出了循环流化床锅炉炉膛内不同位置受热面的传热系数数值范围。

表 2-4 循环流化床锅炉受热面的传热系数试验和推荐值

位置	形式	传热系数/[W/(m^2·K)]	数据来源
水冷壁	蒸发受热面	110～200	推荐值，Basu 和 Fraser[84]
屏式水冷壁或交叉管	蒸发受热面、过热器和再热器	50～150	推荐值，Basu 和 Fraser[84]
旋风分离器内部	过热器	50～150	推荐值，Basu 和 Fraser[84]
外置式换热器内的水平管束	蒸发受热面、过热器和再热器	340～510	推荐值，Basu 和 Fraser[84]
尾部烟道内的横向冲刷管束	过热器、再热器和省煤器	30～200	推荐值，Basu 和 Fraser[84]
水冷壁	蒸发受热面	170～180	试验值，135MW CFB 锅炉[85]
屏式过热器、再热器	过热器和再热器	170	试验值，135MW CFB 锅炉[85]
水冷壁	蒸发受热面	93～205	试验值，100MW CFB 锅炉[86]
炉膛中部 Ω 管屏	过热器	112～183	试验值，100MW CFB 锅炉[86]
屏式过热器	过热器	90～160	试验值，75t/h 和 130t/h CFB 锅炉[87]
屏式过热器	过热器	151～174	推荐值[88]
水冷壁	蒸发受热面	110～175	试验值，165MW CFB 锅炉[68]
炉膛中部 Ω 管屏	过热器	120～165	试验值，165MW CFB 锅炉[68]
炉膛上部翅形屏	过热器和部分蒸发受热面	28～78	试验值，165MW CFB 锅炉[68]

受热面的传热系数计算方法大致可以分为经验拟合公式和机理计算公式

两大类。经验拟合公式是基于研究者大量试验测量的结果。表 2-5 给出了部分常见的经验拟合公式。循环流化床锅炉中，受热面传热系数的 2 个最大影响因素为炉膛气固颗粒浓度和温度，采用下述形式对传热系数进行回归总结比较合理。

$$h=K\rho_b{}^{\alpha}T_b{}^{\beta} \tag{2-52}$$

表 2-5　常见的循环流化床传热计算经验公式

项目	经验公式	悬浮密度/(kg/m³)	床温/℃
Andersson-Leckner[89]	$h_{total}=30\rho_{sus}^{0.5}$	5～80	750～895
Basu-Nag[90]	$h_{total}=40\rho_{sus}^{0.5}$	5～20	750～850
Divilio-Boyd[91]	$h_{total}=23.2\rho_{sus}^{0.55}$	—	—
Andersson[92]	$h_{total}=58\rho_{sus}^{0.36}$	>2	637～883
	$h_{total}=70\rho_{sus}^{0.085}$	≤2	
	$h_{total}=0.156\rho_{sus}^{0.35}T_b^{0.91}$（水冷壁）		
程乐鸣[79]	$h_{total}=4.18\rho_{sus}^{0.407}T_b^{0.388}$（炉膛上部屏）		
	$h_{total}=7.85\rho_{sus}^{0.136}T_b^{0.402}$（炉膛中下部屏）	2～10	800～950
Dutta-Basu[93]	$h_{total}=5\rho_{sus}^{0.391}T_b^{0.408}$	1.8～8.2	554～940

注：h_{total}—总传热系数；ρ_{sus}—颗粒浓度；T_b—床温。

一般地，回归得到的经验公式基本都是针对某一台循环流化床锅炉的，使用公式时应该注意使用的参数范围，比如颗粒浓度和床温范围等。总体来说，这些公式虽然可以满足工业设计的需要，但形式上较偏宏观，计算上不够细致，计算结果较多为受热面整体传热系数或沿轴向传热系数一维分布，在早期的部分循环流化床一维燃烧模型和 1.5 维环核燃烧模型中有所应用。随着循环流化床容量不断增大，炉内受热面在尺寸上有很大的增加，表面各个部位所处的气固流动特性会有较为明显的差异，这些差异将直接影响受热面的传热系数和热流密度。经验公式无法在传热计算中体现受热面各处的气固流动差异。因此，在三维循环流化床燃烧模型中，为详细了解受热面二维传热特性，模拟计算中需要基于循环流化床中气固传热机理的计算方法。

颗粒团更新传热模型是基于循环流化床的典型环核流动结构建立的（图 2-11)。在较高的气速作用下，循环流化床内的颗粒在运行中会聚合成许多絮状颗粒团，它们时而变形，时而分解，又时而重新组合。同时，床中还有很多颗粒以分散相的形式存在。在快速床中，炉膛中心是向上快速流动的低颗粒浓度的核心区，而四周是向下流动的高颗粒浓度的边壁区，这些流动特性对传热产生了很大影响。

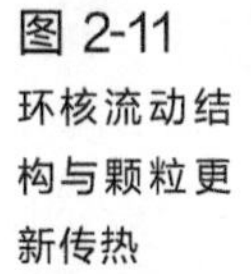

图 2-11
环核流动结构与颗粒更新传热

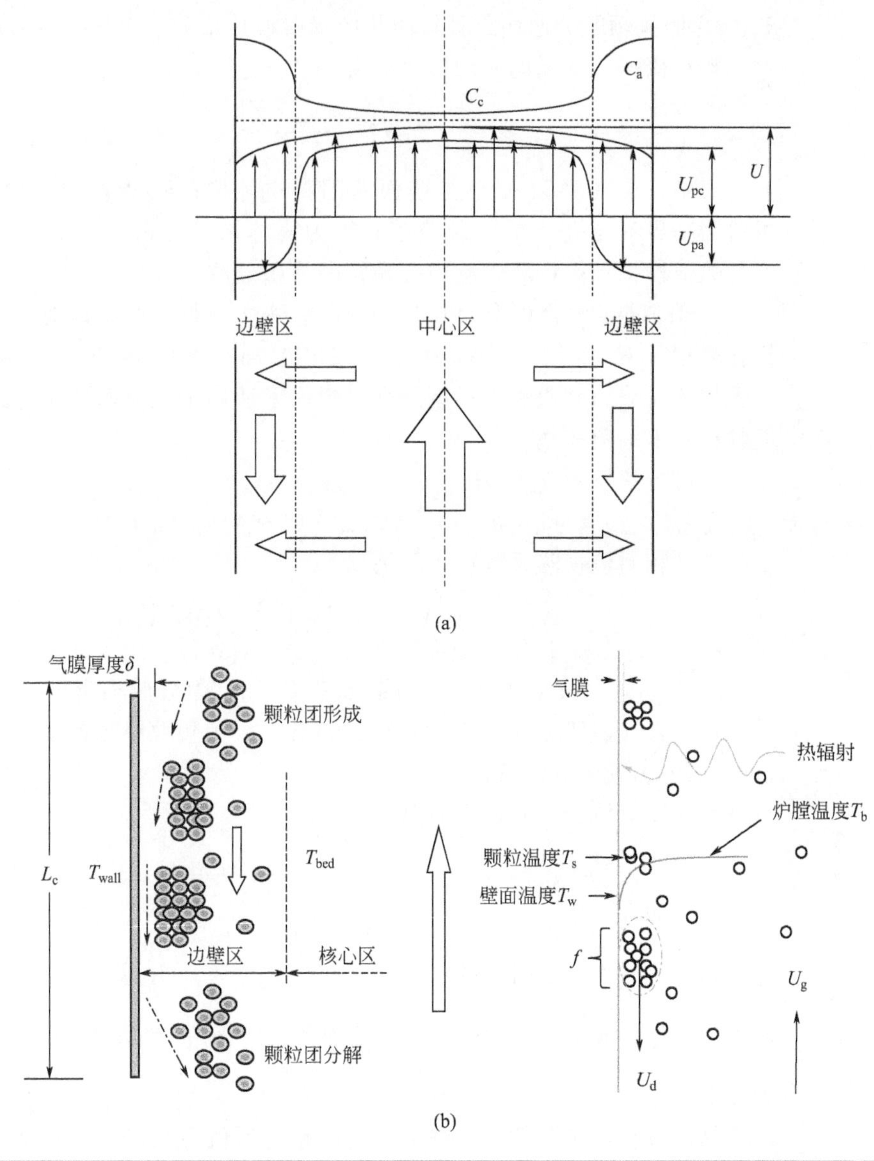

颗粒团更新理论[64]是基于鼓泡流化床的乳化相[94]更新传热理论发展而来的，其认为循环流化床由颗粒絮团和夹带着离散颗粒的气体分散相组成，气固相对受热面的传热由颗粒团对受热面的对流、辐射以及颗粒分散相对受热面的对流、辐射组成，即总传热系数为

$$h_{total}=h_{conv}+h_{rad}=f(h_{c,conv}+h_{c,rad})+(1-f)(h_{d,conv}+h_{d,rad}) \quad (2-53)$$

式中，f 为颗粒团覆盖壁面的时均覆盖率；$h_{c,conv}$ 为颗粒团对流换热系

数，W/(m² · K)；$h_{d,conv}$为固体颗粒分散相对流换热系数，W/(m² · K)；$h_{d,rad}$为固体颗粒分散相或颗粒团相的辐射换热系数，W/(m² · K)。

颗粒团覆盖壁面的时均覆盖率为

$$f=K\left(\frac{1-\varepsilon_w-Y}{1-\varepsilon_{cs}}\right)^{0.5} \tag{2-54}$$

式中，K 为系数；ε_w 为壁面的固相空隙率；ε_{cs}为颗粒团中的空隙率，可取为临界流态化下的空隙率值；Y 为固体颗粒分散相中固体颗粒的百分比，数值模拟计算中取炉膛中心颗粒的体积分数。

K 值 Basu[84]建议取为 0.5；程乐鸣[79,95]根据试验结果对于循环流化床推荐稀相区 K 取值 0.1，密相区 K 取值 0.25；Dutta 和 Basu[96]基于炉内轴向平均浓度分布和锅炉无量纲尺度，建议了适用于工业循环流化床锅炉的壁面颗粒团平均覆盖率。

对流传热系数 h_{conv}为

$$h_{conv}=fh_{c,conv}+(1-f)h_{d,conv} \tag{2-55}$$

分散相对流换热系数可表示为

$$h_{d,conv}=\frac{k_g}{d_p}\times\frac{C_s}{c_g}\left(\frac{\rho_{dis}}{\rho_s}\right)^{0.3}\left(\frac{u_t^2}{gd_p}\right)^{0.21}Pr \tag{2-56}$$

式中，d_p为颗粒直径；ρ_s为颗粒密度；ρ_{dis}为分散相密度；k_g为气体热导率；c_g为气体比热容；C_s为颗粒比热容；u_t为颗粒终端速度；g 为重力加速度；Pr 为气体普朗特数。

颗粒团对流传热系数可表示为

$$h_{c,conv}=\frac{1}{\dfrac{d_p}{nk_g}+\left(\dfrac{t_c\pi}{4k_cC_c\rho_c}\right)^{0.5}} \tag{2-57}$$

式中，ρ_c为颗粒团密度；k_c为颗粒团热导率；C_c为颗粒团比热容；t_c为颗粒团贴壁时间；$\dfrac{d_p}{n}$为颗粒团与壁面之间存在的气膜厚度[97]，这里 n 取为 2.5。

循环流化床中颗粒团贴壁下滑一段距离后就会在壁面上发生解体，离散到气相中；同时新的颗粒团形成，继续贴壁下滑。定义颗粒以团体形式贴壁面下滑的距离为颗粒团下滑特征长度 L_c。Wu 等[66]通过试验测量，发现颗粒团下滑特征长度 L_c 与循环流化床内的固体颗粒平均截面浓度 ρ_{sus}有关，建议颗粒团贴壁下滑特征长度采用下式计算。

$$L_c=0.178\rho_{sus}^{0.596} \tag{2-58}$$

式中，ρ_{sus}为床截面固相平均浓度。

由此可以得到颗粒团贴壁下滑时间 $t_c=L_c/U_c$。数值模拟计算中，颗粒团壁面下滑速率可以采用数值模拟结果中的颗粒贴壁下滑速度获得。

Glicksman[65]测得颗粒团在贴壁下滑加速的过程中，下滑速度存在最大值 $U_c=-1.26\text{m/s}$。Lints 和 Glicksman[98]认为壁面被颗粒絮团覆盖的面积分数、壁面与颗粒絮团间的气膜厚度以及颗粒絮团的空隙率都与床层横截面的平均颗粒体积分数有关。计算颗粒团停留时间时，颗粒团下滑速度被取为 $U_c=-1\text{m/s}$，并认为颗粒团的位移是整个壁面长度。

需要说明的是，上述颗粒贴壁下滑速度是在实验室小型试验台上得到的，在大型循环流化床锅炉中得到的贴壁颗粒下降流速度数值最大可达 7～8m/s[13,34,99]。表 2-6 为不同研究者通过实验测量或数值计算方法得到的实炉炉膛水冷壁面颗粒下降流的最大速度。

表 2-6　循环流化床锅炉实炉水冷壁面颗粒下降流的最大速度

测试对象	锅炉容量/m	最大下降速度/(m/s)	获得方式	文献
实验室小型试验台	直径 0.2，高 8.2	1～1.8	实验室试验	Glicksman[65]
实验室小型试验台	直径 0.4，高 8.4	1.1～2	实验室试验	Hartge 等[2]
实验室小型试验台	直径 0.152，高 9.3	1.26	实验室试验	Wu 等[100]
实验室小型试验台	直径 0.19，高 10	1～3	实验室试验	Wirth 等[97]
实验室小型试验台	1.4×1.7，高 13.5	1.8	实验室试验	Golriz 等[101]
德国 Flensburg 电厂循环床锅炉	109MW	3	现场测试	Hage 和 Werther 等[102]
波兰 Turow 电厂 3# 炉	235MW	8	现场测试	Hartge 等[13]
实验室小型试验台	1×0.3，高 8.5	4	模拟计算	Hartge 等[17]
150MW 循环床锅炉	150MW	7	模拟计算	Zhang 等[99]
600MW 循环床锅炉	600MW	8	模拟计算	周星龙[34]
330MW 循环流化床锅炉	330MW	4.5	模拟计算	夏云飞[103]

辐射传热系数 h_{rad} 为

$$h_{\text{rad}}=fh_{\text{c,rad}}+(1-f)h_{\text{d,rad}} \tag{2-59}$$

式中，颗粒分散相的辐射传热系数 $h_{\text{d,rad}}$ 可以写为

$$h_{\text{d,rad}}=\frac{\sigma_0(T_{\text{b}}^4-T_{\text{w}}^4)}{\left(\dfrac{1}{\varepsilon_{\text{d}}}+\dfrac{1}{\varepsilon_{\text{w}}}-1\right)(T_{\text{b}}-T_{\text{w}})} \tag{2-60}$$

式中，σ_0 为绝对黑体辐射系数，取为 $5.7\times10^{-8}\text{W/(m}^2\cdot\text{K}^4)$；$\varepsilon_{\text{d}}$ 为颗粒分散相的当量辐射率；ε_{w} 为壁面的辐射率。

对于颗粒分散相辐射率有

$$\varepsilon_{\text{d}}=\left[\frac{\varepsilon_{\text{p}}}{(1-\varepsilon_{\text{p}})B}\left(\frac{\varepsilon_{\text{p}}}{(1-\varepsilon_{\text{p}})B}+2\right)\right]^{0.5}\frac{\varepsilon_{\text{p}}}{(1-\varepsilon_{\text{p}})B} \tag{2-61}$$

式中，ε_p 为颗粒表面吸收率，取 0.8～0.85；B 为系数，对于各相同性漫反射 $B=0.5$，对漫反射颗粒 $B=0.667$。

颗粒团辐射传热系数 $h_{c,rad}$ 可以写为

$$h_{c,rad}=\frac{\sigma_0(T_b^4-T_w^4)}{\left(\frac{1}{\varepsilon_c}+\frac{1}{\varepsilon_w}-1\right)(T_b-T_w)} \tag{2-62}$$

式中，颗粒团辐射率

$$\varepsilon_c=0.5(1+\varepsilon_p) \tag{2-63}$$

循环流化床炉内受热面传热计算中，吕俊复等[104,105]提出的传热计算模型将炉膛烟气物料两相混合物向壁面的换热分为了对流和辐射两部分，即 $h_{total}=h_{rad}+h_{conv}$。其中对流传热系数 h_{conv} 由烟气对流传热系数 $h_{g,conv}$ 和颗粒对流传热系数 $h_{p,conv}$ 两部分组成，烟气对流传热系数 $h_{g,conv}=C_c^gU_g$（其中 C_c^g 为烟气对流系数，取 4～5J/(m^2·℃)；U_g 为烟气流速），颗粒对流传热系数 $h_{p,conv}=C_c^p\left(\frac{U_g}{5}\right)^m\alpha_c^{p0}$（其中 α_c^{p0} 为初始流态条件下的对流理论传热系数，其值与颗粒粒度、温度、受热面布置有关；m 为流化速度影响因子；C_c^p 为颗粒对流系数）；辐射换热系数 $h_{rad}=\varepsilon\sigma(T_b+T_w)(T_b^2+T_w^2)$，其中 σ 为玻尔兹曼常数，T_w 为水冷壁管壁温度，ε 为壁面与烟气侧的系统黑度。

传热计算中，将气固流动模型得到的颗粒浓度、速度等结果作为传热模型的输入参数进行计算。图 2-12 给出了根据上述不同传热计算公式得到的传热系数随截面平均固相浓度变化曲线。其中壁面的固相浓度采用径向分布的半经验公式[106]估计得到。可以看到，气固对受热面的传热系数随着固相浓度的增大而不断增大。多数半经验公式也表明，传热系数与固相密度的 0.4～0.5 次方成正比。相对而言，颗粒团更新模型在研究传热时涉及更多的影响因素，因此在某一状态下的传热系数随固相浓度则要更加平坦。

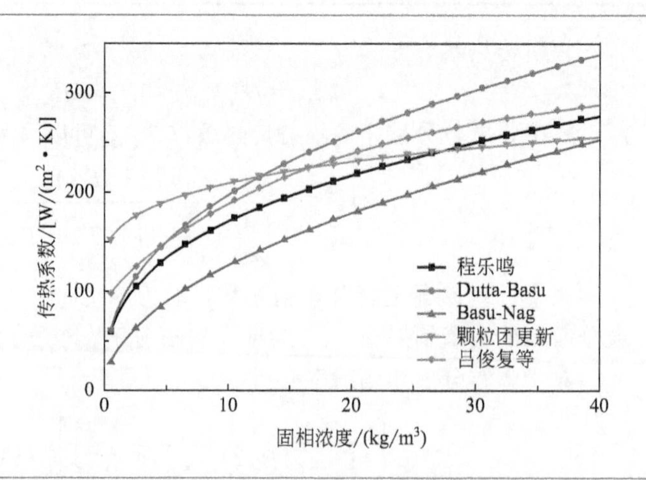

图 2-12 不同模型传热计算结果的比较（T_b= 900℃）

一般地，大型循环流化床锅炉上部截面的固相平均浓度在 2～25kg/m^3 之间。由图 2-12 可知，炉内水冷壁传热系数也基本位于 100～220W/(m^2 · K) 左右。虽然传热计算值与实际测量值相符较好[84]，但在计算大炉膛受热面整体传热量时这些细小的偏差难免会被累积到一定程度。

另一问题是，这些传热计算公式或模型主要以水冷壁传热为研究对象，而对炉内挂屏受热面的研究相对较少。通常认为，挂屏受热面附近的气固流动特点与水冷壁存在一定的差别，因此这些计算方法在评估挂屏受热面的传热性能时是值得深入探讨的，如采用挂屏附近的气固流动参数进行传热计算。但就现阶段而言，颗粒团更新模型由于一方面具有较好的准确性和拓展性，另一方面能与 CFD 数值模拟计算结果相耦合，因此是燃烧传热模拟中较为合适的传热计算模型。

2.4 循环流化床水冷壁磨损

循环流化床锅炉中，由于炉内颗粒浓度较高，湍流运动剧烈，烟气中高浓度固体颗粒长期冲刷受热面，会造成炉内各部位受到不同程度的磨损。一般地，整个炉膛水冷壁除了炉膛下部敷设耐火材料的密相区以外，其余水冷壁基本都直接受到炉内颗粒流的撞击或摩擦，不同程度地受到磨损。

循环流化床锅炉炉内水冷壁的磨损主要可分为四种情形[73]：

① 耐火材料过渡区域水冷壁磨损；

② 炉膛角落区域水冷壁磨损；

③ 不规则区域水冷壁磨损；

④ 一般水冷壁管的均匀磨损。

其中，耐火材料过渡区域水冷壁管磨损是循环流化床锅炉中最典型的水冷壁局部磨损，主要发生在卫燃带上方 200～300mm 范围内[107,108]，越往上，磨损越轻。这种磨损产生的原因是沿壁面向下流的固体物料与炉内向上运动的固体物料运动方向相反，产生涡流；同时，贴壁颗粒下降流在遇到耐磨材料与水冷壁交界区域时，流动方向发生改变，加重了对水冷壁管的冲刷。

炉膛角落区域磨损严重是因为此区域物料浓度高、下降速度大。有研究表明[109]，炉膛拐角处同属两面墙的管子磨损速率大约是炉墙中部管子的两倍。

不规则区域管壁磨损包括穿墙管、炉墙开孔处弯管、焊缝、测试区域等，此外，水冷壁管表面硬伤和原始缺陷凹坑或凸起以及防磨涂层与水冷壁交界微小台阶处等，磨损均会比较严重[109]。分析认为，不规则区域水冷壁的严重磨损主要是由产生的局部涡流以及贴壁颗粒下降流方向改变造成的。

一般，水冷壁管的均匀磨损即稀相区水冷壁管的大面积均匀磨损。磨损产生的根本原因是水冷壁面上的贴壁颗粒下降流加速下降并冲刷壁面，其中分散相颗粒以小角度冲刷壁面为主，颗粒团以摩擦磨损壁面为主。大面积水冷壁的均匀磨损主要体现为摩擦磨痕夹杂微小撞击磨蚀坑分布的形态。总的来说，水冷壁大面积均匀磨损速率不高，但仍不可忽视。统计数据显示[109]，中国465t/h的循环流化床锅炉水冷壁管此类磨损速率为（0.07～0.12)mm/1000h。

2.4.1 水冷壁磨损机理及影响因素

一般地，循环流化床锅炉水冷壁管的失效机理是水冷壁面固体颗粒的冲蚀撞击磨损（双体磨损）、摩擦磨损（三体磨损）[85]和高温气氛腐蚀磨损的综合作用。

由于炉内温度一般控制在850～920℃之间，低于一般煤的灰熔点，循环流化床锅炉炉内较少有水冷壁结渣现象。炉内固体物料相对水冷壁管的流动速度较快，冲蚀撞击磨损和摩擦磨损是循环流化床锅炉水冷壁管的主要失效机理。

根据冲蚀磨损原理和Finnie[110]提出的颗粒冲击塑性材料的微切削理论，冲蚀撞击磨损在很大程度上取决于固体颗粒具有的动量和撞击水冷壁的角度。在密相区，颗粒基本上处于鼓泡或湍流流化状态，这些具有随机性运动方向的大颗粒对水冷壁管的冲刷非常剧烈，理论上水冷壁管磨损严重，但一般密相区水冷壁管上均敷设有耐磨耐火材料；而在稀相区，颗粒处于快速流化状态，贴壁物料的流动方向虽然与壁面夹角较小，但是这些颗粒也具有一定的横向速度，因此，在贴壁颗粒下降流相对壁面总速度较大的情况下，也会对水冷壁管产生较大的冲刷撞击磨损。

根据摩擦磨损的原理，摩擦磨损的大小主要取决于固体颗粒对壁面的作用力和相对壁面的摩擦速度。在循环流化床锅炉的稀相区，贴壁颗粒相对静止的水冷壁面下降速度较大，并且由于炉内气体和浓相固体对贴壁颗粒均具有压力作用，因此，水冷壁面贴壁滑动的颗粒对水冷壁管也有压力作用，这些颗粒沿着水冷壁管滑动会产生摩擦磨损。

同时，不管是从冲蚀磨损还是从摩擦磨损的原理出发，水冷壁面颗粒浓度都是影响水冷壁磨损的一个重要因素；颗粒浓度越高，单位时间内撞击水冷壁管的颗粒就越多，对水冷壁的磨损也越严重。

除此之外，影响水冷壁磨损的因素还有很多[111-113]，如受热面温度、烟气成分、物料循环方式、床料特性（颗粒粒径、形状和硬度等)、水冷壁材料特性（硬度、热物理性能等)、磨损时间等。同时，磨损还跟受热面结构、布置方式、运行维护、处理措施等因素有关。当水冷壁的防磨措施采取不当时，往往还会引起水冷壁管的局部磨损。

从冲蚀磨损的原理出发，上述水冷壁磨损的影响因素中，颗粒粒径、形状、硬度和水冷壁材料硬度是相对较重要的影响因素。

关于颗粒粒径的影响，Finnie[114]指出，在冲蚀磨损中，当颗粒粒径大于0.1mm时，磨损速率几乎不随颗粒粒径的增大而增大；当颗粒粒径小于0.1mm时，磨损速率随颗粒粒径的减小而减小。分析认为，被撞击表面在极细颗粒的撞击下，壁面材料硬度反而有所增大。有数据显示在针头大小的颗粒撞击下，被撞击材料的硬度大约增大3倍[115]。此外，当颗粒粒径较大时，一方面，单位体积内的颗粒数减小，在相同空截面风速下带入稀相区的颗粒减少，贴壁下降颗粒流浓度降低，水冷壁磨损速率反而有所降低；另一方面，颗粒粒径增大，撞击壁面时动量增大，磨损增大。因此，在循环流化床锅炉中，颗粒粒径对水冷壁磨损的影响是上述两方面综合竞争的结果，与空截面风速有很大的关系[116]。一般来说，水冷壁磨损速率随颗粒粒径的增大而增大，但当粒径大过一临界值后，磨损速率就不再增大。

关于颗粒形状的影响，通常认为有棱角的颗粒比近似球形的颗粒对水冷壁更具有磨损性，即颗粒球形度越小，磨损越大。

关于颗粒硬度的影响，一般认为，颗粒硬度越高，磨损越严重。而在循环流化床锅炉中，颗粒硬度对水冷壁磨损的影响需相对水冷壁管材料硬度而言。当颗粒硬度小于水冷壁管硬度时，水冷壁管磨损较小；当颗粒硬度逐渐增大至与水冷壁管硬度接近时，水冷壁管磨损快速增大；而当颗粒硬度进一步增大，大于水冷壁管硬度时，水冷壁管磨损变化不大[109]。在循环流化床锅炉中，颗粒入炉后，特别是对于惰性床料，会在颗粒表面生成一种膜，膜的硬度一般高于入炉时颗粒的硬度[109]。

此外，在被磨材料特性中，材料硬度也是影响磨损速率的重要因素。与颗粒硬度对水冷壁磨损的影响类似，水冷壁管材料硬度对其磨损的影响也需相对颗粒硬度而言。

循环流化床锅炉炉膛中，高浓度的固体物料以颗粒分散相和颗粒团的形式在炉膛水冷壁贴壁向下流动，水冷壁的磨损与其表面的气固流动特性紧密相关。

2.4.2　水冷壁磨损及防磨梁

在实炉水冷壁磨损研究方面，Kim等[117,118]采用超声波测厚仪对某200t/h循环流化床锅炉水冷壁的整体磨损进行了测量，测量时间间隔为4年，得到了水冷壁磨损量的轴向分布和径向分布。轴向上，在稀相区，磨损最大发生在稀相区最下部耐磨浇注料上沿，其次是炉膛出口区域，最小的地方是稀相区中上部区域，磨损速率大概在$0.32\times10^{-3}\sim1.46\times10^{-3}$mm/d之间。总体上，随着炉膛高度升高，颗粒浓度、粒径、贴壁颗粒流下降速度均有所减小，对应的磨损速率也有所减小。在对实际水冷壁磨损测量结果分析的基础上，Kim等指出，水冷壁面不同位置处不同的气固流动特性是产生水冷壁磨损区别的主要原因。

表 2-7 为不同研究者[118-120]测得的实炉稀相区水冷壁磨损速率。其值均超过了通常燃煤电厂受热面的最大允许磨损速率 1.19×10^{-3} mm/d[121]，而过渡区的水冷壁磨损速率相对更大。

表 2-7　实炉稀相区水冷壁磨损速率

研究者	锅炉容量	测试水冷壁位置	磨损速率
Kim 等[118]	200t/h	相对高度 0.24 以上	$(0.32\sim1.46)\times10^{-3}$ mm/d
Kim 等[118]	200t/h	过渡区浇注料上沿	$(2\sim4)\times10^{-3}$ mm/d
Stringer 和 Stallings[119]	110MW	过渡区浇注料上沿	5.28×10^{-3} mm/d
苏继敏[120]	135MW	整体平均	4.9×10^{-3} mm/d

实验室有关固定表面磨损主要包括机理分析和参数影响特性研究。早期鼓泡床埋管磨损的研究结果对于循环流化床锅炉中受热面的磨损具有参考意义[73,122]。

马增益等[123,124]采用在线测量磨损速率的镀膜式磨损传感器对循环流化床锅炉实验台内的水冷壁磨损速率进行了测量。结果表明，水冷壁光滑区域、炉膛顶部出口区域以及内构件与水冷壁交接区域三个区域中，炉膛出口顶部区域和内构件与水冷壁交接区域的水冷壁磨损速率相对较大。其中内构件与水冷壁交接区域的水冷壁磨损速率最大，比光滑区域水冷壁的平均磨损速率高 5～10 倍及以上，试验中获得的最高磨损速率为 0.3mm/1000h。同时，测量结果还得到了稀相区水冷壁磨损速率沿轴向分布的情况，表现为靠近炉膛顶部和出口区域的水冷壁磨损速率较大，往下直到过渡区之前磨损速率较小，而进入过渡区后磨损速率又开始增大，水冷壁光滑区域总体平均磨损速率约为 10^{-3} mm/1000h 的数量级。基于类似的测量方法，夏云飞等试验研究了循环流化床中具有防磨梁情况下床壁面的磨损特性，推荐了试验条件下防磨梁的较佳宽度为 6～9mm[125]。

在水冷壁磨损理论研究方面，通过数值模拟的方法对循环流化床锅炉水冷壁面的气固流动特性进行了计算，然后通过提取水冷壁面区域的气固流场参数，并运用磨损经验公式进行了概念性的水冷壁磨损定性计算[74,126-128]。

马志刚[126]基于欧拉双流体模型对 130t/h 的循环流化床锅炉炉内气固流场进行了计算分析，采用磨损计算公式 $E'=\alpha_s v_s^3$ 计算了炉内水冷壁的磨损定性分布情况。其中，E' 为计算得到的相对磨损量；α_s 为颗粒体积分数；v_s 为颗粒速度。计算变量包括截面风速，上下、前后一二次风比，颗粒粒径，炉膛出口结构，二次风喷入角度，二次风喷入动量。结果表明，空截面风速增加后，过渡区和稀相区的磨损有较大增加；增加二次风配比有利于减轻过渡区的水冷壁磨损。

夏云飞[103]建立了一种基于循环流化床锅炉水冷壁面气固流动数值模拟

计算的水冷壁磨损模型，开展了 330MW 和 600MW 循环流化床锅炉加装防磨梁前、后水冷壁的磨损分布特性数值模型计算研究。

针对水冷壁磨损严重的问题，应用较广泛的防磨措施主要有让管法、敷设防磨材料法、喷涂法以及防磨梁技术。其中，防磨梁技术以其主动防磨的特性和防磨效果得到了应用。图 2-13 为多种不同结构形式的防磨梁[129,130]。

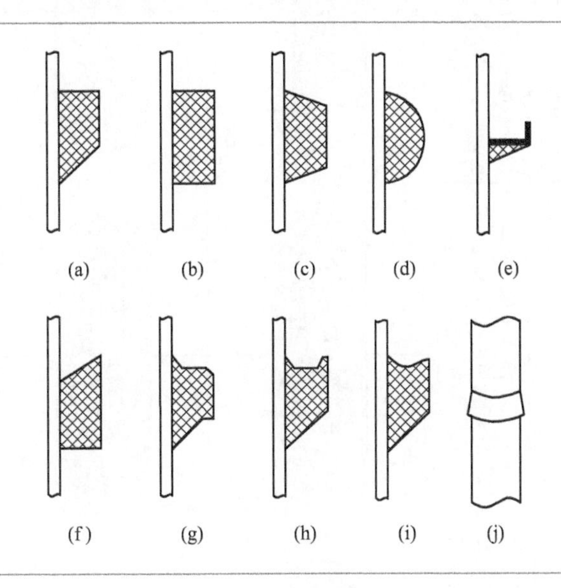

图 2-13 各种结构形式的防磨梁

需要注意的是，在循环流化床锅炉水冷壁壁面设置了防磨梁后，防磨梁对炉内的气固流场（特别是固体颗粒沿壁面的流动）产生影响，从而影响循环流化床锅炉炉内的传热、燃烧和产物生成等特性，如一些循环流化床锅炉安装防磨梁后出现了床温升高、排烟温度上升或减温水量增加等现象。此外，防磨梁的结构、几何尺寸、在水冷壁上的设置间距以及组合布置方式等优化设计都是需要关注的对象。

2.4.3 单颗粒撞击磨损模型和颗粒摩擦模型

从 1958 年 Finnie[131] 建立起单颗粒切削磨损模型至今，磨损模型从简到精、从单一到多样、从理论到应用发展大致分为四个阶段，如图 2-14 所示。

第一阶段的磨损模型主要为单颗粒撞击磨损模型[110,114,131-139]和颗粒摩擦磨损模型[140-145]；第二阶段的磨损模型主要为纯理论多颗粒磨损模型[146,147]；第三阶段主要将单颗粒撞击磨损模型或磨损经验公式与颗粒离散相模型气固流场数值计算相结合来预测低颗粒体积分数气固两相流中颗粒产生的磨损[148-153]；第四阶段的磨损模型主要为基于欧拉双流体模型数值计算的磨损模型，主要包括能量耗散磨损模型[121,154-157]和颗粒动力学磨损模型[158,159]。

单颗粒撞击磨损模型着眼于单个颗粒以一定角度和速度撞击材料表面产

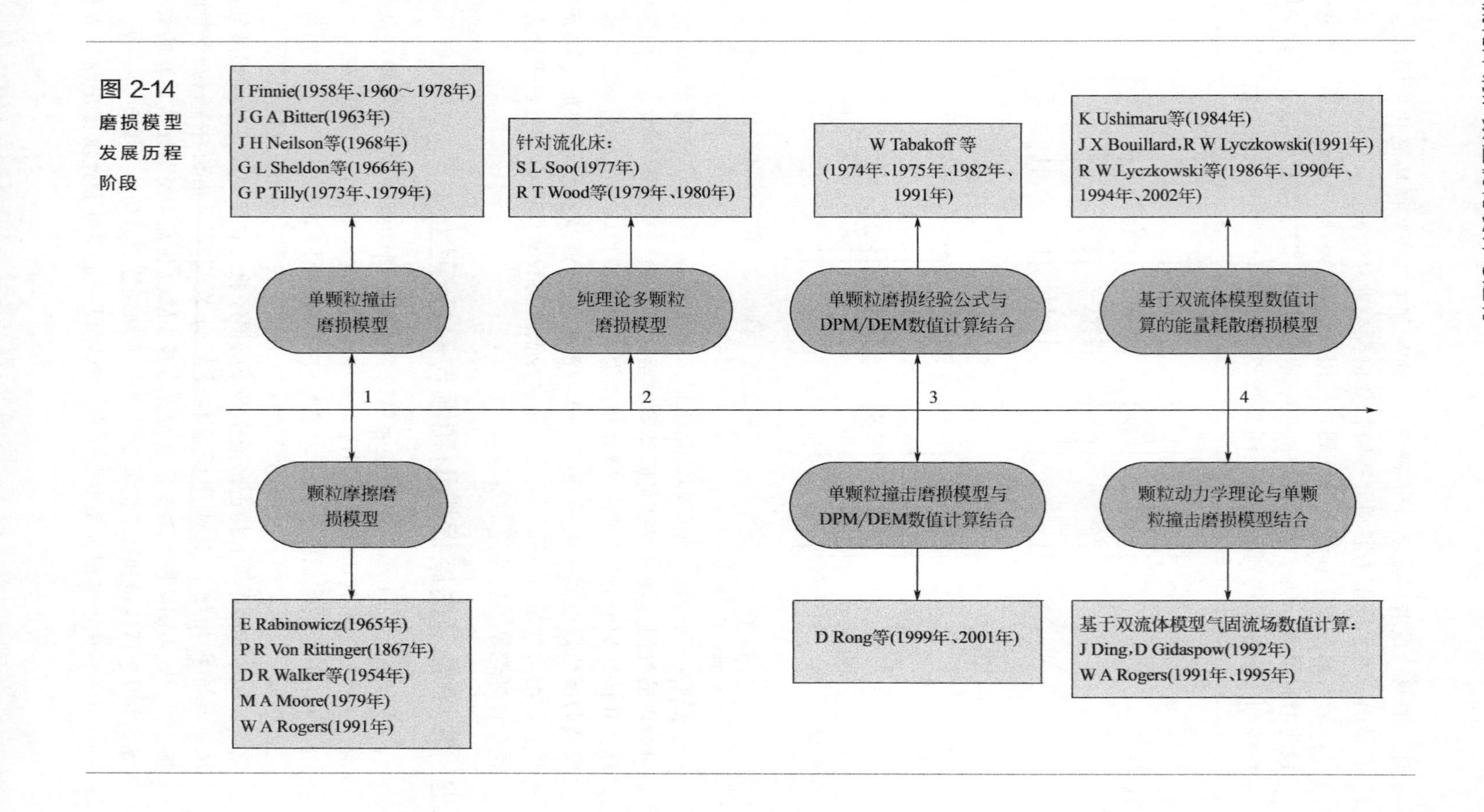

图 2-14 磨损模型发展历程阶段

生的磨损，包括塑性材料切削磨损、脆性材料变形磨损等，每一种磨损形式对应的磨损模型都建立了磨损速率与磨粒颗粒特性、运动特性和被磨材料特性之间关系的数学表达式。在此类磨损模型的发展过程中，很多研究者都提出了自己的模型，这里列举几个具有代表性的模型。

（1）Finnie切削磨损模型

基于单颗粒撞击塑性材料过程中颗粒的运动方程和被磨材料的物理特性如塑性流动应力，Finnie[110,114,131,132]建立了单颗粒切削磨损模型。Finnie切削磨损模型认为，颗粒运动过程中侵入并扫过被磨材料的体积即为产生的磨损体积。模型假定颗粒以类似机械切削的方式磨损材料表面；被磨材料在磨损发生时不产生裂解，只有塑性变形；颗粒在碰撞过程中也不发生破碎和二次磨损。

Finnie单颗粒切削磨损模型的表达式为

$$W_{\text{i-v}}=\frac{m_{\mathrm{p}}v_{\mathrm{s}}^{2}}{P\varphi K}\left(\sin 2\alpha-\frac{6}{K}\sin^{2}\alpha\right)\qquad \tan\alpha\leqslant\frac{K}{6}\tag{2-64}$$

$$W_{\text{i-v}}=\frac{m_{\mathrm{p}}v_{\mathrm{s}}^{2}}{P\varphi K}\left(\frac{K\cos^{2}\alpha}{6}\right)\qquad \tan\alpha\geqslant\frac{K}{6}\tag{2-65}$$

式中，$W_{\text{i-v}}$为一个质量为m_{p}的颗粒撞击材料表面产生的体积磨损量；α为颗粒撞击壁面时与壁面所成的角度；v_{s}为颗粒撞击壁面的速度；P为颗粒与壁面碰撞接触时接触应力的横向分量，称为塑性流动应力，Finnie将此值近似为被磨材料的维氏硬度（VHN）；参数K为碰撞磨损过程中作用在颗粒上的纵向力与横向力之比，Finnie假设其值在整个磨损过程中不变；参数φ为碰撞过程中颗粒切削长度与切削深度的比值，同样假设其在整个切削过程中保持不变。对于塑性材料，K值一般在1.6～6之间，φ值一般在2～10之间。

图2-15为采用Finnie单颗粒切削磨损模型计算的典型磨损结果与实验结果的对比。可见当颗粒撞击角小于某一临界角时，磨损随撞击角的增大而增大；当角度达到某一临界值后，随着撞击角的进一步增大，磨损反而逐渐减小。

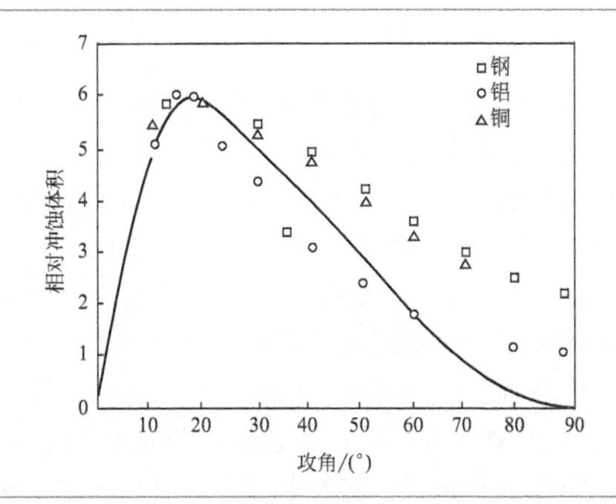

图2-15 Finnie切削磨损模型的计算结果与实验结果对比

此外，Lyczkowski 等[157]指出，若要将 Finnie 单颗粒切削磨损模型用于磨损计算，必须先确定模型中的两个参数 K 和 φ。对此，可以通过实验结果和对应工况磨损的初步计算结果采用优化算法反推得到这两个参数的最优值。

（2）Bitter 变形磨损理论模型

Bitter[134,135]的单颗粒变形磨损模型与 Finnie 的单颗粒切削磨损模型不同，认为在颗粒对材料磨损的过程中变形磨损和切削磨损同时存在，且总磨损为变形磨损和切削磨损的线性叠加，即

$$W_{\text{i-v}}=(W_{\text{i-v}})_{\text{d}}+(W_{\text{i-v}})_{\text{c}} \tag{2-66}$$

式中，$W_{\text{i-v}}$为总磨损体积；$(W_{\text{i-v}})_{\text{d}}$ 为变形磨损体积，$(W_{\text{i-v}})_{\text{c}}$ 为切削磨损体积。

Bitter 认为变形磨损体积等于一个颗粒撞击到材料表面使之发生弹性和塑性变形所消耗的能量比上该被磨材料的变形磨损因子 ε_{d}。

$$(W_{\text{i-v}})_{\text{d}}=\frac{m_{\text{p}}(v_{\text{s}}\sin\alpha-K_1)^2}{2\varepsilon_{\text{d}}} \tag{2-67}$$

式中，ε_{d} 为变形磨损中磨损一个单位体积材料需要的能量，其值只与材料特性有关，可由实验确定；K_1 为材料磨损开始产生或刚达到被磨材料弹性极限时所需颗粒撞击速度垂直分量的最小值，当超过此值时磨损才会发生。

Bitter 的单颗粒变形磨损模型对其中切削磨损部分的表述为：

当 $\alpha\leqslant\alpha_0$ 时

$$(W_{\text{i-v}})_{\text{c}}=\frac{2m_{\text{p}}K_3(v_{\text{s}}\sin\alpha-K_1)^2}{\sqrt{v_{\text{s}}\sin\alpha}}\left[v_{\text{s}}\cos\alpha-\frac{K_3(v_{\text{s}}\sin\alpha-K_1)^2}{\sqrt{v_{\text{s}}\sin\alpha}}\varepsilon_{\text{c}}\right] \tag{2-68}$$

当 $\alpha\geqslant\alpha_0$ 时

$$(W_{\text{i-v}})_{\text{c}}=\frac{m_{\text{p}}[v_{\text{s}}^2\cos^2\alpha-K_2(v_{\text{s}}\sin\alpha-K_1)^{3/2}]}{2\varepsilon_{\text{c}}} \tag{2-69}$$

式中，ε_{c} 为切削磨损中磨损一个单位体积材料需要的能量，类似于 ε_{d}，其值只与被磨材料特性有关，可由实验确定；α_0 为颗粒切削磨损过程中离开被磨材料表面时颗粒切向速度刚好为零时颗粒的撞击角度，其值以及参数 K_1、K_2、K_3 值的确定参见文献［134，135］。

总体上，Bitter 的变形磨损模型磨损预测结果与实验结果吻合较好，较直观地体现了磨损预测值随颗粒撞击角度的变化。对于完全脆性材料，模型预测磨损在颗粒撞击角为 90°时最大；对于塑性材料，除了当颗粒撞击角为 90°时磨损预测不为 0 外，其余预测特征均与 Finnie 的单颗粒切削磨损模型相似。相比 Finnie 的切削磨损模型，Bitter 的变形磨损模型考虑了更多的颗

粒和被磨材料的特性，更全面地反映了磨损与材料特性之间的关系。但其最大的缺点是当颗粒撞击角度为零甚至到几度时，磨损计算值为零，与实际不符。

图 2-16 和图 2-17 为采用 Bitter 变形磨损理论计算的塑性材料和脆性材料磨损随颗粒撞击角变化而变化的情况。两种情况下，均当 $v_s \sin\alpha = K_1$ 时磨损才开始产生，但脆性材料磨损起始点对应的颗粒撞击角较大。Bitter 变形磨损模型中关于塑性材料的切削磨损计算结果类似于 Finnie 的切削磨损模型，当颗粒撞击角小于并接近 90°时，切削磨损计算值为零。相比脆性材料，塑性材料总磨损最大点对应的颗粒撞击角较小。此外，从图中还可看出，对于脆性材料，磨损以变形磨损为主；而对于塑性材料，磨损以切削磨损为主。

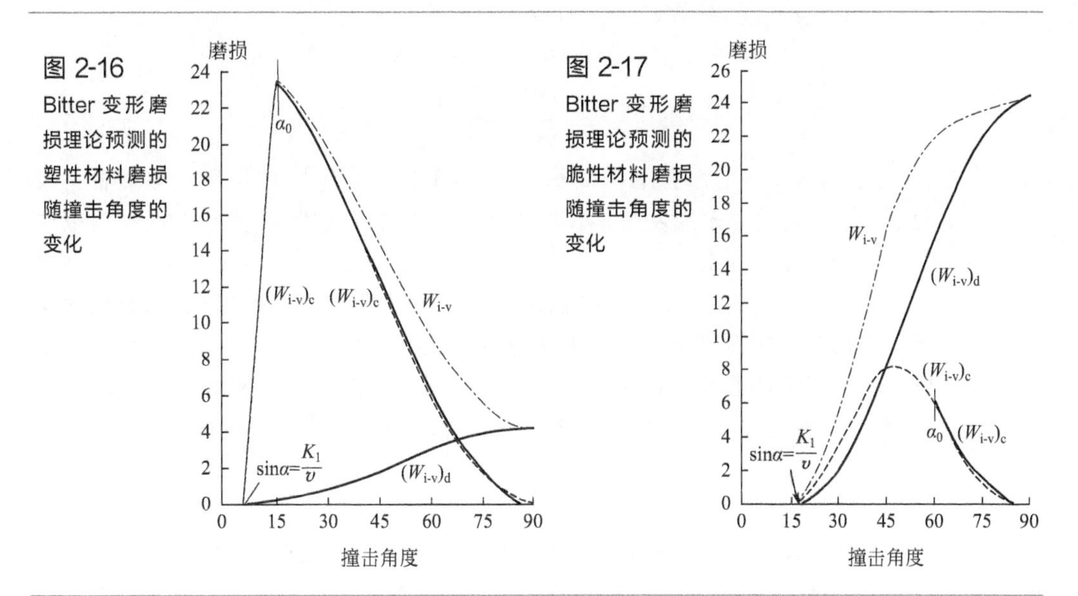

图 2-16 Bitter 变形磨损理论预测的塑性材料磨损随撞击角度的变化

图 2-17 Bitter 变形磨损理论预测的脆性材料磨损随撞击角度的变化

若将单颗粒撞击磨损模型用于高颗粒浓度气固两相流中磨损的计算，便需要考虑气体对颗粒流动特性的影响，并且取紧靠磨损接触点处的局部颗粒流动特性参数作为磨损模型的输入参数。在以往的磨损计算中，单颗粒撞击磨损模型中的颗粒撞击速度、角度等参数往往采用的是宏观颗粒流动特性参数，而不是考虑了负载流体影响后紧靠磨损接触点处的局部参数值，这使得磨损计算结果偏离实际值[160]。

对于循环流化床锅炉，炉内水冷壁表面颗粒浓度较大，这些颗粒的运动受到气流和颗粒间相互作用的影响。若使用单颗粒撞击磨损模型计算水冷壁磨损，模型中颗粒运动参数的输入值需为考虑了气流和颗粒间相互作用影响后的局部颗粒运动特性参数，即紧靠水冷壁面磨损点的颗粒运动特性参数。

（3）颗粒摩擦模型

颗粒摩擦磨损模型着眼于单个颗粒或多个颗粒沿着材料表面侵入式地滑动而产生的磨损，颗粒具有对材料表面的压力是摩擦磨损产生的必要条件。摩擦磨损速率的大小取决于颗粒对材料表面压力的大小、颗粒相对被磨材料表面侵入式滑动速度的大小和被磨材料的特性如硬度等，图 2-14 中所有的颗粒摩擦磨损模型均建立了此关系的数学表达式。

Rabinowicz 等[140,144]建立了一种颗粒摩擦磨损模型，表达式为

$$\frac{W_{\text{a-v}}}{L_{\text{a}}}=\frac{kF}{3H_{\text{m}}} \tag{2-70}$$

式中，$W_{\text{a-v}}$为摩擦磨损体积；L_{a} 为颗粒在被磨材料表面滑过的距离；F 为颗粒作用在被磨材料表面上的法向力；H_{m} 为被磨材料的硬度；k 为与颗粒外形有关的经验系数，反映的是多颗粒的平均值。

Moore[142]也建立了一种多颗粒摩擦磨损模型，表达式为

$$\frac{W_{\text{a-v}}}{A_{\text{t}}L_{\text{a}}}=\frac{k\sigma_{\text{N}}}{H_{\text{m}}} \tag{2-71}$$

式中，A_{t} 为总摩擦磨损面积；σ_{N} 为单位面积上颗粒作用在被磨材料表面上的法向应力；k 为反映多颗粒平均外形特征和被磨材料量占颗粒摩擦沟槽比例的总比例系数。

Rabinowicz 等和 Moore 的颗粒摩擦磨损模型均假设颗粒在被磨材料表面滑动磨损时摩擦深度不随颗粒摩擦路径的变化而变化。基于他们模型的基本思想，取消上述假设，认为颗粒摩擦深度随摩擦路径的变化而变化，Rogers[143,159]推出了单位面积多颗粒瞬时摩擦磨损质量速率的表达式：

$$E'_{\text{a-m}}=K_{\text{a}}\frac{\rho_{\text{w}}}{H_{\text{m}}}\tau_{\text{s-n}}v_{\text{s-p}} \tag{2-72}$$

式中，K_{a} 为表达式推导过程中各系数的汇总，其值可由实验反推得到；ρ_{w} 为被磨材料的密度；$\tau_{\text{s-n}}$为颗粒对被磨表面的平均法向应力；$v_{\text{s-p}}$为颗粒平行于被磨表面的相对滑移速度。

本质上，上述三种颗粒摩擦磨损模型相似。首先，Rabinowicz 等的多颗粒摩擦磨损模型表达式［式(2-70)］可转化为

$$W_{\text{a-v}}=\frac{kFL_{\text{a}}}{3H_{\text{m}}} \tag{2-73}$$

那么，单位面积上颗粒的摩擦磨损体积速率 $E'_{\text{a-v}}$（m/s）为

$$E'_{\text{a-v}}=\frac{W_{\text{a-v}}}{A_{\text{t}}\Delta t}=\frac{kFL_{\text{a}}}{3H_{\text{m}}A_{\text{t}}\Delta t} \tag{2-74}$$

式中，Δt 为颗粒摩擦磨损时间。若用单位面积上颗粒对壁面的法向应力 $\tau_{\text{s-n}}$代替上式中的 F/A_{t}，用颗粒沿壁面平行运动的速度 $v_{\text{s-p}}$代替上式中的

$L_a/\Delta t$，则式(2-74) 可写为

$$E'_{a\text{-}v}=\frac{k\tau_{s\text{-}n}v_{s\text{-}p}}{3H_m} \tag{2-75}$$

再在上式两边同时乘上被磨材料的密度 ρ_w，则被磨材料单位面积上的瞬时摩擦磨损质量速率为

$$E'_{a\text{-}m}=\frac{\rho_w k\tau_{s\text{-}n}v_{s\text{-}p}}{3H_m} \tag{2-76}$$

其次，Moore 的多颗粒摩擦磨损模型表达式［式(2-71)］可转化为

$$W_{a\text{-}v}=\frac{k\sigma_N A_t L_a}{H_m} \tag{2-77}$$

那么，单位面积上颗粒的摩擦磨损体积速率 $E'_{a\text{-}v}$ (m/s) 为

$$E'_{a\text{-}v}=\frac{W_{a\text{-}v}}{A_t\Delta t}=\frac{k\sigma_N A_t L_a}{H_m A_t\Delta t}=\frac{k\sigma_N L_a}{H_m\Delta t} \tag{2-78}$$

式中，σ_N 等同于式(2-76) 中单位面积上颗粒对壁面的法向作用力 $\tau_{s\text{-}n}$。此外，用颗粒平行于壁面的运动速度 $v_{s\text{-}p}$ 代替式(2-78) 中的 $L_a/\Delta t$，则式(2-78) 可写为

$$E'_{a\text{-}v}=\frac{k\tau_{s\text{-}n}v_{s\text{-}p}}{H_m} \tag{2-79}$$

在上式两边同时乘上被磨材料的密度 ρ_w，则被磨材料单位面积上的瞬时摩擦磨损质量速率为

$$E'_{a\text{-}m}=\frac{k\rho_w\tau_{s\text{-}n}v_{s\text{-}p}}{H_m} \tag{2-80}$$

至此，可以发现，Rabinowicz 等和 Moore 的多颗粒摩擦磨损模型转化后的表达式［式(2-76) 和式(2-80)］均与 Rogers 的摩擦磨损模型表达式［式(2-72)］相同。这在某种程度上说明了颗粒摩擦磨损模型已趋于完善。

此外，Rogers[143] 对 Zhu[122] 论文中所述的流化床试验台进行了气固流场二维数值计算并采用其建立的颗粒摩擦磨损模型［式(2-72)］计算得到了炉内埋管的瞬时摩擦磨损速率及其随计算时间的变化。可见，该类摩擦磨损模型中的参数可从气固流场数值计算结果中获取。

2.4.4　理论多颗粒磨损模型

第二阶段的纯理论多颗粒磨损模型中针对流化床锅炉受热面的较少，有的也只是针对流化床埋管或尾部对流受热面等的磨损模型。

Soo[146] 建立的针对流化床对流受热面的多颗粒磨损模型类似于 Bitter 的变形磨损模型，是将塑性材料和脆性材料区别对待，同时也只有当颗粒撞击壁面的能量或速度大于某一阈值时磨损才会产生。

对于塑性材料，模型的表达式为

$$(E'_v)_{dm}=\cos\alpha[1-K^*_{dm}(\sin\alpha)^{-1/5}]\rho_p\vec{v}^3_p C_{dm}f(1+r^*)(2.94)(5/16)\eta_{dm}/\varepsilon_{dm} \tag{2-81}$$

式中，C_{dm}为颗粒非球形修正系数；r^*为颗粒反弹速度与撞击速度之比；ε_{dm}为磨损单位体积塑性材料需要的能量；η_{dm}为颗粒碰撞壁面的机械效率，约10^{-4}；K^*_{dm}为无量纲阻力系数；α为撞击角。

Soo 等假定，流化床中颗粒的运动方向具有随机性，因此对上式可在所有颗粒撞击角度和速度范围内进行平均处理，得到

$$(E'_v)_{dmFB}=(1-0.9586\overline{K}^*_{dm})\rho_p(\overline{v}_p{}^2)^{3/2}C_{dm}\overline{f}(1+\overline{r}^*)(2.94)(5/16)[2/(3\sqrt{\pi})]\eta_{dm}/\varepsilon_{dm} \tag{2-82}$$

式中，参数横线上标代表此参数的平均量。

对于脆性材料，同样对所有颗粒撞击角度和速度进行平均处理，得到模型表达式为

$$(E'_v)_{bmFB}=(1-0.8981\overline{K}^*_{bm})\rho_p(\overline{v}_p{}^2)^{3/2}C_{bm}(1+\overline{r}^*)(2.94)(5/16)[2/(3\sqrt{\pi})]\eta_{bm}/\varepsilon_{bm} \tag{2-83}$$

但 Lyczkowski 等[157]认为，流化床中存在颗粒运动静止区和局部流动参数突变区如风道喷口等，因此上述磨损模型关于“平均处理”的假设不一定正确。同时，该类模型应用于循环流化床锅炉水冷壁磨损计算具有局限性。

2.4.5 磨损经验公式/单颗粒磨损模型与 DPM/DEM 数值计算结合

第三阶段的磨损计算方法主要是将磨损经验公式或单颗粒撞击磨损模型与颗粒离散相气固流场数值计算（DPM/DEM）相结合来预测磨损。

上文已指出，在气固流颗粒磨损计算中，若采用宏观颗粒运动特性作为磨损模型的输入参数而不计及气体对颗粒运动的影响，那么磨损计算值将偏离实际值。现阶段，气固流场数值计算可解决此问题，进而取得被磨材料表面受气体影响后的颗粒运动特性参数。

Tabakoff 等[153]对碳钢受煤灰颗粒冲蚀磨损进行了大量的实验研究，总结回归得出磨损量E（mg/g）的经验公式。

$$E=K_1f(\alpha)v_s^2(\cos\alpha)^2(1-R_T)+f(v_s) \tag{2-84}$$

式中，v_s为颗粒撞击壁面的速度；α为颗粒撞击壁面的角度；$R_T=1-0.0016v_s\sin\alpha$；$f(\alpha)=1+C_k[K_2\sin(90/\alpha_0)\alpha]$，$\alpha_0$为磨损-角度关系中磨损量最大时对应的颗粒撞击角度，当$\alpha\leqslant 3\alpha_0$时，$C_k=1$，否则$C_k=0$；$f(v_s)=K_3(v_s\sin\alpha)^4$；$K_1$、$K_2$、$K_3$为与材料特性有关的经验参数。同时，他们针对研究对象采用颗粒离散相模型对气固流进行计算，得到磨损表面的颗粒流动特

性，然后将此颗粒流动特性参数作为经验公式(2-84)的输入值，进行了研究对象的磨损预测。这是颗粒离散相模型数值计算与磨损经验公式结合使用的典型代表。

然而，由于磨损经验公式太依赖于公式建立时所属系统的特性，因此，将颗粒离散相模型数值计算与磨损经验公式结合的磨损计算方法适用性较差。基于此，Rong 等[148]将颗粒离散相模型数值计算与单颗粒撞击磨损模型进行了结合来预测磨损。不难看出，磨损理论模型相比经验公式，更适合用于与颗粒离散相模型数值计算相结合，结合后的磨损计算方法也具有更强的适用性。

将单颗粒磨损模型或磨损经验公式与颗粒离散相模型数值计算相结合是未来磨损计算方法发展的重要方向之一，但目前这类方法只适用于气固流中颗粒体积分数较小的情况，对于循环流化床锅炉水冷壁的磨损预测具有局限性。因为水冷壁面的颗粒体积分数较大，颗粒离散相模型数值计算受计算能力的限制，要计算出水冷壁面的颗粒运动特性比较困难，特别是对于大型循环流化床锅炉。

2.4.6　能量耗散磨损模型和颗粒动力学磨损模型

第四阶段的磨损模型主要为基于欧拉双流体模型数值计算的磨损模型，包括能量耗散磨损模型[154-157]和颗粒动力学磨损模型[158,159]。能量耗散磨损模型又包括功耗磨损模型和单层能量耗散磨损模型。

功耗磨损模型起源于第一阶段的颗粒摩擦磨损模型，如 Rabinowicz 等[144]的摩擦磨损模型[式(2-70)]。将欧拉双流体模型与式(2-70)结合起来，以双流体模型中的部分参数表达式代替式(2-70)中的参数，可得到功耗磨损模型的基本表达式：

$$E'_{\text{a-v}}=-C(1-\alpha_{g})\rho_{s}\frac{\mathrm{d}\vec{v}_{s}}{\mathrm{d}t_{s}}\vec{v}_{s}\left(\frac{V_{f}}{A_{t}}\right)\bigg/H_{m} \tag{2-85}$$

式中，$1-\alpha_g$ 为壁面固相体积分数；ρ_s 为颗粒密度；$\vec{v}_s$为颗粒相对被磨材料的速度；V_f 为对壁面有磨损作用的气固流体体积；V_f/A_t 为该气固流体的厚度；H_m 为被磨材料的硬度；C 为实际磨损体积占切削或摩擦产生凹槽体积的比例。Ushimaru 等[154]根据 Mulhearn 等[161]的观点，认为当摩擦磨损发生时，与被磨材料接触的颗粒中只有小于 10%数量的颗粒真正起到了磨损作用，而其余的颗粒只使被磨材料产生弹性变形，因此取 C 为 0.1。

功耗磨损模型解释了颗粒以几乎零角度流过壁面时产生磨损的机理，其磨损计算结果在颗粒加速段为正，但在颗粒减速段为负，这与多种实际情况相悖。

能量耗散磨损模型认为壁面磨损源于颗粒与壁面碰撞过程中颗粒内能的耗散，Bouillard 等[162]认为该内能耗散主要来自于紧靠壁面上的一层颗粒，

颗粒直径以 d_p 表示。基于此，单层能量耗散磨损模型（MED）的磨损速率表达式为

$$(E'_v)_{MED}=CE_{ED}d_p/H' \tag{2-86}$$

式中，E_{ED}为磨损颗粒具有的内能，可由欧拉双流体模型中固相动量方程两端乘上颗粒速度矢量所得的机械能方程获得；H'是与被磨材料硬度有关的材料特性参数；C 为贴壁单层颗粒耗散能量中用于产生磨损的能量比例，Bouillard 等[155]认为 C 不可直接取为 0.1，而是与颗粒-壁面碰撞-反弹恢复系数 e 有关，表示为 $C=1-e^2$。

Lyczkowski 等[157]将单层能量耗散磨损模型、Finnie 单颗粒撞击磨损模型和 N-G 磨损模型[136]分别与欧拉双流体模型气固流场数值计算结合起来预测了二维流化床模型中埋管的磨损速率。结果表明，单层能量耗散磨损模型计算得到的埋管磨损速率随流化床运行工况变化而变化的趋势与其他两种磨损模型相似，其计算的磨损速率数量级为 0.1mm/1000h。

不过，单层能量耗散磨损模型并未反映被磨材料表面颗粒的流动结构等具体信息，与机理联系不密切。此外，模型中用于产生磨损的能量比例系数主要依靠经验确定。

颗粒动力学磨损模型的核心思想是将颗粒动力学理论[29]与第一阶段的单颗粒撞击磨损模型结合，以欧拉双流体模型计算的被磨材料表面的气固流动特性参数作为输入参数，计算气固两相流系统中材料的磨损。

截至目前，颗粒动力学磨损模型被 Ding 等[158]和 Rogers[143]用在了预测鼓泡流化床或湍流流化床内埋管的磨损方面，使用的单颗粒磨损模型为 Finnie 的切削磨损模型。他们的颗粒动力学磨损模型虽然有细节差异，但基本思路相似。

Ding 等的颗粒动力学磨损模型认为壁面磨损速率可由单位时间单位体积速度在 $c \sim c+dc$ 内撞击壁面的颗粒数量乘上单个颗粒对壁面的磨损速率得到，同时对颗粒撞击速度在（$-\infty$，∞）进行积分得到磨损速率的解。针对埋管，模型假设埋管表面颗粒的速度呈麦克斯韦分布[40]，同时根据此速度假设可算得单位时间单位面积上撞击埋管的颗粒数量。

Ding 等[158]采用颗粒动力学磨损模型对 Zhu 等[163]的鼓泡流化床内埋管进行了磨损预测，磨损模型以该鼓泡流化床二维和三维欧拉双流体模型计算的埋管附近的颗粒流动参数作为输入参数。结果表明，颗粒动力学磨损模型的磨损预测结果与 Zhu 等[163]的实验结果吻合较好，其中三维模型的预测结果与实验结果更接近。

Rogers[143,159]也建立了适用于流化床埋管的磨损预测模型，该模型认为埋管除了受到颗粒的撞击磨损外，还受到颗粒的摩擦磨损，总磨损速率为撞击、摩擦磨损速率之和。

埋管撞击磨损速率预测所用的模型为 Rogers 的颗粒动力学磨损模型，该颗粒动力学磨损模型与 Ding 等[158]的颗粒动力学磨损模型稍有不同。Ding 等在推导颗粒动力学磨损模型时，假设 Finnie 单颗粒磨损模型中的参数 $c=0.5$、$K=2$、$\varphi=2$；而 Rogers 的颗粒动力学磨损模型仅考虑了系数 K 和 φ，并且没有给这两个参数赋予初值，而是根据总体磨损预测模型的磨损计算值与实验测得的磨损值相差最小的原则，反推确定参数 K 和 φ 的值。因此，Rogers 的模型针对具体磨损对象可以获得更准确的预测结果。此外，Rogers 的颗粒动力学磨损模型在其推导过程中需要使用泰勒级数展开，推导过程比 Ding 等的颗粒动力学磨损模型复杂。

颗粒动力学磨损模型基于双流体模型的优点使其可以预测稠密气固两相流中颗粒产生的磨损。但其采用的速度模型假设使得模型的适用范围有限，如该模型不可直接用于预测循环流化床锅炉水冷壁的磨损；同时，该模型对磨损材料表面气固流动结构的考虑不足。

夏云飞[103]针对循环流化床锅炉水冷壁磨损的问题，考虑水冷壁面气固流动的结构机理，建立了一种基于循环流化床锅炉水冷壁面区域气固流动特性的水冷壁磨损模型，具体在第 4.5 节中介绍。

参考文献

[1] Hyppänen T, Lee Y Y, Rainio A. A three-dimensional model for circulating fluidized bed boilers [C]//Proceedings of the 11th international conference on fluidized bed combustion. ASME New York, 1991.

[2] Hartge E U, Rensner D, Werther J. Solids concentration and velocity patterns in circulating fluidized beds [C]//Basu P, Large J F. Circulating fluidized bed technology Ⅱ. Pergamon, 1988.

[3] Rhodes M J. Modelling the flow structure of upward-flowing gas-solids suspensions [J]. Powder Technol, 1990, 60: 2715.

[4] Berruti F, Kalogerakis N. Modelling the internal flow structure of circulating fluidized beds [J]. Can J Chem Eng, 1989, 67: 1010.

[5] Bai D, Zhu J, Jin Y, et al. Internal recirculation flow structure in vertical upflow gas-solids suspensions: Part Ⅰ. A core-annulus model [J]. Powder Technol, 1995, 85: 171.

[6] Knoebig T, Luecke K, Werther J. Mixing and reaction in the circulating fluidized bed-a three-dimensional combustor model [J]. Chemical Engineering Science, 1999, 54 (13): 2151-2160.

[7] Pallarès D, Palonen M, Ylä-Outinen V, et al. Modeling of the heat transfer in large-scale fluidized bed furnaces [C]//Proceedings of the 21st International Conference on Fluidized Bed Combustion. Naples (Italy), 2012.

[8] Kunii D, Levenspiel O. Fluidization Engineering [M]. Butterworth-Heinemann, 1991.

[9] Huilin L, Guangbo Z, Rushan B, et al. A coal combustion model for circulating fluidized bed boilers [J]. Fuel, 2000, 79 (2): 165-172.

[10] Kunii D, Levenspiel O. Circulating fluidized-bed reactors [J]. Chemical Engineering Science, 1997, 52 (15): 2471-2482.

[11] Lee Y Y，Hyppänen T. A coal combustion model for circulating fluidized bed boilers [C]//Proceedings of the Tenth International Conference on Fluidized Bed Combustion. 1989.

[12] Werther J，Wein J. Expansion behavior of gas fluidized beds in the turbulent regime [C]//AIChE Symposium Series. New York：American Institute of Chemical Engineers，1994.

[13] Hartge E U，Budinger S，Werther J. Spatial effects in the combustion chamber of the 235MW CFB boiler Turow No. 3 [C]//8th International Conference on Fluidized Beds. Hangzhou，2005.

[14] 周星龙，谢建文，高胜斌，等. 330MW CFB锅炉炉膛壁面颗粒流率分布测量 [J]. 动力工程学报，2014，34（10）：753-758.

[15] Rhodes M J，et al. Similar profiles of solid flux in circulating fluidized-bed risers [J]. Chemical engineering science 1992，47（7）：1635-1643.

[16] Cundall P A，Strack O D L. A discrete numerical model for granular assemblies [J]. Geotechnique，1979，29（1）：47-65.

[17] Hartge E-U，Ratschow L，Wischnewski R，et al. CFD-simulation of a circulating fluidized bed riser [J]. Particuology，2009，7：283-296.

[18] 蔡杰，凡凤仙，袁竹林. 循环流化床气固两相流颗粒分布的数值模拟 [J]. 中国电机工程学报，2007，27（20）：71-75.

[19] Ibsena C H，Hellandb E，Hjertagera B H，et al. Comparison of multifluid and discrete particle modelling in numerical predictions of gas particle flow in circulating fluidised beds [J]. Powder Technology，2004，149（1）：29-41.

[20] Jackson R. The mechanics of fluidized beds：Stability of the state of uniform fluidization [J]. Transactions of the Institution of Chemical Engineers and the Chemical Engineer，1963，41：13-21.

[21] Murray J D. On the mathematics of fluidization. Part 2. Steady motion of fully developed bubbles [J]. Journal of Fluid Mechanics，1965，22：57-80.

[22] Anderson T B，Jackson R. Fluid mechanical description of fluidized beds. Equations of motion [J]. Ind Eng Chem Fundamen，1967，6（4）：527-539.

[23] Gidaspow D. Hydrodynamics of fiuidization and heat transfer：Supercomputer modeling [J]. Applied Mechanics Reviews，1986，39（1）：1-23.

[24] Adamczyk W P，Kozołub P，Klimanek A，et al. Numerical simulations of the industrial circulating fluidized bed boiler under air-and oxy-fuel combustion [J]. Applied Thermal Engineering，2015，87（3）：127-136.

[25] Myöhänen K. Modelling of combustion and sorbent reactions in three-dimensional flow environment of a circulating fluidized bed furnace [D]. Acta Universitatis Lappeenrantaensis，2011.

[26] 王超，程乐鸣，周星龙，等. 600MW超临界循环流化床锅炉炉膛气固流场的数值模拟 [J]. 中国电机工程学报，2011，31（14）：1-7.

[27] Savage S B，Jeffrey D J. The stress tensor in a granular flow at high shear rates [J]. Journal of Fluid Mechanics，1981，110（110）：255-272.

[28] Chapman S，Cowling T G. 非均匀气体的数学理论 [M]. 刘大有，王伯懿，译. 北京：科学出版社，1985.

[29] Ding J，Gidaspow D. A bubbling fluidization model using kinetic theory of granular flow [J]. Aiche Journal，1990，36（4）：523-538.

[30] Kuipers J A M，Duin K J V，Beckum F P H V，et al. Computer simulation of the hydrodynamics of a two-dimensional gas-fluidized bed [J]. Computers & Chemical Engineering，1993，17

(8)：839-858.

[31] Boemer A，Qi H，Renz U. Eulerian simulation of bubble formation at a jet in a two-dimensional fluidized bed [J]. International Journal of Multiphase Flow，1997，23：927-944.

[32] 李静海，郭慕孙．颗粒流体两相流能量最小多尺度作用（EMMS）模型简介 [J]. 化学工程，1992，20（2）：26-29.

[33] 李静海，欧阳洁，高士秋．颗粒流体复杂系统的多尺度模拟 [M]. 北京：科学出版社，2005.

[34] 周星龙．600MW 循环流化床锅炉炉膛气固流动和受热面传热的研究 [D]. 杭州：浙江大学，2012.

[35] Evans M W，Harlow F H，The particle-in cell method for hydrodynamic calculations [J]. Physics and Mathematics，1957，11.

[36] Harlow F H. The particle-in-cell computing method of fluid dynamics [M]//Alder B，Fembach S，Rotenberg M. In Fundamental Methods in Hydrodynamics. New York：Academic Press，1964.

[37] Andrews M J，O'Rourke P J，The multiphase particle-in-cell（MP-PIC）method for dense particulate flows [J]. Int J Multiphase Flow，1996，22（2）：379-402.

[38] Snider D M. An incompressible three-dimensional multiphase particle-in-cell model for dense particle flows [J]. Journal of Computational Physics，2001，170：523-549.

[39] Harris S E，Crighton D G. Solitons，solitary waves，and voidage disturbances in gas-fluidized beds [J]. J Fluid Mech，1994，266：243-276.

[40] Gidaspow D. Multiphase flow and fluidization：Continuum and kinetic theory description [M]. New York：Academic Press，1994.

[41] Tsuo Y P，Gidaspow D. Computation of flow patterns in circulating fluidized beds [J]. Aiche Journal，1990，36（6）：885-896.

[42] Benyahia S，Arastoopour H，Knowlton T M，et al. Simulation of particles and gas flow behavior in the riser section of a circulating fluidized bed using the kinetic theory approach for the particulate phase [J]. Powder Technology，2000，112（1，2）：24-33.

[43] Gidaspow D，Ettehadieh B. Fluidization in two-dimensional beds with a jet. 2. Hydrodynamic modeling [J]. AIChE J，1983，22（2）：193-201.

[44] 鲁波娜．基于 EMMS 的介尺度模型及其在气固两相流模拟中的应用 [D]. 北京：中国科学院过程工程研究所，2009.

[45] Sun B. Computation of circulating fluidized-bed riser flow for the fluidization Ⅷ benchmark test [J]. Industrial and Engineering Chemistry Research，1999，38（3）：787-792.

[46] Syamlal M，Rogers W，O'Brien T J. MFIX Documentation：Volume 1 [M]. Springfield：National Technical Information Service，1993.

[47] Ogawa S，Umemura A，Oshima N. On the equation of fully fluidized granular materials [J]. J Appl Math Phys，1980，31：483-490.

[48] Lun C K K，Savage S B，Jeffrey D J，et al. Kinetic theories for granular flow：Inelastic particles in couette flow and slightly inelastic particles in a general flow field [J]. J Fluid Mech，1984，140：223-256.

[49] Gidaspow D，Bezburuah R，Ding J. Hydrodynamics of circulating fluidized beds，kinetic theory approach [C]//Proceedings of the 7th Engineering Foundation Conference on Fluidization. 1992.

[50] Schaeffer D G. Instability in the evolution equations describing incompressible granular flow [J].

J Diff Eq，1987，66：19-50.

[51] Jenkins J T，Mancini F. Kinetic theory for binary mixtures of smooth，nearly elastic spheres [J]. Phys Fluids，1989，31：2050-2057.

[52] 刘阳，陆慧林，刘文铁，等．循环流化床多组分颗粒气固两相流动模型和数值模拟 [J]. 化工学报，2003，54 (8)：1065-1071.

[53] Gao J，Chang J，Lu C，et al. Experimental and computational studies on flow behavior of gas-solid fluidized bed with disparately sized binary particles [J]. Particuology，2008，6 (2)：59-71.

[54] Li J，Wen L，Ge W，et al. Dissipative structure in concurrent-up gas-solid flow [J]. Chemical Engineering Science，1998，53 (19)：3367-3379.

[55] Cloete S，Amini S，Johansen S T. A fine resolution parametric study on the numerical simulation of gas-solid flows in a periodic riser section [J]. Powder Technology，2011，205 (1-3)：103-111.

[56] 王维，李佑楚．颗粒流体两相流模型研究进展 [J]. 化学进展，2000，12 (2)：208-217.

[57] Wen C Y，Yu Y H. Mechanics of fluidization [J]. Chemical Engineering Progress Symposium Series，1966，62：100-111.

[58] Syamlal M，O'Brien T J. Computer simulation of bubbles in a fluidized bed [J]. AIChE Symposium Series，1989，85 (1)：22-31.

[59] 王超．600MW 超临界 CFB 锅炉膛气固流动特性的数值模拟研究 [D]. 杭州：浙江大学，2011.

[60] Chen J C，Cimini R J，Dou S S. A theoretical model for simultaneous convective and radiative heat transfer in circulating fluidized bed [C]//Basu P，Large J F. Circulating fluidized bed technology Ⅱ. Oxford：Pergamon Press，1988.

[61] Leckner B. Heat transfer in circulating fluidized bed boilers [C]//Basu P，Horio M，Hasatani M. Circulating fluidized bed technology Ⅲ. Oxford：Pergamon Press，1991.

[62] Sekthira A，Lee Y Y，Genetti W E. Heat transfer in a circulating fluidized bed [C]//25th National Heat Transfer Conference. Houston，1988.

[63] Nowak W，Arai N，Hasatani M，et al. Stochastic model of heat transfer in circulating fluidized bed [C]//4th SCEJ Symposium on Circulating Fluidized Bed. Tokyo，1991.

[64] Basu P，Nag P K. An investigation into heat transfer in circulating fluidized bed [J]. International Journal of Heat and Mass Transfer，1987，30：2399-2409.

[65] Glicksman L. Circulating fluidized bed heat transfer [C]//Basu P，Large J F. Circulating fluidized bed technology Ⅱ. Oxford：Pergamon Press，1988.

[66] Wu R L，Grace J R，Lim C J. A model for heat transfer in circulating fluidized beds [J]. Chemical Engenieering Science，1990，45：3389-3398.

[67] 程乐鸣，骆仲泱，倪明江，等，循环流化床传热综述（试验部分）[J]. 动力工程，1998，18 (2)：20-34，64.

[68] 程乐鸣．大型循环流化床锅炉的传热研究 [J]. 动力工程，2000，20 (2)：587-592.

[69] Wu R，Lim C J，Chauki J，et al. Heat transfer from a circulating fluidized bed to membrane water wall cooling surfaces [J]. Aiche Journal，1987，33：1888-1893.

[70] 李军，李荫堂．循环流化床传热研究的进展 [J]. 动力工程，1998，17 (4)：53-58.

[71] Basu P. Heat transfer in high temperature fast fluidized beds [J]. Chemical Engineering Science，1990，45 (10)：3123-3136.

[72] Mahalingam M，Kolar A K. Emulsion layer model for wall heat transfer in a circulating fluidized

bed [J]. Aiche Journal, 1991, 37: 1139-1150.
[73] 岑可法，倪明江，骆仲泱，等．循环流化床锅炉理论设计与运行 [M]. 北京：中国电力出版社，1998
[74] Basu P. Circulating fluidized bed boilers-design, operation and maintenance [M]. Springer International Publishing, 2015.
[75] Ranz W E, Marshall W R. Evaporation from drops [J]. Chem Eng Prog, 1952, 48 (1): 141-146.
[76] Wakao N. Particle-to-fluid transfer coefficients and fluid diffusivities at low flow rate in packed beds [J]. Chemical Engineering Science, 1976, 31 (12): 1115-1122.
[77] Ranz W E. Friction and transfer coefficients for single particles and packed beds [J]. Chemical Engineering Progress, 1952, 48 (5): 247-253.
[78] Gunn D J. Transfer of heat or mass to particles in fixed and fluidised beds [J]. International Journal of Heat & Mass Transfer, 1978, 21 (4): 467-476.
[79] 程乐鸣．循环流化床与压力循环流化床传热研究 [D]. 杭州：浙江大学，1996.
[80] Chakraborty R K, Howard J R. Combustion of single carbon particles in fluidized beds of high-density alumina [J]. Journal of the Institute of Energy, 1981, 54: 55-58.
[81] Rowe P N, Claxton K T, Lewis J B. Heat and mass transfer from a single sphere in an extensive flowing fluid [J]. Transactions of the Institution of Chemical Engineers and the Chemical Engineer, 1965, 43 (1): 14.
[82] Kothari A K. Analysis of fluid-solid heat transfer coefficients in fluidized beds [D]. 1967.
[83] 程乐鸣，王勤辉，施正伦，等，大型循环流化床锅炉中的传热 [J]. 动力工程，2006，26 (3): 305-310.
[84] Basu P, Fraser S A. Circulating fluidized bed boiler-design and operations [M]. Butterworth-Heinemann, 1991.
[85] 普华煤燃烧技术开发中心．循环流化床锅炉燃烧设备性能设计方法 [M]. 2007.
[86] 蒋敏华，肖平．大型循环流化床锅炉技术 [M]. 北京：中国电力出版社，2009.
[87] 凌晓聪，吕俊复，刘青，等．循环流化床锅炉屏式受热面换热系数的测量与分析 [J]. 热力发电，2004，(1): 23-28.
[88] 卢友艳．循环流化床锅炉屏式过热器设计问题探讨 [J]. 锅炉技术，2004，35 (5): 29-32.
[89] Andersson B A, Leckner B. Bed-towall heat transfer in circulating fluidized bed boilers [C]// Presented at 2nd Minsk International Heat and Mass Transfer Forum. Minsk, USSR, 1992.
[90] Basu P, Nag P K. Heat transfer to walls of a circulating fluidized-bed furnace [J]. Chemical Engineering Science, 1996, 51 (1): 1-26.
[91] Divilio R J, Boyd T J. Practical implications of the effect of solids suspension density on heat transfer in large scale CFB boilers [C]//Avidan A. Circulating fluidized bed technology Ⅳ. New York: AIChE, 1994.
[92] Andersson B A. Effects of bed particle size on heat transfer in circulating fluidized bed boilers [J]. Powder Technology, 1996, 87: 239-248.
[93] Dutta A, Basu P. Overall heat transfer to water-walls and wing walls of commercial circulating fluidized bed boilers [J]. Journal of the Institute of Energy, 2002, 75 (504): 85-90.
[94] Subbarao D, Basu P. A model for heat transfer in circulating fluidized beds [J]. International Journal of Heat and Mass Transfer, 1986, 29, 487-489.
[95] 程乐鸣，骆仲泱，李绚天，等．循环流化床膜式壁传热试验与模型 [J]. 工程热物理学报，

1996，19（4）：514-518.

[96] Dutta A，Basu P. An improvement of cluster-renewal model for estimation of heat transfer on the water-walls of commercial CFB boilers [C]//17th International Conference on Fluidized Bed Combustion. New York：ASME，2003.

[97] Wirth K E，Seiter M. Solids concentration and solids velocity in the wall region of circulating fluidized beds [C]//Anthony E J. Proceedings of the 1991 international conference on fluidized bed combustion. Montreal，1991.

[98] Lints M C，Glicksman L R. Parameters governing particle-to-wall heat transfer in a circulating fluidized bed [C]//Avidan A. Circulating fluidized bed technology Ⅳ. New York：AIChE，1994.

[99] Zhang N，Lu B，Wang W，et al. 3D CFD simulation of hydrodynamics of a 150MWe circulating fluidized bed boiler [J]. Chemical Engineering Journal，2020，162（2）：821-828.

[100] Wu R L，Lim C J，Grace J R，et al. Instantaneous local heat transfer and hydrodynamics in a circulating fluidized bed [J]. International Journal of Heat and Mass Transfer，1991，34（80）：2019-2027.

[101] Golriz M R. Influence of wall geometry on local temperature distribution and heat transfer in circulating fluidized bed boilers [C]//Circulating fluidized bed technology Ⅳ. New York，1994.

[102] Hage B，Werther J. The guarded capacitance probe a tool for the measurement of solids flow patterns in laboratory and industrial fluidized bed combustors [J]. Powder Technology，1997，93：235-245.

[103] 夏云飞．循环流化床锅炉水冷壁磨损机理与防止研究 [D]. 杭州：浙江大学，2015.

[104] 吕俊复．超临界循环流化床锅炉水冷壁热负荷及水动力研究 [D]. 北京：清华大学，2004.

[105] 清华大学电力工程系锅炉教研组．锅炉原理及计算 [M]. 北京：科学出版社，1979.

[106] Zhang W，Tung Y，Johnsson F. Radial voidage profiles in fast fluidized beds of different diameters [J]. Chemical Engineering Science，1991，46（12）：3045-3052.

[107] 邓化凌，宋云京，肖世荣．循环流化床锅炉磨损及防磨措施 [J]. 山东电力技术，2004，5：51-53.

[108] 王世森，王松岭．CFB锅炉炉内受热面防磨技术 [J]. 应用能源技术，2011，1：17-19.

[109] 邓化凌．循环流化床锅炉水冷壁磨损机理及防磨技术研究 [D]. 青岛：中国石油大学（华东），2006.

[110] Finnie I. Erosion of surfaces by solid particles [J]. Wear，1960，3（2）：87-103.

[111] 李福友．循环流化床锅炉的磨损分析与对策 [J]. 现代电力，2005，22（1）：56-61.

[112] 苗长信．循环流化床锅炉炉内受热面磨损分析及防范对策 [J]. 中国电力，2006，38（11）：35-39.

[113] 常峥，赵长遂．流化床锅炉埋管磨损与腐蚀的研究综述 [J]. 能源研究与利用，1994，1：25-30.

[114] Finnie I. Some observations on the erosion of ductile metals [J]. Wear，1972，19（1）：81-90.

[115] Gane N，Cox J M. The micro-hardness of metals at very low loads [J]. Philosophical Magazine，1970，22（179）：881-891.

[116] 赵宪萍，孙坚荣．20碳钢热态飞灰冲刷磨损性能的试验研究 [J]. 中国电机工程学报，2001，21（6）：90-93.

[117] Kim T W，Choi J H，Shun D W，et al. Wear of water walls in a commercial circulating fluidized bed combustor with two gas exits [J]. Powder Technol，2007，178（3）：143-150.

[118] Kim T W, Choi J H, Shun D W, et al. Wastage rate of water walls in a commercial circulating fluidized bed combustor [J]. Can J Chem Eng, 2006, 84 (6): 680-687.

[119] Stringer J, Stallings J. Materials issues in circulating fluidized-bed combustors [C]//Proceedings of the 11th International Conference on Fluidized Bed Combustion. 1991.

[120] 苏继敏 . 135MW 机组循环流化床锅炉炉膛加装防磨导流梁的改造及效果 [J]. 大众科技, 2011, 2: 104-106.

[121] Lyczkowski R W, Bouillard J X. Scaling and guidelines for erosion in fluidized beds [J]. Powder Technol, 2002, 125 (2): 217-225.

[122] Zhu J. Tube erosion in fluidized bed [D]. The university of british columbia, 1988.

[123] 马增益, 严建华, 潘国清, 等 . 惯性分离器对循环流化床顶部区域受热面磨损的影响 [J]. 锅炉技术, 2000, 31 (6): 11-13.

[124] 马增益 . 锅炉传热、磨损及火焰温度场在线测量研究 [D]. 杭州: 浙江大学, 1998.

[125] Xia Y F, Cheng L M, Huang R, et al. Anti-wear beam effects on water wall wear in a CFB boiler [J]. Fuel, 2016, 181: 1179-1183.

[126] 马志刚 . 无烟煤循环流化床内流动、燃烧与磨损的研究 [D]. 杭州: 浙江大学, 2007.

[127] 孔圆 . CFB 锅炉炉内流化与防磨的数值模拟与实验研究 [D]. 上海: 上海交通大学, 2012.

[128] 夏云飞, 程乐鸣, 张俊春, 等 . 600MW 循环流化床锅炉水冷壁设置防磨梁后炉内气固流场的数值研究 [J]. 动力工程学报, 2013, 33 (2): 81-87.

[129] 西安热工研究院有限公司 . 一种带有防磨装置的循环流化床锅炉炉膛: 200520118121. 2 [P]. 2007-01-03.

[130] 浙江大学 . 循环流化床反应器内壁面的防磨结构: 200820083290. 0 [P]. 2009-01-28.

[131] Finnie I. The mechanism of erosion of ductile metals [C]//Proceedings of the Third National Congress on Applied Mechanics. New York: American Society of Mechanical Engineers, 1958.

[132] Finnie I, McFadden D H. On the velocity dependence of the erosion of ductile metals by solid particles at low angles of incidence [J]. Wear, 1978, 48 (1): 181-190.

[133] Finnie I, Stevick G R, Ridgely J R. The influence of impingement angle on the erosion of ductile metals by angular abrasive particles [J]. Wear, 1992, 152 (1): 91-98.

[134] Bitter J G A. A study of erosion phenomena: part Ⅰ [J]. Wear, 1963, 6 (1): 5-21.

[135] Bitter J G A. A study of erosion phenomena: Part Ⅱ [J]. Wear, 1963, 6 (3): 169-190.

[136] Neilson J H, Gilchrist A. Erosion by a stream of solid particles [J]. Wear, 1968, 11 (2): 111-122.

[137] Sheldon G L, Finnie I. The mechanism of material removal in the erosive cutting of brittle materials [J]. ASME Journal of Engineering for Industry, 1966, 88: 393-400.

[138] Tilly G P. A two stage mechanism of ductile erosion [J]. Wear, 1973, 23 (1): 87-96.

[139] Tilly G P. Erosion caused by impact of solid particles [J]. Wear, 1979, 13: 287-319.

[140] Rabinowicz E, Tanner R I. Friction and wear of materials [J]. Journal of Applied Mechanics, 1966, 33 (2): 479.

[141] Walker D R, Shaw M C. A physical explanation of the empirical laws of comminution [J]. AIME Mining Engng Trans, 1954, 6: 313-320.

[142] Moore M A. Abrasive wear [J]. International Journal of Materials in Engineering Applications, 1978, 1 (2): 97-111.

[143] Rogers W A. Prediction of wear in a fluidized bed [D]. Morgantown: West Virginia University, 1991.

[144] Rabinowicz E, Dunn L A, Russell P G. A Study of abrasive wear under three-body conditions [J]. Wear, 1961, 4 (5): 345-355.

[145] Rabinowicz E, Mutis A. Effect of abrasive particle size on wear [J]. Wear, 1965, 8 (5): 381-390.

[146] Soo S L. A note on erosion by moving dust particles [J]. Powder Technol, 1977, 17 (3): 259-263.

[147] Wood R T, Woodford D A. Tube erosion in fluidized beds [C]//Proceedings of the Fifth International Conference on Erosion by Liquid and Solid Impact. Cambridge, England, 1979.

[148] Rong D, Mikami T, Horio M. Particle and bubble movements around tubes immersed in fluidized beds-a numerical study [J]. Chem Eng Sci, 1999, 54 (23): 5737-5754.

[149] Tabakoff W, Hamed A. Effect of environmental particles on a radial compressor [J]. J Propul Power, 1989, 5 (6): 731-737.

[150] Hussein M F, Tabakoff W. Computation and plotting of solid particle flow in rotating cascades [J]. Computers & Fluids, 1974, 2 (1): 1-15.

[151] Grant G, Tabakoff W. Erosion prediction in turbomachinery resulting from environmental solid particles [J]. Journal of Aircraft, 1975, 12 (5): 471-478.

[152] Tabakoff W. Erosion behavior of materials in multiphase flow [C]//Proceedings of the Corrosion-Erosion-Wear of Materials in Emerging Fossil Energy Systems. Berkeley, CA, 1982.

[153] Tabakoff W, Kotwal R, Hamed A. Erosion study of different materials affected by coal ash particles [J]. Wear, 1979, 52 (1): 161-173.

[154] Ushimaru K, Crowe C T, Bernstein S. Design and applications of the novel slurry jet pump [R]. Energy International, 1984.

[155] Bouillard J X, Lyczkowski R W. On the erosion of heat exchanger tube banks in fluidized-bed combustors [J]. Powder Technol, 1991, 68 (1): 37-51.

[156] Lyczkowski R W, Bouillard J X, Gidaspow D, et al. Computer modeling of erosion in fluidized beds [R]. Argonne National Laboratory Report ANL/ESD/TM-1, Argonne, 1990.

[157] Lyczkowski R W, Bouillard J X. State-of-the-art review of erosion modeling in fluid/solids systems [J]. Progress in Energy and Combustion Science, 2002, 28 (6): 543-602.

[158] Ding J, Lyczkowski R W. Three-dimensional kinetic theory modeling of hydrodynamics and erosion in fluidized beds [J]. Powder Technol, 1992, 73 (2): 127-138.

[159] Rogers W. The prediction of wear in fluidized beds [J]. Journal of pressure vessel technology, 1995, 117 (2): 142-149.

[160] Wolak J, Worm P, Patterson I, et al. Parameters affecting the velocity of particles in an abrasive jet [J]. Journal of Engineering Materials & Technology, 1977, 99 (2): 147-152.

[161] Mulhearn T O, Samuels L E. The abrasion of metals: A model of the process [J]. Wear, 1962, 5 (6): 478-498.

[162] Bouillard J X, Lyczkowski R W, Folga S, et al. Hydrodynamics of erosion of heat exchanger tubes in fluidized bed combustors [J]. Can J Chem Eng, 1989, 67 (2): 218-229.

[163] Zhu J, Grace J R, Lim C J. Tube wear in gas fluidized beds-Ⅰ. Experimental findings [J]. Chem Eng Sci, 1990, 45 (4): 1003-1015.

第3章

循环流化床燃烧、燃烧产物和受热面沾污结渣模型与模拟

（本章彩图请扫描右侧二维码下载。）

本章主要讨论循环流化床炉膛内的燃烧化学反应以及受热面结渣沾污模型。

3.1 煤燃烧模拟

固体燃料在循环流化床锅炉中燃烧，气固流动燃烧反应主要发生在炉膛内，包括气固流动、煤颗粒干燥、挥发分析出和燃烧、颗粒破碎、焦炭燃烧以及气固传热等一系列物理化学变化，是一种十分复杂的燃烧过程。一般地，循环流化床炉膛中气固流动、燃料燃烧和受热面传热三个主要过程既独立又相互影响。通过对实炉或试验台等的运行和操作，研究者能够从宏观上了解三者与运行参数之间的相互影响关系，但较难深入揭示各个运行参量，如给煤、风量等对炉内流动、燃烧和传热等的综合影响规律。有关炉内流动、燃烧和传热过程的循环流化床锅炉燃烧数学建模工作得到发展，对于锅炉运行规律预测和优化具有实际指导意义。

3.1.1 循环流化床炉内燃烧

气固流动特性、煤等燃料燃烧过程和炉内受热面传热特性是一个完整燃烧模型的基本构成。其中气固流动特性是指气相和固相颗粒在炉内的速度和浓度分布情况，直接影响单位空间内燃烧强度、受热面传热强度等；煤等燃料燃烧是指煤从进入炉膛到燃尽所经历的一系列反应，包括水分蒸发、煤破碎及磨耗、挥发分析出、挥发分燃烧、焦炭燃烧等过程，通常还包括 SO_2 和 NO_x 等污染物的生成及控制；炉内受热面传热主要包括水冷壁面传热和炉内悬吊屏传热两部分，已发表文献的大量传热实验和理论研究主要侧重于水冷壁面。此外，灰渣分布排放、二氧化碳生成、重金属污染排放等也与循环流化床炉内燃烧相关。

煤颗粒在循环流化床锅炉炉膛内燃烧是一个十分复杂但十分重要的过程。在燃烧过程中，煤颗粒既会发生颗粒膨胀、爆裂及磨损等物理变化，又有热解、气相和焦炭燃烧等化学反应。这些变化过程之间区分并不明显，反应速率及产物也受煤种、温度及压力等的影响。正确认识煤在炉内的燃烧过程是建立一个合理而准确的循环流化床锅炉燃烧模型的基础。因此，煤燃烧模型的建模思路大多是在合理的假设下将燃烧过程划分成若干个典型的阶段，然后根据实际模拟要求对每个阶段详细分析和建立子模型。通常，煤进入循环流化床锅炉炉膛后，随着炉内气固流动经历下述一系列物理化学过程，如图 3-1 所示。

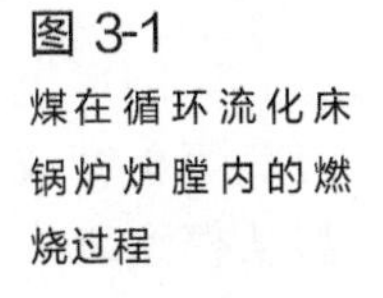

图 3-1
煤在循环流化床锅炉炉膛内的燃烧过程

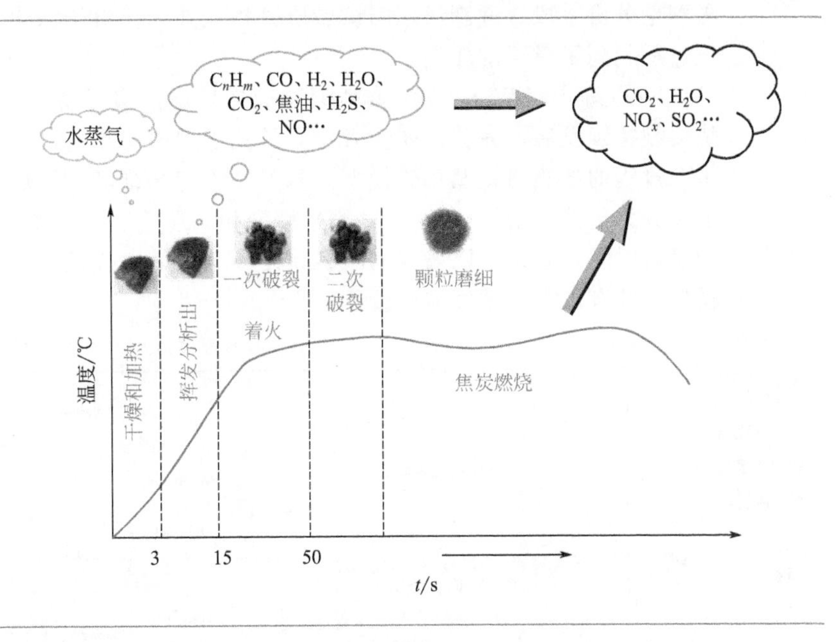

① 煤颗粒受高温床料加热，当温度达到 100℃左右时，开始析出水分。

② 当温度达到约 300～400℃后，煤发生热分解，开始析出挥发分，主要为气态的碳氢化合物，同时生成焦和半焦。

③ 伴随干燥和热解过程，煤颗粒由于热应力和热解作用，发生一次破碎。

④ 当加热到约 500℃后，挥发分首先发生着火，随后焦炭开始着火。

⑤ 挥发分燃烧，焦炭燃烧。挥发分的燃烧过程为气-气同相化学反应，燃烧速度快，从析出到基本燃尽所用的时间约占煤全部燃烧时间的 10%。

⑥ 焦炭继续燃烧，同时发生二次破碎和磨损等物理变化，直到燃尽。焦炭的燃烧为气-固异相化学反应，燃烧速度慢，燃尽时间长。

3.1.2　煤燃烧模型发展

循环流化床锅炉燃烧模拟是综合考虑煤在炉内主要的物理化学反应，以较为完整的方式描述炉内燃烧过程的一种研究手段，能够详细了解炉内燃烧过程，为炉内燃烧优化、燃烧污染物控制等提供建议和参考。

由于炉内气固流动、燃烧过程错综复杂，具有较大的多变性和不确定性，数学模型较难涵盖炉内发生的所有反应过程。因此，燃烧模型在建模过程中常会采取一些简化手段，在一定精度范围内对炉内燃烧过程进行模拟。在发展历程中，大多数燃烧模型逐步能够较为合理地对炉内流动及燃烧过程进行模拟，其模拟精度也能满足工程设计需要。因此，燃烧数值模拟作为一种理论分析手段，逐渐可以与试验研究相互补充，对于深化了解炉内流动燃烧过程起到了重要的作用。

Basu 等[1]、Weiss 等[2]就循环流化床燃烧模型开展了研究工作，随后燃烧模型持续发展、完善。研究者建立了关于炉内流动、燃烧、传热等单个或多个过程的试验研究及理论模型。基于气固流场维度，燃烧模型从模型维度上可分为 1 维模型、1.5 维（2 维）模型和 3 维模型[3]。图 3-2 按照模型维度和发表时间，总结了已发表的大多数循环流化床燃烧模型。循环流化床燃烧模型主要有以下三个发展阶段：

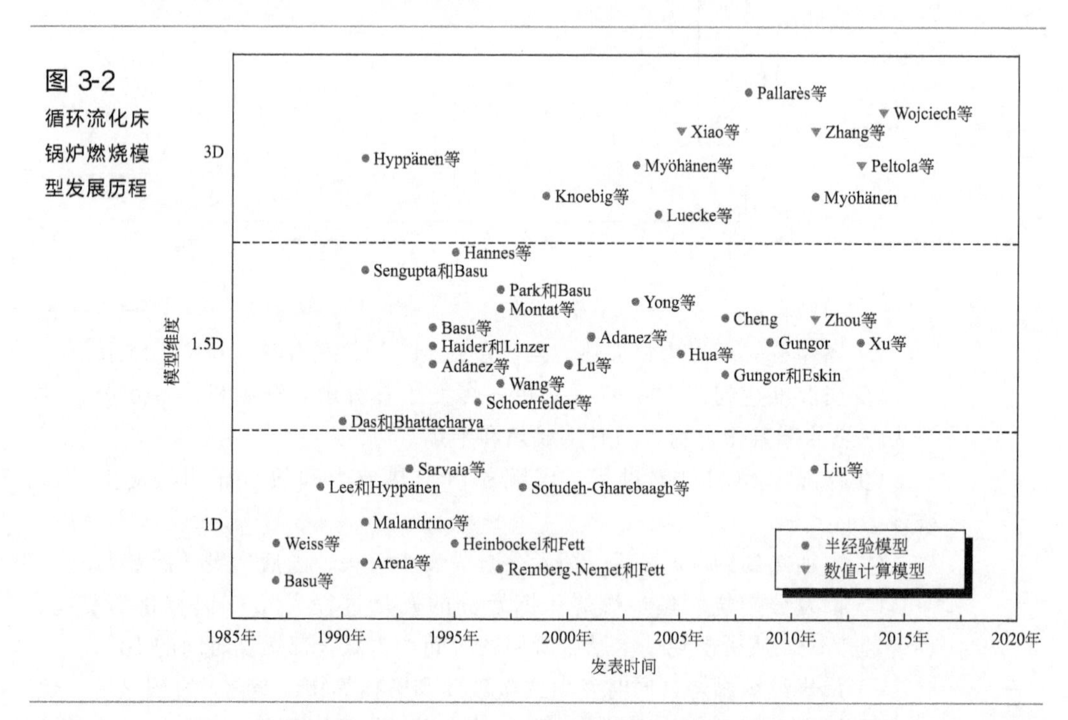

图 3-2 循环流化床锅炉燃烧模型发展历程

① 1990 年前后是循环流化床锅炉燃烧模型建立的初级阶段。研究者以鼓泡床为参考，建立了多个 1 维燃烧模型。这一类模型主要以小型试验台或提升管为建模对象，沿轴向将流场简单地划分为密相区和稀相区两部分，大多只考虑炉内碳的一步或两步燃烧过程，也较少关注壁面传热过程。

② 1990～2010 年是循环流化床燃烧模型的快速发展时期。这一时期，研究者基于流化床内环核流动结构，建立和发展了 1.5 维环核燃烧模型，模拟对象主要为中小型循环流化床锅炉或试验台。1.5 维环核模型在气固流场模拟上更加完善，沿轴向增加了过渡区、炉膛出口区等，并沿径向将稀相区划分为边壁区和核心区两个部分。合理的流场结构也促使研究者将重点转移到炉内燃烧过程的描述上。1.5 维燃烧模型在发展过程中，逐渐建立了较为完整的炉内煤燃烧过程，包括煤干燥、挥发分析出及燃烧、焦炭燃烧、气相

反应、颗粒磨损及破碎和气相污染物生成控制等。这一过程从构成上较为成熟，基本涵盖了煤燃烧中最主要的物理化学过程，为后续燃烧建模奠定了基础。

③ 2000 年以后，循环流化床燃烧模型主要有两个发展方向：一是研究者基于原有的 1.5 维环核燃烧模型，进一步增加径向气固分布，扩充炉内流场结构，建立和发展 3 维的环核燃烧模型；二是随着数值模拟技术和计算机性能的发展，基于欧拉两相流、颗粒离散相模型等的数值计算方法也逐渐应用于循环流化床内的流动、燃烧模拟计算。

总体而言，1 维模型作为循环流化床燃烧模型的初始阶段，目前已经较少使用。1.5 维环核结构模型则是目前被认为较为成熟、广泛使用的循环流化床燃烧模型，包括锅炉动态燃烧模拟、生物质以及煤混燃的锅炉模拟等。但 1.5 维环核模型受限于其自身流场结构，仍是一种宏观预测锅炉性能的方式，不能详细考察炉内气固流动、燃烧及传热性能，无法满足锅炉大型化和精细化的发展要求。3 维模型（图 3-3）中，3 维环核燃烧模拟和 CFD 数值模拟是未来燃烧模拟主要的发展方向。3 维环核模型的发展方向是逐步从宏观到微观，细化流场单元和求解过程；而数值计算模型的发展则是基于微观计算单元，同时结合一定的经验假设来对宏观过程进行模拟。这两种方法虽然起点不同，但其发展的终点是一致的。

图 3-3
3 维循环流化床燃烧模型结构

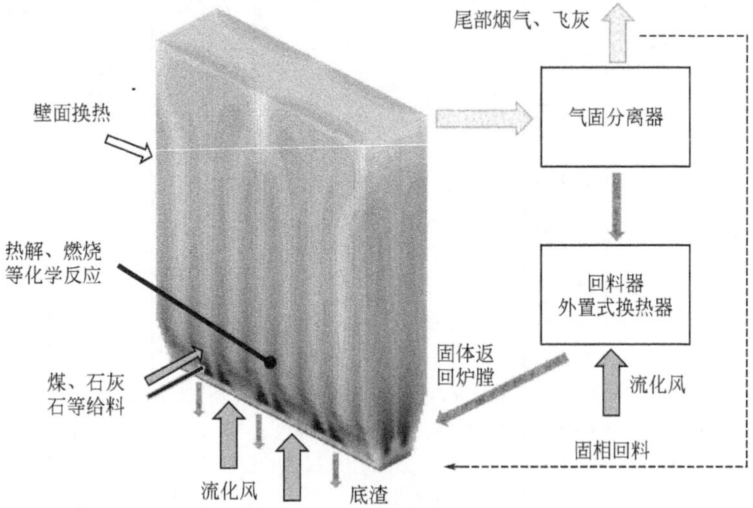

表 3-1 总结了大部分已发表的燃烧模型构成情况。从表中可以看出，燃烧模型一般包括气固流场、水分蒸发、挥发分析出、焦炭燃烧、气相反应、多粒径、爆裂及磨损、SO_2、NO_x 以及壁面传热等若干个子模型。相对而

言，半经验燃烧模型在经历了几十年的发展后，其结构相对完整[4,5]；数值计算模型起步较晚，燃烧和传热相关的子模型相对欠缺。不过模型的完整性不仅受技术水平的影响，也受到研究关注点的影响。一般而言，燃料燃烧过程中，焦炭燃烧和气相燃烧是最基本的燃烧子模块。由于近年来燃烧污染物排放成为锅炉运行及设计的一个重要问题，因此 SO_2 和 NO_x 生成与控制也是燃烧模型中十分重要的关注点。

表 3-1 大部分已发表的燃烧模型构成情况

作者	时间	模拟对象	气固流场	水分蒸发	挥发分析出	焦炭燃烧	气相反应	多粒径	破碎及磨耗	SO_2	NO_x	壁面传热
Basu 等[1]	1987 年	—	1D			√		√				绝热
Weiss 等[2]	1987 年	0.28MW 中试台	1D			√	√			√		√
Lee 和 Hyppänen[6]	1989 年	中试台	1D		√	√	√	√	√			
Das 和 Bhattacharya[7]	1990 年	试验台	1.5D			√		√				绝热
Hyppänen 等[8]	1991 年	85MW CFB 锅炉	3D			√		√	√	√		
Arena 等[9]	1991 年	试验台	1D			√		√	√			
Adánez 等[10]	1994 年	试验台	1.5D		√	√		√		√		绝热
Wang 等[11]	1994 年	试验台	1.5D		√	√	√	√				
李政[12]	1994 年	220t/h	1.5D		√	√	√	√		√	√	
Park 和 Basu[13]	1997 年	0.3MW 中试台	1.5D		√	√	√					√
王勤辉[4]	1997 年	12MW	1.5D		√	√	√	√	√	√	√	√
Hannes[14]	1997 年	12～229MW	1.5D	√	√	√	√	√		√	√	
Sotudeh-Gharebaagh 等[15]	1998 年	0.8MW	1D			√	√			√	√	
Knoebig 等[16]	1999 年	12MW	3D		√	√	√					
Lu 等[17]	2000 年	35t/h	1.5D	√	√	√	√	√		√		√
Adánez 等[18]	2001 年	300kW	1.5D		√	√		√			√	
雍玉梅[19]	2003 年	130t/h、440t/h、670t/h	1.5D		√	√	√	√	√	√	√	√
Myöhänen 等[20]	2003 年	80MW、235MW	3D		√	√	√			√		√
Luecke 等[21]	2004 年	12MW	3D	√	√	√	√	√	√			
华玉龙[22]	2005 年	—	1.5D		√	√	√	√	√			√
Gungor 和 Eskin[23]	2007 年	50kW、160MW	1.5D		√	√	√	√	√	√	√	√
Pallarès 等[24]	2008 年	—	3D	√	√	√	√	√	√			
Gungor[25]	2008 年	50kW 试验台	1.5D		√	√	√	√	√	√	√	√
刘冰等[26]	2011 年	30kW	1D		√	√	√				√	
Myöhänen 等[5]	2011 年	15MW	3D	√	√	√	√	√	√	√	√	√
Zhou 等[27]	2011 年	50kW	2D,TFM	√	√	√	√					√
Peltola 等[28]	2013 年	135MW	3D,TFM		√	√	√					√
Wojciech 等[29,30]	2014 年	460MW	3D,耦合 E-L 法	√	√	√	√	√	—	—	—	√

3.1.3 水分蒸发

煤进入炉内后，与高温床料强烈混合，在气固传热的作用下快速加热。研究表明，在1173K的循环流化床锅炉内，煤颗粒（5～10mm）的升温速率可达100K/s[31]。当煤颗粒的温度达到105～110℃时，水分开始析出，包括煤中的外水和内水。由于这一过程是极为短暂的，因此大多数燃烧模型都忽略了煤在炉内的干燥甚至加热过程。

在已发表的文献中，对煤颗粒在循环流化床加热环境中水分蒸发速率的报道相对较少。Luecke等[21]在模型中认为水分随挥发分以相同的速率从煤中析出。Myöhänen[5]采用了参数自拟合的反应动力学公式计算水分蒸发速率，考虑了颗粒粒径和温度对蒸发速率的影响。Zhou等[27]则在模型中认为水分蒸发速率是挥发分析出速率的10倍。

3.1.4 挥发分析出

煤被加热后会发生热解反应，释放出焦油和气体，并形成焦炭。一般情况下，煤的热解过程随温度大致可分为以下几个阶段[32]。

① 在200～300℃时，煤发生热解，开始析出CO、CO_2等和微量焦油；

② 在300～500℃时，煤开始大量析出焦油和以CH_4等碳氢化合物为主的气体；

③ 在500～700℃时，半焦开始热解，此时大量析出以氢为主的气体；

④ 在760～1000℃时，半焦继续热解，析出少量含氢气体，并形成高温焦炭。

煤的结构非常复杂又极不稳定，在热解过程中析出产物的产量和速率等都易受煤的加热速率、加热温度、热持续时间、煤颗粒特性和流场特性等因素的影响[33]。为此，在描述煤的热解过程时需要做出许多简化假定。一般而言，热解产物的构成和速率是大多数燃烧模型中最主要的关注点。

通常，挥发分析出产物包括H_2、CO、CO_2、H_2O、轻质烃类气体以及焦油（tar）等。实验表明，随着煤粒温度的升高，在不同温度下释放的挥发分成分是不同的。如上所述，按照CO_2、CO、焦油、碳氢化合物、CH_4和H_2的顺序依次析出。Merrick[34]认为CH_4、C_2H_6、CO、H_2、CO_2、NH_3、H_2S和焦油是煤热解的主要产物；而Loison和Chauvin[35]则认为挥发分主要由CH_4、H_2、CO_2、CO、H_2O和焦油组成，并认为煤热解产物中成分比例与挥发分百分数（X_{VM}）有关。他们根据试验数据拟合了各组分的计算关联式，具体如下：

$$CH_4=0.201-0.469X_{VM}+0.241X_{VM}^2 \tag{3-1}$$

$$H_2=0.1570-0.868X_{VM}+1.3880X_{VM}^2 \tag{3-2}$$

$$CO_2 = 0.135 - 0.900X_{VM} + 1.9060X_{VM}^2 \tag{3-3}$$

$$CO = 0.4280 - 2.653X_{VM} + 4.8450X_{VM}^2 \tag{3-4}$$

$$H_2O = 0.409 - 2.389X_{VM} + 4554X_{VM}^2 \tag{3-5}$$

$$\text{焦油} = -0.3250 + 7.279X_{VM} - 12.880X_{VM}^2 \tag{3-6}$$

虽然在煤热解过程中有各类物质产生，但如芳香烃、长烷烃等物质，所占比例很小，同时在高温炉内快速反应完全。因此，适当放宽热解产物构成的要求对锅炉燃烧和热效率影响不大。特别是对于侧重考虑锅炉内部燃烧整体特性的1维和1.5维燃烧模型而言，并不需要特别详细考虑热解的各种产物。早期的燃烧模型中，挥发分不被考虑[1,7]，即认为焦炭是脱挥发分的，或者是在炉内瞬间析出[2,10]，即不考虑热解产物而以热量形式均匀分布在整个床内。在随后的数学模型中，挥发分构成逐渐完整，以 H_2O、CO_2、焦油、CH_4、CO、H_2 等6种产物为主[19,25,27]。

在炉内快速加热作用下，挥发分析出过程相当快。在早期的多数燃烧模型中，挥发分析出是瞬间完成的[2,11,15,36]。也因此，在这些模型中，挥发分析出位置通常位于炉膛下部密相区，而相应的燃烧位置则可能在密相区[2]或整个床内[11,17]。在合理考虑主要的影响因素如粒径、温度等情况下，燃烧模型可以接受对挥发分析出速率的计算进行简化处理。如认为煤在进入密相区后立刻与床料混合均匀并达到相同温度时，可以忽略温度对挥发分析出的影响，只考虑颗粒粒径对挥发分析出速率的影响，认为挥发分析出时间 t_v 正比于粒径的 n 次方[37]：

$$t_v = a d_p^n \tag{3-7}$$

或者 Paul-Poynton 关系式[38]：

$$t_v = 10\left(\frac{1048}{T_p}\right) d_p \tag{3-8}$$

除此之外，Luecke 等[21]进一步考虑了煤中水分含量（x_w）对挥发分析出速率的影响：

$$\frac{t_{v,\text{dried}}}{t_{v,\text{wet}}} = 0.28 + 0.72\exp\left(-\frac{x_w}{0.41}\right) \tag{3-9}$$

而 Gungor 等[25]和 Adánez 等[18]则认为挥发分析出速率主要取决于炉内固相混合速率。

上述处理方式虽然简单，但是弱化了温度对挥发分析出速率的影响。在热解反应动力学方面，研究者也开展了大量的工作。常用的热解动力学模型有以下几种：单步反应模型[39]、双方程竞争反应模型[40]、分布活化能模型[41,42]、Fu-Zhang 通用热解模型[43]以及商业计算程序等。

3.1.5 气相反应

当挥发分从煤粒中析出后，便与周围空气混合，在一定的温度和浓度条件下着火、燃烧。这部分气体燃烧主要发生在炉膛底部或密相区，反应放出的热量快速加热周围固体颗粒。虽然挥发分燃烧对煤的燃尽影响不大，但这一过程对于加快炉膛底部煤及焦炭的升温着火、控制氮氧化物及硫氧化物的生成和稳定炉内燃烧温度有着十分重要的作用。这是因为对于大截面炉膛，二次风在炉膛底部密相区的穿透深度有限，较难达到炉膛中心区域，容易造成炉内氧分布不均匀。而挥发分在密相区的快速燃烧加剧了炉内氧浓度分布的不均匀性，甚至造成局部为贫氧环境，这对 NO_x 和 SO_2 等的产生及控制有着十分重要影响[44]。虽然挥发分的析出时间有限，但是其后续气体的扩散、燃烧过程会在一定程度上影响截面氧浓度和热量分布以及氮氧化物等在床内的生成分布等。

在循环流化床燃烧模型中，挥发分的燃烧处理方式与气体预混燃烧类似，即认为在求解单元体内反应气体之间混合完全，反应速率主要受反应动力学速率控制，不考虑气相在颗粒之间的扩散作用。一般可以采用阿仑尼乌斯公式来表示炉内各个气相反应速率。挥发分析出产物的种类和模拟要求直接决定了气相反应的复杂程度。为降低模拟计算量，现有燃烧模型较多采用有限步数的总包反应方程来计算气体之间的反应过程。

其中，一氧化碳的燃烧反应速率计算受到多数燃烧模型的关注。一氧化碳主要来自于挥发分热解、挥发分中碳氢化合物不完全燃烧以及焦炭的不完全燃烧。研究表明[45]，OH 的存在为 CO 提供了另一种氧化路径，提高了 CO 的反应速率。因此，在循环流化床锅炉内，一氧化碳的燃烧速率计算中需要加入水蒸气的影响。其主要形式如公式(3-10) 所示，各个参数参见表 3-2。

$$r=k\exp\left(-\frac{E}{RT}\right)[CO]^{\alpha}[O_2]^{\beta}[H_2O]^{\gamma}\zeta \tag{3-10}$$

表 3-2　CO 燃烧速率计算参数

研究者	k	E/R	α	β	γ	ζ
Howard 等[45]	1.3×10^8	15106	1	0.5	0.5	—
Hottel 等[46]	1.9×10^6	8056	1	0.3	0.5	—
Friedman 和 Cyphers[47]	3×10^8	11130	1	—	0.5	$(p/p_{atm})^{0.24}$
Rajan 和 Wen[48]	3×10^{10}	8056	1	—	0.5	$\rho_g^{1.8}\frac{17.5Y_{O_2}}{1+24.7Y_{O_2}}$
Dryer 和 Glassman[49]	3.98×10^{14}	4811	1	0.25	0.5	—

注：p 为压力，单位为 Pa；p_{atm} 为大气压，单位为 Pa；ρ_g 为气体密度，单位为 kg/m^3；Y_{O_2} 为氧的摩尔百分比。

3.1.6　焦炭燃烧

焦炭是煤在挥发分析出后所残留的具有多孔结构特性的固体，其燃烧发生在挥发分燃烧之后。挥发分燃烧速度快，从析出到基本燃尽所用的时间约占煤全部燃烧时间的10%。由于焦炭与氧气的反应是气固非均相反应，焦炭的燃尽时间通常在1～10s之间，是炉内煤燃烧的主要构成，其燃尽程度直接决定了锅炉燃烧效率的高低。

表3-3总结了部分燃烧模型中关于焦炭反应的设定。可以看出，在早期的燃烧模型中，焦炭燃烧过程常被简化为碳的单步燃烧直接生成CO_2，反应速率只受反应动力学控制[1,2,7]。因此，焦炭燃烧速率可以直接用表面气固反应速率［kg/(m^2·s)］表示：

$$K_c = k_0 Y_{O_2} \exp\left(-\frac{E_0}{RT}\right) \tag{3-11}$$

表3-3 部分燃烧模型中焦炭反应总结

作者	时间	模型特性/来源	焦炭燃烧
Basu P 等[1]	1987年	一阶，正比于氧	$C+O_2 \longrightarrow CO_2$
Lee 和 Hyppänen[6]	1989年	Daw 和 Krishnan[50]	$C+O_2 \longrightarrow CO_2$
Das 和 Bhattacharya[7]	1990年	一阶，正比于氧	$C+O_2 \longrightarrow CO_2$
Arena 等[9]	1991年	收缩核模型	
Adánez 等[10]	1994年	收缩核模型	$C+O_2 \longrightarrow CO_2$
王勤辉[4]	1997年	(双)收缩核模型	$\varphi C+O_2 \longrightarrow 2(\varphi-1)CO+(2-\varphi)CO_2$
Sotudeh-Gharebaagh 等[15]	1998年	—	$C+\frac{1}{2}O_2 \longrightarrow CO, CO+\frac{1}{2}O_2 \longrightarrow CO_2$
Lu 等[17]	2000年	收缩核模型	$C+\frac{1}{2}O_2 \longrightarrow CO, CO+\frac{1}{2}O_2 \longrightarrow CO_2$
雍玉梅[19]	2003年	双收缩核模型	$\varphi C+O_2 \longrightarrow 2(\varphi-1)CO+(2-\varphi)CO_2$
Luecke 等[21]	2004年	收缩核模型	$\varphi C+O_2 \longrightarrow 2(\varphi-1)CO+(2-\varphi)CO_2$
华玉龙[22]	2005年	收缩核模型	$\varphi C+O_2 \longrightarrow 2(\varphi-1)CO+(2-\varphi)CO_2$
Gungor[23]	2008年	收缩核模型	$\varphi C+O_2 \longrightarrow 2(\varphi-1)CO+(2-\varphi)CO_2$
Liu 等[26]	2011年	—	$\varphi C+O_2 \longrightarrow 2(\varphi-1)CO+(2-\varphi)CO_2$
Myöhänen K 等[5]	2011年	收缩核模型	$\varphi C+O_2 \longrightarrow 2(\varphi-1)CO+(2-\varphi)CO_2$
Zhou 等[27]	2011年	收缩核模型	$\varphi C+O_2 \longrightarrow 2(\varphi-1)CO+(2-\varphi)CO_2$

这一模型简化对于低灰分或者灰分易剥落的煤焦燃烧而言是适用的。但是对于循环流化床锅炉有时燃用的低热值煤矸石等燃料，灰分等可能会成为影响气相传质的重要影响阻力。同时，在炉内氧气向颗粒表面的扩散也是影响气固反应速率的一个重要因素。因此，在燃烧模型的后续发展中，焦炭反应速率计算大多基于收缩核反应模型，其反应的一次产物也认为既有CO也有CO_2。

煤焦的实际燃烧过程相对要更加复杂。根据已发表燃烧模型中对焦炭燃烧的处理方式，将其分为焦炭燃烧机理子模型、颗粒燃烧过程子模型和焦炭燃烧速率子模型三个主要子部分。

3.1.6.1 燃烧机理子模型

焦炭燃烧机理子模型主要涉及焦炭在炉内燃烧的一次产物。目前的主要观点认为碳燃烧的一次燃烧产物既有 CO_2 也有 CO，其生成比例与周围环境温度有关，也与碳表面反应以及传热传质速率密切相关。Ross 和 Davidson[51] 总结了下面三种焦炭可能的燃烧机理模型（图 3-4）[3]。

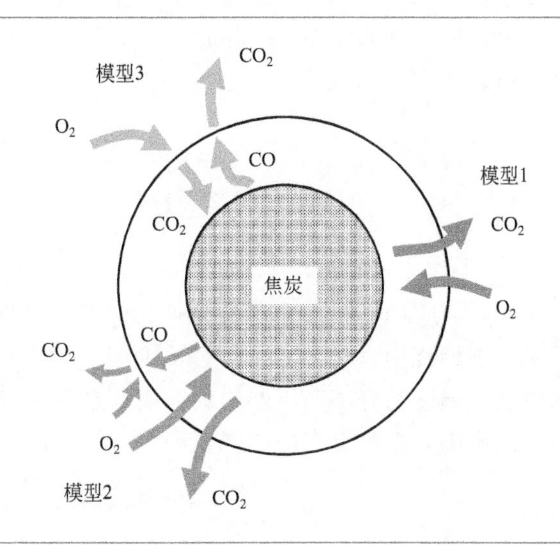

图 3-4
三种煤焦颗粒燃烧机理模型

模型 1：环境中的氧气通过对流/扩散至焦炭颗粒表面；随后焦炭与 O_2 发生表面化学反应，被氧化成 CO_2；反应产物 CO_2 通过对流/扩散至周围环境。

$$C+O_2 \longrightarrow CO_2\text{(均相反应)} \tag{3-12}$$

模型 2：同样，环境中的氧气通过对流/扩散至焦炭颗粒表面，但焦炭的氧化产物既有 CO_2 又有 CO。反应产物 CO 和 CO_2 通过对流/扩散至周围环境后，CO 继续被外部的 O_2 进一步氧化成 CO_2。

$$C+O_2 \longrightarrow CO_2,C+\frac{1}{2}O_2 \longrightarrow CO\text{(异相反应)} \tag{3-13}$$

$$CO+\frac{1}{2}O_2 \longrightarrow CO_2\text{(均相反应)} \tag{3-14}$$

模型 3：在这一模型中，O_2 无法扩散至焦炭颗粒表面。焦炭与扩散至表面的 CO_2 发生表面反应，生成 CO；反应产物 CO 扩散至煤焦颗粒附近与 O_2 反应，生成 CO_2。

$$C+CO_2 \longrightarrow 2CO\text{(异相反应)} \tag{3-15}$$

$$CO+\frac{1}{2}O_2 \longrightarrow CO_2\text{(均相反应)} \tag{3-16}$$

在循环流化床锅炉内，实际燃烧由于焦炭颗粒所处的气氛、温度及流体动力特性不同而有较大的差别，无法简单采用上述某一种机理模型来描述。所以在实际处理时，绝大多数燃烧模型都采用一个总包反应来代替上述可能的燃烧过程[52]：

$$\varphi C+O_2 \longrightarrow 2(\varphi-1)CO+(2-\varphi)CO_2 \tag{3-17}$$

式中，φ 是机械因子，反映了 CO 和 CO_2 之间的平衡，其大小与颗粒粒径及燃烧温度有关。当 $\varphi=1$ 时，上述化学反应式对应模型 1；当 $\varphi=2$ 时，反应式对应模型 2 和模型 3；当 φ 介于 1 和 2 之间时，三种模型都可能发生。φ 可采用式(3-18) 计算[53]。

$$\varphi=\begin{cases}\dfrac{2q+2}{q+2} & d<0.05\text{mm}\\ \dfrac{2q+2-q(100d-0.005)/0.095}{q+2} & 0.05\text{mm}\leqslant d\leqslant 1\text{mm}\\ 1 & d>1\text{mm}\end{cases} \tag{3-18}$$

式中，q 是 CO 和 CO_2 的摩尔比，随温度的增加而增大。表 3-3 给出了部分关于碳燃烧中，产物 CO 和 CO_2 的比例计算公式。可以看出，CO 的比例随着燃烧温度的升高而不断增大，而且在部分研究者的工作中进一步考虑了氧浓度影响。在已发表的燃烧模型中，q 多采用 Arthur 经验公式[54]计算。

$$q=\frac{n_{CO}}{n_{CO_2}}=2500\exp\left(\frac{-6240}{T_p}\right) \tag{3-19}$$

3.1.6.2 燃烧过程子模型

燃料颗粒随着表面燃烧会不断地转化为灰分，这些灰分可能会包覆在颗粒表面而形成不可反应的灰层，影响内部焦炭的后续燃烧过程。通常，颗粒在循环流化床内有下面三种燃烧过程模型[6]。

① 等径收缩核模型。即由于煤颗粒灰分含量较高，燃烧中形成的灰包覆在颗粒表面而不容易脱落。此时，颗粒燃烧过程中内部不断缩核，外部有灰层的状态燃烧过程颗粒外径变化较小。

② 双收缩核模型。同样由于煤颗粒灰分含量较高，燃烧中形成的灰包覆在颗粒表面。但在这种情况下灰的强度不够，会随着燃烧进行而不断脱落。因此，在燃烧时内部不断缩核，外部有灰层不断磨损。

③ 单收缩核模型。由于产生的灰分随燃烧而马上剥落，颗粒无灰层包覆；粒径随燃烧进行而不断减小。

高灰分煤颗粒以双收缩核燃烧模型燃烧，低灰分煤颗粒是单收缩核燃烧模型燃烧，细颗粒的燃烧则为粒径不变的燃烧。

一般研究认为[55]，炉内小颗粒煤燃烧主要发生在颗粒内部，颗粒外径受磨损、碰撞等影响不大，可认为粒径不变，属于等径收缩核模型。对于低灰分的颗粒，特别是大颗粒而言，由于燃烧产生的灰分结构松散且强度较低，容易脱落，碳燃烧反应主要发生在颗粒的外表面，属于无灰层的单收缩核模型。而对于高灰分煤颗粒，燃烧过程产生的灰往往会覆盖在颗粒表面形成一层灰壳，使得燃烧反应发生在内表面，同时外表面灰层也由于磨损而不断减少，属于双收缩核模型。表 3-4 总结了不同种类煤颗粒的可能燃烧过程。

表 3-4　不同类型颗粒的可能燃烧过程

项目	高灰分	低灰分
大颗粒	(双)收缩核模型	单收缩核模型
小颗粒	(等径)收缩核模型	等径收缩核模型

3.1.6.3　焦炭燃烧速率子模型

从气固反应过程看，焦炭燃烧速率的控制因素主要包括气相分子扩散和表面化学动力学两部分。同时随着燃烧的进行，焦炭颗粒表面可能受灰层覆盖，增加了气体扩散阻力。因此，焦炭表观总燃烧反应速率主要由碳燃烧动力学速率、灰层内部氧气扩散速率和氧气由外部向颗粒扩散的速率决定[44]，可以表示为[56]

$$K_s=\left[\frac{1}{k_c}+\frac{1}{\beta_0}\left(\frac{r}{r_1}\right)^2+\frac{\xi}{D_h}\times\frac{r}{r_1}\right]^{-1} \tag{3-20}$$

式中，等号右边分母中的三项依次为表面化学反应阻力、气相从床内到颗粒表面的扩散阻力和气相通过颗粒表面灰层的扩散阻力。r 和 r_1 分别为焦炭颗粒初始粒径和当前粒径；$\xi=r-r_1$，为灰层厚度；D_h 为氧在灰层中的扩散系数。

对于含灰较少或灰层容易脱落的焦炭颗粒，气体在灰层内的扩散阻力可以忽略，反应速率表达式可以简化成

$$K_p=\left(\frac{1}{k_c}+\frac{1}{\beta_0}\right)^{-1} \tag{3-21}$$

式中，k_c 是焦炭表面化学反应速率 [kg/(m^2 · s · kPa)]，是决定炉内煤焦燃烧特性的关键参数，通常可采用阿仑尼乌斯公式表示。其中，Field 表达式[52]较多被采用。

$$k_c=859.0\exp\left(\frac{-1.4947\times10^8}{RT_p}\right) \tag{3-22}$$

β_0 为对流传质系数 [kg/(m^2 · s · kPa)]，可以由颗粒 Sherwood 数计算得到：

$$\beta_0=\frac{ShD_g}{d_p}\times\frac{M_c}{RT} \tag{3-23}$$

式中，M_c 是碳的摩尔质量。

式(3-23) 中 Sh 是颗粒 Sherwood 数，该数决定了燃烧过程中氧气向碳表面扩散的速率。

3.1.7 爆裂和磨损

当煤进入循环流化床锅炉后，由于内部应力、外部碰撞及摩擦等作用，会发生爆裂和磨损等现象，使颗粒向更小粒度转变，引起颗粒中径减小和粒径分布发生改变，如图 3-5 所示。由于颗粒粒度分布会直接改变气相对颗粒的夹带量，影响炉内轴向固相浓度分布，这不仅会影响锅炉对新入煤的加热作用，还会影响炉内受热面的传热作用。同时，产生的小粒径颗粒在炉内停留时间较短，不利于焦炭等的燃尽过程。

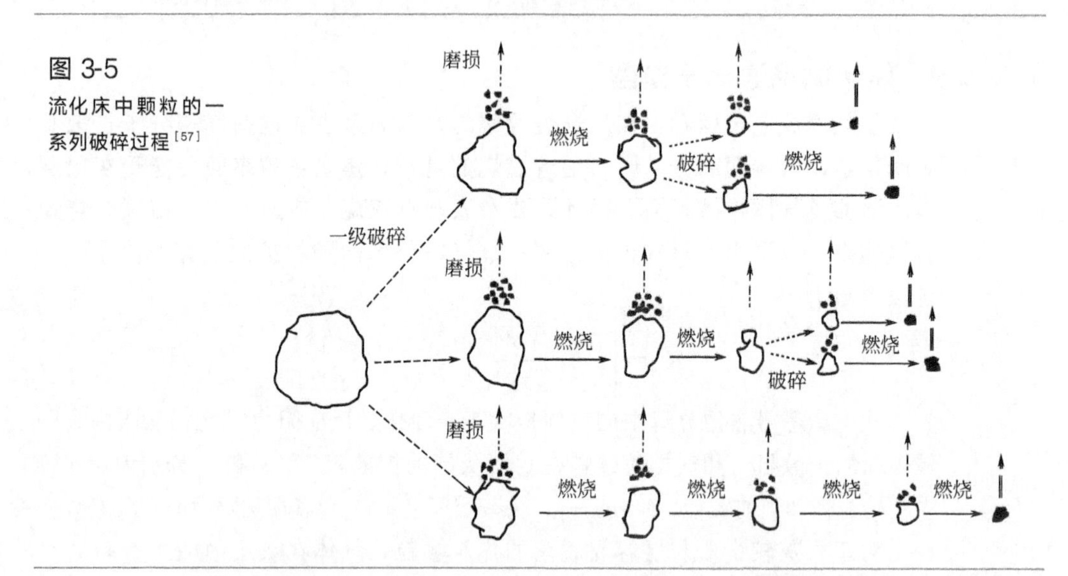

图 3-5 流化床中颗粒的一系列破碎过程[57]

因此，煤的爆裂和磨损过程也是大多数循环流化床数值模型的一个重要组成部分。

3.1.7.1 颗粒爆裂

在流化床锅炉内，煤颗粒的爆裂主要来自于水分及挥发分析出过程中产生的内部压力梯度力，颗粒受热过程中产生的温度热应力。通常，煤在挥发分析出阶段产生的爆裂，称为一次爆裂。在焦炭燃烧过程中，颗粒由于内部温度不均匀产生热应力造成的爆裂为二次爆裂。不过，在循环流化床燃烧中，煤颗粒的爆裂一般以一级爆裂为主[58]。

研究者在小型循环流化床试验台上针对煤颗粒的一级破碎过程开展了大量实验和模拟研究，具体可见参考文献 [59]。其中，严建华[58]采用了煤颗粒破碎的粒度变化率 F_d 来反映破碎前后颗粒的粒度变化。F_d 越小，则爆裂程度越大，产生的颗粒粒度也越小。爆裂后颗粒粒径可采用下式计算：

$$d_{NEW,i}=\sum_{j=1}^{i}x_j d_j=F_d d_i \tag{3-24}$$

Thunman[60]认为颗粒的一级爆裂主要受挥发分析出的析出速度影响，并采用了爆裂概率系数 $P_f(R)$ 来表征不同粒径煤颗粒的破裂情况。

$$P_f(R)=1-\exp[k_f t_v(d_p)] \tag{3-25}$$

除此之外，部分燃烧模型[17,25]中也采用公式来计算爆裂后颗粒的粒度分布。

$$P(d_{p,new})=K^{1/3}P(d_{p,old}K^{1/3}) \tag{3-26}$$

式中，在鼓泡床中颗粒破裂系数 K 可取 1～2[61]。

3.1.7.2　颗粒磨损

流化床中颗粒的磨损来自于碰撞等的机械作用，主要包括固相颗粒（煤、床料等）之间的碰撞、颗粒与炉内受热面（水冷壁、挂屏等）之间的碰撞和磨损等。煤焦颗粒在燃烧以及炉内固相之间的碰撞等相互作用下，进一步破碎为更加细小的颗粒。

不仅煤/焦炭颗粒会发生磨损，床料在床内不断循环碰撞过程中也会发生磨损。但大多数燃烧模型更加侧重焦炭磨损过程的模拟，这是因为焦炭的粒径大小直接决定其燃烧速率和在炉内的停留时间，很大程度上影响锅炉的燃烧效率。一般地，磨损速率可以定义为[62]

$$R_{attr}=-\frac{1}{m}\times\frac{dm}{dt} \tag{3-27}$$

研究认为颗粒的磨损速率主要受颗粒表面积、流化风速等的影响[63,64]。Chirone 等[65]认为焦炭在炉内的磨损速率与颗粒直径、风速等相关，则某一粒径颗粒的磨损速率可以表示为

$$K_{attr}=a(U-U_{mf})W_c/d \tag{3-28}$$

式中，U_{mf} 为最小流化风速，m/s。

对于宽筛分的颗粒群体，颗粒磨损对粒径分布的影响可采用累积计算：

$$K_{attr}=a\pi(U_g-U_{mf})\int_{d_1}^{d_2}d^2P(d)d(d) \tag{3-29}$$

式中，$P(d)$ 为焦炭的粒度分布函数。

周家骅[66]基于冷热实验的结果，认为循环流化床内颗粒磨损速率随流化风速、颗粒浓度和时间发生变化，并给出了磨损速率计算公式，具体如下：

$$R_{attr}=2.33\times10^{-6}(U_g-U_{mf})^{1.2}C_s^{0.6}(e^{-6.2\times10^{-4}t}+0.03) \tag{3-30}$$

Jerzy 和 Piotr[67]基于循环流化床锅炉数据，提出颗粒形状和床的大小对颗粒的磨损也有一定影响，并采用了下式计算颗粒的磨损速率。

$$R_{attr}=k(U_g-U_{mf})\left(\frac{H_b}{D}\right)f(\varphi) \tag{3-31}$$

式中，H_b 和 D 分别为锅炉的有效高度和有效直径；$f(\varphi)$ 为颗粒的形状因子函数，用于表征颗粒形状的不规则度。

3.2 燃烧污染物生成和控制

循环流化床锅炉运行中，氮氧化物和二氧化硫是锅炉燃煤过程中产生的两种典型气相污染物。虽然它们基本上不直接影响锅炉的燃烧性能和运行，但对环境和人体有较大危害。因此，氮氧化物和二氧化硫一直以来都是评价锅炉环保性能的重要指标，特别是在中国最新实施的《火电厂大气污染物排放标准》中受到极为严格的限制。

3.2.1 硫氧化物

通常，煤炭中的全硫按照其赋存形态颗粒分为无机硫和有机硫两种。无机硫主要包括硫化物和硫酸盐两种形式，其中硫化物主要是指黄铁矿 Fe_2S。有机硫的构成则相对复杂，主要存在于一些官能团中，包括噻吩类、亚砜类以及硫醇类等。

循环流化床燃烧中，硫的主要转化过程如图 3-6 所示。黄铁矿 Fe_2S 在还原性气氛下会分解成 H_2S；在氧化性气氛下则首先被氧化成 SO，然后进一步氧化成 SO_2。有机硫在炉内的热解产物主要以 H_2S 为主。

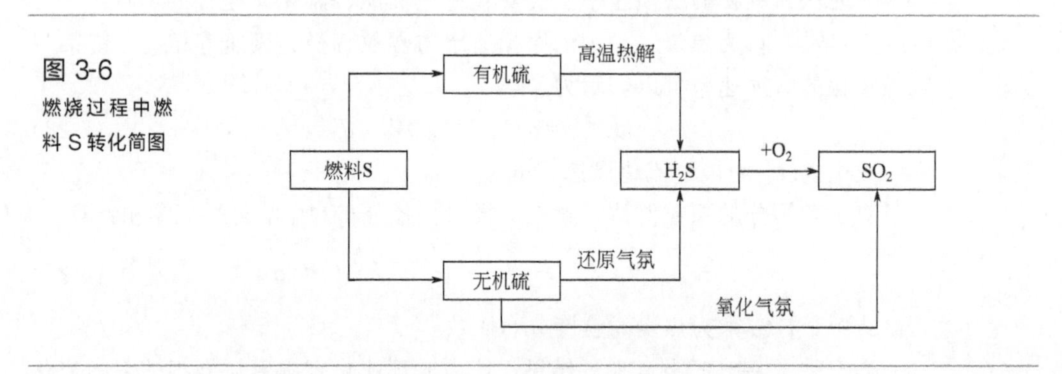

图 3-6 燃烧过程中燃料 S 转化简图

通常随煤中的含硫量不同，锅炉的 SO_2 原始排放浓度为 800～10000mg/m^3（280×10^{-6}～3500×10^{-6}），远超过排放标准限制。因此，实际运行时需要对烟气中的 SO_2 进行吸收脱除。如在炉内添加钙基脱硫剂，如石灰石和白云石等是循环流化床燃烧技术中较为常用的脱硫方式。

脱硫剂随燃煤送入流化床密相区后，石灰石中的碳酸钙在高温下发生分解生成 CaO，与燃烧产生的 SO_2 反应生成 $CaSO_4$ 等固体，实现在燃烧中脱硫。在氧含量较高的环境中，$CaCO_3$ 还会和 SO_2、O_2 等直接反应生成 $CaSO_4$。其主要涉及反应的化学方程式如下：

煅烧反应：

$$CaCO_3(s) \longrightarrow CaO(s) + CO_2(g) \tag{3-32}$$

硫化反应：

$$CaO(s) + SO_2(g) + \frac{1}{2}O_2 \longrightarrow CaSO_4(s) \tag{3-33}$$

直接硫化：

$$CaCO_3(s) + SO_2(g) + \frac{1}{2}O_2 \longrightarrow CaSO_4(s) + CO_2(g) \tag{3-34}$$

煅烧后生成的CaO颗粒具有疏松多孔结构，比表面积大为增加，有利于后期硫化反应的进行。硫化反应是循环流化床炉内主要的脱硫反应，其反应程度直接决定了锅炉的二氧化硫排放情况。由于硫化反应在开始阶段会在CaO的表面生成一层致密的$CaSO_4$薄层，同时产物$CaSO_4$的摩尔容积（46.0cm^3/mol）大于反应物CaO的摩尔容积（16.9cm^3/mol），将导致CaO的孔隙发生堵塞。当硫化反应进行到一定程度以后，反应继续进行困难，降低了脱硫剂的利用率。但脱硫剂颗粒能够在床内不断循环，延长在炉内的停留时间；同时炉内颗粒之间强烈的碰撞能够磨去颗粒表面生成的$CaSO_4$层，使石灰石表面保持新鲜的反应状态，提高石灰石利用率。此外，循环流化床炉内燃烧温度大都处于850～900℃范围内，是脱硫最有效的温度。因此，对于硫含量小于1.5%的煤种而言，当Ca/S比为2时，炉内脱硫可以达到较高的脱硫效率（85%～90%）。

通常，硫化反应可以分为下面几个步骤。

① SO_2和O_2克服颗粒外部的扩散阻力，扩散/对流到达颗粒的表面；

② 气体通过产物层$CaSO_4$扩散至新鲜的CaO表面；

③ 气体从CaO表面扩散进入内部微孔中；

④ 气体在微孔中被吸附在CaO的表面；

⑤ SO_2和O_2与CaO反应，生成$CaSO_4$。

因此，化学动力学反应阻力、内孔扩散阻力和床内气相扩散是硫化反应的主要控制因素。研究表明，在反应初始阶段，化学动力学阻力占主导作用；而在后期，反应主要受内孔扩散阻力控制[56]。为此，研究者提出了单颗粒脱硫剂反应模型、随机孔模型和逾渗模型等一系列模型来描述石灰石硫酸盐化过程。

在燃烧模型计算中，炉内单个脱硫剂的硫化反应速率（kg/s）通常可以简单写成[20,22,26]

$$k_{sul} = \frac{\pi}{6} d_s^3 k_{vL} C_{SO_2} \tag{3-35}$$

式中，k_{sul}（s^{-1}）是单位体积内固相表面反应速率，可按下式计算[68,69]：

$$k_{sul} = 490\exp\left(-\frac{17500}{RT_s}\right) S_g \lambda_{sor} \tag{3-36}$$

式中，λ_{sor}是石灰石的反应活性系数；S_g（m^2/kg）为煅烧后生石灰的比表面积，与温度相关，可按下式计算：

$$S_g=\begin{cases}-384T_g+5.6\times10^4 & T_g>1253K\\35.9T_g-3.67\times10^4 & T_g<1253K\end{cases} \tag{3-37}$$

另一种速率计算方式是 Li 等[70]提出的。SO_2 的反应速率可以写成

$$\frac{dC_{SO_2}}{dt}=k_{SO_2}C_{SO_2}Sr \tag{3-38}$$

式中，C_{SO_2}是当地二氧化硫浓度；Sr 为当地脱硫剂摩尔浓度；k_{SO_2}为反应速率常数，可按下式计算[71]：

$$k_{SO_2}=0.977\exp\left(-\frac{65860\pm5000}{RT}\right) \tag{3-39}$$

3.2.2 氮氧化物

通常，煤燃烧过程中生成的 NO_x 主要有三种（图 3-7）：

① 氮气在高温下被氧化生成的热力型 NO_x；

② 燃料中含氮化合物在燃烧过程中热分解氧化而生成的燃料型 NO_x；

③ 燃烧时空气中的氮和燃料中的碳氢自由基反应生成胺或氰基化合物，再进一步转变生成的快速型 NO_x。

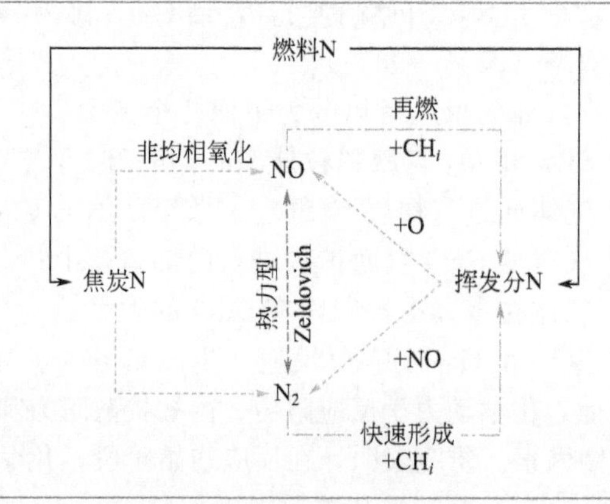

图 3-7 煤燃烧过程中 NO_x 的主要生成机理[72]

研究表明，燃烧温度低于 1800K 时，热力型 NO_x 的生成量是不重要的，所以在循环流化床燃烧温度下可不考虑热力型 NO_x 的生成。快速型 NO_x 主要产生于含碳氢自由基较多的富燃料燃烧情况，在循环流化床燃烧条件下也可以忽略。

从燃烧产物的角度看，燃煤过程中产生的主要氮氧化物有一氧化氮（NO）、二氧化氮（NO_2）和氧化亚氮（N_2O）。在通常的燃烧条件下，燃煤生成的 NO 占总 NO_x 的 90%以上，NO_2 占 5%～10%，N_2O 占 1%左右[73]。但是在循环流化床燃烧条件下，N_2O 的浓度可以达到 20×10^{-6}～

250×10^{-6}[74]，约占总 NO_x 排放量的 5%。

燃料 N 在煤燃烧时，一部分氮，如氮有机化合物等随挥发分一起从燃料中析出，称为挥发分 N；另一部分 N 仍残留在焦炭中，被称为焦炭 N。燃烧过程中，燃料 N 之间的简单平衡关系可参见图 3-8。

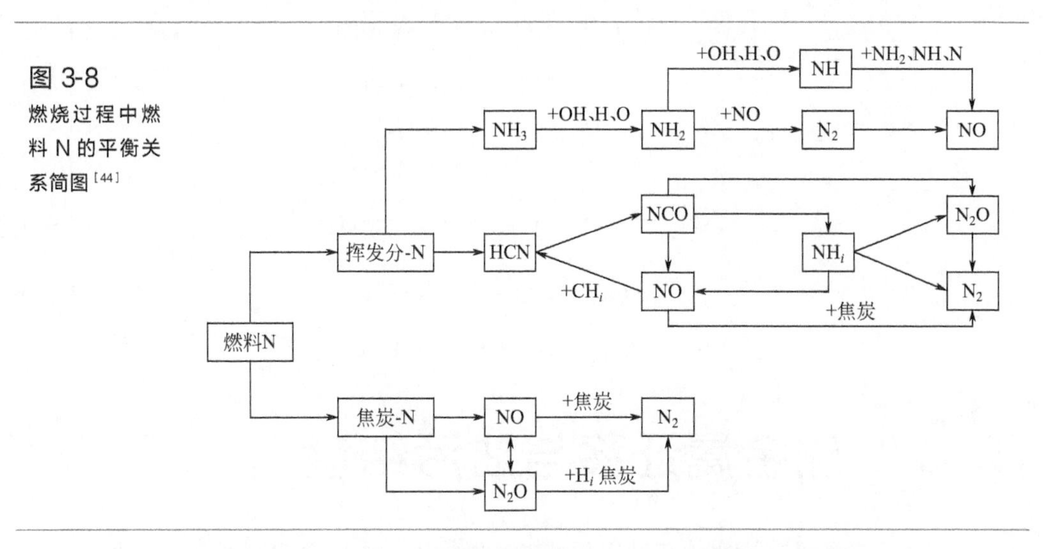

图 3-8 燃烧过程中燃料 N 的平衡关系简图[44]

如果直接从机理上去模拟 NO_x 的生成及转化过程是非常复杂的，相关基元反应可达数百个。Gungor 在文献［25］中采用一系列简化的氮反应机理较为合适，被多数燃烧模型采用。具体简化应根据实际情况确定。

以挥发分形态析出的 NH_3 和 HCN 易被环境中的 O_2 氧化，是生成 NO 的主要反应物，反应方程如式(3-40)～式(3-42) 所示[75-77]。HCN 同样也是 N_2O 生成的主要前驱物，如反应式(3-43) 所示[77]，但通过 NH_3 产生 N_2O 的反应基本可以忽略。在碳燃烧阶段，结合在焦炭上的氮会被 O_2 氧化成中间产物—CNO，并快速地进一步分解为 NO，成为炉内 NO 生成的另一条途径，反应方程如式(3-44) 所示[78]。

在炉内除了氮氧化物的生成反应外，还需考虑 NO 和 N_2O 的还原反应，在循环流化床中较为典型的是采用分级配风的方式来减少 NO_x 的排放。在炉内，通过与 CO、焦炭颗粒的还原反应可以降低 NO 和 N_2O 的排放量，如反应式(3-45)～式(3-48) 所示[75,79-81]。另外，NH_3 会促进 NO 的消耗，如反应式(3-49) 所示[75,76]。该反应的脱氮效果相对较小。对于 N_2O，其与氧气的氧化反应也会消耗部分的 N_2O，如反应式(3-50) 所示。另外，NO 与 N_2O 相互之间会发生转化，如反应式(3-51)[79]。

$$HCN+\frac{1}{2}O_2\longrightarrow CNO+H \tag{3-40}$$

$$CNO+\frac{1}{2}O_2\longrightarrow NO+CO \tag{3-41}$$

$$NH_3+\frac{5}{4}O_2 \longrightarrow NO+\frac{3}{2}H_2O \tag{3-42}$$

$$CNO+NO \longrightarrow N_2O+CO \tag{3-43}$$

$$C_{(N,S)}+O_2 \longrightarrow CO_2+NO+SO_2 \tag{3-44}$$

$$CO+NO \longrightarrow \frac{1}{2}N_2+CO_2 \tag{3-45}$$

$$C+2NO \longrightarrow N_2+CO_2 \tag{3-46}$$

$$CO+N_2O \longrightarrow N_2CO_2 \tag{3-47}$$

$$C+N_2O \longrightarrow N_2+CO \tag{3-48}$$

$$NH_3+NO+\frac{1}{4}O_2 \longrightarrow N_2+\frac{3}{2}H_2O \tag{3-49}$$

$$\frac{1}{2}O_2+N_2O \longrightarrow N_2+O_2 \tag{3-50}$$

$$C_{(N)}+NO \longrightarrow N_2O+C \tag{3-51}$$

3.3 碱金属迁移与沾污结渣

循环流化床锅炉在燃用高碱煤、生物质过程中会出现受热面沾污和结渣的问题。

沾污和结渣是在受热面烟气侧出现的既不相同又相互关联的两种现象。结渣是指呈熔融或半熔融态的灰粒在受热面上的积聚，结渣的形成过程包括初始沉积层的形成、一次沉积层的形成、二次沉积层的形成[82,83]。沾污，也称积灰或沾灰，分为高温和低温两种类型；高温沾污的形成温度处于灰粒变形温度以下的某一范围，低温沾污主要出现在温度低于酸露点的管壁上[84]。沾污的形成过程通常包括内白层的形成、内白层向烧结层的过渡阶段、外部烧结层的形成[85]。

燃用高碱煤时出现沾污结渣问题的主要原因可归结为两方面[86]：①碱金属蒸气遇到温度相对较低的受热面发生凝结，形成一层具有黏性的初始层，导致受热面对飞灰颗粒的黏附性增强；②灰颗粒中富含 Na、K 的矿物成分易与其他矿物成分之间形成低温共熔体，导致飞灰熔融温度降低，易黏附在受热面上。基于此，沾污结渣问题的研究一般从固相飞灰以及气相碱金属两个方面来开展。其中前者对应沾污结渣的机理研究，后者则对应碱金属迁移转化研究，两者相互影响、密不可分。

3.3.1 沾污结渣机理

沾污结渣机理研究的对象一般针对飞灰颗粒，研究内容主要有两方面：一是燃煤过程中飞灰在炉内的演变过程；二是煤、灰本身的特性。

(1) 飞灰颗粒的演变

灰颗粒在炉膛内经过一系列的物理化学反应，最终在受热面上形成沉积。其演变过程大致可分为四步：①飞灰从煤颗粒上脱离；②飞灰颗粒输运到受热面表面；③煤灰颗粒在受热面上黏附、生长；④形成沾污和结渣[87]。

煤颗粒燃烧过程中产生两类飞灰[88,89]：一种是亚微米灰，空气动力学直径在 0.1～1μm 之间；另一种是残灰，空气动力学直径大于 1μm[90]。亚微米灰主要由煤中部分无机物（如 K、Ca、P、S 和 Cl）经过汽化、凝结过程产生，颗粒通过两种途径长大：一种是微粒相互间的碰撞发生合并；另一种是无机蒸气在已经形成的灰粒表面发生非均相凝结。亚微米灰的含量很少，占飞灰总质量的 0.2%～2.2%。残灰主要指焦炭燃烧后残留的固体物质，表面灰粒的聚合和焦炭颗粒的破碎是残灰颗粒形成的关键[90]。

飞灰形成后，将输运到受热面表面。输运方式包括以下几类（图 3-9）[91]：①惯性碰撞，粒径较大的颗粒惯性较大，会脱离气流的运动轨迹而撞击到受热面表面发生沉积；②凝结，烟气中的气相组分达到饱和蒸气压后，遇到温度较低的受热面发生凝结；③扩散，靠近受热面的气流和中心气流中飞灰的质量浓度有差别，若靠近受热面处飞灰浓度低，则飞灰颗粒将向受热面运动；④热泳，该过程是通过“热应力”驱使细颗粒从高温区移动到低温区，在低温壁面，较大的温度梯度会促进沉积；⑤电泳，在静电力的作用下，携带电荷的飞灰颗粒会根据自身以及受热面的极性而发生移动，该沉积量随流体导电能力的减弱、流体温度的升高以及流速的增加而增加；⑥湍流，由于湍流边界层的不稳定，飞灰颗粒随着涡流扩散至受热面；⑦化学反应，受热面上的固相沉积物与烟气中的组分发生化学反应，例如硫酸化反应、氧化还原反应等。

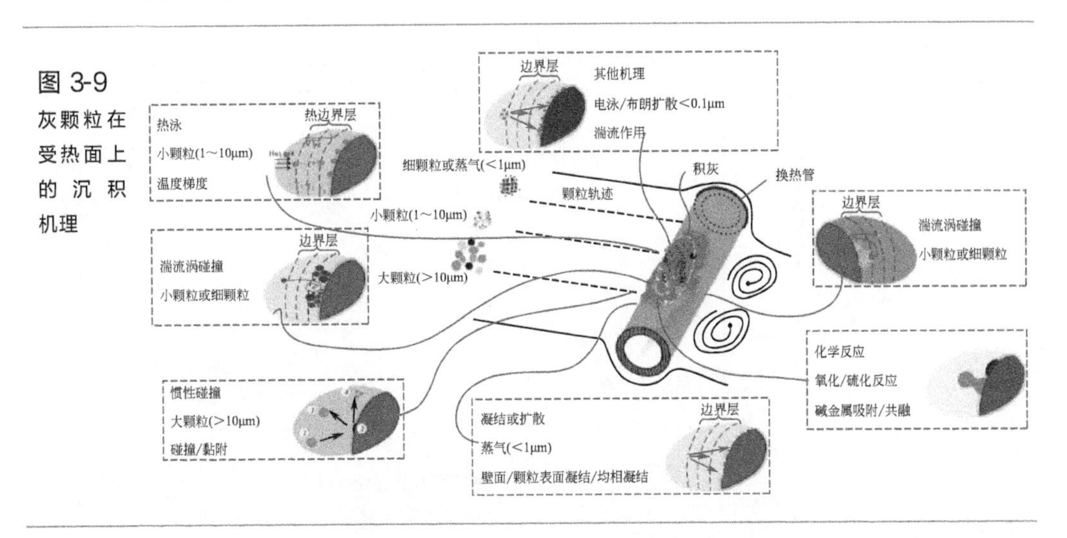

图 3-9 灰颗粒在受热面上的沉积机理

对于炉内燃煤过程，气相和从火焰中挥发出来的小粒子（小于 1μm）主要通过扩散机理传送到受热面，气相物质可能凝结于靠近传热表面的滞留边缘层，另一小部分粒子（小于 10μm）则靠热泳力来传送；而粒径大于 10μm 的粒子因具有足够的动量，有可能离开气流而冲击到管子表面，通过惯性碰撞沉积在受热面；还有一些粒子由于过小而不能碰撞管子的前侧部分，但因涡流的扰动作用，使其在管子的背风侧沉积。

飞灰颗粒黏附在受热面上后，将发生沉积物生长、流动、脱落等一系列过程。一旦飞灰颗粒沉积在受热面表面，其中的碱金属盐就会接触到受热面，气相中的碱金属也会在较冷的壁面上凝结，产生一层黏性大的内沉积层，从而加速颗粒物在壁面上的累积。沉积物的增加将导致受热面和炉内的温差增大；当外层沉积物达到熔融温度后，产生的液相又会加快颗粒的烧结和聚集，进一步导致沉积层的增加。该过程一直持续，直至黏性熔渣在受热面上发生流动才会结束；或者由于沉积物质量过大，当重力大于黏性力时发生脱落，最终达到动态平衡过程。

（2）煤灰特性

煤灰本身的物理化学特性是影响沾污结渣的另一重要因素。物理特征包括颗粒粒径分布，化学特征主要指化学组成成分。

Li 等[92]在 25kW 沉降炉中研究了准东煤、呼伦贝尔褐煤以及一种高灰熔点烟煤的结渣特性，发现准东煤灰中细颗粒物（PM0.2）、PM2.5 颗粒和 PM10 颗粒的含量比其他两种煤要多。如图 3-10 所示为细颗粒物的质量浓度

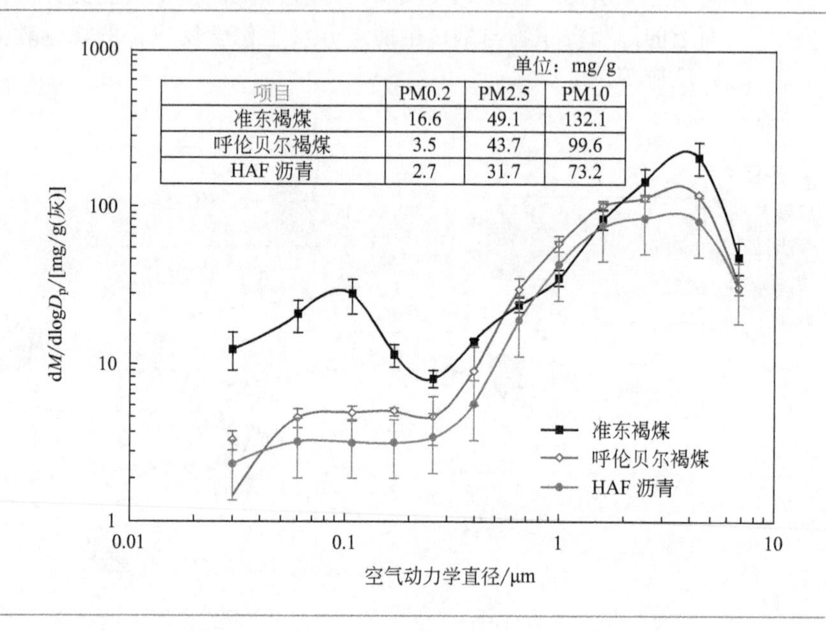

项目	PM0.2	PM2.5	PM10
准东褐煤	16.6	49.1	132.1
呼伦贝尔褐煤	3.5	43.7	99.6
HAF 沥青	2.7	31.7	73.2

图 3-10 沉降炉燃烧过程煤灰中细颗粒物粒径分布

粒度分布，图中纵坐标为煤中每克灰产生的颗粒物质量沿对数粒径的分布，单位为mg/g（灰）。推测原因是煤中含有较大量的水溶性和醋酸铵溶性钠和钙，容易蒸发并形成细颗粒。

文献［93，94］中指出粒径小于10μm的颗粒对于初始沉积层的形成有重要影响，它们大多通过热泳等形式撞击到壁面上。Naruse等[94]根据实验观察得到初始沉积层主要由小于3μm的颗粒组成。对于大颗粒，一般通过惯性力撞击到壁面上。Barker[95]在只考虑单一碰撞而忽略反弹时，预测了粒径大于10μm的颗粒能达到100%的碰撞率，但是在实际锅炉中，大颗粒通常会从壁面反弹，他认为壁面所捕获的大部分是中等尺寸的颗粒。Wacławiak等[96]研究指出沉积层中的颗粒以粒径小于30μm居多。综合来说，粒径小于10μm的颗粒对初始沉积层的形成影响较大，粒径在10～30μm之间的颗粒是飞灰沉积的主要成分。

煤灰化学成分及含量对灰熔融特性的影响大，灰熔融温度与结渣沾污的倾向直接相关。煤灰高温熔融性以四个特征温度表征：变形温度（DT）、软化温度（ST）、半球温度（HT）和流动温度（FT）。研究者对灰熔融温度与灰成分之间的关系进行了大量研究[97-100]。Vassilev等[101]探究了43种来自世界各地的煤灰样品在氧化气氛下的灰熔融特性，发现对灰熔点有升高作用的氧化物按强弱排序为：$TiO_2>Al_2O_3>SiO_2>K_2O$；对灰熔点有降低作用的氧化物按强弱排序为：$SO_3>CaO>MgO>Fe_2O_3>Na_2O$。李德侠等[102]发现$SiO_2/Al_2O_3$比在1.6～2.58时，煤灰熔融温度随$SiO_2/Al_2O_3$的增大而减小；当$SiO_2/Al_2O_3$继续增大后，熔融温度又呈升高趋势。Patterson等[103]对澳大利亚烟煤的结渣特性进行了分析，发现降低SiO_2/Al_2O_3可使煤灰流动温度升高。对于Na_2O和K_2O，研究表明[104]：每添加1%的碱金属氧化物至一般酸性灰渣中，可使煤灰的软化温度降低17.7℃，流动温度降低15.6℃。另外，Na_2O、K_2O能降低灰渣的黏度[105]，原因是碱金属氧化物熔融于SiO_2的网络结构中，使其原来的网络结构发生松散和解聚。

基于灰中各成分的含量比例，研究者给出了多种半经验的结渣沾污判别指数[87,106,107]，如表3-5所示。刘炎泉[108]通过实验综合对比了各结渣沾污指数，认为硅比和硅铝比较为适用于准东煤灰的结渣沾污倾向判别。

表3-5 结渣沾污判别指数

指数	公式	低	中	高	严重
结渣指标					
碱酸比 B/A	$\frac{Fe_2O_3+CaO+MgO+K_2O+Na_2O}{SiO_2+Al_2O_3+TiO_2}$	<0.11	0.11～0.14	>0.14	
结渣指数	$B/AS_{t,d}$（烟煤煤灰）	<0.6	0.6～2.0	2.0～2.6	>2.6

续表

指数	公式	低	中	高	严重
结渣指标					
硅铝比	SiO_2/Al_2O_3	<1.87	1.87~2.65	>2.65	
硅比	$\frac{SiO_2\times100}{SiO_2+Fe_2O_3+CaO+MgO}$	72~80	65~72		50~65
T_{25}	$\left[\frac{M\times10^6}{\lg(25)-C}\right]^{0.5}+150(℃)$ C、M 参照文献[87]	>1400	1245~1400	1120~1245	<1120
铁钙比	$\frac{Fe_2O_3}{CaO}$	<0.3,>3.0	0.3~3.0		>3.0
结渣系数	$\frac{4DT+HT}{5}$(℃)	>1343	1232~1343	1149~1232	<1149
沾污指标					
沾污指数	碱酸比 $B/A\times Na_2O$(烟煤煤灰)	<0.2	0.2~0.5	0.5~1.0	>1.0
钠含量	Na_2O(烟煤煤灰)	<0.5	0.5~1.0	1.0~2.5	>2.5
	Na_2O(褐煤煤灰)	<2.0	2.0~6.0	6.0~8.0	>8.0

注：T_{25}表示灰的黏度等于 25Pa·s 时的温度。

3.3.2 碱金属析出迁移

碱金属的析出与迁移一方面和其在煤中的赋存形态相关，另一方面受反应条件的影响。

(1) 赋存形态　煤中的碱金属可分为无机形态和有机形态，其中无机形态可细分为水溶性和不可溶性，水溶性钠以 NaCl 晶体和水合离子等形式存在，不可溶性钠主要以硅铝酸盐形式存在；有机形态包括羟酸形态的碱金属和以配位形式结合在含氮或氧官能团上的碱金属[109]。由此，煤中碱金属的赋存形态一般可分为四种：水溶性、醋酸铵溶性、酸溶性和不可溶性[110]。对于四种赋存形态碱金属含量的测定一般采用化学逐级萃取法[111-113]。

国内研究者[109,114-116]对准东煤中钠或钾的赋存形态进行了测定，结果表明准东煤中的钠主要以水溶性形态存在，其次为醋酸铵溶性，盐酸溶性和不可溶性的含量较少。Li 等[117]对比了准东紫金煤、准东五彩湾煤、神木煤和焦作煤中碱金属的赋存形态，发现前两者中的钠以水溶性为主，后两者以不可溶性为主。水溶性钠具有较强的挥发性，从侧面反映出准东煤具有较强的沾污结渣倾向。对于准东煤中的钾，一般认为其主要形态为不可溶性[114,118]，但也有研究得出天池煤和五彩湾煤中的钾主要以盐酸溶性和醋酸铵溶性为主[119]。表 3-6 为不同研究者给出的准东煤中碱金属钠/钾的含量。

由于准东煤中钠含量远高于钾含量，因此一般主要对钠进行研究。

表 3-6　各典型准东煤中碱金属钠/钾的含量

项目	煤种	Na/(μg/g)	K/(μg/g)
刘炎泉[115]	准东五彩湾煤(ad)	3470	761
刘敬[116]	准东煤(ad)	3261	310
付子文[119]	准东天池煤(ni)	3241	301
付子文	准东紫金煤	5064	383
付子文	准东五彩湾煤	3302	153
翁青松[114]	准东天池煤(ni)	2584	371
翁青松	准东紫金煤	6138	231
翁青松	准东五彩湾煤	3450	750

注：ad 表示空气干燥基，ni 表示未在文中提及。

(2) 析出迁移特性　煤中不同赋存形态的钠在加热过程中存在直接释放和相互转化两种途径。

有研究认为煤中部分钠在燃烧过程中不直接挥发，而是在短时间内首先发生不同赋存形态钠之间的相互转化，主要表现为水溶性钠向盐酸溶性转化[111]。Liu 等[118]在管式炉中研究了四种煤样（准东煤、塔尔Ⅰ煤、塔尔Ⅱ煤、塔尔Ⅲ煤）在燃烧过程中不同形态碱金属的析出特性，发现升温过程中部分水溶性钠会转化为盐酸溶性钠，少量水溶性钠会与硅铝酸盐反应而转化为不可溶性钠。Li 等[117]在研究准东紫金煤以及准东五彩湾煤中不同形态钠的析出规律时得出的结果与 Liu 等[118]一致。Xu 等[120]研究了准东煤中钠在热解条件下的析出特性，结果表明 400℃下，水溶性和醋酸铵溶性钠会互相转化；400～600℃时，醋酸铵溶性钠向水溶性钠转化；600℃以上，水溶性钠会转化为不可溶性钠。

在燃烧、热解过程中，一些碱金属钠会从煤中直接析出。一般认为以水溶性和有机形式结合的钠容易挥发，以硅铝酸盐形式存在的含钠化合物熔点较高，硅酸盐中的钠只有在较高温度下才有可能挥发。van Eyk 等[121,122]在试验的基础上，给出了燃煤过程中碱金属钠的析出途径（图 3-11），认为在脱挥发分阶段，水溶性钠以 NaCl 的形态直接析出，而无有机形态的钠在此阶段释放；在碳燃烧阶段，以羧酸盐形式和以配位形式存在的有机钠以醋酸钠的形式释放，醋酸钠受热易分解产生 CO_2 和钠，而钠有可能结合在碳上，并随碳的燃烧过程以原子 Na 的形式释放；在成灰阶段，灰颗粒仍然存在于火焰环境中，高温下灰中残留的 Na_2O 可能与水蒸气反应生成 NaOH（g）而析出。Liu 等[123]应用 LIBS 测量技术检测了准东煤燃烧不同阶段气相碱金属的析出量，认为四种赋存形态的钠在脱挥发分、碳燃烧、成灰过程中均有析出，且各阶段中均以水溶性钠析出为主，其次是醋酸铵溶性钠。表 3-7 总结了各研究者测得的不同燃烧阶段下钠的析出量。

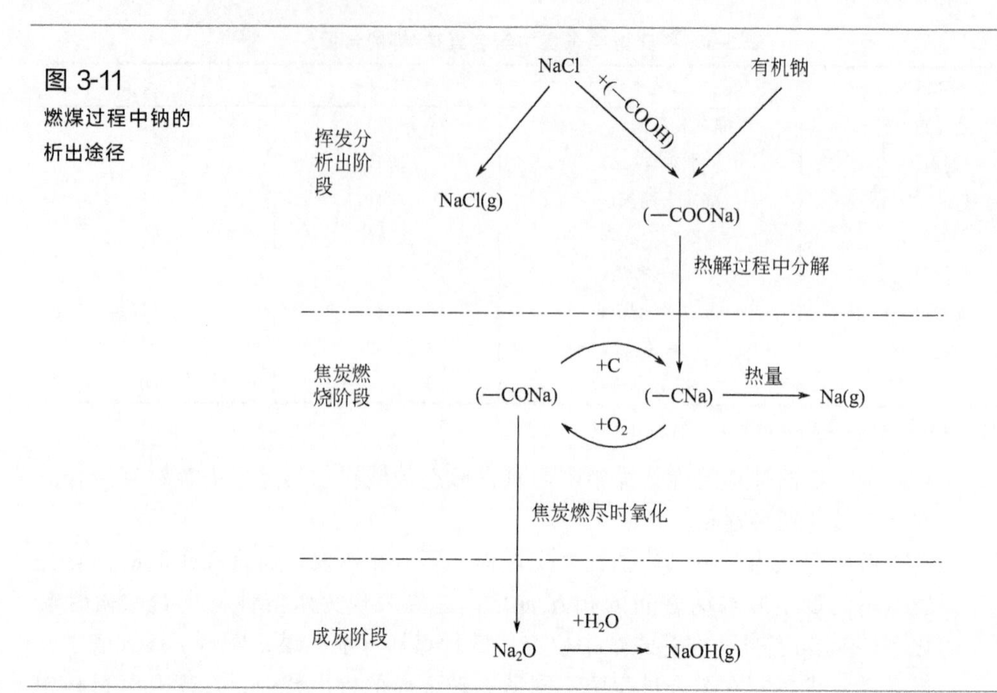

图 3-11 燃煤过程中钠的析出途径

表 3-7 燃煤过程中不同阶段碱金属钠析出比例总结

研究者	煤样	温度/℃	气体组分	阶段或时间/min	钠析出比例/%
van Eyk 等[122]	莱阳褐煤	900	平焰	脱挥发分	19
		900～1200		碳燃烧	44
	莱阳褐煤-机械热处理 1	900	平焰	脱挥发分	12
		900～1200		碳燃烧	39
	莱阳褐煤-机械热处理 2	900	平焰	脱挥发分	7
		900～1200		碳燃烧	43
Kosminski 等[124]	低矿物质洛希尔煤＋NaCl	850	N_2	2	12
				35	52
			CO_2	2	10
				35	50
			H_2O	2	10
				35	52
Kosminski 等[124]	低矿物质洛希尔煤＋有机 Na	850	N_2	2	2
				35	19
			CO_2	2	3
				35	42
			H_2O	2	2
				35	58

续表

研究者	煤样	温度/℃	气体组分	阶段或时间/min	钠析出比例/%
Manzoori 等[125]	洛希尔煤	830	N_2	2	16
		700	空气	1	90
Li 等[126]	莱阳褐煤	900	He	—	30
		1000			48
		1100			55
		1200			72
van Eyk 等[122]	莱阳褐煤	900	H_2O	0	29
				10	88
He 等[127]	准东煤	1314	O_2 ∶ CO_2 = 3.1 ∶ 69.4	脱挥发分	1.5
				碳燃烧	28.5
		1311	O_2 ∶ CO_2 = 3.1 ∶ 35.8	脱挥发分	1.7
				碳燃烧	34.7
		1382	O_2 ∶ CO_2 = 3.9 ∶ 35.8	脱挥发分	1.8
				碳燃烧	21.8
		1368	O_2 ∶ CO_2 = 7.3 ∶ 35.8	脱挥发分	1.6
				碳燃烧	29.6
		1358	O_2 ∶ CO_2 = 10.6 ∶ 35.8	脱挥发分	2
				碳燃烧	39

从表 3-7 中可看出，温度对碱金属钠的析出起重要作用。此外，气氛也是影响钠析出的重要因素。Kosminski 等[124]在试验中发现澳大利亚的洛希尔煤在水蒸气或 CO_2 中气化时，钠的析出量比热解气氛下更多。Wang 等[128]在管式炉中研究了富氧气氛下准东煤中 Na、Ca 和 Fe 的析出迁移规律，结果表明 600℃以下，富氧气氛对碱金属钠的析出几乎没有影响，温度超过 600℃后，富氧气氛下钠的析出量比燃烧气氛下更少；同时发现随着氧浓度的升高，煤灰中总的钠含量、水溶性钠含量、醋酸铵溶性钠的含量均呈现先升高后降低的趋势。相对于燃烧，热解、气化过程中碱金属钠的析出量较少，更多的钠残留在半焦或灰渣中[129]。另外，不同气氛下碱金属钠的迁移规律也不相同。Song 等[130]提出气化条件下，钠更倾向于以 Na、NaO_2、NaCl 的形态存在于气相中，燃烧条件下则倾向于生成硫酸盐（图 3-12）。除了温度和气氛外，Wei 等[131]通过热力学软件 FactSage 计算发现压力对碱金属的析出也有影响。

除上述外部影响因素外，煤中其他无机组分的含量是影响碱金属钠析出的内因。研究[132-134]表明煤中 Cl 的含量与碱金属钠的析出密切相关，S 元素对碱金属的析出有影响[135-137]。Bläsing 等[136]发现钠的析出与 Na/Cl 的比值

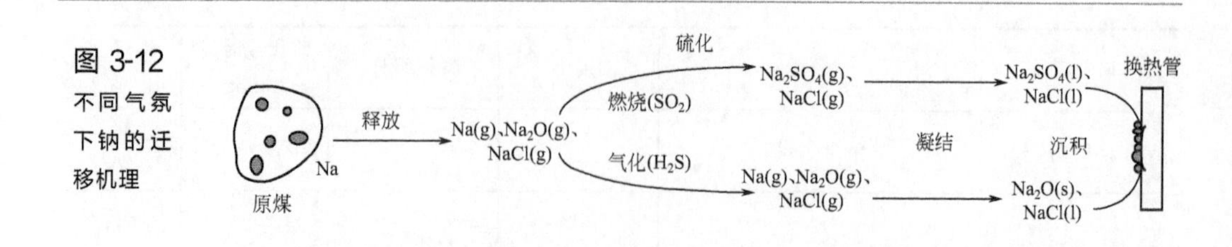

图 3-12 不同气氛下钠的迁移机理

成正比，与 S/Cl 的比值呈现负相关。Guo 等[138]研究了六种高钠煤在气化过程中钠的析出与煤中组分［Na/Cl、Na/S、Na/灰、Na/(Si＋Al)］的关联，结果表明 Na/(Si＋Al) 的数值与钠的析出量呈现线性关系。Bläsing 等[136]发现 NaCl 的析出与 Si＋Al 的含量呈现负相关。

3.3.3 循环流化床碱金属迁移

针对高碱煤中碱金属迁移、沾污结渣的机理研究很多是在管式炉[117,118,120,128,139]、沉降炉[86,92,140-143]等小型试验台上进行的，在循环流化床内的相关研究相对较少。

Vuthaluru 等[144]研究了澳大利亚低阶煤（维多利亚煤、南澳大利亚煤）在流化床燃烧条件下煤中无机组分的迁移行为，通过对床料和飞灰的分析，发现富含 S、Na 的煤种燃烧时会在床料表面生成低熔点化合物，增大颗粒表面黏附性，导致床料表面黏附灰量增加。

Park 等[145]对 Tonghae 循环流化床锅炉中回料机构以及冷灰器中的渣块进行了取样分析，结果显示渣块中的白色和黑色部分分别来自于砂粒和飞灰，颗粒粒径较小的飞灰中含较多的 Fe_2O_3，粒径范围为 75～100μm 的飞灰中 CaO 的含量高达 11%，Fe、Ca 元素与团聚物的形成密切相关。Park 等[146]在 10MW 的商用循环流化床尾部烟道处探究了化学添加剂对沉积物形成以及飞灰成分的影响，结果表明添加 $(NH_4)_2SO_4$ 和硼砂水溶液均能抑制碱金属氯化物的形成并减少对流管束上的沉积量，飞灰的熔融温度随硼砂水溶液的加入而升高，且两种添加剂均使飞灰的粒径变大。

Liu 等[147]在一台 0.1MW 的循环流化床上进行了三种不同煤样的试验，研究煤种、温度、燃烧器位置和试验时间对飞灰组分的影响，发现飞灰中的主要成分为 $CaSO_4$，运行温度对碱金属氯化物的凝结起到主要作用，低温环境下更利于 HCl 的吸附。

Song 等针对循环流化床燃用准东煤时的沾污、结渣以及钠迁移特性开展了试验研究，试验中采用的实验装置包括 0.1MW[148]、0.25t/d[130,149]和 0.4t/d 循化流化床试验台[150-160]。研究内容之一为对比气化条件[155,158,160]和燃烧条件[153,154]下炉内沾污结渣以及碱金属迁移的差异，试验发现燃烧条件下，较多钠从煤中析出并凝结在积灰上，导致尾部受热面出现较明显的沾污现象，且飞灰颗粒的粒径更小；而气化条件下，在炉膛上升管中出现较强的结渣[156]。此外，还探究了运行参数变化的影响，包括床料、床温、空气当量比、壁面温度和空气预热温度。①床料[161]，对比石英砂、金刚砂和富含 CaO/Fe_2O_3 的工业锅炉底灰三种床料的使用效果，认为选用锅炉底灰最为理想[152]。②床温[148,149]，准东五彩湾煤在燃烧和气化气氛下，得到的底灰和飞灰中的钠含量随床温的升高而减少；燃烧条件下，底灰和飞灰中的钠分别以硅铝酸盐和 Na_2SO_4 的形态存在，气化条件下，底灰和飞灰中的钠分别以硅铝酸盐和 NaCl 的形态存在[130]。③空气当量比[157]，底灰和循环灰中的钠含量随着空气当量比的减小而增加；对于飞灰，在还原性气氛下空气当量比的增加会减少灰中的钠含量，在氧化性气氛下则相反[159]。④壁面温度[151]，高温壁面上积累的 Na、Ca、Fe、Al 和 Si 等元素易形成结渣，低温壁面易使 NaCl 等碱金属蒸气凝结而形成积灰。⑤空气预热温度[150]，随着给风温度从 20℃升高到 600℃，底灰、循环灰和飞灰中的钠含量分别增加 62.99%、425.58%和 42.82%。

Liu 等[162]在 30kW 的循环流化床试验台上研究了准东煤燃烧过程中炉内积灰探针以及炉膛出口积灰探针的结渣沾污特性。试验发现炉膛温度升高导致沉积量增大（图 3-13），其中 Na_2SO_4 的凝结是主要原因。添加高岭土可以使结渣层上的颗粒变得疏松，改善结渣积灰问题[162]。准东煤与神华烟煤混烧可有效抑制钠的析出，当神华煤掺烧比例为 20%时渣层几乎消失[163]。

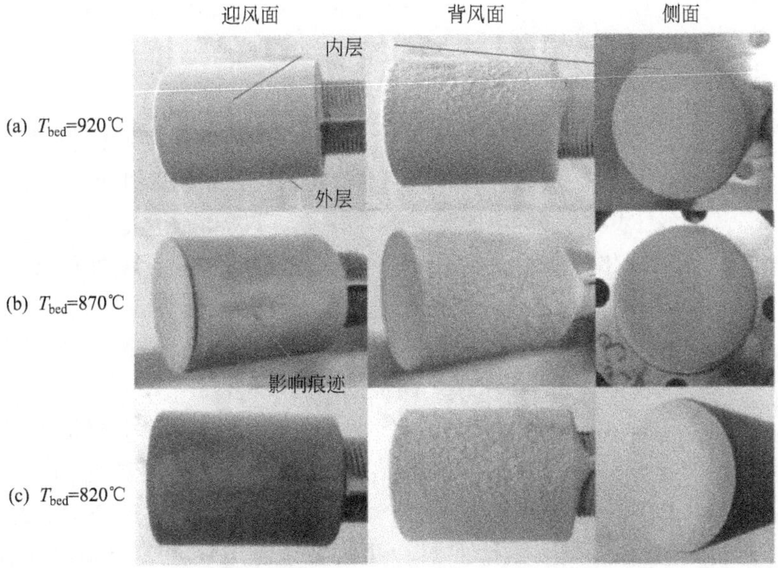

图 3-13 循环流化床运行温度对积灰形貌的影响

Liu 等[164]在 0.2t/d 的循环床炉内开展了准东煤燃烧试验，通过收集底灰、飞灰以及分离器出口处探针上的沉积物进行分析研究，发现底灰中富含 Fe 和 Na 并有团聚现象；飞灰的主要成分为 $CaSO_4$ 和 $Ca_2Al_2SiO_7$；沉积层的迎风面出现分层现象，内层为烧结层且富含 Ca 和 Na，外层为疏松层且主要成分为硅酸盐和硅铝酸盐。流化床试验台炉内的探针上有一富含 Na、Ca 和 Mg 的薄层；分离器出口的探针上有烧结内层和疏松外层积灰；尾部烟道的探针上无烧结层，沉积物中 Na 的主要形态为 $NaAlSiO_4$ 和 $Na_2Si_2O_5$[165]。

Wang 等[166]在 3.5m 高的流化床上探究了富氧燃烧对积灰的影响。晋城烟煤燃烧气氛从 21% O_2/79% CO_2 到空气再到 30% O_2/70% CO_2 的过程中，积灰速率呈逐渐增大的趋势，主要原因是飞灰粒径分布变宽。气氛对朔州烟煤燃烧飞灰组分的影响不大，但对飞灰粒径有影响，其中 PM10 的含量在不同气氛中的排序为：30% O_2/70% CO_2 > 21% O_2/79% CO_2 > 空气[167]。Ca/S 增加总体上减小积灰倾向，增大探针表面温度可以减小积灰速率，富氧燃烧利于减少积灰[168]。

陈衡等[169]对新疆米东循环流化床锅炉中的渣样进行了取样分析，发现分离器出口烟道的灰渣内层中，Na 以 Na_2SO_4 的形式存在并含有大量 $CaSO_4$，形成具有黏性的 Na_2SO_4-$CaSO_4$ 低熔点化合物底层；在 Fe、Ca 的协同作用下，被壁面捕捉的矿物质形成低熔点共熔体，产生致密的渣层。在高温再热器管束附近的烟气中存在 Na_2SO_4、$NaK_3(SO_4)_2$ 或 $NaO \cdot Al_2O_3 \cdot 2(SiO_2)$ 等低熔点的气溶胶，易吸附烟气中的飞灰颗粒最后沾结在管束表面。

针对循环流化床内碱金属迁移、沾污结渣等的研究采用数值模拟方法的较少。

3.3.4 碱金属析出模拟

相关文献中针对碱金属钠、钾析出的数值模拟报道较少。Glarborg 和 Marshall[170]总结并提出了包含 Na/K/H/O/S/Cl 元素的详细化学反应机理，涉及 24 种组分和 105 步机理反应。Hindiyarti 等[171]给出了生物质燃烧过程中钾化合物的反应机理。郭啸峰等[172]综合这两套反应机理，结合基于 C/H/O/N 元素的 GADM98 详细化学反应机理，通过 Kinalc 和 Mechmod 开源程序计算得到了包含 C/H/O/N/Na/K/S/Cl 的简化机理（28 种组分，20 步反应），并应用于锅炉燃烧的 CFD 计算。

Srinivasachar 等[173]在 $Na/H_2/O_2/N_2$ 系统中模拟了煤粉燃烧时火焰中钠原子、分子的浓度分布，包含 Na/Cl/O/H 元素的 20 步化学反应，计算软件为 Chemkin，结果表明环境中 Cl 的浓度对 NaCl 的转化反应重要。Takuwa 等[174]模拟了 H_2-O_2 燃烧系统中气相碱金属化合物的转化路径，化学反应基于 Glarborg 等[170]和 Srinivasachar 等[173]的反应机理，采用

Chemkin 软件中的 Perfect Stirred Reactor（PSR）模型计算，结果显示反应气氛对钠在高温下的赋存形态有影响。

Wan 等[175]采用大涡模拟（LES）方法计算了煤粉在湍流射流火焰中碱金属的析出转化规律，包含 Na、NaO、NaO_2、NaOH 和 $Na_2O_2H_2$ 五种组分，共 24 步化学反应，通过与 CPD、PSR 计算模型以及实验结果的对比进行模型验证，图 3-14 给出 NaOH 浓度与火焰温度的模拟结果。进一步，Wan 等[176]采用直接数值模拟（DNS）方法研究了煤粉在湍流射流燃烧初期碱金属的析出特性，包含的化学组分和反应机理与 LES 方法中的相同，模拟结果表明产物中 Na 和 NaOH 为主要成分。

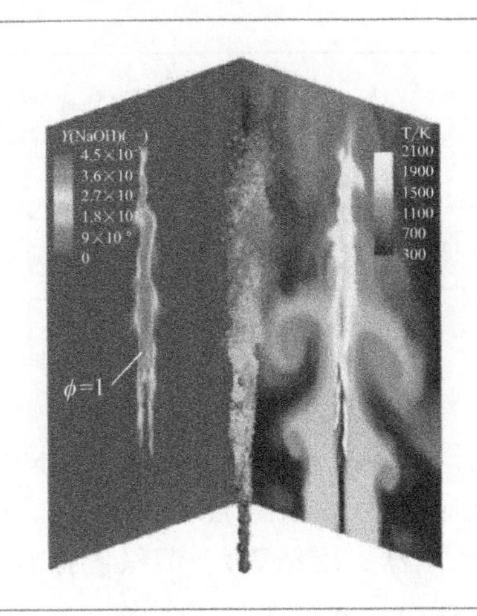

图 3-14
煤粉颗粒燃烧时瞬态的 NaOH 浓度和温度分布

上述研究只针对了单一火焰中碱金属的析出释放过程进行模拟，而在实炉中碱金属的化学物理反应十分复杂，若要实现实炉中碱金属迁移的模拟需更完整的数值模型。

3.3.5　沾污结渣模拟

1990 年以来，国内外针对锅炉沾污结渣数值计算开展了较多的研究，Kleinhans 等[177]和 Cai 等[91]对燃用生物质或煤粉过程中的积灰模拟研究进行了详细的综述。数值研究的对象主要为煤粉炉，也包括回收炉、气流床反应器，但针对流化床内的模拟较少。根据模拟炉型的大小，可分为试验台[178-195]、中试炉[196-204]和工业锅炉[205-231]模拟，如图 3-15 所示。

总体上，数值模拟的研究分为两个大方向：一是在小型试验台上对某一沾污结渣机理进行深入研究，以提高模拟结果的精确性；二是在大型工业锅炉上进行应用，尽量多地加入所有反应机理，以提高计算模型的完整性。

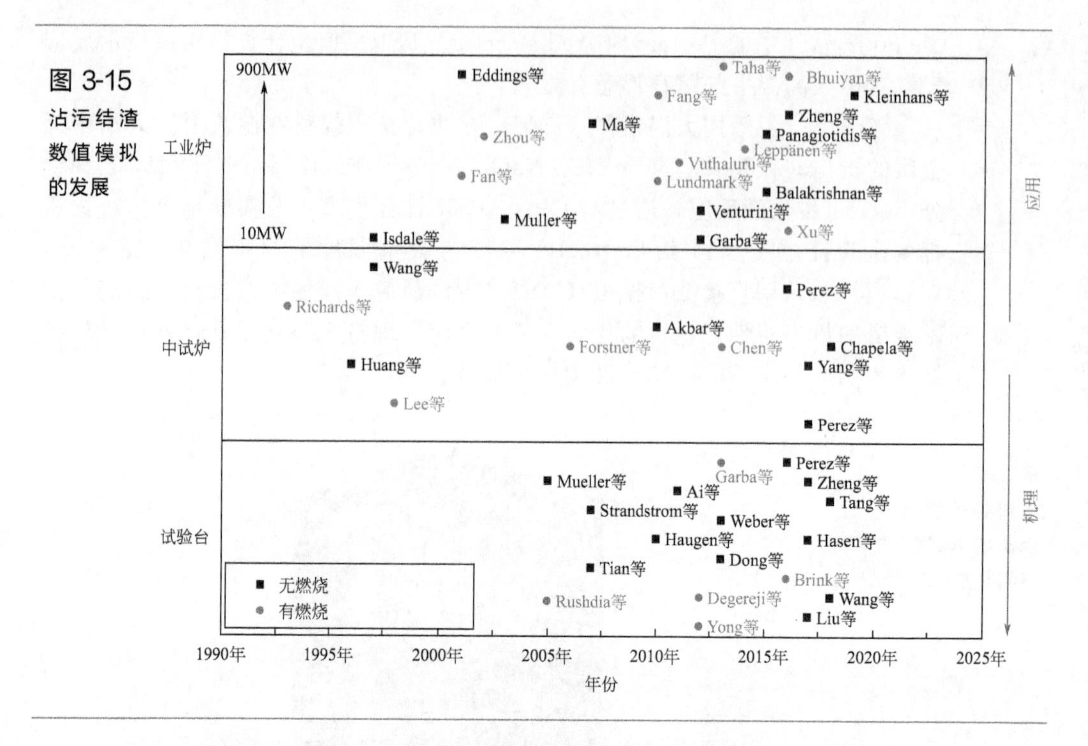

图 3-15 沾污结渣数值模拟的发展

当燃用高碱煤或者生物质时，考虑到碱金属的影响，炉内完整的沾污结渣数值模型应包括气固流场、煤粉燃烧、传热、碱金属析出迁移、颗粒沉积（惯性碰撞、热泳、凝结等）、沉积物脱落。其中前三项为模拟的基础，后三项为模拟的核心。从图 3-15 中可见，相当一部分沾污结渣的模拟未加入燃烧模型，只针对飞灰在炉内的形成、输运、黏附和脱落等过程进行数值分析；而对于加入燃烧模型的模拟，将碱金属的析出迁移考虑在内的也较少。表 3-8 给出了包含碱金属计算模型的相关文献小结。

表 3-8 沾污结渣数值模拟子模型小结

文献	软件	模拟对象	气固流场	燃烧模拟	传热模拟	碱金属析出迁移	沉积模拟	黏附判据	脱落模拟
Chapela 等[232]	Flu	12kW 试验炉	√	√	√	√	IM/CO	f_p	nc
Hansen 等[233]	ni	气流床反应器	√			√	IM/CO/TH/R	WA/u_{crit}	nc
Yang 等[197]	Flu	300kW 煤粉炉	√				IM/CO/TH	f_p	nc
Leppänen 等[214]	Flu	3400t/d 回收炉	√	√	√		TH/DI/CO	ni	nc
Garba 等[219]	Flu	10MW 炉排炉	√	√	√	√	CO	ni	nc
Akbar 等[199]	AIO	0.5MW 中试炉	√	√		√	IM/CO	f_p	nc
Tomeczek 等[223]	Flu	过热屏管束	√				IM/CO	SL	nc

续表

文献	软件	模拟对象	气固流场	燃烧模拟	传热模拟	碱金属析出迁移	沉积模拟	黏附判据	脱落模拟
Forstner 等[200]	Flu	0.44MW 燃烧炉	√	√	√	√	IM/CO	μ_{crit}/f_p	nc
Kar 等[225]	Flu	生物质焚烧炉	√	√	√	√	IM/CO/BL	f_p	nc
Pyykönen 等[227]	Flu	过热器管屏	√				CO/TH	ni	nc
Lee 等[228]	Flu	单管	√				IM/CO	EN	nc

注：1. Flu 表示 Fluent，AIO 表示 AIOLOS，ni 表示未在文中提及；

2. IM 表示惯性沉积，TH 表示热泳沉积，CO 表示凝结，R 表示化学反应，DI 表示扩散，BL 表示边界层引起的沉积；

3. f_p 表示熔融百分比，u_{crit} 表示临界速度，SL 表示黏性层，μ_{crit} 表示临界黏度，EN 表示能量判据，WA 表示 Walsh 等[234]提出的判据；

4. nc 表示未在计算中考虑。

下面针对模拟的三大核心（碱金属析出迁移、颗粒沉积、沉积物脱落）分别进行说明。

（1）碱金属析出迁移

对于炉内燃烧时碱金属析出的模拟，Forstner[200]、Kar[225]等采用经验公式进行了计算。Akbar 等[199]在生物质燃烧炉中采用一阶的阿仑尼乌斯反应速率公式计算了 KCl 析出，同时考虑了 KCl 蒸发和硅铝酸盐吸附两种物理过程对 KCl 含量的影响。在 Chapela 等[232]的计算模型中，KCl 的析出量采用质量传递函数来表示，如式(3-52) 所示。Hansen 等[233]在生物质燃烧模拟中，将 K 的析出量与 (Ca+Mg)/Si 以及 K/Si 两个数值进行了关联，如式(3-53) 所示。

$$K_{KCl}=M\rho_{KCl}\varepsilon S/V \tag{3-52}$$

$$f_{k\text{-release}}=\begin{cases}0.9 & (Ca+Mg)/Si>0.5\\ 0.9 & (Ca+Mg)/Si<0.5, K/Si>1\\ 0.48K/Si+0.42 & (Ca+Mg)/Si<0.5, K/Si<1\end{cases} \tag{3-53}$$

式中，M 为球体的质量传递因子；ε 为固相浓度；S/V 为床料颗粒的表面积与体积的比值。

析出后的气相碱金属组分在炉内的转化一般通过两种方法模拟：一种是基于 Glarborg 和 Marshall[170]以及 Hindiyarti 等[171]给出的碱金属详细反应机理，并进行适当优化精简以达到 CFD 计算的要求，如 Akbar[199]、Garba[219]等的模型。另一种是基于化学平衡方法，Lappänen 等[214]认为燃烧炉内的温度足够高时，碱金属化合物的转化反应将快速达到平衡，故不同组分化合物的含量可以采用热力学软件 FactSage 来确定。在 Forstner 等[200]的模型中，无机挥发物的浓度采用热力学平衡计算并结合现场自适应制表算法

（ISAT）获得。Hansen 等[233]采用了平衡常数法确定 Cl 和 K 在 KCl、HCl 和 KOH 中的份额，如式(3-54) 所示。

$$K_c=\frac{[KCl][H_2O]}{[KOH][HCl]}=0.465\exp\left(\frac{1.35\times10^5}{8.314T_g}\right) \tag{3-54}$$

（2）颗粒沉积模拟

飞灰在受热面上的沉积机理已在图 3-9 中给出，其中起主要作用的为惯性沉积、热泳、凝结，在模拟中一般主要考虑这三种沉积形式。

惯性沉积一般针对粒径较大的颗粒，求解的关键是碰撞概率的计算。对于圆柱绕流，碰撞概率的一种算法是将颗粒起点到流线中心线的垂直距离除以圆柱半径[177]。另一种常用方法是将碰撞概率用 Stocks 数（St）来表征，St 定义为颗粒松弛时间和流体特征时间的比值。在计算中发现高雷诺数下，单纯通过 St 计算得到的结果准确性较差，为此 Israel 和 Rosner[235]引进修正因子 ψ 来计算有效 Stocks 数（St_{eff}），提升了高雷诺数下的计算准确性。其中，ψ 为颗粒雷诺数（Re_p）的函数。目前，相关文献中较多采用 St_{eff} 的关联式(3-55) 来计算颗粒碰撞概率。式中，相关系数 β_1、β_2、β_3 由 Wessel 和 Righi[236]、Israel 和 Rosner[235]等给出。

$$\eta=[1+\beta_1(St_{eff}-1/8)^{-1}+\beta_2(St_{eff}-1/8)^{-2}+\beta_3(St_{eff}-1/8)^{-3}]^{-1} \tag{3-55}$$

热泳沉积的实质是颗粒在非均匀温度场中的运动，对小颗粒的作用尤其明显。Healy 和 Young[237]提出了一个无量纲公式表征热泳力的作用，该作用力与温度梯度以及热泳系数 Φ 相关。热泳系数可表示为 Kundsen 数（Kn）和 Λ 的函数 [$\Phi=f(Kn,\Lambda)$]，其中 Λ 为颗粒热导率与气体热导率的比值。因而，热泳力计算的关键在于给出热泳系数 Φ 的数值解。Talbot 等[238]、Beresnev 和 Chernyak[239]、Yamamoto 和 Ishihara[240]、Young[241]均给出了 Φ 的表达式，Kleinhans 等[177]对比了上述四个表达式在不同 Kn 下的计算结果，对不同公式的适用性进行了讨论。目前，Talbot 等给出的公式应用较为普遍。

炉内凝结蒸气主要为气相碱金属化合物，相关文献中一般只考虑碱金属蒸气在受热面上的凝结。凝结沉积量的计算有以下几种：①对于洁净的过热器管束，当雷诺数在 500～2000 之间时，流动边界层为层流，则组分的扩散量可由 Fick 第一扩散定律计算，通过对扩散量在边界层厚度上的积分即可得到壁面的凝结量[242]；②Tomeczek 等[223,243]采用质量传递定律计算了蒸气组分在壁面的质量通量，其中蒸气饱和压力的计算是关键，可由 Antoine 方程[242]计算，Forstner 等[200]给出了另一种形式的计算公式，其计算值与 Lewis 数（Le）相关；③Lappänen 等[214]、Yang 等[197]所用的模型中考虑了壁面温度对凝结的影响。综合来看，第三种方法考虑的影响参数更为全面，在模拟中使用较多。

碱金属化合物的化学反应会影响壁面沉积，其中主要的化学反应包括低温共熔物形成反应、硫化反应［式(3-56)～式(3-58)[244]］、碱金属吸附反应［式(3-59)、式(3-60)[245,246]］、碳酸化反应［式(3-61)][244]和氧化还原反应。除上述机理外，电泳、布朗扩散、涡泳等对沾污结渣的影响较小，一般在模拟中不考虑。

$$2MCl+SO_2+H_2O+\frac{1}{2}O_2 \longrightarrow M_2SO_4+2HCl \quad M=Na、K \tag{3-56}$$

$$M_2CO_3+SO_2+\frac{1}{2}O_2 \longrightarrow M_2SO_4+CO_2 \tag{3-57}$$

$$2MOH+SO_2+\frac{1}{2}O_2 \longrightarrow M_2SO_4+H_2O \tag{3-58}$$

$$Al_2O_3 \cdot 2SiO_2+M_2SO_4+2H_2O \longrightarrow M_2O \cdot Al_2O_3 \cdot 2SiO_2+SO_3+2H_2O \tag{3-59}$$

$$Al_2O_3 \cdot 2SiO_2+2MCl+2H_2O \longrightarrow M_2O \cdot Al_2O_3 \cdot 2SiO_2+2HCl+H_2O \tag{3-60}$$

$$2MOH+CO_2 \longrightarrow M_2CO_3+H_2O \tag{3-61}$$

(3) 黏附概率

颗粒在壁面上的黏附过程主要受颗粒本身的物性（熔融程度、黏度、动能、入射角度、表面张力）以及壁面的特性（粗糙度、几何特征、黏性）影响。颗粒黏附的判断标准主要分为三类：熔融百分比（f_p）、颗粒黏度（μ_p）以及碰撞过程中的能量耗散，分别对应临界熔融百分比（$f_{p,crit}$）、临界黏度（$\mu_{p,crit}$）和临界碰撞速度（$u_{p,crit}$）。

第一类判据是比较颗粒的熔融百分比与临界熔融百分比。f_p 的数值需先通过实验进行测定；也有研究者基于飞灰颗粒的成分和温度，通过热力学平衡软件进行计算[247]。对于 $f_{p,crit}$，Muller 等[194]通过实验研究提出 f_p 的数值在 0.15～0.7 之间时，颗粒在壁面的黏附概率为 1；而小于 0.15 或大于 0.7 时，黏附概率为 0。Zhou 等[248]提出了另一种模型，认为 f_p 的数值小于 0.1 时，黏附概率为 0；大于 0.7 时，黏附概率为 1；处于 0.1～0.7 之间时，其数值与 f_p 呈线性关系。

第二类判据是基于颗粒黏度及黏度判定标准。飞灰颗粒的黏度可通过实验测得，也可根据黏度计算模型求得，较为常用的是 Senior 和 Srinivasachar[249]提出的温度分区法。对于黏度判定标准，Walsh 等[234]提出了参考黏度的概念（$\mu_{p,ref}$），当 μ_p 大于 $\mu_{p,ref}$ 时，黏附概率为 $\mu_{p,ref}/\mu_p$；反之，则黏附概率为 1。另一种更为简单的判据是引入临界黏度（$\mu_{p,crit}$），当 μ_p 大于 $\mu_{p,crit}$ 时，黏附概率为 0，反之则为 1。这类判据的关键在于选取合适的参考黏度或临界黏度，不同研究者给出的数值范围在 10^5～10^9 Pa·s[177]，可见该数值针对不同煤种差别较大。

第三类判据是基于颗粒碰撞过程中的能量守恒来计算临界碰撞速度，如式(3-62)。当颗粒入射速度小于临界速度时，颗粒将黏附在壁面上；反之，颗粒从表面反弹离开。Thornton 和 Ning[250]、Losurdo 等[189]、Brach 和 Dunn[251]分别提出了描述 $u_{p,crit}$ 的数学公式。表 3-9 给出了以上三类判据的总结与对比。

$$E_{kin,i}+E_{surf,i}=E_{def}+E_{ad}+E_{surf,r}+E_{kin,r} \tag{3-62}$$

式中，$E_{kin,i}$为入射颗粒的动能；$E_{surf,i}$为入射颗粒的表面能；E_{def}为黏性耗散功；E_{ad}为黏性功；$E_{kin,r}$为反射颗粒的动能；$E_{surf,r}$为反射颗粒的表面能。

表 3-9 颗粒黏附各判据的对比

判据	文献	所需物性	下列参数升高对黏附概率的影响			
			温度	粒径	颗粒速度	碰撞角度
熔融百分比	Zhou 等[248]	f_p	升高			
黏度	Walsh 等[234]	μ_p	升高			
	Srinivasachar 等[252]	μ_p	升高			
	Srinivasachar 等[252]	μ_p,ρ_p	升高	下降	下降	
速度	Thornton 和 Ning[250]	$\gamma,\upsilon,E_Y,\rho_p$	升高	下降		
	Losurdo 等[189]	$\gamma,\upsilon,E_Y,\rho_p,e_n,e_t$	升高	下降		下降
	Brach 和 Dunn[251]	υ,E_Y,ρ_p	升高	下降		

注：γ 为表面张力；υ 为泊松比；E_Y 为杨氏模量；ρ_p 为颗粒密度；e_n 为法向恢复系数；e_t 为切向恢复系数。

(4) 沉积物脱落模拟

黏附在壁面上的沉积物在颗粒的撞击下有可能发生脱落，对于固相浓度较大的炉膛，该过程的模拟很重要，目前将其考虑在内的模型相对较少，如表 3-8 所示。

早期模拟中，脱落模型的处理方式较为简单，如在 Walsh 等[253]的计算中，壁面沉积物的侵蚀率用一个常数来计算，该常数定义为脱落颗粒的质量与撞击颗粒的质量比值。Wang 等[206]采用经验公式计算了壁面沾污的脱落速率，认为该速率与壁面的剪切应力、沾污层的厚度成正比，与沉积物的强度系数成反比。Liu 等[178]从能量的角度出发求解了侵蚀率，该数值正比于碰撞前颗粒的总能量与碰撞后颗粒拥有的势能差值，也与颗粒表面的黏性层厚度相关。Wang 等[254]从颗粒的力学角度分析，根据受力平衡求得了临界移除速度，当颗粒入射速度大于该临界值时，沉积的颗粒将脱离壁面。Tang 等[255]提出了更为复杂的判定条件，颗粒的撞击、沉积、滑动与脱离通过多个指标共同决定，包括颗粒入射角度、入射速度、剪切速度。

综合以上对于沾污结渣模拟的综述，可发现目前尚存在两方面的不足：一是针对大型炉膛的沾污结渣模拟中，子模型考虑不够周全，模拟中较少考虑碱金属的影响以及沉积物的脱落过程；二是针对循环流化床内碱金属迁移、沾污结渣的模拟较少。考虑到循环流化床运行温度较低，炉内灰颗粒大多未达到熔融状态，颗粒在壁面的黏附特性与煤粉炉等有较大差异，开展循环流化床内沾污结渣的模拟研究，应有符合循环流化床特点的、适用于循环流化床的、子模型完整的数值模型。

参考文献

[1] Basu P，Sett A，Gbordzoe E A M. A simplified model for combustion of carbon in a circulating fluidized bed combustor [C]//Mustonen J P. FBC comes of age. New York：ASME，1987.

[2] Weiss V，Scholer J，Fett F N. Mathematical modeling of coal combustion in a circulating fluidized bed reactor [C]//Circulating fluidized bed technology Ⅱ. 1988.

[3] Basu P. Combustion of coal in circulating fluidized-bed boilers：a review [J]. Chemical Engineering Science，1999，54 (22)：5547-5557.

[4] 王勤辉. 循环流化床锅炉总体数学模型及性能试验 [D]. 杭州：浙江大学，1997.

[5] Myöhänen K. Modelling of combustion and sorbent reactions in three-dimensional flow environment of a circulating fluidized bed furnace [D]. Acta Universitatis Lappeenrantaensis，2011.

[6] Lee Y Y，Hyppänen T. A coal combustion model for circulating fluidized bed boilers [C]//Proceedings of the 10th International Conference on Fluidized Bed Combustion. 1989.

[7] Das A，Bhattacharya S C. Circulating fluidised-bed combustion [J]. Applied Energy，1990，37 (3)：227-246.

[8] Hyppänen T，Lee Y Y，Rainio A. A three-dimensional model for circulating fluidized bed boilers [C]//Proceedings of the 11th international conference on fluidized bed combustion. New York：ASME，1991.

[9] Arena U，Malandrino A，Massimilla L. Modelling of circulating fluidized bed combustion of a char [J]. The Canadian Journal of Chemical Engineering，1991，69 (4)：860-868.

[10] Adánez J，Diego L F D，Gayán P，et al. A model for prediction of carbon combustion efficiency in circulating fluidized bed combustors [J]. Fuel，1995，74 (7)：1049-1056.

[11] Wang X S，Gibbs B M，Rhodes M J. Modelling of circulating fluidized bed combustion of coal [J]. Fuel，1994，73 (7)：1120-1127.

[12] 李政. 循环流化床锅炉通用整体数学模型、仿真与性能预测 [D]. 北京：清华大学，1994.

[13] Park C K，Basu P. A model for prediction of transient response to the change of fuel feed rate to a circulating fluidized bed boiler furnace [J]. Chemical Engineering Science，1997，52 (20)：3499-3509.

[14] Hannes J P，Renz U，van den Bleek C M. Mathematical modelling of CFBC in industrial scale power plants [R]. New York：American Society of Mechanical Engineers，1997.

[15] Sotudeh-Gharebaagh R，Legros R，Chaouki J，et al. Simulation of circulating fluidized bed reactors using ASPEN PLUS [J]. Fuel，1998，77 (4)：327-337.

[16] Knoebig T，Luecke K，Werther J. Mixing and reaction in the circulating fluidized bed-A three-dimensional combustor model [J]. Chemical Engineering Science，1999，54 (13，14)：2151-2160.

[17] Huilin L，Guangbo Z，Rushan B，et al. A coal combustion model for circulating fluidized bed

boilers [J]. Fuel, 2000, 79 (2): 165-172.

[18] Adánez J, Gayán P, Grasa G, et al. Circulating fluidized bed combustion in the turbulent regime: modelling of carbon combustion efficiency and sulphur retention [J]. Fuel, 2001, 80 (10): 1405-1414.

[19] 雍玉梅. 循环流化床锅炉大型化的数值模拟 [D]. 北京：中国科学院研究生院（工程热物理研究所），2004.

[20] Myöhänen K, Hyppänen T, Miettinen J, et al. Three-dimensional modeling and model validation of circulating fluidized bed combustion [C]//International Conference on Fluidized Bed Combustion. 2003.

[21] Luecke K, Hartge E U, Werther J. A 3D model of combustion in large-scale circulating fluidized bed boilers [J]. International Journal of Chemical Reactor Engineering, 2004, 2 (1).

[22] 华玉龙. 循环流化床锅炉流动、传热和燃烧模型 [D]. 武汉：华中科技大学，2005.

[23] Gungor A, Eskin N. Two-dimensional coal combustion modeling of CFB [J]. International Journal of Thermal Sciences, 2008, 47 (2): 157-174.

[24] Pallarès D, Johnsson F, Palonen M. A comprehensive model of CFB combustion [J]. Int Conf on Circulating Fluidized Beds, 2008.

[25] Gungor A. One dimensional numerical simulation of small scale CFB combustors [J]. Energy Conversion & Management, 2009, 50 (3): 711-722.

[26] Liu B, Yang X, Song W, et al. Process simulation development of coal combustion in a circulating fluidized bed combustor based on aspen plus [J]. Energy & Fuels, 2011, 25 (4): 1721-1730.

[27] Zhou W, Zhao C, Duan L, et al. CFD modeling of oxy-coal combustion in circulating fluidized bed [J]. International Journal of Greenhouse Gas Control, 2011, 5 (6): 1489-1497.

[28] Peltola J, Kallio S. Time-averaged simulation of the furnace of a Chinese 135mwe CFB Boiler [C]//The 14th International Conference on Fluidization-From Fundamentals to Products. 2013.

[29] Wojciech P A, Gabriel W, Marcin K, et al. Modeling of particle transport and combustion phenomena in a large-scale circulating fluidized bed boiler using a hybrid Euler-Lagrange approach [J]. Particuology, 2014, 16: 29-40.

[30] Wojciech P A, Pawel K, Adam K, et al. Numerical simulations of the industrial circulating fluidized bed boiler under air-and oxy-fuel combustion [J]. Applied Thermal Engineering, 2015, 87: 127-136.

[31] Nauze R D L. Fundamentals of Coal Combustion in Fluidized Beds [J]. Chemical Engineering Research & Design, 1985, 63 (1): 3-33.

[32] 路春美，王永征. 煤燃烧理论与技术 [M]. 北京：地震出版社，2001.

[33] 崔银萍，秦玲丽，杜娟，等. 煤热解产物的组成及其影响因素分析 [J]. 煤化工，2007，35 (2)：10-15.

[34] Merrick D. Mathematical models of the thermal decomposition of coal: 1. The evolution of volatile matter [J]. Fuel, 1983, 62 (5): 534-539.

[35] Loison R, Chauvin R. Pyrolyse rapide du charbon [J]. Chemie et Industrie, 1964, 91: 269-274.

[36] Wang Q, Luo Z, Li X, et al. A mathematical model for a circulating fluidized bed (CFB) boiler [J]. Energy, 1999, 24 (7): 633-653.

[37] Ross D P, Heidenreich C A, Zhang D K. Devolatilization times of coal particles in a fluidized bed

[J]. Fuel，2000，79 (8)：873-883.

[38] Paul J，Peeler K，Poynton H J. Devolatilization of large coal particles under fluidized bed conditions [J]. Fuel，1992，71 (4)：425-430.

[39] Badzioch S，Hawksley P G W. Kinetics of thermal decomposition of pulverized coal particles [J]. Ind Eng Chem Process Des Dev，1970，9 (4) .

[40] Kobayashi H，Howard J B，Sarofim A F. Coal devolatilization at high temperatures [J]. Symposium on Combustion，1977，16 (1)：411-425.

[41] Anthony D B，Howard J B. Coal devolatilization and hydrogasification [J]. Aiche Journal，1976，22 (4)：625-656.

[42] Saxena S C. Devolatilization and combustion characteristics of coal particles [J]. Progress in Energy & Combustion Science，1990，16 (1)：55-94.

[43] 傅维镳. 煤燃烧理论及其宏观通用规律 [M]. 北京：清华大学出版社，2003.

[44] 岑可法，姚强，骆仲泱，等. 高等燃烧学 [M]. 杭州：浙江大学出版社，2002.

[45] Howard J B，Williams G C，Fine D H. Kinetics of carbon monoxide oxidation in postflame gases [J]. Symposium on Combustion，1973，14 (1)：975-986.

[46] Hottel H C，Williams G C，Nerheim N M，et al. Kinetic studies in stirred reactors：Combustion of carbon monoxide and propane [J]. Symposium on Combustion，1965，10 (1)：111-121.

[47] Friedman R，Cyphers J A. On the burning rate of carbon monoxide [J]. Journal of Chemical Physics，1956，25 (3)：448-457.

[48] Rajan R R，Wen C Y. A comprehensive model for fluidized bed coal combustors [J]. Aiche Journal，1980，26 (4)：642-655.

[49] Dryer F L，Glassman I. High-temperature oxidation of CO and CH_4 [J]. Symposium on Combustion，1973，14 (1)：987-1003.

[50] Daw C S，Krishnan R P. Combustion kinetics of western Kentucky No. 9 coal [J]. No ORNL/TM-8604，Oak Ridge National Lab，TN (USA)，1983.

[51] Ross I B，Davidson J F. Combustion of carbon particles in a fluidised bed [J]. Transactions of the Institution of Chemical Engineers，1982，60：108-114.

[52] Field M A，Gill D W，Morgan B B，et al. Combustion of pulverized coal [M]. BCURA，Letherhead，1967.

[53] Wen C Y，Tone S. Coal conversion reaction engineering [M]. Houston：Chemical Reaction Engineering Reviews，1978.

[54] Arthur J R. Reactions between carbon and oxygen [J]. Transactions of the Faraday Society，1951，47：164-178.

[55] 刘彦鹏. 流化床燃烧过程中煤颗粒特性对灰渣形成特性的影响 [D]. 杭州：浙江大学，2004.

[56] 岑可法. 循环流化床锅炉理论设计与运行 [M]. 北京：中国电力出版社，1998.

[57] Chirone R，Salatino P，Massimilla L. Secondary fragmentation of char particles during combustion in a fluidized bed [J]. Combustion & Flame，1989，77 (1)：79-90.

[58] 严建华. 煤在流化床中燃烧特性的研究 [D]. 杭州：浙江大学，1990.

[59] 马利强. 流化床中煤颗粒一次爆裂特性的实验研究 [D]. 北京：清华大学，2000.

[60] Thunman H. Loading and size distribution of fuel in a fluidized bed combustor [D]. Goteborg：Chalmers University of Technology，1997.

[61] Bellgardt F，Hembach F，Schossler M，et al. Modeling of large scale atmospheric fluidized bed

combustors [C]//Proceedings of the 9th International Conference on Fluidized bed combustion. 1987.

[62] Blinchev A, Strielcov W, Lebiedieva D. An investigation of the size reduction of granular materials during their processing in fluidized beds [J]. Int Chem Eng, 1968, 84: 615-623.

[63] Highley J, Merrick D. Particle size reduction and elutriation in a fluidized bed process [J]. AIChE Symposium Series, 1974, 137: 366-378.

[64] Arena U, D'Amore M, Massimilla L. Carbon attrition during the fluidized combustion of a coal [J]. AIChE J, 1983: 29: 40-49.

[65] Chirone R, D'Amore M, Massimilla L, et al. Char attrition during the batch fluidized bed combustion of a coal [J]. Aiche Journal, 2010, 31 (5): 812-820.

[66] 周家骅．煤粒在循环流化床中的燃烧 [D]. 杭州：浙江大学，1989.

[67] Jerzy T, Piotr M. Attrition of coal ash particles in a fluidized-bed reactor [J]. Aiche Journal, 2010, 53 (5): 1159-1163.

[68] Borgwardt R H. Kinetics of the reaction of sulfur dioxide with calcined limestone [J]. Environmental Science & Technology, 1970, 4 (1): 59-63.

[69] Kilpinen P, Glarborg P, Hupa M. Reburning chemistry: a kinetic modeling study [J]. Ind Eng Chem Res, 1992, 31 (6): 1477-1490.

[70] Li X, Luo Z, Ni M, et al. Modeling sulfur retention in circulating fluidized bed combustors [J]. Chemical Engineering Science, 1995, 50 (14): 2235-2242.

[71] 李绚天．循环流化床脱硫脱硝及灰渣冷却余热利用的研究 [D]. 杭州：浙江大学，1992.

[72] Li X, Liu Y, Stanger R, et al. Gas quality control in oxy-pf technology for carbon capture and storage [J]. 2012.

[73] 冯俊凯，岳光溪，吕俊复．循环流化床燃烧锅炉 [J]. 北京：中国电力出版社，2003.

[74] Li Y H, Lu G Q, Rudolph V. The kinetics of NO and N_2O reduction over coal chars in fluidised-bed combustion [J]. Chemical Engineering Science, 1998, 53 (1): 1-26.

[75] Gungor A. Two-dimensional biomass combustion modeling of CFB [J]. Fuel, 2008, 87 (8, 9): 1453-1468.

[76] Nikolopoulos A, Malgarinos I, Nikolopoulos N, et al. A decoupled approach for NO_x-N_2O 3-D CFD modeling in CFB plants [J]. Fuel, 2014, 115: 401-415.

[77] Goel S K, Morihara A, Tullin C J, et al. Effect of NO and O_2 concentration on N_2O formation during coal combustion in a fluidized-bed combustor: Modeling results [J]. Symposium on Combustion, 1994, 25 (1): 1051-1059.

[78] Xie J, Zhong W, Jin B, et al. Three-dimensional eulerian-eulerian modeling of gaseous pollutant emissions from circulating fluidized-bed combustors [J]. Energy & Fuels, 2014 (28): 5523-5533.

[79] Chen Z, Lin M, Ignowski J, et al. Mathematical modeling of fluidized bed combustion. 4: N_2O and NO_x emissions from the combustion of char [J]. Fuel, 2001, 80 (9): 1259-1272.

[80] Chan L K, Sarofim A F, Beér J M. Kinetics of the NO carbon reaction at fluidized bed combustor conditions [J]. Combustion & Flame, 1983, 52 (83): 37-45.

[81] Kilpinen P, Hupa M. Homogeneous N_2O chemistry at fluidized bed combustion conditions: A kinetic modeling study [J]. Combustion and Flame, 1991, 85 (1): 94-104.

[82] 兰泽全．煤和黑液水煤浆沾污结渣机理及灰沉积动态特性研究 [D]. 杭州：浙江大学，2004.

[83] 张堃．煤灰中成分的高温结渣特性及机理研究 [D]. 杭州：浙江大学，2005.

[84] 岑可法．锅炉和热交换器的积灰、结渣、磨损和腐蚀的防止原理与计算 [M]. 北京：科学出版社，1994.

[85] Bryers R W. Fireside slagging，fouling，and high-temperature corrosion of heat-transfer surface due to impurities in steam-raising fuels [J]. Progress in Energy and Combustion Science，1996，22 (1)：29-120.

[86] Wang X，Xu Z，Wei B，et al. The ash deposition mechanism in boilers burning Zhundong coal with high contents of sodium and calcium：A study from ash evaporating to condensing [J]. Applied Thermal Engineering，2015，80：150-159.

[87] Plaza P P. The Development of a slagging and fouling predictive methodology for large scale pulverised boilers fired with coal/biomass blends [D]. Cardiff：Cardiff University，2013.

[88] Schmidt E W，Gieseke J A，Allen J M. Size distribution of fine particulate emissions from a coal-fired power plant [J]. Atmospheric Environment，1976，10 (12)：1065-1069.

[89] Mcelroy M W，Carr R C，Ensor D S，et al. Size distribution of fine particles from coal combustion [J]. Science，1982，215 (4528)：13-19.

[90] 于敦喜，徐明厚，易帆，等．燃煤过程中颗粒物的形成机理研究进展 [J]. 煤炭转化，2004 (4)：7-12.

[91] Cai Y，Tay K，Zheng Z，et al. Modeling of ash formation and deposition processes in coal and biomass fired boilers：A comprehensive review [J]. Applied Energy，2018，230：1447-1544.

[92] Li G，Li S，Huang Q，et al. Fine particulate formation and ash deposition during pulverized coal combustion of high-sodium lignite in a down-fired furnace [J]. Fuel，2015，143：430-437.

[93] Shimogori M，Mine T，Ohyatsu N，et al. Effects of fine ash particles and alkali metals on ash deposition characteristics at the initial stage of ash deposition determined in 1. 5MWth pilot plant tests [J]. Fuel，2012，97：233-240.

[94] Naruse I，Kamihashira D，Miyauchi Y，et al. Fundamental ash deposition characteristics in pulverized coal reaction under high temperature conditions [J]. Fuel，2005，84 (4)：405-410.

[95] Barker B，Casaday G，Shankara P，et al. Coal ash deposition on nozzle guide vanes—Part Ⅱ：computational modeling [J]. Journal of Turbomachinery，2013，135 (1)：1-9.

[96] Wacławiak K，Kalisz S. A practical numerical approach for prediction of particulate fouling in PC boilers [J]. Fuel，2012，97：38-48.

[97] Wang W，Luo Z，Shi Z，et al. Thermodynamic analysis of ash mineral phases in combustion of high-sulfur coal with lime [J]. Industrial & Engineering Chemistry Research，2011，50 (5)：3064-3070.

[98] Song W J，Tang L H，Zhu X D，et al. Effect of coal ash composition on ash fusion temperatures [J]. Energy & Fuels，2010，24 (1)：182-189.

[99] Liu Y，Gupta R，Elliott L，et al. Thermomechanical analysis of laboratory ash，combustion ash and deposits from coal combustion [J]. Fuel Processing Technology，2007，88 (11，12)：1099-1107.

[100] van Dyk J C. Understanding the influence of acidic components (Si，Al，and Ti) on ash flow temperature of South African coal sources [J]. Minerals Engineering，2006，19 (3)：280-286.

[101] Vassilev S V，Kitano K，Takeda S. Influence of mineral and chemical composition of coal ashes on their fusibility [J]. Fuel & Energy Abstract，1995，37 (1)：27-51.

[102] 李德侠，周志杰，郭庆华，等．榆林煤灰熔融特性及黏温特性 [J]. 化工学报，2012，63

(01)：9-17.

［103］ Patterson J H，Hurst H J. Ash and slag qualities of Australian bituminous coals for use in slagging gasifiers ［J］. Fuel，2000，79（13）：1671-1678.

［104］ 李天荣．煤灰熔融性和锅炉结渣特性的试验研究［J］. 华北电力技术，1995（7）：30-32.

［105］ 宋文佳．高温煤气化炉中煤灰熔融、流动和流变行为特性研究［D］. 上海：华东理工大学，2011.

［106］ Lawrence A，Kumar R，Nandakumar K，et al. A novel tool for assessing slagging propensity of coals in PF boilers ［J］. Fuel，2008，87（6）：946-950.

［107］ Degereji M U，Ingham D B，Ma L，et al. Numerical assessment of coals/blends slagging potential in pulverized coal boilers ［J］. Fuel，2012，102：345-353.

［108］ 刘炎泉．循环流化床燃用新疆准东煤结渣沾污机理及防止研究［D］. 杭州：浙江大学，2019.

［109］ 陈川，张守玉，刘大海，等．新疆高钠煤中钠的赋存形态及其对燃烧过程的影响［J］. 燃料化学学报，2013，41（07）：832-838.

［110］ 汉春利，张军，刘坤磊，等．煤中钠存在形式的研究［J］. 燃料化学学报，1999（6）：95-98.

［111］ Zhang J，Han C，Yan Z，et al. The varying characterization of alkali metals（Na，K）from coal during the initial stage of coal combustion ［J］. Energy & Fuels，2001，15（4）：786-793.

［112］ He Y，Qiu K，Whiddon R，et al. Release characteristic of different classes of sodium during combustion of Zhun-Dong coal investigated by laser-induced breakdown spectroscopy ［J］. Science Bulletin，2015，60（22）：1927-1934.

［113］ Yang Y，Wu Y，Zhang H，et al. Improved sequential extraction method for determination of alkali and alkaline earth metals in Zhundong coals ［J］. Fuel，2016，181：951-957.

［114］ 翁青松，王长安，车得福，等．准东煤碱金属赋存形态及对燃烧特性的影响［J］. 燃烧科学与技术，2014，20（3）：216-221.

［115］ 刘炎泉，程乐鸣，季杰强，等．准东煤燃烧碱金属析出气、固相分布特性［J］. 燃料化学学报，2016，44（3）：314-320.

［116］ 刘敬，王智化，项飞鹏，等．准东煤中碱金属的赋存形式及其在燃烧过程中的迁移规律实验研究［J］. 燃料化学学报，2014，42（3）：316-322.

［117］ Li G，Wang C，Yan Y，et al. Release and transformation of sodium during combustion of Zhundong coals ［J］. Journal of the Energy Institute，2016，89（1）：48-56.

［118］ Liu Y，Cheng L，Zhao Y，et al. Transformation behavior of alkali metals in high-alkali coals ［J］. Fuel Processing Technology，2018，169：288-294.

［119］ 付子文，王长安，翁青松，等．水洗对准东煤煤质特性影响的实验研究［J］. 西安交通大学学报，2014，48（3）：54-60.

［120］ Xu L，Liu H，Zhao D，et al. Transformation mechanism of sodium during pyrolysis of Zhundong coal ［J］. Fuel，2018，233：29-36.

［121］ van Eyk P J，Ashman P J，Nathan G J. Mechanism and kinetics of sodium release from brown coal char particles during combustion ［J］. Combustion and Flame，2011，158（12）：2512-2523.

［122］ van Eyk P J，Ashman P J，Alwahabi Z T，et al. The release of water-bound and organic sodium from Loy Yang coal during the combustion of single particles in a flat flame ［J］. Combustion and Flame，2011，158（6）：1181-1192.

［123］ Liu Y，Wang Z，Wan K，et al. In situ measurements of the release characteristics and catalytic effects of different chemical forms of sodium during combustion of Zhundong coal [J]. Energy & Fuels, 2018, 32 (6): 6595-6602.

[124] Kosminski A, Ross D P, Agnew J B. Transformations of sodium during gasification of low-rank coal [J]. Fuel Processing Technology, 2006, 87 (11): 943-952.

[125] Manzoori A R, Agarwal P K. The fate of organically bound inorganic elements and sodium chloride during fluidized bed combustion of high sodium, high sulphur low rank coals [J]. Fuel, 1992, 71 (5): 513-522.

[126] Li C Z, Sathe C, Kershaw J R, et al. Fates and roles of alkali and alkaline earth metals during the pyrolysis of a Victorian brown coal [J]. Fuel, 2000, 79 (3, 4): 427-438.

[127] He Y, Zhu J, Li B, et al. In-situ measurement of sodium and potassium release during oxy-fuel combustion of lignite using Laser-Induced breakdown spectroscopy: effects of O_2 and CO_2 concentration [J]. Energy & Fuels, 2013, 27 (2): 1123-1130.

[128] Wang C A, Zhao L, Han T, et al. Release and transformation behaviors of sodium, calcium, and iron during oxy-fuel combustion of Zhundong coals [J]. Energy & Fuels, 2018, 32 (2): 1242-1254.

[129] 齐晓宾. 高碱低阶煤热化学转化过程中的结渣沾污特性研究 [D]. 北京: 中国科学院大学, 2018.

[130] Song G, Song W, Qi X, et al. Transformation characteristics of sodium of Zhundong coal combustion/gasification in circulating fluidized bed [J]. Energy & Fuels, 2016, 30 (4): 3473-3478.

[131] Wei X, Schnell U, Hein K. Behaviour of gaseous chlorine and alkali metals during biomass thermal utilisation [J]. Fuel, 2005, 84 (7, 8): 841-848.

[132] Gottwald U, Monkhouse P, Bonn B. Dependence of alkali emissions in PFB combustion on coal composition [J]. Fuel, 2001, 80 (13): 1893-1899.

[133] Naruse I, Murakami T, Noda R, et al. Influence of coal type on evolution characteristics of alkali metal compounds in coal combustion [J]. Symposium (International) on Combustion, 1998, 27 (2): 1711-1717.

[134] Oleschko H, Schimrosczyk A, Lippert H, et al. Influence of coal composition on the release of Na-, K-, Cl-, and S-species during the combustion of brown coal [J]. Fuel, 2007, 86 (15): 2275-2282.

[135] Li W, Wang L, Qiao Y, et al. Effect of atmosphere on the release behavior of alkali and alkaline earth metals during coal oxy-fuel combustion [J]. Fuel, 2015, 139: 164-170.

[136] Bläsing M, Müller M. Mass spectrometric investigations on the release of inorganic species during gasification and combustion of German hard coals [J]. Combustion and Flame, 2010, 157 (7): 1374-1381.

[137] Müller M, Wolf K, Smeda A, et al. Release of K, Cl, and S species during co-combustion of coal and straw [J]. Energy & Fuels, 2006, 20 (4): 1444-1449.

[138] Guo S, Jiang Y, Li J, et al. Correlations between coal compositions and sodium release during steam gasification of sodium-rich coals [J]. Energy & Fuels, 2017, 31 (6): 6025-6033.

[139] Zhou H, Wang J, Zhou B. Effect of five different additives on the sintering behavior of coal ash rich in sodium under an oxy-fuel combustion atmosphere [J]. Energy & Fuels, 2015, 29 (9): 5519-5533.

[140] Yang Y, Lin X, Chen X, et al. Investigation on the effects of different forms of sodium, chlo-

rine and sulphur and various pretreatment methods on the deposition characteristics of Na species during pyrolysis of a Na-rich coal [J]. Fuel, 2018, 234: 872-885.

[141] Yao Y, Jin J, Liu D, et al. Evaluation of vermiculite in reducing ash deposition during the combustion of high-calcium and high-sodium Zhundong coal in a drop-tube furnace [J]. Energy & Fuels, 2016, 30 (4): 3488-3494.

[142] Li J, Zhu M, Zhang Z, et al. Characterisation of ash deposits on a probe at different temperatures during combustion of a Zhundong lignite in a drop tube furnace [J]. Fuel Processing Technology, 2016, 144: 155-163.

[143] Xu L, Liu J, Kang Y, et al. Safely burning high alkali coal with kaolin additive in a pulverized fuel boiler [J]. Energy & Fuels, 2014, 28 (9): 5640-5648.

[144] Vuthaluru H B, Zhang D, Linjewile T M. Behaviour of inorganic constituents and ash characteristics during fluidised-bed combustion of several Australian low-rank coals [J]. Fuel Processing Technology, 2000, 67 (3): 165-176.

[145] Park H, Jung N, Lee J. Characteristics of clinker formation in a circulating fluidized bed boiler firing Korean anthracite [J]. Korean Journal of Chemical Engineering, 2011, 28 (8): 1791-1796.

[146] Park J H, Lee D, Han K, et al. Effect of chemical additives on hard deposit formation and ash composition in a commercial circulating fluidized bed boiler firing Korean solid recycled fuel [J]. Fuel, 2019, 236: 792-802.

[147] Liu K, Xie W, Li D, et al. The effect of chlorine and sulfur on the composition of ash deposits in a fluidized bed combustion system [J]. Energy & Fuels, 2000, 14 (5): 963-972.

[148] Yang S, Song G, Na Y, et al. Transformation characteristics of Na and K in high alkali residual carbon during circulating fluidized bed combustion [J]. Journal of the Energy Institute, 2019, 92 (1): 62-73.

[149] Song W, Song G, Qi X, et al. Speciation and distribution of sodium during Zhundong coal gasification in a circulating fluidized bed [J]. Energy & Fuels, 2017, 31 (2): 1889-1895.

[150] Song G, Song W, Qi X, et al. Effect of the air-preheated temperature on sodium transformation during Zhundong coal gasification in a circulating fluidized bed [J]. Energy & Fuels, 2017, 31 (4): 4461-4468.

[151] Qi X, Song G, Song W, et al. Effects of wall temperature on slagging and ash deposition of Zhundong coal during circulating fluidized bed gasification [J]. Applied Thermal Engineering, 2016, 106: 1127-1135.

[152] Qi X, Song G, Yang S, et al. Exploration of effective bed material for use as slagging/agglomeration preventatives in circulating fluidized bed gasification of high-sodium lignite [J]. Fuel, 2018, 217: 577-586.

[153] Song G, Qi X, Yang S, et al. Investigation of ash deposition and corrosion during circulating fluidized bed combustion of high-sodium, high-chlorine Xinjiang lignite [J]. Fuel, 2018, 214: 207-214.

[154] Qi X, Song G, Yang S, et al. Migration and transformation of sodium and chlorine in high-sodium high-chlorine Xinjiang lignite during circulating fluidized bed combustion [J]. Journal of the Energy Institute, 2019, 92 (3): 673-681.

[155] Song G, Yang S, Qi X, et al. Occurrence and transformation characteristics of recoverable soluble sodium in high alkali, high carbon fly ash during Zhundong coal gasification in a circu-

lating fluidized bed [J]. Energy & Fuels, 2018, 32 (4): 4617-4627.

[156] Qi X, Song G, Song W, et al. Slagging and fouling characteristics of Zhundong high-sodium low-rank coal during circulating fluidized bed utilization [J]. Energy & Fuels, 2017, 31 (12): 13239-13247.

[157] Song G, Qi X, Song W, et al. Slagging and fouling of Zhundong coal at different air equivalence ratios in circulating fluidized bed [J]. Fuel, 2017, 205: 46-59.

[158] Song G, Qi X, Song W, et al. Slagging behaviors of high alkali Zhundong coal during circulating fluidized bed gasification [J]. Fuel, 2016, 186: 140-149.

[159] Song G, Song W, Qi X, et al. Sodium transformation characteristic of high sodium coal in circulating fluidized bed at different air equivalence ratios [J]. Applied Thermal Engineering, 2018, 130: 1199-1207.

[160] Song W, Song G, Qi X, et al. Transformation characteristics of sodium in Zhundong coal under circulating fluidized bed gasification [J]. Fuel, 2016, 182: 660-667.

[161] Qi X, Song G, Song W, et al. Effect of bed materials on slagging and fouling during Zhundong coal gasification [J]. Energy Exploration & Exploitation, 2017, 35 (5): 558-578.

[162] Liu Y, Cheng L, Ji J, et al. Ash deposition behavior of a high-alkali coal in circulating fluidized bed combustion at different bed temperatures and the effect of kaolin [J]. RSC Advances, 2018, 8 (59): 33817-33827.

[163] Liu Y, Cheng L, Ji J, et al. Ash deposition behavior in co-combusting high-alkali coal and bituminous coal in a circulating fluidized bed [J]. Applied Thermal Engineering, 2019, 149: 520-527.

[164] Liu Z, Li J, Wang Q, et al. An experimental investigation into mineral transformation, particle agglomeration and ash deposition during combustion of Zhundong lignite in a laboratory-scale circulating fluidized bed [J]. Fuel, 2019, 243: 458-468.

[165] Liu Z, Li J, Zhu M, et al. Morphological and mineralogical characterization of ash deposits during circulating fluidized bed combustion of Zhundong lignite [J]. Energy & Fuels, 2019, 33 (3): 2122-2132.

[166] Zheng Z, Wang H, Guo S, et al. Fly ash deposition during oxy-fuel combustion in a bench-scale fluidized-bed combustor [J]. Energy & Fuels, 2013, 27 (8): 4609-4616.

[167] Wang H, Zheng Z, Yang L, et al. Experimental investigation on ash deposition of a bituminous coal during oxy-fuel combustion in a bench-scale fluidized bed [J]. Fuel Processing Technology, 2015, 132: 24-30.

[168] Wang H, Zheng Z, Guo S, et al. Investigation of the initial stage of ash deposition during oxy-fuel combustion in a bench-scale fluidized bed combustor with limestone addition [J]. Energy & Fuels, 2014, 28 (6): 3623-3631.

[169] 陈衡，王云刚，马海东，等．循环流化床锅炉燃用准东煤结渣、沾污分析 [J]. 热能动力工程，2015，30 (03)：431-435.

[170] Glarborg P, Marshall P. Mechanism and modeling of the formation of gaseous alkali sulfates [J]. Combustion and Flame, 2005, 141 (1, 2): 22-39.

[171] Hindiyarti L, Frandsen F, Livbjerg H, et al. An exploratory study of alkali sulfate aerosol formation during biomass combustion [J]. Fuel, 2008, 87 (8, 9): 1591-1600.

[172] 郭啸峰，魏小林，李森．C/H/O/N/S/Cl/K/Na元素的详细化学反应机理的简化与验证 [J]. 燃烧科学与技术，2013，19 (1)：21-30.

[173] Srinivasachar S, Helble J J, Ham D O, et al. A kinetic description of vapor phase alkali transformations in combustion system [J]. Progress in Energy and Combustion Science, 1990, 16 (4): 303-309.

[174] Takuwa T, Naruse I. Detailed kinetic and control of alkali metal compounds during coal combustion [J]. Fuel Processing Technology, 2007, 88 (11, 12): 1029-1034.

[175] Wan K, Xia J, Vervisch L, et al. Modelling alkali metal emissions in large-eddy simulation of a preheated pulverised-coal turbulent jet flame using tabulated chemistry [J]. Combustion Theory and Modelling, 2018, 22 (2): 203-236.

[176] Wan K, Vervisch L, Xia J, et al. Alkali metal emissions in an early-stage pulverized-coal flame: DNS analysis of reacting layers and chemistry tabulation [J]. Proceedings of the Combustion Institute, 2019, 37 (3): 2791-2799.

[177] Kleinhans U, Wieland C, Frandsen F J, et al. Ash formation and deposition in coal and biomass fired combustion systems: Progress and challenges in the field of ash particle sticking and rebound behavior [J]. Progress in Energy and Combustion Science, 2018, 68: 65-168.

[178] Liu C, Liu Z, Zhang T, et al. Numerical investigation on development of initial ash deposition layer for a high-alkali coal [J]. Energy & Fuels, 2017, 31 (3): 2596-2606.

[179] Beckmann A M, Mancini M, Weber R, et al. Measurements and CFD modeling of a pulverized coal flame with emphasis on ash deposition [J]. Fuel, 2016, 167: 168-179.

[180] Tong Z, Li M, He Y, et al. Simulation of real time particle deposition and removal processes on tubes by coupled numerical method [J]. Applied Energy, 2017, 185: 2181-2193.

[181] Zheng S, Zeng X, Qi C, et al. Mathematical modeling and experimental validation of ash deposition in a pulverized-coal boiler [J]. Applied Thermal Engineering, 2017, 110: 720-729.

[182] Brink A, Lindberg D, Hupa M, et al. A temperature-history based model for the sticking probability of impacting pulverized coal ash particles [J]. Fuel Processing Technology, 2016, 141: 210-215.

[183] Wang N, Guo J, Gu M, et al. Simulation of particle deposition on the tube in ash-laden flow using the lattice Boltzmann method [J]. International Communications in Heat and Mass Transfer, 2016, 79: 31-38.

[184] Yang X, Ingham D, Ma L, et al. Predicting ash deposition behaviour for co-combustion of palm kernel with coal based on CFD modelling of particle impaction and sticking [J]. Fuel, 2016, 165: 41-49.

[185] Dong M, Li S, Xie J, et al. Experimental studies on the normal impact of fly ash particles with planar surfaces [J]. Energies, 2013, 6 (7): 3245-3262.

[186] Garba M U, Ingham D B, Ma L, et al. Modelling of deposit formation and sintering for the co-combustion of coal with biomass [J]. Fuel, 2013, 113: 863-872.

[187] Weber R, Schaffel-Mancini N, Mancini M, et al. Fly ash deposition modelling: Requirements for accurate predictions of particle impaction on tubes using RANS-based computational fluid dynamics [J]. Fuel, 2013, 108: 586-596.

[188] Degereji M U, Ingham D B, Ma L, et al. Prediction of ash slagging propensity in a pulverized coal combustion furnace [J]. Fuel, 2012, 101: 171-178.

[189] Losurdo M, Spliethoff H, Kiel J. Ash deposition modeling using a visco-elastic approach [J]. Fuel, 2012, 102: 145-155.

[190] Ai W, Kuhlman J M. Simulation of coal ash particle deposition experiments [J]. Energy &

Fuels, 2011, 25 (2): 708-718.

[191] Haugen N E L, Kragset S. Particle impaction on a cylinder in a crossflow as function of Stokes and Reynolds numbers [J]. Journal of Fluid Mechanics, 2010, 661: 239-261.

[192] Strandström K, Mueller C, Hupa M. Development of an ash particle deposition model considering build-up and removal mechanisms [J]. Fuel Processing Technology, 2007, 88 (11, 12): 1053-1060.

[193] Tian L, Ahmadi G. Particle deposition in turbulent duct flows—comparisons of different model predictions [J]. Journal of Aerosol Science, 2007, 38 (4): 377-397.

[194] Mueller C, Selenius M, Theis M, et al. Deposition behaviour of molten alkali-rich fly ashes—development of a submodel for CFD applications [J]. Proceedings of the Combustion Institute, 2005, 30 (2): 2991-2998.

[195] Rushdi A, Gupta R, Sharma A, et al. Mechanistic prediction of ash deposition in a pilot-scale test facility [J]. Fuel, 2005, 84 (10): 1246-1258.

[196] García Pérez M, Vakkilainen E, Hyppänen T. The contribution of differently-sized ash particles to the fouling trends of a pilot-scale coal-fired combustor with an ash deposition CFD model [J]. Fuel, 2017, 189: 120-130.

[197] Yang X, Ingham D, Ma L, et al. Understanding the ash deposition formation in Zhundong lignite combustion through dynamic CFD modelling analysis [J]. Fuel, 2017, 194: 533-543.

[198] García Pérez M, Fry A R, Vakkilainen E, et al. Ash deposit analysis of the convective section of a pilot-scale combustor firing two different sub-bituminous coals [J]. Energy & Fuels, 2016, 30 (10): 8753-8764.

[199] Akbar S, Schnell U, Scheffknecht G. Modelling potassium release and the effect of potassium chloride on deposition mechanisms for coal and biomass-fired boilers [J]. Combustion Theory and Modelling, 2010, 14 (3): 315-329.

[200] Forstner M, Hofmeister G, Joller M, et al. CFD simulation of ash deposit formation in fixed bed biomass furnaces and boilers [J]. Progress in Computational Fluid Dynamics, 2006, 6 (4, 5): 248-261.

[201] Hao Z, Kefa C, Ping S. Prediction of ash deposition in ash hopper when tilting burners are used [J]. Fuel Processing Technology, 2002, 79 (2): 181-195.

[202] Wang H, Harb J N. Modeling of ash deposition in large-scale combustion facilities burning pulverized coal [J]. Progress in Energy and Combustion Science, 1997, 23 (3): 267-282.

[203] Huang L Y, Norman J S, Pourkashanian M, et al. Prediction of ash deposition on superheater tubes from pulverized coal combustion [J]. Fuel, 1996, 75 (3): 271-279.

[204] Richards G H, Slater P N, Harb J N. Simulation of ash deposit growth in a pulverized coal-fired pilot scale reactor [J]. Energy & Fuels, 1993, 7 (6): 774-781.

[205] Li J, Du W, Cheng L. Numerical simulation and experiment of gas-solid two phase flow and ash deposition on a novel heat transfer surface [J]. Applied Thermal Engineering, 2017, 113: 1033-1046.

[206] Wang F, He Y, Tong Z, et al. Real-time fouling characteristics of a typical heat exchanger used in the waste heat recovery systems [J]. International Journal of Heat and Mass Transfer, 2017, 104: 774-786.

[207] García Pérez M, Vakkilainen E, Hyppänen T. Fouling growth modeling of kraft recovery boiler fume ash deposits with dynamic meshes and a mechanistic sticking approach [J]. Fuel,

2016，185：872-885.

[208] García Pérez M，Vakkilainen E，Hyppänen T. Unsteady CFD analysis of kraft recovery boiler fly-ash trajectories，sticking efficiencies and deposition rates with a mechanistic particle rebound-stick model [J]. Fuel，2016，181：408-420.

[209] Zheng S，Zeng X，Qi C，et al. Modeling of ash deposition in a pulverized-coal boiler by direct simulation Monte Carlo method [J]. Fuel，2016，184：604-612.

[210] Balakrishnan S，Nagarajan R，Karthick K. Mechanistic modeling，numerical simulation and validation of slag-layer growth in a coal-fired boiler [J]. Energy，2015，81：462-470.

[211] Panagiotidis I，Vafiadis K，Tourlidakis A，et al. Study of slagging and fouling mechanisms in a lignite-fired power plant [J]. Applied Thermal Engineering，2015，74：156-164.

[212] García Pérez M，Vakkilainen E，Hyppänen T. 2D dynamic mesh model for deposit shape prediction in boiler banks of recovery boilers with different tube spacing arrangements [J]. Fuel，2015，158：139-151.

[213] Lee B，Hwang M，Seon C，et al. Numerical prediction of characteristics of ash deposition in heavy fuel oil heat recovery steam generator [J]. Journal of Mechanical Science and Technology，2014，28 (7)：2889-2900.

[214] Leppänen A，Tran H，Taipale R，et al. Numerical modeling of fine particle and deposit formation in a recovery boiler [J]. Fuel，2014，129：45-53.

[215] Modliński N J. Computational modelling of a tangentially fired boiler with deposit formation phenomena [J]. Chemical and Process Engineering，2014，35 (3)：361-368.

[216] Borello D，Venturini P，Rispoli F，et al. Prediction of multiphase combustion and ash deposition within a biomass furnace [J]. Applied Energy，2013，101：413-422.

[217] Li B，Brink A，Hupa M. CFD investigation of slagging on a super-heater tube in a kraft recovery boiler [J]. Fuel Processing Technology，2013，105：149-153.

[218] Taha T J，Stam A F，Stam K，et al. CFD modeling of ash deposition for co-combustion of MBM with coal in a tangentially fired utility boiler [J]. Fuel Processing Technology，2013，114：126-134.

[219] Garba M U，Ingham D B，Ma L，et al. Prediction of potassium chloride sulfation and its effect on deposition in biomass-fired boilers [J]. Energy & Fuels，2012，26 (11)：6501-6508.

[220] Venturini P，Borello D，Hanjalić K，et al. Modelling of particles deposition in an environment relevant to solid fuel boilers [J]. Applied Thermal Engineering，2012，49：131-138.

[221] Vuthaluru H B，Kotadiya N，Vuthaluru R，et al. CFD based identification of clinker formation regions in large scale utility boiler [J]. Applied Thermal Engineering，2011，31 (8，9)：1368-1380.

[222] Lundmark D，Mueller C，Backman R，et al. CFD based ash deposition prediction in a BFBC firing mixtures of peat and forest residue [J]. Journal of Energy Resources Technology，2010，132 (3)：1-8.

[223] Tomeczek J，Wacławiak K. Two-dimensional modelling of deposits formation on platen superheaters in pulverized coal boilers [J]. Fuel，2009，88 (8)：1466-1471.

[224] Ma Z，Iman F，Lu P，et al. A comprehensive slagging and fouling prediction tool for coal-fired boilers and its validation/application [J]. Fuel Processing Technology，2007，88 (11，12)：1035-1043.

[225] Kar S，Rosendahl L，Baxter L. Towards a CFD-based mechanistic deposit formation model for

straw-fired boilers [J]. Fuel, 2006, 85 (5, 6): 833-848.

[226] Mueller C, Skrifvars B, Backman R, et al. Ash deposition prediction in biomass fired fluidised bed boilers-combination of CFD and advanced fuel analysis [J]. Progress in Computational Fluid Dynamics, 2003, 3 (2, 4): 112-120.

[227] Pyykönen J, Jokiniemi J. Modelling alkali chloride superheater deposition and its implications [J]. Fuel Processing Technology, 2003, 80 (3): 225-262.

[228] Lee B E, Fletcher C A J, Shin S H, et al. Computational study of fouling deposit due to surface-coated particles in coal-fired power utility boilers [J]. Fuel, 2002, 81 (15): 2001-2008.

[229] Eddings E G, Davis K A, Heap M P, et al. Mineral matter transformation during pulverized coal combustion [J]. Developments in Chemical Engineering and Mineral Processing, 2001, 9 (3, 4): 313-327.

[230] Fan J R, Zha X D, Sun P, et al. Simulation of ash deposit in a pulverized coal-fired boiler [J]. Fuel, 2001, 80 (5): 645-654.

[231] Isdale J D, Jenkins A M, Semião V, et al. Fouling of combustion chambers and high-temperature filters [J]. Applied Thermal Engineering, 1997, 17 (8): 763-775.

[232] Chapela S, Porteiro J, Gómez M A, et al. Comprehensive CFD modeling of the ash deposition in a biomass packed bed burner [J]. Fuel, 2018, 234: 1099-1122.

[233] Hansen S B, Jensen P A, Frandsen F J, et al. Mechanistic model for ash deposit formation in biomass suspension firing. Part 1: Model verification by use of entrained flow reactor experiments [J]. Energy & Fuels, 2017, 31 (3): 2771-2789.

[234] Walsh P M, Sayre A N, Loehden D O, et al. Deposition of bituminous coal ash on an isolated heat exchanger tube: effects of coal properties on deposit growth [J]. Progress in Energy & Combustion Science, 1990, 16 (4): 327-346.

[235] Israel R, Rosner D E. Use of a generalized stokes number to determine the aerodynamic capture efficiency of non-stokesian particles from a compressible gas flow [J]. Aerosol Science and Technology, 1982, 2 (1): 45-51.

[236] Wessel R A, Righi J. Generalized correlations for inertial impaction of particles on a circular cylinder [J]. Aerosol Science and Technology, 1988, 9 (1): 29-60.

[237] Healy D P, Young J B. An experimental and theoretical study of particle deposition due to thermophoresis and turbulence in an annular flow [J]. International Journal of Multiphase Flow, 2010, 36 (11, 12): 870-881.

[238] Talbot L, Cheng R K, Schefer R W, et al. Thermophoresis of particles in a heated boundary layer [J]. Journal of Fluid Mechanics, 1980, 101 (4): 737.

[239] Beresnev S, Chernyak V. Thermophoresis of a spherical particle in a rarefied gas: Numerical analysis based on the model kinetic equations [J]. Physics of Fluids, 1995, 7 (7): 1743-1756.

[240] Yamamoto K, Ishihara Y. Thermophoresis of a spherical particle in a rarefied gas of a transition regime [J]. Physics of Fluids, 1988, 31 (12): 3618.

[241] Young J B. Thermophoresis of a spherical particle: reassessment, clarification, and new analysis [J]. Aerosol Science and Technology, 2011, 45 (8): 927-948.

[242] Kleinhans U, Rück R, Schmid S, et al. Alkali vapor condensation on heat exchanging surfaces: Laboratory-scale experiments and a mechanistic CFD modeling approach [J]. Energy & Fuels, 2016, 30 (11): 9793-9800.

[243] Tomeczek J, Palugniok H, Ochman J. Modelling of deposits formation on heating tubes in pul-

verized coal boilers [J]. Fuel, 2004, 83 (2): 213-221.

[244] Niu Y, Tan H, Hui S. Ash-related issues during biomass combustion: Alkali-induced slagging, silicate melt-induced slagging (ash fusion), agglomeration, corrosion, ash utilization, and related countermeasures [J]. Progress in Energy and Combustion Science, 2016, 52: 1-61.

[245] Aho M, Ferrer E. Importance of coal ash composition in protecting the boiler against chlorine deposition during combustion of chlorine-rich biomass [J]. Fuel, 2005, 84 (2, 3): 201-212.

[246] Aho M, Silvennoinen J. Preventing chlorine deposition on heat transfer surfaces with aluminium-silicon rich biomass residue and additive [J]. Fuel, 2004, 83 (10): 1299-1305.

[247] Wieland C, Kreutzkam B, Balan G, et al. Evaluation, comparison and validation of deposition criteria for numerical simulation of slagging [J]. Applied Energy, 2012, 93: 184-192.

[248] Zhou H, Jensen P A, Frandsen F J. Dynamic mechanistic model of superheater deposit growth and shedding in a biomass fired grate boiler [J]. Fuel, 2007, 86 (10, 11): 1519-1533.

[249] Senior C L, Srinivasachar S. Viscosity of ash particles in combustion systems for prediction of particle sticking [J]. Energy & Fuels, 1995, 9 (2): 277-283.

[250] Thornton C, Ning Z. A theoretical model for the stick/bounce behaviour of adhesive, elastic-plastic spheres [J]. Powder Technology, 1998, 99 (2): 154-162.

[251] Brach R M, Dunn P F. A mathematical model of the impact and adhesion of microsphers [J]. Aerosol Science and Technology, 1992, 16 (1): 51-64.

[252] Srinivasachar S, Helble J J, Boni A A. An experimental study of the inertial deposition of ash under coal combustion conditions [J]. Symposium (International) on Combustion, 1990, 23 (1): 1305-1312.

[253] Walsh P M. Fouling of convection heat exchangers by lignitic coal [J]. Energy & Fuels, 1992, 6 (6): 709-715.

[254] Wang Y C, Tang G H. Numerical investigation on the coupling of ash deposition and acid vapor condensation on the H-type fin tube bank [J]. Applied Thermal Engineering, 2018, 139: 524-534.

[255] Tang S, He Y, Wang F, et al. Parametric study on fouling mechanism and heat transfer characteristics of tube bundle heat exchangers for reducing fouling considering the deposition and removal mechanisms [J]. Fuel, 2018, 211: 301-311.

第4章

大型循环流化床锅炉三维整体数值模型与二维当量快算数值模型

（本章彩图请扫描右侧二维码下载。）

为发挥数值模拟在大型循环流化床锅炉设计和优化方面的作用，本章讨论了适用于超/超超临界参数的大型循环流化床锅炉三维燃烧整体数值计算模型和二维当量快算数值模型，为超/超超临界循环流化床锅炉研发、问题分析和优化预测提供技术手段。

4.1 模型总体构架

针对大型循环流化床锅炉的大尺度超/超超临界循环流化床锅炉整体数值模型，是以欧拉两相流模型和多尺度最小能量（EMMS）曳力模型的气固两相流动流场为基础，综合考虑煤燃烧过程中水分蒸发、挥发分析出、焦炭燃烧、气相反应以及燃烧产物生成等组分反应模型建立的。壁面传热计算基于颗粒团更新传热模型和离散坐标辐射模型。当锅炉工质为超/超超临界参数时，模型还耦合了水冷壁管内工质热工水动力和炉膛壁面传热计算。

锅炉三维整体数值模型的计算目标，能够在企业级服务器上模拟获得超/超超临界循环流化床锅炉内的气固流动、温度、传热热流和燃烧产物三维分布结果，提供2D与3D动态数据显示，方便变参数计算，分析和解决锅炉设计与运行中存在的问题，为大型循环流化床锅炉精细、精准优化、设计、运行和调整提供预测知识和直观动态显示。

结合现阶段的数值计算水平和工业应用需求，提出的大型循环流化床锅炉燃烧整体数值模型有如下的简化和假设：

① 侧重循环流化床锅炉炉内气固流动、煤燃烧以及受热面传热等过程，不包括气固分离器和外置式换热器等炉膛外循环回路部件；

② 炉内气固流动的模拟基于欧拉两相流模型，其中气固间曳力作用采用EMMS模型修正；

③ 燃烧模型中，气相包含CH_4、H_2、CO、CO_2、焦油（煤燃烧过程中其小颗粒包含在气相中）、H_2O、H_2S、SO_2、NO、N_2O、NH_3、O_2和N_2等13种组分，固相包含了挥发分、煤焦、水分、灰分、$CaCO_3$、CaO和$CaSO_4$等7种组分；

④ 煤燃烧过程包括以下5个子模型：水分蒸发、挥发分析出、焦炭燃烧、气相均相燃烧和燃烧产物的生成及控制；

⑤ 受热面换热系数包括对流换热系数和辐射换热系数，采用颗粒团更新模型/离散坐标辐射模型确定；

⑥ 对于超临界循环流化床锅炉，壁面换热过程考虑了水冷壁内工质热工水动力来计算，壁面热流密度通过耦合炉内换热和管内工质吸热过程得到；

⑦ 模型中固体颗粒采用单一粒径描述，不考虑煤等固体颗粒在燃烧过程中发生的爆裂和磨损。

图4-1给出了循环流化床锅炉三维整体数值模型的整体构架思路。

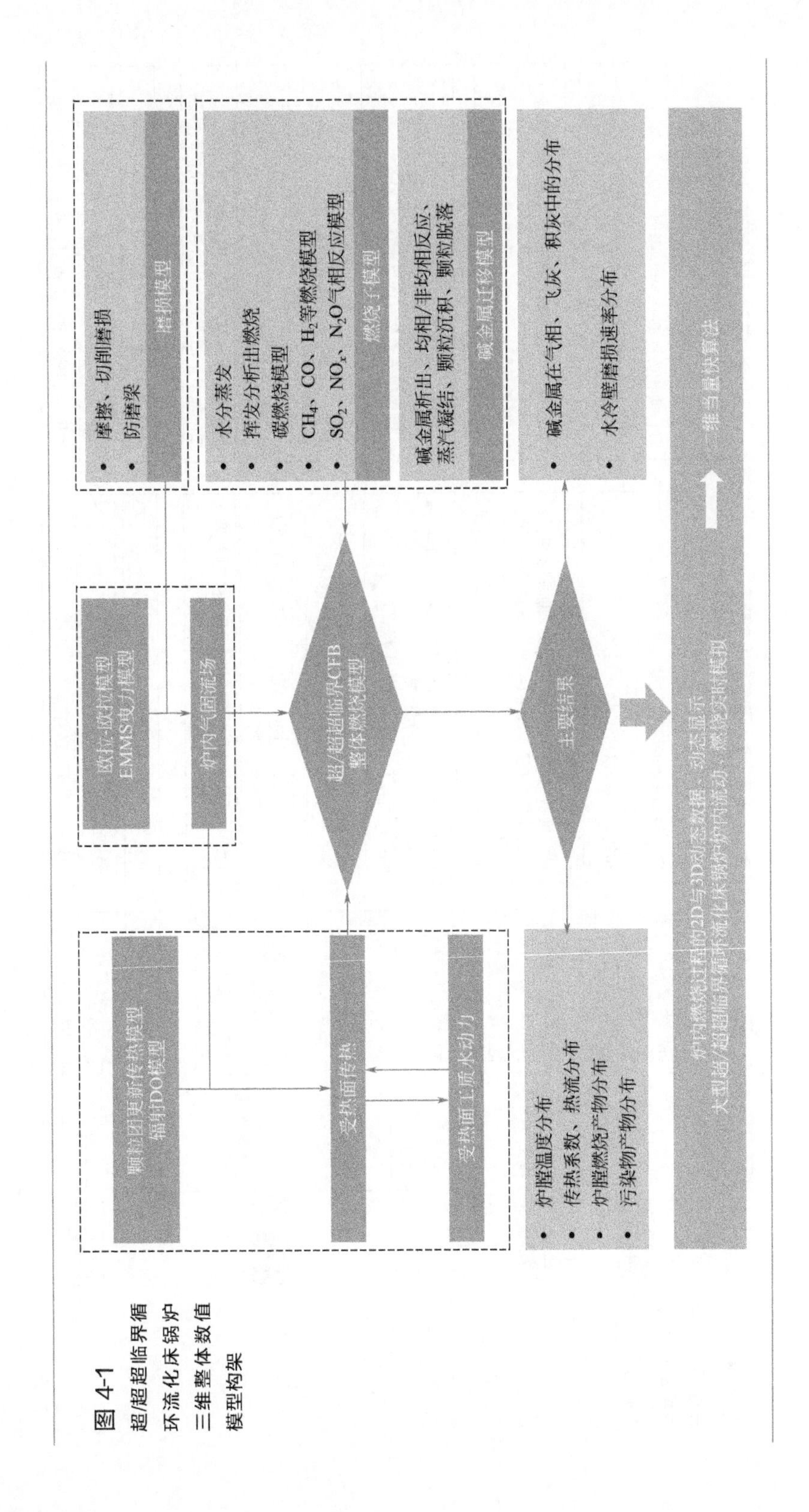

图 4-1 超/超超临界循环流化床锅炉三维整体数值模型构架

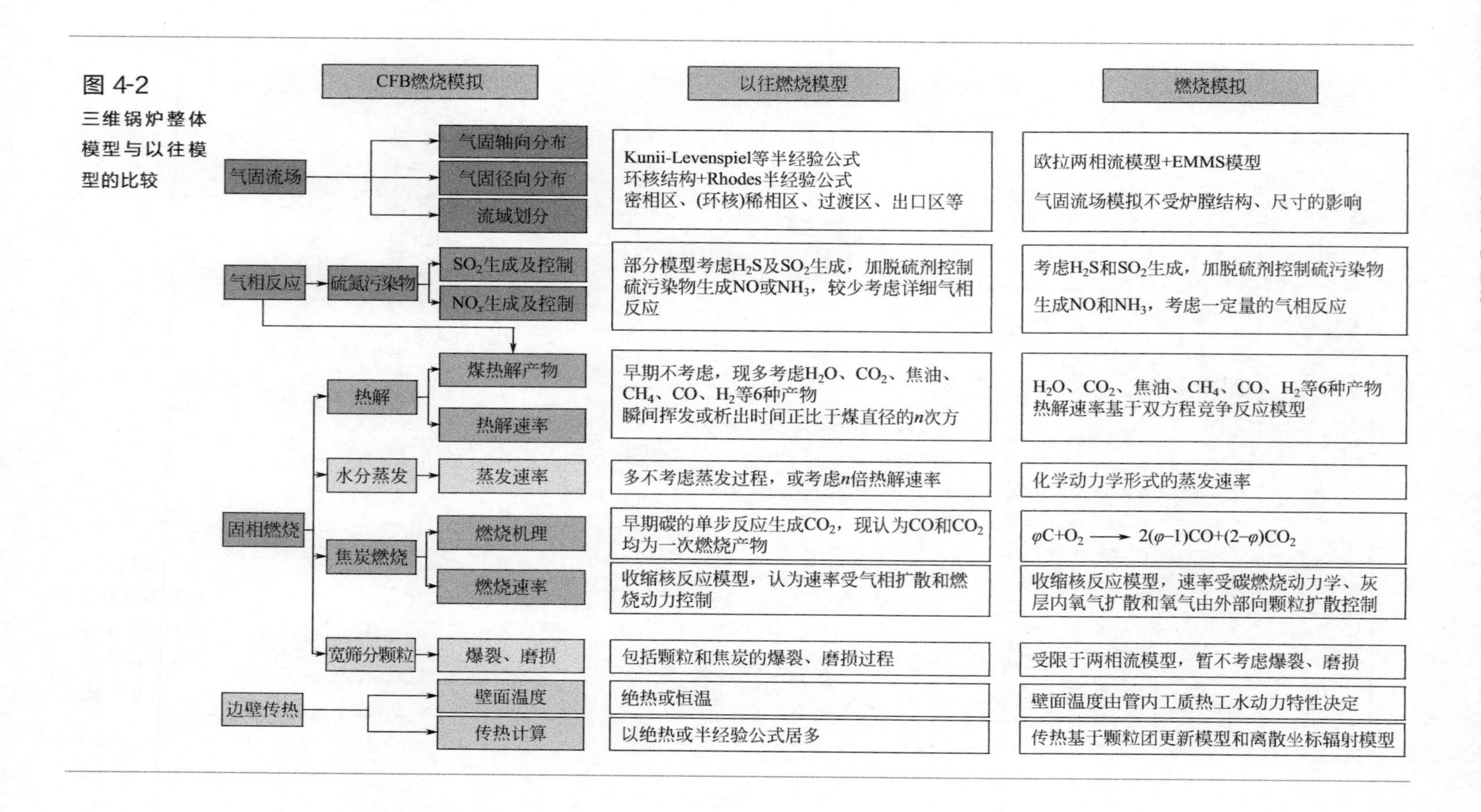

图 4-2 三维锅炉整体模型与以往模型的比较

图 4-2 将循环流化床锅炉三维整体数值模型与以往的燃烧模型进行了对比。锅炉整体数值模型的主要特点是：①气固流场基于欧拉两相流模型和 EMMS 曳力模型，模拟结果接近实际；②该模型详细地考虑了煤燃烧中主要的化学反应过程；③气固对壁面的传热系数基于颗粒团更新传热模型和离散坐标辐射模型，模拟传热结果准确；④对于运行在超临界状态下的锅炉，耦合计算水冷壁管内热工水动力特性和炉侧气固传热，能够获得超临界锅炉水冷壁内工质温度随轴向变化的特性；⑤模拟计算可以获得炉内任意参数的 2D 和 3D 数据结果，并显示其 2D 和 3D 动态变化特性；⑥研究对象既可以是小型循环流化床试验台，也可以是大型超/超超临界循环流化床锅炉，不受流化床参数和结构的限制；⑦模型计算不受炉内颗粒数量的限制，针对大型循环流化床锅炉的模拟计算量远小于 DPM 等颗粒追踪模型的计算量（表 4-1），可以在企业级服务器上高效模拟大型超/超超循环流化床锅炉的炉膛燃烧过程；⑧模型可以利用 Ansys Fluent 数值计算软件作为平台，在此基础上基于循环流化床煤燃烧、炉膛传热和产物生成与控制模型增加编译炉内煤燃烧中各个反应和壁面传热的计算代码开展大型循环流化床锅炉综合性能计算。

表 4-1　主要数值计算方法使用情况比较

项目	TFM	CPFD/DDPM	DPM/DEM	实际锅炉
颗粒数量	—	<100 万	<100 万	约 10 亿
网格数量	<200 万	<200 万	<100 万	—
模拟尺度	约 10^2m	约 10^1m	约 10^0m	30～60m
模拟速度	较快	较快，与颗粒数量有关	主要取决于颗粒数量	—
颗粒处理	拟流体	MP-PIC	颗粒/计算颗粒	—
商业软件	Fluent	Barracuda	Fluent	—
应用对象	各类流化床	中小型流化床试验台/锅炉	小型反应器	—

4.2　流场模拟

锅炉整体模型的气固流场数值计算模拟基于欧拉两相流模型。欧拉两相流模型的主要控制方程分别包括气固相的连续性方程、动量守恒方程和能量守恒方程。

连续性方程：

气相：

$$\frac{\partial}{\partial t}(\alpha_g\rho_g)+\nabla(\alpha_g\rho_g\vec{v}_g)=\sum(\dot{m}_{sg}-\dot{m}_{gs})+\dot{S}_g \tag{4-1}$$

固相：

$$\frac{\partial}{\partial t}(\alpha_s\rho_s)+\nabla(\alpha_s\rho_s\vec{v}_s)=\sum(\dot{m}_{gs}-\dot{m}_{sg})+\dot{S}_s \tag{4-2}$$

动量守恒方程：

气相：

$$\frac{\partial}{\partial t}(\alpha_g\rho_g\vec{v}_g)+\nabla(\alpha_g\rho_g\vec{v}_g\vec{v}_g)=-\alpha_g\nabla p+\nabla\bar{\bar{\tau}}_g+\alpha_g\rho_g\vec{g}+K_{sg}(\vec{v}_s-\vec{v}_g)+\sum(\dot{m}_{sg}\vec{v}_{sg}-\dot{m}_{gs}\vec{v}_{gs}) \tag{4-3}$$

固相：

$$\frac{\partial}{\partial t}(\alpha_s\rho_s\vec{v}_s)+\nabla(\alpha_s\rho_s\vec{v}_s\vec{v}_s)=-\alpha_s\nabla p-\nabla p_s+\nabla\bar{\bar{\tau}}_s+\alpha_s\rho_s\vec{g}+K_{gs}(\vec{v}_g-\vec{v}_s)+\sum(\dot{m}_{gs}\vec{v}_{gs}-\dot{m}_{sg}\vec{v}_{sg}) \tag{4-4}$$

式中，α_g和α_s分别为气、固相的体积分数；ρ_g和ρ_s分别为气、固相的密度；$\vec{v}_g$和$\vec{v}_s$分别为气、固相的速度；K_{sg}是固相对气相的曳力作用系数，K_{gs}是气相对固相的曳力作用系数，采用EMMS曳力模型计算；p和p_s分别为气、固相的压力；$\bar{\bar{\tau}}_g$和$\bar{\bar{\tau}}_s$分别为气、固相应力应变张量；$\dot{m}_{sg}$、$\dot{m}_{gs}$为两相之间由于反应等过程产生的质量交换。

由于燃烧模型在气固流动中涉及传热和化学反应，还需对双流体模型的能量方程进行求解，具体如下：

气相：

$$\frac{\partial}{\partial t}(\alpha_g\rho_g h_g)+\nabla[(\alpha_g\rho_g h_g+p_g)\vec{v}_g]=\bar{\bar{\tau}}_g:\nabla\vec{u}_g-\nabla\vec{q}_g+\dot{S}_{g,q}+Q_{sg}+\sum(\dot{m}_{sg}h_{sg}-\dot{m}_{gs}h_{gs}) \tag{4-5}$$

固相：

$$\frac{\partial}{\partial t}(\alpha_s\rho_s h_s)+\nabla[(\alpha_s\rho_s h_s+p_s)\vec{v}_s]=\bar{\bar{\tau}}_s:\nabla\vec{u}_s-\nabla\vec{q}_s+\dot{S}_{s,q}+Q_{gs}+\sum(\dot{m}_{gs}h_{gs}-\dot{m}_{sg}h_{sg}) \tag{4-6}$$

式中，方程右边前两项分别为黏性耗散项和热传导项；$Q_{sg}=-Q_{gs}$，是单位时间内气固两相间的换热量；h_g和h_s分别为气、固相的焓值，对于不可压缩气体，$h=\sum\limits_j m_j h_j+\dfrac{p}{\rho}$，其中$m_j$是组分$j$的质量分数，组分$j$的焓定义为

$$h_j=\int_{T_{ref}}^{T}c_{p,j}\,\mathrm{d}T \tag{4-7}$$

$\dot{S}_{g,q}$是包括化学反应热和其他体积热源的源项：

$$\dot{S}_{g,q}=\sum_j\left(\frac{h_j^0}{M_j}+\int_{T_{ref,j}}^{T_{ref}}c_{p,j}\,\mathrm{d}T\right)R_j \tag{4-8}$$

式中，h_j^0是组分j的生成焓；R_j是组分j的体积生成速度。

4.2.1　模型封闭方程

双流体模型中，需要对两相方程中的各种应力项及曳力项给出封闭模型。流体相方程一般用类似于单相运动中的牛顿黏性定律封闭黏性应力。由于颗粒与流体不同，通过实验直接测量其黏度困难，目前主流方法是根据稠密气体分子动力学理论建立的颗粒动力学理论进行推算。

气相应力：

$$\overline{\overline{\tau}}_g=\alpha_g\mu_g(\nabla\vec{v}_g+\nabla\vec{v}_g^T)-\frac{2}{3}\alpha_g\mu_g(\nabla\vec{v}_g)\overline{\overline{I}} \tag{4-9}$$

固相应力：

$$\overline{\overline{\tau}}_s=\alpha_s\mu_s(\nabla\vec{v}_s+\nabla\vec{v}_s^T)+\alpha_s\left(\lambda_s-\frac{2}{3}\mu_s\right)_s(\nabla\vec{v}_s)\overline{\overline{I}} \tag{4-10}$$

式中，λ_s为固相体积黏度；μ_s为固相黏度。

(1) 气相湍流方程　目前，在数值模拟计算中存在大量单相湍流模型，常用的模型包括 k-ε 双方程模型、k-ω 双方程模型、雷诺应力模型及大涡模拟等。表 4-2 总结了常用湍流模型的特点和适用范围。由于循环流化床内气固流动十分复杂，在炉膛出口附近以及二次风入射附近均可能存在旋流。结合以往的模拟经验以及计算工作量，锅炉整体数值模型中气相湍流采用重整化群 RNG k-ε 模型描述。

表 4-2　常用湍流模型的特点和适用范围[1]

模型	特点	适用范围
Spalart-Allmaras	简单单方程模型，只需求解湍流黏性的输运方程，计算量小	适用于航空领域，主要是墙壁束缚流动，不适合流动尺寸变动较大的情况
standard(标准) k-ε	k-ε 双方程模型，工程流场计算中广泛采用。湍动能输运方程通过精确方程推导得到，耗散率方程通过物理推理，数学上模拟相似原型方程得到	适合完全湍流的流动过程模拟，不适合模拟旋流和绕流
RNG(重整化群) k-ε	标准 k-ε 模型的变形，方程和系数来自解析解。在 ε 方程中改善了模拟高应变流动的能力	能模拟射流撞击、分离流、二次流和旋流等中等复杂流动；受到涡旋黏性同性假设限制，除强旋流过程无法精确预测外，其他流动均可以使用此模型
realizable(可实现) k-ε	标准 k-ε 模型的变形。用数学约束改善模型的性能	较适合模拟旋转流动、强逆压梯度的边界层流动、流动分离和二次流，且能预测中等强度的旋流
stand(标准) k-ω	基于 Wilcox k-ω 模型，为考虑低雷诺数、可压缩性和剪切流传播而修改的。对于有界壁面和低雷诺数流动性能较好，尤其是绕流问题	适用于自由剪切流传播速率，像尾流、混合流动、平板绕流、圆柱绕流和放射状喷射等

续表

模型	特点	适用范围
SST(剪切压力传输) k-ω	标准 k-ω 模型的变形。使用了混合函数将标准 k-ε 模型与 k-ω 模型结合起来	基本与标准 k-ω 模型相同。由于对距离壁面尺度依赖性较强，不太适合自由剪切流
Reynolds stress（雷诺应力）	直接使用输运方程解出雷诺应力，避免了其他模型的黏性假设，模拟强旋流相比其他模型有优势	无需同性涡黏性假设。计算量较大，收敛较难。适用于旋转、旋流燃烧等复杂的强旋流 3D 流动

RNG k-ε 模型是对瞬时的 Navier-Stokes 方程用重整化群的数学方法推导出来的模型，其湍动能与耗散率方程为

$$\rho\frac{\mathrm{d}k}{\mathrm{d}t}=\frac{\partial}{\partial x_i}\left[(\alpha_{\mathrm{k}}\mu_{\mathrm{eff}})\frac{\partial k}{\partial x_i}\right]+G_{\mathrm{k}}+G_{\mathrm{b}}-\rho\varepsilon-Y_{\mathrm{M}} \tag{4-11}$$

$$\rho\frac{\mathrm{d}\varepsilon}{\mathrm{d}t}=\frac{\partial}{\partial x_i}\left[(\alpha_{\varepsilon}\mu_{\mathrm{eff}})\frac{\partial \varepsilon}{\partial x_i}\right]+C_{1\varepsilon}\frac{\varepsilon}{k}(G_{\mathrm{k}}+C_{3\varepsilon}G_{\mathrm{b}})-C_{2\varepsilon}\rho\frac{\varepsilon^2}{k}-R \tag{4-12}$$

式中，G_{k}表示由于平均速度梯度引起的湍动能产生；G_{b}是由于浮力影响引起的湍动能产生；Y_{M}可压速湍流脉动膨胀对总的耗散率的影响；α_{k}和α_{ε}分别是湍动能 k 和耗散率 ε 的有效湍流普朗特数的倒数。

湍流黏性系数计算公式为

$$\mathrm{d}\left(\frac{\rho^2 k}{\sqrt{\varepsilon\mu}}\right)=1.72\frac{\tilde{\nu}}{\sqrt{\tilde{\nu}^3-1-C_{\nu}}}\mathrm{d}\tilde{\nu} \tag{4-13}$$

式中，$\tilde{\nu}=\mu_{\mathrm{eff}}/\mu$，$\mu$ 为动力黏度，μ_{eff}为有效动力黏度；$C_{\nu}\approx100$。

（2）固相湍流方程　固相湍流计算是基于颗粒动力学方法。颗粒动力学方法借鉴了非均匀系统中的稠密气体分子运动理论，将颗粒比拟为气体分子，引入了“颗粒温度”的概念来替代分子动力学中表征分子热运动的温度，反映颗粒相的速度脉动：

$$\Theta=\frac{1}{3}\langle\vec{v}_{\mathrm{s}}'^2\rangle \tag{4-14}$$

由此，可得到用来封闭控制方程的颗粒温度输运方程

$$\frac{3}{2}\left[\frac{\partial}{\partial t}(\rho_{\mathrm{s}}\alpha_{\mathrm{s}}\Theta)+\nabla(\rho_{\mathrm{s}}\alpha_{\mathrm{s}}\vec{v}_{\mathrm{s}}\Theta)\right]=(-p_{\mathrm{s}}\bar{\bar{I}}+\bar{\bar{\tau}}_{\mathrm{s}}):\nabla\vec{v}_{\mathrm{s}}+\nabla(k_{\mathrm{s}}\nabla\Theta)-\gamma_{\mathrm{s}}+\phi_{\mathrm{gs}} \tag{4-15}$$

其中，等式左侧表示颗粒脉动动能的累积项和对流项；方程右侧第一项为颗粒相剪切应力产生的脉动动能，$\bar{\bar{I}}$ 为单位张量，第二项为脉动动能梯度产生的扩散项，k_{s}为颗粒脉动能扩散系数：

$$k_{\mathrm{s}}=\frac{15d_{\mathrm{s}}\rho_{\mathrm{s}}\alpha_{\mathrm{s}}\sqrt{\pi\Theta}}{4(41-33\eta)}\left[1+\frac{12}{5}\eta^2(4\eta-3)\alpha_{\mathrm{s}}g_0+\frac{16}{5}(41-33\eta)\eta\alpha_{\mathrm{s}}g_0\right] \tag{4-16}$$

式中，$\eta=\frac{1}{2}(1+e_{ss})$，$e_{ss}$为弹性恢复系数；$g_0$为径向分布函数，其作用是当固相份额增加时用来修正颗粒间的碰撞概率：

$$g_0=\left[1-\left(\frac{\alpha_s}{\alpha_{s,max}}\right)^{1/3}\right]^{-1} \tag{4-17}$$

式(4-15) 中，右侧第三项 γ_s是因颗粒间非弹性碰撞产生的能量耗散项：

$$\gamma_s=\frac{12(1-e_{ss})}{d_s\sqrt{\pi}}\rho_s\alpha_s\Theta^{3/2} \tag{4-18}$$

最后一项 ϕ_{gs}为气固间的能量传递项：

$$\phi_{gs}=-3\beta\Theta \tag{4-19}$$

结合牛顿黏性假设，相应的固相压力表达式为

$$p_s=\alpha_s\rho_s\Theta+2\rho_s(1+e_{ss})\alpha_s^2 g_0\Theta \tag{4-20}$$

固相体积黏度表达式为

$$\lambda_s=\frac{4}{3}\alpha_s\rho_s d_s(1+e_{ss})\sqrt{\frac{\Theta}{\pi}} \tag{4-21}$$

固相剪切黏度表达式为

$$\mu_s=\mu_{s,col}+\mu_{s,kin}+\mu_{s,fr} \tag{4-22}$$

式中，碰撞黏度 $\mu_{s,col}=\frac{4}{5}\alpha_s\rho_s d_s(1+e_{ss})\sqrt{\frac{\Theta}{\pi}}$；动力黏度 $\mu_{s,kin}=\frac{\alpha_s\rho_s d_s\sqrt{\Theta\pi}}{6(3-e_{ss})}\left[1+\frac{2}{5}(1+e_{ss})(3e_{ss}-1)\alpha_s g_0\right]$；摩擦黏度 $\mu_{s,fr}=\frac{p_s\sin\phi}{2\sqrt{\overline{\overline{I}}_{2D}}}$。

4.2.2　组分输运方程

模型中，各组分在气相或固相中的输运方程均可采用下式表示。

$$\frac{\partial}{\partial t}(\alpha_i\rho_i Y_k)+\nabla(\alpha_i\rho_i\vec{v}_i Y_k)=-\nabla\vec{J}_k+R_k \tag{4-23}$$

式中，α_i是气相或固相的体积分数；ρ_i是气相或固相的密度；Y_k是指组分k 在i 相中的质量分数；R_k是指组分k 化学反应的净产生速率；$\vec{J}_k$是指组分k 的扩散通量，由浓度梯度产生，湍流中以如下形式计算质量扩散：

$$\vec{J}_k=-\left(\rho D_{k,i}+\frac{\mu_t}{Sc_t}\right)\nabla Y_k \tag{4-24}$$

式中，$D_{k,i}$是混合物i 相中组分k 的扩散系数，Sc_t是湍流施密特数。

4.2.3　二次风口矫正

对于冷态条件下进行的数值模拟，计算选用欧拉双流体模型，由于不涉

及燃烧，炉内温度场可简化为单一分布，即炉内温度统一为 T_1。

实际锅炉中二次风在射入炉膛前，其温度为空预器后热空气温度 T_k；二次风在喷入炉膛后，其温度骤升并迅速接近炉内温度 T_1，体积也相应地发生剧烈膨胀。由于冷态条件下炉内简化为单一温度分布，在保证同样的二次风量（二次风率）情况下，其二次风速将是实际的 T_1/T_k 倍。但实际上二次风进入炉膛后，其体积在径向和轴向均发生扩散，而不是仅在轴向膨胀增加风速，将二次风速在轴向直接放大 T_1/T_k 倍这种方法会带来较大的模拟误差。

类比冷态炉模化热态炉时所采用的燃烧器矫形模化方法[2]，针对二次风喷入炉膛可采用二次风口矫形模化方法。这种方法的主要原理是对于二次风进入炉膛后因温度骤升而造成体积膨胀的影响，采用保证二次风与炉膛中心风的动量比相等的处理方法。

实际锅炉二次风温度为 T_k，炉膛中心风则为 T_1，此时二次风与炉膛中心风的动量比

$$\frac{m_{sO}v_{sO}}{m_{cO}v_{cO}}=\frac{Q_{sO}/A_{sO}m_{sO}}{Q_{cO}/A_{cO}m_{cO}} \tag{4-25}$$

在模拟时，炉内温度简化为 T_1 单一均匀分布，二次风与炉膛中心风动量均为 T_1 下的动量，其比值为

$$\frac{m_{sM}v_{sM}}{m_{cM}v_{cM}}=\frac{Q_{sM}/A_{sM}m_{sM}}{Q_{cM}/A_{cM}m_{cM}} \tag{4-26}$$

由于实际锅炉一次风升温后仅向轴向膨胀增加风速，因此在模拟时可将一次风速直接折算为 T_1 下的风速。这样模拟时的炉膛中心风动量与实际情况下的炉膛中心风动量均为 T_1 下的空气动量，两者是一致的，即

$$m_{cM}v_{cM}=m_{cO}v_{cO} \tag{4-27}$$

模拟要符合实际，就必须保证模型和实际动量比相等：

$$\frac{m_{sO}v_{sO}}{m_{cO}v_{cO}}=\frac{m_{sM}v_{sM}}{m_{cM}v_{cM}} \tag{4-28}$$

相当于

$$m_{sM}v_{sM}=m_{sO}v_{sO} \tag{4-29}$$

即

$$Q_{sO}/A_{sO}m_{sO}=Q_{sM}/A_{sM}m_{sM} \tag{4-30}$$

模型中与实际情况下的二次风只是由于温度不同而使得体积有所差别，质量是一样的，$m_{sO}=m_{sM}$，因此

$$Q_{sO}/A_{sO}=Q_{sM}/A_{sM} \tag{4-31}$$

实际二次风体积为 T_k 下膨胀前的体积，而模型中则是 T_1 下膨胀后的体积，因此

$$Q_{sM}=Q_{sO}\frac{T_1}{T_k} \tag{4-32}$$

由此可得

$$\frac{A_{sM}}{A_{sO}}=\frac{T_1}{T_k} \tag{4-33}$$

即

$$\frac{D_{sM}}{D_{sO}}=\sqrt{\frac{T_1}{T_k}} \tag{4-34}$$

因此，要保证炉内二次风穿透性的准确模拟，需要将二次风口放大为实际的$\sqrt{\frac{T_1}{T_k}}$倍。

考虑燃烧的热态条件下数值模拟不需考虑上述二次风矫正。

4.2.4　稳态判断与瞬时时均处理

模拟初始化时，为加快收敛，炉内颗粒浓度可设置为均匀分布，此分布不能体现炉内的真实情况。在模拟过程中，监视炉膛出口的气固质量流率，一定时间段内气固质量流率变化小于某一数值时可认为为稳定状态。例如当10s 的气固质量流率均值变化小于 5%时，可视为炉内达到稳定状态。图 4-3是某 600MW 循环流化床锅炉炉膛出口气固质量流率随时间变化的情况。图中显示在模拟时间达到 35s 后，出口质量流率趋于稳定。

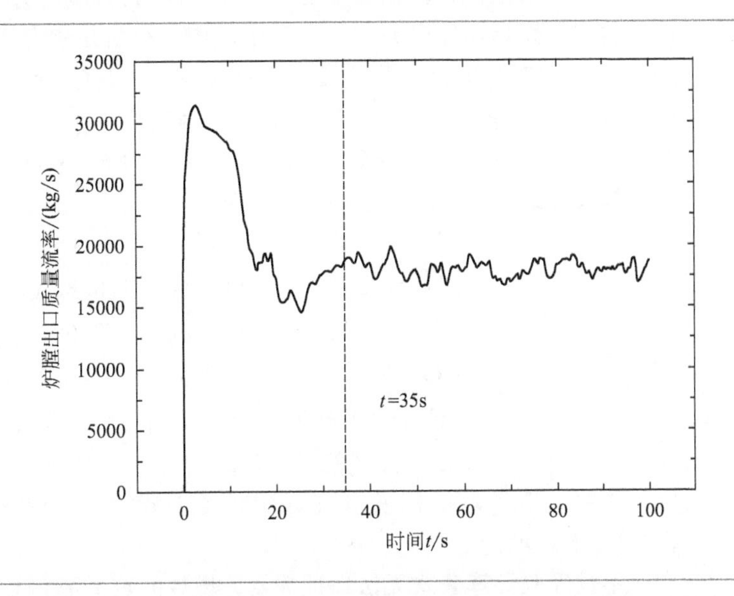

图 4-3
炉膛出口气固质量流率随时间的变化

由于循环流化床锅炉炉内气固流场随时间变化，瞬时数据存在波动，因此，为较好地体现炉内气固流动的规律性，可对瞬时结果进行时间平均处理，使结果具有代表性。

4.3 煤燃烧模拟

由于双流体模型在宽筛分气固流场模拟方面尚不完善，锅炉燃烧整体数值模型中煤燃烧模拟部分暂时不包含颗粒的磨碎和破碎过程。在对煤颗粒燃烧的模拟中，煤燃烧模型从下面几个子模型来考虑：①水分蒸发模型；②挥发分析出模型；③气相均相燃烧模型；④焦炭燃烧模型；⑤污染物生成和控制模型。

4.3.1 水分蒸发模型

模型中水分蒸发速率采用化学动力学公式计算，主要考虑温度和水分含量对速率的影响，如下所示[3]：

$$K_m = k_m \exp\left(\frac{-E_m}{RT_s}\right)(1-\varepsilon_s)\rho_s X_m \tag{4-35}$$

式中，ε_s为固相空隙率；ρ_s为固相密度；X_m为固相中水的质量分数。

4.3.2 挥发分析出模型

挥发分析出过程的描述主要包括挥发产物构成和挥发分析出速率两个方面。在锅炉燃烧整体模型建立过程中，挥发分析出组分采用 Loison-Chauvin 经验公式估算，认为产物主要由 CH_4、H_2、H_2O、CO、CO_2 和焦油组成（热解产物最好根据实际煤种的热解情况确定）。

$$\text{挥发分} \longrightarrow CH_4 + H_2 + CO_2 + CO + H_2O + \text{焦油} \tag{4-36}$$

挥发分组分质量分数按照下式计算。

$$CH_4 = 0.201 - 0.469X_{VM} + 0.241X_{VM}^2 \tag{4-37}$$

$$H_2 = 0.1570 - 0.868X_{VM} + 1.3880X_{VM}^2 \tag{4-38}$$

$$CO_2 = 0.135 - 0.900X_{VM} + 1.9060X_{VM}^2 \tag{4-39}$$

$$CO = 0.4280 - 2.653X_{VM} + 4.8450X_{VM}^2 \tag{4-40}$$

$$H_2O = 0.409 - 2.389X_{VM} + 4554X_{VM}^2 \tag{4-41}$$

$$\text{焦油} = -0.3250 + 7.279X_{VM} - 12.880X_{VM}^2 \tag{4-42}$$

式中，X_{VM}是指挥发分在煤中的质量分数。其中焦油的分子式采用CH_xO_y来表示。

不过经验计算公式无法保证挥发分燃烧的热平衡和 C、H 及 O 等的元素平衡，因此，在模拟中需要根据以下四个平衡式对产物的构成进行调整。

元素平衡：

$$CH_4+CO_2+CO+焦油=C_{VM} \tag{4-43}$$

$$4CH_4+2H_2+2H_2O+x\ 焦油=H_{VM} \tag{4-44}$$

$$2CO_2+CO+H_2O+y\ 焦油=O_{VM} \tag{4-45}$$

燃烧热平衡：

$$Q_{dev}+Q_{CH_4}+Q_{H_2}+Q_{CO}+Q_{焦油}=Q_{VM} \tag{4-46}$$

式中，C_{VM}、H_{VM}和O_{VM}分别为C、H和O在挥发分中的含量；Q_{CH_4}、Q_{H_2}、Q_{CO}、$Q_{焦油}$和Q_{VM}依次为甲烷、氢气、一氧化碳、焦油和挥发分的燃烧放热量；Q_{dev}为挥发分热解时的热量变化。

如前所述，挥发分析出速率计算中存在大量动力学机理模型。由于双竞争反应模型形式上相对简单，同时较为准确地反映了温度对热解速率的影响，在实际数值模拟中应用广泛。该模型假定煤颗粒在快速热解时由下述两个平行反应的方程控制[4]：

$$煤\begin{cases}\xrightarrow{k_1} \underset{\alpha_1}{挥发分\ V_1}+\underset{1-\alpha_1}{剩余焦炭\ C_1}\\ \xrightarrow{k_2} \underset{\alpha_2}{挥发分\ V_2}+\underset{1-\alpha_2}{剩余焦炭\ C_2}\end{cases}$$

其中，α_1、α_2是挥发分在两个反应中占的当量百分比。k_1和k_2服从Arrhenius定律：

$$k_1=k_{01}\exp\left(-\frac{E_1}{RT}\right) \tag{4-47}$$

$$k_2=k_{02}\exp\left(-\frac{E_2}{RT}\right) \tag{4-48}$$

式中，$E_1=104600\text{J/mol}$，$E_2=167400\text{J/mol}$；$k_{01}=2.0\times10^5\text{s}^{-1}$；$k_{02}=1.3\times10^7\text{s}^{-1}$。

由于$E_1<E_2$、$k_{01}<k_{02}$，在低温时，第一个反应为主；在高温时，第二个反应为主。挥发分析出是两个反应的共同作用，可表示为

$$\frac{da_v}{d\tau}=-(\alpha_1k_1+\alpha_2k_2)a_c \tag{4-49}$$

式中，a_v是煤中残留的挥发分质量；a_c是未反应的原煤质量；α_1可以用工业分析结果中挥发分质量分数表示；α_2则可取高温下挥发分析出的百分数。

4.3.3 气相均相反应模型

气相均相反应是指只在气相中发生的气-气反应，在循环流化床燃烧中主要包括热解气相均相燃烧和污染物气相均相反应两个部分。其中污染物气相均相反应将在污染物生成及控制模型中说明。

参与气相均相燃烧的物质主要是煤热解产物CH_4、H_2、CO和焦油以及煤焦不完全燃烧产生的CO。其中甲烷采用两步反应机理，因此气相燃烧主要有以下四个反应（R1～R4）。

$$\text{R1:}\quad CH_4+\frac{3}{2}O_2 \longrightarrow CO+2H_2O \tag{4-50}$$

$$\text{R2:}\quad CO+\frac{1}{2}O_2 \longrightarrow CO_2 \tag{4-51}$$

$$\text{R3:}\quad H_2+\frac{1}{2}O_2 \longrightarrow H_2O \tag{4-52}$$

$$\text{R4:}\quad \text{焦油}+O_2 \longrightarrow CO+H_2 \tag{4-53}$$

上述反应的速率常数k_f通过Arrhenius公式计算：

$$k_f=AT^\beta \exp\left(-\frac{E}{RT}\right) \tag{4-54}$$

式中，A为指数前因子；β为温度指数；E为反应活化能；R为气体常数。因此，上述各个反应速率均可表示为

$$K_f=k_f C_a^m C_b^n \tag{4-55}$$

式中，C_a和C_b分别为两种气相反应物的摩尔浓度；m和n为相应的反应级数。

上述各个反应动力学参数可见表4-3（K_f的单位为$kmol/m^3s$）。

表4-3　气相反应动力学参数

项目	A	β	E/(kJ/mol)	m	n
R1[5]	5.01×10^{11}	0	2.00×10^{8}	0.7(CH_4)	0.8(O_2)
R2	2.24×10^{12}	0	1.70×10^{8}	1(CO)	0.5(O_2)
R3	1.03×10^{14}	−1.5	3.10×10^{7}	1(H_2)	0.5(O_2)
R4[6]	3.80×10^{7}	0	5.55×10^{7}	1(焦油)	1(O_2)

4.3.4 焦炭燃烧模型

与大多数燃烧模型类似，锅炉整体模型认为CO和CO_2均为焦炭的一次燃烧产物，其燃烧过程可采用下式表示[7]。

$$\varphi C+O_2 \longrightarrow 2(\varphi-1)CO+(2-\varphi)CO_2 \tag{4-56}$$

式中，φ是机械因子，反映了CO和CO_2之间的平衡，大小与颗粒粒径及燃烧温度有关。φ可以采用下式计算[8]：

$$\varphi=\begin{cases}\dfrac{2q+2}{q+2} & d<0.05\text{mm}\\[2ex] \dfrac{2q+2-q(100d-0.005)/0.095}{q+2} & 0.05\text{mm}\leqslant d\leqslant 1\text{mm}\\[2ex] 1 & d>1\text{mm}\end{cases} \tag{4-57}$$

式中，q 是 CO 和 CO_2 的摩尔比，随温度的增加而增大。根据 3.1.6.1 “燃烧机理子模型” 中的总结，本模型中 q 的计算选用 Rossberg 提出的公式[9]：

$$q=\frac{n_{CO}}{n_{CO_2}}=1860\exp\left(\frac{-7200}{T}\right) \tag{4-58}$$

模型中焦炭颗粒燃烧速率基于收缩核模型，总燃烧速率可以表示为[10]

$$K_s=\frac{1}{\frac{1}{k_c}+\frac{1}{\beta_0}\left(\frac{r}{r_1}\right)^2+\frac{\xi}{D_h}\times\frac{r}{r_1}} \tag{4-59}$$

式中，D_h 为氧在灰层中的扩散系数；r 和 r_1 分别为焦炭颗粒初始粒径和当前粒径；$\xi=r-r_1$，为灰层厚度。

模型中焦炭的表面化学反应速率采用 Field 表达式[7]计算：

$$k_c=859.0\exp\left(\frac{-1.4947\times10^8}{RT_p}\right) \tag{4-60}$$

式(4-59) 中的 β_0 为对流传质系数，可以由颗粒 Sherwood 数根据式(3-23) 计算得到。

Sh 按照 Gunn 提供的公式[11]计算：

$$Sh=(7-10\alpha_g+5\alpha_g^2)(1+0.7Re_s^{0.2}Sc^{1/3})+(1.33-2.4\alpha_g+1.2\alpha_g^2)Re_s^{0.7}Sc^{1/3} \tag{4-61}$$

$$Sc=\frac{\mu_g}{\rho_g D_g} \tag{4-62}$$

式中，D_g 为氧气扩散系数（m^2/s），是温度和压力的函数，采用下式计算。

$$D_g(T,p)=D_g(T_0,p_0)\left(\frac{T}{T_0}\right)^{1.75}\left(\frac{p_0}{p}\right) \tag{4-63}$$

式中，$D_g(T_0,\ p_0)$ 为参考温度和压力下的氧气扩散系数。

4.3.5　燃烧产物生成与控制

这里硫、氮被认为分别是从挥发分析出（还原态）和焦炭燃烧（氧化态）两种形式析出的。需要关注硫、氮在挥发分中的析出比例和主要析出形式，这与煤种有关，也与后续硫、氮污染物的生成量直接相关。

（1）硫氧化物　锅炉整体模型假设所有的有机硫都存在于挥发分中，并随挥发分热解过程以 H_2S 的形式析出；所有的无机硫都存在于焦炭中，随焦炭燃烧过程以 SO_2 的形式析出。

析出的气相 H_2S 以下面的反应式与氧气反应转化为 SO_2：

$$H_2S+\frac{3}{2}O_2\longrightarrow SO_2+H_2O \tag{4-64}$$

反应速率可以表示为[12]

$$k_{H_2S}=10^{-8.25}T\exp\left(\frac{-111347}{RT}\right) \tag{4-65}$$

$$K_{H_2S}=k_{H_2S}C_{H_2S}^{0.81} \tag{4-66}$$

式中，C_{H_2S}是 H_2S 的摩尔浓度。

炉内 SO_2 的脱除主要通过添加石灰石脱硫剂实现。石灰石进入炉膛后首先发生煅烧反应，生成氧化钙。煅烧反应的发生与颗粒温度和环境中的 CO_2 分压有关，只有当环境的 CO_2 分压低于周围环境温度对应的煅烧反应平衡分压时，煅烧才能进行。因此，其反应动力学反应速率可以表示为

$$k_{cal}=0.00122\exp\left(\frac{-4026}{T}\right)(p_{CO_2}^{e}-p) \tag{4-67}$$

式中，$p_{CO_2}^{e}$是当前温度下煅烧反应对应的 CO_2 平衡分压，单位为 atm（1atm＝101325Pa），可采用下式计算：

$$p_{CO_2}^{e}=4.137\times10^{-7}\exp\left(\frac{-20474}{T}\right) \tag{4-68}$$

更详细的反应过程还需考虑煅烧反应相关的多个细节，具体如下：①CO_2 的分压过高时，反应向形成 $CaCO_3$ 的方向进行；②CO_2 气体在表面多孔 CaO 层内的扩散阻力；③煅烧后产物表面积随煅烧条件（如温度过高，发生烧结）的变化等。

生成的 CaO 与 SO_2 进行硫化反应，实现流化床炉内脱硫。由于多数石灰石脱硫性能试验在 TGA 或小型流化床试验台中进行，脱硫反应所处环境的流动特性较为稳定。而大型循环流化床炉内颗粒湍动、碰撞十分强烈，颗粒表面的 $CaSO_4$ 产物层可能是不稳定的。因此，模型中暂忽略产物层的影响，认为硫化反应主要受化学动力学控制。反应速率可以表示为[13]

$$k_{sul}=0.001\exp\left(\frac{-2400}{T}-8X_{CaO\text{-}CaSO_4}\right) \tag{4-69}$$

$$K_{sul}=k_{sul}C_{SO_2} \tag{4-70}$$

式中，$X_{CaO\text{-}CaSO_4}$是 CaO 向 $CaSO_4$ 的转化率。

当石灰石处于高浓度 CO_2 环境中时，煅烧反应不容易发生。此时，$CaCO_3$ 会和 SO_2、O_2 直接反应生成 $CaSO_4$。由于 $CaCO_3$ 颗粒结构致密，比表面积很小，一般认为直接硫化的反应速率很小。但试验发现[14]，在 CO_2 浓度较高（20%～80%）的环境中，直接硫化能够以一个较稳定的反应速率进行，并能够得到比间接硫化更高的石灰石转化率。因此，模型中考虑了石灰石直接硫化反应，反应速率采用下式计算[15]：

$$k_{dir}=0.22\exp\left(\frac{-3031}{T}\right) \tag{4-71}$$

$$K_{dir}=k_{dir}C_{SO_2}^{0.9}C_{CO_2}^{-0.75} \tag{4-72}$$

式中，C_{SO_2} 和 C_{CO_2} 分别是两者的摩尔浓度。

（2）氮氧化物　考虑数值计算工作量，模型暂不在机理上详细考虑氮氧化物的生成和消耗过程，而选择 NO、NH_3 和 N_2 作为典型的反应参与者，采用总包反应机理来反映燃烧过程中燃料 N 的转化过程。因此，锅炉整体模型工作中 NO_x 的生成及控制模型的主要假设如下：

① 仅考虑以 NO 为代表的燃料型 NO_x 的生成和转化过程；

② 燃料 N 分为挥发分 N 和焦炭 N，其中挥发分 N 全部转化为 NH_3，焦炭 N 全部转化为 NO；

③ 总包反应主要包括 O_2 对 NH_3 的氧化反应以及 CO、NH_3 和焦炭对 NO 的还原。

因此，本模型中氮氧化物主要涉及的化学反应有下面几个。

① O_2 氧化 NH_3 到 NO 的反应：

$$NH_3+\frac{5}{4}O_2 \longrightarrow NO+\frac{3}{2}H_2O \tag{4-73}$$

反应速率可表示为[16]

$$k_{N1}=2.21\times10^{14}\exp\left(-\frac{38160}{T}\right) \tag{4-74}$$

$$K_{N1}=k_{N1}C_{NH_3} \tag{4-75}$$

式中，T 为气体温度；C_{NH_3} 是 NH_3 的摩尔浓度，mol/m^3。

② O_2 氧化 NH_3 到 N_2 的反应：

$$NH_3+\frac{3}{4}O_2 \longrightarrow \frac{1}{2}N_2+\frac{3}{2}H_2O$$

反应速率可表示为[17]

$$k_{N2}=4430\exp\left(\frac{167440}{RT}\right) \tag{4-76}$$

$$K_{N2}=k_{N2}p_{NH_3}p_{O_2}^{0.5} \tag{4-77}$$

式中，p_{NH_3} 和 p_{O_2} 分别是 NH_3 和 O_2 在气相中的分压，atm。

③ CO 对 NO 的还原反应方程：

$$NO+CO \longrightarrow \frac{1}{2}N_2+CO_2 \tag{4-78}$$

反应速率可表示为[18]

$$k_{N3}=56700T\exp\left(\frac{-13952}{T}\right) \tag{4-79}$$

$$K_{N3}=k_{N3}C_{NO} \tag{4-80}$$

式中，C_{NO} 是 NO 的摩尔浓度。

④ NH_3 对 NO 的还原反应方程：

$$NO+NH_3+\frac{1}{4}O_2 \longrightarrow N_2+\frac{3}{2}H_2O \tag{4-81}$$

反应速率可表示为[16]

$$k_{N4}=2.45\times10^{14}\exp\left(\frac{-29400}{T}\right) \tag{4-82}$$

$$K_{N4}=k_{N4}C_{NH_3}C_{NO} \tag{4-83}$$

式中，C_{NH_3}是 NH_3 的摩尔浓度。

⑤ 焦炭对 NO 的还原反应方程：

$$NO+C(s) \longrightarrow \frac{1}{2}N_2+CO \tag{4-84}$$

反应速率可表示为[10]

$$k_{N5}=41800\exp\left(\frac{-37400}{RT}\right) \tag{4-85}$$

$$K_{N5}=k_{N5}A_e p_{NO} \tag{4-86}$$

式中，A_e是焦炭颗粒反应表面积，m^2/g；p_{NO}是 NO 的气相分压，MPa。

N_2O 的生成可参考 3.2.2 小节。

4.4 气固传热模拟

锅炉整体数值模型中，循环流化床内传热过程主要涉及颗粒传热和受热面传热两部分。其中受热面传热模拟包括了壁面传热计算和水冷壁管内热工水动力计算。

一般来说，气固对壁面的传热可以分为对流传热和辐射传热两个部分，其计算可根据颗粒团更新模型分别计算对流和辐射传热系数，如 2.3.3 小节。

颗粒团更新传热模型在计算辐射传热系数时，将气固对壁面的传热近似为了半无限大平面，处理方式比较简单[19]。因此，锅炉整体模型中也可采用颗粒团更新传热模型的对流传热计算部分，辐射传热计算选择其他模型。

数值计算等商业软件中提供了五个辐射模型：离散坐标辐射模型（discrete coordinate radiation model，DOM）、离散传输辐射模型（discrete transmission radiation model，DTRM）、P-1 模型、Rosseland 模型和 Surface-to-Surface 模型（S2S）。表 4-4 给出了这些模型的优势和限制。循环流化床内传热环境复杂，光学深度随着固相浓度变化而有巨大变化，因此采用离散坐标辐射模型计算辐射换热系数较为合适。所以，在锅炉整体模型中辐射传热也由离散坐标辐射模型计算。

表 4-4　五种辐射计算模型的比较[1]

模型	优势	限制
DOM	该模型较为全面，考虑了散射、半透明介质、镜面以及波长相关的灰体模型	计算量较大
DTRM	该模型较为简单；用于光学深度非常广的情况	假设所有表面均是漫射，不包括散射
P-1	辐射传热方程更易求解，耗费资源少；包括了颗粒、液滴和烟灰的散射效应；对光学厚度大的应用（如燃烧）较合理	假定所有的表面均为散射，不适用于光学深度很小的情况；倾向于预测局部热源或接收器的辐射通量
Rosseland	类似于 P-1 模型，但不求解额外的关于入射辐射的传输方程，计算较快	只能用于光学深度比较大的情况
S2S	适用于封闭空间中没有介质的辐射问题	假定所有的表面均为散射，不能用于介质辐射问题

4.4.1 颗粒团更新模型

颗粒团更新模型是基于循环流化床的典型环核流动结构建立的。颗粒团更新传热模型[20]认为循环流化床由颗粒絮团和夹带着离散颗粒的气体分散相组成。如图 2-11 所示，炉内的受热面由一层气膜覆盖，受热面与气膜直接进行传热；同时，颗粒团通过与气膜接触，其热量以传导、辐射两种方式传给受热面；颗粒分散相与气膜接触时，其热量通过气膜以对流的方式传入受热面；与此同时，被气膜隔开的颗粒团也与受热面进行辐射换热。

循环流化床锅炉运行中，炉膛内水冷壁面一部分被颗粒团覆盖，其余部分则暴露在分散相中。假定 f 是被颗粒团覆盖壁面的时均百分数，用 h_{conv} 表示对流传热系数，h_{rad} 表示辐射传热系数，则壁面的平均传热系数可表示为 h_{conv} 与 h_{rad} 之和。

$$h_{\text{total}}=h_{\text{conv}}+h_{\text{rad}}=f(h_{\text{c,conv}}+h_{\text{c,rad}})+(1-f)(h_{\text{d,conv}}+h_{\text{d,rad}}) \tag{4-87}$$

其中，对流传热系数

$$h_{\text{conv}}=fh_{\text{c,conv}}+(1-f)h_{\text{d,conv}} \tag{4-88}$$

时均覆盖率

$$f=K\left(\frac{1-\varepsilon_{\text{w}}-Y}{1-\varepsilon_{\text{c}}}\right)^{0.5} \tag{4-89}$$

式中，K 为比例系数，这里取 0.25[21]；ε_{w} 为壁面空隙率；ε_{c} 为颗粒团空隙率；Y 为固体分散相中固相体积分数，这里取炉膛中心颗粒体积分数。

分散相对流换热系数可表示为

$$h_{\text{d,conv}}=\frac{k_{\text{g}}}{d_{\text{p}}}\times\frac{C_{\text{s}}}{c_{\text{g}}}\left(\frac{\rho_{\text{dis}}}{\rho_{\text{s}}}\right)^{0.3}\left(\frac{u_{\text{t}}^{2}}{gd_{\text{p}}}\right)^{0.21}Pr \tag{4-90}$$

式中，d_p为颗粒直径；ρ_s为颗粒密度；ρ_{dis}为分散相密度；k_g为气体热导率；c_g为气体比热容；C_s为颗粒比热容；u_t为颗粒终端吹出速度；g 为重力加速度；Pr 为气体普朗特数。

颗粒团对流传热系数可表示为

$$h_{c,conv}=\frac{1}{\frac{d_p}{nk_g}+\left(\frac{t_c\pi}{4k_cC_c\rho_c}\right)^{0.5}} \tag{4-91}$$

式中，ρ_c为颗粒团密度；k_c为颗粒团热导率；C_c为颗粒团比热容；t_c为颗粒团贴壁时间；$\frac{d_p}{n}$表示颗粒团与壁面之间存在的气膜厚度[22]，这里 n 取 2.5。

颗粒团贴壁下滑一段距离后就会在壁面上发生解体，离散到气相中；同时新的颗粒团形成，继续贴壁下滑。定义颗粒以团体形式贴壁面下滑的距离为颗粒团下滑特征长度 L_c。Wu 等[23,24]通过试验测量，建议颗粒团贴壁下滑特征长度采用下式计算。

$$L_c=0.178\rho_{sus}^{0.596}$$

式中，ρ_{sus}为床截面固相平均浓度。由此可以得到颗粒团贴壁下滑时间 $t_c=L_c/U_c$，颗粒团下滑速率可以采用数值模拟结果中的颗粒贴壁下滑速度估计。

4.4.2 辐射模型

气固对壁面的辐射传热两个部分可以根据颗粒团更新模型计算，也可采用离散坐标辐射模型计算。

(1) 基于颗粒团的辐射模型

辐射传热系数　　$h_{rad}=fh_{c,rad}+(1-f)h_{d,rad}$　　(4-92)

其中颗粒分散相的辐射传热系数 $h_{d,rad}$可以写为

$$h_{d,rad}=\frac{\sigma_0(T_b^4-T_w^4)}{\left(\frac{1}{\varepsilon_d}+\frac{1}{\varepsilon_w}-1\right)(T_b-T_w)} \tag{4-93}$$

式中，σ_0 为绝对黑体辐射系数，5.7×10^{-8} W/(m^2·K^4)；ε_d 为颗粒分散相的当量辐射率；ε_w 为壁面的辐射率。

对于颗粒分散相辐射率有

$$\varepsilon_d=\left[\frac{\varepsilon_p}{(1-\varepsilon_p)B}\left(\frac{\varepsilon_p}{(1-\varepsilon_p)B}+2\right)\right]^{0.5}\frac{\varepsilon_p}{(1-\varepsilon_p)B} \tag{4-94}$$

式中，ε_p 为颗粒表面吸收率，取 0.8～0.85；B 为系数，对于各相同性漫反射 $B=0.5$，对漫反射颗粒 $B=0.667$。

颗粒团辐射传热系数 $h_{c,rad}$ 可以写为

$$h_{c,rad}=\frac{\sigma_0(T_b^4-T_w^4)}{\left(\frac{1}{\varepsilon_c}+\frac{1}{\varepsilon_w}-1\right)(T_b-T_w)} \tag{4-95}$$

式中，颗粒团辐射率

$$\varepsilon_c=0.5(1+\varepsilon_p) \tag{4-96}$$

(2) 离散坐标辐射模型

对于具有吸收、发射、散射性质的介质，在位置 $\vec{r}$、沿方向 $\vec{s}$ 的辐射传播方程（RTE）[25] 为

$$\frac{dI(\vec{r},\vec{s})}{ds}+(a+\sigma_s)I(\vec{r},\vec{s})=an^2\frac{\sigma T^4}{\pi}+\frac{\sigma_s}{4\pi}\int_0^{4\pi}I(\vec{r},\vec{s}')\Phi(\vec{s},\vec{s}')d\Omega' \tag{4-97}$$

式中，$\vec{r}$ 是位置向量；$\vec{s}$ 是方向向量；$\vec{s}'$ 是散射方向；s 是沿程长度；a 是吸收系数；n 是折射系数；σ_s 是散射系数；σ 是斯蒂芬-玻耳兹曼常数；T 是当地温度；Φ 是相位函数；Ω' 是空间立体角；I 是辐射强度，依赖于位置（$\vec{r}$）与方向（$\vec{s}$）；$(a+\sigma_s)s$ 为介质的光学深度（光学模糊度）。对于半透明介质的辐射，折射系数很重要。图 4-4 为辐射传热过程的示意图。

图 4-4
辐射传播方程

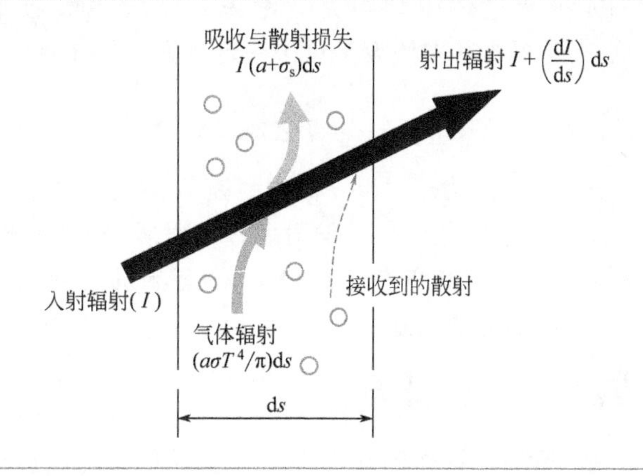

在 DO 模型把沿 $\vec{s}$ 方向传播的辐射方程（RTE）视为某个场方程，辐射传播方程可写为

$$\nabla(I(\vec{r},\vec{s})\vec{s})+(a+\sigma_s)I(\vec{r},\vec{s})=an^2\frac{\sigma T^4}{\pi}+\frac{\sigma_s}{4\pi}\int_0^{4\pi}I(\vec{r},\vec{s})\Phi(\vec{s},\vec{s}')d\Omega' \tag{4-98}$$

对于非灰辐射，光谱辐射强度 $I_\lambda(\vec{r},\vec{s})$ 的辐射传播方程为

$$\nabla(I_\lambda(\vec{r},\vec{s})\vec{s})+(a_\lambda+\sigma_s)I_\lambda(\vec{r},\vec{s})=a_\lambda n^2 I_{b\lambda}+\frac{\sigma_s}{4\pi}\int_0^{4\pi}I_\lambda(\vec{r},\vec{s})\Phi(\vec{s},\vec{s}')d\Omega' \tag{4-99}$$

式中，下标 λ 表示辐射波长；a_{λ} 为光谱吸收系数；$I_{b\lambda}$ 为由 PLANCK 定律确定的黑体辐射强度。散射系数、散射相位函数以及折射系数均假定与波长无关。

非灰体的 DO 辐射模型把整个辐射光谱带分成了 N 个波（长）带。RTE 方程在所有的波长范围内对波长进行积分，得到关于 $I_{\lambda}\Delta\lambda$ 的输运方程。辐射热量包含在每一个波带 $\Delta\lambda$ 内。在每个波带之内，认为是黑体辐射。

离散坐标模型通过求解从有限个立体角发出的辐射传播方程（RTE）可以得到整个空间内的辐射情况，其中每个立体角均对应着笛卡儿坐标系下的固定方向 $\vec{s}$。

其中固相的吸收系数 a_s 和散射系数 σ_{ss} 由 Mie 理论[26]计算：

$$a_s=\frac{1.5(1-e_p)(1-\varepsilon)}{d_p} \tag{4-100}$$

$$\sigma_{ss}=\frac{1.5e_p(1-\varepsilon)}{d_p} \tag{4-101}$$

式中，e_p 为颗粒表面的吸收率；ε 为固相空隙率；d_p 为固相颗粒粒径。

气相的吸收系数 a_g 和散射系数 σ_{sg} 采用灰气体加权平均模型（weighted sum of gray gases model，WSGG 模型）[27]计算。WSGG 模型是介于过分简化的完全灰气体模型与完全考虑每个气体吸收带模型之间的折中模型。WSGG 模型的基本假设是对于一定厚度的气体吸收层，其发射率为

$$\varepsilon=\sum_{i=0}^{I}a_{\varepsilon,i}(T)(1-e^{-\kappa_i ps}) \tag{4-102}$$

式中，$a_{\varepsilon,i}$ 为第 i 组“假想”灰气体的发射率加权系数；括号内的量是第 i 组“假想”灰气体的发射率，κ_i 为第 i 组“假想”灰气体的吸收系数，p 为所有吸收性气体的分压总和，s 为辐射的行程长度。这里模型只考虑 H_2O 和 CO_2 对辐射的贡献。

4.4.3 热工水动力计算

超/超超临界循环流化床锅炉运行参数高，运行方式较复杂。当工质运行在超临界状态下，水的物性在拟临界点处剧烈变化，其比体积和比热容随温度变化将急剧增大或减小，可能会导致在拟临界区域出现传热强化或恶化等现象；而当锅炉在低负荷状态下运行时，工质将工作在汽水两相区域，需要避免偏离泡态沸腾（departure from nucleate boiling，DNB）和保证蒸干（dryout）时壁温安全等。

一般来说，水冷壁热工水动力安全包括流动稳定和传热安全，主要取决于管内工质质量流率和内壁热负荷。质量流率越低、热负荷越高，就越容易发生传热恶化。另外，采用内螺纹管等也能有效降低超临界压力下传热恶化

区的壁温。由于循环流化床锅炉炉内通常热负荷较低，采用低质量流速可以提高重位压降所占总压降的比例，以达到正流量补偿特性[28]；同时降低给水泵能耗，提高电厂经济性。另一方面，超临界循环流化床炉膛高度有限，通常需要布置额外的蒸发受热面来满足蒸汽进入过热器前的参数要求，此时水冷壁管内工质质量流率也不能过高。因此，选择低质量流率是超临界循环流化床锅炉水冷壁设计的较佳选择。

详细考察超临界循环流化床锅炉水冷壁热工水动力安全需要开展大量的研究工作，包括受热面热负荷特性、管内工质传热特性和包括并联管内流量分配均匀性在内的管内工质流动稳定性等。本模型在现阶段主要考虑水冷壁在低质量流率下的热负荷特性，即随管内工质吸热温度增加，水冷壁面的传热系数和热流密度变化情况。这需要耦合求解管内工质流动传热过程和炉内燃烧传热过程，如图 4-5 所示。

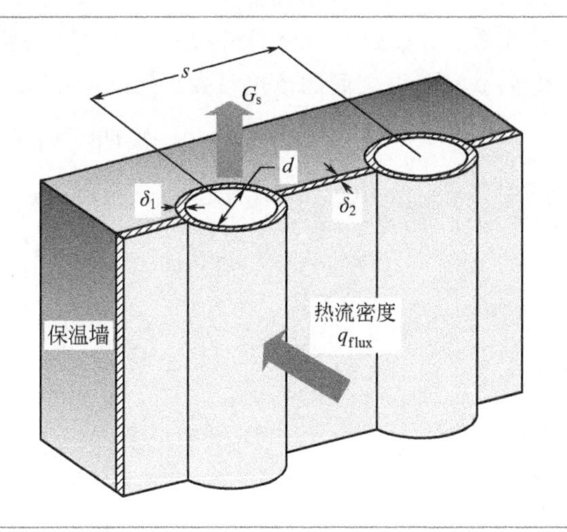

图 4-5
管内工质流动和炉侧传热示意图

水冷壁管内工质流动状态可以通过求解以下守恒方程得到。

连续性方程：

$$\frac{\partial \rho_{\mathrm{f}}}{\partial t}+\frac{\partial \rho_{\mathrm{f}} w_{\mathrm{f}}}{\partial z}=0 \tag{4-103}$$

动量守恒方程：

$$\frac{\partial \rho_{\mathrm{f}} w_{\mathrm{f}}}{\partial t}+\frac{\partial \rho_{\mathrm{f}} w_{\mathrm{f}}^{2}}{\partial z}+\frac{\partial p_{\mathrm{f}}}{\partial z}=-\rho_{\mathrm{f}} g-\left[\frac{\xi}{d_{\mathrm{in}}}+K \delta(z)\right] \frac{\rho_{\mathrm{f}} w_{\mathrm{f}}^{2}}{2} \tag{4-104}$$

能量守恒方程：

$$\frac{\partial \rho_{\mathrm{f}} h_{\mathrm{f}}}{\partial t}+\frac{\partial \rho_{\mathrm{f}} h_{\mathrm{f}} w_{\mathrm{f}}}{\partial z}=\dot{q} \tag{4-105}$$

式中，ρ_{f}、h_{f}、p_{f} 分别为工质的密度、焓值和压力；w_{f} 为管内工质流

速；$K\delta(z)$ 为局部阻力函数，表示不同高度位置由于节流阀、管道变化而带来的局部阻力压降，$\delta(z)$ 为狄拉克 δ 函数，z 为局部阻力所处的位置，K 为局部阻力系数；ξ 为沿程阻力系数；d_{in} 为水冷壁管内径，m；$\dot{q}$ 为单位体积的热源量，W/m^3。

沿程阻力系数 ξ 可采用下式[29]计算。

$$\xi=\left\{-1.8\log\left[\left(\frac{\varepsilon}{3.7D}\right)^{1.11}+\frac{6.9}{Re}\right]\right\}^{-2} \tag{4-106}$$

体积热源量 $\dot{q}$ 来源于炉内高温气固对工质的传热，可以表示为[30]

$$\dot{q}=\frac{4\eta q_{flux}\left(\dfrac{\pi}{2}d_{out}+s-d_{out}\right)}{\pi d_{in}^2} \tag{4-107}$$

式中，q_{flux}是床对壁面总的热流密度，由炉侧传热计算得到；η 是传热量修正系数；d_{out}是水冷壁管外径；s 是水冷壁管间距。

管内壁和工质之间的传热系数采用 Kitoh 等[31]经验公式计算，具体如下：

$$Nu=0.015Re^{0.85}Pr^m$$

式中，$m=0.69-(8100/q_{dht})+f_c q$，$q_{dht}=200G^{1.2}$，系数 f_c的表达式如下：

$$f_c=\begin{cases}2.9\times10^{-8}+\dfrac{0.11}{q_{dht}} & 0\leqslant h\leqslant1500\text{kJ/kg}\\ -8.7\times10^{-8}-\dfrac{0.65}{q_{dht}} & 1500\text{kJ/kg}\leqslant h\leqslant3300\text{kJ/kg}\\ -9.7\times10^{-7}+\dfrac{1.30}{q_{dht}} & 3300\text{kJ/kg}\leqslant h\leqslant4000\text{kJ/kg}\end{cases} \tag{4-108}$$

在模拟过程中为了方便计算，假设管内工质质量流率 $G=\rho_f w_f$ 是定值，因此上述方程可以简化为：

动量守恒方程

$$\frac{\partial}{\partial z}\left(\frac{G^2}{\rho_f}+p_f\right)=-\rho_f g-\left[\frac{\xi}{d_{in}}+\delta\right]\frac{G^2}{\rho_f} \tag{4-109}$$

能量守恒方程

$$\frac{\partial\rho_f h_f}{\partial t}+\frac{\partial(Gh_f)}{\partial z}=\dot{q} \tag{4-110}$$

通过求解上述两个方程可以得到水冷壁管内工质轴向温度和压力分布。

需要注意的是，由于炉膛中间悬吊屏附近的气固流动状况与炉膛四周水冷壁表面的气固流动状况有所不同，悬吊屏传热计算和水冷壁传热计算有所不同。

4.5 水冷壁磨损

循环流化床锅炉水冷壁的磨损主要包括机械磨损和高温腐蚀磨损，目前模型中暂且仅考虑机械磨损。通常，机械磨损又分为摩擦磨损和撞击磨损。循环流化床锅炉水冷壁的机械磨损主要源于其表面颗粒流动对壁面产生的磨损作用。

循环流化床锅炉边壁区高浓度颗粒沿水冷壁面加速向下流动是造成水冷壁机械磨损的根本原因。边壁区下降颗粒流中包含有絮状颗粒团和颗粒分散相。如图 4-6 所示，颗粒团在边壁区域形成沿壁面下滑一段距离后分散，由于炉内气相对贴壁区域颗粒的压力和黏性作用以及固相间的压力和黏性作用，颗粒团在下滑过程中对壁面有持续不断的作用力，因此颗粒团的贴壁下滑将会对水冷壁产生摩擦磨损；而颗粒分散相在边壁区域的流动状态则与颗粒团不尽相同，一部分颗粒分散相在下降过程中贴着水冷壁面下滑，对壁面有持续压力作用，因此类似于颗粒团也将会对水冷壁产生摩擦磨损，而另一部分颗粒分散相从外围以一定的角度斜向冲刷撞击水冷壁面，这些颗粒具有一定的动能，因此会对水冷壁面产生撞击磨损。

图 4-6 循环流化床锅炉水冷壁磨损流场基础

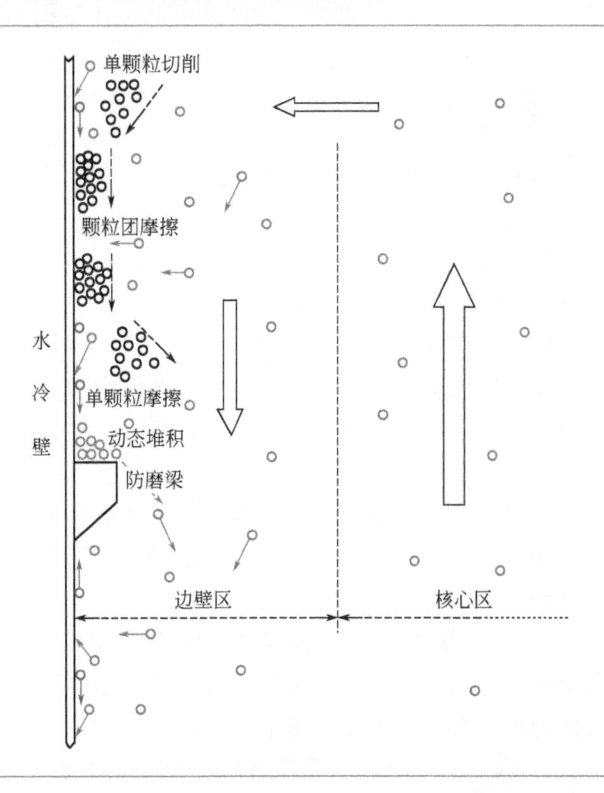

循环流化床锅炉水冷壁遭受的机械磨损可以归纳为：①颗粒团贴壁滑动摩擦磨损；②颗粒分散相贴壁滑动摩擦磨损；③颗粒分散相斜向撞击磨损。同时，对于水冷壁的某一局部区域，颗粒团贴壁下滑、颗粒分散相贴壁下滑以及颗粒分散相斜向撞击三种流动形态同时或交替出现，因此上述三种磨损形态也将同时或交替出现。图 4-7 给出了水冷壁磨损模型的结构。

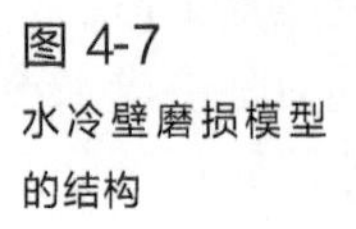
图 4-7
水冷壁磨损模型的结构

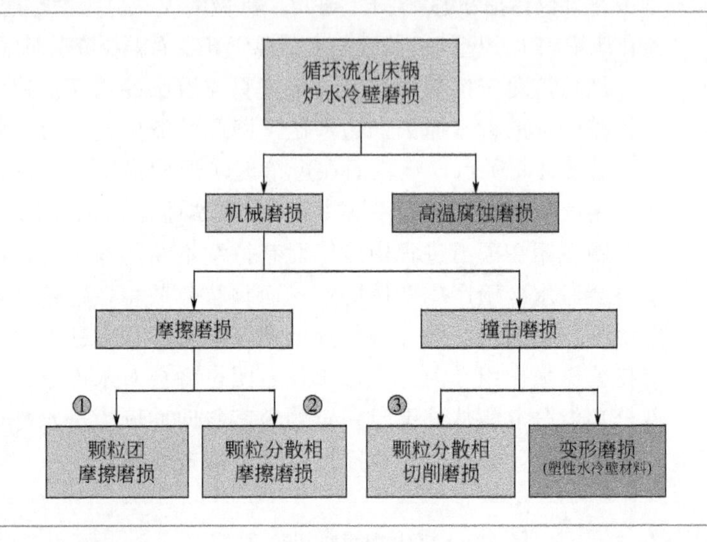

4.5.1 水冷壁磨损模型

水冷壁磨损模型以循环流化床锅炉气固流动数值计算结果中的水冷壁面颗粒流动参数作为输入参数。

气固流动特性数值计算中，水冷壁被一层若干个贴壁加密网格覆盖，在计算条件允许的情况下网格尺寸尽可能地小以达到较高的计算精度和准确度。模型计算中以贴壁层网格内的气固流动数据代表水冷壁面颗粒流动数据，即气固流动特性计算结果中用作磨损模型输入参数的数据均取自最靠近水冷壁壁面的一层网格。与此同时，不管是水冷壁面气固流动分析还是磨损分析均以单个贴壁层网格为基本单位，所有贴壁网格的气固流动情况和磨损情况组成了整个水冷壁面的气固流动和磨损分布。

如图 4-8 所示，以一个贴壁网格为对象进行了磨损模型表达式的推导，具体如下：

① 网格内水冷壁面上，既有颗粒团贴壁滑动区域，也有颗粒分散相贴壁滑动区域，同时还有既无贴壁颗粒团又无贴壁颗粒分散相分布的区域，此区域即为外围颗粒分散相可撞击区域。

② 假设网格内壁面颗粒团覆盖区域时均面积百分率为 f。

③ 贴壁颗粒分散相以与颗粒团中颗粒相同的方式贴壁滑动而产生摩擦磨损，模型以假设贴壁颗粒分散相堆积成颗粒团形态的方式计算贴壁颗粒分散相的时均壁面覆盖面积百分率。因此，产生摩擦磨损作用的贴壁颗粒分散相的时均壁面覆盖面积百分率为 $(\varepsilon_{sd}/\varepsilon_{sc})(1-f)$。其中，$\varepsilon_{sd}$ 为颗粒分散相中固相体积分数；ε_{sc} 为颗粒团中固相体积分数，取 0.4。

④ 那么，网格内水冷壁面上剩余的外围颗粒分散相可撞击区域的时均面积百分率为 $1-f-(\varepsilon_{sd}/\varepsilon_{sc})(1-f)$。

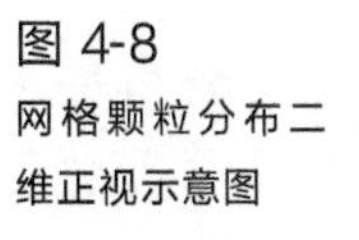
图 4-8
网格颗粒分布二维正视示意图

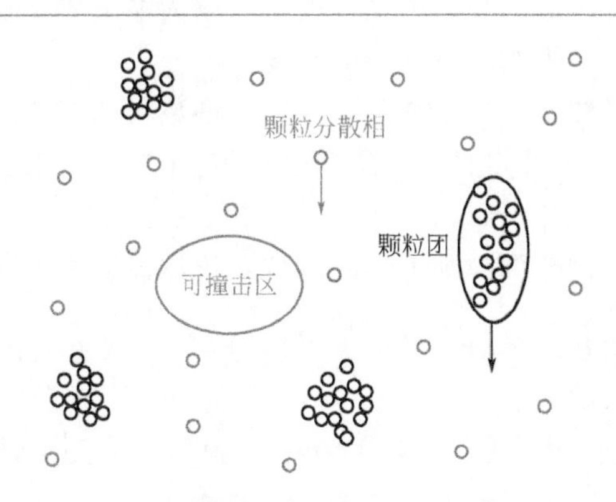

因此，基于循环流化床气固流动特性的水冷壁磨损模型（颗粒稀密两相磨损模型）总表达式为

$$E'_{t}=fE'_{t\text{-}a\text{-}c}+\frac{\varepsilon_{sd}}{\varepsilon_{sc}}(1-f)E'_{t\text{-}a\text{-}d}+\left[1-f-\frac{\varepsilon_{sd}}{\varepsilon_{sc}}(1-f)\right]E'_{t\text{-}i\text{-}d} \quad (4\text{-}111)$$

式中，E'_{t} 为水冷壁总磨损速率，m/s；$E'_{t\text{-}a\text{-}c}$ 为颗粒团摩擦磨损速率，m/s；$E'_{t\text{-}a\text{-}d}$ 为颗粒分散相摩擦磨损速率，m/s；$E'_{t\text{-}i\text{-}d}$ 为颗粒分散相撞击切削磨损速率，m/s。

颗粒团壁面覆盖时均百分率 f 受床中固体颗粒浓度的影响，表达式为[20]

$$f=K_{c}\left(\frac{1-\varepsilon_{gw}-\varepsilon_{sd}}{1-\varepsilon_{gc}}\right)^{0.5} \quad (4\text{-}112)$$

式中，K_{c} 为比例系数，建议取 0.1～0.5，对于较大颗粒浓度建议取大值[20]，模型中取 0.5；ε_{gw} 为水冷壁面气相体积分数；ε_{sd} 为颗粒分散相中颗粒体积分数；ε_{gc} 为颗粒团中气相体积分数，取 0.6。

基于 2.4 小节关于颗粒摩擦磨损表达式的综述和推导分析，采用 Rogers[32] 推出的单位面积多颗粒瞬时摩擦磨损质量速率的表达式(2-72)。因此，式(4-111) 中颗粒团摩擦磨损速率 $E'_{t\text{-}a\text{-}c}$ 和颗粒分散相摩擦磨损速率 $E'_{t\text{-}a\text{-}d}$ 的表达式为

$$E'_{t\text{-}a\text{-}c}=K_a\frac{\tau_{s\text{-}n\text{-}c}v_{s\text{-}slip\text{-}c}}{H_m} \tag{4-113}$$

$$E'_{t\text{-}a\text{-}d}=K_a\frac{\tau_{s\text{-}n\text{-}d}v_{s\text{-}slip\text{-}d}}{H_m} \tag{4-114}$$

式中，K_a 为摩擦磨损比例系数；$\tau_{s\text{-}n\text{-}c}$ 为颗粒团对水冷壁面的法向应力；$\tau_{s\text{-}n\text{-}d}$ 为颗粒分散相对水冷壁面的法向应力；$v_{s\text{-}slip\text{-}c}$ 为颗粒团相对水冷壁面的切向滑移速度，模型计算中取为贴壁颗粒轴向速度；$v_{s\text{-}slip\text{-}d}$ 为颗粒分散相相对水冷壁面的切向滑移速度，也取为贴壁颗粒轴向速度；H_m 为被磨损材料的硬度，即水冷壁材料的硬度。

其中，$v_{s\text{-}slip\text{-}c}$ 和 $v_{s\text{-}slip\text{-}d}$ 两个参数可直接从水冷壁面气固流场数值计算结果中得到，而 $\tau_{s\text{-}n}$ 需要通过气固流场计算结果间接再计算获得，过程如下。

在结合颗粒动力学的欧拉双流体模型中，颗粒相的动量守恒方程为

$$\frac{\partial}{\partial t}(\varepsilon_s\rho_s\vec{v}_s)+\nabla(\varepsilon_s\rho_s\vec{v}_s\vec{v}_s)=-\varepsilon_s\nabla p+\nabla\bar{\bar{\tau}}_s+\varepsilon_s\rho_s\vec{g}+\sum_{g=1}^{N}[K_{gs}(\vec{v}_g-\vec{v}_s)+\dot{m}_{gs}\vec{v}_{gs}-\dot{m}_{sg}\vec{v}_{sg}]+(\vec{F}_s+\vec{F}_{lift,s}+\vec{F}_{vm,s}) \tag{4-115}$$

式中，下标 s 代表固相，g 代表气相；ε_s 为固相体积分数；ρ_s 为固相真实密度；$\vec{v}_s$ 为固相速度；p 为所有相的共同压力；$\vec{g}$ 为重力加速度；N 为所有相的相数；K_{gs} 为 g 相和 s 相之间的动量交换系数；$\dot{m}_{gs}$ 和 $\dot{m}_{sg}$ 为 g 相和 s 相之间的质量交换速率；$\vec{v}_{gs}$ 和 $\vec{v}_{sg}$ 为 g 相和 s 相间的相对滑移速度；$\vec{F}_s$ 为颗粒外部体积力；$\vec{F}_{lift,s}$ 为颗粒受到的升力；$\vec{F}_{vm,s}$ 为颗粒虚拟质量力；$\bar{\bar{\tau}}_s$ 为固相应力张量，它的具体表达式为

$$\bar{\bar{\tau}}_s=-p_s\bar{\bar{I}}+\varepsilon_s\mu_s(\nabla\vec{v}_s+\nabla\vec{v}_s^T)+\varepsilon_s\left(\lambda_s-\frac{2}{3}\mu_s\right)\nabla\vec{v}_s\bar{\bar{I}} \tag{4-116}$$

式中，μ_s 为固相剪切黏度；λ_s 为固相堆积黏度；$\bar{\bar{I}}$ 为单位张量；p_s 为固相压力，由颗粒外部指向内部方向。其中固相压力采用的模型为 Lun 等的模型[33]，其值可从气固流场数值计算结果中直接获得。

对于固相应力张量 $\bar{\bar{\tau}}_s$，可将其分解为 9 个方向的分量，如图 4-9 所示。对于循环流化床二维冷态试验台气固流场数值计算，水冷壁所在的平面为 Y-Z 平面（几何模型坐标原点位于布风板中心，X 方向为炉膛宽度方向，Y 方向为炉膛深度方向，Z 方向为炉膛高度方向），因此，式(4-113) 和式 (4-114) 中颗粒对水冷壁面的法向应力 $\tau_{s\text{-}n\text{-}c}$ 和 $\tau_{s\text{-}n\text{-}d}$ 取为数值计算结果中的 τ_{sxx}。

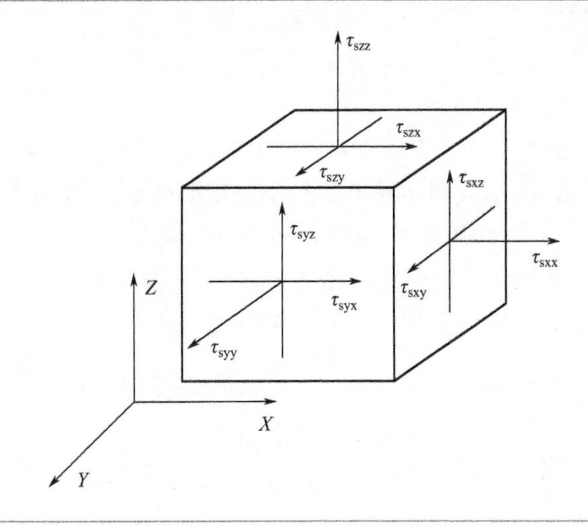

图 4-9
固相应力张量

根据图 4-9 将式(4-116) 写成矩阵的形式，得到

$$\begin{pmatrix}\tau_{sxx} & \tau_{syx} & \tau_{szx}\\ \tau_{sxy} & \tau_{syy} & \tau_{szy}\\ \tau_{sxz} & \tau_{syz} & \tau_{szz}\end{pmatrix} = -p_s\begin{pmatrix}1 & 0 & 0\\ 0 & 1 & 0\\ 0 & 0 & 1\end{pmatrix} + \varepsilon_s\mu_s\left[\begin{pmatrix}\frac{\partial v_{sx}}{\partial x} & \frac{\partial v_{sy}}{\partial x} & \frac{\partial v_{sz}}{\partial x}\\ \frac{\partial v_{sx}}{\partial y} & \frac{\partial v_{sy}}{\partial y} & \frac{\partial v_{sz}}{\partial y}\\ \frac{\partial v_{sx}}{\partial z} & \frac{\partial v_{sy}}{\partial z} & \frac{\partial v_{sz}}{\partial z}\end{pmatrix} + \begin{pmatrix}\frac{\partial v_{sx}}{\partial x} & \frac{\partial v_{sx}}{\partial y} & \frac{\partial v_{sx}}{\partial z}\\ \frac{\partial v_{sy}}{\partial x} & \frac{\partial v_{sy}}{\partial y} & \frac{\partial v_{sy}}{\partial z}\\ \frac{\partial v_{sz}}{\partial x} & \frac{\partial v_{sz}}{\partial y} & \frac{\partial v_{sz}}{\partial z}\end{pmatrix}\right] + \varepsilon_s\left(\lambda_s - \frac{2}{3}\mu_s\right)\left(\frac{\partial v_{sx}}{\partial x} + \frac{\partial v_{sy}}{\partial y} + \frac{\partial v_{sz}}{\partial z}\right)\begin{pmatrix}1 & 0 & 0\\ 0 & 1 & 0\\ 0 & 0 & 1\end{pmatrix} \tag{4-117}$$

由于水冷壁磨损模型计算只需要 τ_{sxx}，因此，颗粒对水冷壁面的法向应力计算公式为

$$\tau_{sxx} = -p_s + \varepsilon_s\mu_s\left(\frac{\partial v_{sx}}{\partial x} + \frac{\partial v_{sx}}{\partial x}\right) + \varepsilon_s\left(\lambda_s - \frac{2}{3}\mu_s\right)\left(\frac{\partial v_{sx}}{\partial x} + \frac{\partial v_{sy}}{\partial y} + \frac{\partial v_{sz}}{\partial z}\right) \tag{4-118}$$

式中，固相剪切黏度 μ_s，源于颗粒本身的运动和颗粒间的碰撞作用，采用 syamlal-obrien[34] 模型描述，其表达式为

$$\mu_s = \mu_{s,col} + \mu_{s,kin} \tag{4-119}$$

其中，固相剪切黏度的碰撞部分 $\mu_{s,col}$ 为

$$\mu_{s,col} = \frac{4}{5}\varepsilon_s\rho_s d_s g_{0,ss}(1 + e_{ss})\left(\frac{\Theta_s}{\pi}\right)^{1/2} \tag{4-120}$$

固相剪切黏度的动能部分 $\mu_{s,kin}$ 为

$$\mu_{s,kin}=\frac{\varepsilon_s d_s \rho_s \sqrt{\Theta_s \pi}}{6(3-e_{ss})}\left[1+\frac{2}{5}(1+e_{ss})(3e_{ss}-1)\varepsilon_s g_{0,ss}\right] \tag{4-121}$$

式(4-120) 和式(4-121) 中，e_{ss} 为颗粒间碰撞恢复系数；d_s 为固相平均直径；$g_{0,ss}$ 为固相从堆积状态浓度到体积分数为零状态的过渡分布函数，采用 Lun 等的模型[33]描述；Θ_s 为颗粒温度。

式(4-118) 中的固相堆积黏度 λ_s 同样采用 Lun 等的[33]模型描述，该参数表示的是颗粒相压缩或碰撞的阻力。

$$\lambda_s=\frac{4}{3}\varepsilon_s \rho_s d_s g_{0,ss}(1+e_{ss})\left(\frac{\Theta_s}{\pi}\right)^{1/2} \tag{4-122}$$

此外，式(4-118) 中的 $\frac{\partial v_{sx}}{\partial x}$、$\frac{\partial v_{sy}}{\partial y}$、$\frac{\partial v_{sz}}{\partial z}$ 均可从气固流场数值计算结果中直接获得。至此，便可求出颗粒对水冷壁面的法向应力 $\tau_{s\text{-}n}$。

对于式(4-113) 和式(4-114) 中的水冷壁材料硬度 H_m，岑可法等[10]指出循环流化床锅炉炉内烟气温度的变化将影响受热面管壁温度，管壁温度的变化将在很大程度上影响到金属材料的机械强度，管壁温度对金属材料表面的影响为：

① 在室温条件并有氧气存在时，水冷壁金属表面出现氧化膜，主要由 $\gamma\text{-}Fe_2O_3$ 组成，或由 $\gamma\text{-}Fe_2O_3$ 及 20% Fe_3O_4+80% Fe_2O_3 的混合物组成；

② 在 80～120℃壁温范围内，氧化膜基本上由 $\gamma\text{-}Fe_2O_3$ 组成；

③ 在 130～250℃壁温范围内，氧化膜由 $\alpha\text{-}Fe_2O_3$ 组成；

④ 在 250～300℃壁温范围内，氧化膜的 $\alpha\text{-}Fe_2O_3$ 出现磁性；

⑤ 在 300～350℃壁温范围内，氧化膜分别由两层 $\alpha\text{-}Fe_2O_3$ 及 Fe_3O_4 组成，在两层之间由一很薄的 $\gamma\text{-}Fe_2O_3$ 层相隔开；

⑥ 随着壁温的再进一步升高，这些氧化膜的相互厚度将产生变化。

水冷壁金属壁面的耐磨性与壁面氧化膜的厚度及其硬度有密切关系，通常由三层组成的氧化膜和空气接触的最外层为 Fe_2O_3，该层很薄，中间层为 Fe_3O_4，而内层为 FeO。各层材料的硬度见表 4-5。

表 4-5 流化床锅炉运行中水冷壁面的金属材料及硬度

管壁材料	Fe_2O_3	Fe_3O_4	FeO	Fe(光管)
硬度/MPa	11450	6450	5500	1400

实际循环流化床锅炉运行过程中，准确判断磨损发生层所对应的材料困难，所以磨损模型计算时水冷壁材料的硬度 H_m 取表 4-5 中四种材料硬度的平均值 6200MPa；同时计算两个极端硬度 1400MPa 和 11450MPa 下水冷壁管的磨损速率，可得到管壁磨损速率的分布范围。

对于式(4-111) 中的颗粒分散相撞击水冷壁面切削磨损速率 $E'_{t\text{-}i\text{-}d}$ (m/s)，基于 Finnie 的单颗粒切削磨损模型[35]进行计算，以单位时间单位面积上撞击水冷壁面的颗粒质量 m_{sf}代替单个颗粒质量 m_p[36]，得到如下表达式：

$$E'_{t\text{-}i\text{-}d}=C\frac{m_{sf}\vec{v}_s^{\,2}}{pK}\left(\sin 2\alpha-\frac{6}{K}\sin^2\alpha\right)\qquad \tan\alpha\leqslant\frac{K}{6} \tag{4-123}$$

$$E'_{t\text{-}i\text{-}d}=C\frac{m_{sf}\vec{v}_s^{\,2}}{pK}\left(\frac{K\cos^2\alpha}{6}\right)\qquad \tan\alpha>\frac{K}{6} \tag{4-124}$$

式中，$C=1/\varphi$；$\vec{v}_s$为颗粒撞击水冷壁面的速度，可直接从气固流场数值计算结果中提取；材料塑性流动应力 p 取为水冷壁材料的硬度 H_m；φ 和 K 一般通过实验或实验拟合确定；m_{sf}的表达式为

$$m_{sf}=\varepsilon_{sd}\rho_s v_{s\text{-}n} \tag{4-125}$$

式中，ε_{sd}为水冷壁面的颗粒分散相中固相体积分数；ρ_s 为颗粒密度；$v_{s\text{-}n}$为颗粒相对水冷壁面的法向速度，其方向需指向壁面，否则 m_{sf}为 0。

颗粒撞击水冷壁面的角度 α 定义为

$$\alpha=\arcsin\frac{|\vec{v}_{s\text{-}n}|}{|\vec{v}_s|} \tag{4-126}$$

4.5.2 水冷壁磨损模型计算参数

表 4-6 给出了水冷壁磨损模型总计算式(4-111) 需要的参数以及这些参数值的获取方法。参数 φ、K 和 K_a 基于水冷壁磨损计算结果和对应工况的磨损实验结果拟合得到[32]。

表 4-6　水冷壁磨损模型计算参数的意义及取值

参数	物理意义	取值
f	颗粒团壁面时均覆盖率	公式(4-112)
ε_{sd}	颗粒分散相中颗粒体积分数	炉膛中心颗粒体积分数
ε_{sc}	颗粒团中固相体积分数	0.4
ε_{gc}	颗粒团中气相体积分数	0.6
ε_{gw}	水冷壁面气相体积分数	气固流场数值计算结果
$\tau_{s\text{-}n\text{-}c}$	颗粒团对水冷壁面的法向应力	根据气固流场数值计算结果计算
$\tau_{s\text{-}n\text{-}d}$	颗粒分散相对水冷壁面的法向应力	根据气固流场数值计算结果计算
$v_{s\text{-}slip\text{-}c}$	颗粒团相对水冷壁面的切向滑移速度	气固流场数值计算结果
$v_{s\text{-}slip\text{-}d}$	颗粒分散相相对水冷壁面的切向滑移速度	气固流场数值计算结果
H_m	水冷壁材料的硬度	6200MPa/1400MPa/11450MPa
m_{sf}	撞击水冷壁面的颗粒质量流率	根据气固流场数值计算结果计算
ρ_s	颗粒密度	2300kg/m³

续表

参数	物理意义	取值
$v_{s\text{-}n}$	颗粒分散相相对水冷壁面的法向速度	气固流场数值计算结果
α	颗粒分散相撞击水冷壁面的角度	根据气固流场数值计算结果计算
v_s	颗粒撞击水冷壁面的总速度	气固流场数值计算结果
φ	颗粒切削材料表面产生的切槽长度与深度比	拟合
K	颗粒切削壁面过程中对壁面的法向作用力与切向作用力之比	拟合
K_a	摩擦磨损比例系数	拟合

水冷壁磨损模型中，φ、K 和 K_a 为多个颗粒的平均特性值，不考虑颗粒外形对这三个参数的影响，同时假设这三个参数与磨损材料特性无关。

对这三个参数的拟合过程如下[32]：

① 对应循环流化床试验台磨损试验工况和测量点，在试验台气固流场数值计算结果的基础上，采用水冷壁磨损模型计算出这些工况下各磨损测量点处的磨损计算值。

② 根据磨损模型磨损计算结果与实验所得磨损结果差距最小的原则确定参数 φ、K 和 K_a。基于此，建立目标函数 $f(\varphi, K, K_a)$。

$$f(\varphi,K,K_a)=\sqrt{\frac{\sum_{k=1}^{n}RE_k^2}{n}} \tag{4-127}$$

为多个磨损计算值与对应实验值的平均均方根误差。式中，n 为用于拟合的磨损点数据的数量；RE_k 为磨损计算值和对应实验值的相对误差，其表达式为

$$RE_k=\left[\frac{E'_m-E'_t}{E'_m}\right]_k \tag{4-128}$$

式中，E'_m 为实验测得的磨损速率数据；k 表示第 k 组磨损速率计算值和实验值。因此，使目标函数 $f(\varphi, K, K_a)$ 的值最小，便可确定参数 φ、K 和 K_a 的值。

③ 拟合采用 Nelder 和 Mead[37] 的 Simplex 寻优算法找到使目标函数 $f(\varphi, K, K_a)$ 值最小时 φ、K 和 K_a 的值。根据夏云飞[38]在一、二维循环流化床磨损试验台上得到的结果，见表 4-7。

表 4-7 参数 φ、K 和 K_a 的拟合结果和文献推荐值

系数	φ	K	K_a	f
颗粒贴壁流动区	8.58	2.57	0.16	0.75
防磨梁上沿颗粒动态堆积区	8.28	3.11	0.0001	0.54
文献推荐值	2～10[35]	1.6～6[35]		

4.6　碱金属钠迁移模型

煤中的碱金属钠进入炉膛后会经历一系列复杂的物理化学转化，图 4-10 为其在炉内的迁移转化机理。为反映其迁移转化过程，碱金属钠迁移模型中考虑了以下子模型：碱金属钠析出子模型、碱金属钠的均相/非均相反应子模型、碱金属钠蒸气凝结子模型、颗粒沉积子模型、颗粒脱落子模型。

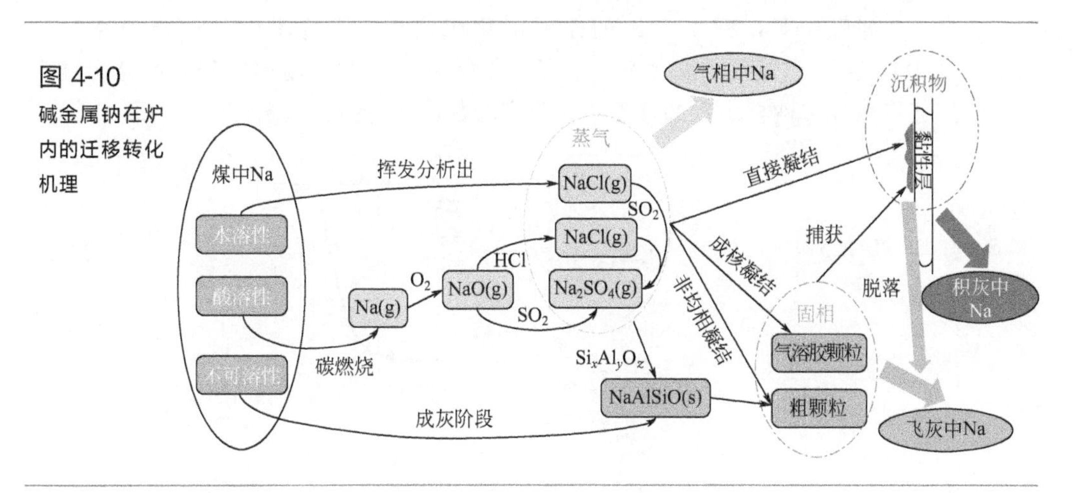

图 4-10
碱金属钠在炉内的迁移转化机理

4.6.1　碱金属钠析出模型

煤中碱金属钠的析出形式和含量与其赋存形态直接相关。通常，研究者将煤中的碱金属钠分为了四类：水溶性钠、醋酸铵溶性钠、盐酸溶性钠和不可溶性钠[39]。一般地，水溶性钠会在脱挥发分阶段析出以 NaCl 的形式释放[40]；醋酸铵溶性和盐酸溶性钠会以 Na 原子的形态随着碳燃烧过程析出[41]。

这里以钠含量较多的新疆准东五彩湾煤为例，对钠析出模型进行介绍。

根据 Liu 等的实验结果[42]，准东五彩湾煤中四种形态的钠所占比例分别为：水溶性 72.1%；醋酸铵溶性 13.3%；盐酸溶性 2.8%；不可溶性 11.8%。考虑到循环流化床的运行温度一般在 900℃左右，实验[42]发现此温度下，有 26%的水溶性钠和 7%的醋酸铵溶性钠析出至气相中，另外 20%的水溶性钠转化成盐酸溶性的钠，而不可溶性钠的含量随着温度的变化基本保持不变。基于此，模型假设在水分蒸发阶段无钠析出；脱挥发分阶段，煤中部分水溶性钠以 NaCl 的形式析出［式(4-129)］；碳燃烧阶段，部分醋酸铵溶性钠以 Na 原子的形态析出［式(4-130)、式(4-131)］。

模型对于煤中的Cl元素做了如下考虑：一部分与Na结合，以NaCl的形式析出；另一部分以HCl的形态在脱挥发分阶段释放[43]，如式(4-129)所示。式中各挥发分的质量分数根据煤的元素分析、工业分析通过4.3节煤燃烧模型中的方法确定。

$$挥发分 \longrightarrow aCH_4+bH_2+cCO_2+dCO+eH_2O+f焦油+gH_2S+hNH_3+iHCN+jNaCl+kHCl \quad (4\text{-}129)$$

$$C(N_xS_yNa_z)+(1/2+x/2+y)O_2 \longrightarrow CO+xNO+ySO_2+zNa \quad (4\text{-}130)$$

$$C(N_xS_yNa_z)+(1+x/2+y)O_2 \longrightarrow CO_2+xNO+ySO_2+zNa \quad (4\text{-}131)$$

研究表明，在1173K的循环流化床锅炉内，煤颗粒的升温速率可达100K/s[44]；按此升温速率，根据上述反应的动力学速率方程，可算出准东五彩湾煤中钠析出量的理论值，与实验数值[42]的对比符合较好（图4-11）。

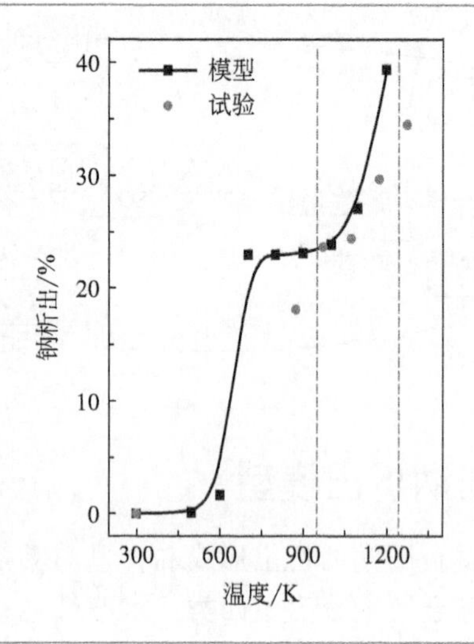

图4-11 碱金属钠析出模型的验证

4.6.2 气相碱金属钠均相反应

从煤中析出后，气相钠化合物会与烟气中的气体组分发生均相反应，使气相钠的成分和含量发生变化。模型认为NaCl和Na_2SO_4是稳定存在于气相中的两种主要含钠化合物[45]。Oleschko等[46,47]曾采用HPMS方法对煤燃烧过程中的气相碱金属钠进行了在线测量，未发现除NaCl和Na_2SO_4外的其他含钠气相化合物。

对于气相钠的反应机理，Glarborg和Marshall[48]曾提出包含S、Cl、K、Na元素的详细机理模型，其中涉及24种反应物以及105个机理反应。在循环流化床燃烧模拟中加入过多的反应物和机理反应，计算时间将大为增加，可对上述详细反应机理进行简化以达到高效计算的目的。为研究上述反应包中各机理反应对 NaCl、Na_2SO_4 两种组分的生成和消耗影响，可采用化学动力学软件 Chemkin 进行计算分析，以筛选出对两种组分影响最大的相关反应。

为实现 Chemkin 模拟计算，首先建立 Na 高温形态分布的化学动力学模型。反应机理包括涉及 C、H、O、N 元素的 GADM98 详细化学反应机理[49]以及 Glarborg 等[48]提出的 S、Cl、K、Na 元素详细化学反应机理。模型中涉及的主要元素和化合物如表 4-8 所示。基元反应的速率常数由 Arrenhenius 形式给出。

表 4-8　化学动力学模型中包含的元素及组分

元素	组分
H、O、N	H、O、OH、H_2、H_2O、O_2、N_2、HO_2、H_2O_2
C	CO、CO_2
S	S、SO、H_2S、SH、SO_2、SO_3
Cl	Cl、HCl、ClO、Cl_2、NaCl、Na_2Cl_2、$NaSO_3Cl$
Na	Na、NaO、NaOH、NaO_2、$Na_2H_2O_2$、Na_2Cl_2、$NaSO_2$、$NaSO_3$、Na_2SO_4、$NaHSO_4$、$NaSO_3Cl$
K	K、KO、KOH、KO_2、$K_2H_2O_2$、KCl、K_2Cl_2、KSO_2、KSO_3、$KHSO_4$、K_2SO_4、KSO_3Cl

图 4-12 给出了含钠气相产物的物质的量分数与温度的关系。可见在循环流化床运行温度区间（1100～1200K），组分 NaCl 以及 Na_2SO_4 的含量都有明显增加。为进一步分析各机理反应对反应产物的影响程度，对两种产物的生成进行了敏感性分析。

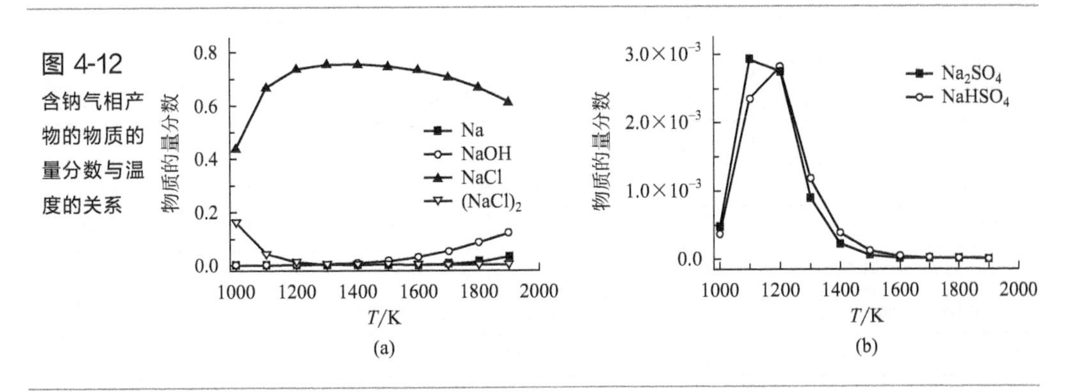

图 4-12 含钠气相产物的物质的量分数与温度的关系

敏感性分析是一种深入直观分析组分、基元反应和反应条件等因素对系统反应参数敏感程度的方法。总体敏感性分析用于机理简化，局部敏感性分析用于研究详细机理的化学动力学特性。局部敏感性分析的正交表达式如下：

$$\widetilde{S}=\frac{k_i\partial c_i}{c_i\partial k_i}=\frac{\partial \ln c_i}{\partial \ln k_i} \tag{4-132}$$

式中，$\widetilde{S}$ 为正交敏感系数；k_i 为机理中第 i 个基元反应的参数，如速率常数；c_i 为机理中第 i 种物质的浓度。

$\widetilde{S}$ 表示某一物质浓度与某个基元反应速率常数之间的敏感性，负值表示该反应对产物的生成起抑制作用，数值越小，抑制作用越强；正值表示该反应对产物的生成起促进作用，数值越大，促进作用越强。

图 4-12 中 NaCl 和 Na_2SO_4 的敏感性分析结果如图 4-13 所示，图中仅给出了对产物影响最大的相关反应。根据敏感性分析结果，对 NaCl 和 Na_2SO_4 的生成起较大作用的均相反应如表 4-9 中的式(4-133)～式(4-137) 所示，因而将它们加入到碱金属钠迁移模型中。此外，根据 Tomeczek 等[50]的研究认为 NaCl 与 Na_2SO_4 之间存在着转化反应，故将反应式(4-138) 补充至均相反应子模型中。

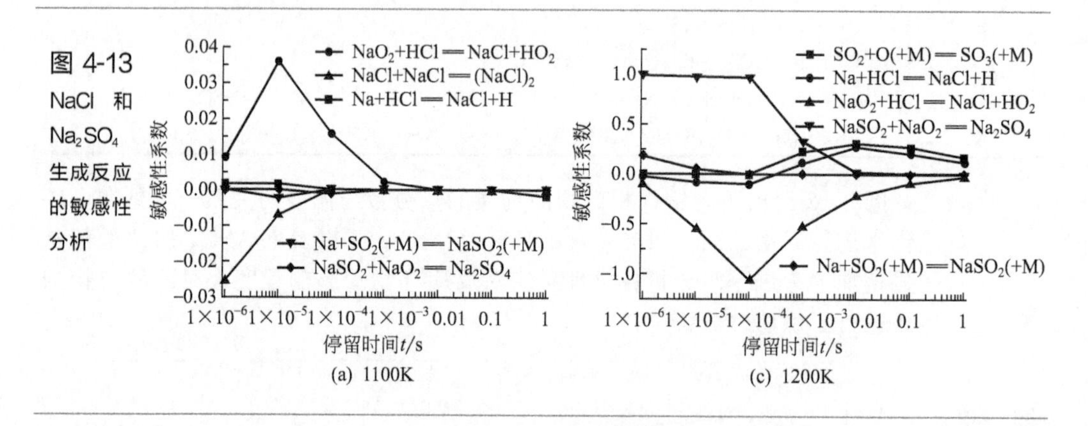

图 4-13 NaCl 和 Na_2SO_4 生成反应的敏感性分析

表 4-9 气相钠均相反应的速率常数

反应方程	A	n	E
$Na+HCl \longrightarrow NaCl+H$ (4-133)	2.41×10^8	0	41800
$Na+O_2 \longrightarrow NaO_2$ (4-134)	1.38×10^6	−2.05	1713
$NaO_2+HCl \longrightarrow NaCl+HO_2$ (4-135)	1.39×10^8	0	0
$Na+SO_2 \longrightarrow NaSO_2$ (4-136)	9.25×10^6	0	0
$NaSO_2+NaO_2 \longrightarrow Na_2SO_4$ (4-137)	1.0×10^8	0	0
$2NaCl+SO_2+H_2O+0.5O_2 \longrightarrow Na_2SO_4+2HCl$ (4-138)	5.0×10^8	0	10100

4.6.3 气相碱金属钠非均相反应

煤灰成分中的 Si、Al 等元素会吸附气相中的碱金属，起到固钠的作用[51]。在 Punjak、Uberoi 以及 Shadman[52-54]基于铝土矿、高岭土、酸性白土等固相吸附剂吸附碱金属蒸气反应研究建立的不同吸附剂吸附数学模型基础上，Niksa 等[41]给出了简化的一步反应式(4-139) 来描述煤灰中无机成分对气相碱金属的吸附作用。本模型中即采用该式计算吸附反应速率。

$$K_{\mathrm{MAc}}=7.2\times 10^{9}\exp\left(-\frac{63\mathrm{kJ/mol}}{R_{\mathrm{g}}T}\right)C_{\mathrm{MAc}} \tag{4-139}$$

式中，K_{MAc} 的单位为 $\mathrm{mol/(m^3 \cdot s)}$；$C_{\mathrm{MAc}}$ 表示碱金属组分的浓度，$\mathrm{mol/m^3}$。

4.6.4 碱金属钠蒸气凝结模型

在炉内高温环境下，处于饱和或接近饱和状态的碱金属蒸气一旦接触到炉内低温受热面或低温固体颗粒，由于温度降低将导致碱金属蒸气过饱和而发生凝结。壁面上的凝结产物容易形成黏性较大的初始层，导致飞灰颗粒被壁面捕获的概率增大。

凝结一般分为三种类型[55]：①碱金属蒸气直接在受热面表面发生凝结，即直接凝结；②碱金属蒸气在颗粒表面发生凝结，即非均相凝结；③碱金属蒸气凝结成核而变成溶胶态，即均相凝结（成核）。

蒸气凝结反应能否发生，主要取决于烟气组分的分压力是否达到饱和蒸气压力值；而凝结的类型通常可以用过饱和度 S_{A} 来判断，如式(4-140) 所示[55]。当 $S_{\mathrm{A}}=1$ 时，系统处于平衡状态；在 $1<S_{\mathrm{A}}<10$ 范围内，非均相凝结起主要作用；当 S_{A} 高于 10 时，直接凝结和均相凝结均会发生。Wieland[56]发现当气相温度达到 1000℃且 S_{A} 达到 10 左右时，均相凝结才开始形成，而通常循环流化床锅炉炉膛的运行温度低于 1000℃，故在本模型中暂不考虑均相凝结的作用。

$$S_{\mathrm{A}}=\frac{p_i}{p_{i,\mathrm{s}}(T)} \tag{4-140}$$

式中，p_i 为烟气中组分 i 的分压力，$p_{i,\mathrm{s}}(T)$ 表示温度 T 时组分 i 的饱和蒸气压。

对于第一类直接凝结，凝结量可通过式(4-141)～式(4-143) 计算，即取决于烟气组分的分压与饱和蒸气压的差值，并考虑了壁面温度的影响。

$$C_{\mathrm{der}}=Sh\,\frac{(D_i(T_{\mathrm{g}})D_i(T_{\mathrm{s}}))^{0.5}}{D_{\mathrm{h}}R_{\mathrm{g}}}\left(\frac{p_i(T_{\mathrm{g}})}{T_{\mathrm{g}}}-\frac{p_{i,\mathrm{s}}(T_{\mathrm{s}})}{T_{\mathrm{s}}}\right) \tag{4-141}$$

$$Sh=0.023Re^{0.8}Sc^{0.4} \tag{4-142}$$

$$Sc=\mu_{\mathrm{g}}/(\rho_{\mathrm{g}}D_i(T_{\mathrm{g}})) \tag{4-143}$$

式中，D_i 表示组分 i 的扩散系数；D_{h} 为沉积管的管径；p_i 为组分 i 的分压力；$p_{i,\mathrm{s}}(T_{\mathrm{s}})$ 为壁面温度下烟气组分的饱和蒸气压力，可采用式(4-144) 计算。烟气中的主要凝结组分为碱金属化合物，表 4-10 给出了计算 NaCl 以及 $\mathrm{Na_2SO_4}$ 的饱和蒸气压所需的系数 A_0、B_0、C_0[57]。

$$\lg p_{i,s}(T_s)=A_0(10000/T_s-B_0)+C_0 \tag{4-144}$$

表 4-10　碱金属饱和蒸气压计算系数

组分	单位	NaCl		KCl		Na_2SO_4	K_2SO_4
T_{melt}	K	1074		1046		1161	1342
T_{boil}	K	1738		1686		1702	1962
T	K	<1074	≥1074	<1065	≥1065	—	—
A_0	—	−1.18	−0.94	−1.12	−0.89	−1.65	−1.72
B_0	—	9.32	5.75	9.39	5.96	6.00	6.45
C_0	—	−3.34	0.02	−3.04	0.01	−3.20	−3.20

随着锅炉运行时间的增加，受热面上沉积物的含量不断增多，此时沉积层表面的温度随之改变。考虑到沉积层的热阻，壁面温度按式(4-145)进行修正。

$$T_s=\frac{L_{dep}}{\lambda_d}q_h+T_w \tag{4-145}$$

式中，L_{dep}和q_h分别为沉积层厚度和热流量，可从模拟结果中直接获取；λ_d为沉积物的热导率，其取值参考Yang等[58]和Tomeczek等[59]的文献。

对于第二类非均相凝结，凝结量一方面取决于碱金属蒸气在气相中的分压力；另一方面还取决于颗粒的物性，包括粒径、温度等，采用式(4-146)计算。

$$C_{het}=\frac{6F_iMW_i}{\rho_i d_p^3\pi} \tag{4-146}$$

$$F_i=\frac{2\pi D_i(T_g)d_p(p_i(T_g)-p_{i,s}(T_p))}{k_BT_g} \tag{4-147}$$

式中，MW_i为组分i的摩尔质量；ρ_i为凝结组分i的密度；k_B为玻尔兹曼常数。

4.6.5 颗粒沉积模型

飞灰中携带的碱金属随着飞灰颗粒的沉积而滞留在受热面表面，导致沉积层的黏度增大。飞灰颗粒的沉积机理主要包括[60]凝结（C）、惯性碰撞（I）、热泳（TH）、布朗扩散（BD）以及涡流扩散（ED），沉积质量随时间的变化可以用式(4-148)表示。其中，凝结沉积对于壁面初始黏性层的形成起到关键作用，凝结量的计算已在4.6.4节中说明。

$$\frac{dm(t,\theta)}{dt}=C(t,\theta)+TH(t,\theta)+I(t,\theta)+BD(t,\theta)+ED(t,\theta) \tag{4-148}$$

炉内的大颗粒（粒径大于 10μm）主要受惯性碰撞的作用而沉积；粒径小于 1μm 的颗粒受热泳作用的影响较大；粒径小于 0.1μm 的小颗粒则受布朗扩散或涡流扩散作用而沉积。流化床燃烧试验[61]发现，飞灰颗粒中粒径小于 0.1μm 的数量少，故在本模型中暂时不考虑布朗扩散和涡流扩散的影响。

(1) 惯性碰撞

颗粒通过惯性碰撞的沉积量主要取决于入射颗粒的质量流率、颗粒碰撞效率以及颗粒黏附概率，如式(4-149) 所示。其中碰撞效率定义为与障碍物发生碰撞的颗粒质量与靠近障碍物表面总颗粒质量的比值，该数值可用无量纲数 St 的函数来表征[62]；此处 St 表示颗粒惯性力与曳力的比值，表明碰撞效率与颗粒的物性（密度、粒径、入射速度）相关 [式(4-150)]。

$$I=q_{in}\eta\xi \tag{4-149}$$

式中，q_{in} 为颗粒流率；η 和 ξ 分别为碰撞效率和黏附概率。

$$St=\frac{\rho_d d_p^2 u_p}{9\mu_g D_h} \tag{4-150}$$

然而在高雷诺数下，单纯用 St 来计算碰撞效率并不准确，需引入修正因子 ψ 对 St 进行修正[63]，得到有效斯托克斯数 St_{eff}。其中修正因子 ψ 按式(4-152) 计算。

$$St_{eff}=St\psi(Re_p) \tag{4-151}$$

$$\psi(Re_p)=\frac{3[Re_p^{1/3}\times\sqrt{0.158}-\tan^{-1}(Re_p^{1/3}\times\sqrt{0.158})]}{Re_p\times 0.158^{3/2}} \tag{4-152}$$

式中，Re_p 表示颗粒雷诺数：

$$Re_p=\frac{\rho_g d_p u_g}{\mu_g} \tag{4-153}$$

采用有效斯托克斯数，碰撞效率可按下式计算：

$$\eta=\begin{cases}[1+b_0(St_{eff}-a_0)^{-1}+c_0(St_{eff}-a_0)^{-2}+d_0(St_{eff}-a_0)^{-3}]^{-1} & St_{eff}>0.14\\ 0 & St_{eff}\leqslant 0.14\end{cases} \tag{4-154}$$

式中，a_0、b_0、c_0、d_0 表示修饰因子，其取值参照文献 [62]。

颗粒黏附概率表示最终黏附在障碍物表面的颗粒质量占碰撞在障碍物上的颗粒总质量之比，该数值取决于两方面的因素：一是入射颗粒的物性（入射速度、入射角度）；二是受热面以及碰撞颗粒表面的黏性层厚度。颗粒撞击在壁面时，如果颗粒与壁面之间的表面能大于颗粒反射动能，则认为颗粒会被壁面捕获从而黏附在壁面（图 4-14）。这一过程可采用 Lee 等[64]提出的公式(4-155) 计算。

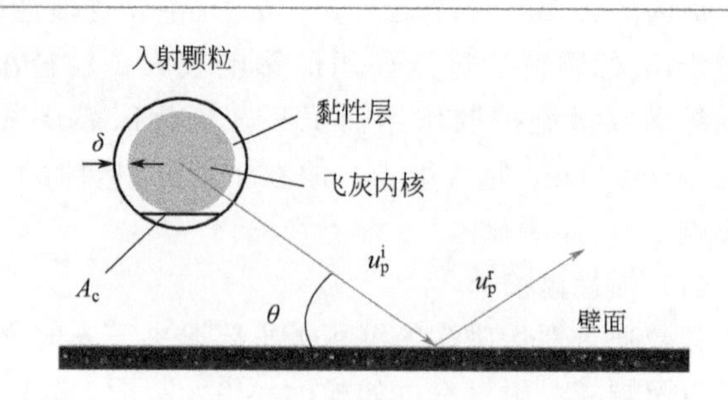

图 4-14
飞灰颗粒与壁面碰撞过程示意图

$$\xi=\frac{2\gamma A_c}{0.5m_p(u_p^r)^2} \tag{4-155}$$

$$0.5m_p(u_p^i)^2=0.5m_p(u_p^r/e_v)^2+DE \tag{4-156}$$

式中，γ 为表面张力；u_p^i 为颗粒入射速度；u_p^r 为颗粒反弹速度；e_v 为速度恢复系数；DE 为颗粒的动能损失：

$$DE=\rho_i(u_p^i)^2A_c\delta\sin^2\theta(1+\mu_f/\tan\theta) \tag{4-157}$$

式中，δ 为黏性层厚度；μ_f 为颗粒与壁面之间的摩擦系数；θ 为入射角度。

(2) 热泳作用

热泳指颗粒在温度梯度的影响下，受到热泳力的作用而发生位移的现象（图 4-15）。模型认为受热泳作用的颗粒接近壁面时，都能与壁面发生碰撞[60]。此时热泳沉积量主要由入射颗粒质量流率以及黏附概率决定，用式(4-158) 表示。其中黏附概率采用式(4-155) 计算，但入射颗粒质量流率需进行修正，原因是靠近壁面处的颗粒入射速度会由于热泳作用而发生改变。在热泳力作用下，颗粒的入射速度 u_{th} 采用 Fick 定律[65]计算［式(4-160)］。

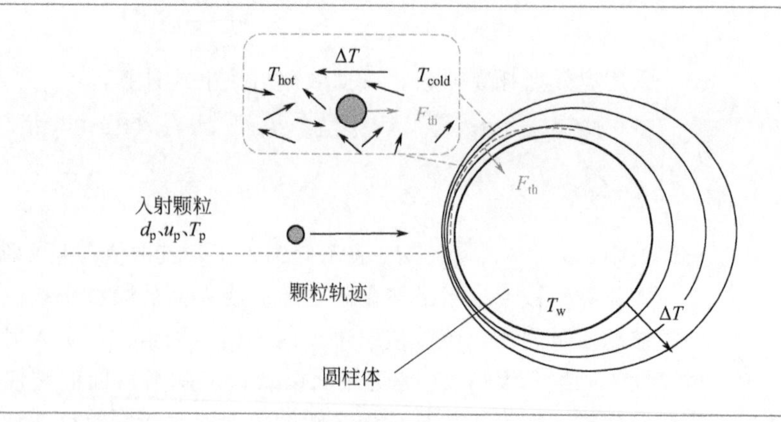

图 4-15
圆柱受热面的热边界层内所受热泳力

$$TH=q_{th}\xi \tag{4-158}$$

$$q_{th}=\rho_p u_{th}A_c \tag{4-159}$$

$$u_{th}=\frac{vK_{th}}{T_p}\nabla T_{gas} \tag{4-160}$$

式中，∇T_{gas}为温度梯度；K_{th}为热泳系数，采用 Talbot 等[66]提出的关系式进行计算：

$$K_{th}=-\frac{2C_s\left(\dfrac{k_g}{k_p}+C_t\dfrac{\lambda_{av}}{r}\right)}{\left(1+2C_m\dfrac{\lambda_{av}}{r}\right)\left(1+2\dfrac{k_g}{k_p}+2C_t\dfrac{\lambda_{av}}{r}\right)} \tag{4-161}$$

式中，k_g、k_p 分别为气体和颗粒的热导率；C_s、C_m 和 C_t 为系数；r 为颗粒半径；λ_{av}为平均自由程，用平均分子速度 $\bar{c}$ 表示：

$$\lambda=2\mu/\rho\bar{c}=2\mu/\rho(8R_gT/\pi)^{1/2} \tag{4-162}$$

4.6.6 颗粒脱落模型

考虑到流化床固体颗粒浓度较高，在床料颗粒的不断冲刷下，黏附在壁面的颗粒有可能发生脱落。颗粒脱落过程与颗粒的受力密切相关，本模型主要考虑四个作用力对颗粒运动状态的影响，包括曳力 F_d、重力 F_G、黏附力 F_a 以及接触力 F_n（图 4-16）。当四个力处于平衡状态时，冲刷颗粒的速度称为临界移除速度；当冲刷颗粒的速度大于临界速度时，黏附颗粒的受力平衡无法继续保持而从壁面脱落。其中，黏附力 F_a 与接触力 F_n 分别根据式(4-163) 和式(4-164) 计算[67]。

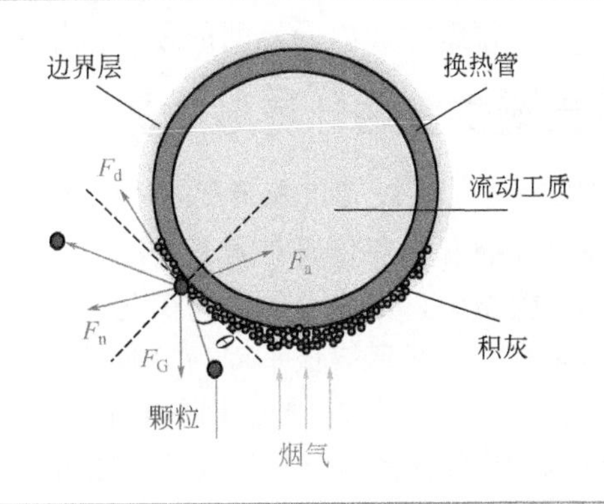

图 4-16 壁面沉积颗粒的受力分析

$$F_a=1.5\pi R_c\Gamma \tag{4-163}$$

$$F_n=\frac{4E_Yr_p^{0.5}\tau^{1.5}}{3} \tag{4-164}$$

式中，R_c 为曲率半径；Γ 为颗粒间的表面能；E_Y 为等效杨氏模量，采用式(4-165) 计算[68]；τ 为内插距离，可用式(4-166) 表示[67]。

$$E_{\mathrm{Y}}=\left(\frac{1-\upsilon_1^2}{E_{\mathrm{Y1}}}+\frac{1-\upsilon_2^2}{E_{\mathrm{Y2}}}\right)^{-1} \tag{4-165}$$

$$\tau=\left(\frac{15mv_{\mathrm{in}}^2}{16E_{\mathrm{Y}}r_{\mathrm{p}}^{1/2}}\right)^{2/5} \tag{4-166}$$

式中，υ_1、υ_2 和 E_{Y1}、E_{Y2} 分别为两种颗粒的泊松比和杨氏模量；v_{in} 为颗粒入射速度；r_{p} 为颗粒半径。

4.7 二维当量快算法与二维变参数分析

考虑到三维模拟耗时较长、计算时间成本较大，在三维计算模型的基础上，提出了二维当量快算法，可有效缩短计算时间，提高计算效率。通过与试验结果以及三维计算结果的对比，二维模型的准确性得到了验证。例算中将其用于碱金属钠迁移的变参数计算。

4.7.1 二维当量快算法

构建二维当量快算模型的目的是其计算结果能反映三维模型的计算结果与趋势，同时计算时间比起三维模型减少较多。因此，二维模型建立在三维模型的基础上，构建原则包括：①二维计算域来源于三维实体的某一轴向切面，该切面应包含足够多的气固入口和出口；②二维模型中截面风速的数值与三维模型一致；③二维模型中每个入口的气固相速度分别与三维模型中的一致；④二维模型中炉内受热面的传热采用等效热源法给定热损失。

4.7.2 二维当量快算法计算域构建

下面以一个 30kW 循化流化床燃烧试验炉为例说明二维当量快算法的构建，炉膛上部插有积灰管研究积灰情况。

在二维模型中，试验台的结构简化成一个二维平面，其在三维实体上的位置如图 4-17(a) 所示。该平面为炉膛某一直径所对应的切面，共经过 1 个一次风口、6 个二次风口、1 个回料口以及 1 个出口，仅有给煤口未包含在截面区域内。为保证截面上气固相入口和出口的完整性，在原给煤口高度处增设一个给煤口，由此得到完整的二维结构，如图 4-17(b) 所示。与试验过程相同，模拟中二次风只从下层的三个风口给入。积灰管的布置与三维模型略有差别，考虑到在二维建模中，若积灰管仍然从 S_4 口平行插入，则此高度处气固相的上行流动几乎完全被阻隔，影响炉内气固流场，计算结果会产生较大的偏差。为避免该问题，在二维模型中将沉积管布置在 S_4 高度处，但与 S_4 的轴线垂直，此时沉积管简化为一个圆形截面，如图 4-17(b) 所示。

基于二维结构，采用网格划分软件对其进行网格划分，如图 4-17(c) 所示。最大网格尺寸为 0.03m，最小网格尺寸为 0.001m，总网格数量约为 1.2 万，与三维模型相比，网格数大为减少。

图 4-17 二维建模与网格划分图

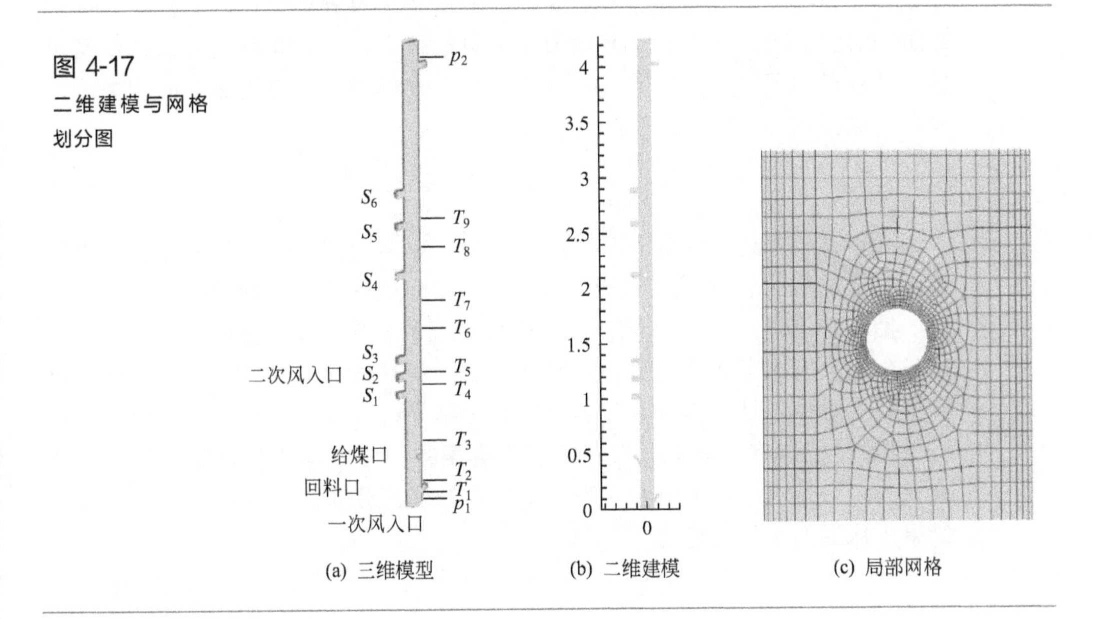

(a) 三维模型　(b) 二维建模　(c) 局部网格

4.7.3 二维当量快算法计算边界条件设定

二次风穿透性对于炉内的燃烧过程相当重要，为保证二维模型中的二次风入口速度与三维模型中的一致 [式(4-167)]，需对二次风入口的面积进行修正 [式(4-168)]。式中，$S_{\mathrm{se,3D}}$和$Q_{\mathrm{se,3D}}$分别表示三维模型中的二次风入口面积以及二次风流量（已知值），而$Q_{\mathrm{se,2D}}$为二维模型中的二次风流量，可根据式(4-169) 计算。

$$v_{\mathrm{se,2D}}=v_{\mathrm{se,3D}} \tag{4-167}$$

$$S_{\mathrm{se,2D}}=Q_{\mathrm{se,2D}}S_{\mathrm{se,3D}}/Q_{\mathrm{se,3D}} \tag{4-168}$$

$$Q_{\mathrm{se,2D}}=v_{\mathrm{sup,2D}}D(Q_{\mathrm{se,3D}}/Q_{\mathrm{total,3D}}) \tag{4-169}$$

式中，$v_{\mathrm{sup,2D}}$为二维模型中的截面风速，数值与三维模型中的一致；D为炉膛深度尺寸；$Q_{\mathrm{total,3D}}$为三维模型中的总风量。

对于给煤口、回料口分离器入口等的出、入口面积采用与上述类似的方法进行修正。

4.7.4 二维当量快算法计算模型调整与验证

模拟选用的模型及计算方法与三维计算类同。需要说明的是，若炉内布置有悬吊屏或水冷屏受热面，则其传热过程需采用如下的方法处理。

由于二维当量快算法模型中无法实现炉内悬吊屏或水冷屏的布置，因此模拟中采用等效热源法来替代炉内通过受热面的热损失。具体地，在二维当量快算法模型中，先将布置某类受热面的所在区域进行标记，这些区域通过UDF（DEFINE_SOURCE）赋值一个热量损失 q_{loss}，其数值与该区域受热面上传递的热量 q_{heater} 一致。q_{heater} 可根据三维模型中对应受热屏的相关传热参数，采用式(4-170）计算：

$$q_{heater}=\frac{hN_AA_h(T_g-T_h)}{WA_h} \tag{4-170}$$

式中，h 为某区域受热屏的传热系数，可通过三维计算获得；N_A 为炉内该类受热屏的总数量；A_h 为该受热屏的总面积；W 为炉膛宽度。

图 4-18 给出了炉内气相温度沿炉膛高度的分布。随高度的上升，炉内温度呈现先上升后下降的趋势，温度范围维持在 1080～1180K 之间。二维模拟结果与三维模拟结果相近，与实验所测的结果符合较好。对于二维模拟，在 1m 高度处温度有一下降，与实验值略有偏差，原因是此处布置了第一层二次风入口，低温二次风的给入影响了炉内的温度分布。二维计算与三维计算结果中床温的平均偏差为 1.3%。

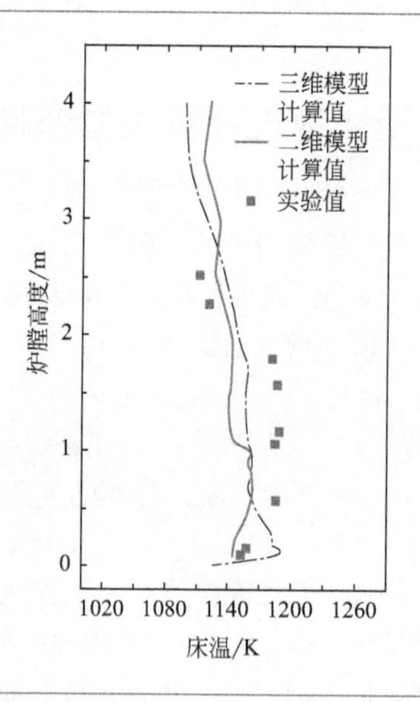

图 4-18 炉膛温度分布结果对比

为了对气相组分的浓度进行验证，表 4-11 给出了炉膛出口处四种主要气体成分（O_2、NO、N_2O 和 SO_2）的二维结果、三维结果和实测结果。可见，炉膛出口处氧浓度的数值均在 9%左右。氮氧化物排放以 NO 为主，N_2O 的生成较少。由于没有添加石灰石，SO_2 的浓度较高，计算结果比实验值略偏大。二维计算与三维计算结果中 O_2、NO 和 SO_2 的偏差分别为 2.2%、2.8%和 15%。

表 4-11　炉膛出口气相组分的含量（6% O_2）

项目	O_2/%	N_2O/(mg/m³)	NO/(mg/m³)	SO_2/(mg/m³)
二维计算结果	9.2	31.4	272.8	636.4
三维计算结果	9.0	49.6	265.3	549.1
试验结果	8.4	14.9	267.5	499.4

碱金属钠在气相、飞灰以及沉积物中的分布如表 4-12 所示。可见较多的钠随着飞灰离开炉膛，残留在沉积物中的钠比例较小，模拟结果与三维计算、试验结果相符。图 4-19 为二维计算得到的气相钠组分分布，其分布规律与三维结果相似。

表 4-12　碱金属钠在炉内的分布

项目	以气态排放 /[kg/(m² · s)]	以飞灰形态排放 /[kg/(m² · s)]	残留在沉积物中 /[kg/(m² · s)]
二维计算结果	5.63×10^{-5}	2.73×10^{-3}	3.92×10^{-7}
三维计算结果	7.77×10^{-5}	2.56×10^{-3}	3.13×10^{-7}
试验结果	—	2.88×10^{-3}	3.36×10^{-7}

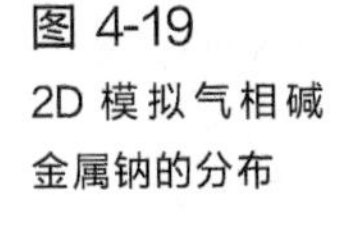

图 4-19
2D 模拟气相碱金属钠的分布

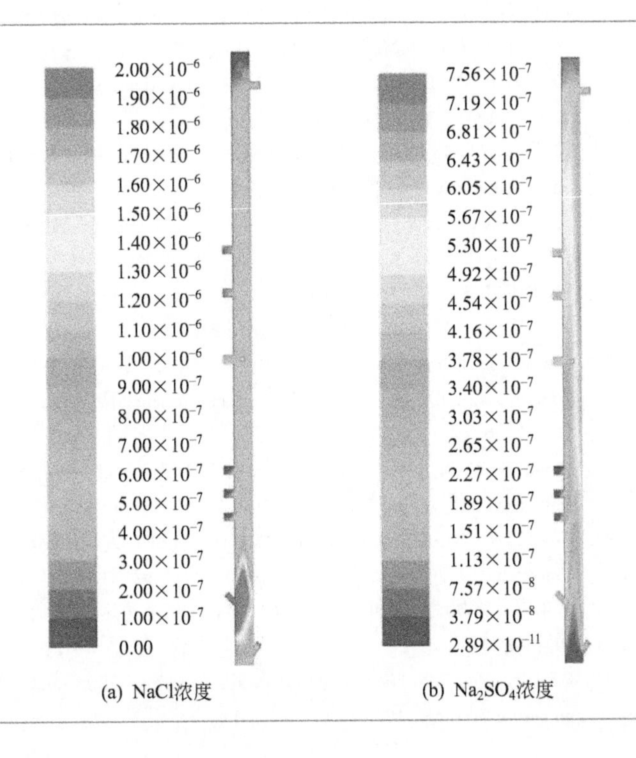

(a) NaCl浓度　　(b) Na_2SO_4浓度

参考文献

[1] Ansys 17.0 help. 2016.

[2] 岑可法．锅炉燃烧试验研究方法及测量技术［M］．北京：水利电力出版社，1995.

[3] Wen C Y，Chen H，Onozaki M. User's manual for computer simulation and design of the moving-bed coal gasifier. Final report［R］. West Virginia Univ，Morgantown（USA），Dept of Chemical Engineering，1982.

[4] Badzioch S，Hawksley P G W. Kinetics of thermal decomposition of pulverized coal particles［J］. Ind Eng Chem Process Des dev，1970，9（4）：521-530.

[5] Desroches-Ducarne E，Dolignier J C，Marty E，et al. Modelling of gaseous pollutants emissions in circulating fluidized bed combustion of municipal refuse［J］. Fuel，1998，77：1399-1410.

[6] Shaw D W，Zhu X，Misra M K，et al. Determination of global kinetics of coal volatiles combustion［J］. Symposium on Combustion，1991，23（1）：1155-1162.

[7] Field M A，Gill D W，Morgan B B，et al. Combustion of pulverized coal［J］. Letherhead：BCURA，1967.

[8] Wen C Y，Tone S. Coal conversion reaction engineering［M］. Houston：Chemical Reaction Engineering Reviews，1978.

[9] Rossberg M. Experimentelle Ergebnisse über die Primärreaktionen bei der Kohlenstoffverbrennung［J］. Berichte Der Bunsengesellschaft/physical Chemistry Chemical Physics，2010，60（9，10）：952-956.

[10] 岑可法．循环流化床锅炉理论设计与运行［M］．北京：中国电力出版社，1998.

[11] Gunn D J. Transfer of heat or mass to particles in fixed and fluidised beds［J］. International Journal of Heat & Mass Transfer，1978，21（4）：467-476.

[12] Frenklach M，Lee J H，White J N，et al. Oxidation of hydrogen sulfide［J］. Combustion & Flame，1981，41（1）：1-16.

[13] Mattisson T，Lyngfelt A. A sulphur capture model for circulating fluidized-bed boilers［J］. Chemical engineering science，1998，53（6）：1163-1173.

[14] Liu H，Katagiri S，Kaneko U，et al. Sulfation behavior of limestone under high CO_2 concentration in O_2/CO_2 coal combustion［J］. Fuel，2000，79（8）：945-953.

[15] Hu G，Shang L，Dam-Johansen K，et al. Initial kinetics of the direct sulfation of limestone［J］. AIChE journal，2008，54（10）：2663-2673.

[16] Duo W，Dam-Johansen K，Østergaard K. Kinetics of the gas-phase reaction between nitric oxide，ammonia and oxygen［J］. The Canadian Journal of Chemical Engineering，1992，70（5）：1014-1020.

[17] Monnery W D，Hawboldt K A，Pollock A E，et al. Ammonia pyrolysis and oxidation in the claus furnace［J］. Ind Eng Chem Res，2001，40：144-151.

[18] Chan L K，SaroDm A F，Beer J M. Kinetics of NO-carbonreaction at fluidized bed combustion conditions［J］. Combustion and Flame，1983，52：37-44.

[19] 程乐鸣，骆仲泱，倪明江，等．循环流化床辐射传热模型［J］．中国电机工程学报，2001，21（9）：99-103.

[20] Basu P，Nag P K. Heat transfer to walls of a circulating fluidized-bed furnace［J］. Chemical Engineering Science，1996，51（1）：1-26.

[21] 周星龙 . 600MW 循环流化床锅炉炉膛气固流动和受热面传热的研究 [D]. 杭州：浙江大学，2012.

[22] Wirth KE，Seiter M. Solids concentration and solids velocity in the wall region of circulating fluidized beds [C]//Anthony E J. Proceedings of the 1991 International Conference on Fluidized Bed Combustion. Montreal，1991.

[23] Wu R L，Lim C J，Chaouki J，et al. Heat transfer from a circulating fluidized bed to membrane waterwall surfaces [J]. Aiche Journal，1987，33 (11)：1888-1893.

[24] Wu R L，Lim C J，Grace J R，et al. Instantaneous local heat transfer and hydrodynamics in a circulating fluidized bed [J]. International Journal of Heat & Mass Transfer，1991，34 (8)：2019-2027.

[25] Modest M F. Radiative Heat Transfer 2nd Edition [M]. New York：Academic Press，2003.

[26] Siegel R，Howell J R. Thermal radiation heat transfer-third edition [M]. Bristol：Hemisphere Publishing，1992.

[27] Smith T F，Shen Z F. Evaluation of coefficients for the weighted sum of gray gases model [J]. Journal of Heat Transfer，1982，104 (4)：602-608.

[28] 李燕，赵新木，岳光溪，等 . 低质量流速垂直管屏技术的原理与应用分析 [J]. 热能动力工程，2006，21 (6)：640-643，647.

[29] Haaland S E. Simple and explicit formulas for the friction factor in turbulent flow [J]. J Fluids Eng，1983，103：89-90.

[30] 清华大学电力工程系锅炉教研组 . 锅炉原理及计算 [M]. 北京：科学出版社，1979.

[31] Kitoh K，Koshizuka S，Oka Y. Refinement of transient criteria and safety analysis for a high-temperature reactor cooled by supercritical water [J]. Nuclear Technology，2001，135：252-264.

[32] Rogers W A. Prediction of wear in a fluidized bed [D]. Morgantown：West Virginia University，1991.

[33] Lun C K，Savage S B，Jeffrey D J，et al. Kinetic theories for granular flow：Inelastic particles in couette flow and slightly inelastic particles in a general flow field [J]. J Fluid Mech，1984，140：223-256.

[34] Syamlal M，Rogers W，O'Brien T J. MFIX Documentation：Volume 1 [M]. Springfield：National Technical Information Service，1993.

[35] Finnie I. Erosion of surfaces by solid particles [J]. Wear，1960，3 (2)：87-103.

[36] Lyczkowski R W，Bouillard J X. State-of-the-art review of erosion modeling in fluid/solids systems [J]. Progress in Energy and Combustion Science，2002，28 (6)：543-602.

[37] Nelder J A，Mead R. A simplex method for function minimization [J]. The Computer Journal，1965，7：308-313.

[38] 夏云飞 . 循环流化床锅炉水冷壁磨损机理与防止研究 [D]. 杭州：浙江大学，2015.

[39] Qi X，Song G，Song W，et al. Influence of sodium-based materials on the slagging characteristics of Zhundong coal [J]. Journal of the Energy Institute，2017，90 (6)：914-922.

[40] van Eyk P J，Ashman P J，Nathan G J. Mechanism and kinetics of sodium release from brown coal char particles during combustion [J]. Combustion and Flame，2011，158 (12)：2512-2523.

[41] Niksa S，Helble J，Haradac M，et al. Coal quality impacts on alkali vapor emissions from pressurized fluidized bed coal combustors [J]. Combustion Science & Technology，2001，165 (1)：

229-247.

[42] Liu Y，Cheng L，Zhao Y，et al. Transformation behavior of alkali metals in high-alkali coals [J]. Fuel Processing Technology，2018，169：288-294.

[43] Li G，Wang C，Yan Y，et al. Release and transformation of sodium during combustion of Zhundong coals [J]. Journal of the Energy Institute，2016，89 (1)：48-56.

[44] 许霖杰．超/超临界循环流化床锅炉数值模拟研究 [D]. 杭州：浙江大学，2017.

[45] Song G，Song W，Qi X，et al. Transformation characteristics of sodium of Zhundong coal combustion/gasification in circulating fluidized bed [J]. Energy & Fuels，2016，30 (4)：3473-3478.

[46] Oleschko H，Schimrosczyk A，Lippert H，et al. Influence of coal composition on the release of Na-，K-，Cl-，and S-species during the combustion of brown coal [J]. Fuel，2007，86 (15)：2275-2282.

[47] Oleschko H，Müller M. Influence of coal composition and operating conditions on the release of alkali species during combustion of hard coal [J]. Energy & Fuels，2007，21 (6)：3240-3248.

[48] Glarborg P，Marshall P. Mechanism and modeling of the formation of gaseous alkali sulfates [J]. Combustion and Flame，2005，141 (1，2)：22-39.

[49] Glarborg P，Alzueta M U，Dam-Johansen K，et al. Kinetic modeling of hydrocarbon/nitric oxide interactions in a flow reactor [J]. Combustion and Flame，1998，115 (1)：1-27.

[50] Tomeczek J，Palugniok H，Ochman J. Modelling of deposits formation on heating tubes in pulverized coal boilers [J]. Fuel，2004，83 (2)：213-221.

[51] Kosminski A，Ross D P，Agnew J B. Reactions between sodium and kaolin during gasification of a low-rank coal [J]. Fuel Processing Technology，2006，87 (12)：1051-1062.

[52] Uberoi M，Punjak W A，Shadman F. The kinetics and mechanism of alkali removal from flue gases by solid sorbents [J]. Progress in Energy & Combustion Science，1990，16 (4)：205-211.

[53] Punjak W A，Uberoi M，Shadman F. High-temperature adsorption of alkali vapors on solid sorbents [J]. AIChE Journal，1989，35 (7)：1186-1194.

[54] Punjak W A，Shadman F. Aluminosilicate sorbents for control of alkali vapors during coal combustion and gasification [J]. Energy & Fuels，1988，2 (5)：1679-1689.

[55] Kleinhans U，Rück R，Schmid S，et al. Alkali vapor condensation on heat exchanging surfaces：Laboratory-scale experiments and a mechanistic CFD modeling approach [J]. Energy & Fuels，2016，30 (11)：9793-9800.

[56] Wieland C. Simulation der Feinstaubentstehung bei der Kohlenstaubverbrennung [D]. Munich：TUM，2015.

[57] Scandrett L，Clift R. Thermodynamic aspects of alkali collection in fluidised bed combustion of coal [J]. Journal of the Institute of Energy，1984，57：391-397.

[58] Yang X，Ingham D，Ma L，et al. Understanding the ash deposition formation in Zhundong lignite combustion through dynamic CFD modelling analysis [J]. Fuel，2017，194：533-543.

[59] Tomeczek J，Palugniok H，Ochman J. Modelling of deposits formation on heating tubes in pulverized coal boilers [J]. Fuel，2004，83 (2)：213-221.

[60] Hansen S B，Jensen P A，Frandsen F J，et al. Mechanistic model for ash deposit formation in biomass suspension firing. Part 1：Model verification by use of entrained flow reactor experiments [J]. Energy & Fuels，2017，31 (3)：2771-2789.

[61] Liu Y, Cheng L, Ji J, et al. Ash deposition behavior in co-combusting high-alkali coal and bituminous coal in a circulating fluidized bed [J]. Applied Thermal Engineering, 2019, 149: 520-527.

[62] Huang L Y, Norman J S, Pourkashanian M, et al. Prediction of ash deposition on superheater tubes from pulverized coal combustion [J]. Fuel, 1996, 75 (3): 271-279.

[63] Israel R, Rosner D E. Use of a generalized stokes number to determine the aerodynamic capture efficiency of non-stokesian particles from a compressible gas flow [J]. Aerosol Science and Technology, 1982, 2 (1): 45-51.

[64] Lee B E, Fletcher C A J, Shin S H, et al. Computational study of fouling deposit due to surface-coated particles in coal-fired power utility boilers [J]. Fuel, 2002, 81 (15): 2001-2008.

[65] Schulze I K, Scharler D I R, Di M T, et al. Advanced modelling of deposit formation in biomass furnaces-investigation of mechanisms and comparison with deposit measurements in a small-scale pellet boiler [J]. 2010.

[66] Talbot L, Cheng R K, Schefer R W, et al. Thermophoresis of particles in a heated boundary layer [J]. Journal of Fluid Mechanics, 1980, 101 (101): 737-758.

[67] Wang Y C, Tang G H. Numerical investigation on the coupling of ash deposition and acid vapor condensation on the H-type fin tube bank [J]. Applied Thermal Engineering, 2018, 139: 524-534.

[68] Abd-Elhady M S, Rindt C C M, Wijers J G, et al. Modelling the impaction of a micron particle with a powdery layer [J]. Powder Technology, 2006, 168 (3): 111-124.

第5章

大型循环流化床气固流场与其设计、运行

（本章彩图请扫描右侧二维码下载。）

本章基于大型循环流化床锅炉三维整体数值模型，针对典型大型超/超超临界循环流化床锅炉（包括炉膛 2 侧墙布置 6 分离器循环流化床锅炉、炉膛单侧墙布置 4 分离器循环流化床锅炉和环形炉膛循环流化床锅炉）炉膛开展了数值计算研究，报告了循环流化床锅炉炉膛气固流场、主循环回路气固流场、二次风穿透、多分离器气固均匀性、中隔墙对气固流动的影响，悬吊屏气固流场和防磨梁对炉膛气固流场的影响。

5.1　循环流化床炉型与主回路气固流场

大型超/超超临界循环流化床锅炉有各种炉型，这里主要讨论具有代表性的炉膛 2 侧墙布置 6 分离器循环流化床锅炉和炉膛单侧墙布置 4 分离器循环流化床锅炉。图 5-1(a)、(b) 分别为其典型示意图。

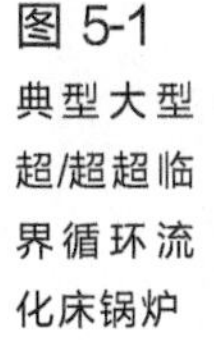

图 5-1 典型大型超/超超临界循环流化床锅炉

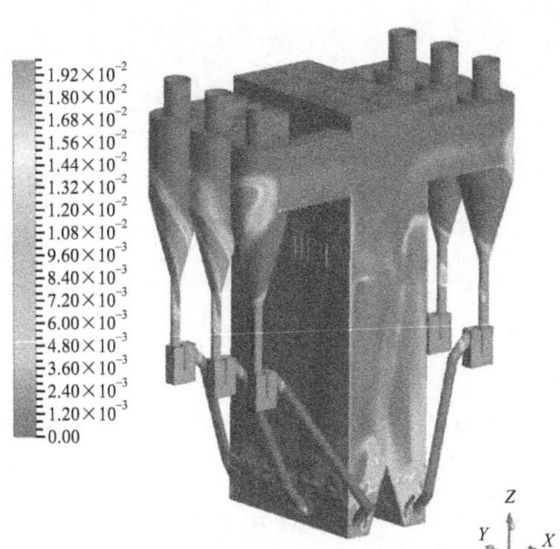

(a) 炉膛2侧墙布置6分离器循环流化床锅炉（固相体积分数）

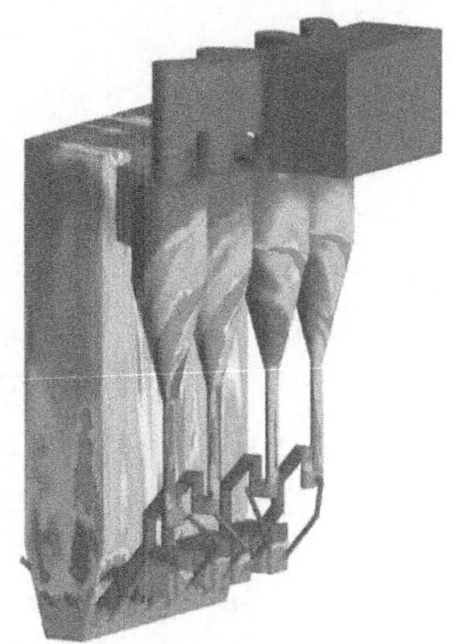

(b) 炉膛单侧墙布置4分离器循环流化床锅炉（固相体积分数）

5.1.1　炉膛 2 侧墙布置 6 分离器主循环回路气固全流场

炉膛 2 侧墙布置 6 分离器循环流化床锅炉的数值模拟计算模型为某 600MW 超临界循环流化床锅炉的设计方案，炉膛高 55m、宽 28m、深 15m；炉膛下部为裤衩腿结构，每个支腿炉膛设一块布风板，尺寸为 28m×4m。

该锅炉设计了42个二次风口，分两层布置，第一层距布风板高度为2.5m，第二层距布风板高度为5.5m；炉膛顶部的6个分离器呈不对称布置，每个分离器对应两个回料口，分别为圆形和矩形，圆形回料口直径为1.5m，矩形回料口尺寸为1.5m×1.5m。12个回料口分别位于锅炉前后墙及左右侧墙，回料口距布风板高度为1.9m。炉膛内除了水冷壁之外，还设有7片中隔墙受热面和16片悬吊屏受热面。

该锅炉的网格模型见图5-2，网格数量总共72万。实炉模型的裤衩腿密相区和稀相区的悬吊屏区域采用了四面体非结构化网格，二次风管和回料管采用了楔形网格局部加密，悬吊屏以下、裤衩腿以上的中间稀相区则采用了六面体结构化网格。此外，中间稀相区的边壁区域和中隔墙区域也有局部网格加密。

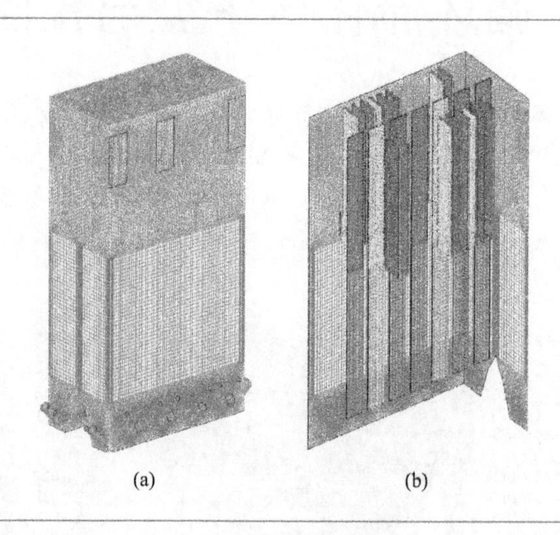

图5-2
600MW循环流化床锅炉炉膛网格模型

实炉的计算工况是在600MW锅炉BMCR工况的基础上，将各参数做一定比例的调整。实炉的空截面气速变化范围为2.6～6.2m/s，二次风率变化范围为35%～65%，静止床料高度的变化范围为0.5～2.0m，床料平均粒径的变化范围为0.2～0.4mm。

数值模拟计算中，气固两相流模型采用欧拉双流体非稳态模型，使用EMMS曳力模型来描述不同颗粒浓度时气固相之间的动量传递系数，湍流模型采用RNG k-ε 模型，控制方程采用控制容积法离散控制方程，控制容积界面物理量应用一阶迎风差分格式获得，流体压力-速度耦合基于Simple算法。边界条件包括入口速度边界、压力出口边界和壁面边界，近壁区模拟采用壁面函数法。壁面条件流体相采用无滑移边界条件，颗粒相选用部分滑移边界条件。

实炉数值模拟与试验台不同的是二次风口的处理，由于炉膛内的燃烧温度与被空预器加热后的热二次风温度不同，实炉炉膛气固流动的数值模拟需要考虑二次风膨胀，因此根据二次风口矫形理论[1]对二次风口直径进行了修正。实炉数值模拟选用模型及参数设置如表 5-1 所示，空气物性参数均采用炉膛温度 890℃下的物性参数。

表 5-1　600MW 实炉气固流动计算的模型设置

选项	选用模型及参数值
计算模式	三维、单精度
求解器	非稳态、压力基
气相湍流模型	RNG k-ε；$c_1=1.42$，$c_2=1.68$，$c_\mu=0.0845$，$\sigma_k=1.0$，$\sigma_\varepsilon=1.3$
固相湍流模型	分相 k-ε 湍流模型
曳力模型	EMMS
虚拟质量力	不考虑
气固升力	不考虑
炉膛温度	890℃
热二次风温度	300℃
空气物性	密度$=0.3038\mathrm{kg/m^3}$，黏度$=1.53\times10^{-4}\mathrm{m^2/s}$
颗粒物性	密度$=2400\mathrm{kg/m^3}$，黏度$=1.003\times10^{-3}\mathrm{m^2/s}$
重力	Z 轴$-9.81\mathrm{m^2/s}$
最大堆积体积分数	0.6
颗粒碰撞恢复系数	0.95
颗粒剪切黏度	Syamlal-O′Brien(Fluent 内置选项)
颗粒体积黏度	Lun 等(Fluent 内置选项)
颗粒温度	Algebraic(Fluent 内置选项)
固相压力	Lun 等(Fluent 内置选项)
镜面反弹系数	0.01

针对 600MW 超临界循环流化床锅炉炉膛的受热面布置情况［图 5-3(a)］，为便于讨论，对受热面进行了统一编号，如图 5-3(b) 所示。受热面编号包括水冷壁（前墙、后墙、左墙和右墙）、中隔墙（1# ～7#）和悬吊屏（左 1# ～左 8#、右 1# ～右 8#）。

(1) 炉膛整体颗粒流动特性　炉膛整体颗粒流动情况见图 5-4，三个炉膛纵切面分别为 $X=-10\mathrm{m}$、0、10m 位置。可见炉膛的流动结构与单炉膛循环流化床锅炉不同，由于中隔墙的隔离作用，左右侧炉膛的气固流动相对独立，整体而言，炉内为颗粒双环核流动分布。颗粒浓度的轴向分布呈现明显的稀密两相区分布，裤衩腿内 5m 高度以下的颗粒浓度比较大，随高度的增加而逐渐减小，稀相区颗粒浓度整体比较小。颗粒轴向速度在两侧炉膛的中心区域为正，靠近水冷壁和中隔墙区域为负。

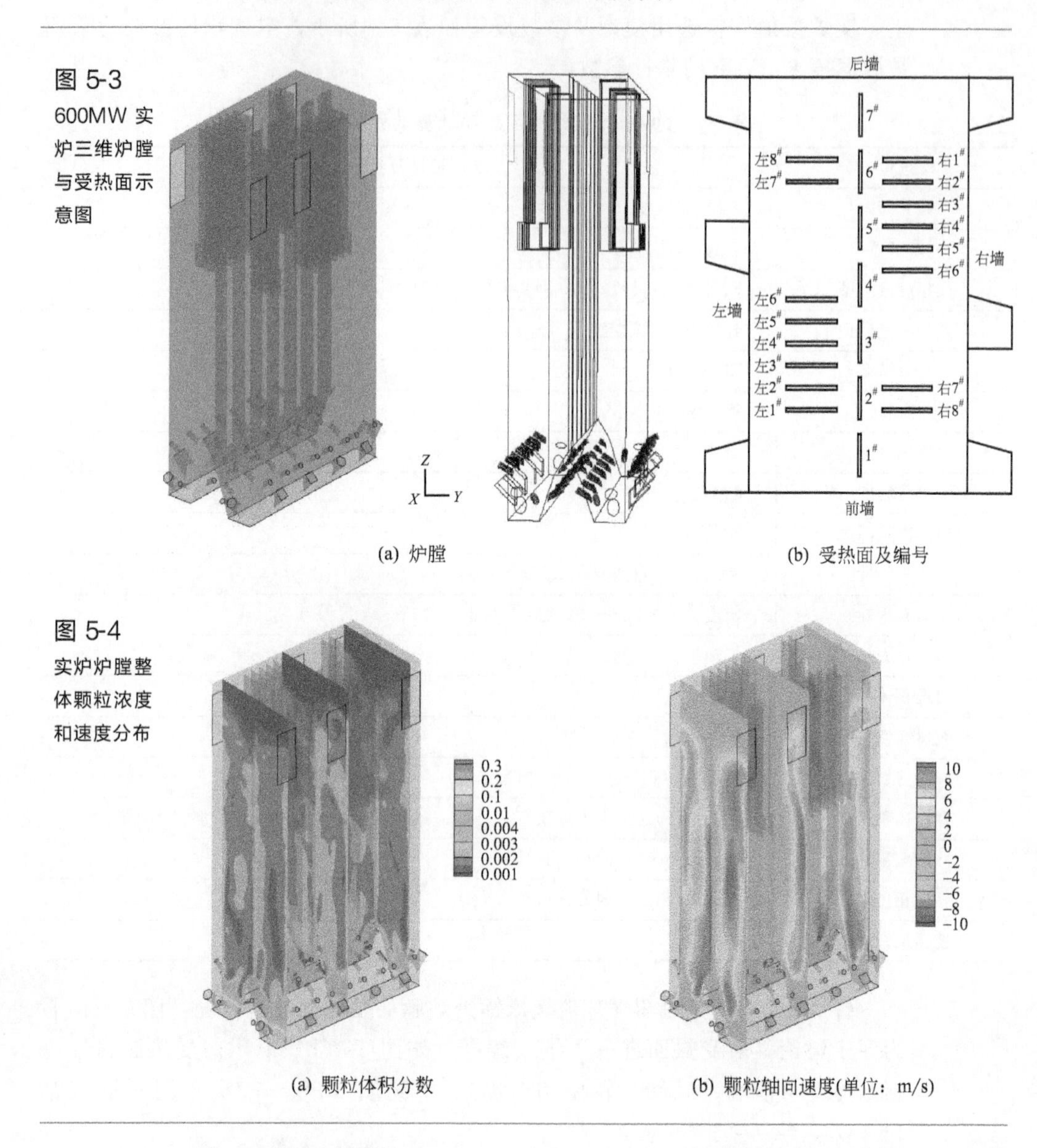

图 5-3 600MW 实炉三维炉膛与受热面示意图

(a) 炉膛 (b) 受热面及编号

图 5-4 实炉炉膛整体颗粒浓度和速度分布

(a) 颗粒体积分数 (b) 颗粒轴向速度(单位：m/s)

图 5-5 截取了炉膛 $Z=10\text{m}$、25m、40m 三个不同高度的横截面。从横截面的颗粒流动分布可以看出，实炉环核流动结构并没有一个集中的、均匀的稀相上行核心区，核心区的位置也不一定出现在炉膛正中心位置，颗粒的浓度、速度径向分布很大程度上与炉膛出口位置相关。这是由于炉膛截面面积较大，气体从炉膛下部布风板和二次风口到炉膛顶部烟窗出口的流动过程中，容易在炉膛横截面上形成不均匀的气速分布，靠近烟窗的位置气速较

大，这样便在炉内形成了一些高速气流通道，这些高速气流通道就类似于一个个局部核心区，其颗粒速度较大而浓度较小。如通过图 5-4(b) 和图 5-5(b) 可以看到，右侧炉膛存在 3 个局部核心区域，3 条气流通道对应着 3 个炉膛出口。中隔墙虽然不是一整体墙面，但是无论在其壁面区域还是间隙区域，颗粒浓度均较大。

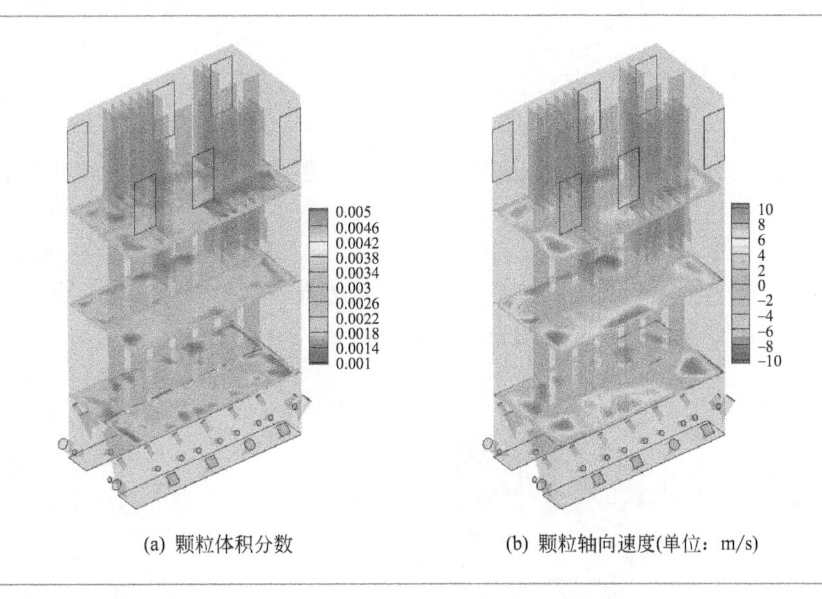

(a) 颗粒体积分数　(b) 颗粒轴向速度(单位：m/s)

图 5-5 实炉炉膛不同高度横截面的颗粒浓度和速度分布

如图 5-6～图 5-9 所示为锅炉运行参数变化对实炉颗粒浓度轴向分布的影响。当研究空截面气速、二次风率和颗粒平均粒径的影响时，由于炉膛内的床料总量是维持恒定的，因此影响的是颗粒在炉膛内的轴向分布。从图中可以看出，稀相区的颗粒浓度随着空截面气速的增大（图 5-6）、二次风率的减小（图 5-7）以及颗粒平均粒径的减小（图 5-8）而增大，密相区的规律与稀相区相反。当静止床料高度增加时，意味着炉内床料总量的增加，使得炉膛密相区和稀相区的颗粒浓度均增加（图 5-9）。

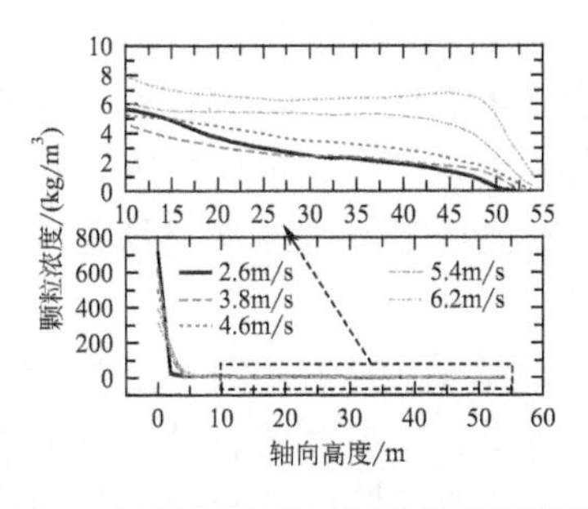

图 5-6 空截面气速对颗粒浓度轴向分布的影响

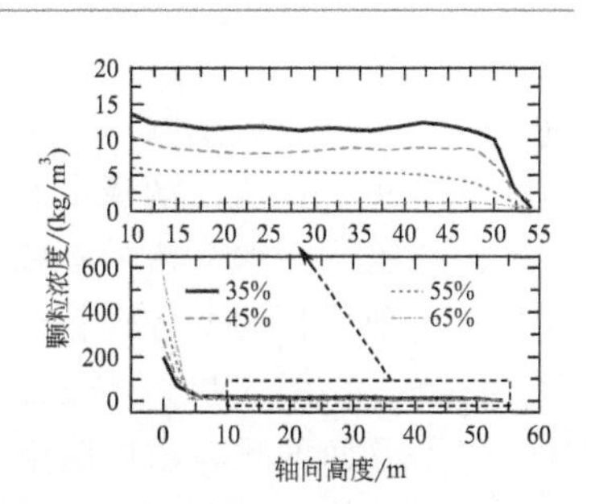

图 5-7 二次风率对颗粒浓度轴向分布的影响

图 5-8
颗粒粒径对颗粒浓度轴向分布的影响

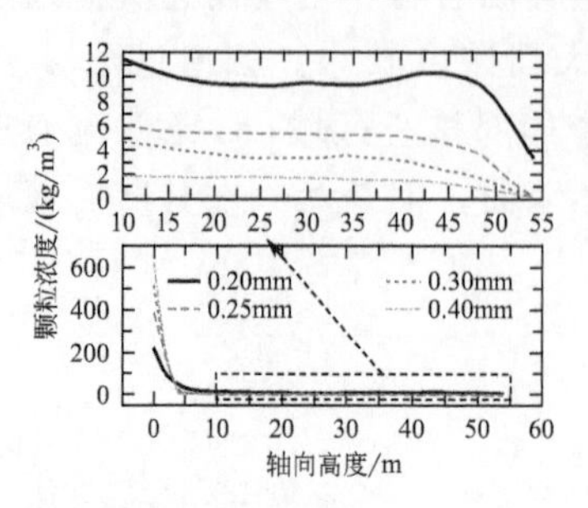

图 5-9
静止床高对颗粒浓度轴向分布的影响

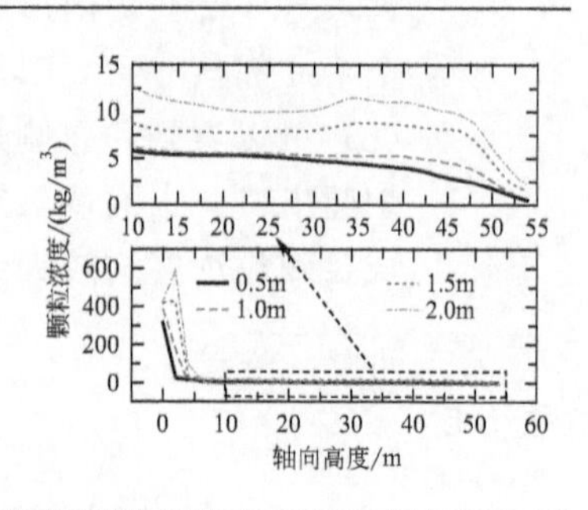

（2）水冷壁壁面颗粒流动特性　尽管大型循环流化床锅炉炉膛的核心区分布变化较大，但是对于靠近水冷壁壁面边壁区的颗粒流动仍然是以高浓度的下行颗粒团为主。如图 5-10 所示，前后墙与左右墙的颗粒浓度和速度均比较接近。在前后墙中心线上的颗粒浓度相对较大，是由于邻近 1# 和 7# 中隔墙的缘故，这个区域形成了颗粒团聚的炉膛边角区。

图 5-10
实炉水冷壁颗粒浓度和速度三维分布

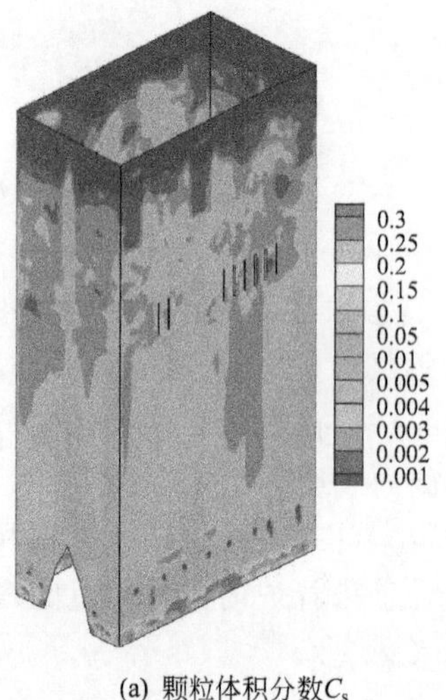

(a) 颗粒体积分数C_s

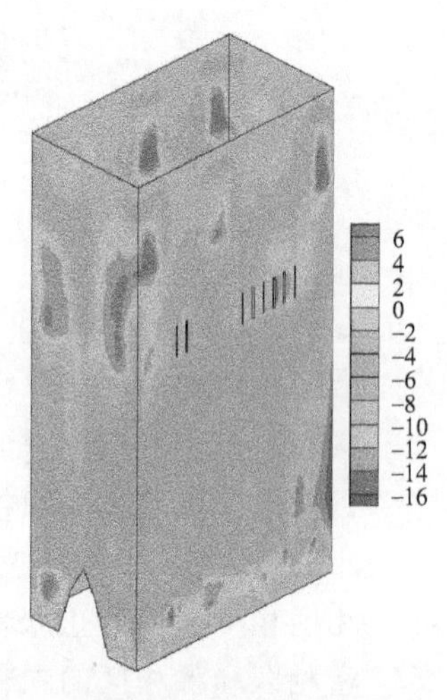

(b) 颗粒轴向速度u_p(单位：m/s)

在前后墙水冷壁的上部，与悬吊屏正对的区域颗粒速度为正，颗粒浓度相对较低。这是由于悬吊屏对气流的流向产生较强的约束，在悬吊屏与水冷壁之间携带稀相颗粒上行的高速气流破坏了原本的贴壁颗粒团，使得壁面出现稀相的上行颗粒分布区域。

图 5-11 是空截面气速对前墙水冷壁颗粒浓度和速度的影响。可见水冷壁壁面的颗粒浓度随空截面气速增加而增加，壁面的颗粒团下滑速度（速度绝对值）随空截面气速增加而减小。颗粒团的贴壁下滑速度从炉顶开始一直增

加，到 $Z=10\mathrm{m}$ 高处达到最大下滑速度，大约为 $-4\sim-8\mathrm{m/s}$。此外，如图 5-11(b) 所示，当空截面气速越大时，在炉膛上部被上行颗粒流冲刷破坏的贴壁颗粒团面积越大，即出现稀相正速度的壁面面积越大，正速度也越大。

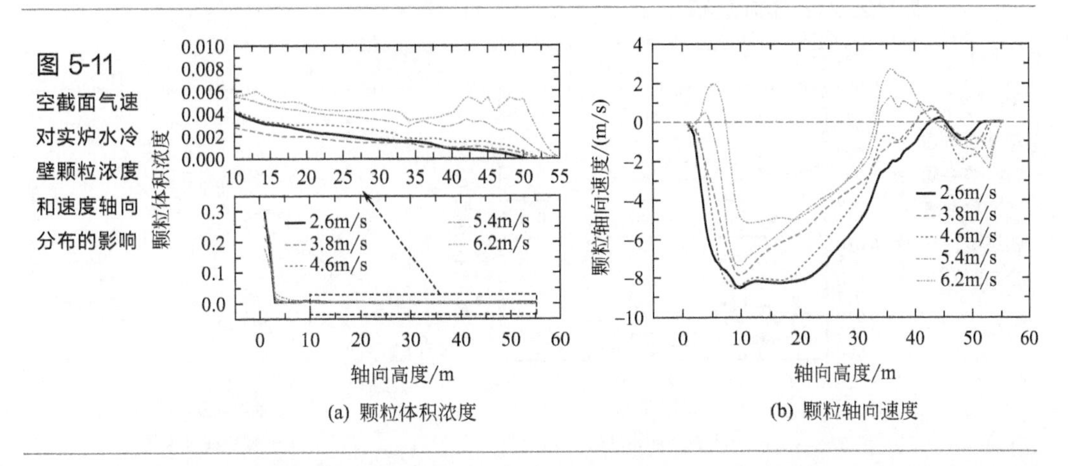

图 5-11 空截面气速对实炉水冷壁颗粒浓度和速度轴向分布的影响

(a) 颗粒体积浓度　(b) 颗粒轴向速度

（3）中隔墙壁面颗粒流动特性　中隔墙对炉膛的气固流动有隔离作用，左右侧炉膛的气固流动呈现颗粒双环核流动分布。中隔墙虽然不是一整体墙面，但是无论在其壁面区域还是间隙区域，颗粒浓度均较大。取出 7 片中隔墙的壁面，其流动参数分布见图 5-12。可见，7 片中隔墙的流动分布大致一样，颗粒浓度下浓上稀，除了个别中隔墙的顶部，大部分壁面的颗粒速度为负，存在贴壁下滑颗粒团。

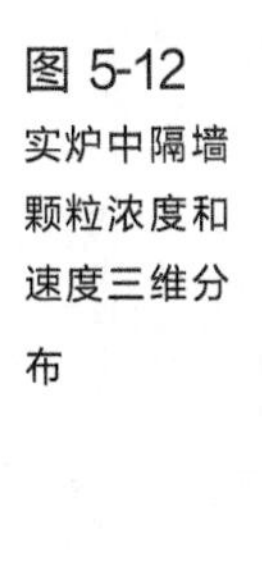

图 5-12 实炉中隔墙颗粒浓度和速度三维分布

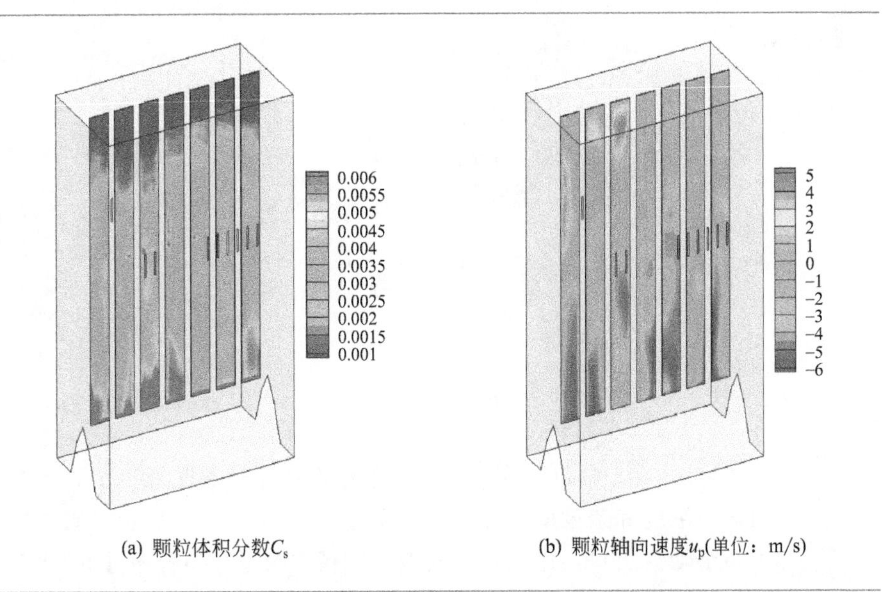

(a) 颗粒体积分数 C_s　(b) 颗粒轴向速度 u_p(单位：m/s)

以 4# 中隔墙的右侧壁面为例，其壁面流动分布受空截面气速的影响见图 5-13。由于中隔墙的高度是从裤衩腿顶部开始的，因此其壁面完全处于炉膛稀相区段。随着空截面气速的增加，壁面颗粒浓度增大，颗粒速度下滑速度（速度绝对值）减小。

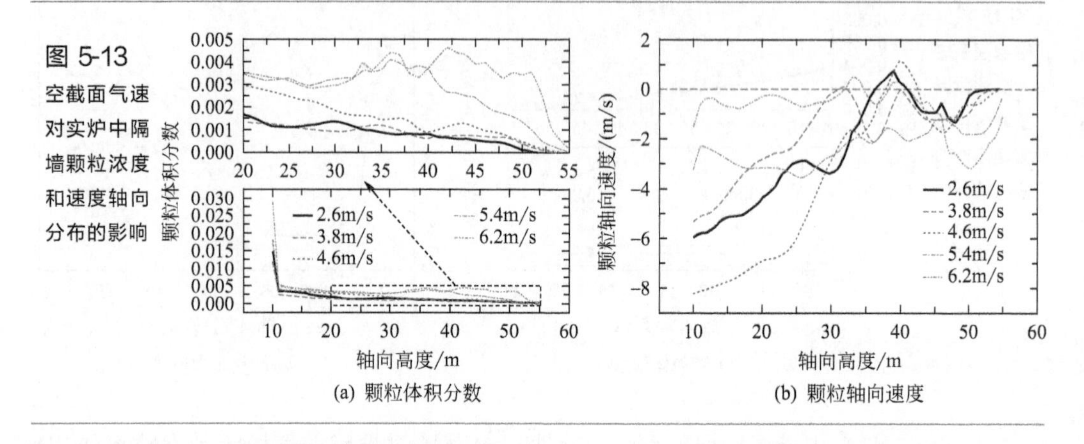

图 5-13 空截面气速对实炉中隔墙颗粒浓度和速度轴向分布的影响

(a) 颗粒体积分数 (b) 颗粒轴向速度

（4）悬吊屏壁面颗粒流动特性　图 5-14 显示了实炉 16 片悬吊屏（32 个壁面）的颗粒流动。可见对于单片悬吊屏壁面来说，其颗粒浓度呈现上稀下浓分布，但是颗粒浓度水平整体较小。悬吊屏的颗粒速度基本上是正向的，壁面贴壁下滑颗粒团较少。

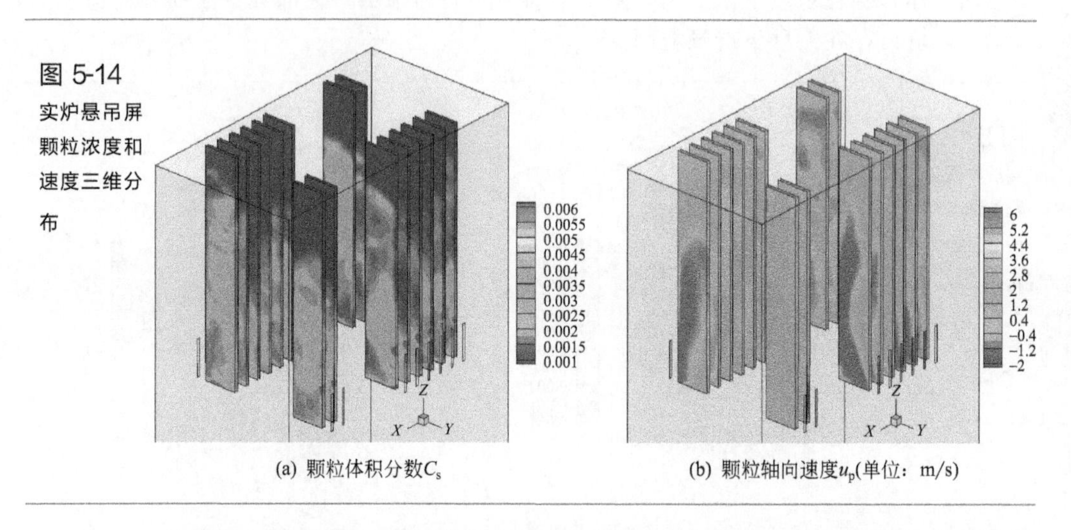

图 5-14 实炉悬吊屏颗粒浓度和速度三维分布

(a) 颗粒体积分数 C_s (b) 颗粒轴向速度 u_p(单位：m/s)

将图 5-14 中每一片悬吊屏两个壁面的流动参数取平均，得到了悬吊屏平均颗粒浓度和速度的炉膛径向位置分布，如图 5-15 所示。图中的虚线框表示了 3 个烟窗出口，虚线框之间按实际径向尺寸位置排列了 1# ～8# 悬吊屏。

需要说明的是，左右侧炉膛上的悬吊屏从炉膛俯视图上看是呈中心对称的，为了方便比较，图中右侧炉膛悬吊屏（图中圆点虚线表示）的位置是旋转 180°之后的结果，这样旋转后的烟窗以及悬吊屏就与左侧的位置重合了。

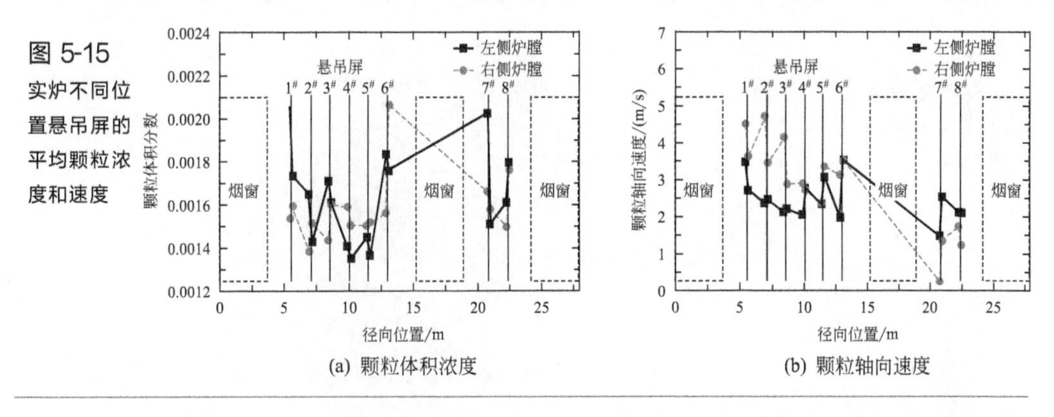

图 5-15 实炉不同位置悬吊屏的平均颗粒浓度和速度

从图 5-15 中可以看出，靠近三个烟窗的悬吊屏壁面颗粒浓度相对较大，而两个邻近悬吊屏彼此正对的壁面颗粒浓度相对较小。悬吊屏颗粒平均轴向速度为正，且靠近烟窗的壁面速度较大，而屏间壁面的速度较小。图 5-16 为不同空截面气速的右侧炉膛悬吊屏平均颗粒浓度和速度分布。可见空截面气速增大同样有助于增加悬吊屏壁面的颗粒浓度，同时悬吊屏壁面的正向速度也相应增加。

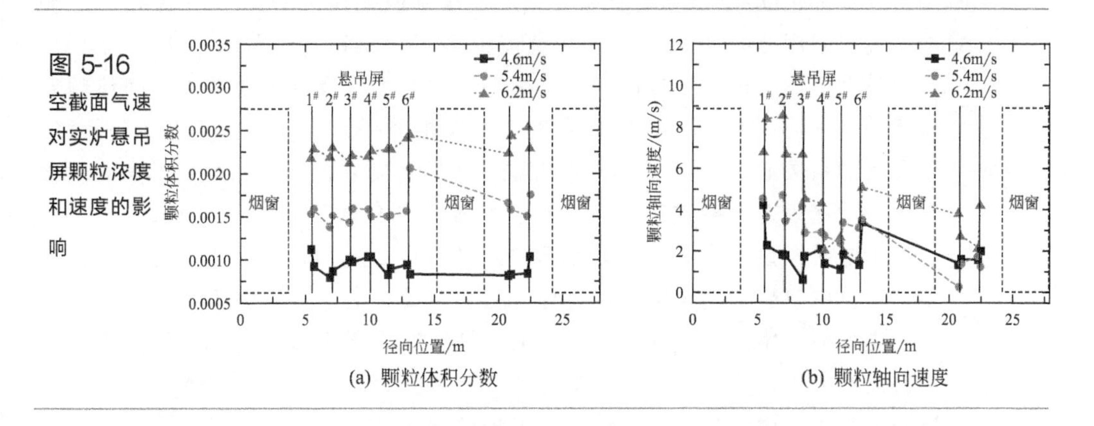

图 5-16 空截面气速对实炉悬吊屏颗粒浓度和速度的影响

5.1.2 炉膛单侧墙布置 4 分离器主循环回路气固全流场

模拟对象为一 660MW 高效超/超超临界循环流化床锅炉，该锅炉为超/超超临界直流锅炉，采用单炉膛、4 个分离器单侧布置的结构，如图 5-17 所示。

该锅炉的主循环回路包括炉膛、分离器、回料器和外置式换热器。炉膛高度为 55m，宽度为 40m，深度为 13m。炉内除了水冷壁外，还布置有水冷蒸发屏、再热器、中温过热器和高温过热器等大量屏式受热面。炉膛下部布置有 2 层二次风入口，高度分别为 4m 和 7m。4 个斜向下进口的旋风分离器均匀布置在后墙，分别对应 4 个回料器和 4 个外置式换热器，并对应后墙下部的 8 个固体回料口。

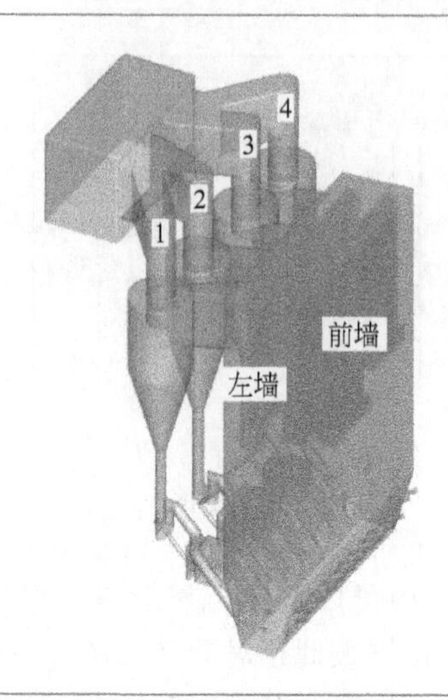

图 5-17
660MW 超/超超临界 CFB 锅炉的几何结构

数值模拟按照锅炉设计尺寸 1∶1 建立计算模型，基于欧拉-欧拉双流体模型结合 EMMS 模型计算。

计算采用欧拉-欧拉双流体模型，气相湍流采用 RNG k-ε 湍流模型，颗粒相湍流采用 per phase k-ε 多相湍流模型。气固相间动量传递采用 EMMS 曳力模型描述，模型中气固间的作用不考虑升力以及虚拟质量力。固体颗粒碰撞恢复系数取 0.95。壁面边界条件中气相采用无滑移，固相为部分滑移，镜面反射系数取 0.01。采用控制容积法离散控制方程，控制容积界面物理量采用一阶迎风差分格式获得，流体压力-速度耦合基于 Simple 算法。

考虑研究重点为炉膛气固流动、分离器间的流率分布问题，为减少计算量，计算中忽略炉内煤的燃烧过程，将温度场简化，统一为 T_1。

实际锅炉中二次风在射入炉膛前，其温度为空预器后的热空气温度 T_k；二次风在喷入炉膛后，其温度骤升并迅速接近炉内温度 T_1，体积也相应地发生剧烈膨胀。由于实际上二次风进入炉膛后，其体积主要向径向扩散，而不是轴向膨胀增加风速。因此本计算采用二次风口矫形模化方法，在处理二次风进入炉膛后因温度骤升而造成体积膨胀的影响时，保证二次风与炉膛中心风的动量比相等，将二次风口放大为实际的$\sqrt{T_1/T_k}$倍。

锅炉采用 Gambit 划分网格，其中炉膛主体采用六面体网格划分，底部锥段和分离器等则采用四面体网格划分，共约 218 万，如图 5-18 所示。

数值计算针对锅炉 BMCR 工作条件下的炉膛气固流场进行模拟，计算中，BMCR 工况参数如表 5-2 所示。

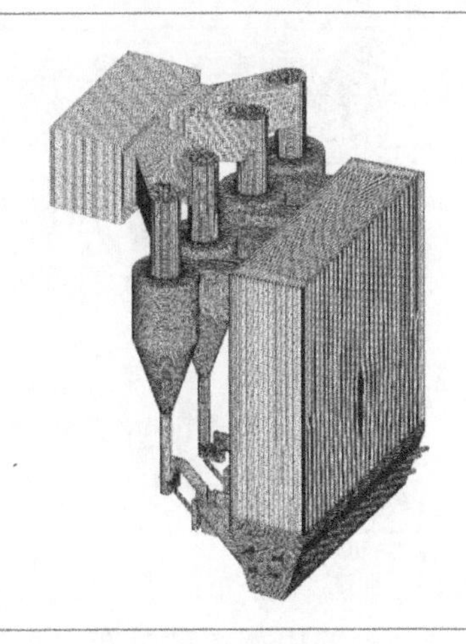

图 5-18
三维全回路网格划分

表 5-2　全回路流场计算参数

参数	单位	数值	参数	单位	数值
炉膛温度	℃	880	初始床高	m	1.8
颗粒粒径	mm	0.25	锅炉总风量	m^3/h	1808360
颗粒真实密度	kg/m^3	2400	二次风比例	—	0.6
颗粒最大堆积率	—	0.6	计算步长	s	0.001

通过对炉膛作不同高度的截面，并对各截面的固相体积分数取平均，得到了固相体积分数随高度的变化曲线，如图 5-19 所示。由图可知，固相浓度在炉膛高度方向上呈现较清晰的分界，上部固相浓度较为均匀，底部固相密度在 $800kg/m^3$ 以上。

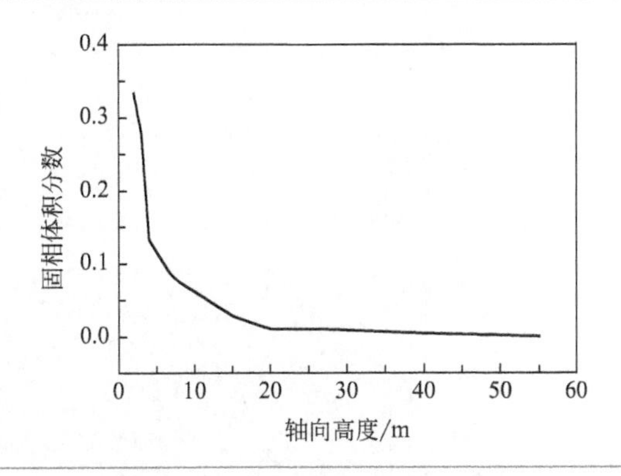

图 5-19
炉膛轴向固相浓度分布

图 5-20 给出了锅炉整体固相浓度分布结果。由图可见，固相浓度随着高度的增大而逐渐减小。其中前后墙面下部的固相浓度由于颗粒下滑及堆积而较大，且沿横向分布呈现中间高、两段低的趋势。另外，分离器、回料器及外置床由于颗粒的集中堆积而有较大的固相浓度。

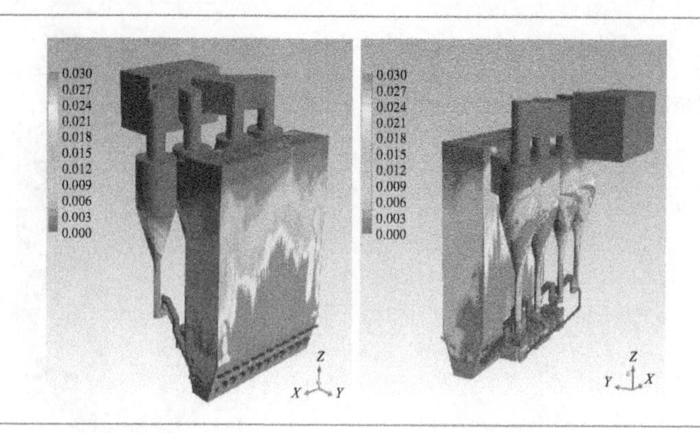

图 5-20
660MW 高效超/超超 CFB 锅炉固相浓度分布

(1) 截面气固流场分布　图 5-21～图 5-23 依次给出了炉膛高度 5m、40m 和 50m 截面处的固相浓度分布。可以看到，截面的固相浓度随着高度逐渐减小，炉膛顶部的固相浓度大约为 $10\mathrm{kg/m^3}$。

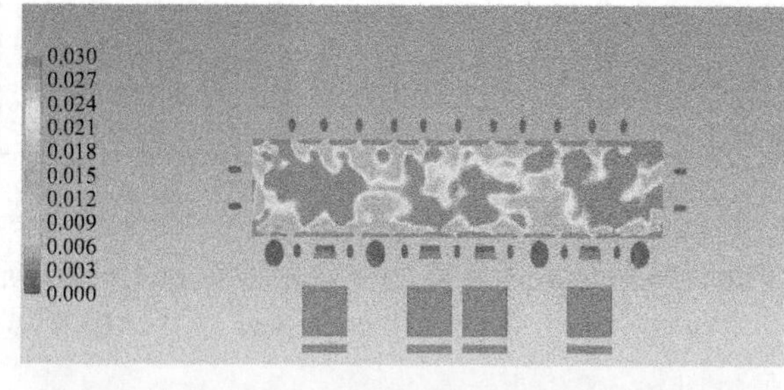

图 5-21
H=5m 截面固相浓度分布

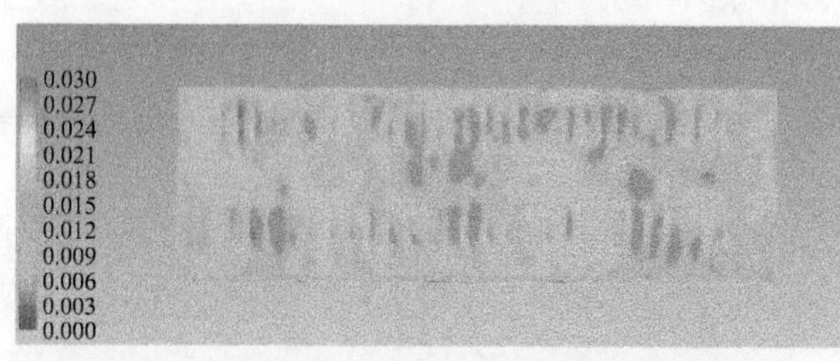

图 5-22
H=40m 截面固相浓度分布

图 5-23
H=50m 截面固相浓度分布

固相浓度的截面分布整体呈现中间低、四周高的特点，中间为上升流，四周为下降流，但在截面中心位置依然存在较高浓度的颗粒聚集。同时，固相浓度的截面分布随着高度的增大而趋于均匀。

图5-24、图5-25依次给出了炉膛高度30m和40m截面处的固相轴向速度分布。可以看出，固相在截面的部分区域具有较大的轴向上升速度。这表明，对于大截面炉膛，气固流动沿宽度和深度方向会存在较大的波动。这与炉内布风的均匀性、固相的横向扩散能力等密切相关。

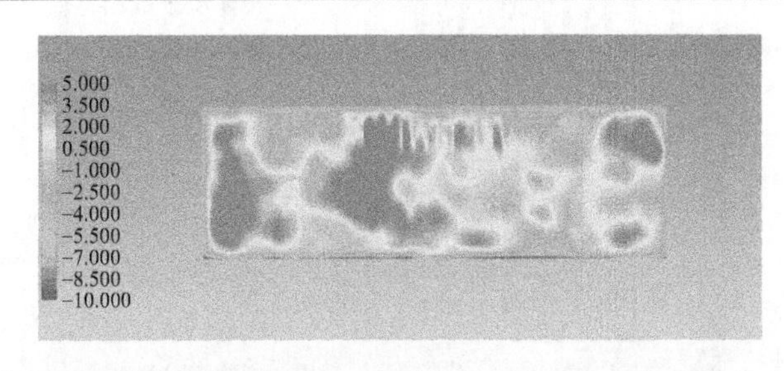

图5-24
H=30m截面固相轴向速度分布（单位：m/s）

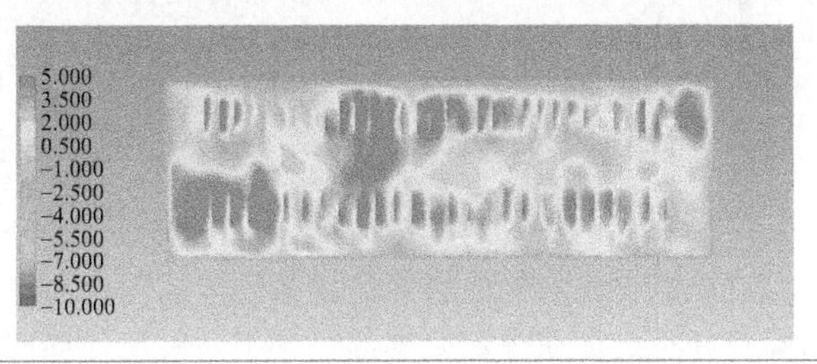

图5-25
H=40m截面固相轴向速度分布（单位：m/s）

（2）屏面气固流场　图5-26为水冷屏屏面上的固相浓度分布情况。随着高度的增加，屏面上固相浓度降低。由于挂屏较长，屏面底部固相浓度较高，上下固相浓度存在差别。

图5-27为水冷屏屏面上的固相轴向速度分布。可以看到屏面上固相颗粒整体表现为上升流动，但在部分屏面下部表现为下降流。

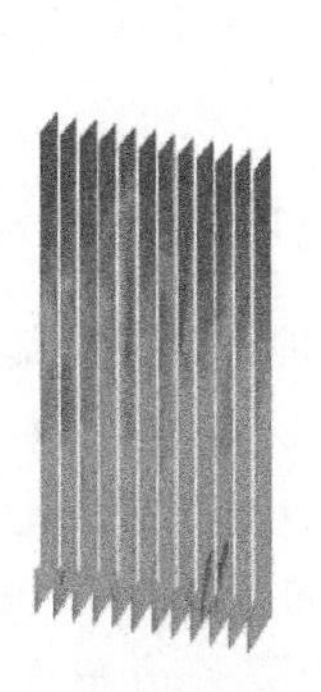

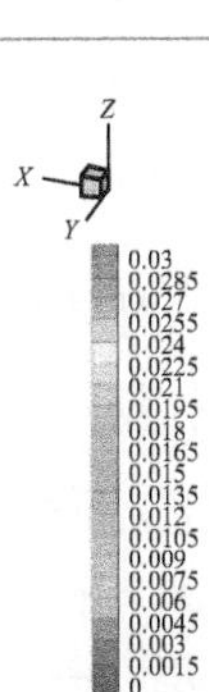

图5-26
水冷屏屏面固相浓度分布

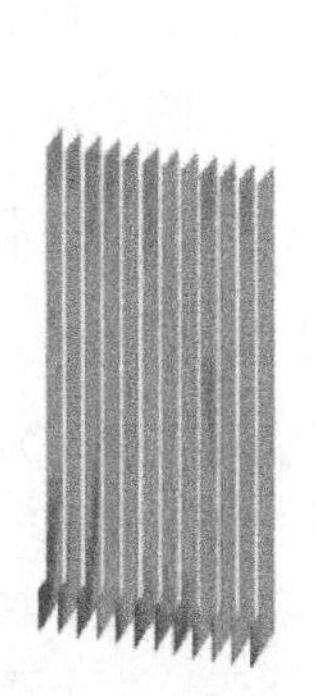

图5-27
水冷屏屏面固相轴向速度分布（单位：m/s）

图 5-28～图 5-31 分别给出了过热屏、水冷屏和再热屏间的固相浓度和轴向速度分布。总体而言，屏间固相的轴向速度基本都大于 0，而在部分屏面处存在下降流；屏间固相浓度多为 10kg/m³，在部分屏面附近较大，可达 20～30kg/m³。

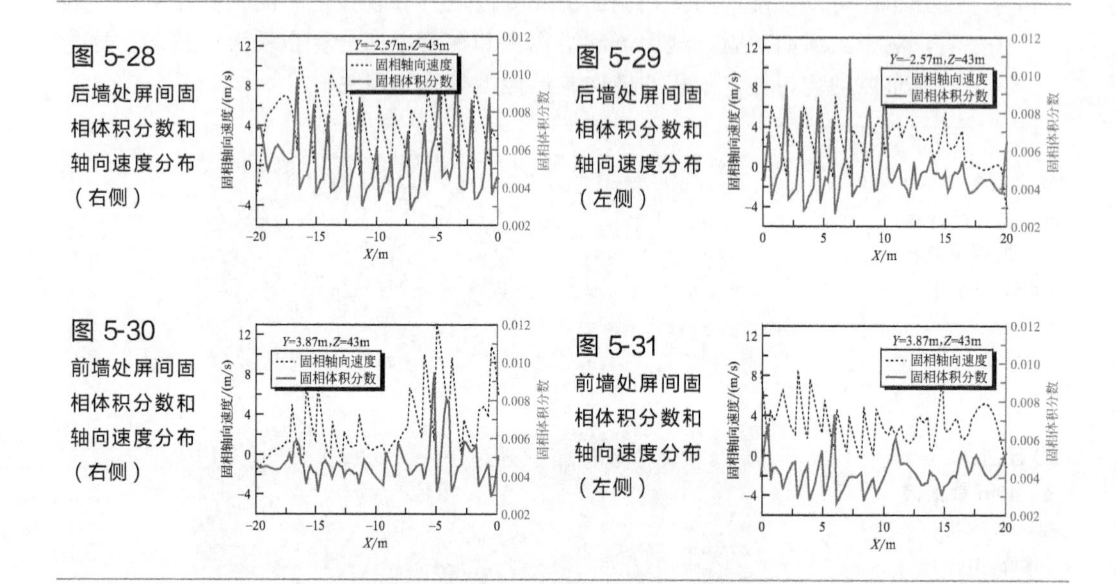

图 5-28 后墙处屏间固相体积分数和轴向速度分布（右侧）

图 5-29 后墙处屏间固相体积分数和轴向速度分布（左侧）

图 5-30 前墙处屏间固相体积分数和轴向速度分布（右侧）

图 5-31 前墙处屏间固相体积分数和轴向速度分布（左侧）

对比炉膛左右侧的固相浓度和轴向速度分布，可以发现左右两侧炉膛间的固相分布是存在一定差别的。其中，后墙处屏间左右侧固相分布的差别要大于前墙处，右侧墙附近的固相浓度和轴向速度要大于左侧墙附近。同样，由于炉膛出口的吸引作用，后墙处屏间的固相浓度都要稍大于前墙处。

根据计算结果，由于炉内挂屏尺寸较大，屏面上的固相浓度分布不均匀，随高度的降低而增大。这意味着屏面上的传热存在不均匀性，底部的传热系数要大于上部。采用均一传热系数来设计炉内挂屏的方法存在一定的局限性，在设计中应重点考虑。

同时，由于屏面底部受较高浓度的固相冲刷，底部的防磨也是锅炉设计中需要关注的重点之一。

5.1.3 环形炉膛循环流化床锅炉炉膛气固流场

模拟对象为某 1000MW 超临界循环流化床环形炉膛锅炉，其结构如图 5-32 所示。该锅炉整体为环形结构，炉内沿周向布置有 2×(19+6)=50 个悬吊屏受热面，底部内外环布置有两层二次风入口。环形炉膛循环流化床外环为矩形结构，底部布置有双层二次风口，上层在外环长边布置 12 个，短边布置 5 个，下层在外环长边布置 11 个，短边布置 5 个；内环上层长边布置 6 个，短边布置 2 个，四角各布置 1 个，下层在长边布置 6 个，短边布置 2 个，四角各布置 1 个。6 个分离器不对称布置，各对应两个回料口，沿外环周向布置。

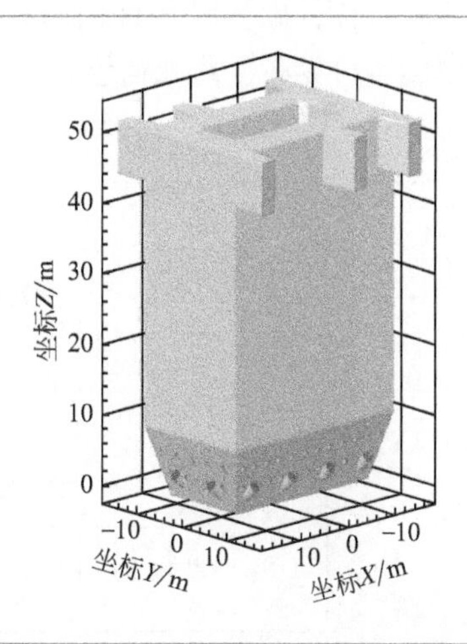

图 5-32
环形炉膛三维模型

环形炉膛的结构不同于常规循环流化床锅炉。由于特殊的炉膛结构，该锅炉炉内流体动力特性具有新的特点。

该锅炉的主要结构参数见表 5-3。炉内 50 块悬吊屏分为再热器、中温过热器和高温过热器三种，其中左右墙 12 块悬吊屏受热面均为再热器，前后墙为高温和中温过热器各一半。具体布置位置如图 5-33 所示。

表 5-3　炉膛基本尺寸

名称	数值	名称	数值
炉膛截面外环尺寸/m	33.6×19.9	炉膛高度/m	51.9
炉膛截面内环尺寸/m	22.1×8.4(不包括折角)	布风板面积/m^2	210.86

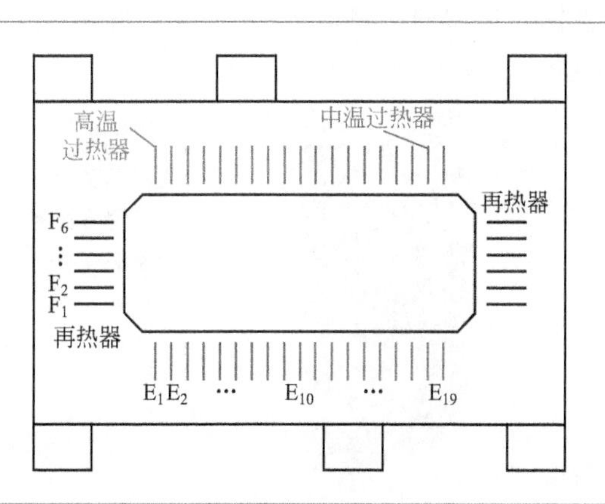

图 5-33
炉内过热器和再热器受热面布置

由于1000MW循环流化床环形炉膛锅炉尺寸较大，对锅炉整体建模将会带来大量的网格单元，相应的数值模拟计算量较大。考虑环形炉膛模型及边界条件等为周期性旋转对称，即如图5-34所示，右半侧炉膛旋转180°后与左半侧完全重合，故采用旋转边界条件对几何模型进行简化，即建模和划分网格只选用左一半的炉膛。

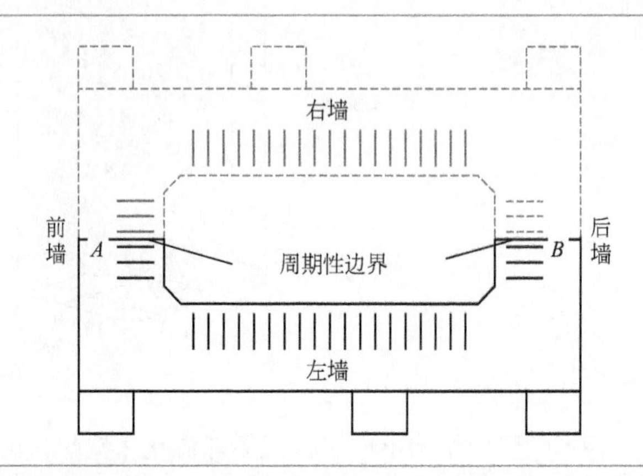

图 5-34
环形炉膛周期性边界选择

间断面 A 和 B 采用周期性边界条件（periodical boundary conditions）耦合，即每迭代完一次，就将 B 面参数传输给 A 面，直到 A 和 B 面参数收敛。

网格划分基于Gambit软件，其中炉膛底部锥形段采用四面体非结构化网格，其余部位，如炉膛中上部、二次风入口及回料口等均采用六面体结构化网格，以降低整体网格数量。同时，在悬吊屏和炉膛边壁处，边界网格均有局部加密，并通过渐变将网格尺寸缓慢过渡到中心大网格尺寸。网格最小尺寸为56mm，在悬吊屏及水冷壁面附近，最大尺寸为420mm，位于炉膛中心区域。

图5-35和图5-36分别为炉膛整体网格模型和悬吊屏及边壁局部网格加密示意图。模型网格总数量为209.27万。

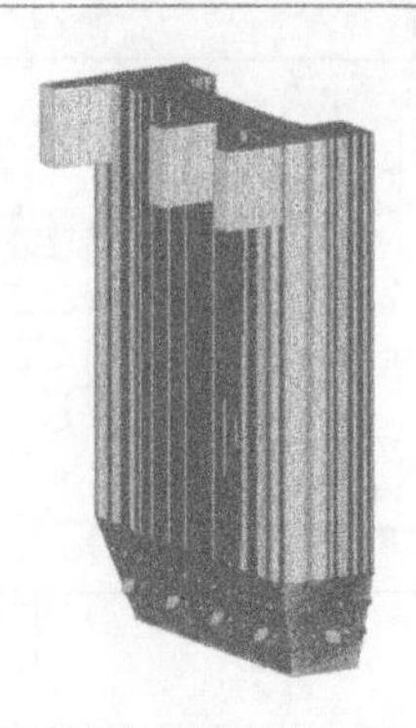

图 5-35
炉膛整体网格模型

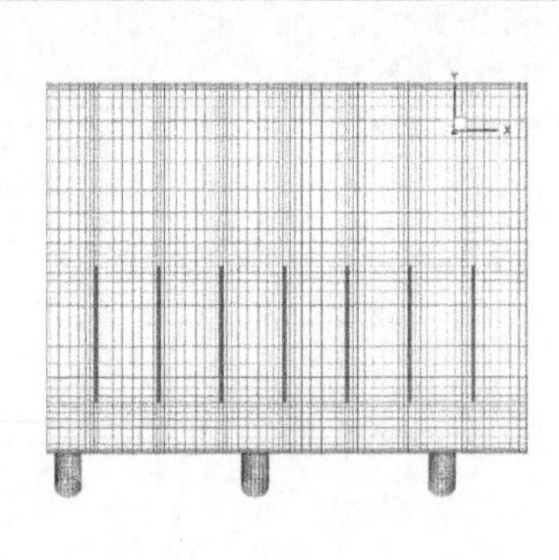

图 5-36
悬吊屏及边壁局部网格加密示意图

锅炉计算工况是以大型循环流化床锅炉实际正常运行的参数为参考依据的。模拟计算中主要涉及的变量有空截面风速、炉膛温度、工质进口质量流率、温度及压力等。其中基准工况参数数值见表 5-4。

表 5-4　环形炉膛计算工况

工况	平均粒径 d_p/mm	颗粒密度 ρ_s/(kg/m^3)	空截面风速 u_0/(m/s)	二次风率 R_{sa}/%	静止床高 H_0/m	炉膛温度 T_1/℃
A0	0.22	2400	4.8	50	1.8	900

通过对不同高度的炉膛作截面，并统计各截面固相浓度的平均值，得到了炉内固相浓度随高度的变化规律。截面平均悬浮密度轴向分布如图 5-37 所示，以轴向高度 5m（上二次风位置附近）为界，呈明显的稀密相。炉膛底部的固相悬浮密度可达 500kg/m^3 以上，炉膛上部为 10kg/m^3，顶部约为 5kg/m^3。

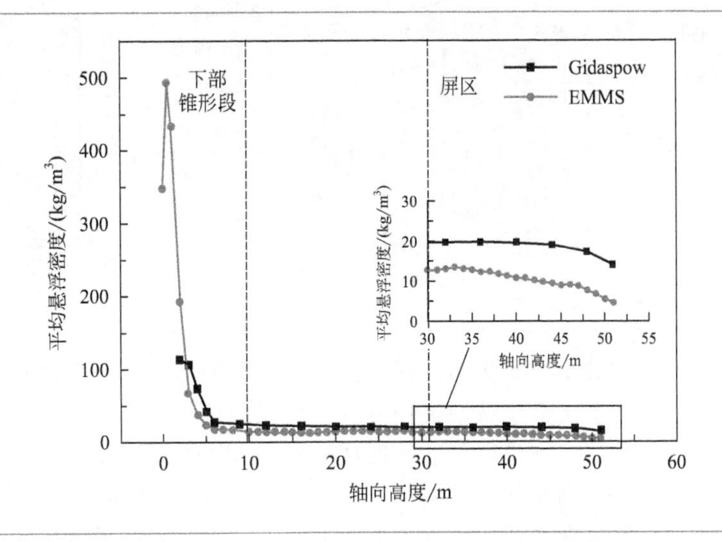

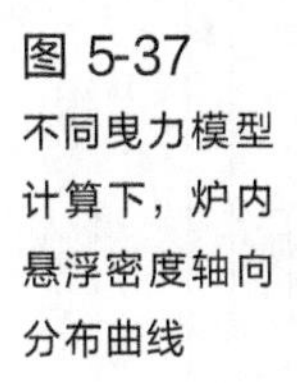
图 5-37
不同曳力模型计算下，炉内悬浮密度轴向分布曲线

与采用 Gidaspow 模型的结果比较可以发现，采用 EMMS 曳力模型得到的底部固相浓度较高，固相浓度截面平均密度能达到 400～500kg/m^3，而 Gidaspow 模型只有约 100kg/m^3。相应地 EMMS 曳力模型炉膛顶部的浓度要低于 Gidaspow 曳力模型的计算结果，约为 5kg/m^3，与实际锅炉运行中顶部的悬浮密度较为相符。

图 5-38 为炉膛外壁面的固相浓度，图 5-39 和图 5-40 为内壁面及悬吊屏受热面处的固相浓度。图 5-41 为若干个固相浓度轴向截面。随着高度的增加，炉膛水冷壁面处的固相浓度逐渐降低，下部为密相区，上部为稀相区。在密相区以上，由于炉膛出口的吸引作用，较多的颗粒集中在出口下方。边

角处颗粒浓度要大于中间位置。内壁面长边的固相浓度与同位置外壁面的固相浓度类似，而短边处特别是在拐角处固相浓度明显较低。这可能与其本身为垂直壁面及两端靠近炉膛出口有关。

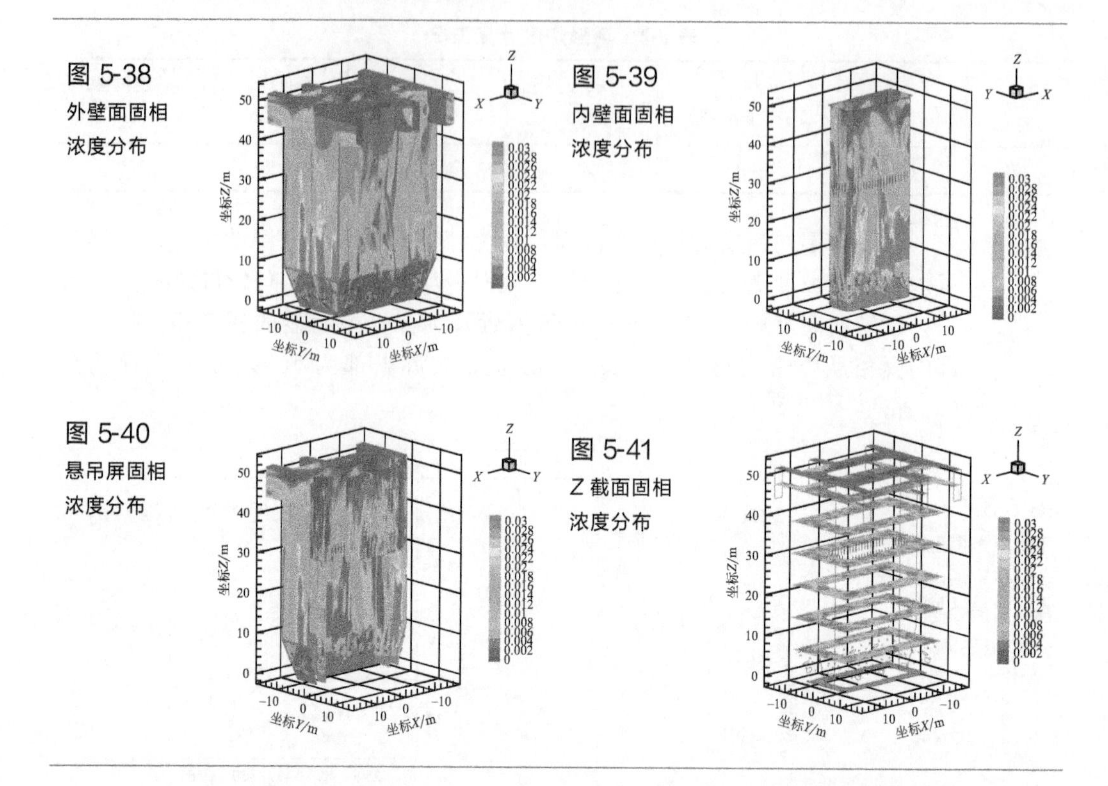

图 5-38 外壁面固相浓度分布

图 5-39 内壁面固相浓度分布

图 5-40 悬吊屏固相浓度分布

图 5-41 Z 截面固相浓度分布

炉膛出口对炉内的固相分布有较大的影响。相距较远的两个炉膛出口之间固相浓度低于截面平均浓度，较近的两炉膛出口之间固相浓度则要高于截面平均值。这是因为前者的两个炉膛出口之间表现为对固相的“竞争”，后者则是对固相的“协同”，显然三个炉膛出口之间固相流率存在差异。

悬吊屏受热面的轴向长度达 20 多米，其表面固相浓度差异较大，特别是沿轴向有明显的变化。同时，各位置的悬吊屏表面固相浓度也存在很大的不同。短边处的再热器表面浓度较低，长边处的中高温过热器表面固相浓度相对较高。

固相浓度轴向截面图表明稀相区截面固相主要集中在近壁面处，中心处固相体积分数偏低，主要集中在 0.004 左右，即悬浮浓度约 $10kg/m^3$。这与循环流化床锅炉通常的上部固相浓度数据相符。

图 5-42 为炉膛外壁面的固相轴向速度，图 5-43 和图 5-44 为内壁面及悬吊屏受热面处的轴向速度。图 5-45 为若干个固相轴向速度轴向截面。各截面图的位置与前面的浓度截面图一致。

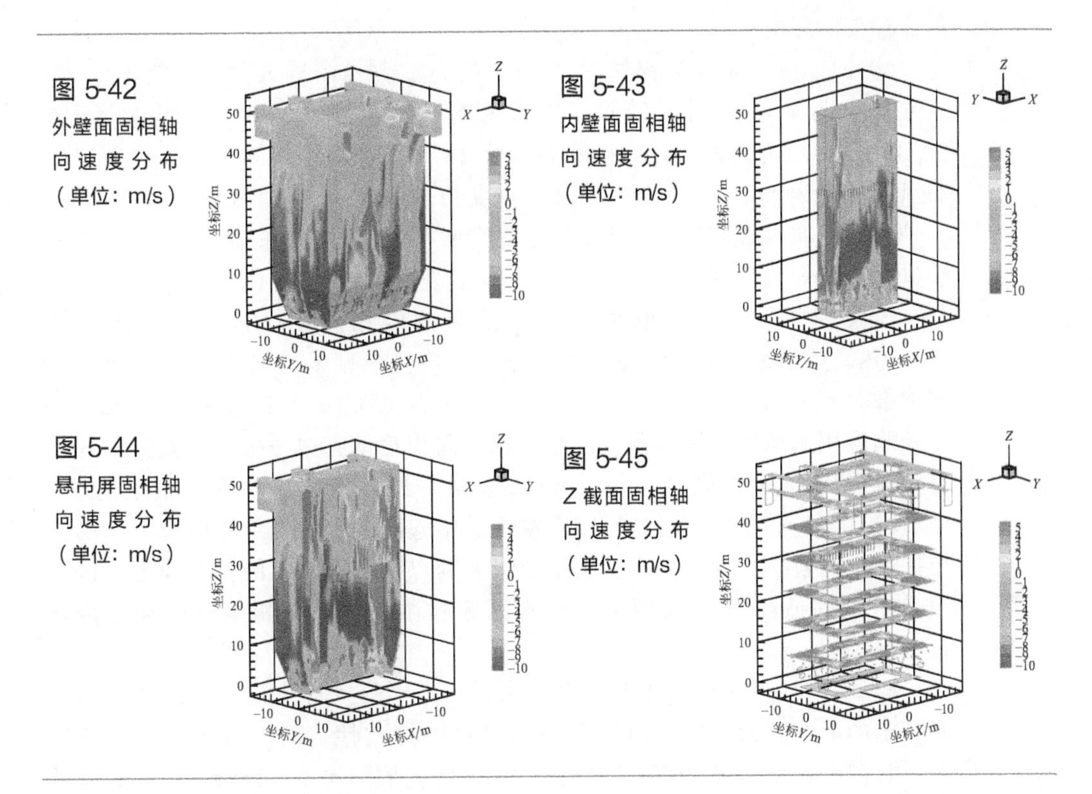

图 5-42 外壁面固相轴向速度分布（单位：m/s）

图 5-43 内壁面固相轴向速度分布（单位：m/s）

图 5-44 悬吊屏固相轴向速度分布（单位：m/s）

图 5-45 Z 截面固相轴向速度分布（单位：m/s）

环形炉膛外壁面的固相轴向速度多为负值，即壁面主要为颗粒向下流。下降流越靠近底部，速度越大。在炉膛出口中间位置存在一定的固相向上速度，这是由于炉膛出口负压，在此区域的气固流被尾部烟道吸引后固相浓度降低或者吸引作用过大造成的。同样内壁面长边的固相轴向速度与外壁面类似，而短边的固相速度多为正，与该处较低的固相浓度相符。悬吊屏受热面附近不少为颗粒上升流，特别是短边处的悬吊屏表面。

由图 5-45 可知，炉内存在若干股主要的上升流，位于炉膛拐角及炉膛长边中部。比较固相浓度切面图可知，这些位置处的固相浓度也要低于截面平均值。

5.2 高浓度气固相中的二次风穿透特性

5.2.1 某 300MW 循环流化床锅炉的二次风穿透特性

针对某 300MW 大型循环流化床锅炉炉膛内的气固流场进行数值模拟，研究了二次风风速、背景颗粒浓度、喷口位置、一次风风速等参数对二次风射流深度的影响。

300MW循环流化床锅炉 Z 方向上高为37.1m，X 方向上长为28.3m，Y 方向上纵深为8.5m。炉膛下部设有单块大面积布风板，尺寸为4m×28.3m。在 X 方向两边分两排各布置了16个二次风口，第一排二次风口距布风板高度为1m，第二排二次风口高度为5m，二次风口直径均为0.32m；锅炉后墙距布风板高度1m处布置了6个回料口，回料口直径为1.1m。对模型进行网格划分，网格数量为87.5万，模型如图5-46所示。

设置二相流射流模拟条件为非稳态的两相流动，非稳态时间步为0.0001s。壁面条件采用无滑移边界条件，湍流模型采用RNG k-ε 模型，模型常数 $c_1=1.42$，$c_2=1.68$，$c_\mu=0.09$，$\sigma_k=1.0$，$\sigma_\varepsilon=1.3$，$\sigma_1=0.85$。采用控制容积法离散控制方程，控制容积界面物理量应用一阶迎风差分格式获得，流体压力-速度耦合基于Simple算法。边界条件包括入口速度边界、压力出口边界和壁面边界，近壁区模拟采用壁面函数法。双流体模型中的主要控制方程包括连续性方程、动量守恒方程以及联系二者的曳力模型。模拟中采用Gidaspow曳力模型来描述不同颗粒浓度时气固相之间的动量传递系数。

模型锅炉中共两层32个二次风风口，不同的风口位置对二次风穿透性有一定的影响。为了更全面地分析二次风的穿透性，取前后墙上下层各一个，共四个典型二次风口进行分析。A口为前墙下层 X 轴向距离20m处的二次风口，B口为前墙上层 X 轴向距离6.9m处的二次风口，C口为后墙下层 X 轴向距离4.25m处的二次风口，D口为后墙上层 X 轴向距离14.6m处的二次风口，如图5-47所示。

图5-46 300MW循环流化床计算模型图

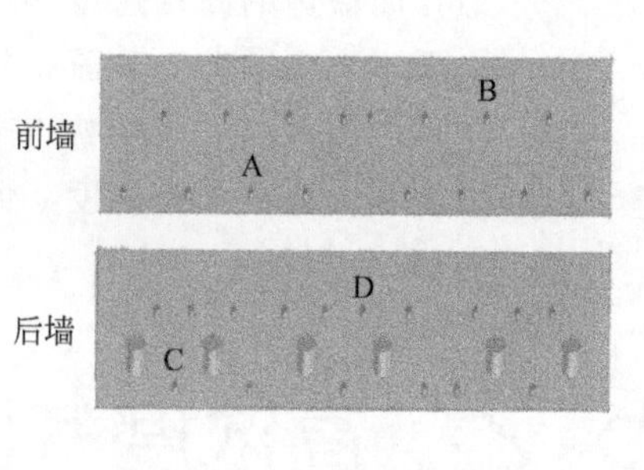

图5-47 四个典型二次风口位置示意图

在气固二相流数值模拟计算中，对模型进行设置，设定一、二次风风速，给定一个初始颗粒浓度，使一、二次风从0s时刻开始进入气固二相流中，考察其进入气固混合物的穿透能力，以此来表征气体射流的射流深度。计算二次风射流在气固二相流中的射流深度，有四种结果可以定量反映射流的穿透性：气体射流流线分布；气体射流速度分布；炉膛颗粒速度分布；炉膛空间颗粒浓度分布。Knowlton 等[2] 总结了射流深度 L_{max}、L_{min}、L_b 3 种定义。L_{max} 指射流崩塌及生成气泡的深度；L_{min} 是长久依附于喷口气泡的最初深度；L_b 为气泡失去其动量前所能达到的最大深度。这里定义二次风进入 0.2s 后射流速度衰减到入射速度 0.1%时的空间位置到喷口中心的 Y 轴向距离为射流在气固二相流中的最大射流深度 L，如图 5-48 所示。此定义即为 Knowlton 所定义的 L_b。

图 5-49 为颗粒浓度 250kg/m^3 时，不同喷口位置的二次风射流深度随二次风风速的变化。四个典型喷口位置的射流深度随着射流速度的增大而增大，最大射流深度不超过 2m。上层喷口位置的射流深度大于下层喷口位置的射流深度，这是因为上层喷口位置前后墙之间的空间较大，前后墙喷口之间的二次风射流之间的影响相对较小。同时，喷口 D 的射流深度在四种不同浓度条件下均大于其他三个喷口的射流深度，这和实际炉膛喷口位置的布置有关。后墙 D 口相邻位置的喷口 X 轴向距离分别为 12.5m 和 17.15m，而前墙对应位置的喷口 X 轴向位置分别为 11.3m 和 17m，即前墙位置的喷口对后墙造成的影响较小，这说明二次风射流穿透性受到炉膛尺寸和前后墙喷口的相互影响。

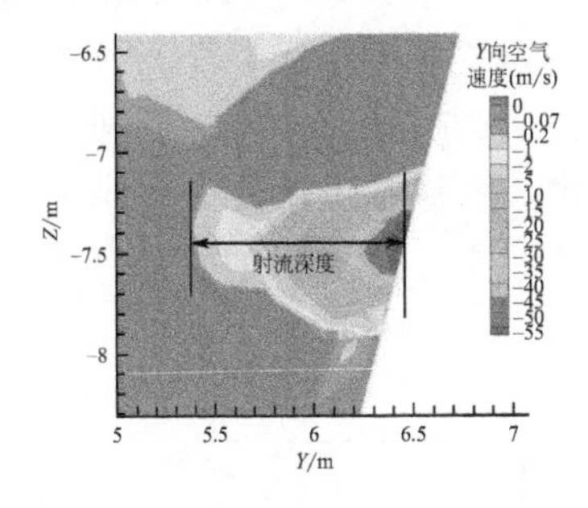

图 5-48
采用的穿透性定义方法

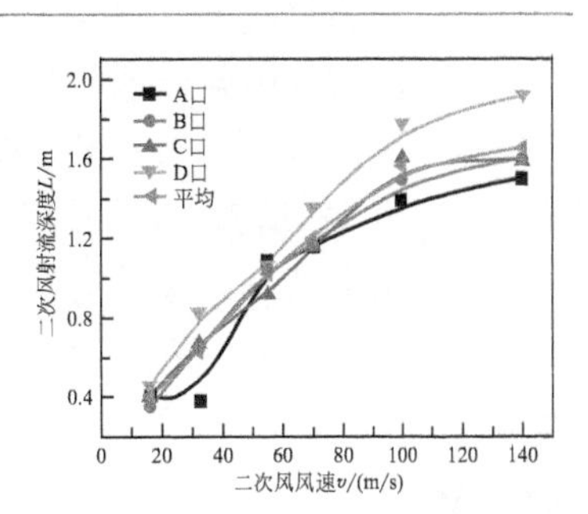

图 5-49
不同喷口位置射流深度随射流速度的变化

图 5-50 为二次风射流速度 70m/s，入口角度水平向下 30°，炉膛内初始颗粒浓度 500kg/m^3 时的二次风射流深度随一次风风速变化图。当一次风风速为 0m/s 时，四个喷口的射流深度都较大，随着一次风风速的增大，射流深度减小；当一次风速度从 2.24m/s 增加到 3.36m/s 时，二次风射流深度减小较大，而在其他一次风速度变化区间时，二次风射流深度的变化相对较小。这是因为二次风的角度为向下 30°，当没有一次风进入时，二次风的能量可以完全转化为动能，抵消固体颗粒对射流的阻力；而有一次风加入时，二次风射流的能量一部分克服固体颗粒的阻力，另一部风抵消一次风向上的速度。四个典型喷口位置对射流深度的影响不大，但 D 口位置的射流深度较大，这和炉膛喷口位置的布置有关。数值模拟结果与在小型台架上的实验结

果规律相同，均是随着一次风风速的增大，射流深度减小[3,4]。

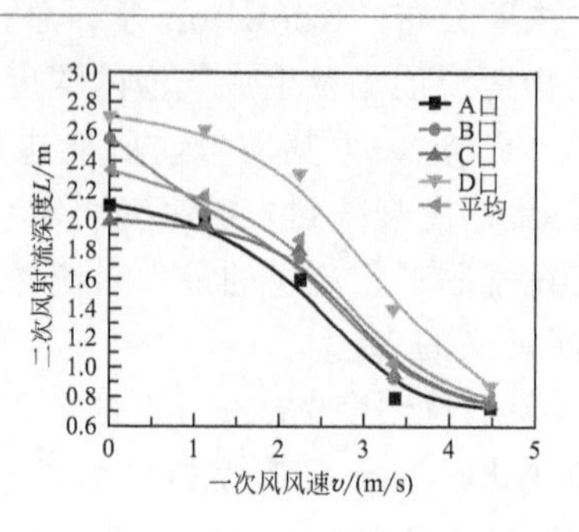

图 5-50
射流深度随一次风风速的变化

图 5-51 为一次风风速 4.48m/s 时不同颗粒浓度条件下射流深度随二次风射流速度变化的曲线图，其中射流深度为四个典型喷口位置射流深度的平均值。随着二次风射流速度变大，射流深度增加，射流深度随射流速度变化的曲线呈近似幂函数变化。在确定炉膛内，当颗粒浓度为 250kg/m³ 时，最大射流深度为 1.6m；当颗粒浓度为 125kg/m³ 时，最大射流深度为 2.2m。颗粒浓度小于 250kg/m³，当二次风射流速度从 16m/s 增加到 100m/s 时，二次风射流深度增加较快；而当速度大于 100m/s 时，二次风射流深度增加的趋势变缓。Zhong 等[5]总结了国内外学者对水平射流深度的研究，证明射流深度随射流速度呈幂函数变化，这与模拟结果相吻合。图 5-51 中给出了数值模拟结果与文献［6-8］中的拟合公式结果对比。文献［6］中的颗粒浓度为 125kg/m³，随着二次风风速增大，射流深度的趋势为线性变化，且小于模拟结果；文献［7，8］中的颗粒浓度为 1000kg/m³，拟合公式结果与数值模拟结果较为相似。

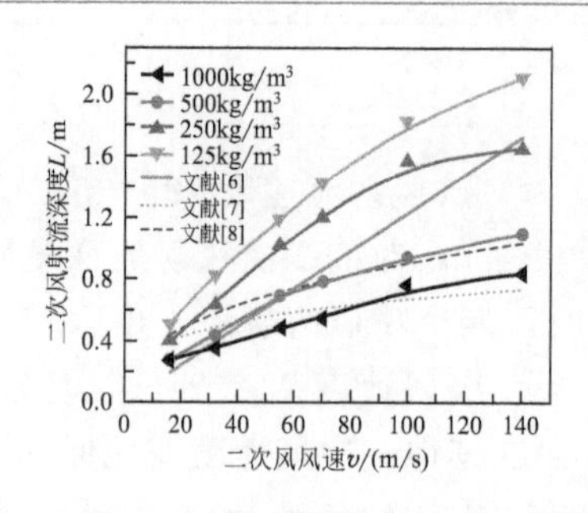

图 5-51
不同颗粒浓度下射流深度随射流速度的变化

在炉膛空间内，当二次风速度达到 100m/s 时，前后墙之间的二次风开始相互影响，二次风开始对冲造成能量消耗，因此，射流深度的增幅减小。这也从另一方面说明了当二次风射流达到 100m/s 时，二次风的穿透性已经足够对炉膛中心供氧，同时造成了前后炉膛的相互影响。所以，二次风风速设置应考虑小于 100m/s。对于下层二次风风口，由于喷口位置处颗粒浓度较高，射流深度随着射流速度呈幂函数分布，因此可以适当提高其射流速度，但是其穿透性效果变化不明显。而对于上层二次风风口，其喷口位置的颗粒浓度相对较小，射流深度较大，此处二次风穿透性较好，所以适当提高其射流速度。但射流速度越大，需要风机的压头越大，而当射流速度大于 100m/s 时，射流深度增加的幅度减小。因此射流速度可以控制在 100m/s 以内，若不能满足氧量，可以适当扩大喷口增加风量。

图 5-52 为不同射流速度条件下射流深度随颗粒浓度变化的曲线图，其中射流深度为四个典型喷口位置射流深度的平均值。从图中可以看出，随着颗粒浓度的增大，二次风射流深度减小；当颗粒浓度大于 500kg/m³ 时，射流深度的变化较小，而当颗粒浓度小于 500kg/m³ 时，射流深度变化较大。当二次风风速较大，且颗粒浓度较小时，二次风的穿透性变化较为剧烈，二次风射流速度较大时，固体颗粒浓度对射流深度的影响较大。

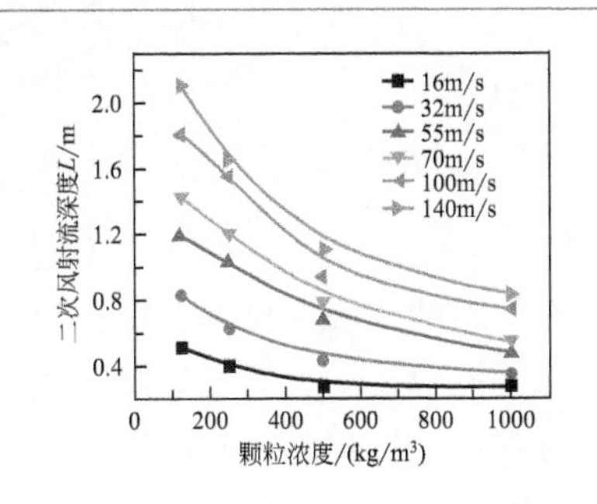

图 5-52
不同射流速度条件下射流深度随颗粒浓度的变化

因此，对于实际炉膛设计而言，在保证炉内流场稳定的情况下，适当提高二次风口的高度，减小二次风口喷口处的颗粒浓度，是一种较为有效的提高二次风射流穿透性的方法。若设置多层二次风口，下层二次风口由于颗粒浓度较大，增加二次风风速对穿透性的影响较小，因此下层二次风口的二次风风速可以设置在 50m/s 以内；而对于上层二次风口，由于喷口位置颗粒浓度较小，提高二次风射流速度会使射流深度得到较大提高，因此在综合考虑了风机电耗等客观因素后可以设置一个较大的二次风风速，一般可以设在 100m/s 左右。由于本锅炉炉膛下层二次风在布风板以上 1m 的高度，其作用更多的是作为一次风的补充，主要的二次风作用在上层风口，其高度为布风板 5m 以上。因此，设置二次风射流速度时，对下层二次风的穿透性要求不高，而需要上层二次风的穿透深度能达到炉膛中心。

图 5-53 为一次风风速 4.48m/s，不同射流角度条件下射流深度随颗粒浓度变化的曲线图，其中射流深度的数值为四个典型喷口的平均值。从图中可以看出，当二次风射流速度为 70m/s 时，相同颗粒浓度条件下射流角度为向

下 30°时的射流深度最小，射流角度为向上 30°和水平射流时的射流深度较为相似，但均大于向下 30°时的情况。当射流角度为向下 30°时，随着颗粒浓度的增大，射流深度逐渐减小；当射流角度为水平时，射流深度的变化曲线为近似线性关系；当射流角度为水平向上 30°时，射流深度首先保持较小的变化，然后逐渐减小。二次风射流速度为 32m/s，当颗粒浓度大于 500kg/m³ 时，射流角度的变化对射流深度的影响不大，而当颗粒浓度小于 500kg/m³ 时，射流深度受射流角度的影响较大；当射流角度为水平向上 30°时，射流深度的增幅最大，当射流角度为水平向下 30°时，射流深度的增幅最小。

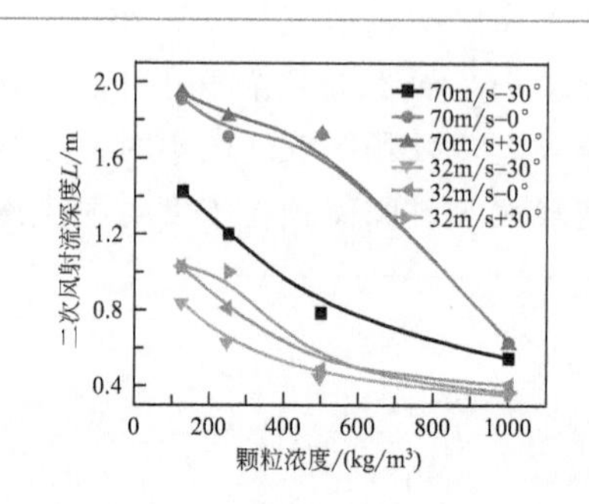

图 5-53
不同射流角度条件射流深度随颗粒浓度的变化

由于实际炉膛的二次风口为 2 层设计，下层二次风喷口位置处的颗粒浓度较大（500kg/m³ 以上），且二次风风速设置在 40m/s 左右，因此，射流方向对二次风的穿透性影响不大。可以根据设计要求、实际经验及流化状态设置二次风口的喷口方向，一般来说向下 30°的设置有利于炉膛内密相区颗粒混合，因此可以设置下层二次风的喷口方向为水平向下 30°。而上层二次风风口离布风板的位置为 5m，此处的颗粒浓度相对较小，射流方向将对其射流深度产生一定的影响。不同射流方向产生的射流深度差异最大可以达到 1.4m 以上。因此针对二次风穿透性而言，可以考虑设计二次风的喷口方向为水平方向或者适当向上偏移。

针对 300MW 循环流化床锅炉的二次风穿透特性数值模拟结果表明，可以通过改变二次风风口的高度、二次风风口的位置、上下层二次风风口的射流速度及射流角度达到满足穿透性及经济性的要求。当二次风的射流方向为向下 30°时，在相同浓度背景的条件下，随着一次风风速增大，二次风射流深度减小，前后墙喷口位置的布置影响二次风的穿透性及射流深度；随着二次风射流速度变大，射流深度增加，射流深度随射流速度变化的曲线呈近似幂函数变化；当颗粒浓度大于 500kg/m³ 时，射流深度的变化较小，而当颗粒浓度小于 500kg/m³ 时，射流深度的变化较大，相同颗粒浓度条件下射流角度为向下 30°时的射流深度最小。

5.2.2 炉膛2侧墙布置6分离器600MW循环流化床锅炉的二次风穿透特性

针对炉膛2侧墙布置6分离器600MW循环流化床锅炉的二次风穿透特性数值模拟中，炉内采用固体颗粒浓度均匀分布作为初始条件，考虑到炉膛上部稀相区流场对射流特性的影响较小，为节约计算时间，简化了网格，只考虑裤衩腿部分（高度0～9.5m）。

该部分采用四面体非结构化网格，二次风管和回料管采用楔形网格局部加密。网格总数为41.7万，其框架图和网格图分别见图5-54和图5-55。该模型采用欧拉双流体模型并对二次风口进行矫形，主要研究不同二次风率和颗粒背景浓度下二次风的穿透特性。模型截面风速均为5.4m/s，二次风率为0.3～0.7，背景颗粒浓度为0～1000kg/m^3。

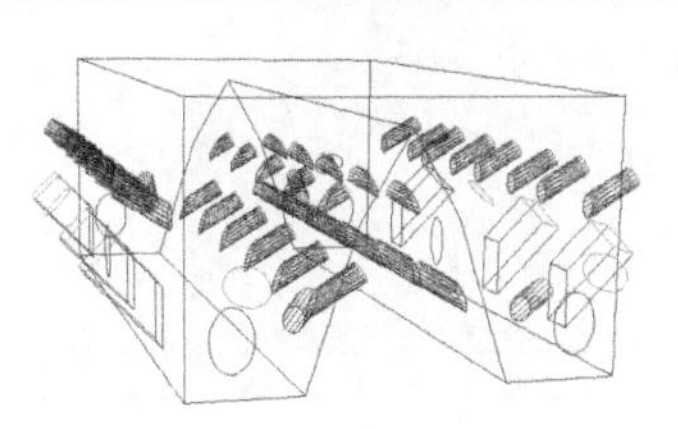

图5-54 二次风射流简化模型框架图

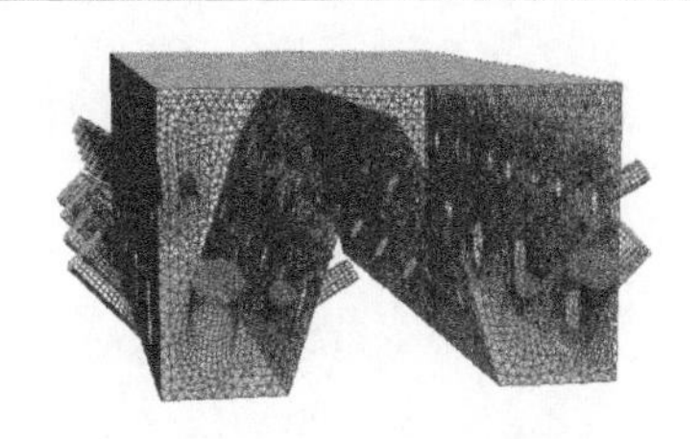

图5-55 二次风射流简化模型网格图

当二次风射流进入炉膛后，气固在各个方向上的速度分布及固体浓度分布均可以反映出射流的穿透性及扩散性，一般采用气体射流流线分布、气体射流速度分布、炉膛颗粒速度分布和炉膛空间颗粒浓度分布四种方法可以判断二次风射流深度。流线形状可以反映出二次风的穿透性和扩散性，但流线只能定性直观反映出二次风的穿透性及扩散性，无法定量得到二次风的穿透距离和扩散距离；二次风进入炉膛后冲刷颗粒并使得风口附近的颗粒浓度骤减，但是其形成的低颗粒浓度区并不能有效表示气体射流所能够达到的最大深度，这种方法仅可作为一种参考；颗粒是由于受到气体的冲刷和扰动而运动的，其衰减变化由当地气流速度决定，与当地气流速度的变化相比存在一定的滞后，表征穿透性精确性较差；而气体射流在水平方向上的分速度反映当地气流的真实情况，可较为准确地反应射流深度。

二次风穿透性研究中，不同的实验研究方法给出的二次风射程定义是不同的。比如通过温度法、速度法和显影法研究二次风穿透性时就会有各自的射程定义。当一股二次风射流和水平方向成一角度进入一个气固混合流中时，它会在径向和轴向同时发生扩散。周围的气固混合流通过碰撞和卷吸对它有阻碍作用，使得整个过程中射流的速度不断衰减。图5-56给出了一张典型的射流区域气体水平分速度的等高图。对于倾斜向下入射的二次风而言，它会在竖直速度减小为零处存在一个拐点，之后射流开始向上运动。而整个过程中水平向的分速度是一直衰减变小的。

为了更清晰地描述这一过程，定义了 3 个不同的射流射程，见图 5-56[9]。射流在拐点之后向上运动，射流中心轴线与其喷口平面会有一交点，该点到喷口的距离定义为射流中心射程 X_{core}。同样在这层高度，射流的水平分速度衰减为入射速度的 1% 等高线与该高度平面的交点到喷口的距离定义为射流边缘射程 X_{edge}。当射流的水平分速度衰减为入射速度的 1%时，射流达到其最大射程 X_{max}。另外，射流所能达到的最大深度，定义为射流极限射程 X_{lim}。

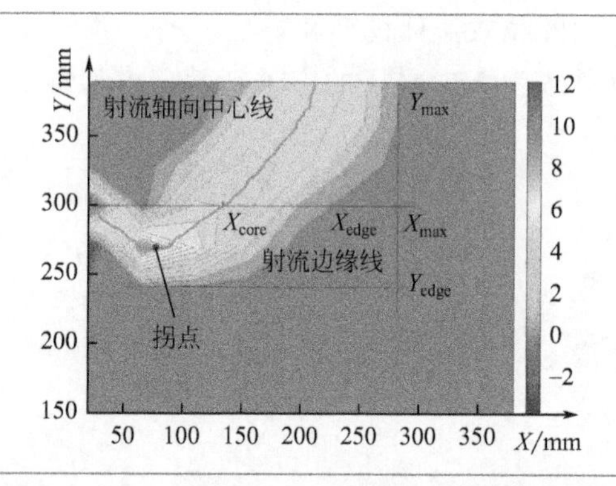

图 5-56 典型的水平气速分布等高图

模拟锅炉共有 4 排 42 个二次风口，不同的风口位置对二次风穿透性有很大的影响。图 5-57 是典型工况下纯空气射流在炉膛裤衩腿内侧上二次风口 XY 截面的射流分布。从图中可以看出，二次风口位置不同，其二次风射流方向及深度也不同。对于 Ia1 和 Ia5 风口而言，由于对墙（右墙）没有二次风口，其射流几乎可以穿透整个炉腿。而对于 Ia4 而言，由于其对墙刚好有一个二次风口，因此其射流深度受到抑制。Ia2 和 Ia3 风口的射流则在方向上受到影响。

对每排二次风口选一典型二次风口作为分析对象，为了更准确地了解二次风的穿透性，典型二次风喷口的选取将尽可能排除对墙二次风射流的影响。图 5-58 是四个典型二次风口的位置示意图。

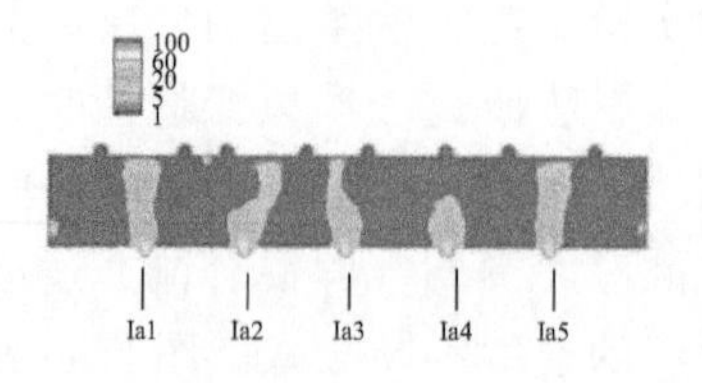

图 5-57 不同内上二次风口 XY 截面射流（单位：m/s）

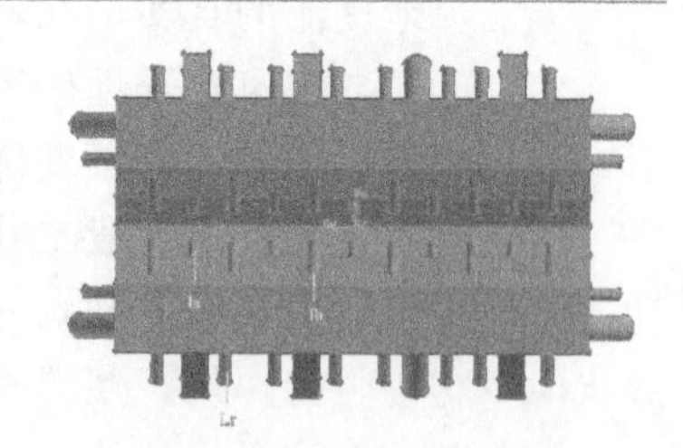

图 5-58 四个典型二次风口的位置示意图

在对二次风射流穿透性进行气固两相流数值模拟计算时，模型设置完成后，设定一、二次风风速及背景颗粒浓度，使一、二次风从 0s 时刻开始进入气固二相流中，考察二次风进入气固混合物的穿透能力，以此来表征二次风射流的射流深度。计算中，不同时刻的二次风射流形状及深度都有所变化，炉内的颗粒浓度分布也有所区别。如何选定模拟时间是一个很关键的问题，通常情况下，如果模拟时间太短，二次风射流未完全形成，其显示的二次风射流深度会比实际情况偏小；模拟时间过长，炉内二次风射流虽已形成，但炉内颗粒浓度与背景颗粒浓度有较大偏差，分布不均匀性会增大，正确表示二次风穿透性困难。这里选取的二次风射流模拟工况模拟时间均为 0.5s。

图 5-59 和图 5-60 为不同二次风喷口二次风射流深度随二次风率的变化。从图中可以看出，二次风射流深度随二次风率的增大而增大。二次风率的增大一方面降低了一次风速，减少了一次风对二次风的扭拐作用；另一方面增大了二次风速，从而使射流深度更大。在二次风率达到 50％及以上时，二次风穿透深度随二次风率的变化将减缓。

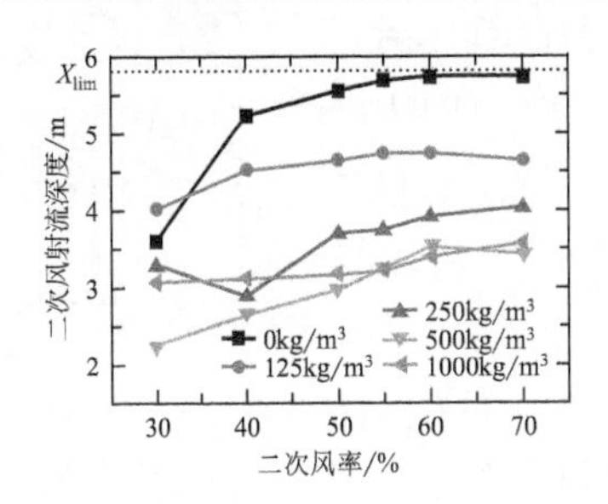

图 5-59
Ia 口二次风射流深度随二次风率的变化

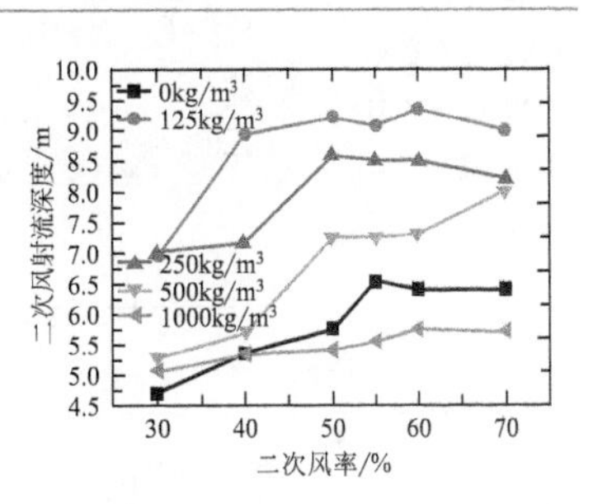

图 5-60
Fb 口二次风射流深度随二次风率的变化

除了二次风率和炉膛颗粒浓度外，炉膛结构、炉内扰动、炉内颗粒不均匀分布等也是影响二次风射流深度的重要因素。而在实际锅炉运行过程中，炉内扰动异常剧烈，炉内颗粒浓度和速度分布不均匀，其对二次风射流的穿透性及扩散性往往具有决定性的影响。

实际运行的锅炉炉内颗粒呈现上稀下密的稀密两相区分布，不仅如此，密相区颗粒也呈现周壁相对较浓而中心区稍稀的环核分布，这种分布使得二次风射流在穿透壁面环区后，更倾向于向炉膛上部稀相区流动而不是穿透对墙环区。因此，二次风射流深度受到很大的限制。

图 5-61 是典型工况下，静止床高为 1m，模拟整个炉膛动态运行时某一瞬时 $Z=5.5$m 截面炉膛裤衩腿右内侧上和右墙的二次风射流。图 5-62 是对应的炉内颗粒浓度分布，可见二次风射流受炉内颗粒不均匀分布及扰动的影响很大，射流深度参差不齐，大部分二次风甚至不能穿透至半炉腿，只有部分二次风射流能够渗透至对墙。

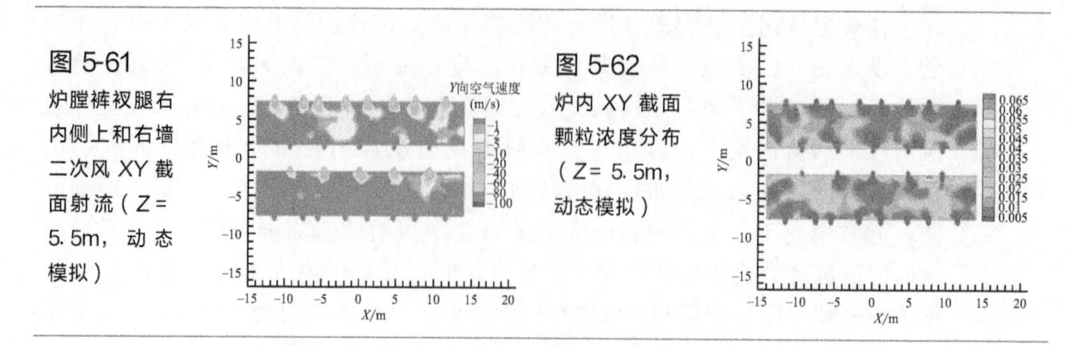

图 5-61 炉膛裤衩腿右内侧上和右墙二次风 XY 截面射流（Z= 5.5m，动态模拟）

图 5-62 炉内 XY 截面颗粒浓度分布（Z= 5.5m，动态模拟）

作为对比，图 5-63 是典型工况下，背景颗粒浓度为 125kg/m³，$Z=5.5\text{m}$ 截面右内上和右墙二次风口的射流深度示意图。图 5-64 是对应的炉内颗粒浓度分布。

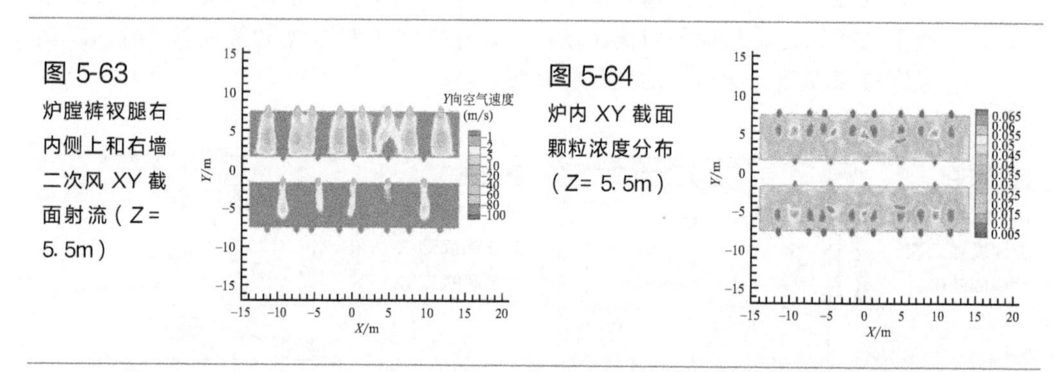

图 5-63 炉膛裤衩腿右内侧上和右墙二次风 XY 截面射流（Z= 5.5m）

图 5-64 炉内 XY 截面颗粒浓度分布（Z= 5.5m）

当设置炉内的背景颗粒浓度均匀分布时，其二次风射流的穿透特性与实际锅炉运行时的二次风射流特性有区别。对比图 5-65 和图 5-66 中 Lr 口的二次风射流深度，可以看出设置背景颗粒浓度均匀分布时的二次风射流深度大于实炉运行时的二次风射流深度。因此，将炉内密相区简化为颗粒浓度均匀分布来研究其二次风射流特性，其结果有参考价值，但反映炉内真实情况具有一定的局限性。

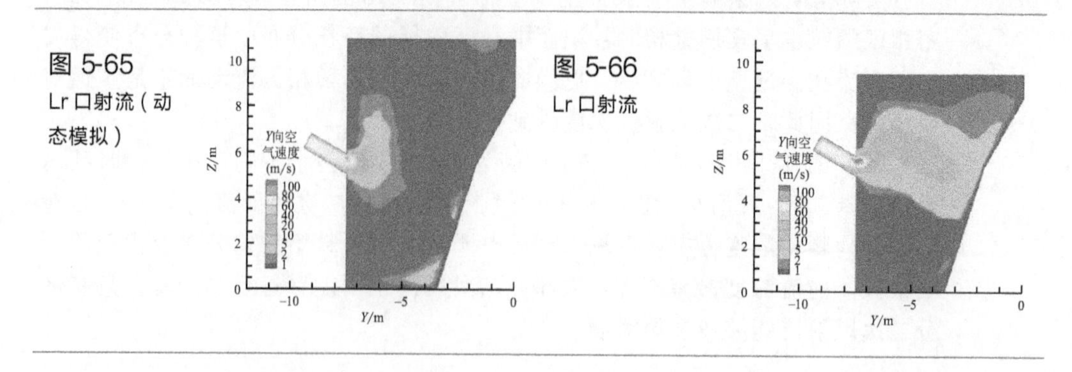

图 5-65 Lr 口射流（动态模拟）

图 5-66 Lr 口射流

5.2.3　炉膛单侧 4 分离器循环流化床锅炉的二次风穿透特性

以单侧 4 分离器 660MW 循环流化床锅炉炉膛作为计算对象（图 5-20），定义二次风入射深度为：射流在气固两相流中的最大射流深度 L 为二次风射流速度衰减到入射速度 0.1%时的空间位置距喷口中心的 Y 轴轴向距离。

取炉膛纵截面，作气相横向绝对速度分布云图，如图 5-67 所示。可以看到，气相横向速度在二次风管处最大；但当二次风进入炉膛后，在炉膛向上主流的影响下，气相横向速度减小，二次风的横向影响范围有限，未穿透整个炉膛截面。

图 5-68 为炉膛 $X=0$m 截面处，气相横向绝对速度云图。可以看到，由于所处的气固环境不同，前后墙及上下二次风的入射深度有一定的差别。在这里，模拟结果表明下层的二次风入射深度要小于上层。

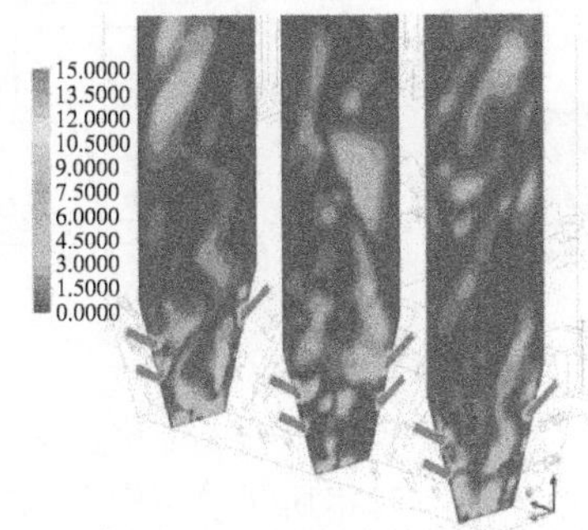

图 5-67　炉膛不同纵截面处，气相横向绝对速度云图（单位：m/s）

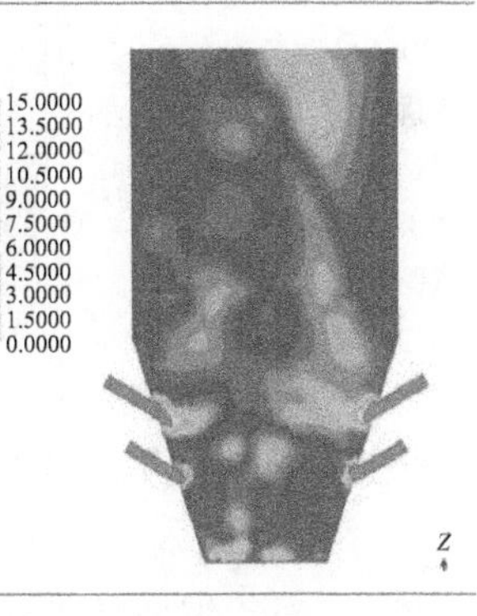

图 5-68　炉膛 $X=0$m 截面处，气相横向绝对速度云图（单位：m/s）

图 5-69 给出了炉膛 $X=0$m 截面处，前墙二次风的穿透深度结果。根据二次风射流深度的定义，可以得到上层二次风的穿透深度约为 3.6m，下层二次风的穿透深度约为 1.5m。虽然这一结果与炉内气固流场密切关联，但也在一定程度上体现了炉膛密相区二次风的射流深度是有限的。

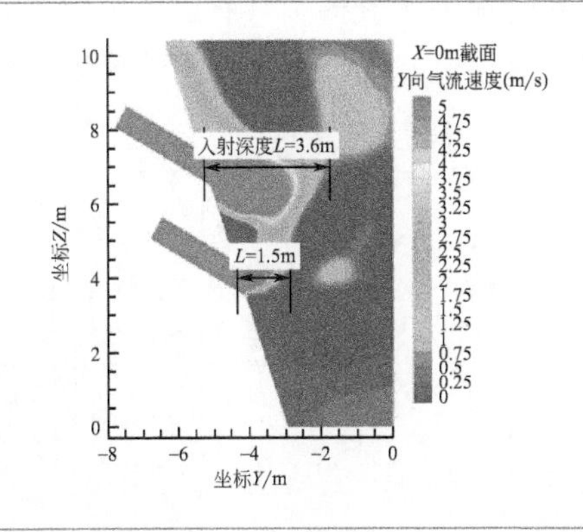

图 5-69　炉膛 $X=0$m 截面处，前墙二次风的穿透深度

5.3 多分离器炉膛出口流率与气固均匀性

5.3.1 炉膛2侧墙布置6分离器

分离器入口气固质量流率随时间波动较大，15s时间内的平均气固质量流率由于考量时间过短不足以作为判定分离器不均匀性的依据。图5-70是600MW循环流化床锅炉（图5-2，具有中隔墙、不均匀屏布置）六分离器入口气固质量流率50s时均值占总入口质量流率的百分比，图中各分离器的位置见图5-71。

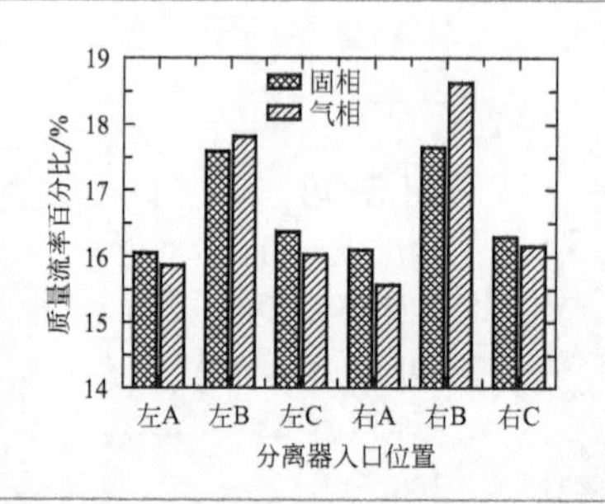

图5-70 600MW循环流化床锅炉（具有中隔墙、不均匀屏布置）六分离器入口气固质量流率的不均匀性

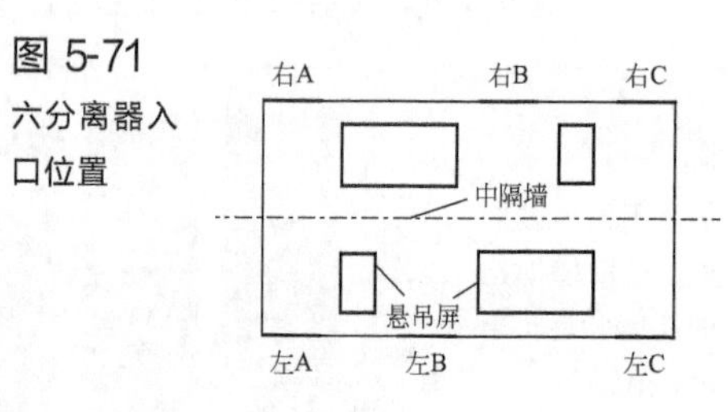

图5-71 六分离器入口位置

六分离器中B位置的固相颗粒质量流率高于A、C位置，A和C位置差别不大，六分离器中最大偏差为5.79%。气相质量流率与固相颗粒质量流率有类似的分布，但B位置与A、C位置的偏差较固相颗粒质量流率要大，最大偏差近11.72%。

图5-72给出了不同炉膛结构锅炉六分离器入口固相颗粒质量流率的不均匀性，考虑了典型布置与无屏无中隔墙结构锅炉两种布置方案。在无屏无隔墙布置方案中，六分离器C位置固相颗粒质量流率偏高，最大偏差为2.73%，相比典型布置锅炉（有屏有中隔墙）小。在炉内加设中隔墙和悬吊屏（主要是悬吊屏）之后，六分离器气固质量流率的不均匀性将加剧。

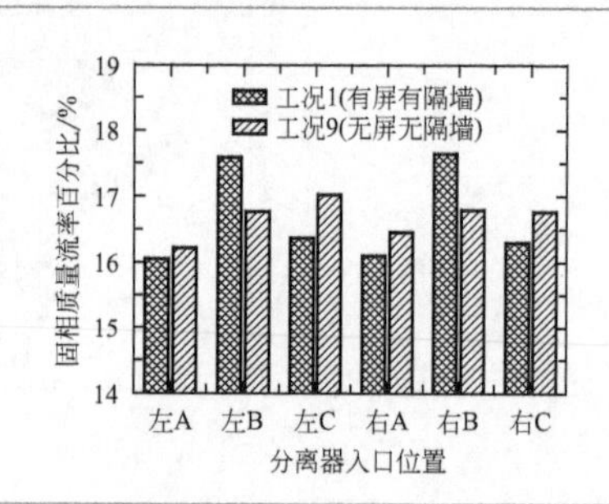

图5-72 不同炉膛结构锅炉六分离器入口固相颗粒质量流率的不均匀性

Zhou 等[10]针对 6 分离器的 600MW 循环流化床锅炉实验室试验研究结果表明，分离器入口前的局部颗粒流率和立管处的颗粒外循环流率的相对偏差量在 6.3%～9.0%之间，试验结果流率偏差数量范围与上述数值模拟结果一致。

5.3.2 炉膛单侧墙布置 4 分离器

对于炉膛单侧墙布置 4 分离器循环流化床锅炉，以 660MW（图 5-17）为例，将炉膛左侧面至右侧面的四个炉膛出口分别标记为出口 1～4。在 128～148s 内四个出口的质量流率及总质量流率结果如图 5-73 所示。此时，四个炉膛出口质量流率相对较为稳定。

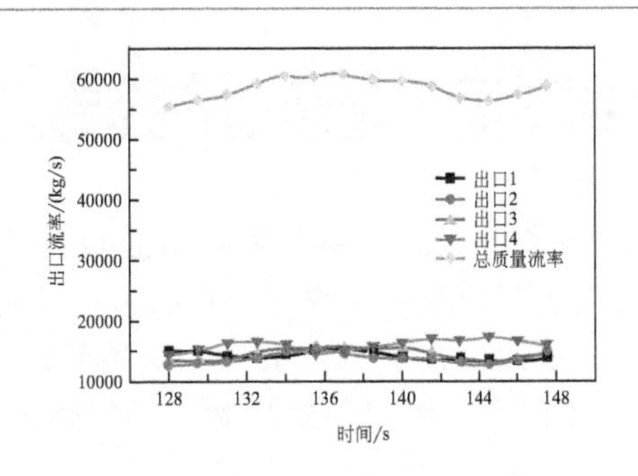

图 5-73
炉膛出口质量流率随时间的变化

定义单个出口质量流率的最大变化值为 $\Delta Q_i = Q_{i,\max} - Q_{i,\min}$，则相应的单个出口质量流率的最大变化率可以写成

$$x_i = \frac{Q_{i,\max} - Q_{i,\min}}{\mathrm{Ave}(Q_i)}$$

定义四个出口时均质量流率的偏差值为 $\Delta Q_{i,\mathrm{ave}} = Q_{i,\mathrm{ave}} - \mathrm{Ave}(Q_{i,\mathrm{ave}})$，则相应的四个出口时均质量流率的偏差率可以写成

$$X_i = \frac{Q_{i,\mathrm{ave}} - \mathrm{Ave}(Q_{i,\mathrm{ave}})}{\mathrm{Ave}(Q_{i,\mathrm{ave}})}$$

定义四个出口时均质量流率的最大偏差值为 $\Delta Q = \mathrm{Max}(Q_{i,\mathrm{ave}}) - \mathrm{Min}(Q_{i,\mathrm{ave}})$，则相应的四个出口时均质量流率的最大偏差率可以写成

$$X = \frac{\mathrm{Max}(Q_{i,\mathrm{ave}}) - \mathrm{Min}(Q_{i,\mathrm{ave}})}{\mathrm{Ave}(Q_{i,\mathrm{ave}})}$$

图 5-74 是炉膛 4 个出口在模拟时间范围各自的固相质量流率变化率柱状图。由图可知，每个出口的质量流率随时间都有着较大变化，数值大约在 15%～20%之间，这与炉内气固强烈湍动有关。

图 5-75 给出了计算稳定后，这四个炉膛出口在一段时间内的时均质量流率以及相应流率偏差的分布。可以看到不同位置炉膛出口之间的流率偏差较

大，4 个出口的流率偏差均小于 10%，出口 2 和出口 4 之间的最大偏差大约为 15.5%。

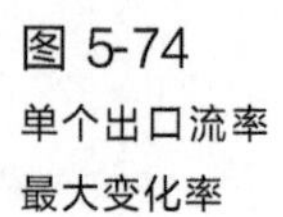

图 5-74
单个出口流率最大变化率

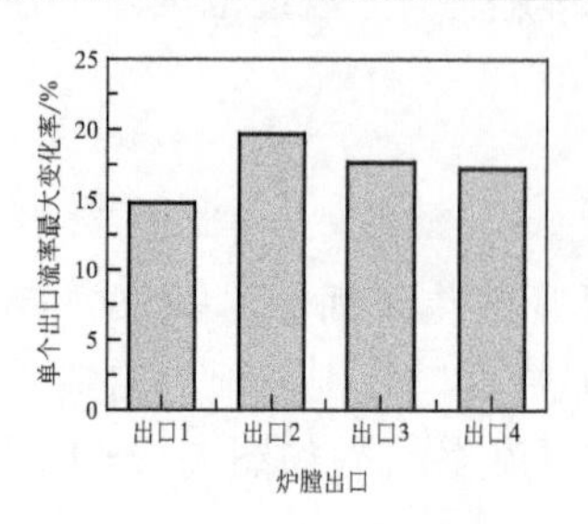

图 5-75
炉膛出口的时均固相质量流率及流率偏差分布

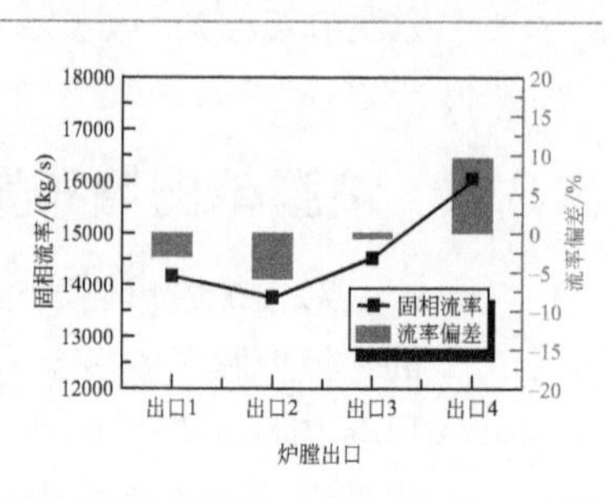

5.4 中隔墙布置对炉膛颗粒浓度分布的影响

600MW 循环流化床锅炉中隔墙的布置可采用不同方案，为了解不同方案中隔墙布置对炉膛颗粒浓度分布的影响如何，开展了数值计算研究。炉膛中隔墙尺寸如图 5-76 所示。其中中隔墙间距为 a，宽度为 b，炉膛总深度为 l。为分析不同中隔墙间距对炉膛流动特性的影响，对不同 a/b 情况下的炉膛进行了网格划分和计算。

图 5-76
中隔墙尺寸

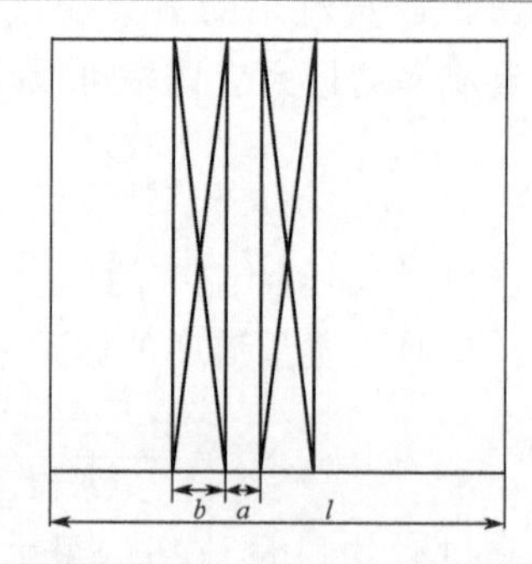

表 5-5 是锅炉布置方案表，所有布置方案锅炉运行参数均为典型工况下的运行参数。典型工况参数见表 5-6。

表 5-5 锅炉布置方案表

布置方案	有无中隔墙	中隔墙尺寸 a/b	有无屏	屏分布形式
1(典型布置)	有	0.36	有	不均匀
2	有	0.52	有	不均匀
3	有	0.73	有	不均匀
4	有	1	有	不均匀

续表

布置方案	有无中隔墙	中隔墙尺寸 a/b	有无屏	屏分布形式
5	有	1.71	有	不均匀
6	无		有	不均匀
7	有	0.36	有	均匀
8	有	0.36	无	
9	无		无	

表 5-6　典型工况参数

参数	截面风速/(m/s)	二次风率	初始床高/m
值	5.4	0.55	1

5.4.1　中隔墙对炉膛颗粒浓度的影响

不同中隔墙尺寸锅炉炉膛颗粒浓度的轴向分布见图 5-77。可知中隔墙对颗粒浓度轴向分布的影响规律不明显。

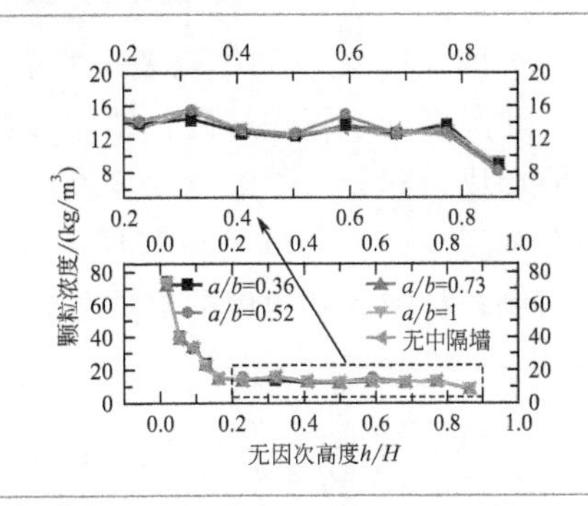

图 5-77
不同中隔墙尺寸布置方案锅炉颗粒浓度的轴向分布

图 5-78～图 5-83 是不同中隔墙尺寸锅炉 $Z=20$m 截面的颗粒浓度及速度分布对比。在锅炉炉膛中加设中隔墙之后，炉内中隔墙边壁及其间隔均有高浓度颗粒形成，与试验结果[11]结论一致。随着中隔墙宽度的增大，中隔墙边壁及间隔浓度增大，中隔墙边壁回流变得明显，但四周边壁特别是侧墙的回流有所减弱。在此锅炉高度下，炉膛的双环核分布随中隔墙宽度增大逐渐转为单环核分布，中隔墙两侧颗粒浓度分布更加对称。

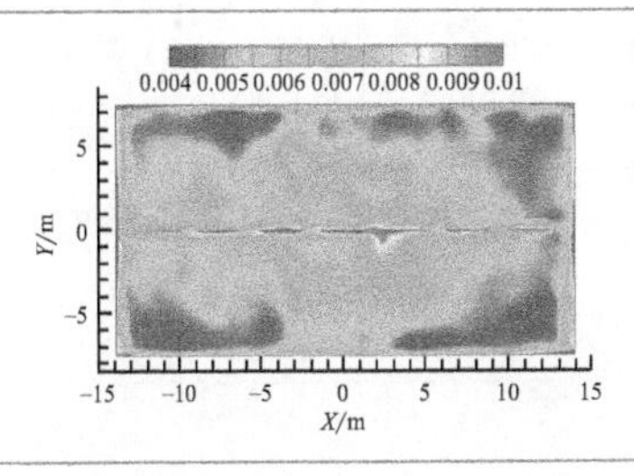

图 5-78
布置方案 1（$a/b=0.36$）锅炉 $Z=20$m 颗粒浓度分布

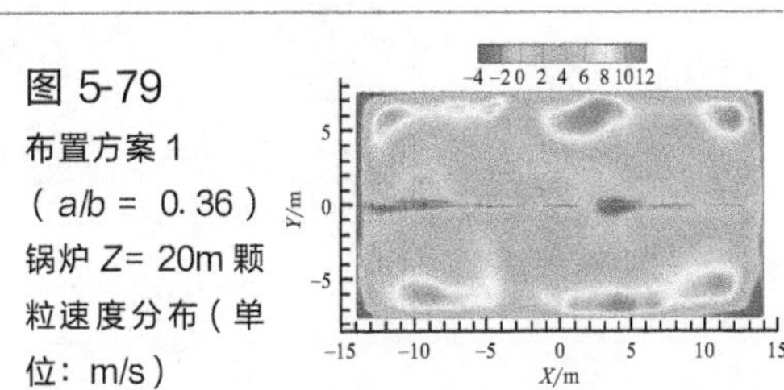

图 5-79
布置方案 1（$a/b=0.36$）锅炉 $Z=20$m 颗粒速度分布（单位：m/s）

图 5-80
布置方案 4
（ a/b= 1）锅炉
Z= 20m 颗粒浓
度分布

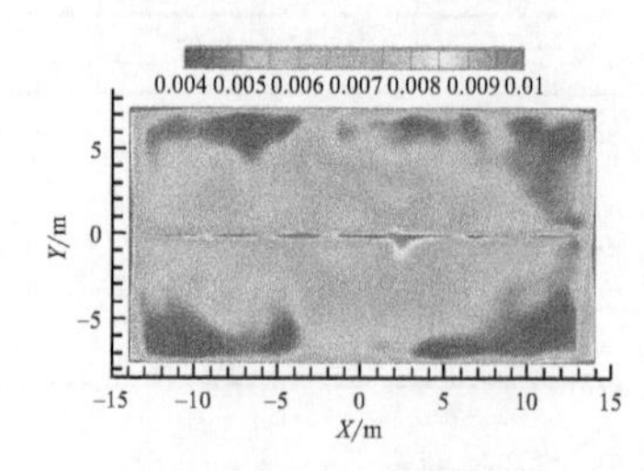

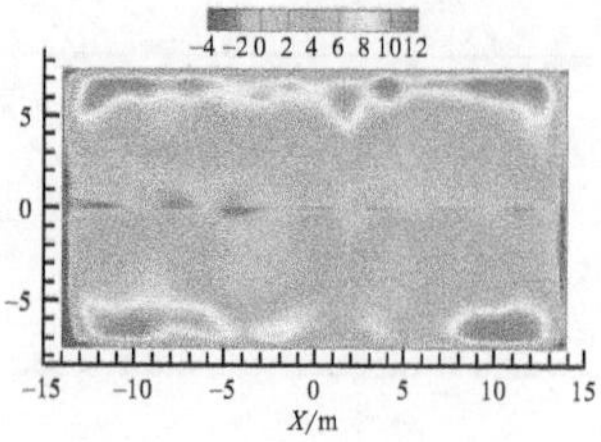

图 5-81
布置方案 4
（ a/b= 1）锅炉
Z= 20m 颗粒速
度分布（单位：
m/s）

图 5-82
布置方案 6
（无中隔墙）锅
炉 Z= 20m 颗粒
浓度分布

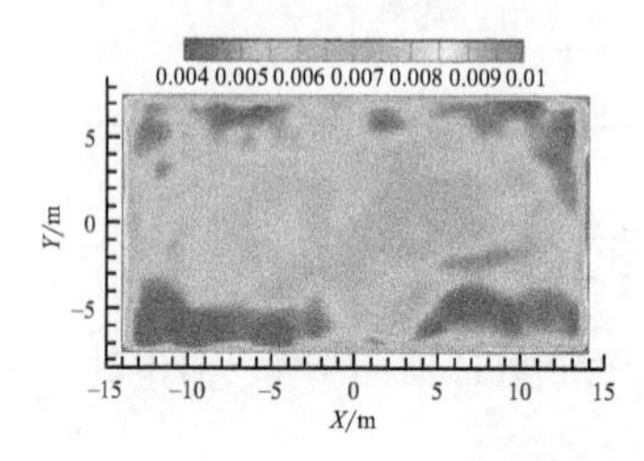

图 5-83
布置方案 6
（无中隔墙）锅
炉 Z= 20m 颗粒
速度分布（单
位：m/s）

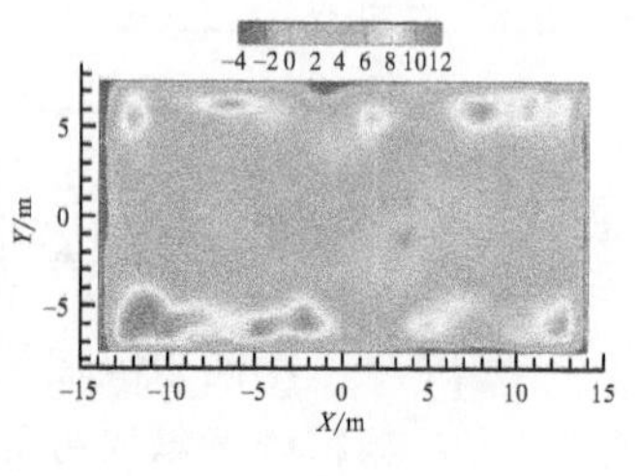

图 5-84～图 5-89 是不同中隔墙尺寸锅炉 $Z=40\text{m}$ 截面的颗粒浓度及速度分布对比。此高度处于锅炉屏区，整体颗粒浓度较低，中隔墙的加设阻碍了中心核区的形成。随着中隔墙宽度增大，核区颗粒逐渐向中隔墙边壁与间隔聚集，颗粒浓度在这一区域呈现双环区分布（图 5-84）。但中隔墙的加设有利于炉膛两侧颗粒浓度和速度的对称分布。

图 5-84
布置方案 1
（ a/b = 0.36）
锅炉 Z= 40m 颗
粒浓度分布

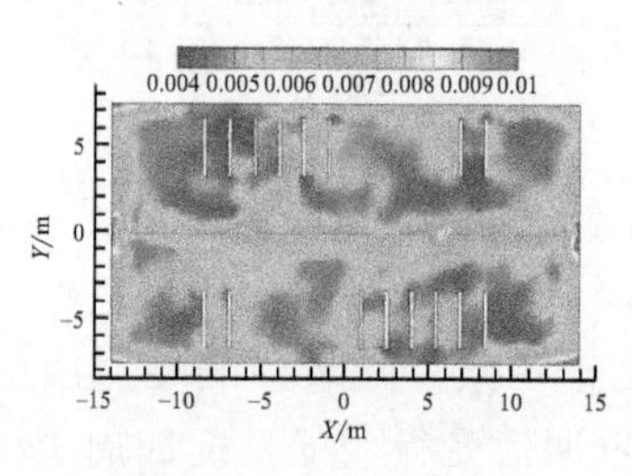

图 5-85
布置方案 1
（ a/b = 0.36）
锅炉 Z= 40m 颗
粒速度分布（单
位：m/s）

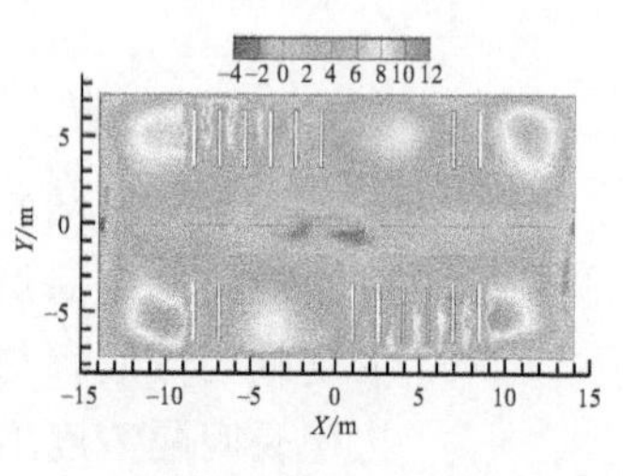

图 5-86
布置方案 4
（ a/b= 1）锅炉
Z= 40m 颗粒浓
度分布

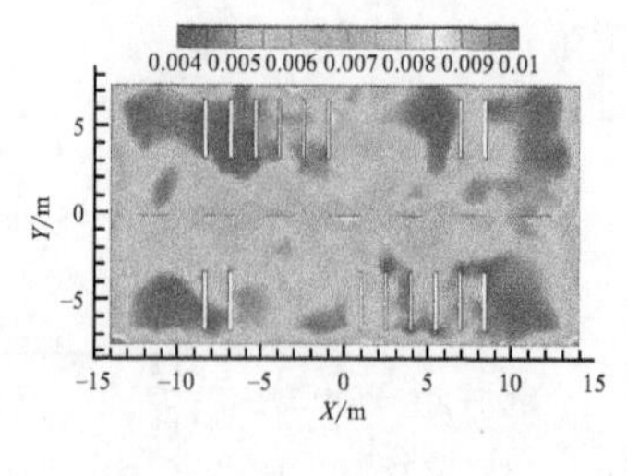

图 5-87
布置方案 4
（ a/b= 1）锅炉
Z= 40m 颗粒速
度分布（单位：
m/s）

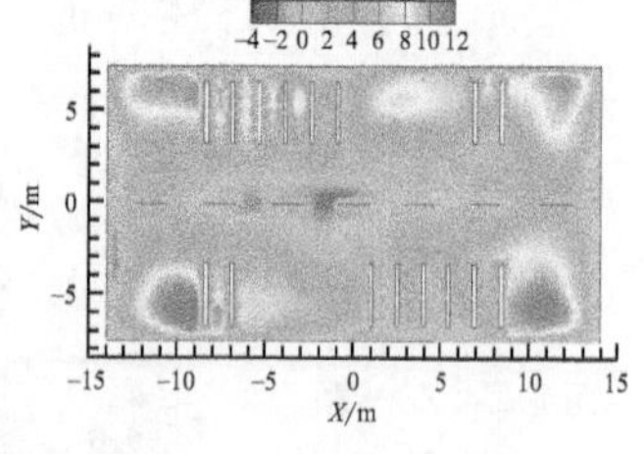

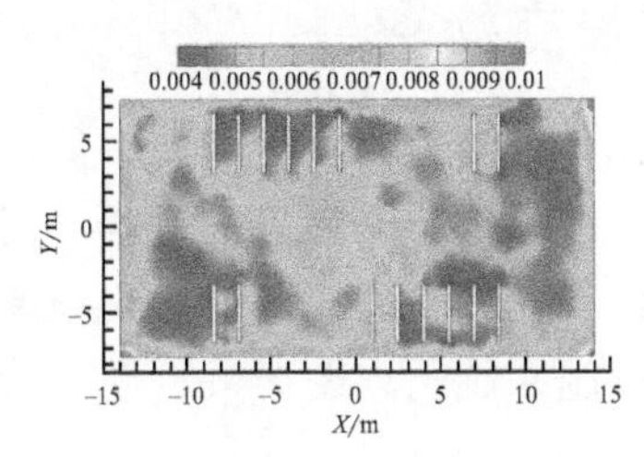

图 5-88
布置方案 6（无中隔墙）锅炉 Z= 40m 颗粒浓度分布

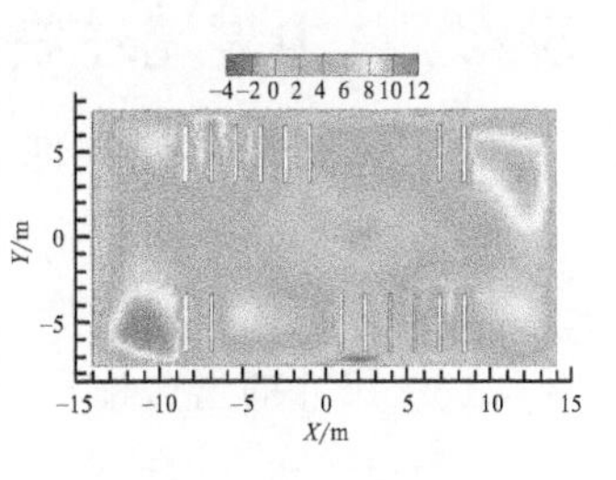

图 5-89
布置方案 6（无中隔墙）锅炉 Z= 40m 颗粒速度分布（单位：m/s）

图 5-90～图 5-93 是有无中隔墙锅炉 $X=0\text{m}$ 截面的颗粒浓度及速度分布对比。加设中隔墙之后，中隔墙边壁形成高浓度颗粒回流，侧墙回流减弱，左右炉膛的颗粒浓度与速度分布更加对称。

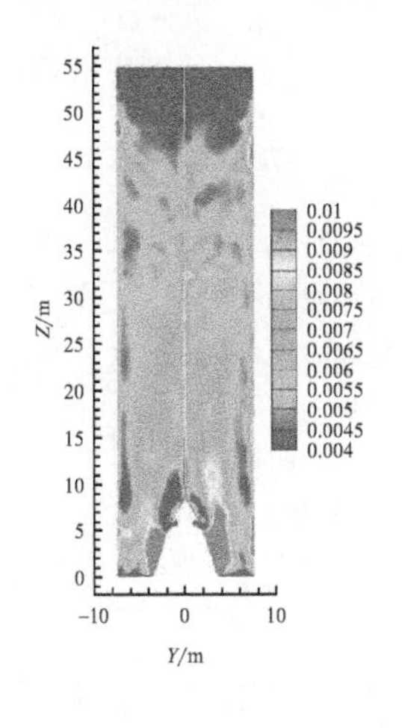

图 5-90
X= 0m 有隔墙颗粒浓度分布

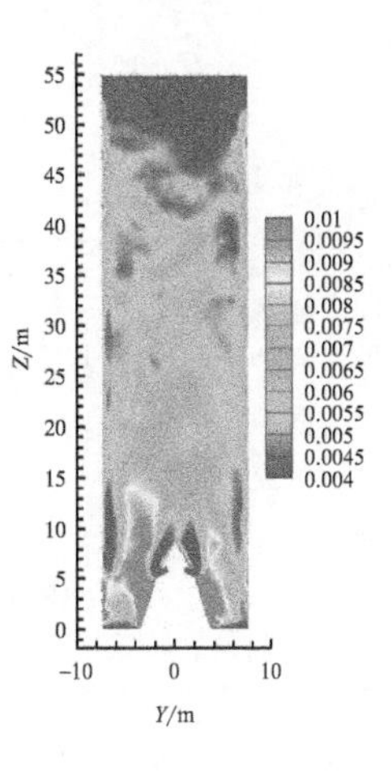

图 5-91
X= 0m 无隔墙颗粒浓度分布

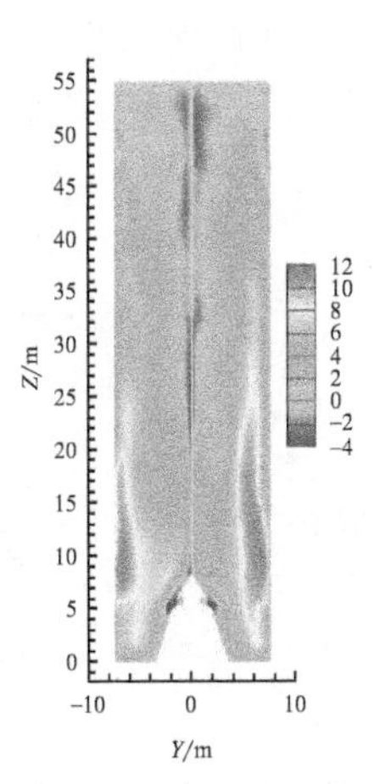

图 5-92
X= 0m 有隔墙颗粒速度分布（单位：m/s）

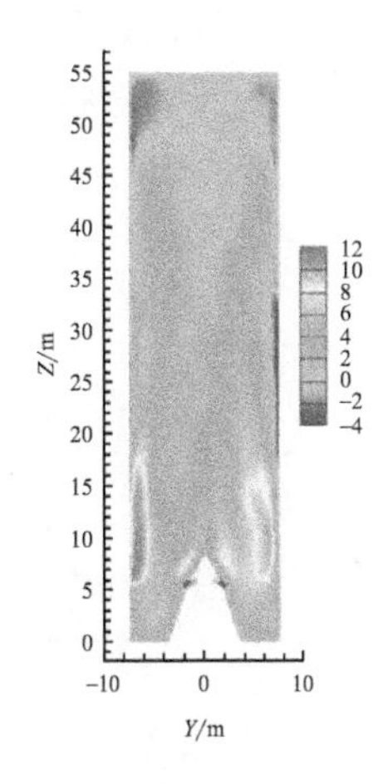

图 5-93
X= 0m 无隔墙颗粒速度分布（单位：m/s）

5.4.2 中隔墙左右侧气固相质量交换率

图 5-94 和图 5-95 是不同中隔墙尺寸锅炉中隔墙左右侧的气、固相质量交换率，可见中隔墙左右侧的气、固相质量交换率随中隔墙间隔尺寸的增加近似为线性增加。但左右炉膛单位面积的气、固相质量交换率随中隔墙间隔尺寸的增大逐渐较小，且减小幅度越来越小（图 5-96、图 5-97）。

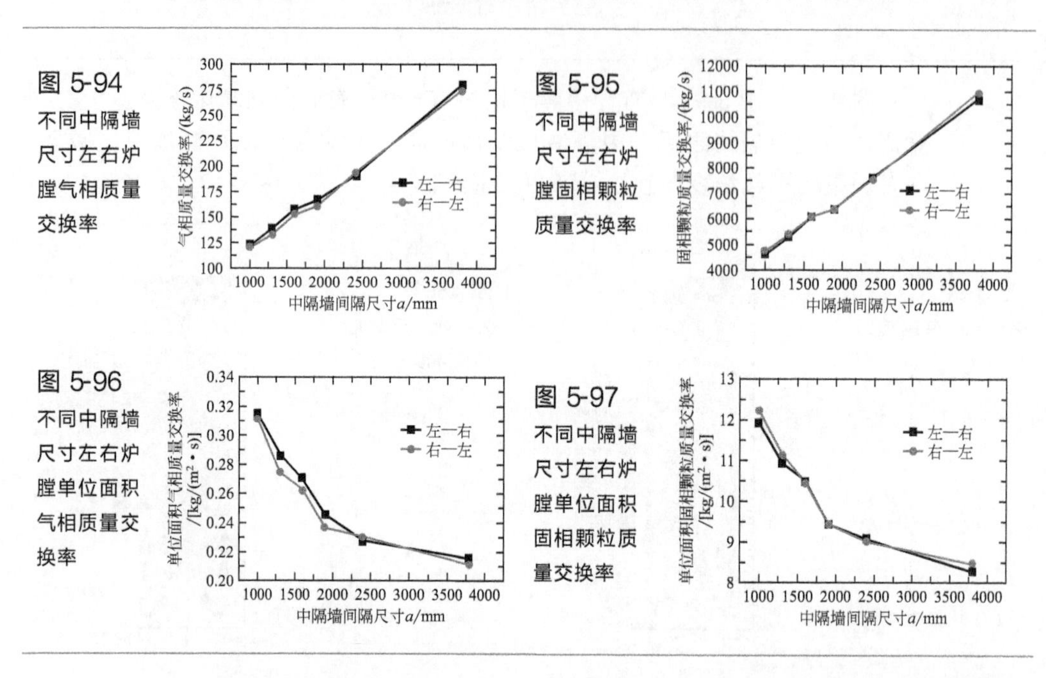

图 5-94 不同中隔墙尺寸左右炉膛气相质量交换率

图 5-95 不同中隔墙尺寸左右炉膛固相颗粒质量交换率

图 5-96 不同中隔墙尺寸左右炉膛单位面积气相质量交换率

图 5-97 不同中隔墙尺寸左右炉膛单位面积固相颗粒质量交换率

中隔墙左右侧单位面积的气、固相质量交换率随炉膛高度的变化规律不明显，如图 5-98 和图 5-99 所示。气固两相表现出类似的分布，虽然左右两侧的气固相总体交换率相差很小，但不同高度炉膛位置左右侧的交换率差别较大。

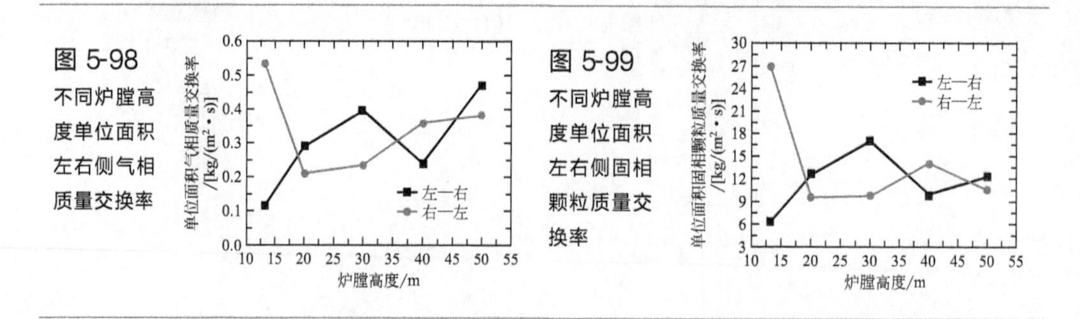

图 5-98 不同炉膛高度单位面积左右侧气相质量交换率

图 5-99 不同炉膛高度单位面积左右侧固相颗粒质量交换率

针对 600MW 循环流化床锅炉炉膛中隔墙的模拟计算表明，在锅炉炉膛中加设中隔墙之后，炉内中隔墙边壁及其间隔均有高浓度颗粒形成。随着中隔墙宽度的增加，中隔墙边壁及其间隔浓度增加，中隔墙边壁回流变得明显，但四周边壁特别是侧墙的回流有所减弱。屏区稀相区随着中隔墙宽度增加，核区颗粒逐渐向中隔墙边壁与间隔聚集，颗粒浓度在这一区域呈现双环区分布。中隔墙边壁及间隙区的颗粒浓度均很高甚至高于侧墙边壁的浓度，但间隙区的颗粒浓度稍低于中隔墙边壁。在颗粒速度分布上，中隔墙边壁有明显的回流，而间隙区的回流弱于中隔墙边壁。

中隔墙左右侧的气固相质量交换率随中隔墙间隔尺寸的增加近似为线性增加。但左右炉膛单位面积的气固相质量交换率随中隔墙间隔尺寸的增加逐渐较小，且减小幅度越来越小。中隔墙左右侧单位面积的气固相质量交换率随炉膛高度的变化规律不明显，不同高度炉膛位置左右侧的交换率差别大。

5.5 炉膛悬吊屏气固流场

5.5.1 某 600MW 循环流化床锅炉不同悬吊屏布置对炉膛流动特性的影响

同 5.4 小节，针对 600MW 循环流化床锅炉研究其不同悬吊屏布置对炉膛流动特性的影响方面，考虑了不均匀布置（图 5-100）和均匀布置两种情形（图 5-101）。

图 5-100 屏不均匀分布

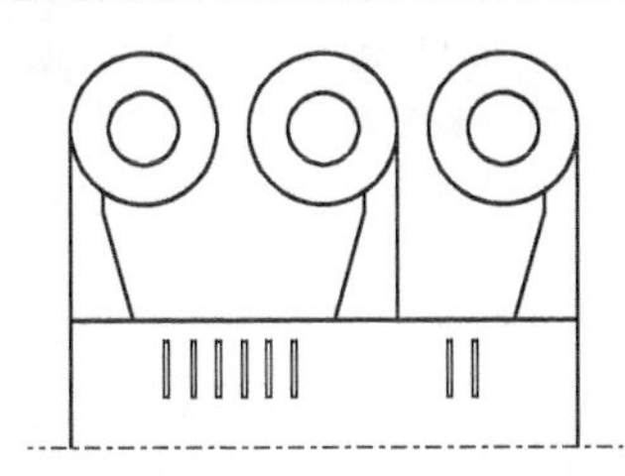

图 5-101 屏均匀分布

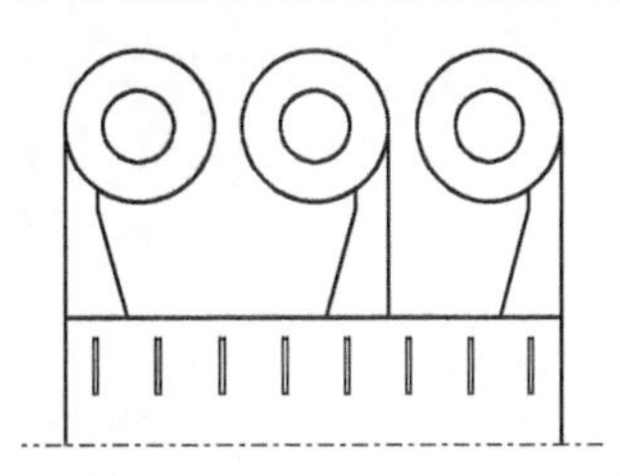

图 5-102 是有无悬吊屏两个布置方案下颗粒浓度的轴向分布。在锅炉加悬吊屏之后，其屏区的颗粒浓度有所增加，而屏区以下稀相区部分的颗粒浓度则有所降低。在锅炉增加悬吊屏之后，颗粒在这一区域的流动由于受悬吊屏摩擦等影响受到更大的阻力，因而更容易聚集在这一区域。

图 5-103～图 5-108 是不同悬吊屏布置锅炉 Z=40m 截面的颗粒浓度及速度分布对比。在锅炉炉膛内部增设悬吊屏之后，屏区颗粒浓度增加（对比图 5-103 和图 5-107），与颗粒浓度轴向分布得到的结果类似，即悬吊屏的增设有利于颗粒在这一区域聚集。悬吊屏的布置对颗粒速度的分布有着重要的影

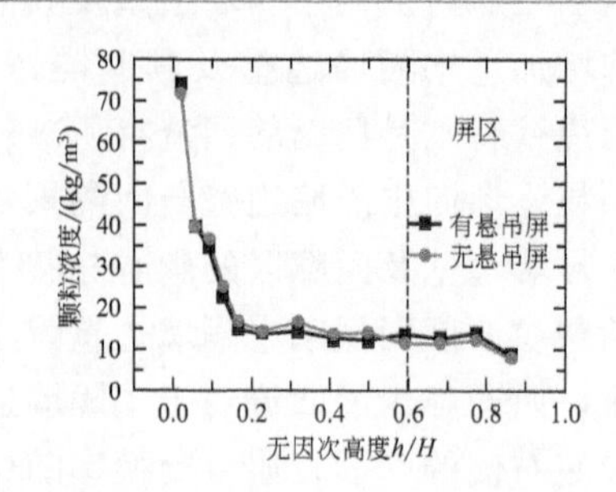

图 5-102 有无屏布置方案锅炉颗粒浓度的轴向分布

响，对比图 5-104 和图 5-108，悬吊屏不均匀加设之后炉膛屏区截面的颗粒速度分布更为均匀，中隔墙及四周边壁回流减弱；对比图 5-104 和图 5-106，可知悬吊屏均匀布置使得高颗粒速度区向炉膛中心移动，前后墙颗粒回流增加。

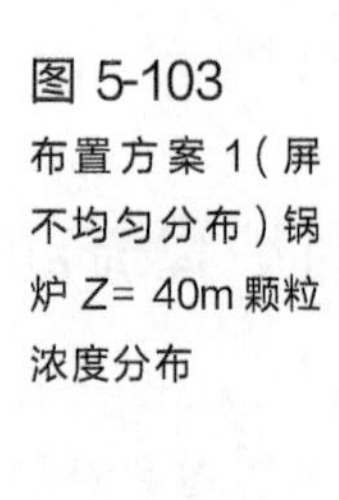

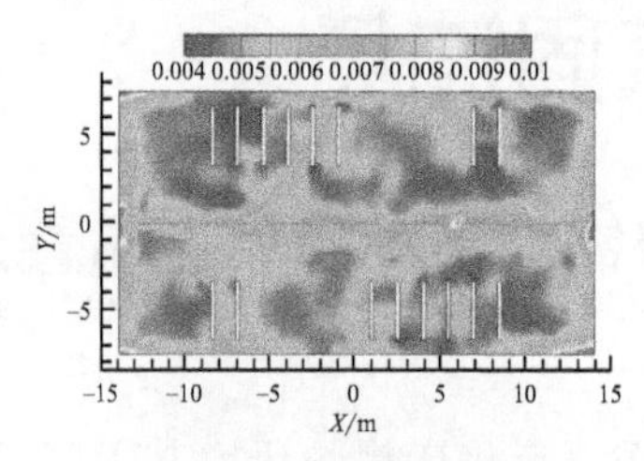

图 5-103 布置方案 1（屏不均匀分布）锅炉 Z= 40m 颗粒浓度分布

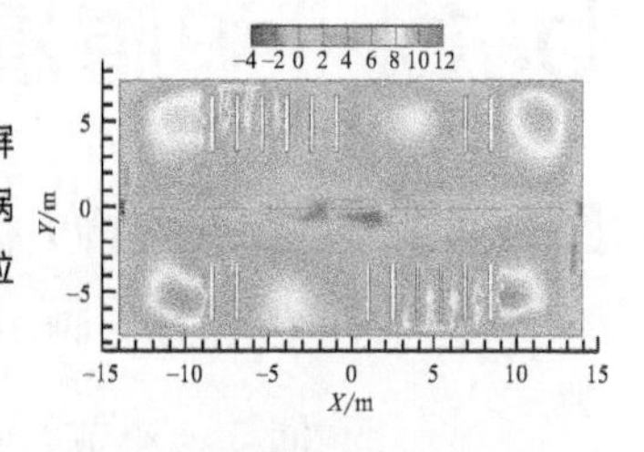

图 5-104 布置方案 1（屏不均匀分布）锅炉 Z= 40m 颗粒速度分布（单位：m/s）

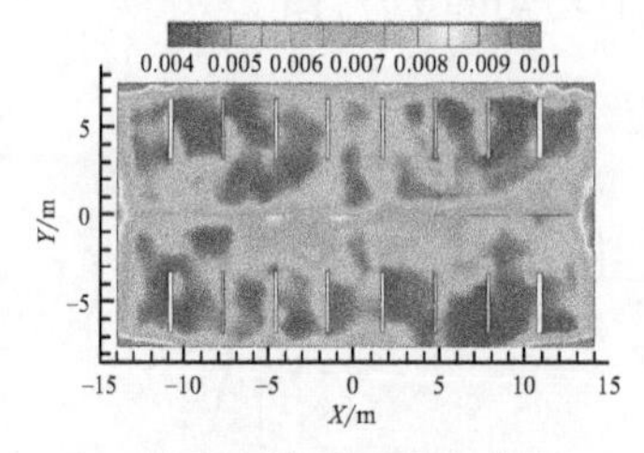

图 5-105 布置方案 7（屏均匀分布）锅炉 Z= 40m 颗粒浓度分布

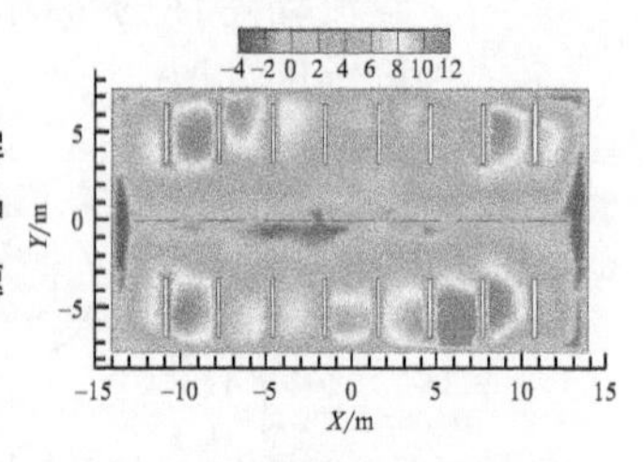

图 5-106 布置方案 7（屏均匀分布）锅炉 Z= 40m 颗粒速度分布（单位：m/s）

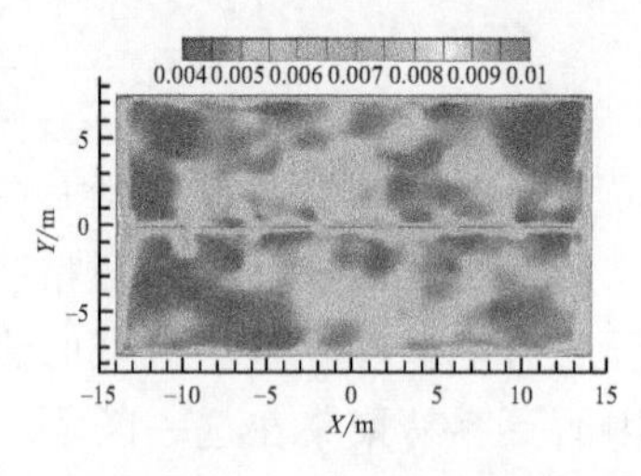

图 5-107 布置方案 8（无悬吊屏）锅炉 Z= 40m 颗粒浓度分布

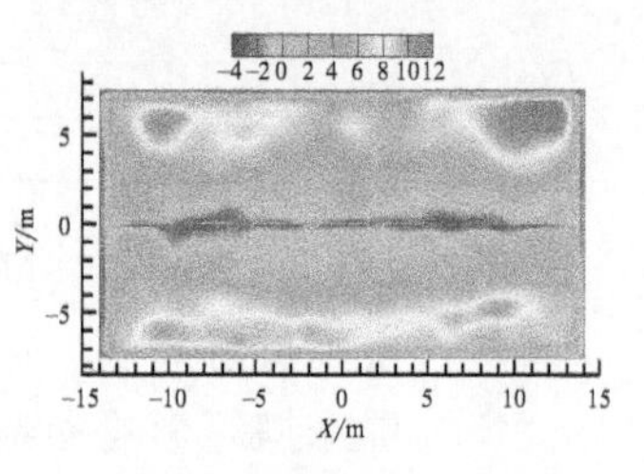

图 5-108 布置方案 8（无悬吊屏）锅炉 Z= 40m 颗粒速度分布（单位：m/s）

图 5-109～图 5-112 是有无悬吊屏锅炉 $Y=5$m 截面的颗粒浓度与速度对比。悬吊屏的加设影响颗粒速度场的分布，屏区前后墙颗粒回流减小，屏区边壁颗粒基本无回流。

图 5-109
Y= 5m 无悬吊屏颗粒浓度分布

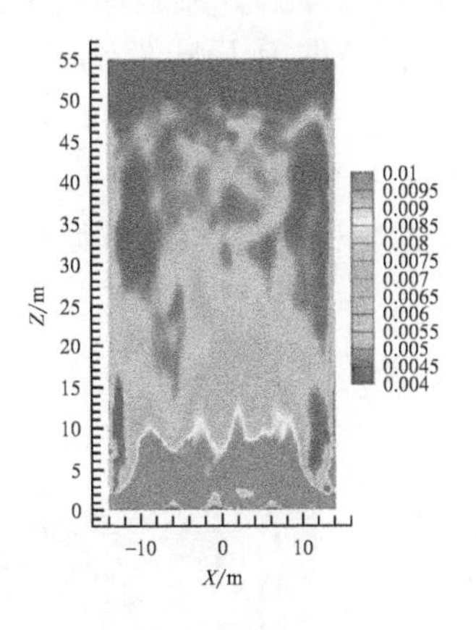

图 5-110
Y= 5m 有悬吊屏颗粒浓度分布

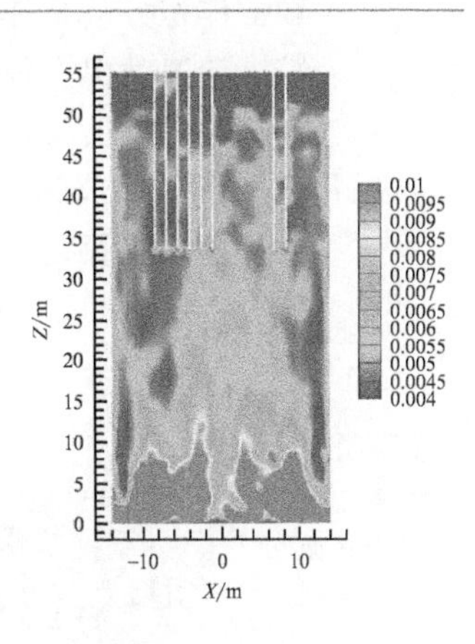

图 5-111
Y= 5m 无悬吊屏颗粒速度分布
（单位：m/s）

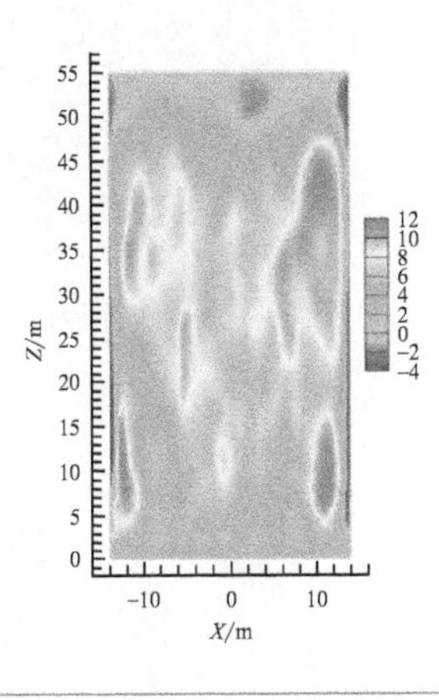

图 5-112
Y= 5m 有悬吊屏颗粒速度分布
（单位：m/s）

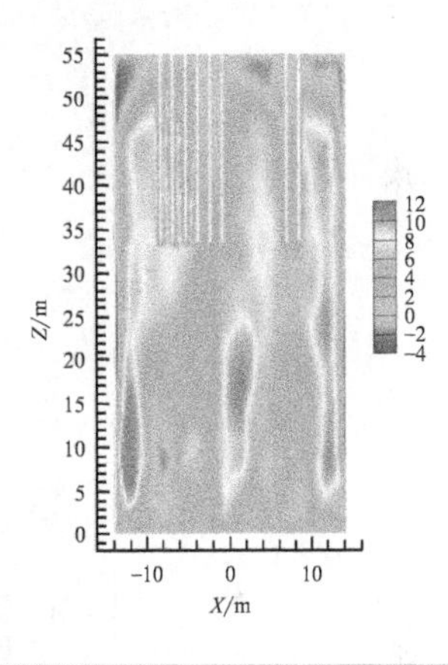

针对 600MW 循环流化床锅炉炉膛中隔墙的模拟计算表明，悬吊屏的布置对颗粒速度的分布有重要影响，悬吊屏不均匀布置相比不设悬吊屏炉膛屏区截面的颗粒速度分布更为均匀，中隔墙及四周边壁回流减弱；悬吊屏均匀布置相比不均匀布置高颗粒速度区向炉膛中心移动，前后墙颗粒回流增加。在悬吊屏布置方案中，悬吊屏间隔区域的颗粒浓度比悬吊屏外侧区域的颗粒浓度要低，但此区域的颗粒速度较大且无颗粒回流。

5.5.2　某 330MW 循环流化床锅炉悬吊屏壁面颗粒流动特性及其运行参数影响

研究对象 330MW 循环流化床锅炉的介绍见 5.6.1 小节。

图 5-113 为炉内悬吊屏壁面颗粒体积分数和轴向速度三维分布。悬吊屏包括图 5-113(a)、(b) 所示的前墙侧 6 片再热屏（短）和 12 片过热屏（长）及图 5-113(c)、(d) 所示的后墙侧 2 片水冷蒸发屏。由图可见，悬吊屏壁面

颗粒体积分数整体呈上稀下浓分布，颗粒体积分数整体较小。悬吊屏壁面颗粒轴向速度由上往下逐渐增大，在悬吊屏壁面上部，因炉顶对炉内颗粒上升流撞击具有反弹作用，出现部分速度较小的贴屏颗粒下降流，这有利于改善悬吊屏上部颗粒浓度较小对传热的不利影响，提高悬吊屏上部的传热系数；而在悬吊屏壁面中下部，颗粒基本表现出向上流动，贴屏颗粒下降流较少。

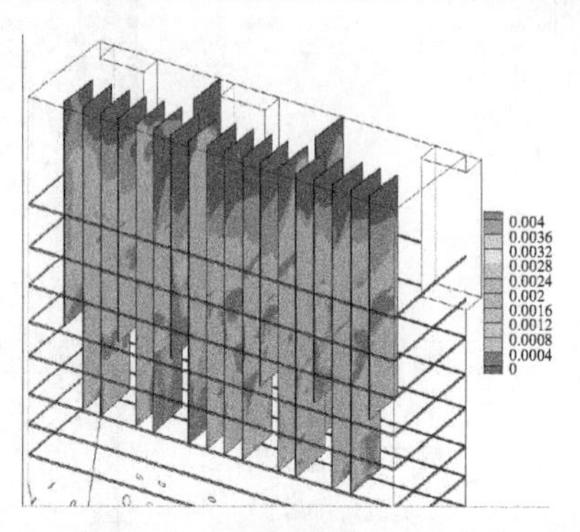

(a) 再热、过热屏壁面颗粒体积分数

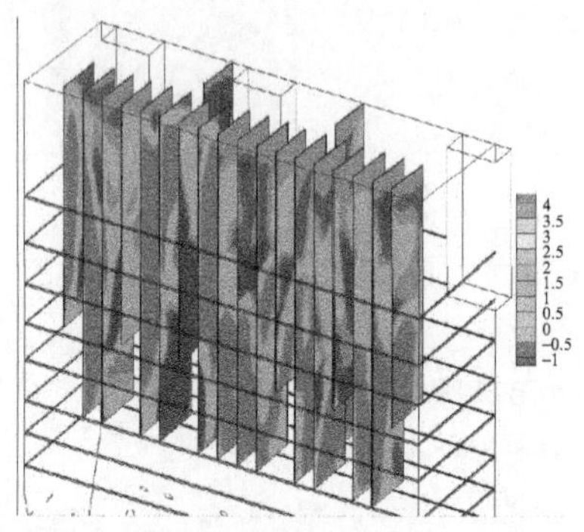

(b) 再热、过热屏壁面颗粒轴向速度(单位：m/s)

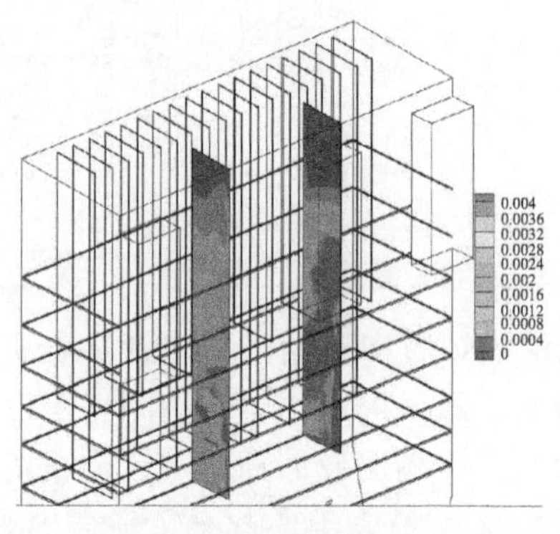

(c) 水冷屏壁面颗粒体积分数

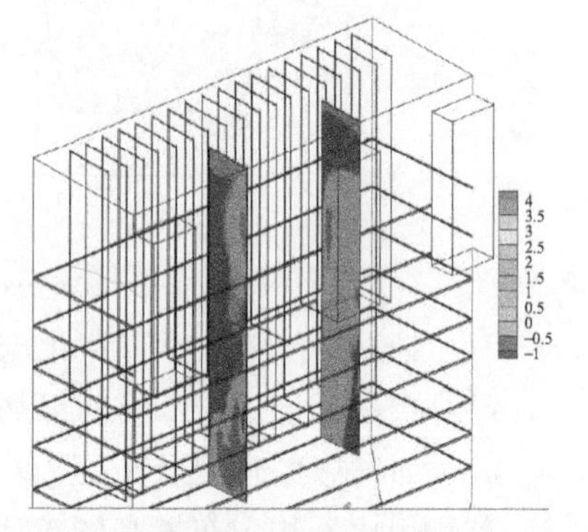

(d) 水冷屏壁面颗粒轴向速度(单位：m/s)

图 5-113 炉内悬吊屏壁面颗粒体积分数和轴向速度三维分布

为分析不同径向位置悬吊屏表面颗粒流动的情况，对每片悬吊屏两侧壁面所有贴壁网格内的颗粒轴向速度、体积分数值分别进行平均处理，得到了悬吊屏壁面上的平均颗粒轴向速度和体积分数径向分布。330MW 循环流化床锅炉共悬挂有 20 片悬吊屏（前墙 18 片，后墙 2 片），每片悬吊屏有两侧壁面两个平均数据，每个工况径向共有 40 个数据点。

图 5-114 为设计工况（表 5-9）运行参数下炉内悬吊屏壁面平均颗粒轴向速度径向分布及其受运行参数影响的情况。炉内悬吊屏壁面颗粒以上升流为主，也存在部分贴壁颗粒下降流，越靠近炉膛中心，悬吊屏壁面颗粒下降流

比例越大。炉膛两侧由于炉膛出口的存在，对炉内两侧区域气固流的影响较强，因此炉内悬吊屏壁面平均颗粒轴向速度径向总体呈两侧较大中间较小状态分布，中间炉膛出口对悬吊屏壁面气固流动的影响不大。此外，炉内悬吊屏壁面颗粒轴向速度随空截面气速的增大而增大，但受二次风率、颗粒粒径以及静止床料高度的影响不大。

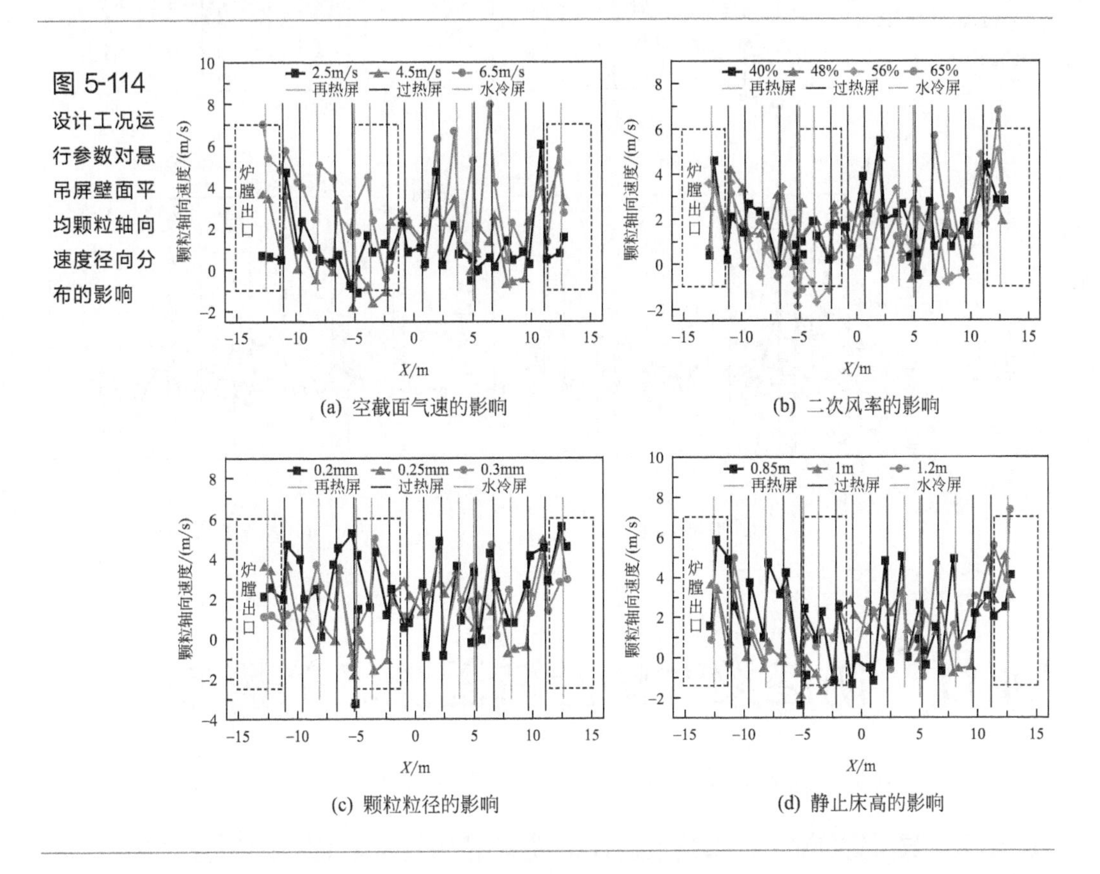

图 5-114 设计工况运行参数对悬吊屏壁面平均颗粒轴向速度径向分布的影响

(a) 空截面气速的影响

(b) 二次风率的影响

(c) 颗粒粒径的影响

(d) 静止床高的影响

图 5-115 为设计工况（表 5-9）运行参数下炉内悬吊屏壁面平均颗粒体积分数径向分布及其受运行参数影响的情况。不同于悬吊屏壁面颗粒轴向速度径向分布规律，靠近炉膛前墙的 6 片再热屏和 12 片过热屏壁面颗粒体积分数径向分布整体比较平稳，受炉膛出口的影响不大。但对于靠近炉膛后墙的 2 片水冷蒸发屏，其附近气固流受炉膛出口的影响较大，颗粒流流出炉膛时较大一部分经过两片水冷屏，因此水冷屏壁面颗粒体积分数均比前墙再热屏和过热屏壁面颗粒体积分数大。此外，所有的悬吊屏壁面颗粒体积分数均随空截面气速和静止床高的增大而增大，随二次风率和颗粒粒径的减小而增大。

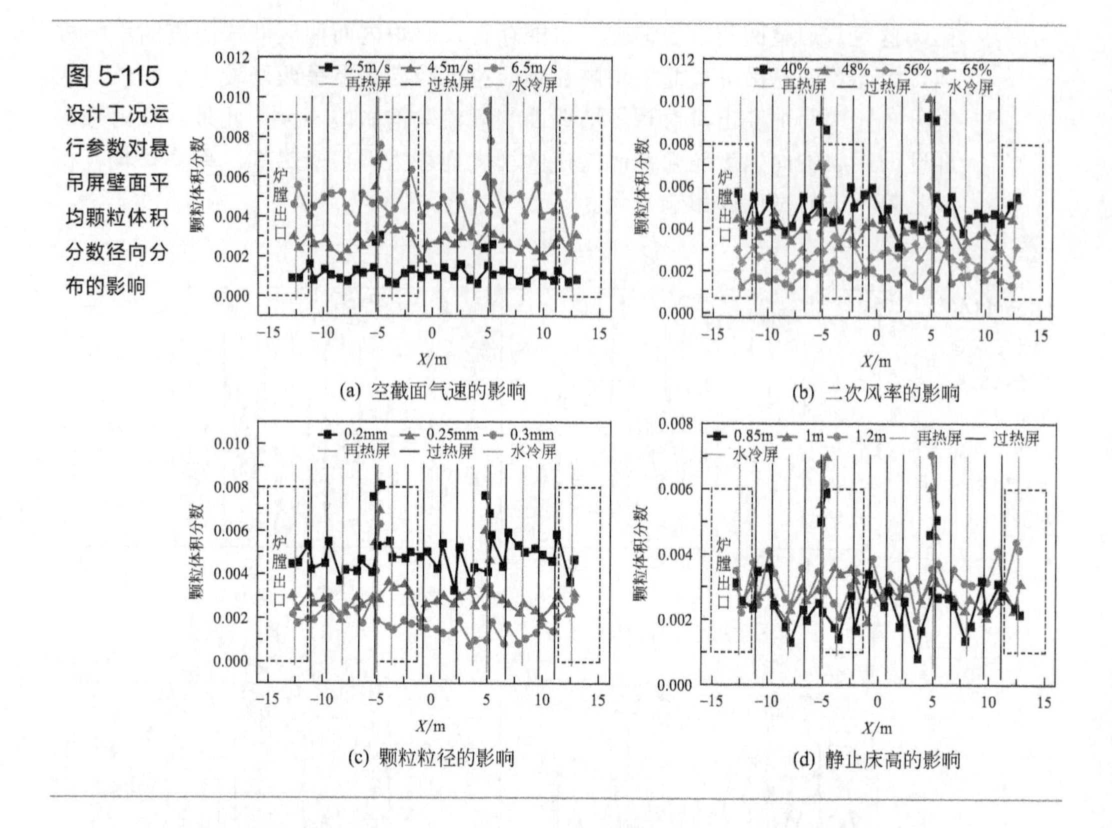

图 5-115 设计工况运行参数对悬吊屏壁面平均颗粒体积分数径向分布的影响

5.6 防磨梁对炉膛气固流场的影响

防磨梁的数值研究以某 330MW 和某 600MW 循环流化床锅炉为例。

5.6.1 某 330MW 循环流化床锅炉防磨梁设置对炉膛气固流场的影响

330MW 循环流化床锅炉为单布风板、膜式水冷壁炉膛，三分离器后墙布置，无外置式换热器。炉膛内前墙布置有十二片屏式过热器管屏、六片屏式再热器管屏，后墙布置有两片水冷蒸发屏。炉膛内水冷壁表面，环炉膛一周，由上往下共布置有八层梯形防磨梁。

数值计算的几何模型（图 5-116）按照 330MW 循环流化床锅炉实炉尺寸建立，锅炉及模型 Z 方向前墙高 40.4m，后墙高 39.9m，炉顶呈倾斜状，X 方向炉膛宽度为 30.2m，Y 方向炉膛深度为 9.8m。炉膛下部为收缩锥段，底部为一片大面积布风板，尺寸为 30.2m×4.7m，收缩锥段高 9.8m。锅炉二次风口分上、下两层布置，分布在炉膛四周，主要在前后墙上，共 38 个。其中上层二次风口共 22 个，距布风板 4.9m，下层二次风口共 16 个，距布风板 1m。在锅炉后墙，设有 3 个炉膛出口，对应 3 个旋风分离器，每个分离器下部对应一个回料器，回料器将回料一分为二，每个回料器对应两个回料口，分布在后墙锥段距离布风板 2.1m 处。八层防磨梁每层尺寸相同（图 5-117），均向炉内凸出 80mm，在水冷壁上的高度为 110mm，在炉内的高度为 40mm。各层防磨梁轴向高度的位置见表 5-7。

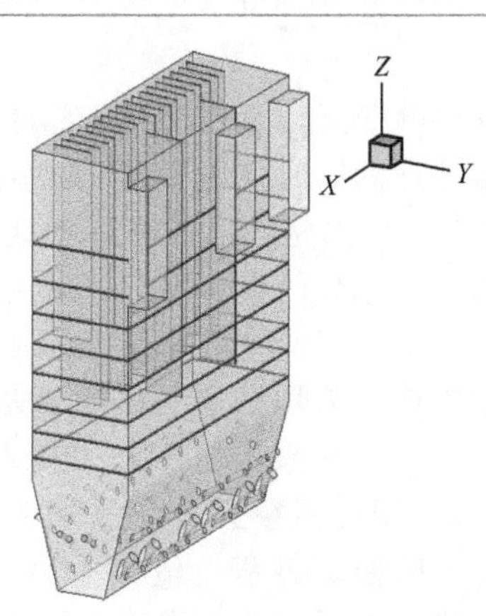

图 5-116 330MW 循环流化床锅炉几何模型

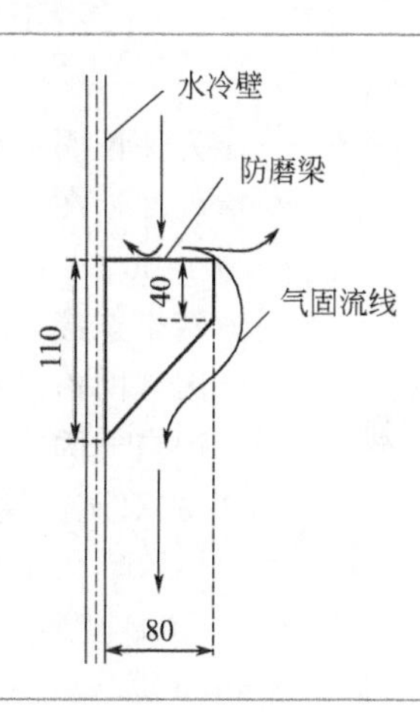

图 5-117 330MW 循环流化床锅炉防磨梁示意图

表 5-7　防磨梁上沿与布风板距离

防磨梁层数	上沿与布风板距离/m	防磨梁层数	上沿与布风板距离/m
第 1 层	31.9	第 5 层	19.8
第 2 层	28.5	第 6 层	16.8
第 3 层	25.4	第 7 层	14.4
第 4 层	22.5	第 8 层	12.0

330MW 循环流化床锅炉水冷壁安装有防磨梁，其计算几何模型按实炉尺寸建立，炉膛中心区网格尺寸相对较大，而防磨梁尺寸相比炉膛尺寸极小，要得到防磨梁附近局部区域水冷壁面的详细气固流场分布，需保证防磨梁附近的网格尺寸尽可能小，如此要求带来的网格尺寸跨度较大问题将增大网格模型的建立难度，同时也将大幅度增加网格的数量。

图 5-118 为针对该 330MW 循环流化床锅炉特点建立的计算网格模型。锅炉稀相区、悬吊屏附近以及炉膛出口区域均采用六面体结构网格，主体网格尺寸约 400～500mm。炉膛密相区上部也采用六面体网格，下部采用四面体非结构网格，二次风管和回料管采用楔形网格局部加密。考虑炉内环核结构及贴壁气固流边界层的存在，对炉膛贴壁区域进行了网格加密处理。此外，对防磨梁附近的网格也作加密处理，如图 5-118(c) 所示。模型总网格数约 180 万。

图 5-118 330MW 循环流化床锅炉计算网格模型

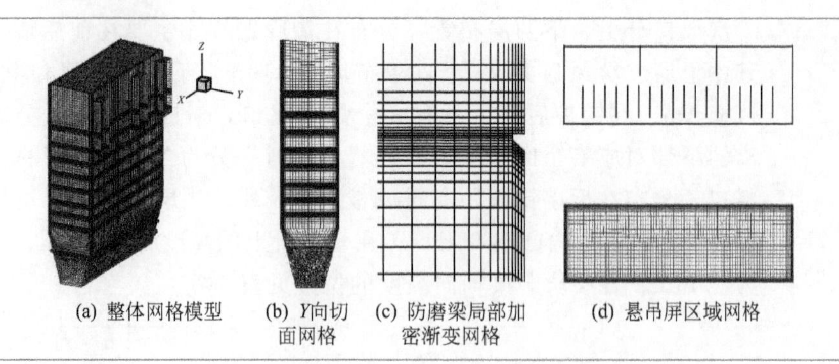

(a) 整体网格模型 (b) Y向切面网格 (c) 防磨梁局部加密渐变网格 (d) 悬吊屏区域网格

为保证网格良好的过渡性以确保贴壁区域及防磨梁局部区域解的正确性和精确性，在对这些区域网格加密处理的同时使用了渐变网格技术，渐变因子为1.05～1.2。炉膛密相区上部六面体网格与其上部稀相区网格和下部四面体网格连接处，网格尺寸分布均匀性差异较大，因此，采用函数网格技术对此区域网格进行上下部连接关联，以保证解的正确性和精确性。

炉内气固流动特性数值计算中，模型采用结合了颗粒动力学理论（KTGF）的双流体模型（TFM），相间动量传递采用EMMS曳力模型。设置气、固两相流动为非稳态流动，气相和固相湍流模型分别采用RNG k-ε 和 per phase k-ε 模型；采用控制容积法离散控制方程，流体压力-速度耦合基于Simple算法；壁面条件中，气相壁面条件设置为无滑移边界条件，固相设置为部分滑移边界条件；一次风和二次风入口采用速度入口边界条件，炉膛出口采用压力出口边界条件。

计算过程不涉及燃烧，炉内温度场简化为单一分布为910℃，热二次风入炉温度为297℃，二次风在喷入炉膛后，其温度骤升并迅速接近910℃，体积也相应地发生剧烈膨胀。实炉炉膛气固流动数值计算需要考虑二次风入炉后的膨胀效应，采用二次风口矫形模化方法对实炉二次风口直径进行了修正。表5-8给出了计算所用详细的模型和参数设置。其中，空气物性参数采用炉膛温度为910℃时的物性参数。

表 5-8 330MW 循环流化床锅炉数值计算模型和参数

设置项	模型和参数	设置项	模型和参数
计算维度	三维	固相剪切黏度	Syamlal-O'Brien
求解器	非稳态,压力基	颗粒堆积黏度	Lun 等
曳力模型	EMMS	颗粒温度	Algebraic
炉膛温度	910℃	固相压力	Lun 等
热二次风温度	297℃	颗粒堆积最大体积分数	0.6
空气物性	$\rho_g=0.2986\text{kg/m}^3$, $\gamma_g=1.57\times10^{-4}\text{m}^2/\text{s}$	镜面反射系数	0.01
		颗粒碰撞恢复系数	0.95
颗粒物性	$\rho_s=2300\text{kg/m}^3$, $\gamma_s=1.003\times10^{-3}\text{m}^2/\text{s}$		

锅炉数值计算过程中，固体物料从炉膛出口至返料口的过程（锅炉外循环）采用 UDF 模型实现。模型只针对颗粒相，定义三个固相全局变量分别对应三个炉膛出口，通过 Adjust 函数在炉膛出口面上读取炉膛出口颗粒质量流率至三个全局变量中，然后通过 Profile 函数根据三个全局变量储存的炉膛出口颗粒质量流率给炉膛回料口分配回料流率；一个炉膛出口对应两个回料口，Profile 函数采用面平均回料速度定义回料口固相速度边界条件，假设回料口入炉颗粒体积分数为 0.6。

计算中，在炉膛返料口设置一监视器，记录整个非稳态计算过程中返料口的颗粒质量流率，并以返料口的颗粒质量流率随时间变化是否稳定作为炉内气固流场是否稳定的判断条件。取稳定后的数据结果作时均处理得到炉内气固流场分布。表 5-9 给出了计算比较工况。

表 5-9 330MW 循环流化床锅炉数值计算工况参数表

工况	平均粒径 $d_p/\mu m$	颗粒密度 $\rho_s/(kg/m^3)$	空截面气速 $u_0/(m/s)$	二次风率 $R_{sa}/\%$	静止床高 H_0/m	计算时间 t/s
1	250	2300	4.5	56	1	85.13
2	250	2300	2.5	56	1	86.665
3	250	2300	3.5	56	1	96.635
4	250	2300	5.5	56	1	88.6
5	250	2300	6.5	56	1	87.02
6	250	2300	4.5	40	1	87.32
7	250	2300	4.5	48	1	84.53
8	250	2300	4.5	65	1	90.57
9	250	2300	4.5	56	0.85	86.811
10	250	2300	4.5	56	1.2	88.527
11	200	2300	4.5	56	1	85.2
12	300	2300	4.5	56	1	85.1

注：1～12 为设计工况，其中工况 1 为基准工况。

5.6.1.1 炉膛整体颗粒流动特性与运行参数影响

炉膛整体颗粒流动特性见图 5-119，三个炉膛纵截面分别为 $X=-10m$、0、10m。整体而言，颗粒体积分数轴向呈现明显的稀、密两相区分布，锥段内上层二次风口高度 4.95m 以下颗粒体积分数较大，以上随炉膛高度增大颗粒体积分数逐渐减小，稀相区内颗粒体积分数整体比较小。炉内颗粒流动整体呈环-核结构分布，炉膛水冷壁面颗粒基本向下流动，但防磨梁破坏了贴壁颗粒下降流，边界层内颗粒下降流被破坏，颗粒下降速度减小，部分区域出现贴壁颗粒上升流。

图 5-120 为炉膛 $Z=4m$、12m、22m、32m 四个不同高度横截面的颗粒流动分布。可以看出，炉内环核流动结构中的核心区并不呈现为集中均匀的稀相上升流，而是由多个局部核心区组成，核心区的位置以及炉内颗粒体积

图 5-119
炉膛整体颗粒体积分数和轴向速度分布

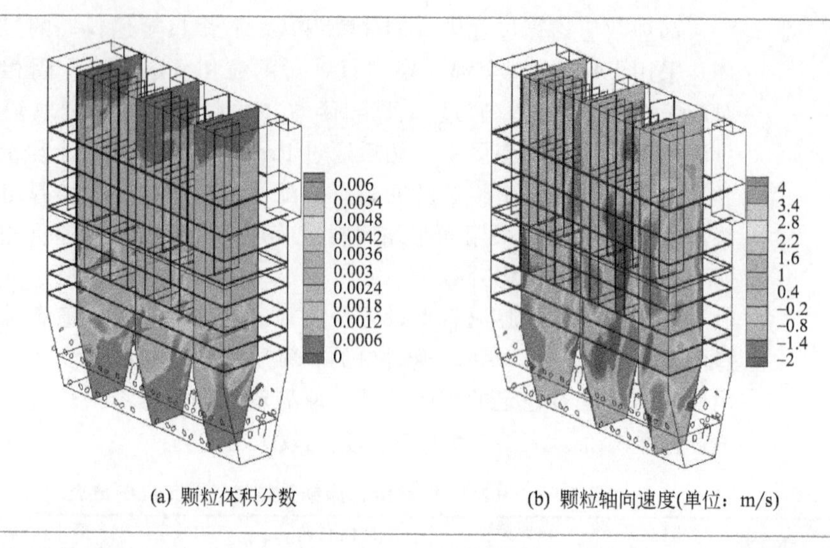

(a) 颗粒体积分数　　(b) 颗粒轴向速度(单位：m/s)

分数、轴向速度径向分布受炉膛出口和悬吊屏的影响。这是由于炉膛横截面积较大，气体携带颗粒从布风板、给煤口、返料口以及二次风口至炉膛顶部烟窗出口的过程中，容易形成截面气固流速不均匀分布，靠近炉膛出口的区域形成较高速气固流通道，即局部核心区，颗粒速度较大而体积分数较小。从图 5-120(b) 中可见，靠近炉膛左右墙对应炉膛出口的炉内区域出现了两个类似的局部核心区。而在中间炉膛出口对应的炉内空间，悬吊屏的存在破坏了这一局部核心区，相反提高了此区域炉内颗粒流动分布的均匀性。此外，由于相邻两片悬吊屏之间距离较小，从图 5-120(a) 中最上层截面可见，悬吊屏之间的颗粒体积分数比炉内无屏区域小。

图 5-120
炉膛不同高度横截面颗粒体积分数和轴向速度分布

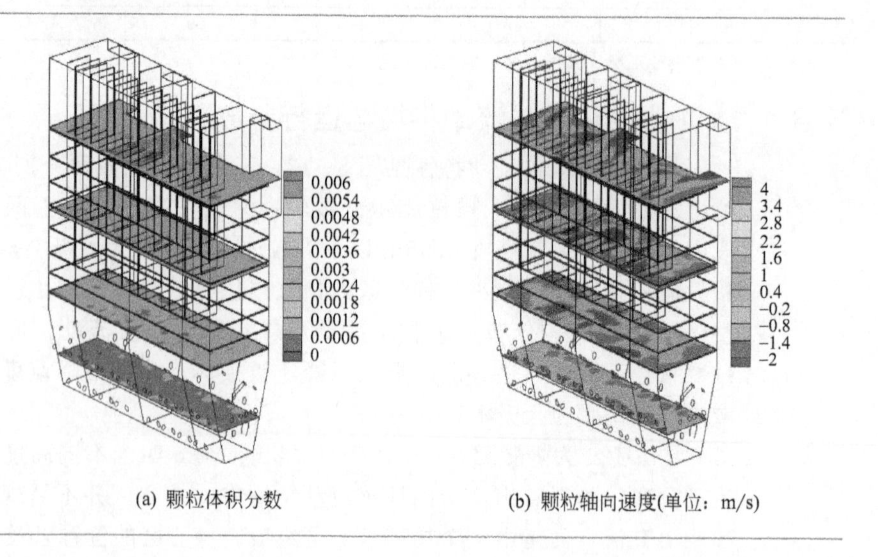

(a) 颗粒体积分数　　(b) 颗粒轴向速度(单位：m/s)

图 5-121 为锅炉设计工况运行参数变化对炉内截面平均颗粒浓度轴向分布的影响。其中图 5-121(a)～(c) 为空截面气速、二次风率和颗粒粒径对颗粒浓度轴向分布的影响，由于炉内床料总量维持不变，因此改变的只是颗粒浓度的轴向分布。从图中可见，炉膛稀相区颗粒浓度随着空截面气速的增大、二次风率的减小以及颗粒粒径的减小而增大，而对应密相区颗粒浓度的变化趋势与之相反。图 5-121(d) 中密相区和稀相区颗粒浓度随静止床料高度变化而变化的趋势一致，当静止床料高度增大时，意味着炉内总床料量增大，因此炉内密相区和稀相区颗粒浓度均增大。

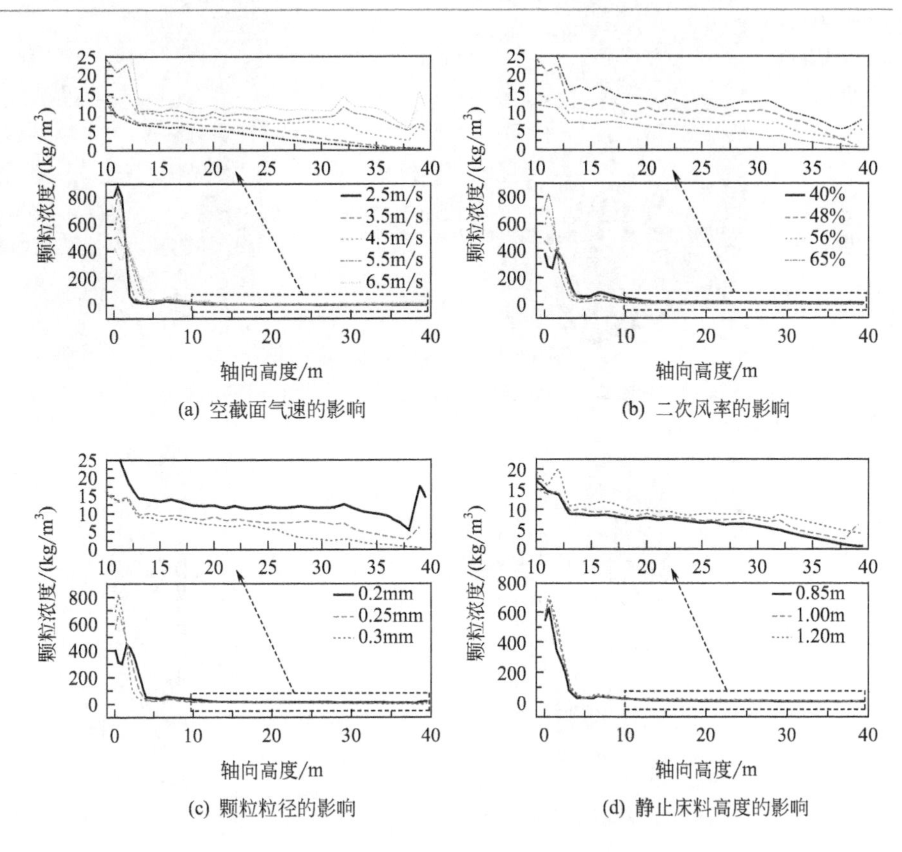

(a) 空截面气速的影响　(b) 二次风率的影响

(c) 颗粒粒径的影响　(d) 静止床料高度的影响

图 5-121 锅炉设计工况运行参数对炉膛截面平均颗粒浓度轴向分布的影响

5.6.1.2 炉膛水冷壁面颗粒流动特性与运行参数影响

图 5-122(a) 和 (b) 为炉膛水冷壁面的颗粒体积分数和轴向速度三维分布。四周水冷壁面分布相似，存在贴壁颗粒下降流，炉内环形区内的颗粒下降流受防磨梁的影响较大。

防磨梁破坏了贴壁颗粒下降流，使其总体下降速度降低。贴壁颗粒下降流在其下降过程中遇到防磨梁后，下降速度减小，颗粒在防磨梁上沿动态堆积，防磨梁上沿水冷壁面的颗粒浓度增大；防磨梁下沿一段距离内局部水冷壁面上出现贴壁颗粒上升流，颗粒浓度相对较低；离开防磨梁下沿往下一段距离，贴壁颗粒下降流又重新形成并加速向下流动，颗粒浓度也逐渐增大，直至遇到下一层防磨梁。图 5-122(c) 和 (d) 给出了截取的防磨梁周围区域颗粒体积分数和轴向速度二维分布。

图 5-122 水冷壁面颗粒体积分数和轴向速度分布

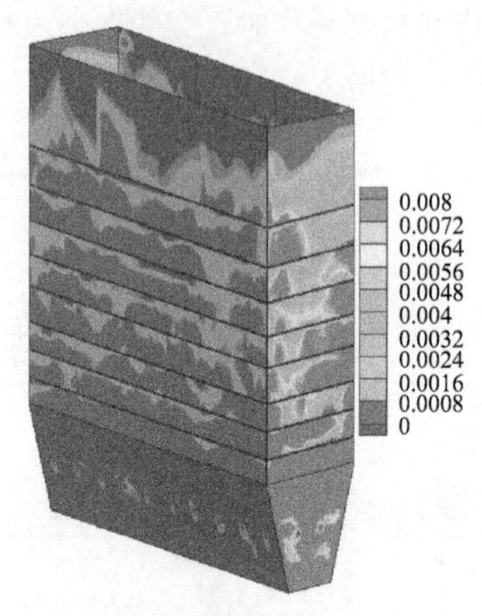

(a) 水冷壁面颗粒体积分数三维分布

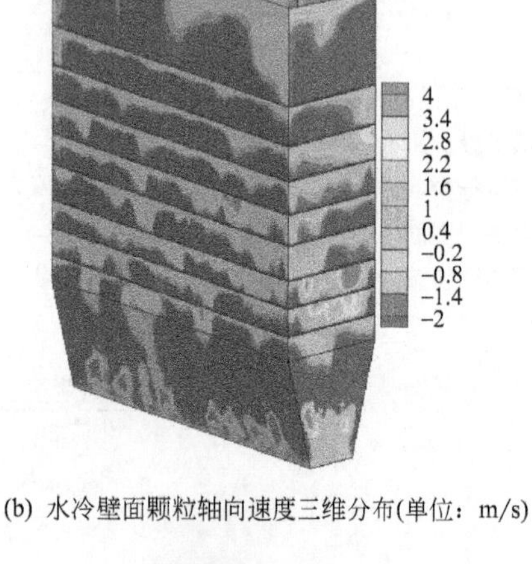

(b) 水冷壁面颗粒轴向速度三维分布(单位：m/s)

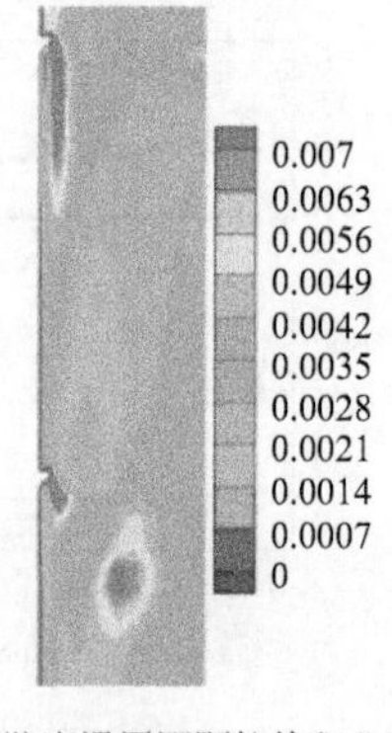

(c) 防磨梁周围颗粒体积分数分布

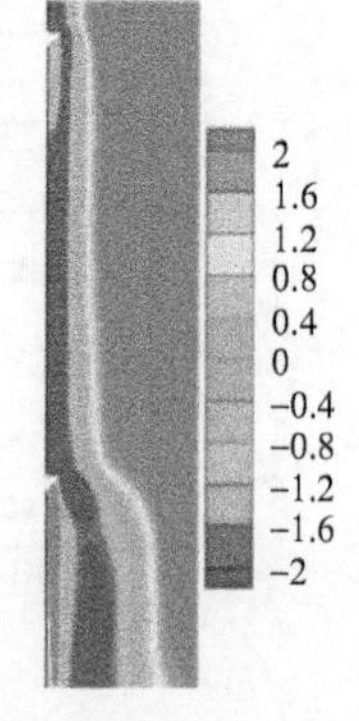

(d) 防磨梁周围颗粒轴向速度分布(单位：m/s)

图 5-123 为锅炉设计工况运行参数对水冷壁面颗粒轴向速度轴向分布的影响。图中的数据结果均为炉膛四周水冷壁面贴壁网格中的数据按相同轴向高度平均后得到。沿炉膛轴向，不同区域水冷壁面颗粒轴向速度受运行参数影响后的变化规律不尽相同，主要可分为三个区域：最上层防磨梁至炉顶之间水冷壁面（31.9～40m）；最下层防磨梁至最上层防磨梁之间水冷壁面(12～31.9m)；布风板至最下层防磨梁之间水冷壁面（0～12m）。

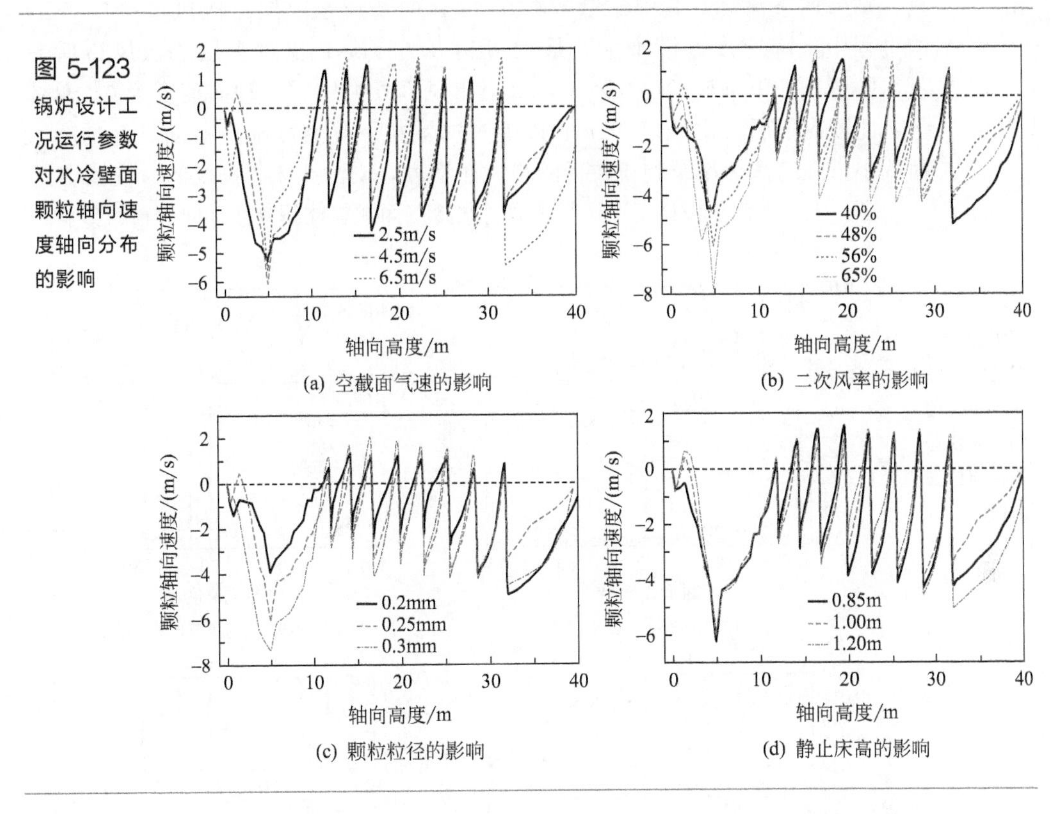

图 5-123 锅炉设计工况运行参数对水冷壁面颗粒轴向速度轴向分布的影响

最上层防磨梁至炉顶之间水冷壁面（31.9～40m），颗粒轴向速度基本为负，贴壁向下加速流动，下降速度最大可达 4～6m/s，直至遇到最上层防磨梁，下降速度骤减。当空截面气速较小时，此段水冷壁面贴壁颗粒下降速度相对较小，且相互之间差距不大；当空截面气速较大时，由于炉顶对炉内颗粒上升流的反弹作用较大，炉膛出口突变结构对此高度段内的气固流动也存在影响，水冷壁面颗粒下降速度较大。此外，此段水冷壁面颗粒下降速度总体随二次风率的减小而增大。

最下层防磨梁至最上层防磨梁之间水冷壁面（12～31.9m），贴壁颗粒下降流被防磨梁破坏，轴向由上往下呈相似的规律性分布，整体贴壁颗粒下降速度向下逐渐减小，下降速度总体平均值约 2m/s。贴壁颗粒下降流遇到防磨梁后，速度骤减，在防磨梁下沿出现一段区域的贴壁颗粒上升流；离开防磨梁下沿往下一段距离，贴壁颗粒下降流又重新形成并以较大的加速度加速向下流动，直至遇到下一层防磨梁。两层防磨梁之间由上往下，贴壁颗粒由向上流动转变为向下加速流动，两层防磨梁之间贴壁颗粒下降速度随空截面气速的减小而增大，随二次风率和颗粒粒径的增大而增大，受静止床料高度的影响不大。

布风板至最下层防磨梁之间水冷壁面（0～12m），颗粒轴向速度基本为负，贴壁向下流动。其中贴壁颗粒从 12m 向下流至上层二次风口（4.95m）的过程中下降速度逐渐增大，最大可达 6～8m/s；流过上层二次风口后向下，贴壁颗粒下降速度逐渐减小，直至布风板处贴壁颗粒轴向速度为 0。总体上，此段内下层二次风口（1m）以上贴壁颗粒下降速度随空截面气速的增大而减小，随二次风率及颗粒粒径的增大而增大，受静止床料高度的影响较小。

图 5-124 为锅炉设计工况运行参数对水冷壁面颗粒体积分数轴向分布的影响。

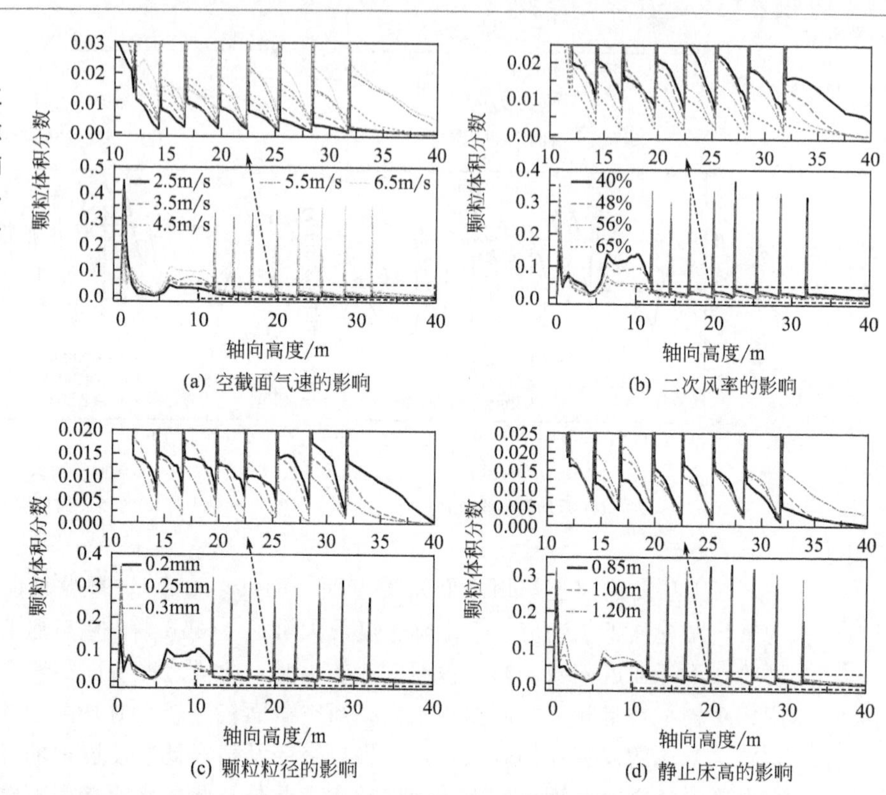

图 5-124 锅炉设计工况运行参数对水冷壁面颗粒体积分数轴向分布的影响

最上层防磨梁至炉顶之间水冷壁面（31.9～40m），总体贴壁颗粒体积分数相对较小，由上往下颗粒体积分数逐渐增大，直至遇到最上层防磨梁，颗粒在防磨梁上沿堆积，颗粒体积分数骤增。此段水冷壁面颗粒体积分数随空截面气速和静止床料高度的增大而增大，随二次风率和颗粒粒径的减小而增大。

最下层防磨梁至最上层防磨梁之间水冷壁面（12～31.9m），颗粒体积分数轴向由上往下呈相似的规律性分布，部分贴壁颗粒下降流遇到防磨梁后在其上沿堆积，颗粒体积分数骤增，最大可达 0.3～0.4 的固含率，而紧靠防磨梁下沿的一段区域内，贴壁颗粒体积分数较小；离开防磨梁下沿往下一段距离，水冷壁面颗粒体积分数又逐渐增大，直至遇到下一层防磨梁。两层防磨梁之间由上往下，贴壁颗粒体积分数逐渐增大且增加速度相对较大。两层防磨梁之间贴壁颗粒体积分数随空截面气速和静止床料高度的增大而增大，随二次风率和颗粒粒径的减小而增大。

布风板至最下层防磨梁之间水冷壁面（0～12m），其中最下层防磨梁（12m）往下至上层二次风口（4.95m）水冷壁表面，贴壁颗粒体积分数总体较大，随空截面气速和静止床料高度的增大而增大，随二次风率和颗粒粒径的减小而增大；而在上层二次风口（4.95m）至下层二次风口（1m）区域，由于二次风射流的作用，使得水冷壁面颗粒体积分数整体较小，但其随运行参数的变化趋势与最下层防磨梁至上层二次风口之间水冷壁面颗粒体积分数的变化趋势一致；下层二次风口以下水冷壁表面颗粒体积分数较大，且其随运行参数的变化趋势与下层二次风口至最下层防磨梁之间水冷壁面颗粒体积分数的变化趋势相反。

5.6.2　某 600MW 循环流化床锅炉防磨梁设置对炉膛气固流场的影响

某 600MW 循环流化床锅炉的概要参见 5.1.1 小节介绍，其防磨梁设置如表 5-10 所示。其计算网格设置与 5.6.1 小节的 330MW 循环流化床锅炉网格类似。图 5-125 为该锅炉的计算几何模型和网格模型。

表 5-10　600MW 循环流化床锅炉各层防磨梁轴向高度

防磨梁层数	上沿与布风板距离/m	防磨梁层数	上沿与布风板距离/m
第 1 层	40.420	第 5 层	20.689
第 2 层	33.765	第 6 层	15.956
第 3 层	28.655	第 7 层	12.000
第 4 层	24.376		

图 5-125
600MW 循环流化床锅炉的计算几何模型和网格模型

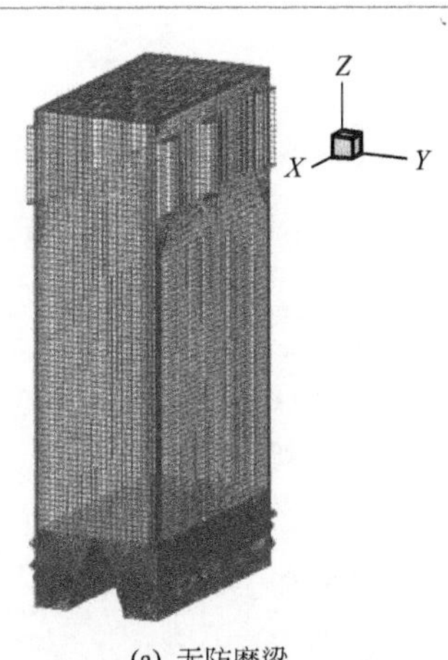

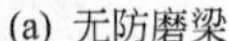
(a) 无防磨梁

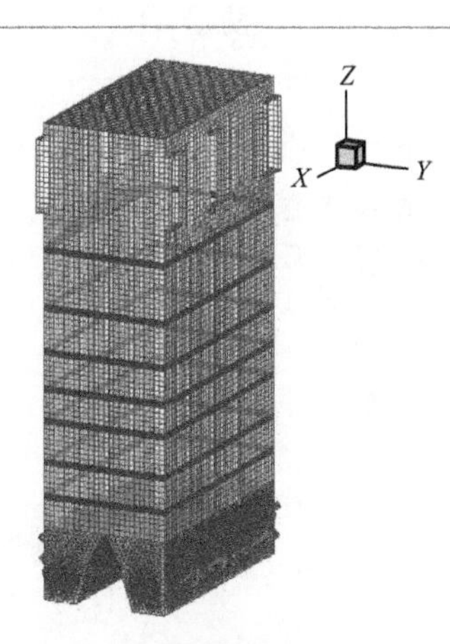

(b) 有防磨梁

图 5-126 为 600MW 循环流化床锅炉有、无防磨梁时的水冷壁面颗粒轴向速度轴向分布。从图中的对比可以看出，防磨梁的存在破坏了贴壁颗粒下降流，使得贴壁颗粒下降速度大幅度降低；且随着床高的减小，防磨梁层数的增加，下降速度减小的幅度逐渐增大，最大下降速度平均在 2m/s 左右。在两个防磨梁间段，防磨梁下沿以下一段区域内出现少量贴壁颗粒上升流，改变了传统的贴壁颗粒下降流状态；再往下，贴壁颗粒下降流在某个位置（速度零点）重新形成，之后加速贴壁下滑，在接近下层防磨梁时速度达到最大；而当贴壁颗粒下降流遇到防磨梁后，速度骤减至零，甚至反弹向上运动。

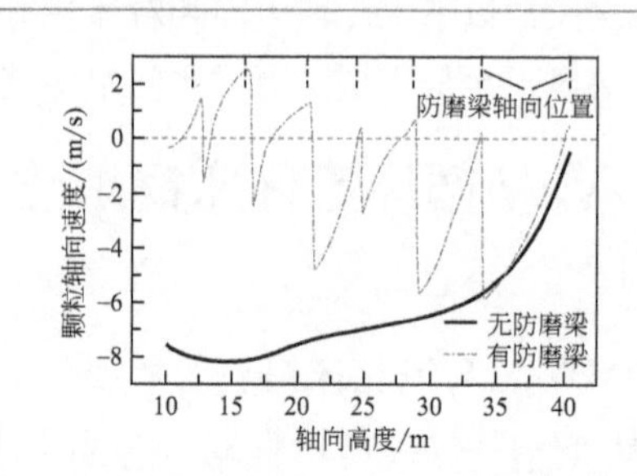

图 5-126
600MW 循环流化床锅炉有、无防磨梁时的水冷壁面颗粒轴向速度轴向分布

图 5-127 为 600MW 循环流化床锅炉有、无防磨梁时的水冷壁面颗粒体积分数轴向分布。从图中的对比可以看出，水冷壁加装防磨梁后，边壁颗粒回流高浓度区受到破坏；贴壁颗粒下降流在未遇到防磨梁前，颗粒浓度逐渐增加，当遇到防磨梁后，部分颗粒在防磨梁上表面形成动态堆积，颗粒浓度在防磨梁上沿区域达到最大；而在防磨梁下游，紧靠防磨梁下沿一段距离的水冷壁面上，颗粒体积分数较低，再往下，当贴壁颗粒下降流在某个位置重新形成后开始加速下滑，外围颗粒逐渐加入，颗粒浓度逐渐增大，直至遇到下一层防磨梁。

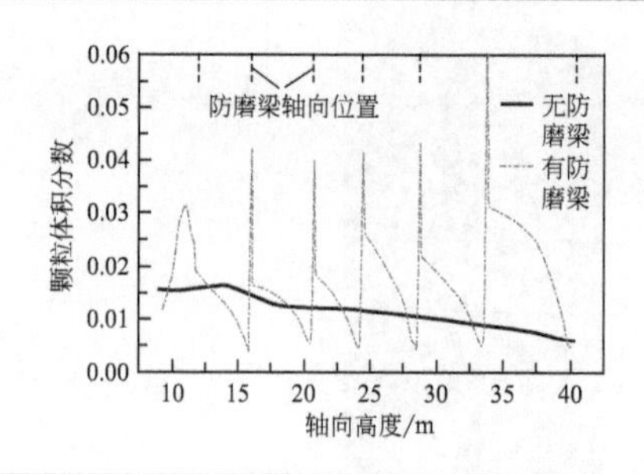

图 5-127
600MW 循环流化床锅炉有、无防磨梁时的水冷壁面颗粒体积分数轴向分布

参考文献

[1] 王超，程乐鸣，周星龙，等 . 600MW 超临界循环流化床锅炉炉膛气固流场的数值模拟 [J]. 中国电机工程学报，2011，31（14）：1-7.

[2] Knowlton T M，Hirsan I. The effect of pressure on jet penetration in semi-cylindrical gas fluidized bed [C]//Grace J R，Masten J M. Fluidization. New York，1980.

[3] 陈继辉，卢啸风，刘汉周，等．循环流化床二次风射程的数值模拟和实验 [J]. 动力工程，2007，27 (6)：895-898.

[4] 钟文琪，章名耀．喷动流化床射流穿透深度试验研究 [J]. 东南大学学报（自然科学版），2005，35 (1)：29-34.

[5] Zhong W Q，M Y Zhang. Jet penetration depth in a two-dimensional spout-fluid bed [J]. Chemical Engineering Science，2005，60 (2)：315-327.

[6] 杨建华，杨海瑞，岳光溪．循环流化床二次风射流穿透规律的试验研究 [J]. 动力工程，2008，28 (4)：509-513.

[7] Guo Q J，Yue G X，Zhang J Y，et al. Hydrodynamic characteristics of a two-dimensional jetting fluidized bed with binary mixtures [J]. Chemical Engineering Science，2001，56 (15)：4685-4694.

[8] Hong R Y，Guo Q J，Luo G H，et al. On the jet penetration height in fluidized beds with two vertical jets [J]. Powder Technology，2003，133 (1-3)：216-227.

[9] Zhou X L，Cheng L M，Wang Q H，et al. Study of air jet penetration in a fluidized bed [C]. Xian，2009.

[10] Zhou X L，Cheng L M，Wang Q H，et al. Non-uniform distribution of gas-solid flow through six parallel cyclones in a CFB system：an experimental study [J]. Particuology，2012，10 (2)：170-175.

[11] 浙江大学．600MW 超临界 CFB 锅炉主循环回路冷态模化试验及数值计算研究 [R]. 2010.

第6章

大型循环流化床锅炉受热面传热

6.1　330MW 亚临界循环流化床锅炉
6.2　350MW 超临界循环流化床锅炉
6.3　600MW 超临界循环流化床锅炉
6.4　水冷壁防磨梁设置对传热的影响
6.5　1000MW 超临界环形炉膛循环流化床锅炉
6.6　炉膛单侧墙布置 4 分离器 660MW 超超临界循环流化床锅炉

（本章彩图请扫描右侧二维码下载。）

本章讨论了大型循环流化床锅炉受热面传热数值计算的相关结果，研究对象为 330MW 亚临界、350MW 超临界、600MW 超临界、660MW 超超临界和 1000MW 超临界循环流化床锅炉炉膛中的受热面，涉及内容包括水冷壁、中隔墙、悬吊屏以及水冷壁防磨梁设置对传热的影响。

6.1　330MW 亚临界循环流化床锅炉

某 330MW 亚临界循环流化床锅炉为单炉膛、大布风板布置结构，三分离器非对称布置于后墙，屏式受热面布置于炉内，无外置式换热器。

锅炉截面为 31m×9.8m，高 40.2m，采用单汽包、自然循环、循环流化床燃烧方式，由膜式水冷壁构成的炉膛、三台旋风分离器和对应位于其下部的三台返料器构成外循环回路。返料器为一分为二结构，共对应 6 个均匀布置于后墙的回料口，确保回料在沿宽度方向上的均匀性。

炉膛内共有十二片屏式过热器管和六片屏式再热器，沿宽度方向依次平行布置于前墙；两片水冷蒸发屏则布置于后墙，位于三个出口之间。炉膛底部为一次风室。

模拟计算采用欧拉双流体模型，湍流模型中气相湍流采用 RNG k-ε 湍流模型；颗粒相湍流采用 per phase k-ε 多相湍流模型。气固间动量传递采用 EMMS 曳力模型描述。模型中气固间作用不考虑升力以及虚拟质量力。固体颗粒碰撞恢复系数选取 0.95。采用控制容积法离散控制方程，控制容积界面物理量采用一阶迎风差分格式获得，流体压力-速度耦合基于 Simple 算法。模型计算采用自定义函数（user defined function，UDF）统计炉膛三个出口的固相质量流率，并将数值平均返回给相应的两个回料口，使得炉膛出口和回料进口的固相质量流率相等，从而实现锅炉物料的外循环回路。

计算中，锅炉的几何模型主要为炉膛主体，不包括外循环回路等部件。几何模型由三维建模软件根据实际锅炉尺寸 1∶1 建立，并在 GAMBIT 软件中对其进行网格划分。为保证网格的质量以及控制网格数量，锅炉上部采用六面体结构性网格划分，下部则采用非结构性的四面体网格划分。锅炉模型及网格如图 6-1 所示。同时，在炉膛边壁区及屏面附近还采用渐变网格进行加密，最大网格尺寸为 0.4m，最小网格尺寸为 0.15m，总网格数量约为 102 万。

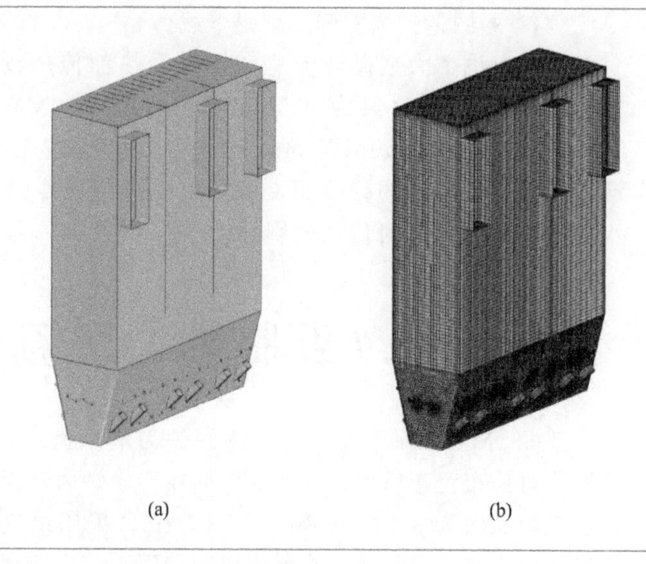

图 6-1
330MW 亚临界循环流化床锅炉模型和网格划分

计算采用的循环流化床锅炉整体模型已在第 4 章中进行了介绍。壁面热边界条件采用温度边界条件，温度为管内工质在运行压力下的饱和温度。计算中，气固对壁面的传热系数基于颗粒团更新传热模型计算得到。此外，还考虑了炉膛下部锥段的浇注料对传热的影响。

满负荷运行情况下，锅炉的设计床温为 915℃，截面风速（空气）为 4.5m/s。给煤量和石灰石量分别为 323t/h 和 15.7t/h，设计钙硫比为 2。该锅炉主要参数如表 6-1 所示。

表 6-1　330MW 亚临界循环流化床锅炉主要运行参数

参数	单位	数值	参数	单位	数值
过热蒸汽流量	t/h	1177	截面风速	m/s	4.5
过热蒸汽温度/压力	℃/MPa	541/17.5	给煤量	t/h	323
再热蒸汽进口温度/压力	℃/MPa	341/4.12	石灰石量	t/h	15.7
给水温度	℃	279.6	钙硫比	—	2.00
设计床温	℃	915			

图 6-2 和图 6-3 分别为水冷壁面热流密度和辐射热流密度分布图。从图中可以看到，炉膛水冷壁整体热流密度分布较为不均匀，这与炉内气固流场分布直接相关。热流密度在后墙折角处最大，可达到 $110kW/m^2$，随着炉膛高度的增加而逐渐减小，在炉膛上部只有约 $40kW/m^2$。辐射热流密度的分布情况类似，随着炉膛高度的增加而逐渐减小，在炉膛下部最大，约为 $80kW/m^2$，炉膛上部角落处最小，约 $20kW/m^2$。特别是在炉膛四周边角、

水冷壁和挂屏交角处，辐射热流密度由于辐射温度的降低而减小。整体而言，水冷壁（含底部浇注料区）平均热流密度为 70kW/m^2，其中辐射热流密度占总热流密度的 61.0%。

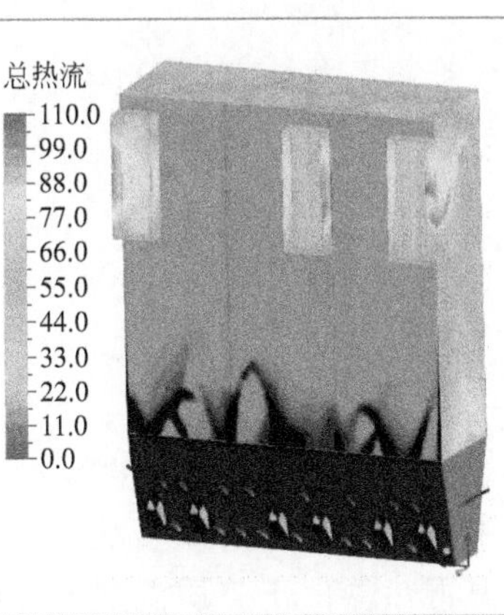

图 6-2
水冷壁热流密度分布（单位：kW/m^2）

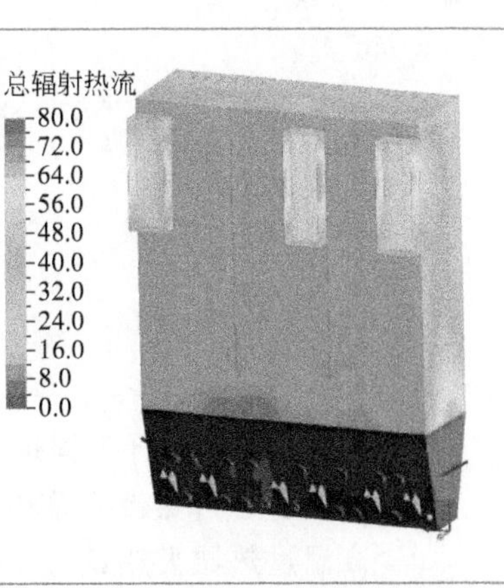

图 6-3
水冷壁辐射热流密度分布（单位：kW/m^2）

图 6-4 和图 6-5 分别为炉内悬吊屏受热面的热流密度和辐射热流密度分布情况。可以看到，总热流密度和辐射热流密度均随着炉膛高度的增加而逐渐减小。在悬吊屏下部，总热流和辐射热流密度最大可达 100kW/m^2 和 80kW/m^2；在屏顶部最小，由于当地气固温度较小，分别为 40kW/m^2 和 20kW/m^2。针对该 330MW 亚临界循环流化床炉内气固流动的计算表明其炉内固体颗粒浓度偏向后墙，因此悬吊屏受热面的热流沿横向分布不均匀，靠近前墙侧的热流要低于靠近后墙侧。这对悬吊屏内并联管组的传热及流动均匀性有影响，可能会造成靠近后墙侧管子发生过热易导致如爆管等问题，在锅炉设计和改造时需要关注。

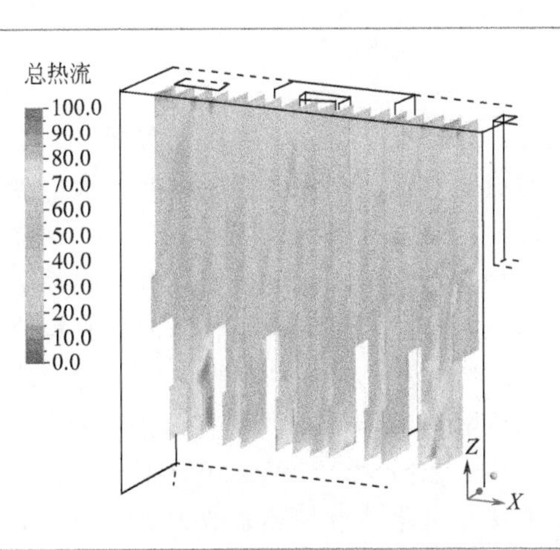

图 6-4
悬吊屏热流密度分布（单位：kW/m^2）

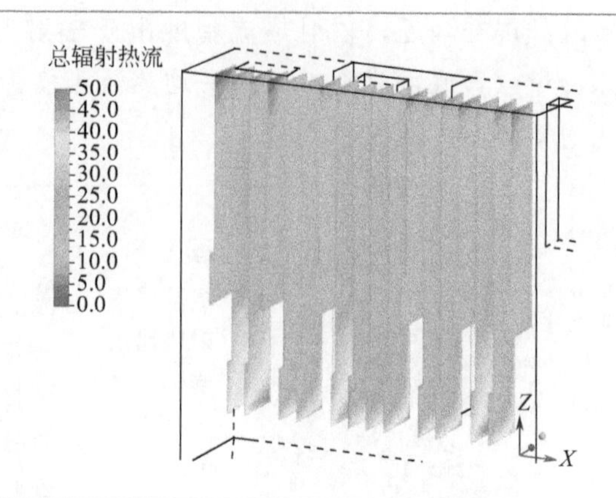

图 6-5
悬吊屏辐射热流密度分布（单位：kW/m²）

图 6-6 统计了锅炉水冷壁、高温过热器和高温再热器的整体吸热量大小，以及各自占煤带入总热量的比例。模拟结果表明水冷壁吸热量为 222.5MW；高温过热器吸热量为 125.8MW；高温再热器由于工质温度较高而吸热量较低，为 32.9MW。图 6-7 给出了炉内吸热量的分配情况，与周星龙等[1]报道的实测结果匹配。

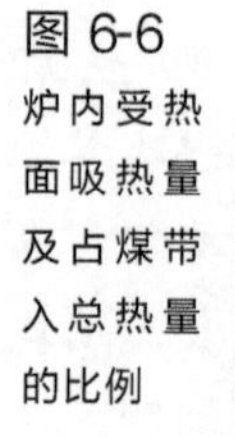

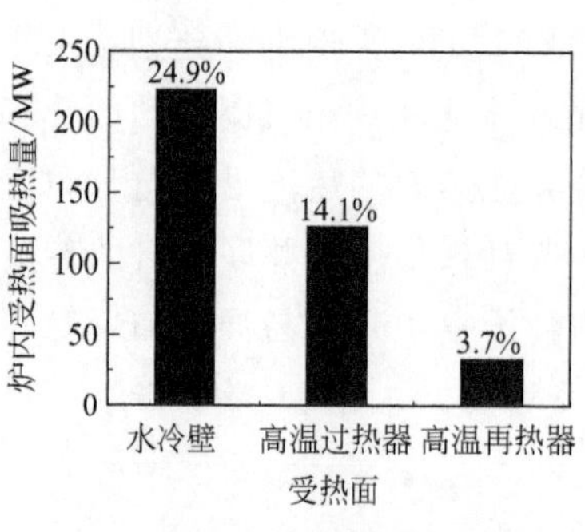

图 6-6
炉内受热面吸热量及占煤带入总热量的比例

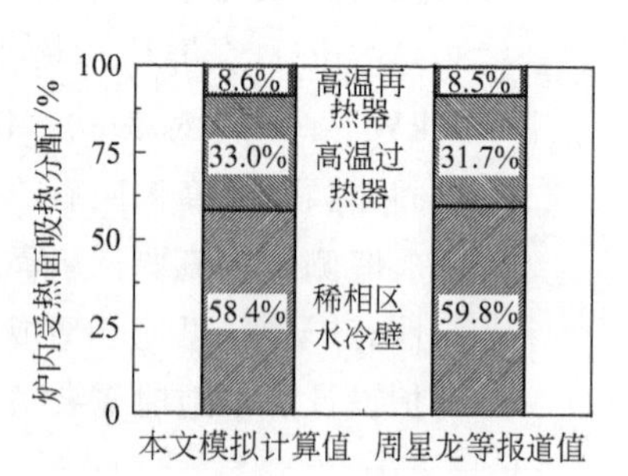

图 6-7
炉内吸热量分配比例

图 6-8 给出水冷壁传热系数分布情况。受热面上固相浓度沿轴向分布不均匀，造成受热面传热系数沿轴向有较大的变化，水冷壁下部传热系数可达 300W/(m² · K)，上部为 90W/(m² · K) 左右。由于第 4 章的锅炉整体模型是基于非稳态计算的，因此，受热面传热系数以及热流密度的分布与计算结果的时均长短有关，结果取更长时间的平均值会更为合理。

图 6-9 给出了炉内各水冷壁受热面的平均传热系数比较。模拟得到的水冷壁和水冷隔墙的传热系数稍有差别，数值在 160～190W/(m² · K) 之间，整体平均传热系数为 177W/(m² · K)。周星龙等[1]根据实炉运行数据，计算得到的稀相区水冷壁传热系数为 170.6W/(m² · K)。水冷壁整体平均传热系数与实际测算结果偏差 3.75%，证明锅炉整体数值模型的传热计算是准

确的。此外，折算到炉膛温度下，炉内高温过热器及高温再热器的传热系数要略低于水冷壁，平均为 130W/(m^2·K)。实际锅炉计算中，鳍片等额外的换热面积折算到屏的总换热系数中，这里计算中的传热系数对应的是整个屏的换热面积，传热系数略小于实际锅炉设计值。

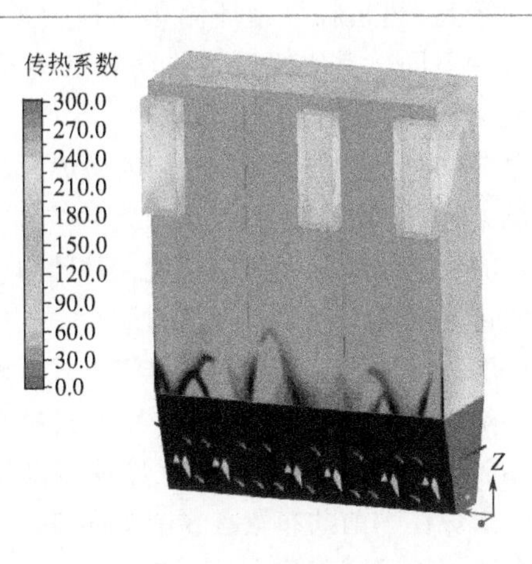

图 6-8
水冷壁传热系数分布［单位：W/(m^2·K)］

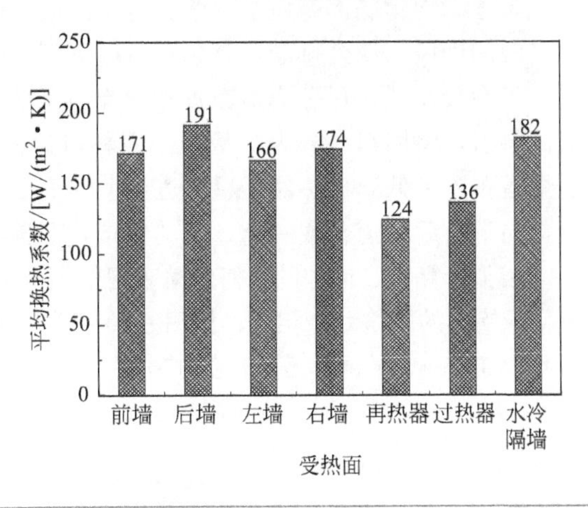

图 6-9
炉内各水冷壁受热面的平均传热系数

针对 330MW 亚临界循环流化床锅炉的模拟计算表明，水冷壁热流密度随着炉膛高度的增加而逐渐减小，水冷壁（含底部浇注料区）整体平均热流密度为 70kW/m^2，其中水冷壁面的辐射热流密度占总热流密度的 61.0%；水冷壁和水冷隔墙的传热系数较为接近，平均为 177W/(m^2·K)，与实际测算得到的 170.6W/(m^2·K) 十分接近，炉内悬吊屏受热面的传热系数平均约为 130W/(m^2·K)；悬吊屏受热面的热流密度沿屏宽度方向不均匀，外侧热流密度要高于内侧；在给屏下部包覆耐磨层时，外侧管的覆盖量应稍大于内侧，以保证屏内各管吸热均衡；水冷壁吸热量占炉内受热面总吸热量的 58.4%，高温过热器占 33%，高温再热器占 8.6%，与相关文献报道的结果相近。

6.2 350MW 超临界循环流化床锅炉

对于超/超超临界循环流化床锅炉来说，与亚临界锅炉水冷壁沿程温度基本不变不同，其水冷壁内流动的工质温度发生变化，炉膛内部与传热壁面的温差沿程变化。

某 350MW 超临界循环流化床锅炉为超临界直流燃煤锅炉，采用循环流化床燃烧方式。该锅炉为膜式水冷壁单炉膛，截面大小为 31×9.4m，高 50.8m，炉膛中的 3 个出口分别对应布置在炉膛单侧的 3 台旋风分离器。锅炉采用冷却式包墙包覆的尾部竖井，平衡通风、一次中间再热，由尾部烟气挡板调节再热蒸汽温度。锅炉排渣采用固态排渣方式，配置有水冷滚筒式冷渣器[2]。

锅炉炉膛内前墙布置有 12 片屏式过热器、6 片屏式再热器，炉内布置有 5 片水冷分隔墙，其中中间的水冷墙宽度稍大，用于满足工质在炉内的蒸发吸热量。锅炉在炉前共布置有 8 个给煤口，在前墙水冷壁下部收缩段沿宽度方向均匀布置。炉膛底部是由水冷壁管弯制围成的风室，两侧布置有一次风道，从风室两侧进风。四个排渣口布置在后墙下部，分别对应四台滚筒式冷渣器。

三台冷却式旋风分离器布置在炉膛与尾部竖井之间，下部各有一台非机械式回料器，将回料一分为二从两个回料口返回至炉膛；尾部采用双烟道结构，前烟道布置了低温再热器，后烟道从上到下依次布置有中温过热器和低温过热器，向下前后烟道合成一个，在其中布置了省煤器和卧式空气预热器。

模拟计算中，锅炉的几何建模和网格划分方法与 6.1 节 330MW 亚临界循环流化床锅炉的网格划分相同，如图 6-10 所示。最大网格尺寸为 0.4m，最小网格尺寸为 0.15m，总网格数量约为 150 万，略多于 330MW 亚临界 CFB 锅炉。

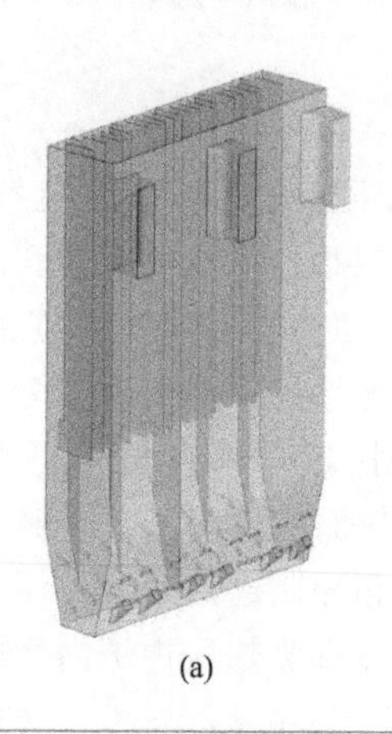

(a)

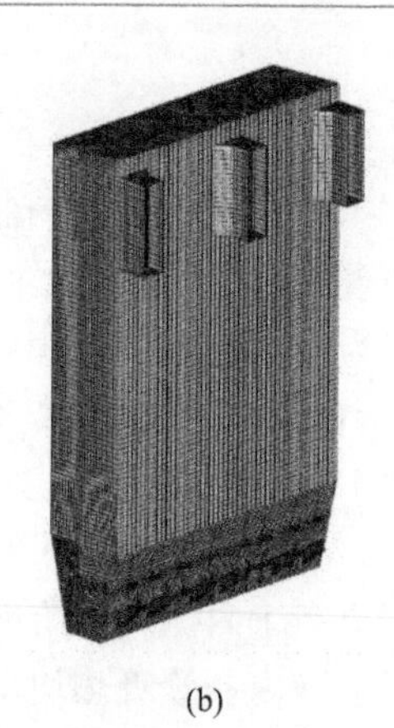

(b)

图 6-10
350MW 超临界循环流化床锅炉模型和网格划分

模拟计算方法以及边界条件设置与 6.1 节相同。与亚临界循环流化床锅炉不同的是，超临界 CFB 锅炉水冷壁内工质的温度将沿着炉膛高度方向不断升高，这将会减弱气固对水冷壁面的传热，影响锅炉的蒸发吸热量。这是循环流化床锅炉参数达到超临界后与亚临界参数锅炉的不同点，在锅炉综合燃烧传热模型模拟计算处理中需要考虑。

满负荷运行情况下，锅炉的设计床温为 890℃，截面风速为 5m/s。给煤量和石灰石量分别为 265.3t/h 和 5.0t/h，设计钙硫比为 1.89。该锅炉的主要参数如表 6-2 所示。

表 6-2　350MW 循环流化床锅炉主要运行参数

参数	单位	数值	参数	单位	数值
过热蒸汽流量	t/h	1215	截面风速	m/s	5.0
过热蒸汽温度/压力	℃/MPa	571/25.5	二次风率	—	0.58
再热蒸汽进口温度/压力	℃/MPa	571/4.8	给煤量	t/h	265.3
给水温度	℃	288	石灰石量	t/h	4.7
设计床温	℃	915	钙硫比	—	1.89

图 6-11 给出了锅炉水冷壁面热流密度的分布情况。结果表明，热流密度随着炉膛高度的增加而减小。炉膛下部热流密度最大，在 $120kW/m^2$ 以上，炉膛上部最小，约为 $20kW/m^2$，平均热流密度约 $63.4kW/m^2$。同时，水冷壁面同一高度上，热流密度呈现中间高两边低的分布特性。这是由边角处气固温度相对较低，同时辐射也较弱造成的。

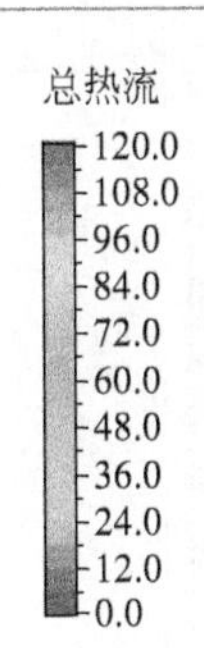

图 6-11
350MW 超临界 CFB 壁面热流密度分布（单位：kW/m^2）

图 6-12 给出了锅炉水冷壁面辐射热流密度的分布情况。可以看到，虽然炉膛温度沿轴向变化不大，但辐射热流密度同样随着炉膛高度的增加而减小。炉膛下部辐射热流密度最大，在 $90kW/m^2$ 左右，炉膛上部最小，约为

10kW/m²，平均辐射热流密度约 40.7kW/m²，占总热流密度的 64%。因此，炉内气固对受热面的辐射换热强度是与当地固相浓度或者截面固相浓度有关的，即采用大平面近似方式只适用于计算大尺度受热面的整体辐射传热系数，用于计算局部气固对受热面的传热系数是不够准确的。

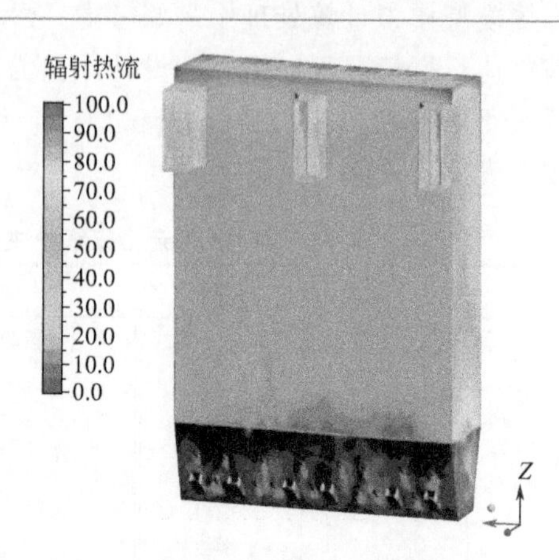

图 6-12
350MW 超临界 CFB 壁面辐射热流密度分布（单位：kW/m²）

图 6-13 是炉内高温过热器、中温过热器以及高温再热器表面的热流密度分布图。悬吊屏表面的热流密度同样随着高度的增加而逐渐增大，屏下部热流密度最大（约 85kW/m²），屏顶部由于附近气固温度较低最小（约 20kW/m²），平均热流密度约 43kW/m²。

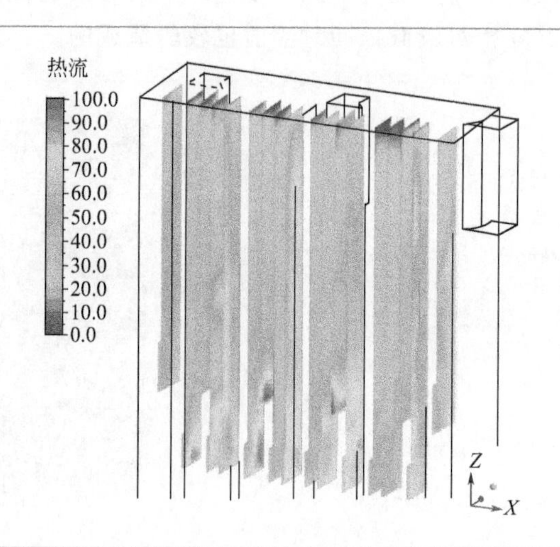

图 6-13
350MW 超临界 CFB 悬吊屏热流密度分布（单位：kW/m²）

无论是 330MW 亚临界 CFB 锅炉还是 350MW 超临界 CFB 锅炉，模拟结果都认为炉内受热面的传热特性受轴向固相浓度的影响较大，受热面下部的传热系数或热流密度大于上部表面。悬吊屏受热面，如高温过热器等，管内工质温度高，通常管壁金属的耐热余量较小。但其下端不仅受到高浓度颗粒的冲刷，还具有较大的传热系数，容易造成管壁磨损或超温等问题，影响锅炉安全运行。所以在锅炉设计时需要关注挂屏受热面下部的磨损及传热情况。

图 6-14 给出了锅炉水冷壁面传热系数的分布情况。与 330MW 亚临界 CFB 锅炉的结果类似，水冷壁面传热沿轴向逐渐减小，水冷壁下部传热系数可达 300W/(m^2 · K)，上部则为 90W/(m^2 · K) 左右。其主要原因一是水冷壁下部的固相浓度要高于上部，相应的对流换热系数也较大；二是越靠近炉顶，炉内气固温度越低，而管壁温度则越大，造成辐射换热大大降低。沿锅炉宽度或深度方向，传热系数呈现单峰的特性，在中间位置最高，而在边角较低。

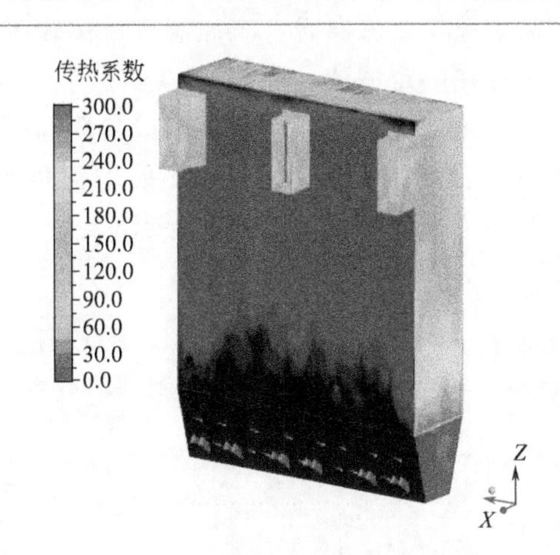

图 6-14
350MW 超临界 CFB 水冷壁传热系数分布 [单位：W/(m^2 · K)]

图 6-15 给出了炉内各个受热面的平均传热系数和热流密度。壁面热流密度的大小和传热系数的大小有较大的相关性，传热系数越大则热流密度越大。四周水冷墙的平均传热系数相差不大，在 180～190W/(m^2 · K) 之间，

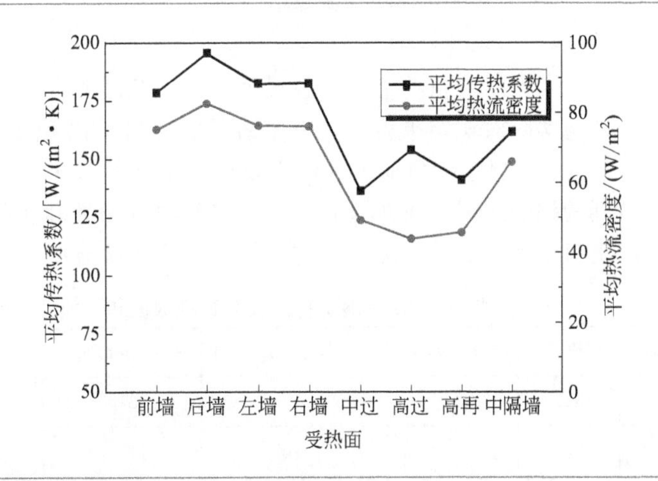

图 6-15
炉内各个受热面的平均传热系数和热流密度比较

平均为 185W/(m² · K)。但水冷中隔墙的传热系数要略低于四周水冷墙，平均传热系数为 166W/(m² · K)。而炉内挂屏受热面的传热系数普遍要低于水冷壁，折算到炉膛平均温度和壁面平均温度下，对应屏的整个传热面积时，传热系数大约为 143W/(m² · K)，原因主要是当地固相浓度较低。

在超临界运行状态下，锅炉水冷壁内的工质将由于吸热而不断升温，对水冷壁面的传热有一定影响。图 6-16 给出了 350MW 超临界 CFB 在满负荷运行下，前墙水冷壁工质温度的二维分布情况。可以看到，工质温度随着炉膛高度而逐渐增大。其中在稀相区下部和上部，工质由于比热容较小而温度升高较快；在中部则因进入拟临界区而具有较大的比热容，所以温度较为稳定。从炉膛宽度方向看，工质温度整体较为均匀，但由于不同位置吸热量的差别也存在一定的波动。图 6-17 给出了前墙水冷壁出口工质温度沿炉膛宽度方向的变化情况。可以看到，出口工质温度在水冷蒸发屏附近较低，在屏中间较高。前墙水冷壁出口工质平均温度约为 408℃，最大温度偏差约为 25℃，满足水冷壁运行的安全要求。

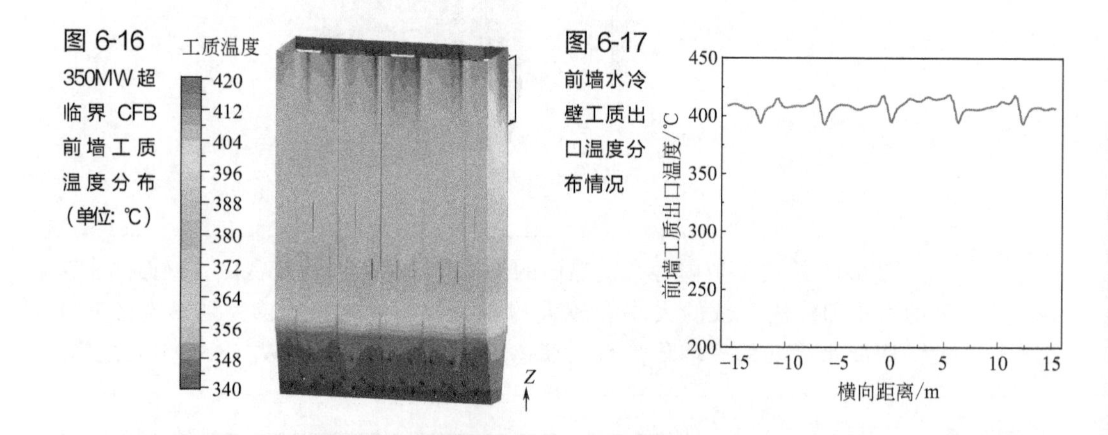

图 6-16 350MW 超临界 CFB 前墙工质温度分布（单位：℃）

图 6-17 前墙水冷壁工质出口温度分布情况

不同运行负荷下，炉膛温度、飞灰及底渣含碳量和氮硫氧化物排放的模拟与实际对比结果表明，模拟结果的数值范围和变化趋势与实际符合良好。表 6-3 给出了满负荷下锅炉主要运行指标的对比情况[3]。总体而言，模拟得到的锅炉床温、飞灰含碳量及出口氧浓度结果和实际数值相符较好，水冷壁出口温度略低于实际值，这与管内工质质量流率大小等相关。

表 6-3 锅炉满负荷时实际运行数值和模拟结果的对比

名称	床温/℃	飞灰含碳量/%	NO_x/(mg/m³)	SO_2/(mg/m³)	O_2/%	水冷壁出口汽温/℃
实际	922	1.12	36.8	219	3.0～4.1	416
模拟值	926	0.92	20.3	135.2	3.0	408

针对 350MW 超临界循环流化床锅炉的数值模拟结果表明，水冷壁面的热流密度随着炉膛高度的增加而减小，平均热流密度 63.4kW/m^2，其中辐射热流密度约占 64%。同一高度的水冷壁面热流密度分布呈现中间高两边低的特性；气固对受热面的辐射换热强度与当地固相浓度或者截面固相浓度有关。采用大平面近似方式适用于计算大尺度受热面的整体辐射传热系数，用于计算局部气固对受热面的传热系数不够准确；四周水冷壁的平均传热系数在 180～190W/(m^2 · K) 之间，水冷中隔墙的传热系数要略低于四周水冷壁，平均传热系数为 166W/(m^2 · K)，炉内悬吊屏受热面的平均传热系数约为 136W/(m^2 · K)。模拟结果表明，水冷壁受热面的横向热流密度分布具有不均匀性，合理安排并联管组不同位置工质的流动压降，使得高热流对应高流率，有助于降低出口工质温度的不均匀性。

6.3　600MW 超临界循环流化床锅炉

研究对象 600MW 超临界循环流化床锅炉见图 5-2 和图 5-3。

基于颗粒团更新传热模型编制程序针对 600MW 实炉炉膛受热面的传热系数进行了计算。传热模型计算需要的参数根据实炉设计参数设置，炉膛气固两相流对受热面的热量传递考虑了辐射和对流两项，炉膛温度为 890℃，受热面壁面温度数值取自锅炉热力计算结果。实炉炉膛受热面传热计算的模型主要参数设置见表 6-4。

表 6-4　600MW 实炉受热面传热计算的模型设置

选项	选用模型及参数值
计算模型	颗粒团更新模型
壁面流动数据来源	流场计算结果
流动数据截取距离	0.1m
传热系数组成	对流传热系数和辐射传热系数
炉膛温度	890℃
受热面壁温	依据锅炉热力计算结果
空气物性	密度=0.3038kg/m^3，比热容=1286J/(kg · K)，热导率=0.0783W/(m · K)
颗粒物性	密度=2400kg/m^3，比热容=962J/(kg · K)，热导率=0.2849W/(m · K)
颗粒团物性	密度=960kg/m^3，比热容=1156J/(kg · K)，热导率=0.1350W/(m · K)
最大堆积体积分数	0.6
壁面覆盖率系数	0.25
壁面气膜厚度系数	2.5
受热面壁面辐射率	0.6
颗粒表面辐射率	0.6

6.3.1 水冷壁传热系数分布

根据实炉的设计参数，炉膛温度为 890℃，水冷壁的工质入口温度为 337℃，出口温度为 413℃，壁面温度假设为管内工质温度加 30℃。本计算中，水冷壁壁温沿高度方向分布基于锅炉厂提供的参数进行。

图 6-18 为实炉典型工况下的水冷壁传热参数三维分布。图(a) 为颗粒团壁面覆盖率，它直接受固体颗粒浓度的影响，随床高增加而减小。在前后墙的悬吊屏正对的壁面区域，由于颗粒速度为正，因此壁面覆盖率为零。由于颗粒团的对流传热系数大于颗粒分散相的对流传热系数，壁面覆盖率沿床高下降使得炉膛上部的颗粒团对流传热系数所占比例减小，因而对流传热系数沿床高减小，如图(b) 所示。辐射传热系数的分布与对流传热系数相反，它随床高增加而增大，如图(c) 所示。这是由两个原因引起的：一是床中颗粒分散相的辐射传热系数要大于颗粒团的辐射传热系数，沿床高增加，更多的受热面表面暴露在颗粒分散相中，因此辐射传热系数增大；二是由于壁面温度沿床高升高，基于辐射计算公式，壁温越高辐射传热系数越大。对流传热系数和辐射传热系数综合起来的结果是总传热系数，随床高增加而减小，如图(d) 所示。

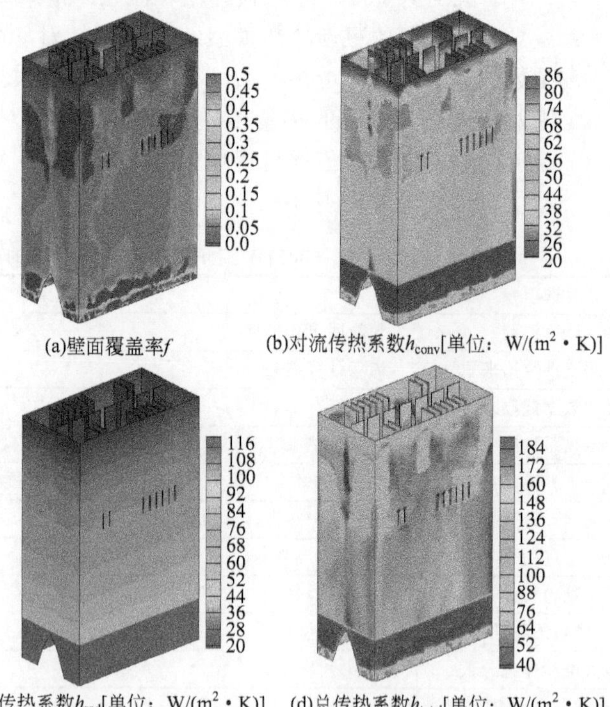

(a)壁面覆盖率f　(b)对流传热系数h_{conv}[单位：W/(m^2・K)]

(c)辐射传热系数h_{rad}[单位：W/(m^2・K)]　(d)总传热系数h_{total}[单位：W/(m^2・K)]

图 6-18 实炉水冷壁传热特性参数三维分布

炉膛水冷壁的拐点高度（9.4m）以下敷设了浇注料，传热系数有降低，实际传热系数的降低幅度与浇注料厚度有关。根据经验，计算中锅炉浇注料壁面的传热系数取理论计算值的 0.3 倍。因此，图 6-18 中的传热系数分布在炉膛拐点处存在分界线，炉膛下部传热系数较小。

提取前墙的壁面覆盖率、传热分量的轴向分布平均值，可以更加清楚地了解其组成，见图 6-19。壁面覆盖率除了密相区的波动较大以外，稀相区比较平稳，数值均在 0.1 以下，且在悬吊屏开始处（$Z=33$m 高度）出现下降区。这一壁面覆盖率的下降导致了传热系数的下降。同时，从图中可以看出炉膛稀相区的各项传热系数大致范围为：对流传热系数为 30～90W/(m^2 · K)，辐射传热系数为 95～120W/(m^2 · K)，总传热系数为 130～190W/(m^2 · K)。

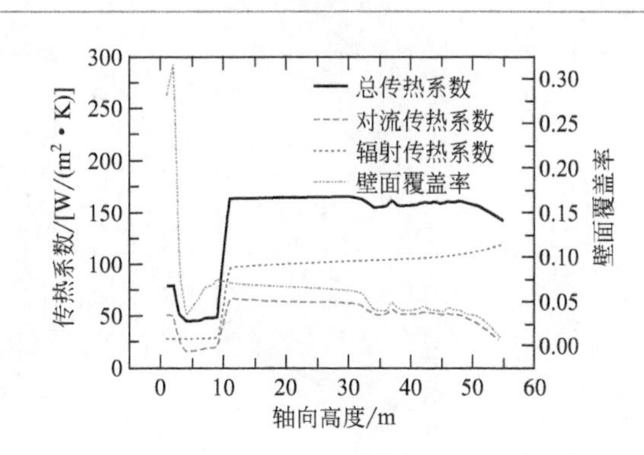

图 6-19
实炉水冷壁传热特性参数的轴向分布

图 6-20 给出了空截面气速对水冷壁传热系数的影响，对比图 5-11 可以从两个方面分析空截面气速的影响。一方面，空截面气速增加使稀相区水冷壁壁面颗粒浓度增大，相应地壁面覆盖率增大，对流传热系数随之增大；另一方面，颗粒团贴壁下滑速度随空截面气速增加而减小，颗粒团在壁面上的停留时间增加，因此颗粒团的瞬态导热热阻增大，对流传热系数减小。这里两方面因素综合作用的结果是，总传热系数随空截面气速增加而增大，这说明颗粒浓度变化对传热系数的影响占主导地位。类似的其他参数（如二次风率、静止床料高度和平均粒径）影响规律的分析结果与空截面气速一致，均说明颗粒浓度是影响传热系数的主要因素。

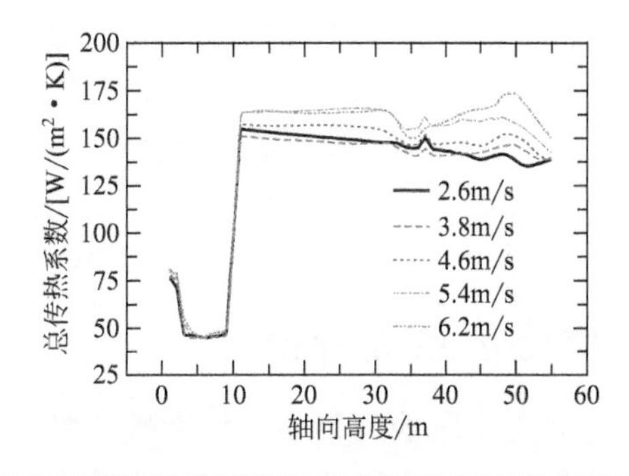

图 6-20
空截面气速对实炉水冷壁总传热系数轴向分布的影响

图 6-21 给出了研究对象锅炉炉膛四面水冷壁的热流密度三维分布。从图中可以看出，热流密度随床高升高而减小，炉膛上部稀相区的热流密度为 70～100kW/m^2 左右。底部密相区由于加设了浇注料，其热流密度约为 25kW/m^2。图 6-22 为 Alstom 公司[4] 和 Foster Wheeler 公司[5] 计算得到的 CFB 锅炉的热流分布。可见其热流密度结果与计算结果基本一致。

图 6-21
实炉水冷壁热流密度三维分布（单位：W/m^2）

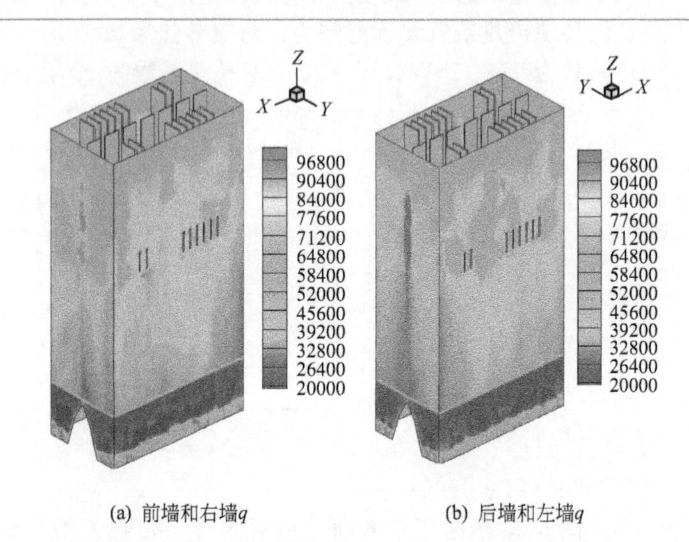

图 6-22
国外公司的 CFB 锅炉炉膛水冷壁热流密度分布

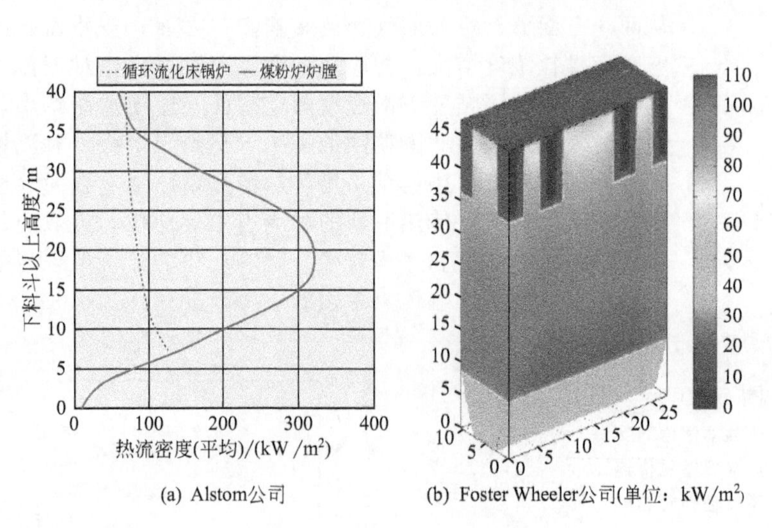

6.3.2 中隔墙传热系数分布

图 6-23 为中隔墙的传热特性参数三维分布。可见其颗粒团壁面覆盖率分布比较均匀，由于在某些墙面的顶部会出现贴壁颗粒团被破坏的现象，

因此偶尔会有壁面覆盖率为零的区域。对流传热系数随床高增加而减小，辐射传热系数相反，随床高增加而增大，总传热系数也是随床高增加而减小。

图 6-23
实炉中隔墙传热特性参数三维分布

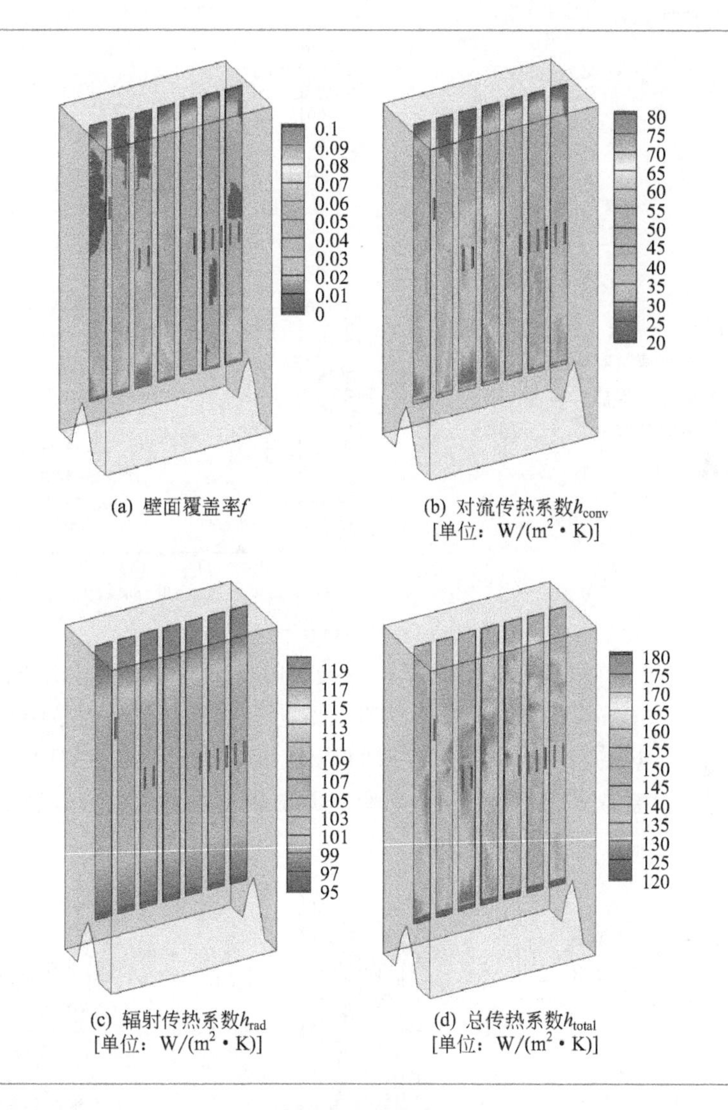

截取4#中隔墙（图5-3）的右侧壁面，其传热参数的轴向一维分布见图6-24，对流传热系数范围为60W/(m^2·K)左右，辐射传热系数范围为96～108W/(m^2·K)，总传热系数为150～170W/(m^2·K)左右。图6-25显示了空截面气速对中隔墙传热系数的影响。可见空截面气速的增加会使中隔墙的传热系数增大，但是在图中6.2m/s的气速下，由于贴壁颗粒团被破坏的面积较多，因此上部的传热系数有波动。

图 6-24
实炉中隔墙传热特性参数的轴向分布

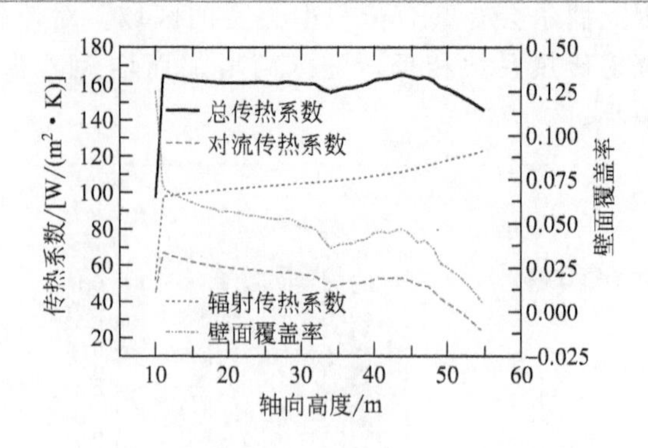

图 6-25
空截面气速对实炉中隔墙总传热系数轴向分布的影响

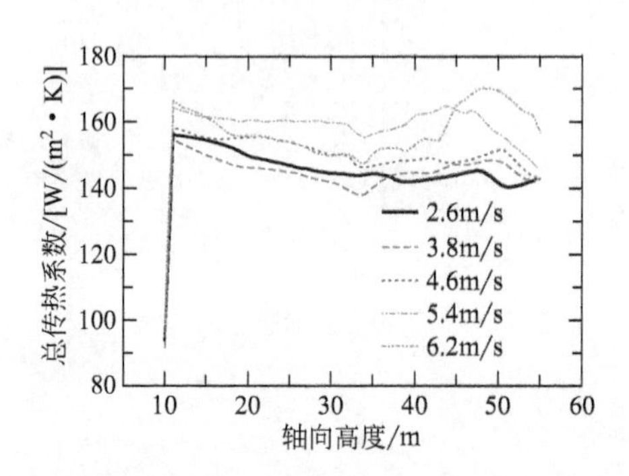

图 6-26 为计算锅炉中隔墙的热流密度分布。由于公开文献中没有流化床中隔墙的热流数据，因此无法进行对比。但从模拟结果来看，中隔墙的单面热流密度略小于水冷壁的热流密度，约为 60～90kW/m^2。由于两者的传热系数差别不大，因此较低的热流密度主要是由较低的传热温差引起的。

图 6-26
实炉中隔墙热流密度三维分布（单位：W/m^2）

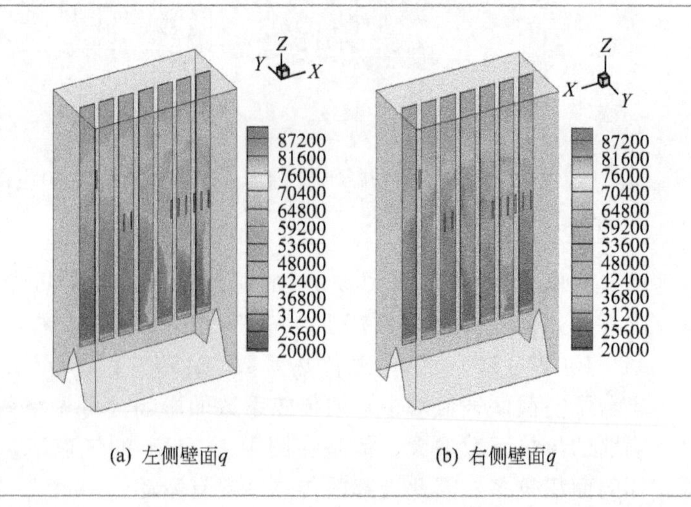

(a) 左侧壁面q　(b) 右侧壁面q

6.3.3 悬吊屏传热系数分布

模拟计算中，设定悬吊屏壁温沿高度方向是线性分布的。如 5.1.1 小节（4）所述，悬吊屏的颗粒速度基本上是正向的，壁面基本没有贴壁下滑的颗粒团，因此其颗粒团壁面覆盖率大部分面积为零，见图 6-27(a)。由于壁面覆盖率基本为零，使得悬吊屏壁面的对流传热系数主要由颗粒分散相的对流传热系数组成，因此整体较小，大约为 38W/(m^2 · K)，见图 6-27(b)。由于悬吊屏为过热器，其工质温度较高，因此其辐射传热系数较大，范围为 120～130W/(m^2 · K)，见图 6-27(c)。与冷态试验的模拟和试验结果不同的是，悬吊屏的总传热系数呈中间高两端低的分布，范围大致在 155W/(m^2 · K) 左右，见图 6-27(d)。

图 6-27
实炉悬吊屏传热特性参数三维分布

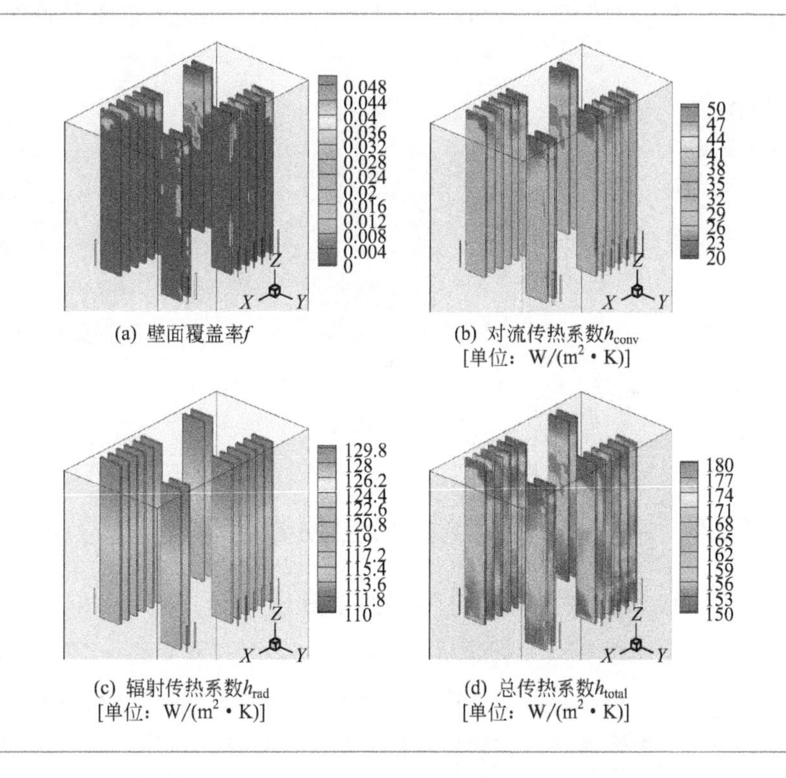

将每一片悬吊屏两个壁面的传热系数取平均，得到了不同位置的悬吊屏传热系数分布，如图 6-28 所示。虽然不同位置悬吊屏的传热系数有所不同，但是总体上处于 150～160W/(m^2 · K) 之间。其中 7$^\#$ 悬吊屏靠近中间烟窗的壁面，其传热系数较大，达到了 160W/(m^2 · K)，这是由 7$^\#$ 悬吊屏（图 5-3）顶部位置出现的颗粒团引起的［图 6-27(a)］。空截面气速增大会使悬吊屏的传热系数增大，整体分布受空截面气速的影响较小，见图 6-29。

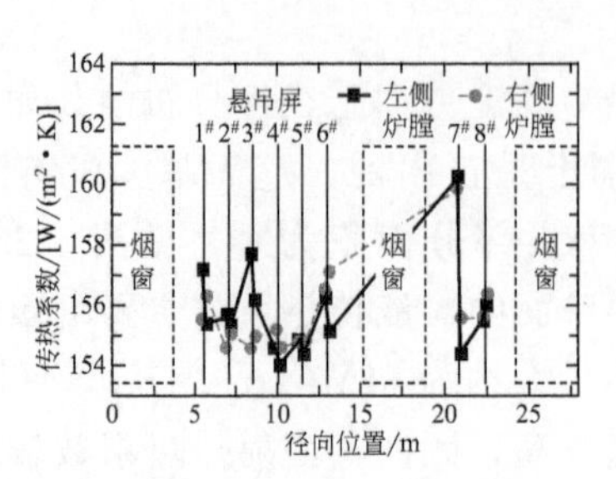

图 6-28 实炉不同位置悬吊屏的平均传热系数

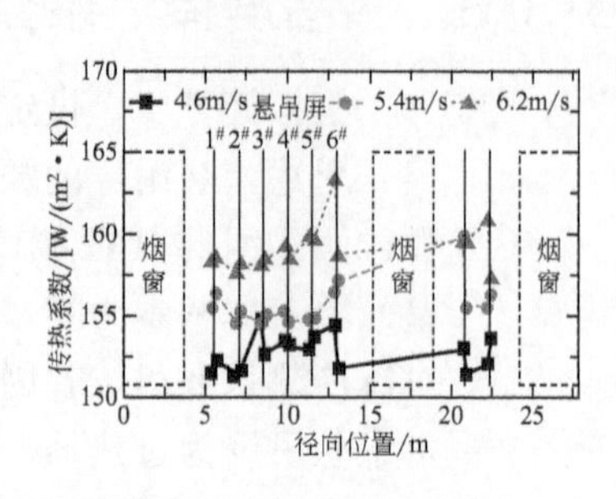

图 6-29 空截面气速对实炉不同位置悬吊屏平均传热系数的影响

图 6-30 为计算锅炉悬吊屏的热流密度分布。从分布上看，悬吊屏的热流密度随高度增加而减小。从数值上看，热流密度整体较小，约为 $55kW/m^2$。较小的传热系数和较低的传热温差是引起热流密度较低的主要原因。

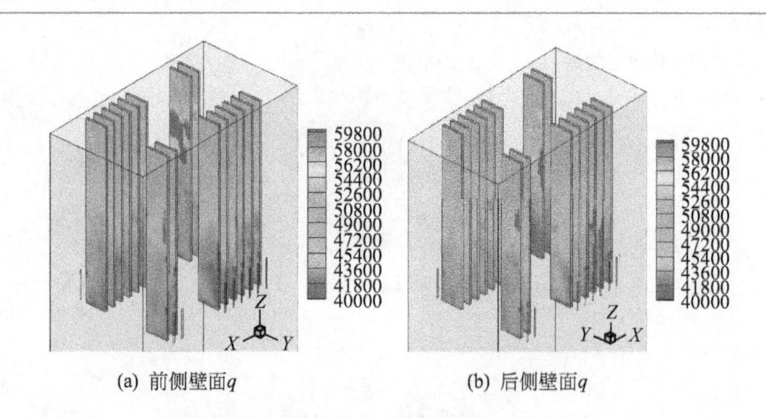

图 6-30 实炉悬吊屏热流密度三维分布（单位：W/m^2）

6.3.4 锅炉炉膛受热面传热系数影响因素讨论

6.3.4.1 床温和壁温对传热系数的影响

图 6-31 是床温 T_b 分别为 850℃、890℃和 950℃的水冷壁总传热系数分布。可见床温增加传热系数增大。根据传热模型机理分析，床温变化从根本上影响循环流化床炉膛中受热面的传热。首先，床温影响了气固两相以及由此构成的颗粒团相的热物性参数，包括密度、比热容、运动黏度、动力黏度等，从而对对流传热系数造成影响。此外，从辐射传热的计算公式可知，辐射传热系数直接与床温相关。因此，总传热系数随床温的升高而增大。如图 6-31中床温由 850℃升高到 950℃的过程，炉膛水冷壁稀相区的传热系数增加了约 $20W/(m^2 \cdot K)$。

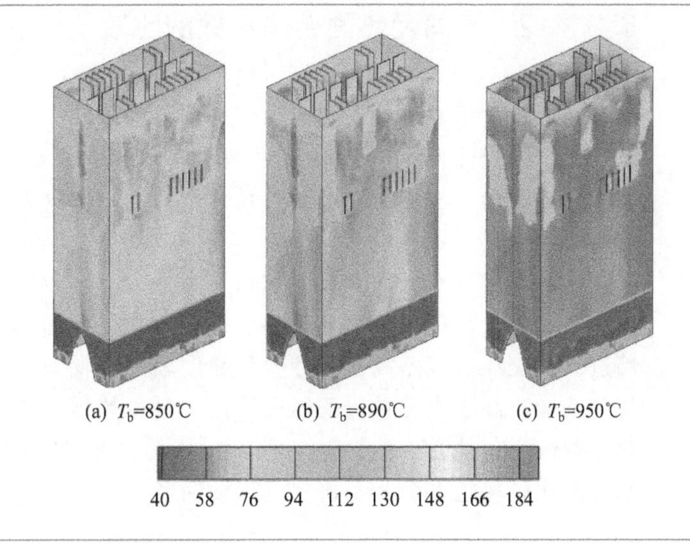

(a) T_b=850℃　(b) T_b=890℃　(c) T_b=950℃

图 6-31
床温对实炉水冷壁总传热系数 h_{total} 的影响［单位：W/（m^2·K）］

当床温不变时，受热面壁温的变化同样会对传热系数产生影响。如图 6-32 为水冷壁温度分别为 350℃、400℃、450℃的传热系数结果，其水冷壁壁面的温度假设为均一分布。由于模型假设受热面壁面的气膜温度为炉膛温度与壁面温度的平均值，因此壁温的增加将使受热面的气膜温度增加，从而使对流传热系数增大。同时，辐射传热系数也随壁温增加而有较大的增加，因此总传热系数随壁温增加而增大。

壁温的这种影响在受热面辐射传热系数的轴向分布上可以得到体现，如图 6-18(c)、图 6-23(c) 和图 6-27(c)，辐射传热系数沿床高增加的趋势主要源于受热面壁温的增加。

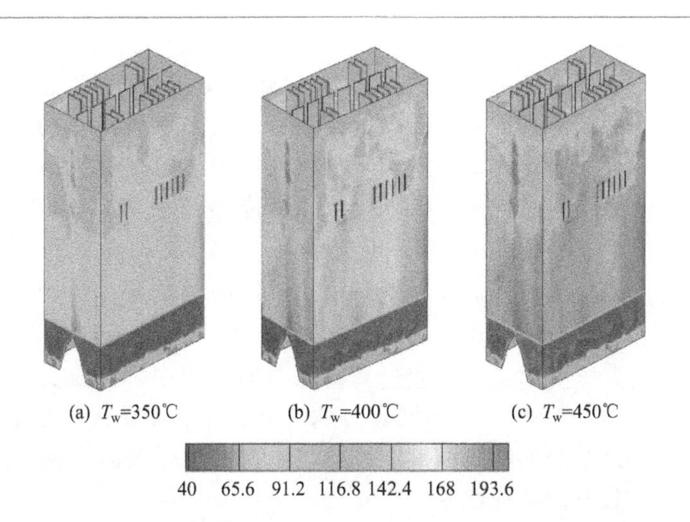

(a) T_w=350℃　(b) T_w=400℃　(c) T_w=450℃

图 6-32
壁温对实炉水冷壁总传热系数 h_{total} 的影响［单位：W/（m^2·K）］

6.3.4.2 不同受热面传热系数的比较

在5.1.1和6.3小节分别讨论了水冷壁、中隔墙和悬吊屏的流动情况与传热情况，这里对不同受热面的传热系数进行比较分析。图6-33给出了典型工况下不同受热面的对流传热系数、辐射传热系数和总传热系数的三维比较。可以看出，虽然对于总传热系数不同受热面的差别不大，但是三者的对流和辐射传热系数存在较大差别。对于对流传热系数，中隔墙略小于水冷壁，而悬吊屏则小于前两者，这与悬吊屏表面颗粒浓度较低、下滑颗粒团较少有关。对于辐射传热系数，辐射传热系数与壁面温度直接相关，由于中隔墙进出口工质温度略高于水冷壁且长度较水冷壁短，因此相同高度处其辐射传热系数略高于水冷壁，而悬吊屏由于是过热器，较高的壁温导致其辐射传热系数高于其他受热面。对于图6-33中的典型工况，总传热系数为中隔墙与水冷壁比较接近，而悬吊屏略低于前两者。

图 6-33
实炉不同受热面的传热系数三维比较 [单位：W/（m²·K）]

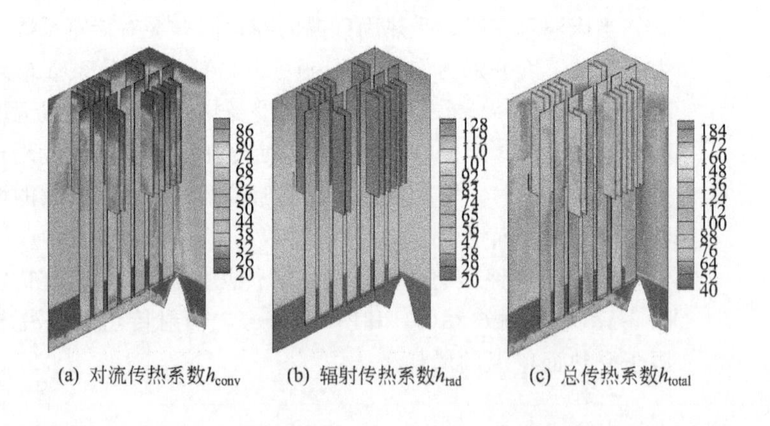

(a) 对流传热系数h_{conv}　(b) 辐射传热系数h_{rad}　(c) 总传热系数h_{total}

不过，不同受热面的传热系数差别并非是一种受热面的固有特性，造成这种差别的重要原因之一是受热面壁面上的气固流动。可以认为，受热面在炉内的布置位置和形式与炉内的气固流动结构共同决定受热面的传热性能。讨论不同受热面的传热系数差别需要联系锅炉的运行状态。600MW超临界循环流化床锅炉BMCR工况的设计运行风速是5.4m/s，按照一般循环流化床锅炉变工况时的风量调节比例，计算模拟了从最低稳燃工况（2.6m/s）到最大连续出力（6.2m/s）之间的5个不同运行风速。需要说明的是，在改变运行风速的过程中，假设受热面壁面温度不变化。如图6-34所示为不同运行风速下的受热面总传热系数比较。图中总传热系数是受热面在该高度的平均值，例如中隔墙曲线是7片中隔墙14个壁面所有数据的平均结果。

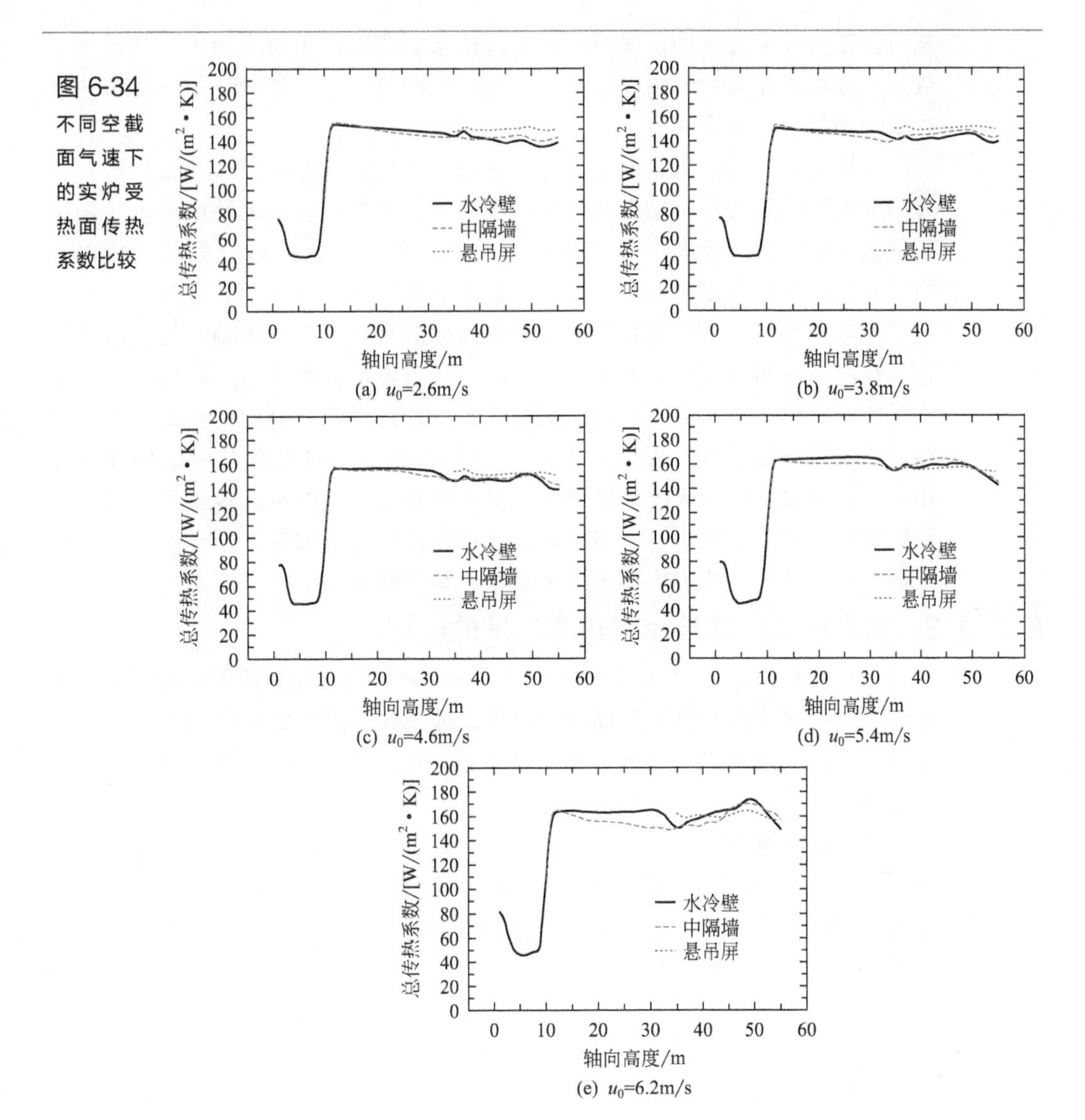

图 6-34 不同空截面气速下的实炉受热面传热系数比较

(a) u_0=2.6m/s

(b) u_0=3.8m/s

(c) u_0=4.6m/s

(d) u_0=5.4m/s

(e) u_0=6.2m/s

由图 6-34 可见，各受热面的传热系数受运行工况影响较大。中隔墙的传热系数与水冷壁比较接近，略小于水冷壁。在空截面气速小于 4.6m/s 时，悬吊屏的传热系数大于中隔墙和水冷壁。随着空截面气速的增加，悬吊屏与其他受热面的传热系数差距减小。当空截面气速大于 5.4m/s 时，悬吊屏的传热系数小于中隔墙和水冷壁的传热系数。传热系数曲线的形状解释了这个变化过程，水冷壁和中隔墙的传热系数曲线为随床高增加而下降，其下降的斜率在低风速下较大；当空截面气速提高时，传热系数曲线的斜率逐渐减小，水冷壁和中隔墙稀相区的传热系数随运行风速的提高有很大的增加。而悬吊屏长度较小且悬挂位置较高，其传热系数曲线整体较为平坦，其传热系数随风速提高而增加的幅度较小。因此，空截面气速较高时悬吊屏的传热系数低于中隔墙和水冷壁。

从锅炉炉膛气固流场的角度分析可进一步理解。空截面气速较低时，炉膛内的固体颗粒大量聚集在密相区，而稀相区的颗粒较少，贴壁的颗粒团壁面覆盖率也较低。此时炉膛内悬吊屏受热面的传热以颗粒分散相的传热为主，对流传热所占比例很小。因此，悬吊屏由于较高的壁温具有较大的辐射传热系数，使得其总传热系数大于相应高度的水冷壁和中隔墙。当空截面气速提高时，稀相区颗粒浓度增大，壁面的颗粒团覆盖率增加，因此水冷壁和中隔墙的对流传热系数得到较大提高，使得总传热系数有较大提高。而悬吊屏由于其壁面几乎没有贴壁颗粒团，传热过程几乎只有颗粒分散相在起作用，虽然分散相颗粒浓度也在增加，但是颗粒分散相的对流传热系数相比颗粒团的对流传热系数要小得多，因此总传热系数的增加速率小于水冷壁和中隔墙，最终悬吊屏的传热系数小于水冷壁和中隔墙。

6.3.4.3 循环床悬吊屏与煤粉炉悬吊屏的比较

5.1.1(4) 和 6.3.3 小节分别讨论了 600MW 循环流化床锅炉悬吊屏的流动和传热情况，本小节基于煤粉锅炉屏式过热器传热系数的计算方法[6]进行比较。煤粉炉的屏式受热面传热系数也由对流传热系数 α_d 和辐射传热系数 α_f 组成。

对于研究对象锅炉的屏式受热面布置形式，虽然在炉膛出口处有小部分面积烟气为横向冲刷悬吊屏，但是就悬吊屏整体来说更加倾向于纵向冲刷管束的对流换热形式。纵向冲刷管束的对流传热系数 α_d 可以按公式计算或查图 6-35。计算公式如下：

$$\alpha_d = 0.023\frac{\lambda}{d_{dl}}\left(\frac{wd_{dl}}{\nu}\right)^{0.8} Pr^{0.4} C_t C_l \tag{6-1}$$

式中，λ 为烟气热导率，W/(m·K)；w 为烟气速度，5.4m/s；ν 为烟气的运动黏度，m^2/s；Pr 为烟气普朗特数；C_t 和 C_l 分别为考虑管壁与流体温度差别的影响系数和管子相对长度的校正系数，可以从图 6-35 中查取；d_{dl}为受热面通道当量直径，可由 $d_{dl}=\frac{4F}{U}$计算。其中 F 为通道截面面积，m^2；U 为通道截面的周长，m。烟气在管外纵向冲刷时，$F=ab-\frac{1}{4}z\pi d^2$，$U=2(a+b)+z\pi d$。其中 a 和 b 分别为炉膛的长度和宽度，分别为 27.9m 和 15.03m；d 为管子外径，为 50.8mm；z 为管子数量，总共为 864 根。

图 6-35 煤粉炉纵向冲刷管束的对流传热系数

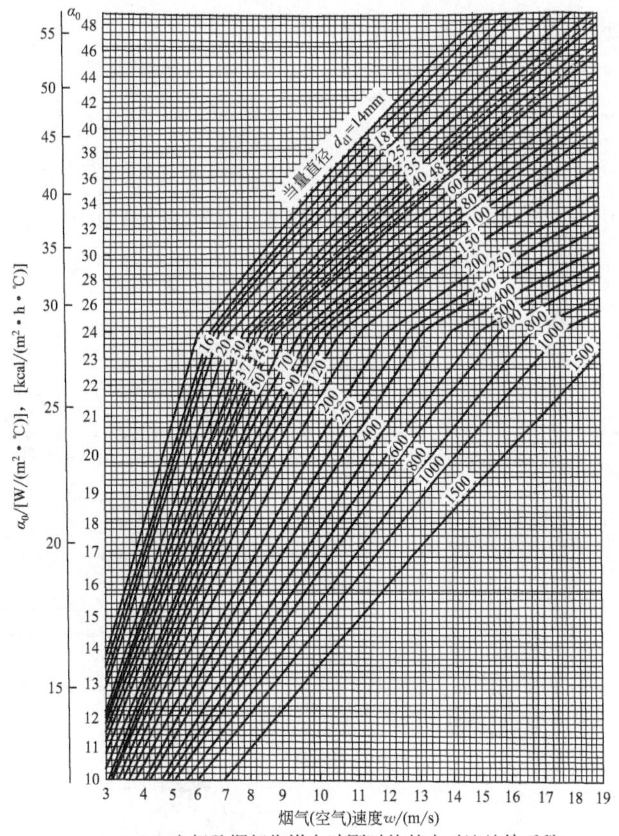

(a) 空气及烟气作纵向冲刷时的基本对流放热系数α_0

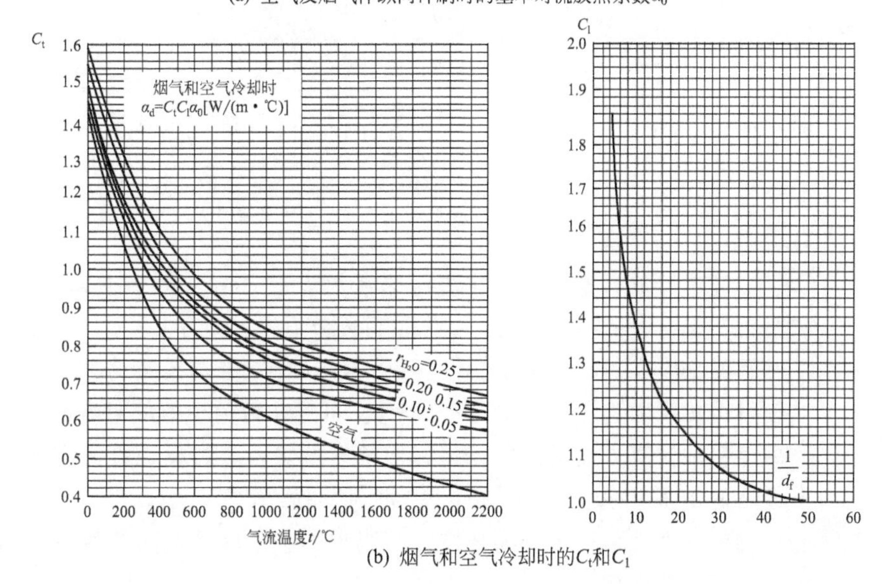

(b) 烟气和空气冷却时的C_t和C_l

辐射传热系数 α_f 采用煤粉炉含粉气流的辐射传热系数计算方法，可以根据公式计算或由图 6-36 查得。计算公式如下：

$$\alpha_f = 5.7\times10^{-8}\frac{\alpha_b+1}{2}\alpha T^3\frac{1-\left(\frac{T_b}{T}\right)^4}{1-\left(\frac{T_b}{T}\right)} \tag{6-2}$$

式中，α_b 为管壁灰污黑度，为了与模拟计算相同，取 0.6；α 为烟气黑度，为 0.83；T 为烟气绝对温度，为 1163K；T_b 为管壁灰污层绝对温度，取 843K。

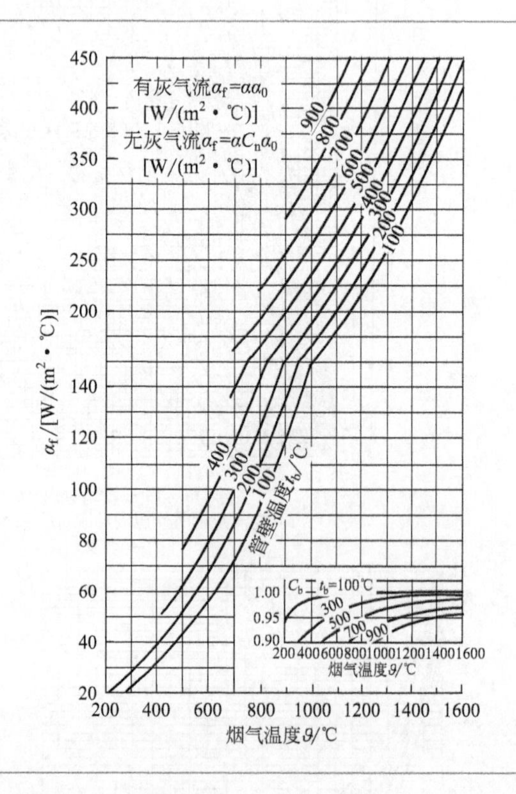

图 6-36
含粉气流与不含粉气流的烟气辐射传热系数

经过计算，悬吊屏的对流传热系数为 13.3W/(m²·K)，辐射传热系数为 155.5W/(m²·K)，因此总传热系数为 168.3W/(m²·K)。而数值模拟中的悬吊屏总传热系数为 155.8W/(m²·K)，对流传热系数为 31.1W/(m²·K)，辐射传热系数为 124.7W/(m²·K)。可见，数值模拟的对流传热系数高于采用煤粉炉计算方法得到的结果，而辐射传热系数相反，数值模拟的总传热系数略低于采用煤粉炉计算方法得到的总传热系数，两者的相对偏差为 7.43%。由此可知大型循环流化床锅炉的悬吊屏受热面传热系数与煤粉炉的悬吊屏受热面比较接近。

针对600MW超临界循环流化床锅炉的数值模拟计算表明：①实炉水冷壁壁面颗粒团覆盖率随床高增加而减小，使得对流传热系数随床高增加而减小。由于受热面壁温和颗粒团覆盖率两方面的影响，辐射传热系数随床高增加而增大。水冷壁的总传热系数随床高增加而减小，平均传热系数为130～190W/(m^2·K)。水冷壁稀相区的热流密度为70～100kW/m^2，其分布与相关文献结果基本一致。②实炉中隔墙的对流传热系数随床高增加而减小，辐射传热系数随床高增加而增大，总传热系数也随床高增加而减小，总传热系数为150～170W/(m^2·K)。中隔墙的单面热流密度略小于水冷壁的热流密度，约为60～90kW/m^2。③实炉悬吊屏由于壁面基本不存在下滑颗粒团，其传热以颗粒分散相传热为主，因此对流传热系数较小。但是作为过热器，其壁面温度较高，辐射传热系数较大。不同位置悬吊屏的传热系数有所不同，总体为150～160W/(m^2·K)。悬吊屏的热流密度较小，约为55kW/m^2。④大型循环流化床锅炉悬吊屏受热面的传热系数与煤粉炉悬吊屏受热面比较接近，例算中计算得到的悬吊屏传热系数略低于采用煤粉炉悬吊屏传热系数计算方法得到的结果，两者的相对偏差为7.43%。

6.4 水冷壁防磨梁设置对传热的影响

循环流化床锅炉中，有采取在受热面表面安装多级防磨梁的方法，以此来阻断固体颗粒的连续下降流动，减缓下降速度，达到防止锅炉水冷壁磨损的目的[7]。防磨梁在水冷壁上将覆盖整个水冷壁面积的2.5%～4%。

但是，由于受热面表面设置了防磨梁，其气固流场受到影响，而传热系数在很大程度上取决于受热面上的气固流动特性。因此，一些经过增设防磨梁改造后的锅炉在运行中出现了如炉温升高或废气排放等问题[8,9]。

为此，以某330MW CFB锅炉为例，基于双流体TFM和EMMS模型计算得到炉膛气固流场数值模拟结果。在此基础上，应用颗粒团更新模型研究防磨梁对传热的影响。

330MW CFB锅炉的截面为9.8m×30.2m，炉膛高度为40.4m，如图6-37所示。炉内布置有L形屏，包括再热器和过热器。二次风分二级布置在炉膛底部区域，三个出口沿后墙不对称布置，分别对应三个旋风分离器。根据锅炉设置防磨梁的改造方案，沿膜式水冷壁高度设置8层防磨梁。梁的材料为浇注料，其热导率约为0.7W/(m·K)。

锅炉模拟计算工况为BMCR，主要参数如表6-5所示。

表6-5　330MW循环流化床锅炉基本参数

参数	单位	数值	参数	单位	数值
炉膛截面	m	30.2×9.8	二次风比	%	56
炉膛高度	m	40.4	初始床料量	m	0.85
锥形段高度	m	9.7	炉膛温度	℃	900
颗粒直径	μm	250	壁面温度	℃	410
空截面速度	m/s	4.5			

气固流场模拟计算基于双流体TFM和EMMS曳力模型进行。采用RNG k-ε 模型描述气相湍流，颗粒流动力学理论对固相流进行模拟。炉膛出口物料通过用户定义函数（UDF）返回炉膛。假定炉膛温度均匀。

CFB锅炉炉膛中，壁面换热包括颗粒团和分散相的对流换热与辐射换热[10]。由于固体颗粒聚集在防磨梁上方形成软着陆区[11]，在这个区域，热量不能直接从炉膛传递到水冷壁，如图6-38所示。软着陆区域对壁面的覆盖面积与颗粒堆积角有关，模拟计算中的取值约为30°。以防磨梁和软着陆区为热阻，可计算实际传热系数：

$$h_{\text{total}}=\begin{cases}(\delta/\lambda+1/h_{\text{wall}})^{-1} & \text{防磨梁与软着陆区}\\ h_{\text{wall}} & \text{其他区域}\end{cases}$$

式中，λ 为防磨梁或软着陆区的热导率；δ 为防磨梁或软着陆区的局部厚度。

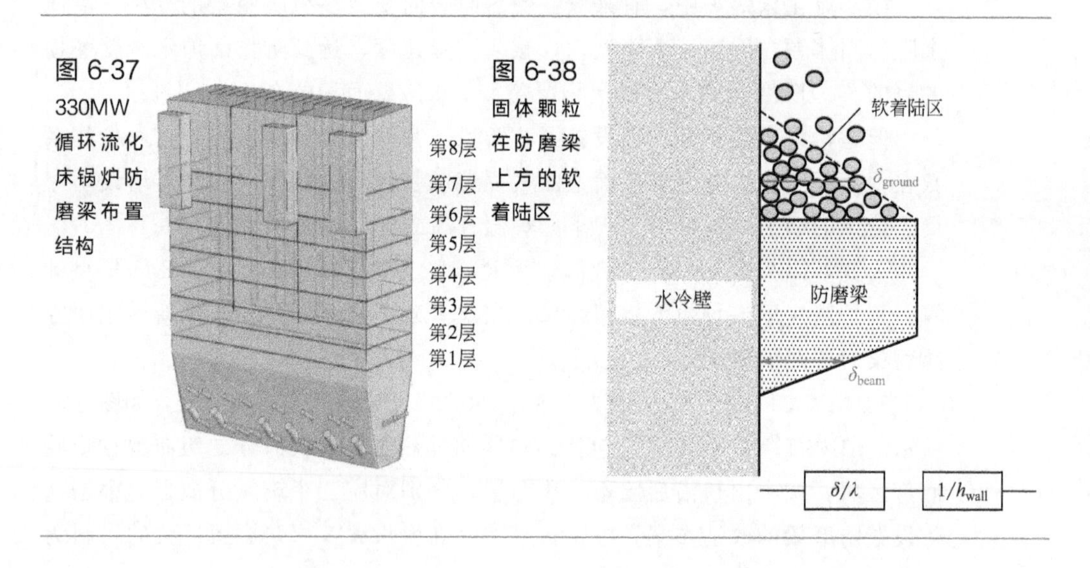

图6-37　330MW循环流化床锅炉防磨梁布置结构

图6-38　固体颗粒在防磨梁上方的软着陆区

6.4.1 气固流场

图 6-39、图 6-40 为水冷壁上的固体颗粒浓度和轴向速度分布图。多级防磨梁安装后，固相在壁上的下降流动是不连续的。固体颗粒浓度从上到下逐渐增大，而其轴向速度逐渐减小。这意味着两两防磨梁之间会出现小的下降流。在防磨梁上方，固体颗粒堆积构成软着陆地区。不过，固相浓度在水冷壁宽度上的分布不均匀。

图 6-39
水冷壁固体颗粒浓度三维分布

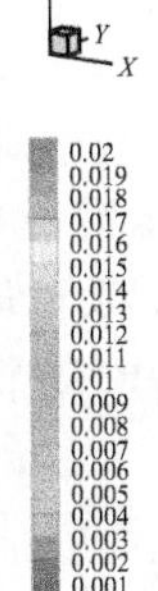

图 6-40
固体颗粒轴向速度在水冷壁上的三维分布（单位：m/s）

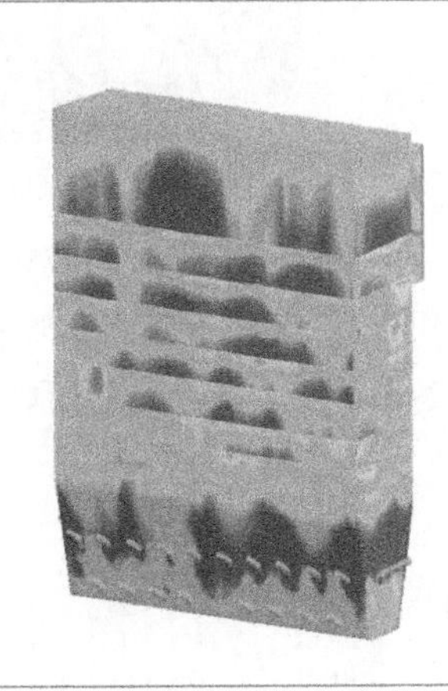

6.4.2 传热系数与热流分布

图 6-41 和图 6-42 为水冷壁的传热系数和热流密度分布。由于计算对象锅炉是亚临界参数，设定水冷壁壁温和炉膛温度不变，因此热流分布（图 6-42）与传热系数分布（图 6-41）是相同的，只是数值不同。在耐火材料上方，它们都沿炉膛高度下降，也随着相邻防磨梁间距高度的增加而减小。耐火材料上方的平均热流密度约为 74.8W/m^2，与 300MW 循环流化床锅炉[12] 的实测值接近。热流密度的最大值出现在前后壁面的锥段处，这是因为锥段上方的下降固体颗粒流和锥段下方的上升固体颗粒流在这个区域形成了高浓度固体颗粒流。防磨梁上方传热系数较高，由于防磨梁及固体颗粒软着陆区域的热阻，防磨梁位置的传热系数要低得多。

图 6-43 为前墙水冷壁设置与未设置防磨梁时的传热系数分布图。从图中可见，未设置防磨梁时，传热系数的数值范围是 135～180W/(m^2·K)。安装防磨梁后，平均传热系数从无防磨梁时的 153.1W/(m^2·K) 降低到了 144.2W/(m^2·K)。说明安装防磨梁后，炉膛与壁面间的传热下降，降幅约为 5.5%。

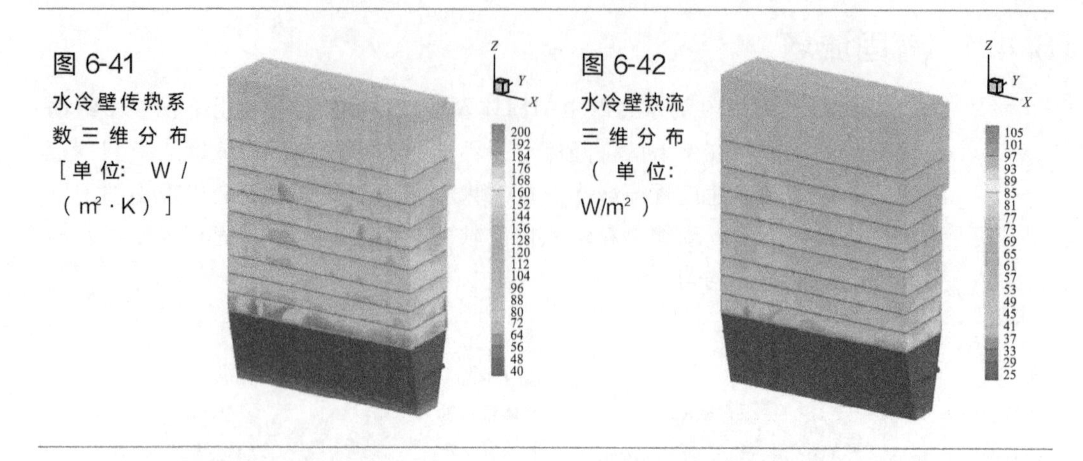

图 6-41 水冷壁传热系数三维分布［单位：W/（m²·K）］

图 6-42 水冷壁热流三维分布（单位：W/m²）

图 6-44 为有、无防磨梁时前墙水冷壁的固相体积分数分布。可以看出，贴壁下滑的部分固体颗粒被防磨梁阻断了向炉膛中部的流动，并被输送到炉膛顶部。因此，在炉膛上部，带有防磨梁的情况其固体颗粒浓度较高。

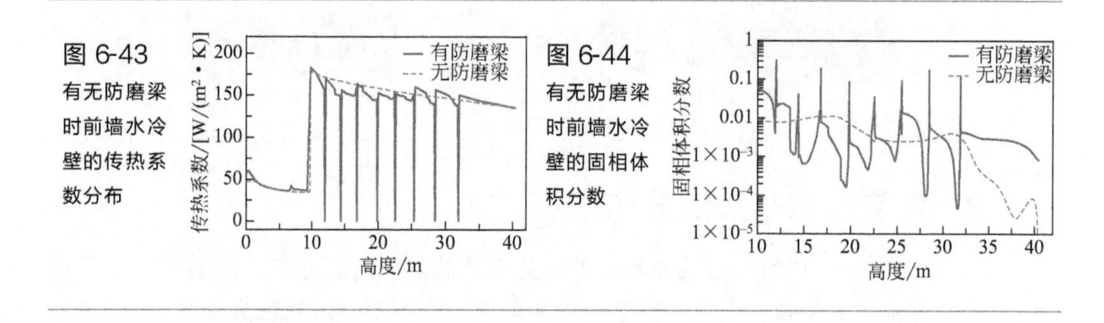

图 6-43 有无防磨梁时前墙水冷壁的传热系数分布

图 6-44 有无防磨梁时前墙水冷壁的固相体积分数

6.4.3 对炉膛温度的影响

炉膛水冷壁安装防磨梁后，壁面的传热系数和传热面积减小，由此引起炉膛温度或烟气温度的升高。

炉膛的吸热通常取决于传热系数、面积和温差。由于假定炉膛和炉壁温度不变，因此影响炉膛吸热的主要因素有：①炉膛壁面上固体颗粒浓度降低导致平均传热系数降低；②由于防磨梁在水冷壁表面的覆盖和固体颗粒在其上方的软着陆地区，有效传热面积较小。有防磨梁时水冷壁的平均换热系数为 149.6W/(m^2·K)，比无防磨梁水冷壁的平均换热系数约低 2.3%。同时，防磨梁及其软着陆区的覆盖面积占水冷壁面总有效传热面积的 3.5%。说明这两个因素对炉膛吸热有密切的影响。

由此，水冷壁设置防磨梁后炉膛温度升高。图 6-45 比较了不同循环流化床锅炉的炉温随防磨梁设置数量的变化情况[9,13,14]。模拟结果表明，炉膛温度的升高与防磨梁数量有关，安装 8 根防磨梁后，炉温可提高 30℃，这与实际运行数据吻合较好。与运行数据不一致的原因可以归结为给煤量、风量、锅炉负荷等因素的不同。

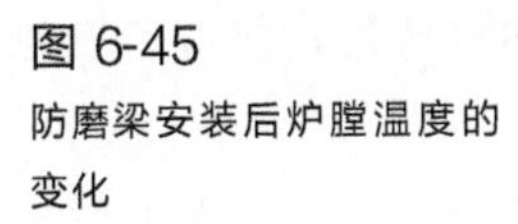

图 6-45
防磨梁安装后炉膛温度的变化

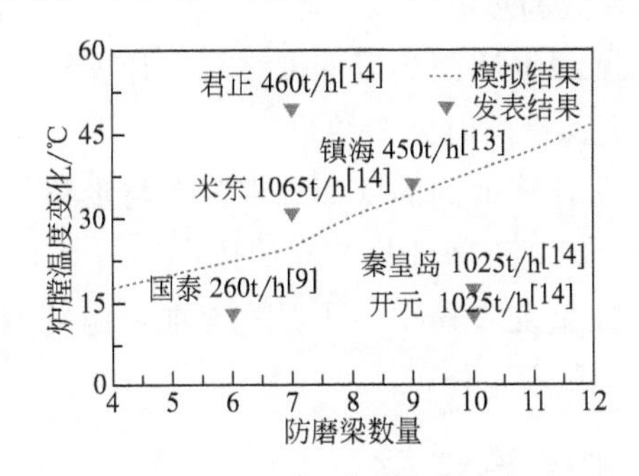

6.5　1000MW 超临界环形炉膛循环流化床锅炉

模拟对象 1000MW 超临界循环流化床环形炉膛锅炉的结构、主要结构参数、计算网格划分处理和计算工况见 5.1.3 小节。

循环流化床锅炉炉膛的传热主要由炉内气固流动和水冷壁内外温度决定。研究对象 1000MW 循环流化床锅炉是超临界参数，水冷壁内的工质沿炉膛高度方向温度是变化的，炉膛气固流体与水冷壁间的传热需要考虑传热和水动力耦合，计算的整体思路如图 6-46 所示。具体操作步骤如下：

图 6-46
超临界 CFB 锅炉中，壁面传热和水动力耦合计算思路

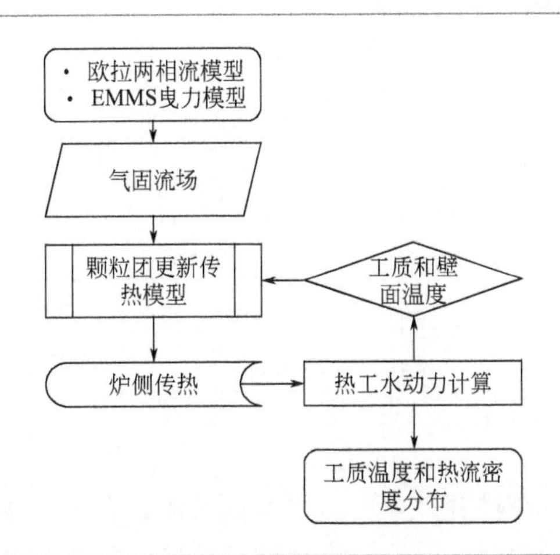

① 基于欧拉两相流数值计算模型，获得炉内受热面附近的气固流场结果；

② 假定受热面上壁面温度分布，采用颗粒团更新传热模型计算受热面的传热系数和热流密度分布；

③ 根据壁面热流密度结果，计算管内工质轴向水动力特性，获得工质轴向温度及壁面温度等结果；

④ 计算得到的壁面温度分布与步骤②中假设的温度分布比较，如前后相差较大，则重新计算壁面传热；

⑤ 重复步骤②～④，直至前后温度偏差小于1%，迭代结束，得到最终的温度和热流分布。

6.5.1 炉侧传热结果

炉侧传热和管内水动力耦合计算根据超临界循环流化床锅炉设计规格，选取水冷壁管规格和间距为 ϕ32mm×7.5mm-56mm，工质进口温度为330℃，压力为27MPa，管内工质质量流率为800kg/s。同时，假设水冷壁管均匀布置在外环墙面。根据管间距，前墙被分成350根垂直上升管，右墙被分成600根，前墙和右墙管路依次编号为1～350、351～950，如图6-47所示。管路自下而上分成1000段，每段约为5cm，可认为每一小段中工质参数均匀。计算不考虑集箱、节流阀等的影响，只对每个管路单独计算，不进行各管路压降相等的校核。

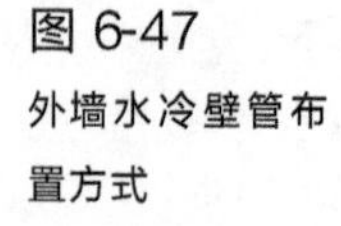
图 6-47
外墙水冷壁管布置方式

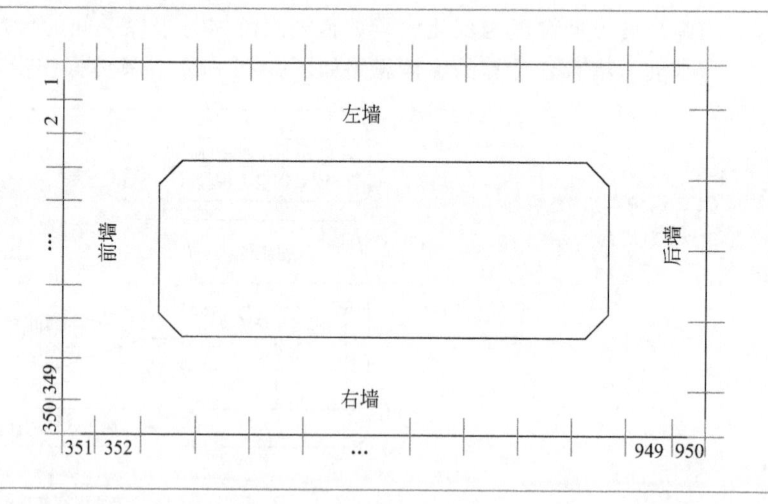

在耦合计算中，模型涉及的其余主要参数如表6-6所示。计算中，壁面附近的数据由流动模拟结果导出，并在Matlab软件中对温度完成迭代计算。

表 6-6　传热和水动力计算中主要参数的选择

选项	选值
炉膛温度	900℃
空气物性	ρ_g=0.3029kg/m^3，c_g=1286J/(kg·K)，k_g=0.0798W/(m·K)
颗粒物性	ρ_s=2400kg/m^3，c_s=961.7J/(kg·K)，k_s=0.2870W/(m·K)
颗粒团物性	ρ_c=960kg/m^3，c_c=1156J/(kg·K)，k_c=0.1356W/(m·K)
最大堆积体积分数	0.6
壁面覆盖率系数	0.25
壁面气膜厚度系数	2.5
受热面辐射率	0.6
颗粒表面辐射率	0.6

图 6-48 和图 6-49 分别展示了外环水冷壁面热流密度和工质温度的三维分布。水冷壁面的热流密度自锥形区上沿到炉膛顶部逐渐降低，数值在 60～90kW/m^2 之间。炉膛底部的热流密度由于浇注料等原因，数值较低。受固相浓度分布的影响，热流密度在相距较远的两炉膛出口之间相对较小，炉膛边角处则较大。由图 6-49 可以看到，各管的工质温度随高度的增加逐渐增大，其中在锥段上部和炉膛顶部附近增长较快。原因是在炉膛中部（约 30m），工质经过其拟临界点（391.95℃），比热容较大，工质温度随高度的升温速率较小。平均出口温度约在 450℃，温度横向分布较为均匀，在四个边角处出口温度相对较大，与热流密度的分布相符。

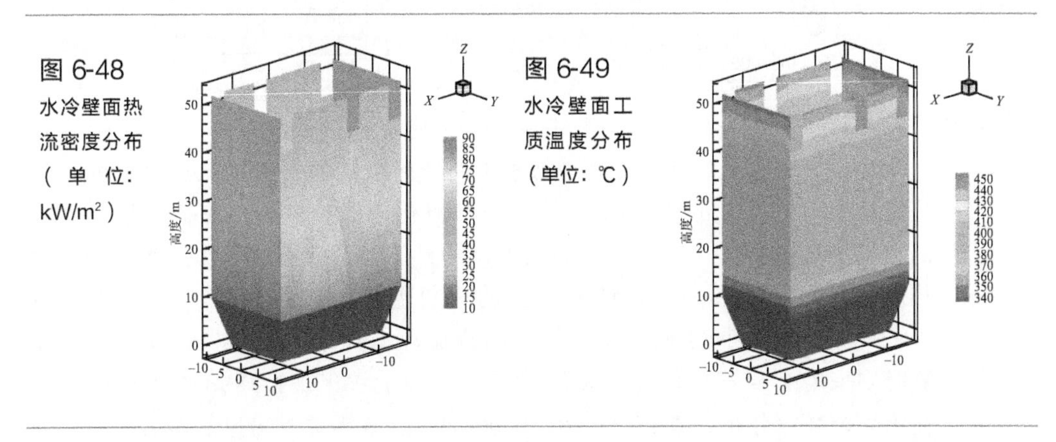

图 6-48　水冷壁面热流密度分布（单位：kW/m^2）

图 6-49　水冷壁面工质温度分布（单位：℃）

计算的热流密度结果和 Alstom[4] 及 Foster Wheeler 的模拟结果[5]（图 6-22）相比，在过渡区热流密度稍小，轴向衰减规律相近，整体热流密度分布较为均匀。从结果上看，所采用的计算方法能够更加详细地体现水冷壁受热面的热流密度分布，特别是在受热面上二维分布不均匀的情况。

对前墙的工质温度和水冷管内外壁面的温度横向取平均，得到了轴向温度分布曲线，如图6-50所示。轴向工质温度的分布随高度的增加而逐渐增大，其增长规律与Pan等[15]的结果相似。总体而言，工质温度沿高度方向可分为四个变化过程：①0～9.8m，即位于锥形区，由于浇注料覆盖，壁面的热流密度极低，工质温度几乎没有变化；②9.8～20m，工质逐渐接近大比热容低焓值区，但该区域壁面的热流密度较大造成工质温度快速增加；③20～35m，此时工质位于大比热容区，比热容最大，但壁面的热流密度趋于平和，因此工质温度较为平缓；④35～52m，工质远离大比热容高焓值区，比热容快速降低，因此工质温度快速增加。外壁面和内壁面的温度分布与工质温度类似。当工质位于超临界区时，管内传热受到强化，内壁面和工质间的温差减小；内外壁温差主要由热流密度决定，随着轴向高度的增加，温差逐渐较小；外壁面的温度约比相应的工质温度高60～80℃。

前墙和右墙各管路出口温度及平均热流密度如图6-51所示。显然，出口温度与管路受到的平均热流密度近似成正比关系，出口最大温差在20℃以内。前墙出口温度要稍大于右墙面；右墙面在两个较远炉膛出口之间工质出口温度偏低，其结果和固相浓度分布较为符合。

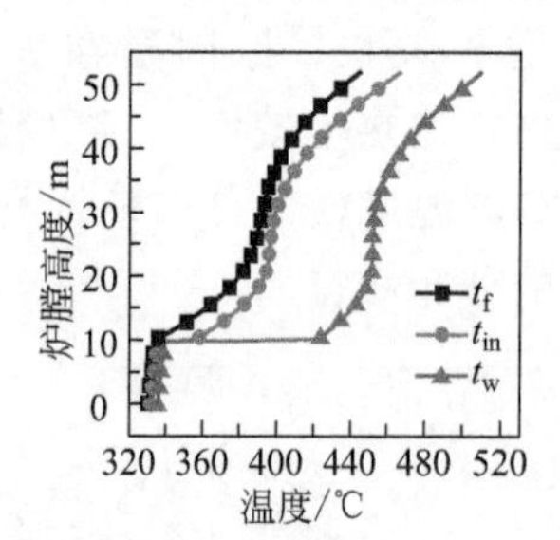

图6-50 前墙工质和管壁轴向平均温度分布

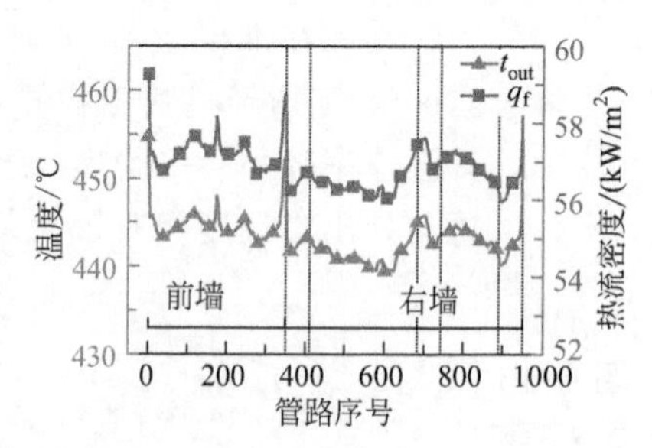

图6-51 各管路工质出口温度及平均热流密度曲线

平均热流密度的横向分布类似于中间低两边高的形式，除边角以外，其分布较为均匀，各处偏差小于2%。循环流化床锅炉横向热负荷不均匀系数的相关文献较少。Pan等[15]在进行水动力计算时是以±20%作为水冷壁横向热流密度的波动范围值，计算得到的出口温度偏差可达60.5℃。李志伟等[16]根据煤粉炉的横向不均匀系数结合循环流化床试验结果，在水动力计算时则采用$Y=-0.3574X^3+0.0733X^2-0.1201X+1.1998$作为横向热负荷不均匀系数分布。Wu等[17]在对300MW CFB锅炉中温过热器的水动力进行计算时，同样也采用了这一热负荷分布公式。但这一公式认为流化床内的热流密度分布是中间高、边角低。周旭等[18]选择的横向热负荷不均匀系数在0.9～1.2之间，角部回路最高，中间回路最低，该设定在趋势上和本计算一致，但有偏差。Zhang等[19]对某300MW CFB锅炉后墙进行的热流密度测试结果表明，边角处的热流密度较中部要高。但在第6.2节的模拟结果中，循环流化床锅炉的热负荷横向分布均匀，边角处要低于同高度的中间壁面位置。炉内的温度分布特别是角部受热面的温度对壁面传热及其横向分布有较大的影响。管内工质的流动不均匀性是影响因素之一。

各个管路压降分布如图6-52所示，平均压降约为291kPa，最大偏差在3kPa以内，变化趋势和温度相反。图6-53为三类压降占总压降的比例。结果表明主要以重力压降为主，加速压降所占的比例很小，所以管内压降主要受重力压降和沿程阻力压降的影响。因此，压降的相对变化可以采用下式计算：

$$\Delta(\Delta p) \approx \int_0^L \Delta\rho g\,\mathrm{d}l + \int_0^L \frac{\lambda}{d_{\mathrm{in}}} G^2 \Delta\left(\frac{1}{\rho}\right)\mathrm{d}l = \int_0^L \left(\rho g - \frac{\lambda}{d_{\mathrm{in}}} \times \frac{G^2}{\rho}\right)\frac{\Delta\rho}{\rho}\mathrm{d}l \tag{6-3}$$

由于绝大多数时候 $\rho g > \frac{\lambda}{d_{\mathrm{in}}} \times \frac{G^2}{\rho}$，因此当温度降低或压力增大时，流体密度增加即 $\Delta\rho > 0$，相应地管内压降值也将变大。

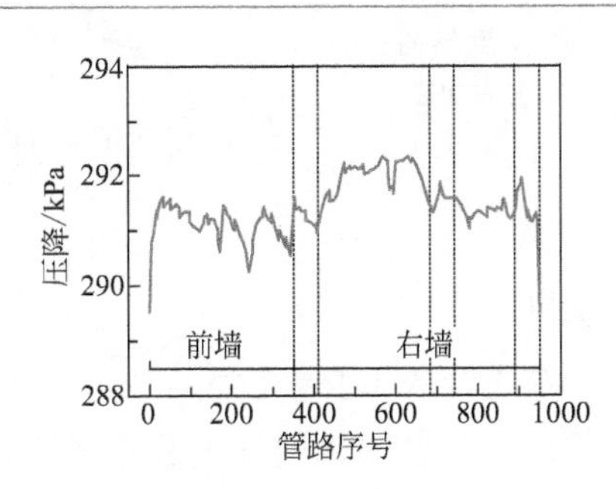

图6-52 各管路压降分布曲线

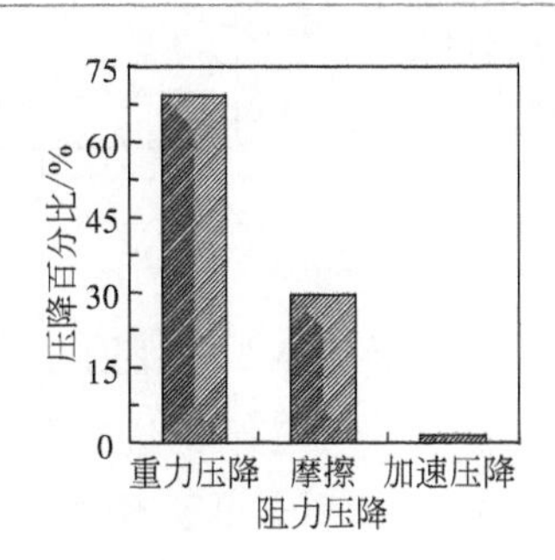

图6-53 管路压降组成

6.5.2 运行参数的影响

6.5.2.1 质量流率对工质温度的影响

选择合适的质量流率是水动力设计中十分重要的一个环节。特别是超临界循环流化床锅炉炉内需要吸收更多的热量，除了增加水冷蒸发面外，也需要降低管内工质的质量流率。但水冷壁管内质量流率较低会引起管内传热恶化等情况，影响锅炉安全运行。因此，正确了解管内质量流率对水冷壁吸热的影响是锅炉安全设计必需的。

图6-54显示了不同质量流率对工质出口温度的影响。显然，随着质量流率的增加，出口温度降低。当锅炉水冷壁的结构参数为恒定值时，有

$$\mathrm{d}(\Delta h)/\Delta h = \mathrm{d}q/q - \mathrm{d}G/G \tag{6-4}$$

式中，h 是工质焓值；q 是水冷壁的热流密度；G 是管内工质质量流率。

上式表明工质焓值的相对变化量由相应的轴向平均热流密度相对变化量和管内质量流率相对变化量共同决定。随着质量流率增加，其相对变化量减小，因此出口温度降低的程度也变小。

图 6-55 显示了不同质量流率对轴向工质温度分布的影响。可以看出，工质温度随高度增加呈非线性增大，在拟临界点附近工质的升温速率最小。当工质位于拟临界点以下时，虽然低质量流率下单位长度内的工质焓值要大于高质量流率，但由于此时工质的比定压热容随温度增高而快速增大，因此不同质量流率下轴向温差有限。当温度高于拟临界温度时，工质的比定压热容随温度的增加而快速减小，导致不同质量流率下工质轴向温差逐渐增大，且质量流率越低升温速率越大。

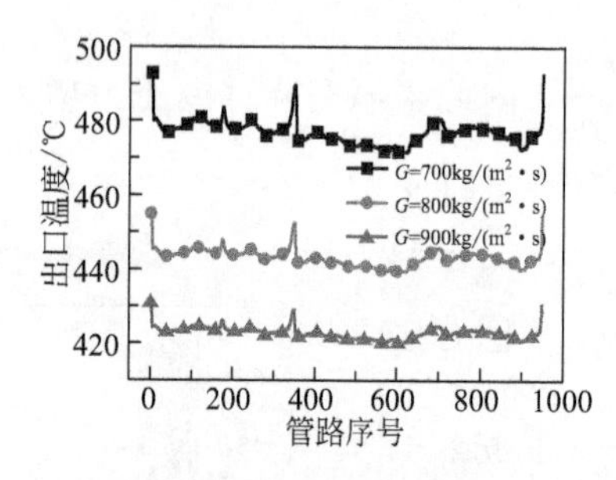

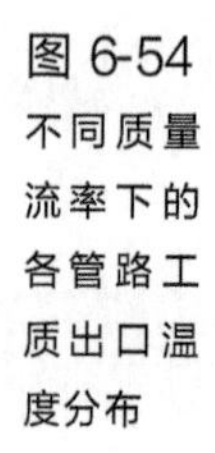
图 6-54 不同质量流率下的各管路工质出口温度分布

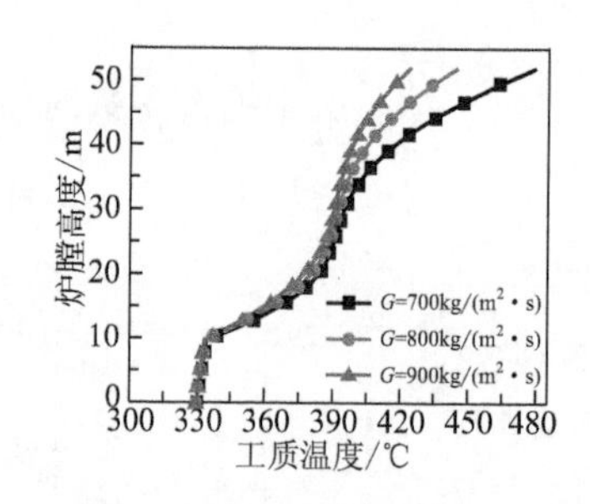

图 6-55 不同质量流率下的前墙工质温度轴向分布曲线

6.5.2.2 入口参数对工质温度的影响

工质的进口压力和温度是水冷壁设计的主要参数之一。图 6-56 和图 6-57 分别给出了不同进口压力下的工质出口温度和轴向温度分布情况。可见，不同入口压力基本不影响横向出口温度的分布规律；但压力越高，出口温度也越高。这是因为在超临界状态下，工质在拟临界附近的比热容峰值（或平均比热容）随压力的增大而逐渐降低，但总吸热量相近。同时，这也造成了拟临界区工质的升温速率变大。

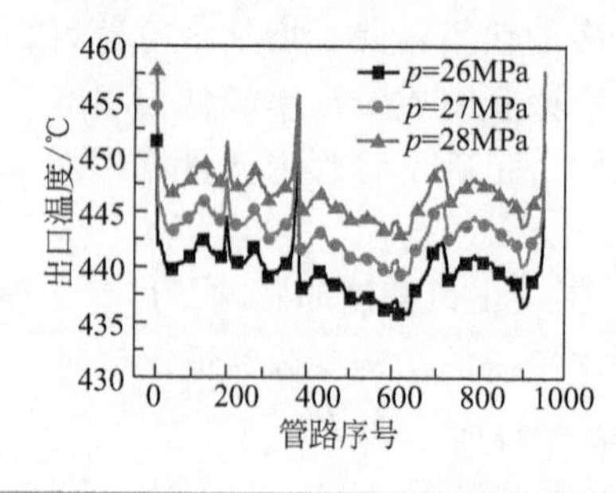

图 6-56 不同进口压力下的各管路出口温度分布曲线

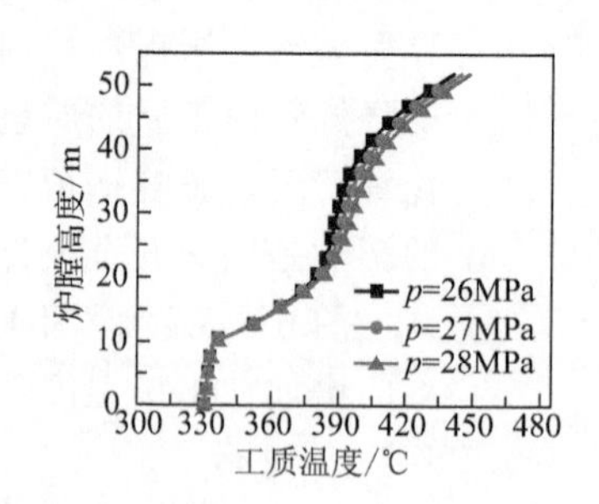

图 6-57 不同进口压力下的前墙工质温度轴向分布曲线

工质压力增大会同时给水冷壁材料在耐压和耐温两个方面增加难度，选择合适的锅炉蒸汽压力对锅炉设计十分重要。

图 6-58 和图 6-59 分别给出了不同进口温度下的工质出口温度和轴向温度分布情况。入口温度增大使工质出口温度变大，但其增加关系是非线性的。在拟临界温度附近由于过高的工质比热容，三者的温差逐渐缩小；当工质远离拟临界点时，三者的温差逐渐增大。

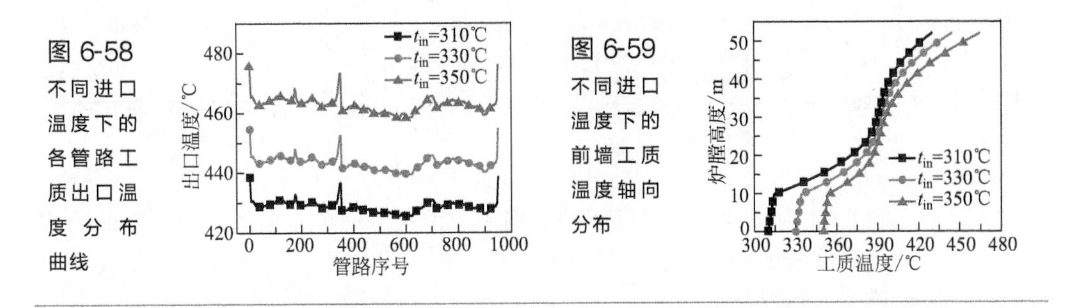

图 6-58 不同进口温度下的各管路工质出口温度分布曲线

图 6-59 不同进口温度下的前墙工质温度轴向分布

6.5.2.3 锅炉运行参数的影响

锅炉运行参数的改变会引起炉内的气固流场变化，改变水冷壁等受热面附近的固相浓度及速度，从而影响受热面炉侧的传热特性，改变水冷壁管内的水动力特性。选取锅炉运行温度和给风量这两个锅炉运行过程的重要控制量作为研究对象，考察了其对水冷壁传热及水动力的影响规律。

图 6-60 显示了工质出口温度随不同空截面风速变化的规律。出口温度整体变化不大，局部区域存在一定波动。比较三个截面风速下的前墙平均热流密度轴向分布（图 6-61），可知在模拟范围内空截面风速对受热面传热量的影响不大。

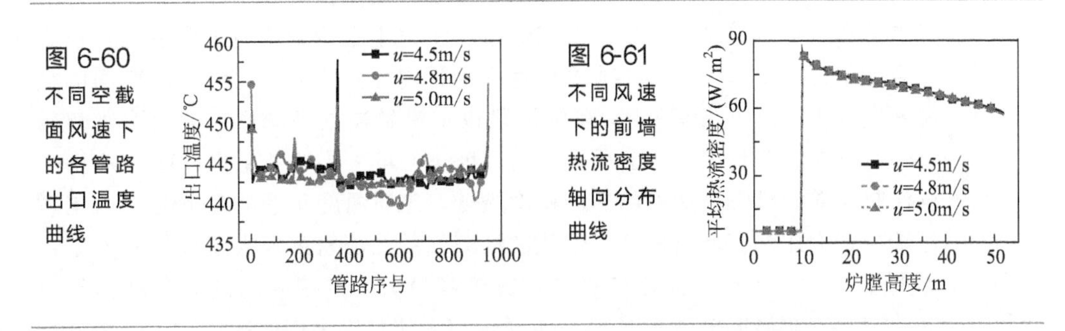

图 6-60 不同空截面风速下的各管路出口温度曲线

图 6-61 不同风速下的前墙热流密度轴向分布曲线

图 6-62 和图 6-63 分别给出了不同炉膛温度下的各管路工质出口温度及前墙热流密度轴向分布曲线。炉内温度的影响主要体现在两个相反的方面：①气相密度和黏度减小，因此气体对固相的携带能力减弱，从而影响受热面的固相

浓度和传热特性；②辐射传热系数和传热温差增大，又由于气相热导率增大，对流传热也会相应增强。由于辐射和传热温差的增强更加明显，水冷壁上部的热流密度随炉膛温度的增大而整体抬升，工质出口温度也随之增大。

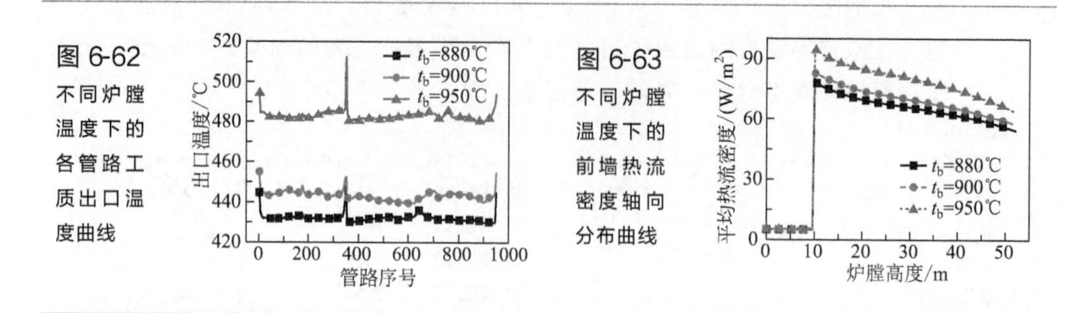

图 6-62 不同炉膛温度下的各管路工质出口温度曲线

图 6-63 不同炉膛温度下的前墙热流密度轴向分布曲线

图 6-64 为不同炉膛温度下的前墙工质温度轴向分布曲线。由前面的公式可知，热流密度的改变和质量流率等价。因此，工质温度轴向分布曲线和变质量流率的情况类似。

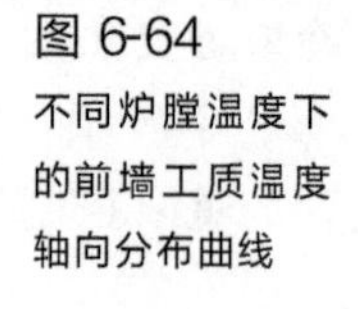

图 6-64 不同炉膛温度下的前墙工质温度轴向分布曲线

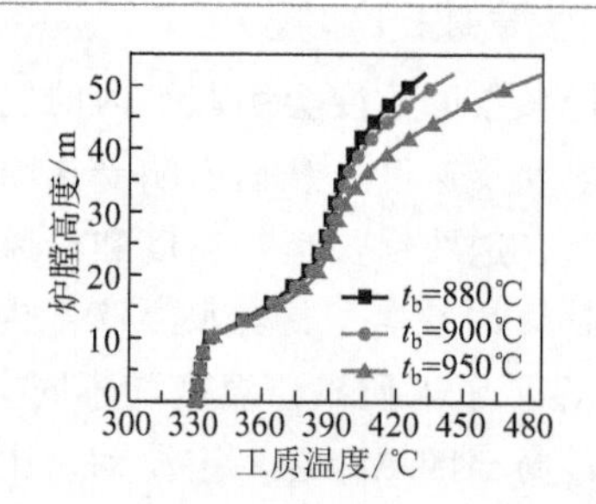

针对1000MW超临界循环流化床环形炉膛锅炉进行的炉膛壁面传热特性数值模拟计算，得到了锅炉外壁面工质温度、热流密度和水冷壁管压降等的三维分布，可以总结得到以下5点结果：①由于水冷壁管内工质运行在拟临界温度附近，锥形段上部工质升温速率沿轴向先减小后增大。水冷壁面的热流密度约为60～90kW/m^2，在锥形段以上沿轴向逐渐减小；横向除边角较大外，分布较为均匀。②工质温度沿高度方向可分为四个变化过程：a. 由于浇注料覆盖，锥形段壁面的热流密度极低，工质温度几乎没有变化；b. 工质逐渐接近大比热容低焓值区，但该区域壁面的热流密度较大造成工质温度快速增加；c. 工质位于大比热容区，比热容最大，但壁面的热流密度趋于平和，因此工质温度较为平缓；d. 工质远离大比热容高焓值区，比热容快速降低，因此工质温度快速增加。③前墙和右墙各管路出口温度的最大温差在20℃以内。各个管路平均压降约为291kPa，最大偏差在3kPa以内，其中以重力压降为主，加速压降所占的比例很小。④质量流率对应的工质轴向温度

分布的影响主要在高焓值区，在低焓值区差别不明显，同时对出口工质温度的影响较大。在一定范围内，工质入口压力对轴向温度及出口温度的影响较小；而入口温度则能够近似线性地提高出口温度。⑤在模拟条件下，空截面风速对水冷壁面传热的影响较小，而炉膛温度能够较大地影响气固对壁面的传热量；当炉膛温度升高时，工质出口温度增大。

6.6 炉膛单侧墙布置 4 分离器 660MW 超超临界循环流化床锅炉

以某 660MW 超超临界循环流化床锅炉为例进行研究，该锅炉的情况见 5.1.2 小节。

图 6-65 给出了锅炉水冷壁面的热流密度分布情况。结果表明，热流密度随着炉膛高度的增加而减小。炉膛下部热流密度最大，在 110kW/m^2 左右，炉膛上部最小，约为 40kW/m^2。水冷壁面的热流密度在同一高度位置，呈现中间略高两边略低的分布。这是由边角处气固温度相对较低，辐射较弱造成的。

图 6-66 给出了锅炉水冷壁面的辐射热流密度分布情况。可以看到，炉膛下部的辐射热流密度较大，在 85kW/m^2 左右，炉膛上部最小，约 30kW/m^2。与图 6-65 进行了对比，随着炉膛高度增加，辐射热流虽然呈减小趋势，但其在总热流中的比例增加，即炉膛上部辐射传热的占比增强。

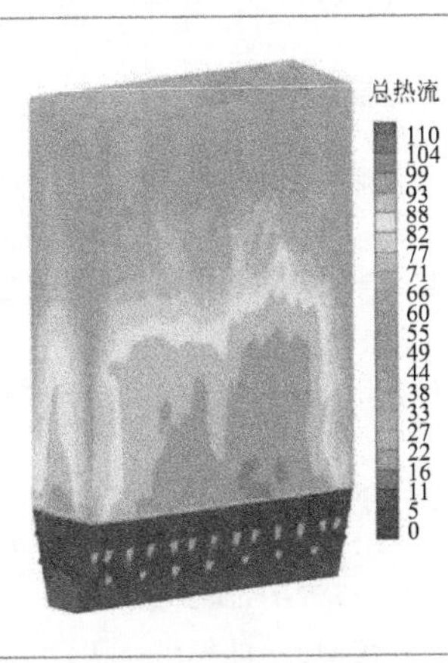

图 6-65
壁面热流密度分布（单位：kW/m^2）

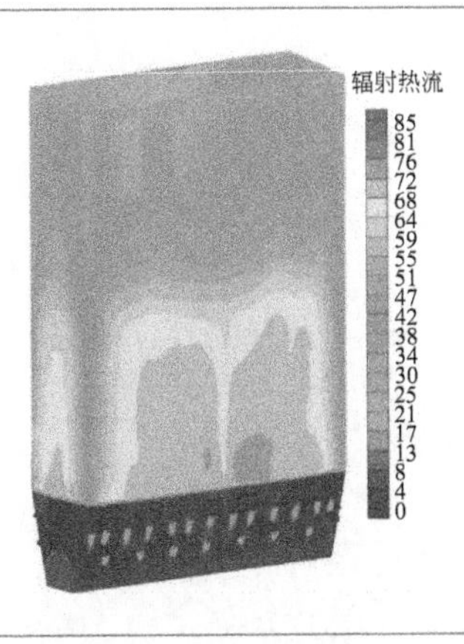

图 6-66
壁面辐射热流密度分布（单位：kW/m^2）

图 6-67 是炉内过热屏、再热屏以及水冷屏表面的热流密度分布图。悬吊屏表面的热流密度随着高度的增加而逐渐减小。其中，水冷屏表面的热流密度最大，屏下部的热流密度最大达到了 90kW/m^2 左右，屏顶部由于附近气

固温度较低最小，约为 20kW/m²。对于过热屏和再热屏，屏下部的热流密度最大为 60kW/m² 左右，屏顶部最小，约为 10kW/m²。

炉内受热面的传热特性受轴向固相浓度的影响较大，受热面下部的传热系数或热流密度要大于上部表面。悬吊屏受热面，如高温过热器等，管内工质温度高，通常管壁金属的耐热余量较小。但其下端不仅受到高浓度颗粒的冲刷，还具有较大的传热系数，容易造成管壁磨损或超温等问题，影响锅炉安全运行。所以在锅炉设计时需要关注挂屏受热面下部的磨损及传热情况。

图 6-68 给出了锅炉水冷壁面的传热系数分布。可以看出，壁面的传热系数沿轴向逐渐减小，水冷壁下部的传热系数可达 300W/(m²·K)，上部则为 100W/(m²·K) 左右。其主要原因一是水冷壁下部的固相浓度要高于上部，相应地对流换热系数也较大；二是越靠近炉顶，炉内气固温度越低，而管壁温度则越大，造成辐射换热大大降低。沿锅炉宽度或深度方向，传热系数在中间位置较高，而在边角处较低。

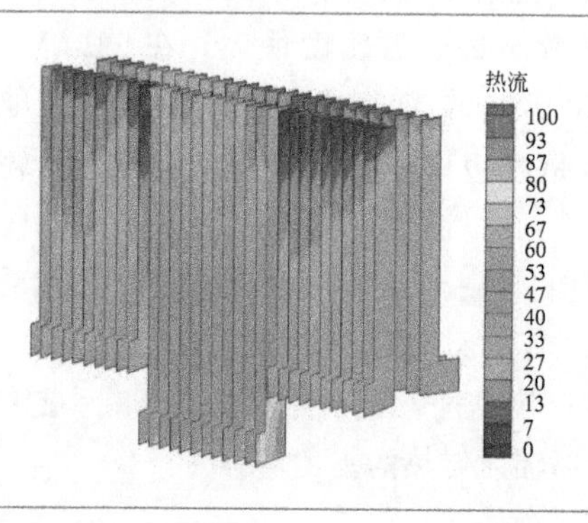

图 6-67 悬吊屏热流密度分布（单位：kW/m²）

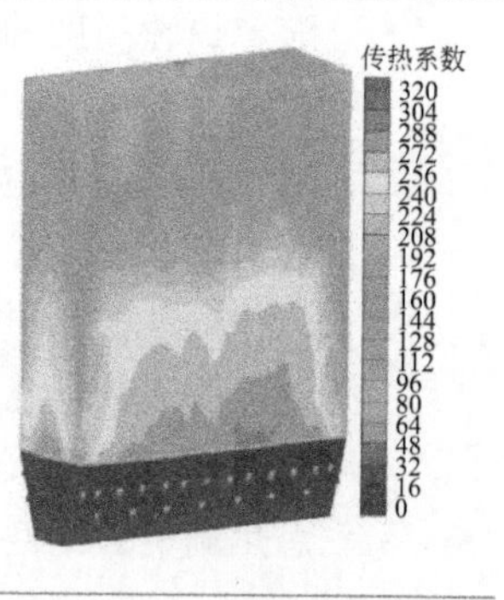

图 6-68 水冷壁传热系数分布［单位：W/(m²·K)］

参考文献

[1] 周星龙．大型循环流化床锅炉分区段传热模型及热力校核计算研究［J］．神华科技，2016（1）：52-57.

[2] 苏虎，聂立，杨雪芬，等．东方型 350MW 超临界循环流化床锅炉的开发与设计［J］．东方锅炉，2010（1）：1-6.

[3] 程伟，宋刚，周旭，等．350MW 超临界循环流化床锅炉运行特性研究［J］．东方电气评论，2016，30（4）：38-42.

[4] Stamatelopoulos G N，Seeber J，Skowyra S R. Advancement in CFB technology：a combination of excellent environmental performance and high efficiency［C］//Jia L. 18th International Conference on Fluidized Bed Combustion. Toronto，Ontario Canada，2005.

[5] Goidich S J，Wu S，Fan Z. Design aspects of the ultra-supercritical CFB boiler［C］//International Pittsburgh Coal Conference. Pittsburgh，PA，2005.

[6] 工业锅炉设计计算标准方法编委会．工业锅炉设计计算　标准方法［S］．北京：中国标准出版社，2003.

[7] Xia Y F，Cheng L M，Yu C J，et al. Anti-wear beam effects on gas-solid hydrodynamics in a cir-

culating fluidized bed [J]. Particuology, 2015, 19: 173-184.

[8] 曹幸卫，梁进林，张力．300MW CFB锅炉炉内加装多阶式防磨梁的分析 [J]. 应用能源技术，2011 (05): 26-28.

[9] 张浩，贺超群，张雷，等．CFB锅炉防磨梁改造及运行效果分析 [J]. 化工设计通讯，2011, 37 (05): 90-92.

[10] Basu P. Circulating Fluidized Bed Boilers [M]. Springer International Publishing, 2015.

[11] 夏云飞，程乐鸣，张俊春，等．600MW循环流化床锅炉水冷壁设置防磨梁后炉内气固流场的数值研究 [J]. 动力工程学报，2013, 33 (02): 81-87.

[12] Zhang R, Yang H, Hu N, et al. Experimental investigation and model validation of the heat flux profile in a 300MW CFB boiler [J]. Powder technology, 2013, 246: 31-40.

[13] 张道奎，朱传兴，吕海生，等．紧凑型CFB锅炉安装防磨梁存在的问题及解决对策 [J]. 洁净煤技术，2009, 15 (06): 113-115, 118.

[14] Xiao P, Lv H S, Xu Z Q, et al. An investigation on the anti-wear effect and operation performance in large CFB boilers with anti-wear beams [C]// The national annual meeting of technical exchange and cooperation in CFB electric power industry. 2011.

[15] Pan J, Yang D, Chen G, et al. Thermal-hydraulic analysis of a 600 MW supercritical CFB boiler with low mass flux [J]. Applied Thermal Engineering, 2012, 32: 41-48.

[16] 李志伟，孙献斌，时正海．600MW超临界CFB锅炉的水动力计算 [J]. 热力发电，2006, 35 (12): 7-9.

[17] Wu H, Zhang M, Sun Y, et al. The thermal-hydraulic calculation and analysis of the medium temperature platen superheater in a 300 MWe CFB boiler [J]. Powder Technology, 2013, 235 (2): 590-598.

[18] 周旭，杨冬，肖峰，等．超临界循环流化床锅炉中等质量流速水冷壁流量分配及壁温计算[J]. 中国电机工程学报，2009, 29 (26): 13-18.

[19] Zhang R, Yang H, Hu N, et al. Experimental investigation and model validation of the heat flux profile in a 300 MW CFB boiler [J]. Powder Technology, 2013, 246 (9): 31-40.

第7章

大型循环流化床锅炉燃烧、污染物生成与控制

（本章彩图请扫描右侧二维码下载。）

本章讨论了大型循环流化床锅炉燃烧、污染物生成与控制数值计算的相关结果。大型循环流化床锅炉炉膛内测量困难，设计中通常认为温度场、各燃烧产物成分在炉膛中是均匀分布的。通过数值模拟可以看到在炉膛内温度、产物的不均匀分布情况。

7.1 炉膛内组分与温度场分布

7.1.1 300MW亚临界循环流化床锅炉

某300MW亚临界循环流化床锅炉采用大宽深比的单布风板单体炉膛，炉膛内部前墙处布置有12片屏式过热器、6片屏式再热器，后墙处布置有2片水冷蒸发屏，3台汽冷式旋风分离器布置在炉膛与尾部竖井之间，每个分离器下部配备1套回料装置，回料器下端一分为二将物料经回料口返回炉膛，无外置式换热器。炉膛截面尺寸为28.3m×9.8m，炉膛高度为39.9m。炉膛底部由水冷壁管弯制形成水冷风室，一次风由风室两侧进风。8个给煤口均匀布置在前墙下部收缩段宽度方向，前墙同时设有石灰石给料口，6个回料口布置在炉膛后墙。6个排渣口布置在炉膛后水冷壁下部。表7-1为其燃烧煤种参数。

表7-1 300MW循环流化床锅炉的燃用煤种

项目	设计煤种	燃用煤种	项目	设计煤种	燃用煤种
全水分(M_t)/%	5.04	24.7	煤灰变形温度(DT)/℃	1200	1130
收到基灰分(A_{ar})/%	47.33	8.46	煤灰软化温度(ST)/℃	1260	1140
干燥无灰基挥发分(V_{daf})/%	51.67	34.85	煤灰半球温度(HT)/℃	—	1150
空气干燥基水分(M_{ad})/%	1.49	11.86	煤灰流动温度(FT)/℃	1320	1160
收到基低位发热量($Q_{net,ar}$)/(kJ/kg)	12430	18890			

炉内不同截面的温度分布如图7-1所示。炉膛温度分布较为均匀，呈现出中心温度略高，底部和顶部温度略低的分布趋势。炉膛下部虽然有高温循环回料可以保持一定的温度，但由于底部一次风以及二次风射流等原因，使得炉膛底部温度略为偏低。随着炉膛高度的增加，剧烈的气固燃烧反应导致温度升高，在炉膛中部位置达到最大。随后由于燃烧反应减弱以及水冷壁传热等原因，炉温有所降低。到达悬吊屏附近时，由于屏区吸热导致温度进一步降低。

图7-2给出了炉内不同高度截面的氧浓度分布。在炉膛底部，氧气随着一次风进入炉内，在与挥发分、焦炭等的反应中被快速消耗。随着二次风的

给入，炉内氧量有所上升，但由于二次风的穿透性不足以将气体输送到炉膛中心，因此在二次风口对应截面的中心地带有一明显的低氧区。随着炉膛高度的增加，二次风带入的氧气被逐渐消耗。随炉膛高度上升，氧量变化的幅度逐渐减小，到达炉膛出口时的氧浓度约为 2.5%。

图 7-1 300MW 循环流化床炉内温度分布（单位：K）

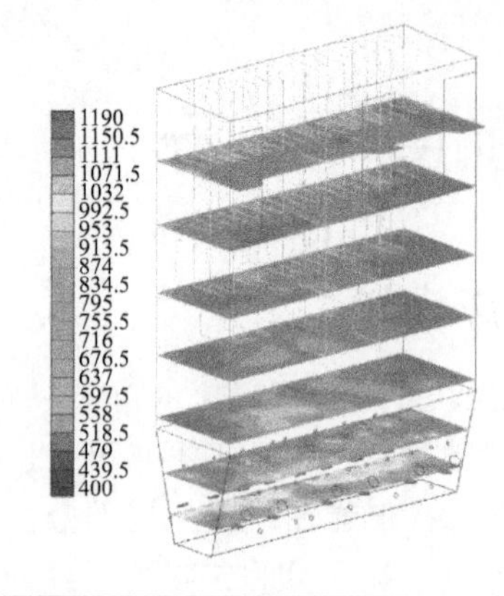

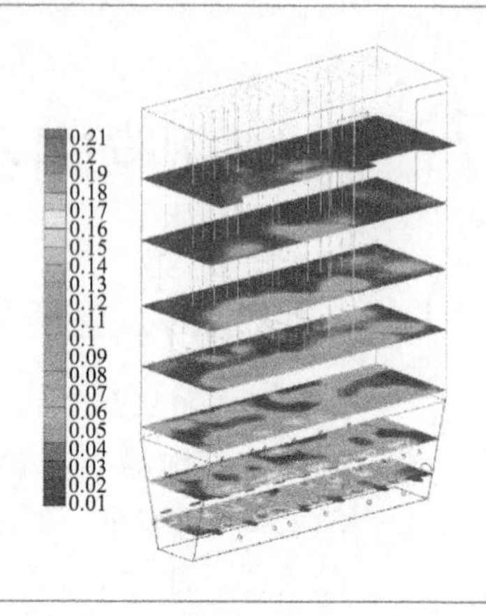

图 7-2 300MW 循环流化床炉内 O_2 分布（质量分数）

图 7-3 为炉内残炭在固相中的分布。可以看出，残炭随着炉膛高度的升高而逐渐减少。在炉膛底部特别是给煤口附近，残炭浓度较高。随着与氧气的反应，浓度逐渐降低，出口处的浓度约为 1.1%。CO 主要集中在炉膛密相区的低氧浓度位置（图 7-4），随着二次风的给入，CO 的浓度快速下降；由于炉内燃烧情况良好，炉膛上部和出口处的 CO 含量很低。

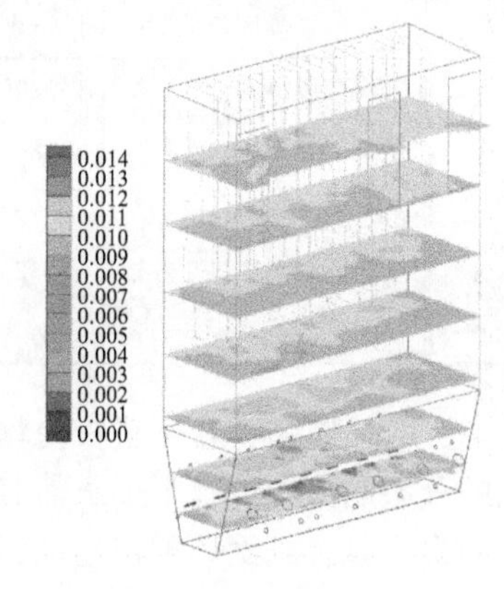

图 7-3 300MW 循环流化床炉内焦炭分布（质量分数）

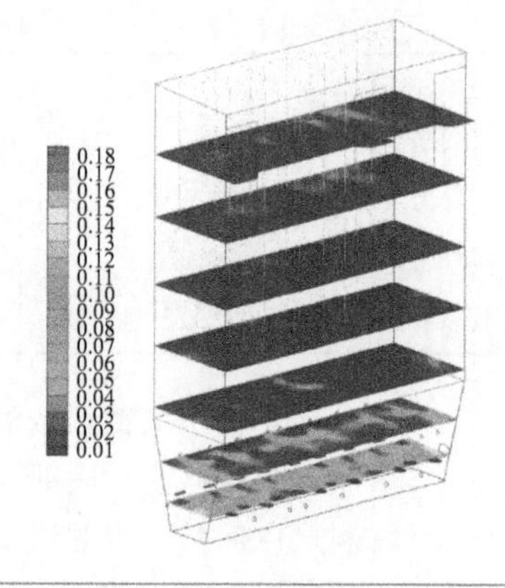

图 7-4 300MW 循环流化床炉内 CO 分布（体积分数）

图 7-5～图 7-7 分别给出了主要气相污染物 NO、N_2O、SO_2 在炉内的三维浓度分布。从图 7-5 中可看出，NO 的浓度沿着炉膛高度方向先上升后下降。在炉膛底部，NH_3、HCN 及 NO 伴随着挥发分及焦炭的快速燃烧而生成，NH_3、HCN 又进一步与 O_2 反应生成 NO，故底部的 NO 浓度较高。随

后，在 CO 和焦炭的还原反应作用下，NO 的含量逐渐降低，炉膛出口处的浓度约为 123mg/m^3。

与 NO 相比，N_2O 在炉内的分布规律有所不同（图 7-6）。其浓度在炉膛底部较低，随后沿着炉膛高度方向逐渐上升，在 30m 高度处达到最高，之后受还原反应的影响浓度开始略微降低。N_2O 在炉内的分布比 NO 均匀，但浓度比 NO 要低，出口处的含量约为 46mg/m^3。

图 7-5

300MW 循环流化床炉内 NO 浓度分布（单位：mg/m^3）

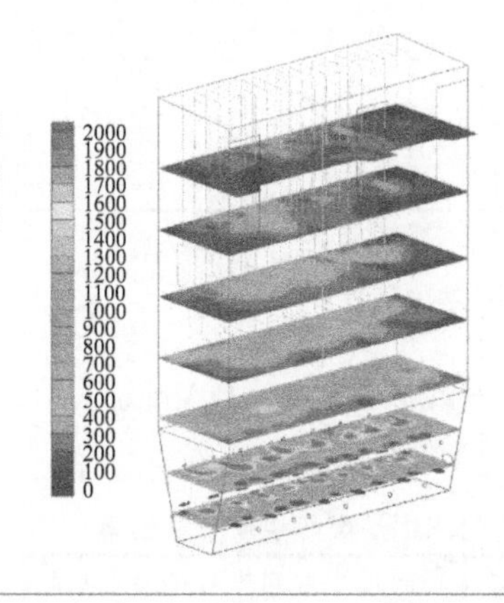

图 7-6

300MW 循环流化床炉内 N_2O 浓度分布（单位：mg/m^3）

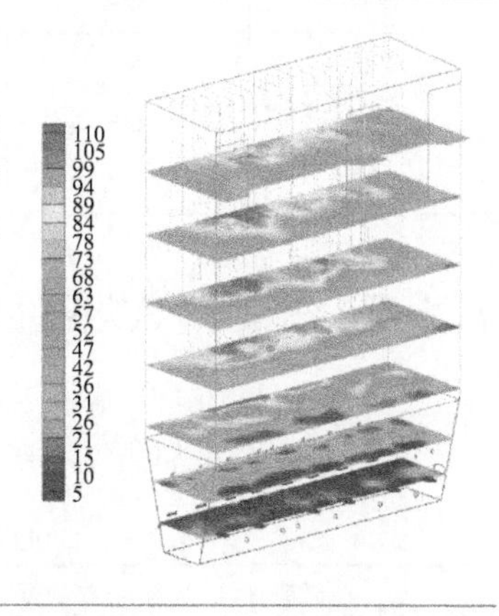

炉内 SO_2 的三维分布如图 7-7 所示。给煤口附近处的 SO_2 浓度较高，主要来源于煤中挥发分热解和焦炭燃烧所带入的 H_2S 和 SO_2。锅炉运行过程中加入了脱硫剂，在 CaO 以及 $CaCO_3$ 的脱除作用下，SO_2 在炉内的含量得到了有效控制；其含量沿炉膛高度方向逐渐减小，炉膛出口处的浓度约为 240mg/m^3。

图 7-7

300MW 循环流化床炉内 SO_2 分布（单位：mg/m^3）

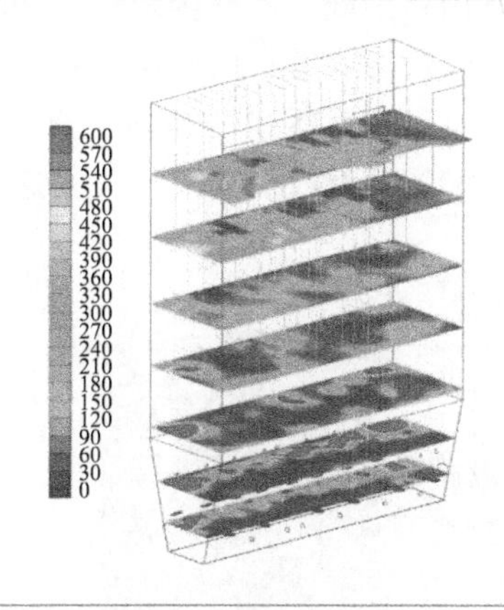

研究对象 300MW 循环流化床锅炉的设计床温为 850～920℃，运行时炉膛中部温度约为 880℃，模拟结果（885℃）与运行数值符合较好。表 7-2 给出了气相组分 O_2、CO、NO、SO_2 四种主要成分的计算结果与实际测量结

果对比。需要说明的是，现场测量的位置位于尾部烟道，而模拟结果得到的是炉膛出口的气相浓度，两者在位置上存在一定的差别。考虑到尾部烟道温度逐渐降低，且固相颗粒大多已被分离，气固之间的反应大大减少，故气相组分在尾部烟道内的浓度变化较小[1]。因而，模拟数值与实测数据具有一定的可比性，在数量级和变化趋势上可进行验证。

表 7-2　模拟结果与实测数据对比

项目	床温	O_2	CO	NO	SO_2
单位	℃	mg/m^3	10^{-6}	mg/m^3	mg/m^3
模拟值	885	2.5	199	123	240
实际	850～920	3.5	100	135	330

7.1.2　330MW 亚临界循环流化床锅炉

330MW 亚临界循环流化床锅炉的概要见 6.1 小节。锅炉燃用煤的煤质元素分析如表 7-3 所示。

表 7-3　330MW 亚临界循环流化床锅炉燃煤煤质分析结果

名称	收到基碳 C_{ar}	收到基氢 H_{ar}	收到基氧 O_{ar}	收到基氮 N_{ar}	收到基硫 S_{ar}	收到基灰 A_{ar}	收到基水 M_{ar}	干燥无灰基挥发分 V_{daf}	收到基低位发热量 $Q_{net,ar}$
数值	30.55%	2.81%	8.85%	0.19%	0.73%	36.97%	19.9%	36.33%	11.52MJ/kg

图 7-8 为固相中残炭在炉内的分布情况。由图可见，炉内残炭含量的分布较为均匀，数值约在 1.0%。总体而言，固相含碳量随着高度增加逐渐减少，其中在炉膛下部减少较快。这与碳在炉内的燃烧速率分布情况（图 7-9）相一致。这意味着炉内燃烧过程以及焦炭中氮、硫等的反应过程在炉膛上部稀相区也以相对缓慢的速率进行，但整个反应域要比密相区大得多。因此，在进行燃烧调整时需要同时关注这两个区域的变化。

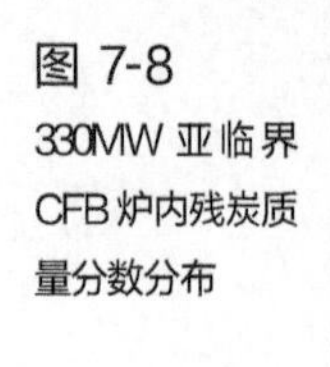

图 7-8
330MW 亚临界 CFB 炉内残炭质量分数分布

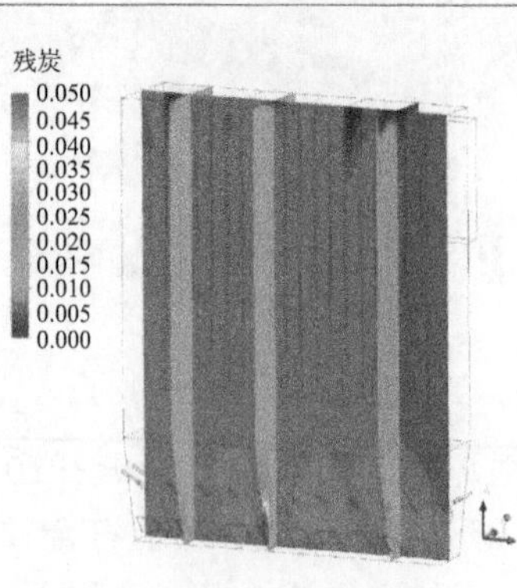

图 7-9
330MW 亚临界 CFB 炉内碳燃烧速率分布［单位：mol/(m³·s)］

图 7-10 为炉内的氧浓度分布情况。模拟计算显示炉膛出口的氧平均浓度约 6%，炉内燃烧情况良好。受二次风射流深度和炉内流场偏向等因素的影响，氧浓度在炉膛下部分布不均匀。氧浓度在二次风口附近分布较高，而在远离二次风口处则相对较低，特别是炉膛中心区域基本为缺氧区。这种不均匀分布会在很大程度上影响炉内的煤（碳）燃烧情况以及炉膛下部各处氧化性的强弱，进而会对炉内气相污染物的生成及转化带来不确定的影响。

图 7-11 给出了炉膛密相区二次风上方的氧浓度沿深度方向的变化情况。由图可以看到，氧浓度呈现双峰分布的特点，由于二次风穿透深度局限性和气固燃烧消耗氧，炉膛中部氧浓度较低。

图 7-10
330MW 亚临界 CFB 炉内氧质量分数分布

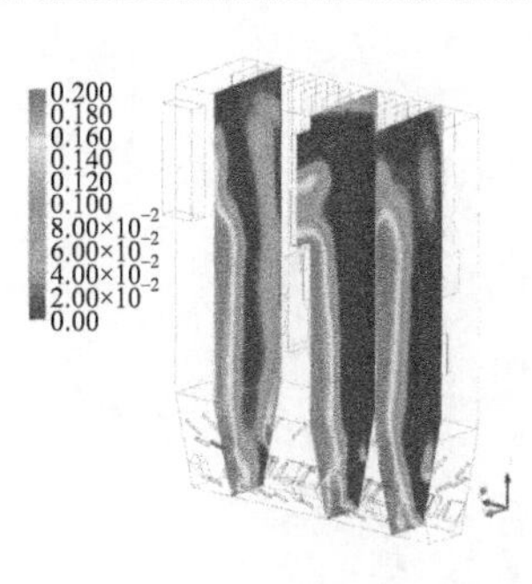

图 7-11
密相区氧质量分数横向分布

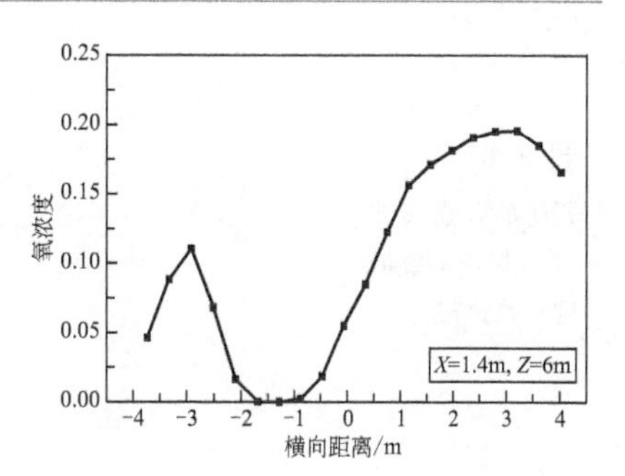

图 7-12 是炉内气相温度场的分布情况。计算中，炉膛出口气相平均温度大约为 910℃，与锅炉的设计出口温度 905℃相近。在炉膛底部给煤区附近，由于焦炭、挥发分燃烧等原因，温度可到 1000℃甚至以上；随着高度增加，温度有所降低，但在整个稀相区分布均匀；在炉膛前墙附近，由于挂屏吸热等原因，气相温度有所降低。该 330MW 循环流化床锅炉由于在布置上前后不对称，如后墙布置了大量悬吊屏，使得炉内气固及温度场容易偏向后墙，这在炉内氧浓度分布和温度分布上有明显体现。由于气固流场等偏离悬吊屏区，会使屏的传热特性低于设计值，为达到预定的蒸汽参数可能需要炉内有更高的燃烧温度，不利于锅炉的正常运行。

图 7-13 和图 7-14 分别是炉内二氧化碳和一氧化碳的浓度分布图。炉膛出口二氧化碳和一氧化碳的平均质量分数约为 0.08 和 0.01。从图中可以看到，二氧化碳和一氧化碳的主要产生区域是密相区中部，分布情况和炉内氧浓度相反。其中炉膛中心区域有较高浓度的一氧化碳，相应的氧浓度较低，为还原气氛，有利于减少炉内氮氧化物的含量。因此，通过调整碳燃烧的分配，如二次风位置调高等，使得炉膛下部多数区域处于还原性气氛状态，有助于抑制炉内氮氧化物的生成。

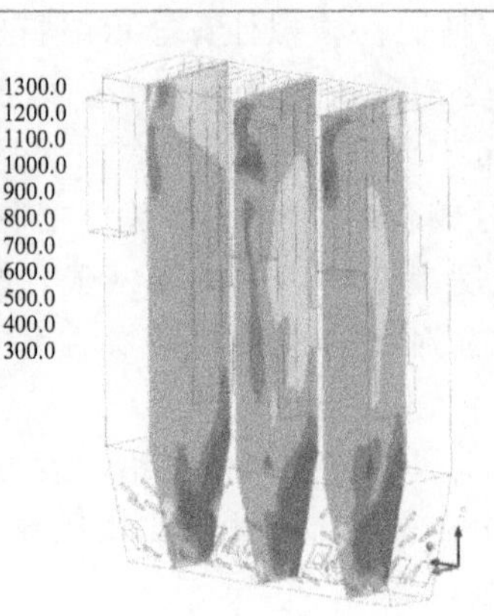

图 7-12 330MW 亚临界 CFB 炉内气相温度分布（单位：K）

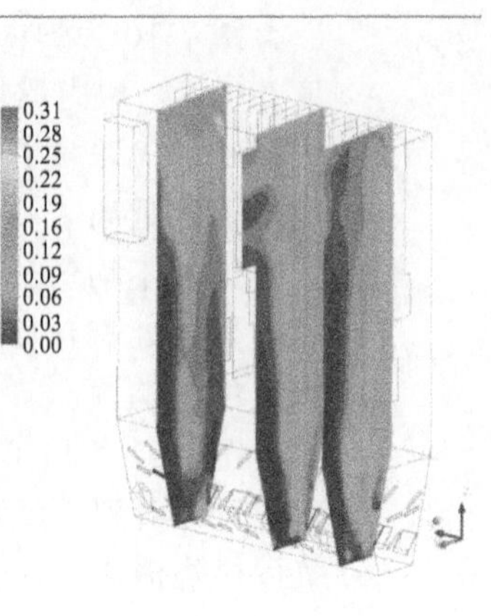

图 7-13 330MW 亚临界 CFB 炉内 CO_2 质量分数分布

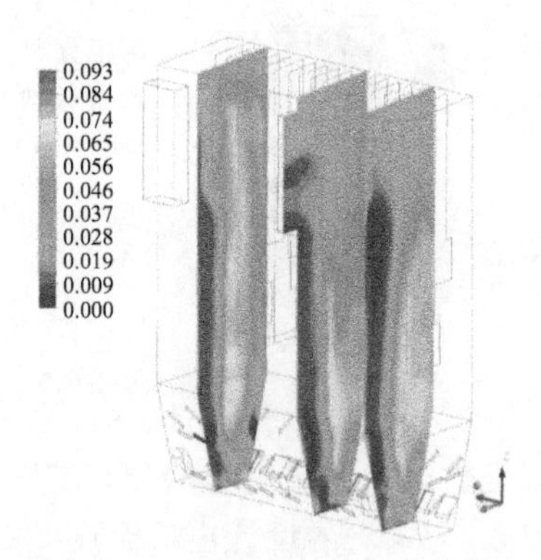

图 7-14 330MW 亚临界 CFB 炉内 CO 质量分数分布

图 7-15 和图 7-16 分别是炉内氮氧化物和二氧化硫的含量分布图。计算中氮氧化物的出口平均含量约为 $24mg/m^3$，二氧化硫的平均含量约为 $170mg/m^3$。

从结果来看，由于循环流化床锅炉内的氮氧化物和二氧化硫主要来自于燃料，它们基本都在炉膛下部的中心区域及给煤口附近生成。其中氮氧化物在生成后被快速消耗，随炉膛高度的增加而逐渐减小，而二氧化硫的浓度先随着高度增大而后减小。因此，锅炉运行时如果将部分脱硫剂在炉膛中部区域加入，可能会有助于提高炉内脱硫效率。原因一是炉膛中部固相浓度要低于密相区，石灰石的射流深度大，影响区域大；二是二氧化硫浓度大，和刚生成的新鲜石灰石反应速度大，脱硫反应速率大，有利于脱硫进行；三是炉膛中部区域的温度要比炉膛下部的温度稍低，更接近脱硫的最佳温度 890℃；四是稀相区颗粒浓度较小，颗粒间碰撞相对较弱，石灰石不会过快地破碎。

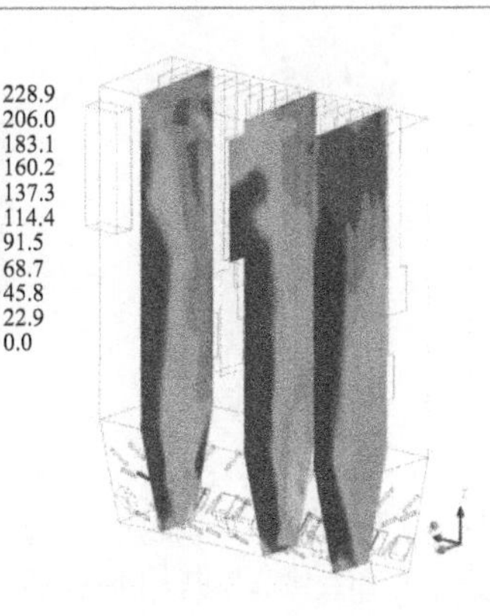

图 7-15 330MW 亚临界 CFB 炉内 NO 浓度分布（单位：mg/m^3）

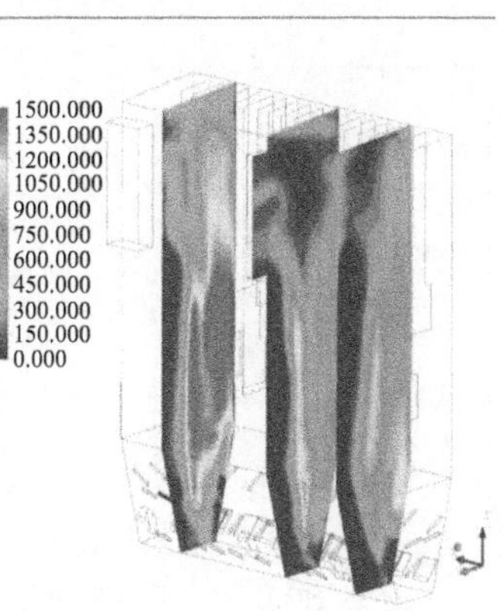

图 7-16 330MW 亚临界 CFB 炉内 SO_2 浓度分布（单位：mg/m^3）

基于上述数值计算结果，通过调整一、二次风比和二次风位置可改变贫氧区的大小及氧浓度，有助于精细化控制锅炉燃烧过程和抑制氮氧化物生成；氮氧化物和二氧化硫主要来源于炉膛下部及给煤口附近的燃料燃烧，二氧化硫的浓度在炉膛中部较高，可以选择将部分脱硫剂在炉膛中部加入实行炉内分段脱硫，有助于提高炉内脱硫效率。

7.1.3　350MW 超临界循环流化床锅炉

350MW 超临界循环流化床锅炉的概要见 6.2 小节，注意超临界锅炉水冷壁的温度沿高度方向由于管内工质温度是变化的，不是一个定值。锅炉燃用煤的煤质元素分析如表 7-4 所示。

表 7-4　350MW 循环流化床锅炉燃煤煤质分析结果

名称	C_{ar}	H_{ar}	O_{ar}	N_{ar}	S_{ar}	A_{ar}	M_{ar}	V_{daf}	$Q_{net,ar}$
数值	33.81%	2.35%	10.05%	0.59%	0.30%	46.50%	6.40%	44.33%	12.64MJ/kg

图 7-17 为炉内残炭在固相中的分布情况。残炭在给煤口附近较大，随着燃烧的进行，在炉内分布较均匀，基本在 1.0%左右。循环流化床锅炉炉内固相颗粒的总量十分巨大（350MW 超临界 CFB，如果静止床料高度为 1.5m，床料约有 300t），1.0%残炭量相当于有 3t 的焦炭遍布于整个炉膛内。这部分焦炭在炉内的燃烧维持了整个炉膛的温度以及保持了炉膛各处温度均匀。所以给煤实际上是煤首先热解释放挥发分，在密相区快速燃烧释放热量；然后生成的焦炭补充炉内的残炭，以残炭的形式整体在炉内燃烧。这部分残炭可以理解为炉内待燃烧的燃料，其含量及燃烧强度将直接影响锅炉稀相区的温度及吸热。

图 7-17
350MW 超临界 CFB 残炭浓度分布

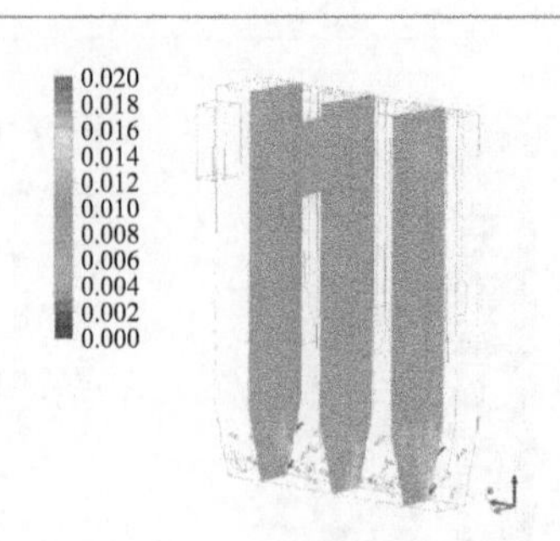

图 7-18 给出了模拟得到的飞灰（炉膛出口）与底渣（炉膛底部）含碳量和实炉实际运行结果的比较，模拟结果与实际结果相符较好。其中模拟的飞灰含碳量要小于底渣含碳量，这主要是因为模拟中底渣取值是炉膛底部区域的残炭平均浓度，数值上要稍大于排渣处的含碳量以及炉膛出口飞灰含碳量与分离器出口飞灰含碳量的差异。

图 7-19 给出了炉内截面温度的分布情况。锅炉运行平均温度大约为900℃；中心局部温度较高，部分区域可以达到 950～1000℃，而炉膛底部由于一、二次风入射，温度相对较低。总体而言，炉内温度分布较为均匀，但在前墙附近由于挂屏而有所降低。图 7-20 为不同运行工况下，模拟得到的炉内床温与 350MW 超临界循环流化床锅炉实炉实际运行结果的比较。可以看到，模拟整体模型较好地模拟了不同负荷下超临界循环流化床锅炉的运行特性。

图 7-18
炉膛底部及出口残炭浓度的模拟结果与实际对比

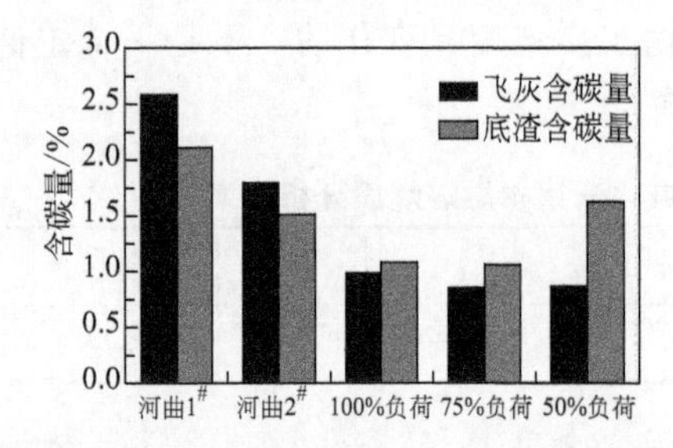

图 7-19
350MW 超临界 CFB 炉内温度分布（单位：K）

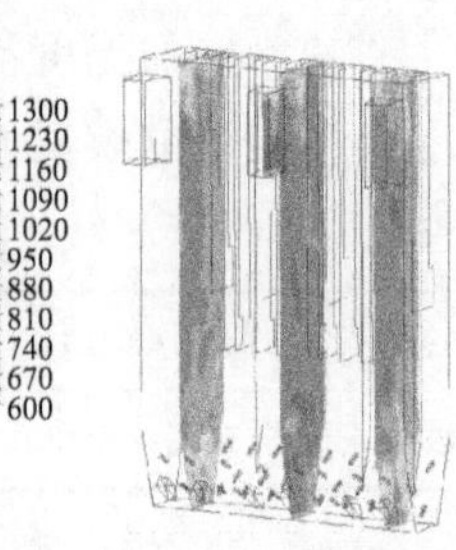

图 7-20
不同运行负荷下，模拟得到的床温与实际值比较

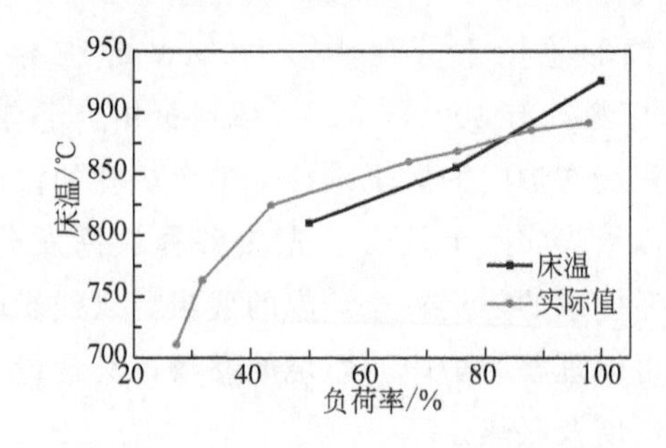

图 7-21 给出了氧浓度分布情况。可以看到，氧在炉膛密相区由于与挥发分等反应而快速消耗，特别是靠近前墙给煤口附近；在炉膛上部与焦炭反应缓慢，随着炉膛高度的增大逐渐减少，到炉膛出口氧浓度约为 3%。同时，炉膛底部的氧气主要集中在二次风入口附近，中心区域为低氧区。

图 7-22 和图 7-23 分别给出了二氧化碳和一氧化碳的分布情况。CO_2 在炉内的含量大约为 6%，出口浓度平均质量分数约为 8%。CO 主要集中在炉膛密相区的低氧浓度位置。由于锅炉运行温度较高，炉内燃烧情况良好，CO 含量低。

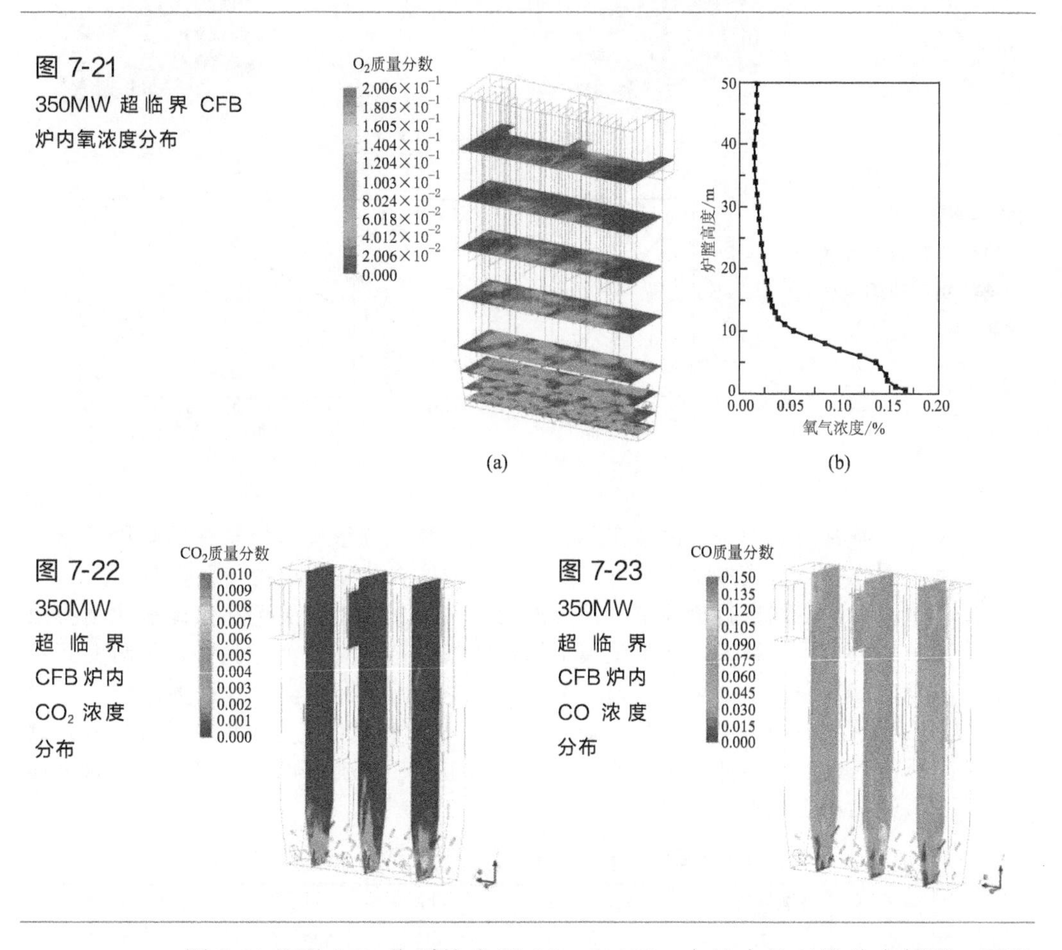

图 7-21 350MW 超临界 CFB 炉内氧浓度分布

图 7-22 350MW 超临界 CFB 炉内 CO_2 浓度分布

图 7-23 350MW 超临界 CFB 炉内 CO 浓度分布

图 7-24 和图 7-25 分别给出了 SO_2 和 NO_x 在炉内的三维分布情况。可以看到，氮硫氧化物主要产生在下部，随着高度的增加而逐渐减小。同时，SO_2 和 NO_x 在炉膛截面上分布不均匀。图 7-26 给出了锅炉的 SO_2 和 NO_x 排放随锅炉运行负荷的变化关系。其中，SO_2 与负荷的关系不明显，但由于随着锅炉运行负荷增大，炉温升高对于 SO_2 排放会产生影响，不过总体上是 SO_2 排放降低。NO_x 的排放大约在 50mg/m^3，与实际结果相符较好。

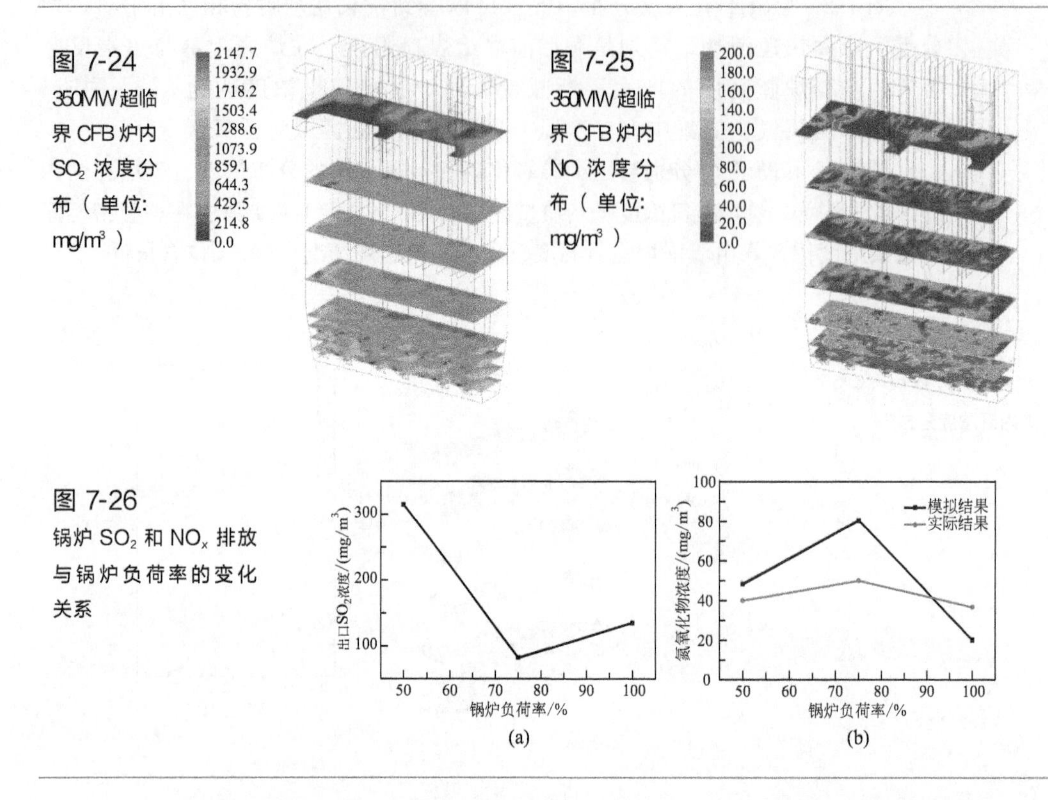

图 7-24 350MW超临界 CFB 炉内 SO_2 浓度分布（单位：mg/m^3）

图 7-25 350MW超临界 CFB 炉内 NO 浓度分布（单位：mg/m^3）

图 7-26 锅炉 SO_2 和 NO_x 排放与锅炉负荷率的变化关系

需要说明的是，由于实际测得的氮硫氧化物浓度是指其在锅炉尾部烟道内的浓度，与模拟结果得到的炉膛出口浓度在位置上存在一定差别。

对比不同运行负荷下，炉膛温度、飞灰及底渣含碳量和氮硫氧化物排放的模拟与实际结果，无论是模拟结果的数值范围还是变化趋势，都与实际符合良好。表 7-5 为满负荷下，锅炉的主要运行指标与实际数据的比较[2]。模拟得到的锅炉床温、飞灰含碳量及出口氧浓度结果和实际数值相符较好，水冷壁出口温度略低于实际值，这与管内工质质量流率的大小等相关，总体模拟结果和实际符合良好。

表 7-5　350MW 超临界 CFB 锅炉满负荷实际运行数值和模拟结果对比

名称	床温/℃	飞灰含碳量/%	NO_x/(mg/m³)	SO_2/(mg/m³)	O_2/%	水冷壁出口汽温/℃
实际	922	1.12	36.8	219	3.0～4.1	416
模拟值	926	0.92	20.3	135.2	3.0	408

7.1.4　炉膛 2 侧墙布置 6 分离器 660MW 超超临界循环流化床锅炉

炉膛 2 侧墙布置 6 分离器 660MW 超超临界循环流化床锅炉的结构布置与 5.1.1 小节的介绍类似。

图 7-27 为炉内气相温度的分布情况。从图中可以看出，计算的炉膛平均温度约为 880℃，温度在炉内分布较为均匀。在二次风入口处，由于喷入的二次风温度较低，造成一定区域的低温区。在炉膛上部，由于高温过热器的吸热，导致上部温度有所降低。

图 7-28 为炉内 O_2 浓度的分布情况。沿炉膛高度方向，O_2 浓度逐渐降低，在出口处的浓度约为 4%，对应的过量空气系数约为 1.23。受二次风入射和炉内流场的影响，氧浓度在炉膛下部存在局部分布不均匀的现象。氧浓度在二次风口附近较高，在二次风入口与炉膛底部之间存在低氧区域，有利于氮氧化物的还原与抑制。

图 7-27
气相温度分布云图（单位：K）

图 7-28
炉内氧量分布

图 7-29 和图 7-30 为炉内氮氧化物、硫氧化物的分布情况。NO 的浓度随炉膛高度的增加先上升后下降，在给煤口附近达到浓度最大值，而后随着高度上升，在 CO 和焦炭的还原作用下其浓度逐渐下降。

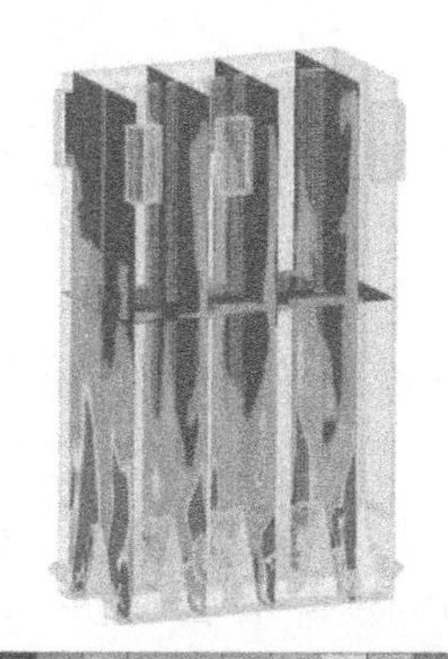

图 7-29
炉内 NO 分布云图

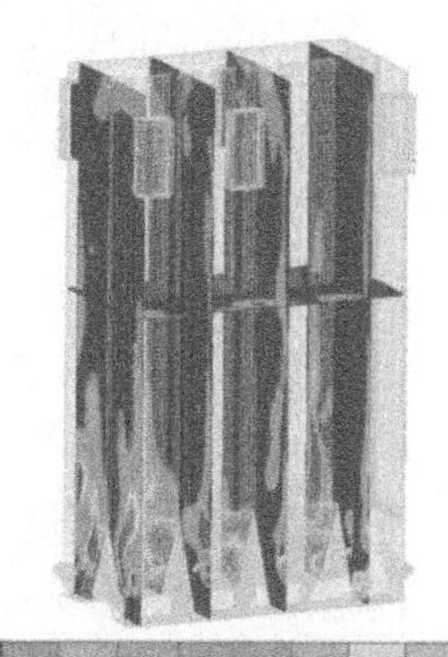

图 7-30
炉内 SO_2 分布云图

炉内 SO_2 的浓度随炉膛高度的增加先增大后降低，由于循环流化床锅炉内的氮氧化物和二氧化硫主要来自于燃料，它们基本都在炉膛下部的中心区域及给煤口附近生成。随着 $CaCO_3$ 的分解以及 CaO 的脱除作用，大量 SO_2 被吸附反应，故炉膛上部的 SO_2 含量快速降低。

7.1.5 炉膛单侧墙布置 4 分离器 660MW 超超临界循环流化床锅炉

炉膛单侧墙布置 4 分离器 660MW 超超临界循环流化床锅炉的结构布置参见 5.1.2 小节。

图 7-31 给出了炉内截面温度分布。炉内温度分布总体较为均匀，呈现出中心温度略高，底部和顶部温度略低的分布趋势。锅炉炉膛下部虽然有高温循环回料可以保持一定的温度，但由于底部一次风以及密相区中部二次风射流等原因，炉膛底部温度总体偏低。随着炉膛高度的增加，由于气固燃烧反应导致温度升高，在高度 20m 左右达到最大。随后随着反应减弱以及壁面传热等原因，温度缓慢降低。到达挂屏附近时，由于屏区吸热导致温度进一步降低。

通过参数调整，可以优化设计炉膛温度分布、产物生成等。图 7-32 为设计工况与优化工况锅炉截面平均温度沿轴向分布的曲线。可见工况优化后炉膛温度总体上有所提高，温差幅度在 10℃左右。

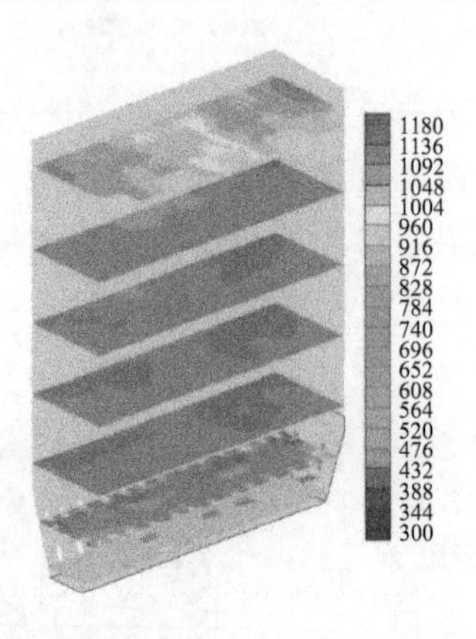

图 7-31 炉膛截面温度分布（单位：K）

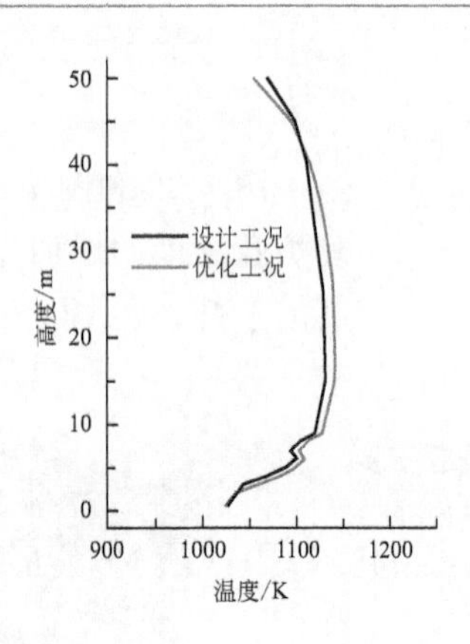

图 7-32 炉内截面平均温度沿轴向分布

图 7-33 给出了炉内不同高度截面氧浓度的分布。在炉膛底部，氧气随着一次风进入，与炉膛密相区的挥发分、焦炭等反应而快速消耗。随着二次风的给入，炉内氧量有所上升（图 7-34）；但由于二次风的穿透性不足以将气体输送到炉膛中心，因此在二次风口对应高度的中心地带存在低氧区。随着炉膛高度的增加，二次风带入的氧气被逐渐消耗。在 15m 左右高度以上，氧量变化幅度较小，到达炉膛出口时的氧浓度约为 3%。

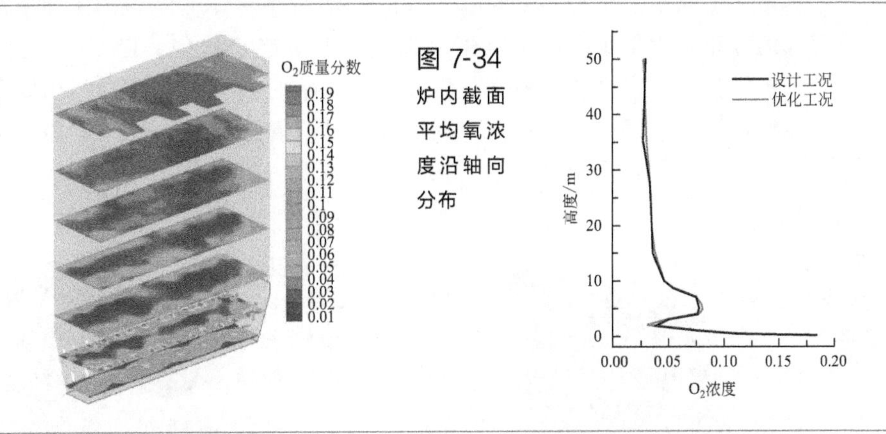

图 7-33　炉膛截面氧浓度分布

图 7-34　炉内截面平均氧浓度沿轴向分布

图 7-35 为炉内残炭在固相中的分布。可以看出，残炭随着炉膛高度的升高而逐渐减少。在炉膛底部特别是给煤口附近，残炭浓度较高。随着与氧气的反应，浓度逐渐降低，出口处的浓度约为 0.9%。

图 7-36 给出了 CO_2 的分布情况。CO_2 的浓度随着炉膛高度的上升而逐渐升高，在炉膛密相区产生的量相对较少。在炉膛边角处，CO_2 的浓度相对较低。到达炉膛出口时，CO_2 的平均质量分数可达到 19%左右。

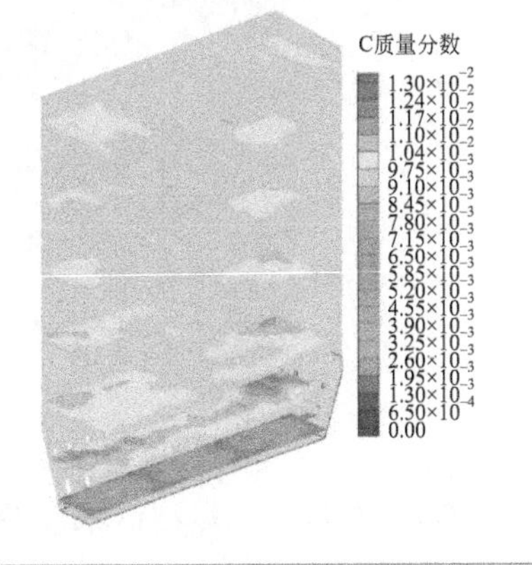

图 7-35　炉膛截面残炭浓度分布

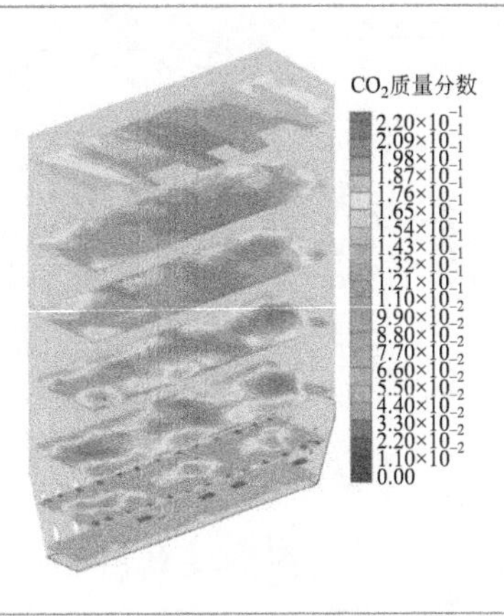

图 7-36　炉膛截面 CO_2 浓度分布

图 7-37 为 CO 的分布情况。CO 主要集中在炉膛密相区的低氧浓度位置，随着二次风的给入，CO 的浓度快速下降。由于炉内燃烧情况良好，炉膛上部和出口处的 CO 含量很低。

图 7-38 给出了炉内固相中水分质量分数的分布。由于进入炉膛后，煤粉干燥和热解的反应速度很快，固相中的水分主要集中在底部靠近给煤口附近，随着炉膛高度的上升而减少，在炉膛上部其含量几乎为 0。

图 7-39 和图 7-40 分别给出了炉膛气相中水分和 CH_4 的浓度分布。通

常，气相中的水分主要来自于煤的干燥和挥发分燃烧等，其含量在炉膛下部的分布较为集中，随着高度的增大而逐步趋于均匀。以 CH_4 为代表的气相挥发分的分布主要受析出位置和燃烧速率的影响。CH_4 等气相挥发分燃烧很快，因此，其主要集中在炉膛下部给煤口附近的局部区域，其他位置这些气相挥发分的含量很低。

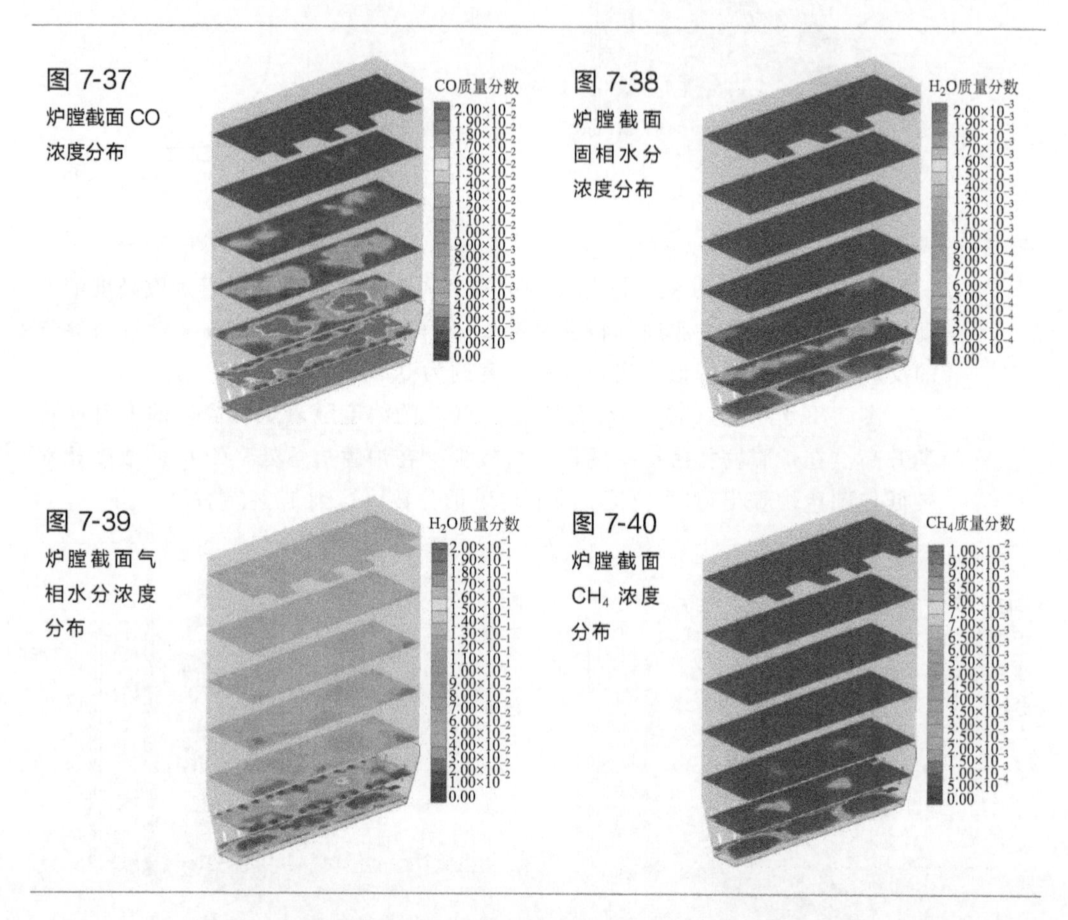

图 7-37 炉膛截面 CO 浓度分布

图 7-38 炉膛截面固相水分浓度分布

图 7-39 炉膛截面气相水分浓度分布

图 7-40 炉膛截面 CH_4 浓度分布

图 7-41 给出了挥发分中焦油的浓度分布情况。焦油的浓度分布与 CH_4 相似，由于焦油的燃烧速率要低于 CH_4，因此焦油在炉内的分布浓度相对较高。图 7-42 为炉内 H_2 的分布情况，主要集中在给煤口附近，在炉内其他位置的含量几乎为 0。整体而言，固相挥发分及其挥发可燃产物大多集中在炉膛下部，并接近给煤口。

图 7-43、图 7-44 分别给出了 NO、N_2O 在炉内的三维分布情况。

可以看出，NO 的浓度沿着炉膛高度方向先上升后下降。在炉膛底部，大量的 NO 随着挥发分、焦炭的燃烧而生成。随着炉膛高度的增加，在 CO、残炭的还原作用下，NO 的含量逐渐降低。

图 7-41
炉膛截面焦油浓度分布

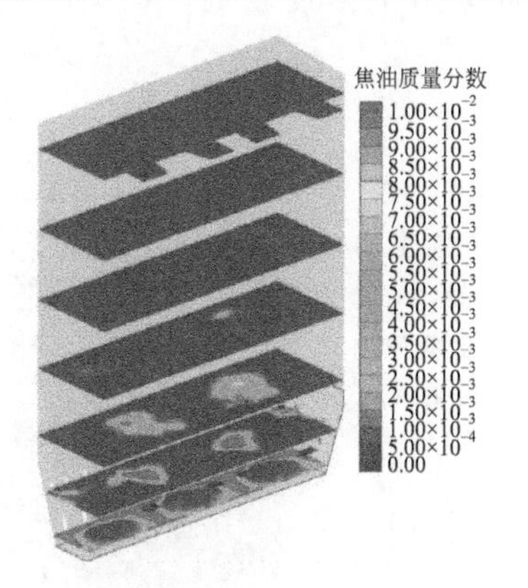

图 7-42
炉膛截面 H_2 浓度分布

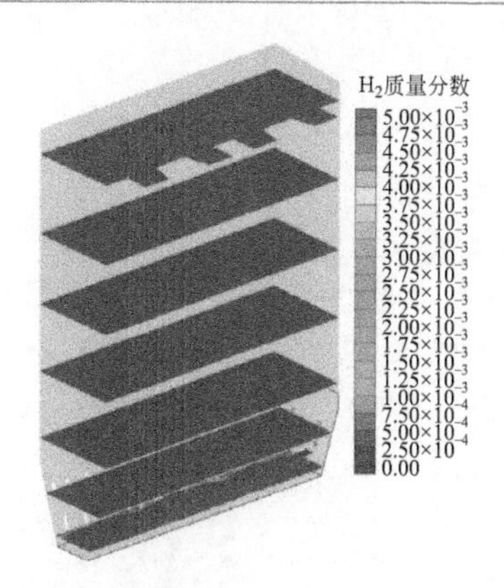

图 7-43
炉膛截面 NO 浓度分布

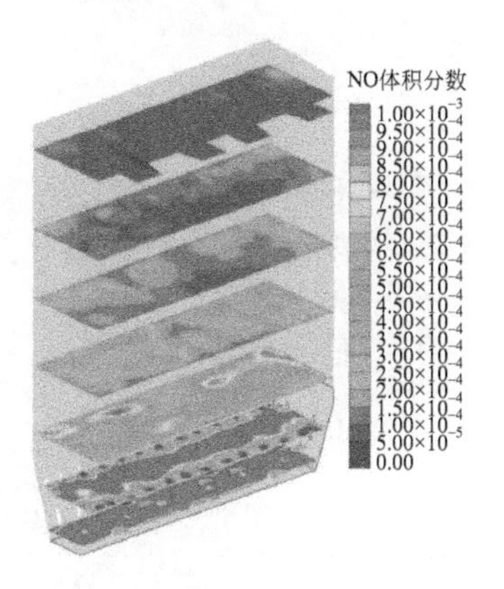

图 7-44
炉膛截面 N_2O 浓度分布

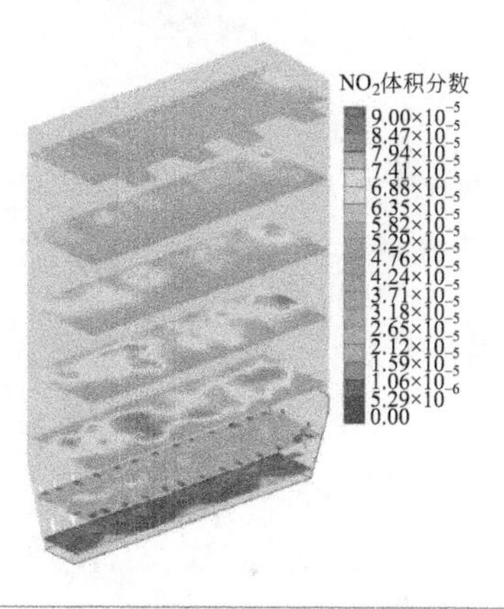

N_2O 的含量同样沿着炉膛高度方向先上升后下降。N_2O 在炉内的分布较为均匀，其浓度最高的位置在 10～20m 高度处。随着炉膛高度的上升，N_2O 的浓度有所下降。

图 7-45 给出了炉内 SO_2 的三维分布。可以看到，SO_2 大量集中在给煤口附近位置，随着挥发分和焦炭的反应而生成。随后在 CaO 以及 $CaCO_3$ 的脱除作用下，SO_2 的含量逐渐减小。

开展优化工况计算，可以调整燃烧污染物的排放程度。针对某优化工况的计算表明，优化工况条件下 NO、N_2O 的浓度比设计工况低，但炉内 SO_2 的浓度略有上升。

图 7-46～图 7-48 依次给出了 $CaCO_3$、CaO 和 $CaSO_4$ 在炉内的质量分数分布。在炉内高温作用下，$CaCO_3$ 快速发生煅烧反应生成 CaO，因此 $CaCO_3$ 主要集中在炉膛底部靠近给煤口侧，炉膛上部的含量较低。

CaO 主要在炉膛底部生成，随后由于和 SO_2 的反应而逐渐消耗。与此对应的是 $CaSO_4$ 的浓度随着炉膛高度的升高而增加。$CaSO_4$ 在截面上的浓度分布不均匀，在给煤口一侧壁面附近的浓度较高，在炉膛上部逐渐趋于均匀。

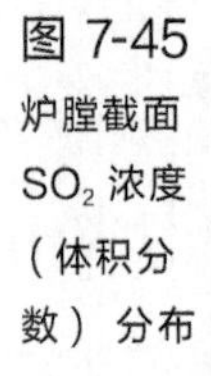

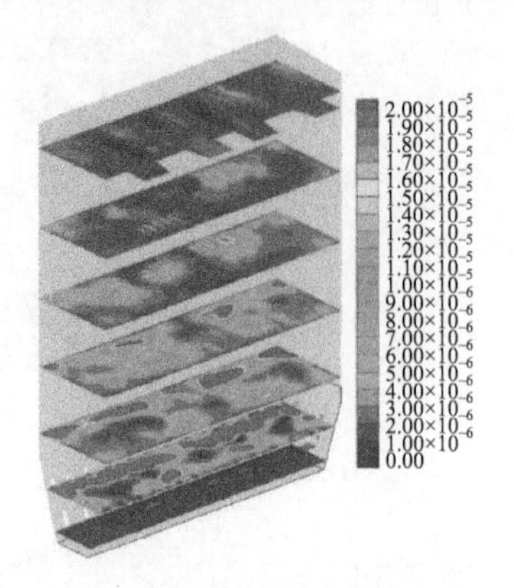

图 7-45 炉膛截面 SO_2 浓度（体积分数）分布

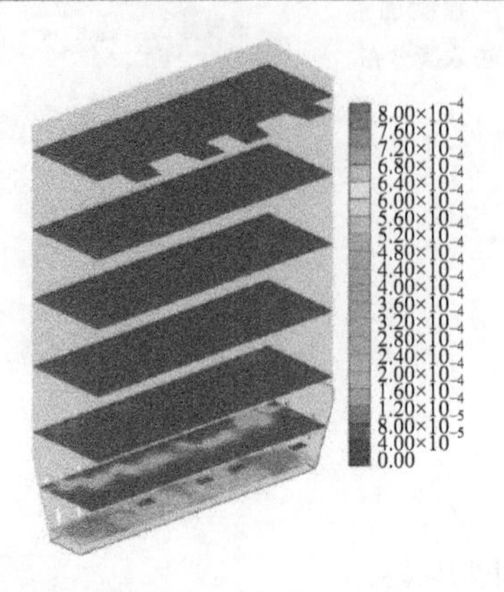

图 7-46 炉膛截面 $CaCO_3$ 质量分数分布

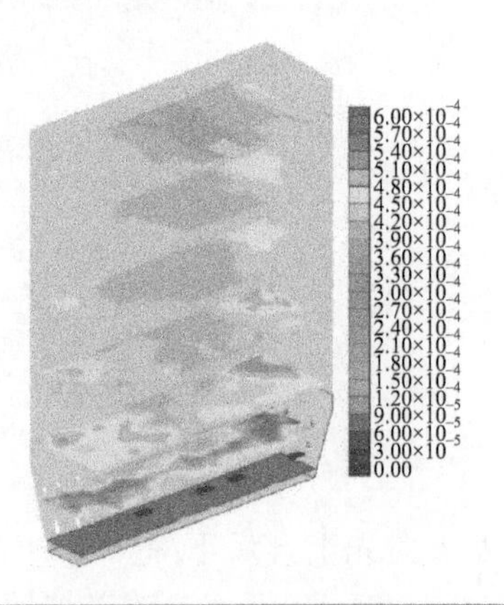

图 7-47 炉膛截面 CaO 质量分数分布

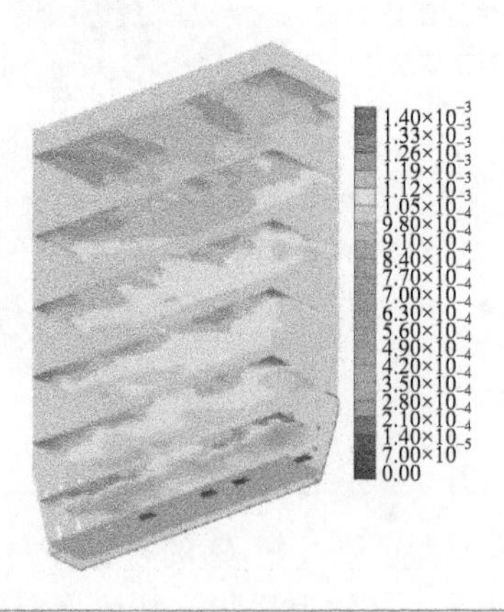

图 7-48 炉膛截面 $CaSO_4$ 质量分数分布

总体来说，关于炉膛热态的燃烧数值模拟计算，可以得到炉膛内燃烧固体产物、各气相产物、脱硫剂等的分布细节，启发思考和思路，对于设计和运行是十分有益的。值得一提的是，一次风进入炉膛后布风板上部区域存在一个富氧区，炉膛横截面上各二次风入口周边氧浓度分布是不均匀的，这种分布对于燃料燃烧，炉内硫、氮相关反应存在影响，通过控制整体区域的氧化、还原气氛不能解决局部区域的氧化、还原气氛。

7.2 基于二维当量快算法的参数优化

循环流化床锅炉中过量空气系数，一、二次风比例，二次风风口位置和床温等对锅炉的燃烧效率和产物排放影响较大，考虑从较多比较工况中优选方案，采用 4.7 小节的二维当量快算法。

研究对象为炉膛单侧墙布置 4 分离器 660MW 超超临界循环流化床锅炉（5.1.2 小节）。在二维模型中，炉膛整体结构简化为一个二维平面，其在三维炉膛中的位置如图 7-49(a) 所示。该截面选取的原则是包含足够多的速度入口，从图中可以看出截面经过三个二次风口、一个回料口和一个炉膛出口。在此基础上，人为加上一个二次风口和一个给煤口，形成如图 7-49(b) 所示的二维结构。整体结构包括一个一次风入口、四个二次风入口、一个给煤口、一个回料口和一个炉膛出口。图 7-49(c) 为二维模型网格图。

图 7-49
二维结构建模（单位：m）

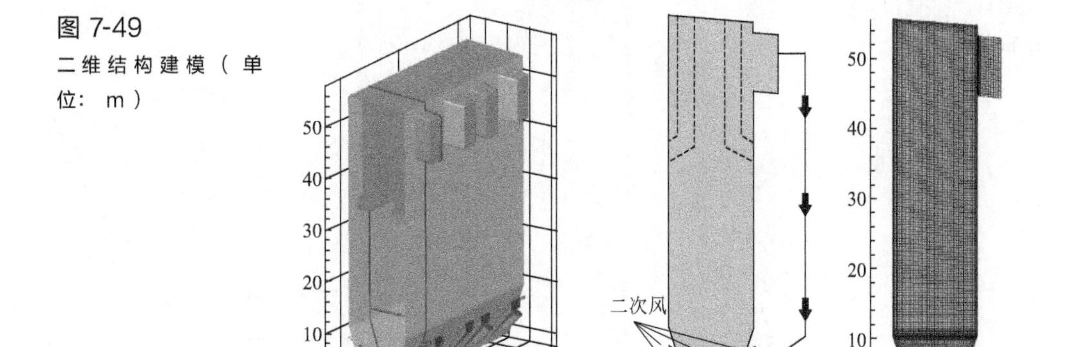

针对二维模型的优化研究，首先进行基准工况的计算，其关键参数设定如表 7-6 所示。通过数值计算，可获得炉内二维分布特性，主要给出颗粒浓度、残炭浓度、温度分布、碳氢化合物、CO、CO_2、H_2、SO_2、NO 和 N_2O 的分布特性。

表 7-6　二维基准工况计算参数

参数	单位	数值	参数	单位	数值
截面风速	m/s	5.26	过量空气系数	—	1.1
一次风速	m/s	1.94	一次风温度	℃	344
二次风速	m/s	61.95	二次风温度	℃	344
二次风比例	—	0.55	给煤量	kg/s	3.4
设计床温	℃	880	钙硫比	—	2.2

7.2.1 基准工况

图 7-50 给出了炉内固相浓度和固相平均浓度的轴向分布情况。可以看出，固相浓度沿轴向逐渐减小，在炉膛底部形成密相区，固相体积分数最大达到 0.28(固相浓度约 672kg/m^3)；在炉膛上部形成浓度较小的稀相区，固相体积分数约为 0.0015(固相浓度约 3.6kg/m^3)。固相浓度在轴向上的分布较为合理，与锅炉实际运行情况相符。

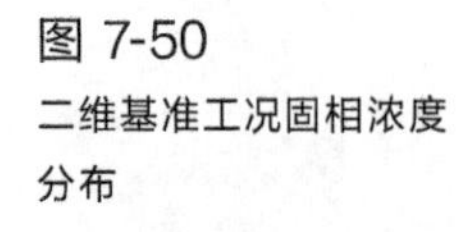
图 7-50

二维基准工况固相浓度分布

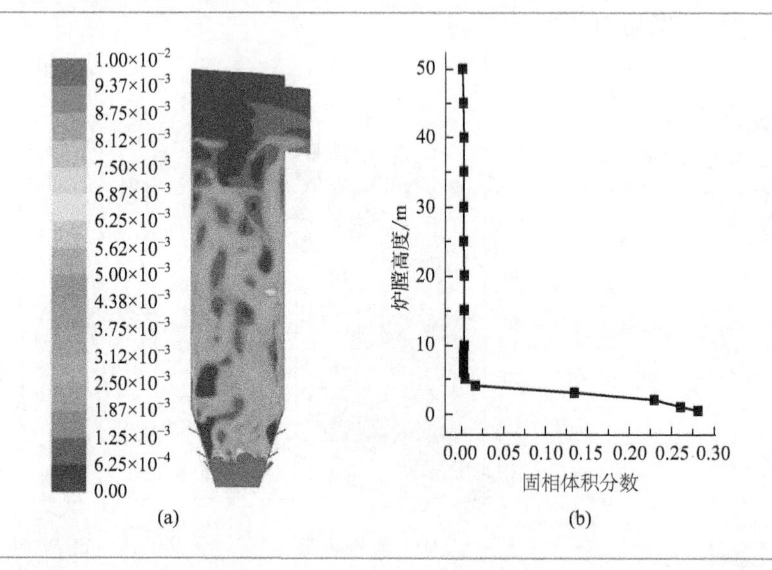

图 7-51 给出了炉内温度分布以及炉膛截面平均温度沿轴向分布的曲线。由图可知，锅炉运行温度总体较为均匀，底部和顶部温度略低，炉膛中心部分温度较高，多数区域达到 1150K 以上。锅炉底部由于高温循环回料而具有较高的温度，但在密相区中部由于一次风以及二次风射流等原因，固相温度低些。随锅炉炉膛高度增加，温度由于气固燃烧反应而快速增大，在 20～30m 高度达到最大。随后随着反应减弱以及壁面传热等原因，温度缓慢降低；到达炉膛上部区域时，由于受热屏吸热导致温度进一步降低。因此，炉内温度随炉膛高度的上升呈现先升高后下降的趋势。

图 7-52 给出了氧浓度分布以及炉膛截面平均氧浓度沿轴向分布的曲线。由图可知，一次风带入的氧在炉膛密相区由于与挥发分、焦炭等反应而快速消耗，特别是靠近前墙给煤口附近存在明显的低氧区。随着二次风的引入，氧量有所升高，氧气主要集中在二次风入口附近，中心区域存在低氧区，在图(b) 中可看出两层二次风口位置对应的两个峰高。随着炉膛高度的上升，氧量逐渐减少，炉膛出口氧浓度约为 2.3%。

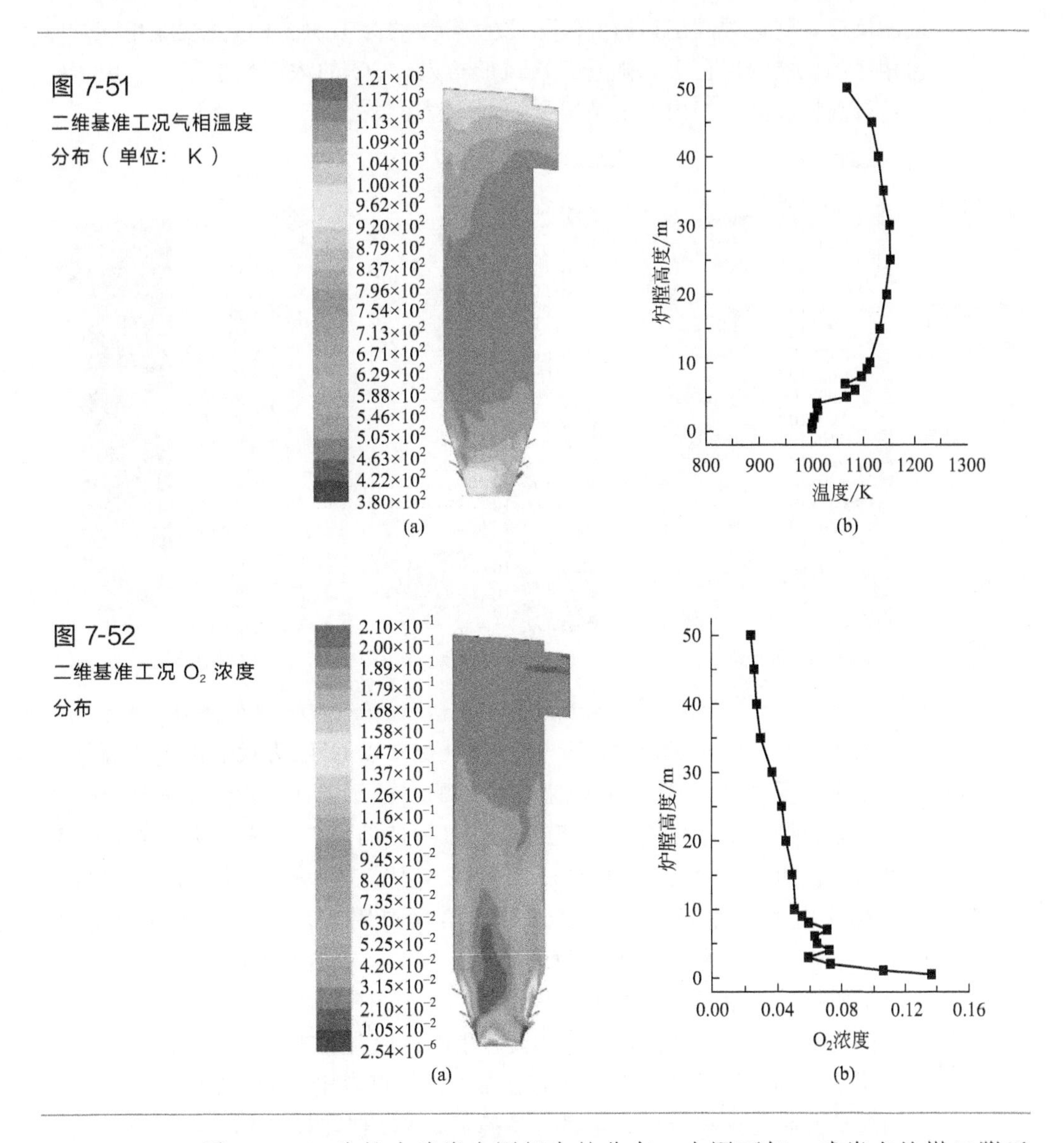

图 7-51
二维基准工况气相温度分布（单位：K）

图 7-52
二维基准工况 O_2 浓度分布

图 7-53(a) 为炉内残炭在固相中的分布。由图可知，残炭在给煤口附近浓度较高；随着燃烧的进行，残炭在炉内的分布逐渐均匀，出口处浓度大约为 0.9%。在实际过程中，煤颗粒进入炉膛后首先热解释放挥发分，并在密相区快速燃烧释放热量，加热给煤和固相回料；然后生成的焦炭补充炉内的残炭，以残炭的形式整体在炉内缓慢燃烧。因此，残炭在炉内的分布和燃烧对维持整个炉膛的温度以及保持炉膛各处温度均匀有着重要意义。

图 7-53(b) 和（c）分别给出了 CO_2 和 CO 的分布情况。可以看出，CO_2 的含量随炉膛高度的上升而增加，其主要来源为焦炭或碳氢化合物与氧

气的反应，到达炉膛出口时 CO_2 的质量分数约为 19%。CO 主要集中在炉膛密相区的低氧浓度位置，随着二次风的给入，CO 的浓度快速下降。由于锅炉运行温度较高，炉内燃烧情况良好，炉膛出口处 CO 的含量低。

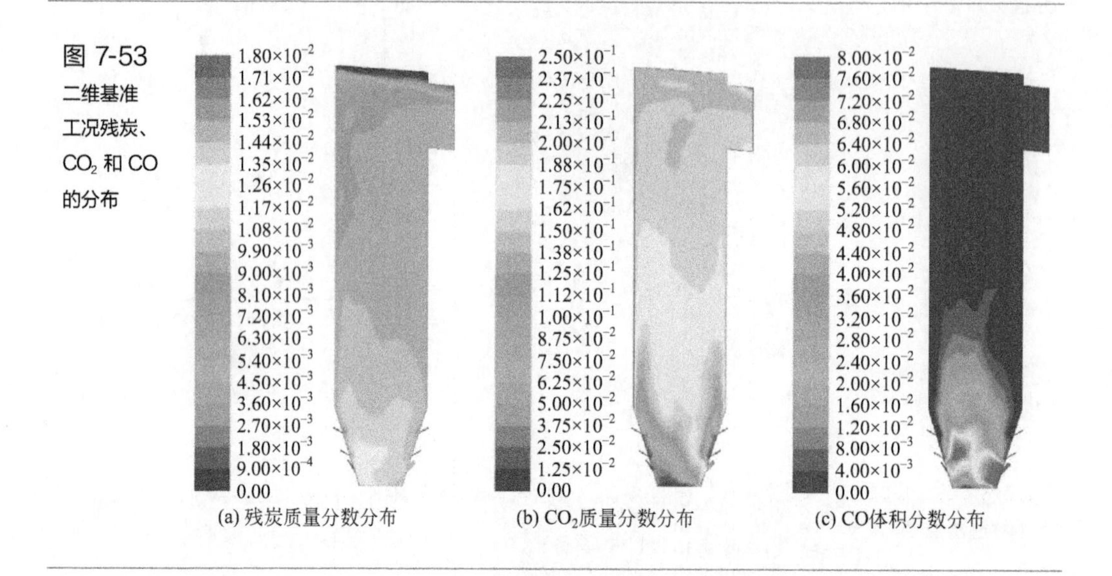

(a) 残炭质量分数分布　(b) CO_2质量分数分布　(c) CO体积分数分布

图 7-53 二维基准工况残炭、CO_2 和 CO 的分布

图 7-54(a) 给出了炉内 CH_4 的分布情况。以 CH_4 为代表的气相挥发分的分布主要受析出位置和燃烧速率的影响，由于 CH_4 等气相挥发分燃烧很快，其含量主要集中在炉膛下部给煤口附近的局部区域，其他位置 CH_4 含量很低。图 7-54（b）给出了 H_2 的分布情况。H_2 与 O_2 的反应速率更快，故其在炉内的含量更低，主要集中在给煤口附近，其他位置几乎为 0。图 7-54(c) 给出挥发分中焦油的浓度分布情况，焦油的浓度分布与 CH_4 相似，但其燃烧速率要低于 CH_4，因此焦油在炉内的分布浓度要稍大。整体而言，固相挥发分及其挥发可燃产物大多集中在炉膛下部，并接近给煤口。

图 7-55(a) 给出了炉内 NO 的分布。由图可看出，NO 集中在炉膛下部并沿着炉膛高度逐渐减少。煤进入炉膛后，NO 伴随挥发分、焦炭与氧气的反应而析出；随着炉膛高度的上升，在 CO 和焦炭的还原作用下，NO 的含量逐渐下降。在炉膛出口处其含量约为 42.5×10^{-6}。

图 7-55(b) 给出了炉内 N_2O 的分布。与 NO 有所不同，N_2O 在炉内的分布较均匀，其浓度最高的位置在 10～20m 高度处。随着炉膛高度的上升，在 CO 和焦炭的还原作用下，N_2O 的浓度逐渐下降，出口处的含量约为 15.9×10^{-6}。由于炉膛运行温度不高，在实际运行过程中 N_2O 的排放需引起重视。

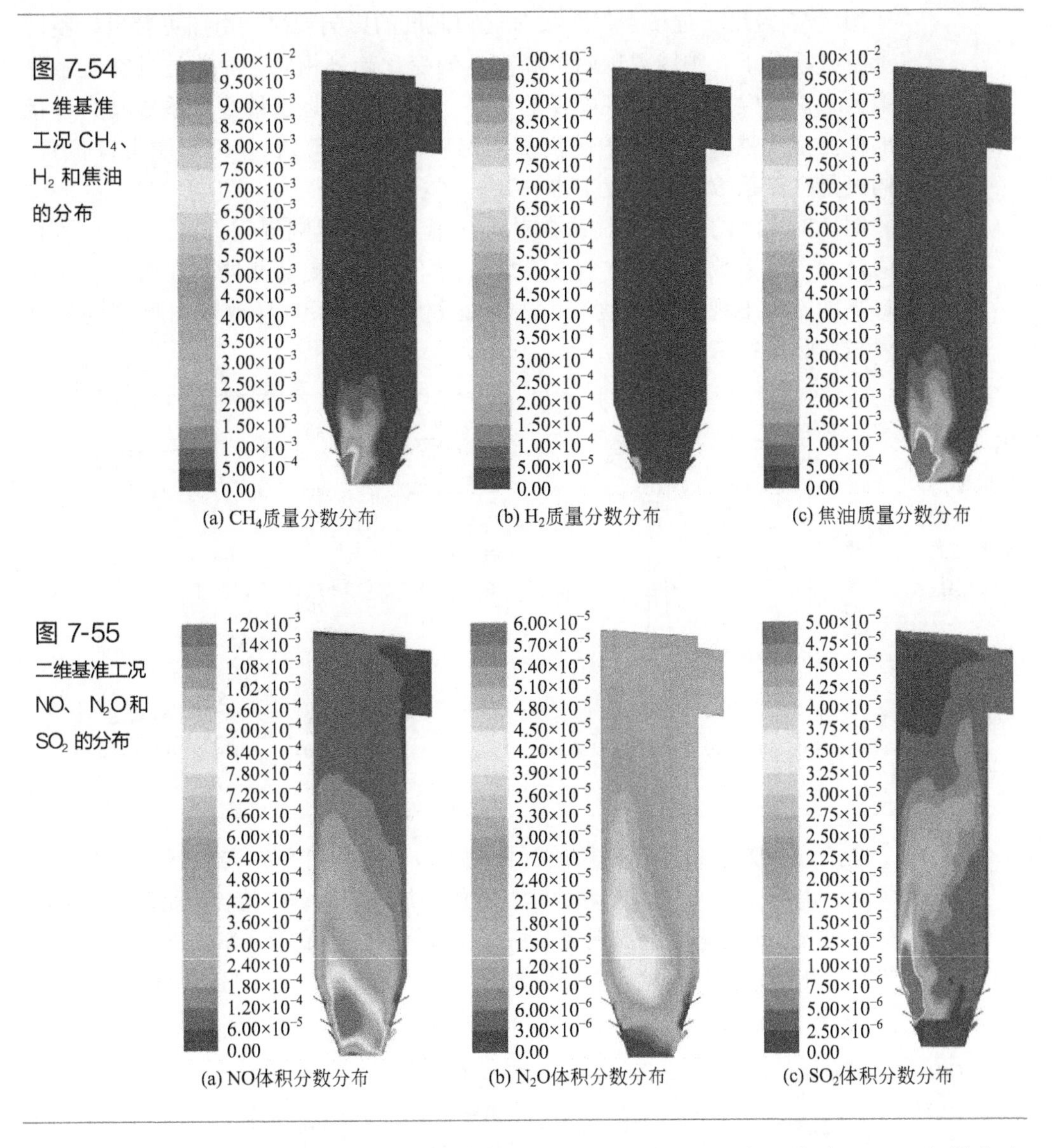

图 7-54 二维基准工况 CH_4、H_2 和焦油的分布

图 7-55 二维基准工况 NO、N_2O 和 SO_2 的分布

SO_2 炉内的三维分布情况如图 7-55(c) 所示。可以看到，SO_2 大量集中在给煤口以及其上部位置，在炉膛截面上分布不均匀。随着炉膛高度增加，在 CaO 以及 $CaCO_3$ 的脱除作用下，SO_2 的含量逐渐减小，在炉膛出口处浓度为 2.7×10^{-6}。

7.2.2 过量空气系数影响

为研究过量空气系数对燃烧、污染物排放的影响，选取过量空气系数(a) 分别为 1.0、1.1、1.2，其他因素保持不变进行二维计算比较。

图 7-56 给出了过量空气系数对气相温度的影响规律。由图可看出，不同过量空气系数下，炉膛温度随炉膛高度的变化趋势相同。随着过量空气系数的增大，炉内温度总体呈现降低的趋势。主要原因是过量空气系数越大，带入的低温空气越多，导致炉膛内部的温度有所下降。在靠近炉膛出口位置，不同过量空气系数下的温度基本一致。

图 7-57 给出了过量空气系数对炉内氧含量的影响规律。由图可以看出，不同过量空气系数下，氧浓度在高度方向上的变化趋势相同，在两层二次风入口高度处均出现了氧浓度峰。较高的过量空气系数导致炉内更高的氧含量，与实际运行情况相符。

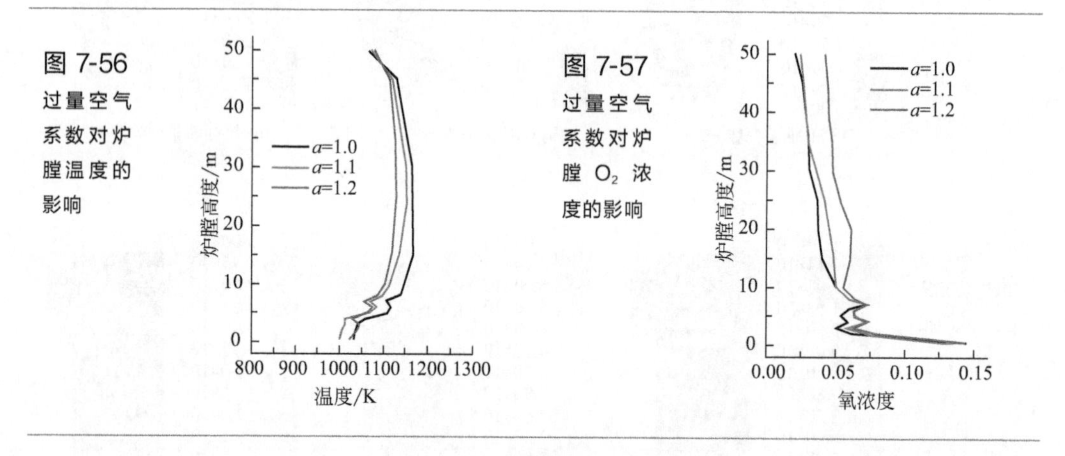

图 7-56 过量空气系数对炉膛温度的影响

图 7-57 过量空气系数对炉膛 O_2 浓度的影响

图 7-58～图 7-60 给出了炉内污染物 NO、N_2O 和 SO_2 与过量空气系数间的关系。由图 7-58 可知，随着炉膛高度的增加，炉内 NO 的含量呈现先上升后下降的趋势，浓度最大值出现在 5m 左右处。不同过量空气系数下 NO 的变化趋势基本相同，但随着过量空气系数的增大，炉内 NO 的含量有明显的增加。

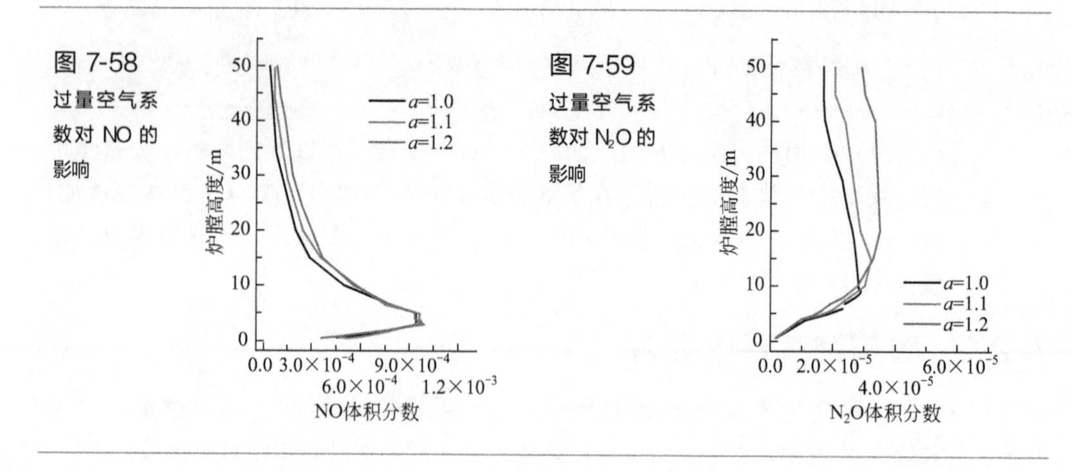

图 7-58 过量空气系数对 NO 的影响

图 7-59 过量空气系数对 N_2O 的影响

对于 N_2O，随炉膛高度上升，N_2O 的浓度先增后降。与 NO 不同的是，沿炉膛高度方向 N_2O 的浓度变化幅度较小，最高浓度出现在 10～20m 之间。随着过量空气系数的增大，炉内 N_2O 的含量也会增加（图 7-59）。

由图 7-60 可知，在给煤口高度处有大量的 SO_2 生成，随着炉膛高度上升，SO_2 的含量呈现先上升后下降的趋势，到达出口处可以降到较低的含量。与氮氧化物不同的是，过量空气系数的增加能起到降低 SO_2 排放的作用，与文献［3］中的结论一致。

可见，降低过量空气系数可以有效抑制 NO 和 N_2O 的排放，但会增加 SO_2 的排放。

7.2.3　二次风比例影响

为研究二次风比例对燃烧、污染物排放的影响，选取二次风比例（SA）分别为 0.45、0.55、0.65，其他因素保持不变进行二维计算。

图 7-61 给出了二次风比例对气相温度的影响规律。由图可看出，二次风比例的改变对炉膛温度有较明显的影响。随着二次风比例的增大，炉内不同高度处的温度均有所升高，适当增大二次风比例有利于炉内的燃烧。当到达炉膛出口位置时，不同过量空气系数下的温度差别较小。

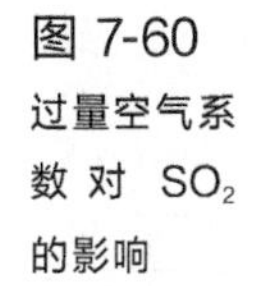

图 7-60 过量空气系数对 SO_2 的影响

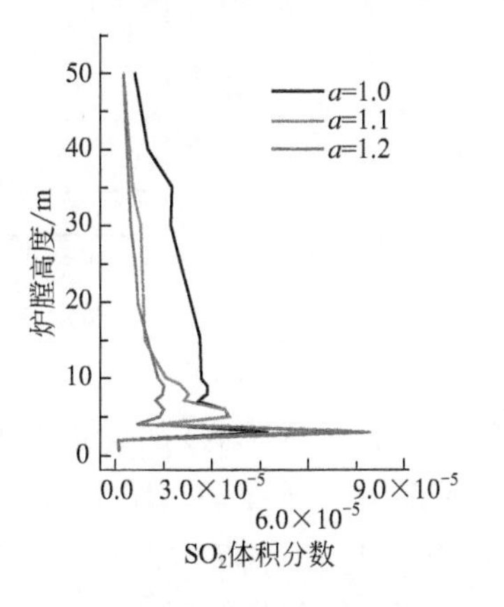

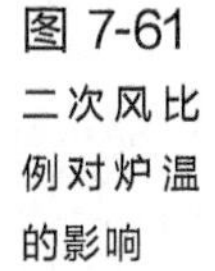

图 7-61 二次风比例对炉温的影响

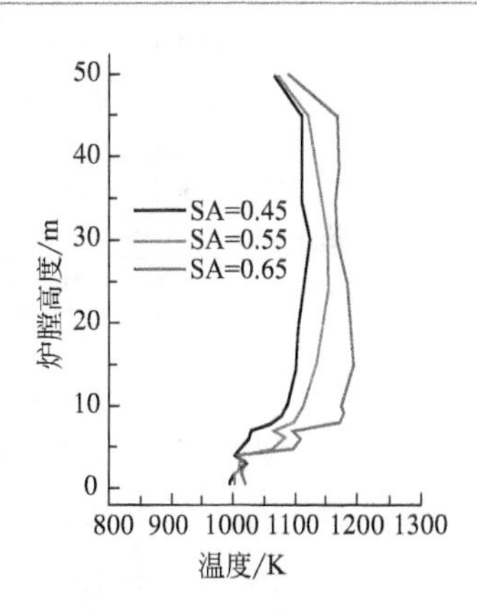

图 7-62 给出了二次风比例变化对炉内氧含量的影响。在下层二次风入口以下位置，二次风比例越高的工况其氧浓度越低；随着二次风的加入，炉内氧含量升高。可见二次风比例越高，炉膛底部氧浓度的变化幅度越大，越有利于产生还原区域。在炉膛出口，不同二次风比例下的氧含量差别不大，原因是总过量空气系数相同。

图 7-63～图 7-65 给出了炉内污染物 NO、N_2O 和 SO_2 与二次风比例之间的关系。由图 7-63 可知，随着二次风比例的增大，NO 的峰值降低，且

NO 的浓度峰会向下偏移，即浓度最高值出现在较低的炉膛高度处。在炉膛上部也呈现出二次风比例越高，NO 的浓度越低的规律。

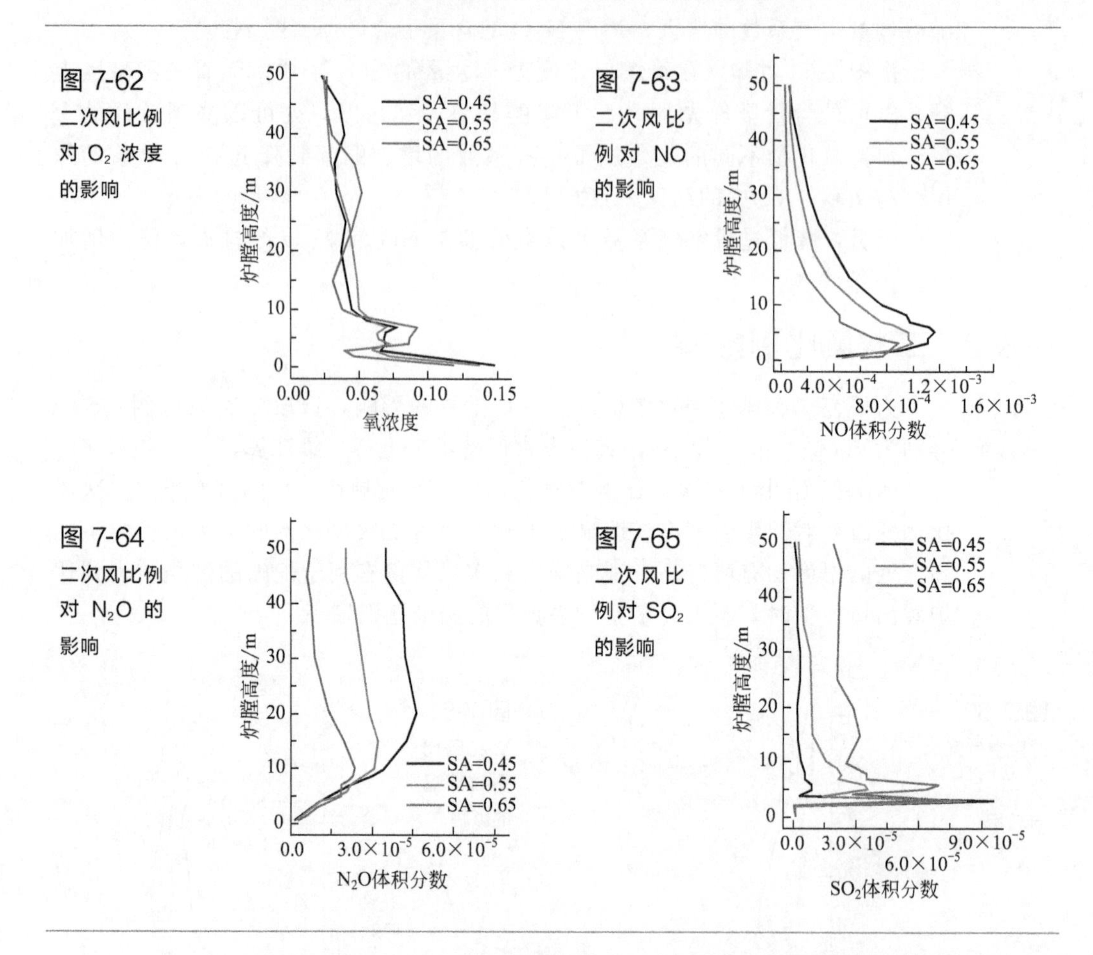

图 7-62 二次风比例对 O_2 浓度的影响

图 7-63 二次风比例对 NO 的影响

图 7-64 二次风比例对 N_2O 的影响

图 7-65 二次风比例对 SO_2 的影响

对于 N_2O，随着二次风比例的增大，炉内 N_2O 的含量有明显减少。由此，通过增大二次风比例可以有效降低 N_2O 的排放（图 7-64）。

图 7-65 给出了不同二次风比例下 SO_2 的分布。从图中可知，二次风比例增大会增加 SO_2 在炉内的含量，这与氮氧化物的变化规律相反。文献［3］给出了一次风率和脱硫效率的关系，认为脱硫效率随一次风率的增加而增大，即二次风比例越低，SO_2 的排放量越少，与模拟结果一致。

可见，计算锅炉运行条件下，增大二次风比例可以降低 NO 和 N_2O 的浓度，但同时增加 SO_2 的排放。

7.2.4 二次风高度影响

为研究二次风高度对燃烧、污染物排放的影响，设置了两组工况进行二维计算，下层二次风高度不变（4m），上层二次风高度分别为7m、9m，其他因素保持不变。

图7-66给出了二次风高度对气相温度的影响。由图可知，相对于过量空气系数和二次风比例，二次风高度变化对炉膛温度的影响较小。

图7-67给出了二次风高度变化对炉内氧含量的影响。由图可看出，两个二次风高度处对应两个氧浓度的峰值。上层二次风高度9m的工况下，炉膛底部的氧浓度更低，可以产生更明显的还原效果。在炉膛上部，不同二次风高度下的氧含量接近，原因是总过量空气系数相同。

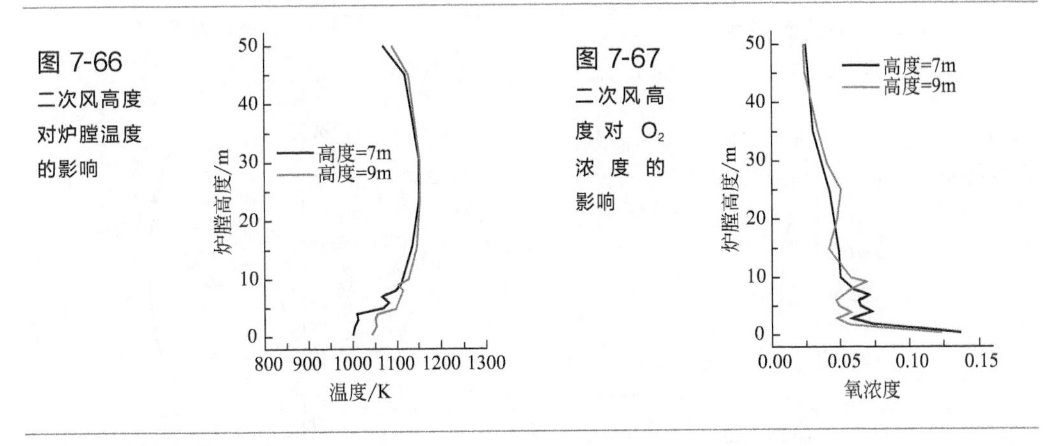

图7-66 二次风高度对炉膛温度的影响

图7-67 二次风高度对O_2浓度的影响

图7-68～图7-70给出了炉内污染物NO、N_2O和SO_2与二次风高度间的关系。根据图7-68和图7-69得知，上层二次风高度的升高对于降低NO和N_2O的含量都能起到一定的作用，但抑制氮氧化物的效果不如改变过量空气系数和二次风比例的作用明显。图7-70给出了不同二次风高度下SO_2的分布。由图可知，二次风高度的增大会导致炉内SO_2的含量增加。

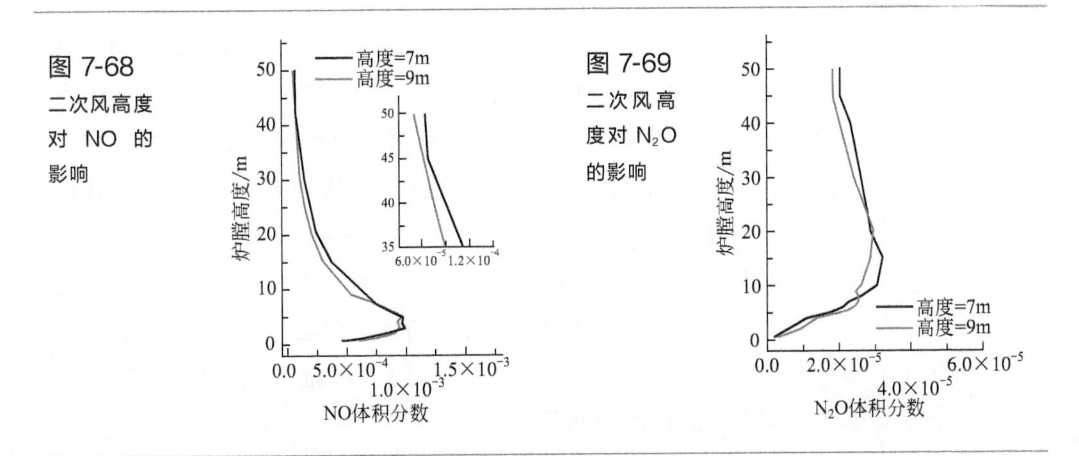

图7-68 二次风高度对NO的影响

图7-69 二次风高度对N_2O的影响

可见，抬高上层二次风高度有利于减少 NO 和 N_2O 的浓度，但不利于 SO_2 的减排。

7.2.5 床温影响

为研究床温对燃烧、污染物排放的影响，选取床温（T）分别为 880℃、920℃，其他因素保持不变进行二维计算。

图 7-71 给出了炉内气相温度的变化趋势。在炉膛底部，炉内温度差别不大；当炉膛高度在 10m 以上时，两个工况下的温差逐渐增大。在炉膛出口处，温差达到最大。

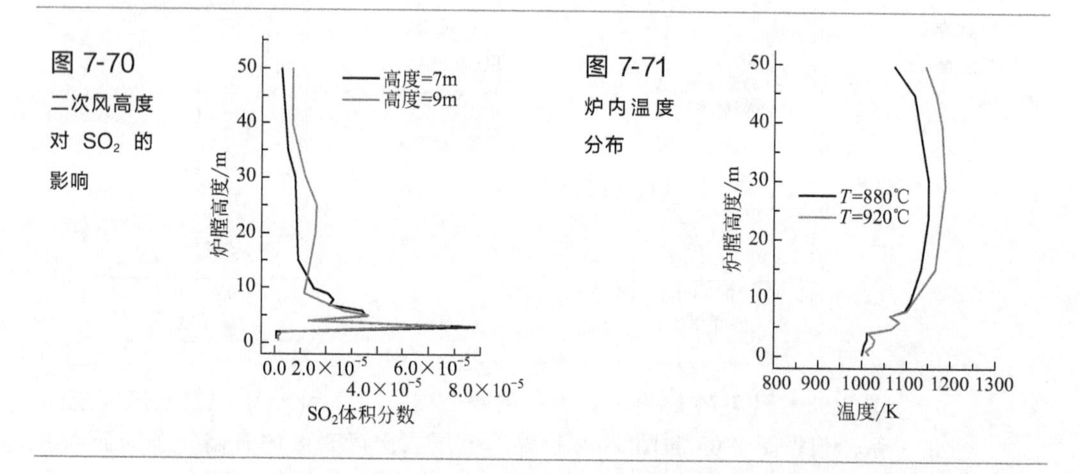

图 7-70 二次风高度对 SO_2 的影响

图 7-71 炉内温度分布

图 7-72 给出了床温变化对炉内氧含量的影响。由图可看出，炉膛温度较高时，消耗的氧量较大，920℃工况下的氧量更低，与实际运行情况相符。

图 7-73～图 7-75 给出了炉内污染物 NO、N_2O 和 SO_2 与床温间的关系。根据图 7-73 和图 7-74 可知，随着炉温的增大，NO 的浓度总体上有所升高；而 N_2O 则呈现出相反的趋势，较高的温度有利于抑制 N_2O 的排放。图 7-75 给出了不同炉温下 SO_2 的分布。炉膛温度升高会增加 SO_2 在炉内的含量，与文献［3］给出的结果一致。

可见，炉温升高会产生更多的 NO 和 SO_2，但有利于抑制 N_2O 的生成。

汇总比较不同工况下的计算结果，综合考虑炉膛温度、燃尽率以及 NO、N_2O、SO_2 的排放情况，可以得到设计、运行的过量空气系数、二次风比例、二次风高度和炉膛温度等推荐参数。

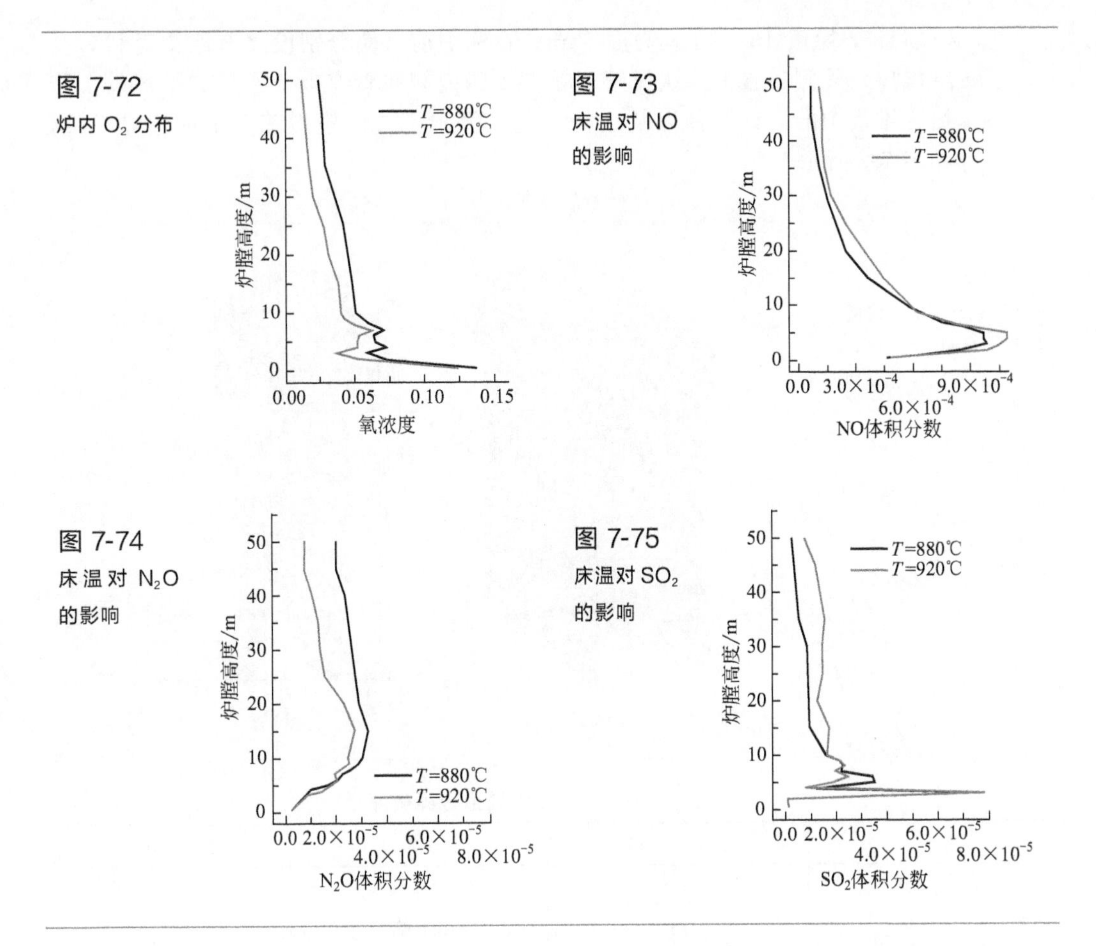

图 7-72 炉内 O_2 分布

图 7-73 床温对 NO 的影响

图 7-74 床温对 N_2O 的影响

图 7-75 床温对 SO_2 的影响

7.3　二次风交变运行对炉膛燃烧与产物的影响

煤在循环流化床锅炉中燃烧，其燃烧效率及燃烧污染物的形成和抑制与炉内气氛密切相关。为挖掘循环流化床炉内降低硫、氮污染物排放的潜力，控制二次风进入炉膛的间歇时间，采用炉膛交变气氛运行方式可能是一种方法。为探究炉膛交变气氛对燃烧和污染物生成的影响，利用二维当量快速算法，在二次风交替变化条件下对锅炉燃烧、污染物排放进行了预测。

研究对象为 660MW 超超临界循环流化床锅炉，通过二维当量快速计算方法将锅炉的三维空间结构转化为二维网格计算以减少计算量和时间。锅炉结构及二维网格示意图如图 7-76 所示。锅炉采用裤衩腿结构，炉膛深度

31.41m，宽度16.47m，高度55m；在锅炉前后墙分别设置有四个返料口与给煤口，外侧布置上二次风管，在裤衩腿内侧布置有上下两层二次风管。依据三维锅炉的设计煤种以及运行工况核算出了二维模拟工况下的边界条件，如表7-7所示。

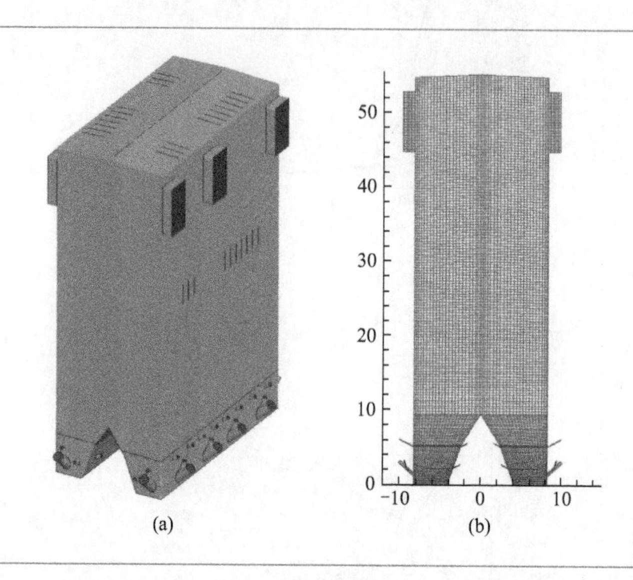

图 7-76
循环流化床锅炉二维网格结构（单位：m）

表 7-7　二维模拟边界条件

位置	速度/(m/s)	位置	速度/(m/s)
一次风	1.58	播煤风	4.35
上二次风	75	返料风	5.72
下二次风	75		

对炉内污染物形成与抑制规律交变气氛数值计算研究中，基于烟气在炉膛内的停留时间15s为间隔，对锅炉上、下层二次风进行交替变换。变换通过编写用户自定义函数（UDF）实现，以30s为一个周期；前15s，上、下二次风风速均为75m/s，后15s，上层二次风风速减为35m/s。设定的上、下二次风风速变化周期如图7-77所示。计算中首先对二次风正常送入工况进行非稳态数值模拟计算，结果稳定后导入二次风交变用户自定义函数(UDF)，对周期变化的二次风与二次风正常送入工况进行数值模拟计算。

图7-78为循环流化床炉膛出口NO、N_2O、SO_2、CO、O_2和固定碳含量在二次风交变周期随时间的变化曲线。图中阴影区域代表上层二次风风速为75m/s的运行区间，白色区域代表上层二次风风速减为35m/s，同时下层二次风风速增加到155m/s的运行区间。从图中可以看出，二次风交变进入炉膛与二次风连续进入炉膛工况相比，炉膛出口各组分随时间的变化波动规

律比较接近，从图 7-78(a)、(b) 中可以发现对于 NO 和 N_2O，在二次风由连续送入转变为交变送入时的前两个时间周期内，NO、N_2O 的排放较原来增加，在随后的三个时间周期内，NO、N_2O 的排放量较二次风连续送入减小；图 7-78(c) 的结果显示，二次风交变会使循环流化床炉膛出口 SO_2 的排放量在交变的第四、第五周期增加；图 7-78(d)～(f) 为炉膛出口 CO、O_2 和固定碳含量随时间的变化，在二次风交变条件下 CO、O_2 和固定碳含量均减少，表明循环流化床锅炉的燃烧效率有所提高。

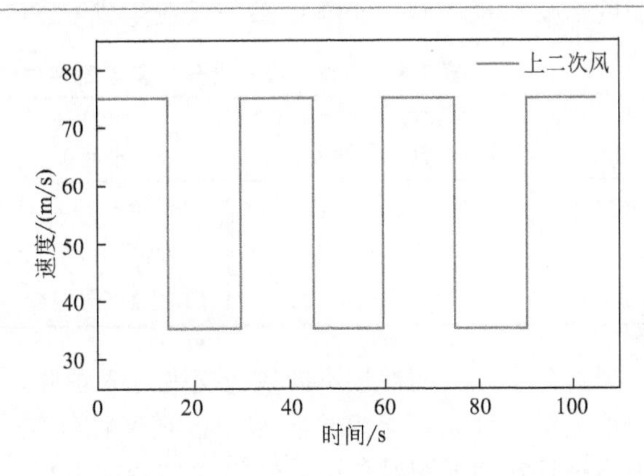

图 7-77
模拟计算上、下二次风风速变化周期设定

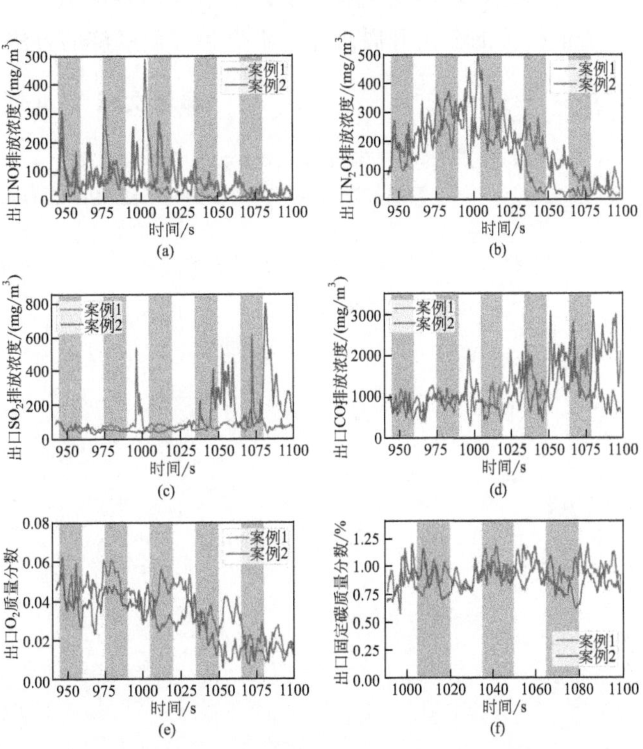

图 7-78
炉膛出口各组分含量随时间的变化
（案例 1 二次风连续送入，案例 2 二次风交变送入）

表 7-8 为炉膛出口各组分在监测时间内含量的平均值。可以看出，二次风交变方式送入炉膛与二次风连续进入炉膛相比，燃烧效率略有提高，NO、N_2O 的排放略有降低，但 SO_2 的排放略有升高。炉膛底部区域上、下二次风交变运行时，对炉膛密相区域的气固两相流扰动加强，有助于炉膛密相区中的煤炭颗粒燃烧。根据计算，NO、N_2O 浓度最高的区域为上层二次风口区域，当上层二次风风量减少时，NO、N_2O 的生成量减少，使得出口 NO、N_2O 的排放减少；二次风交变条件下炉膛稀相区的空气量相对减少，而 SO_2 的脱除需要一定的 O_2 和 CaO 参与反应生成 $CaSO_4$。

表 7-8　炉膛出口各成分含量监测平均值

炉膛出口监测项	二次风连续送入炉膛	二次风交变送入炉膛	炉膛出口监测项	二次风连续送入炉膛	二次风交变送入炉膛
NO 浓度/(mg/m^3)	63	55	CO 浓度/(mg/m^3)	1282	1030
N_2O 浓度/(mg/m^3)	172	148	O_2 质量分数/%	3.57	2.84
SO_2 浓度/(mg/m^3)	89	124	固定碳质量分数/%	0.917	0.887

通过二次风周期性按不同风量交变送入炉膛，利用二次风交变配风在炉膛内形成交变气氛，增强炉膛密相区还原性气氛，降低炉内氮氧化物排放。考虑模拟计算工况相对偏少，结果供参考。不过，针对一个新思路预先采用数值模拟的方法开展研究，不失为方便经济的方法。

参考文献

[1] 许霖杰．超/超临界循环流化床锅炉数值模拟研究 [D]．杭州：浙江大学，2017.

[2] 程伟，宋刚，周旭，等．350MW 超临界循环流化床锅炉运行特性研究 [J]．东方电气评论，2016，30 (4)：38-42.

[3] 岑可法．循环流化床锅炉理论设计与运行 [M]．北京：中国电力出版社，1998.

第8章

大型循环流化床锅炉运行问题数值分析讨论

（本章彩图请扫描右侧二维码下载。）

随着循环流化床锅炉的大型化，设计运行中呈现了各种问题。在试验困难、试验方法局限性条件下，采用数值模拟方法针对问题开展模拟计算、变参数分析，不失为一种有效的方法。本章针对近年来大型循环流化床锅炉研发、运行中出现的一些问题基于数值模型开展计算研究，给出了数值回答，包括双布风板炉膛翻床机理与控制，床存量、粒径对炉膛压降的影响，多分离器循环回路回料失衡对炉膛气固流场的影响，布风板布风对回料率的影响，受热面磨损与防磨梁布置，高碱煤燃烧受热面沾污问题。

数值模拟结果的体现包括针对问题的数值和变化趋势。考虑问题分析时条件不同，具体结果的数值存在误差，但结果的变化趋势特别是局部区域分布和变化特性对锅炉的设计和运行具有指导意义。

8.1 双布风板/裤衩腿型循环流化床的翻床与控制

8.1.1 裤衩腿炉膛翻床特性

对于双布风板/裤衩腿型循环流化床锅炉，下部密相区被分隔为两个彼此独立的“支腿”炉膛，当两侧炉膛内流动存在差异时，会出现一侧炉膛向另一侧炉膛持续倒料的现象。当一侧被吹空，大量床料堆积到另一侧炉膛中而无法被流化时，即发生双布风板型炉膛的翻床事故。这在运行中是必须避免的。

为此，在双布风板/裤衩腿炉膛翻床试验台（图 8-1）上开展了裤衩腿炉膛翻床特性研究。试验系统一次风由两路独立的布风系统分别供入炉膛下部左、右两个“支腿”炉膛，两侧一次风风道分别设置有翼型流量计在线测量各自的风流量；在两裤衩腿炉膛上沿高度分布了 8 层压力测口（图 8-2），各测点压力通过压力变送器和数据采集仪实现风室压力和床压的在线测量。

双布风板/裤衩腿型炉膛正常运行时的风量和压力动态曲线见图 8-3。此时裤衩腿系统处于自平衡状态，总流化风比较均匀地分配进入两侧支腿炉膛，两侧支腿炉膛内的床料均被均匀流化。左、右侧一次风量围绕其平均值上、下波动，一侧风量的平均值约为总流化风量的一半，两侧平均风量偏差小于 5%，见图 8-3(a)。

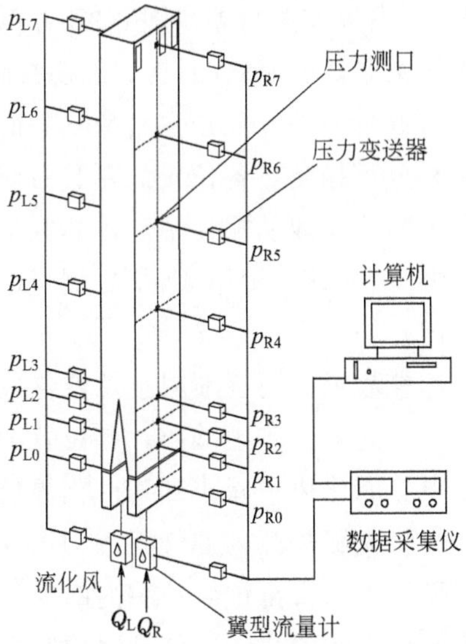

p_{L7} p_{L6} p_{L5} p_{L4} p_{L3} p_{L2} p_{L1} p_{L0}

p_{R7} p_{R6} p_{R5} p_{R4} p_{R3} p_{R2} p_{R1} p_{R0}

压力测口

压力变送器

计算机

数据采集仪

流化风

Q_L Q_R

翼型流量计

图 8-1 裤衩腿炉膛翻床试验系统图

第7层 z=5350mm

第6层 z=4250mm

第5层 z=3150mm

第4层 z=2050mm

第3层 z=950mm

第2层 z=550mm

第1层 z=150mm

布风板 z=0

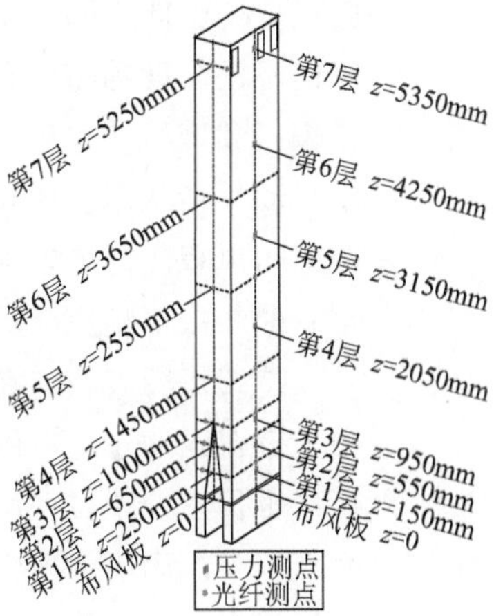

第7层 z=5250mm

第6层 z=3650mm

第5层 z=2550mm

第4层 z=1450mm

第3层 z=1000mm

第2层 z=650mm

第1层 z=250mm

布风板 z=0

压力测点

光纤测点

图 8-2 压力和光纤测点沿炉膛高度的分布

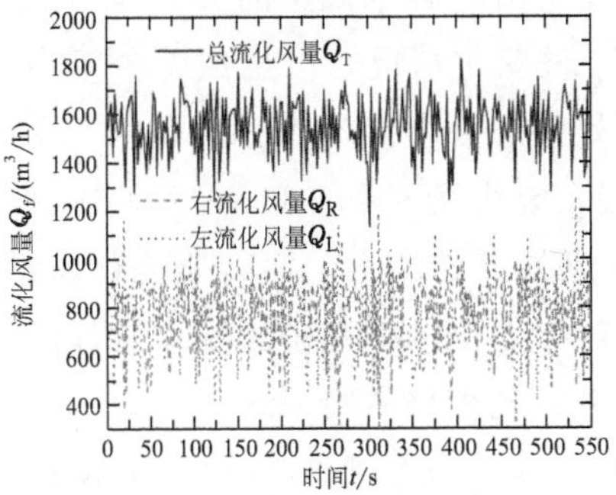

总流化风量Q_T

右流化风量Q_R

左流化风量Q_L

流化风量Q_f/(m^3/h)

2000 1800 1600 1400 1200 1000 800 600 400

0 50 100 150 200 250 300 350 400 450 500 550

时间t/s

(a) 流化风量偏差

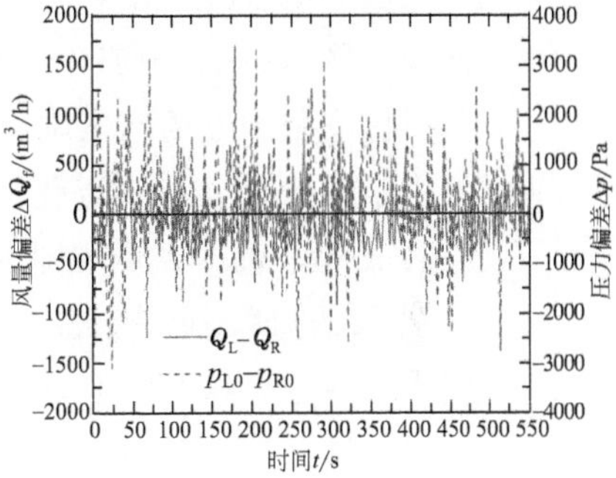

风量偏差ΔQ_f/(m^3/h)

2000 1500 1000 500 0 −500 −1000 −1500 −2000

压力偏差Δp/Pa

4000 3000 2000 1000 0 −1000 −2000 −3000 −4000

Q_L-Q_R

$p_{L0}-p_{R0}$

0 50 100 150 200 250 300 350 400 450 500 550

时间t/s

(b) 风室压力偏差

图 8-3 自平衡状态的风量-床压动态曲线

风量偏差ΔQ_f/(m^3/h)

2000 1500 1000 500 0 −500 −1000 −1500 −1200

压力偏差Δp/Pa

8000 6000 4000 2000 0 −2000 −4000 −6000 −8000

Q_L-Q_R

$p_{L1}-p_{R1}$　$p_{L2}-p_{R2}$　$p_{L3}-p_{R3}$

0 50 100 150 200 250 300 350 400 450 500 550

时间t/s

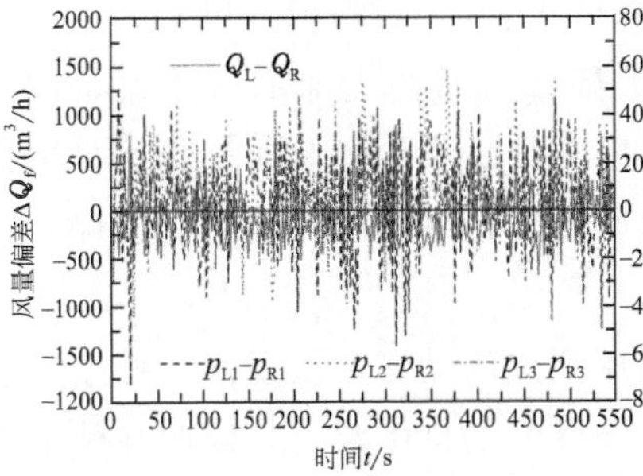

(c) 第1~3层床压偏差
(床压测点相对高度$h_{p,i}/H$=0.027、0.1、0.17)

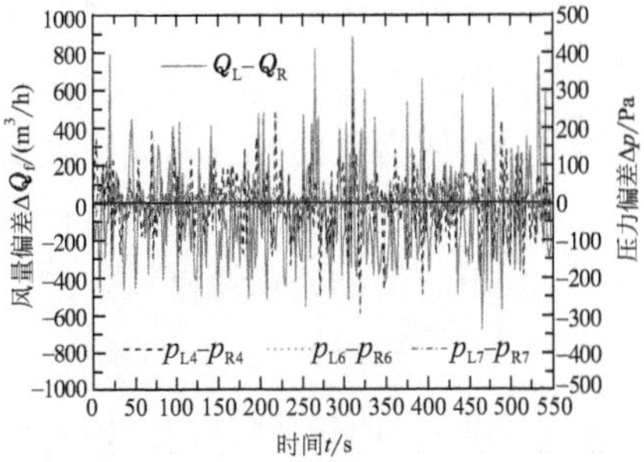

风量偏差ΔQ_f/(m^3/h)

1000 800 600 400 200 0 −200 −400 −600 −800 −1000

压力偏差Δp/Pa

500 400 300 200 100 0 −100 −200 −300 −400 −500

Q_L-Q_R

$p_{L4}-p_{R4}$　$p_{L6}-p_{R6}$　$p_{L7}-p_{R7}$

0 50 100 150 200 250 300 350 400 450 500 550

时间t/s

(d) 第4~7层床压偏差
(床压测点相对高度$h_{p,i}/H$=0.37、0.57、0.77、0.97)

图 8-3(b)～(d) 为左、右支腿的风量偏差和不同位置左、右侧炉膛压力偏差的对比。图 8-3(b) 为相应的左、右风室压力差，图 8-3(c) 为炉膛裤衩腿段 3 个轴向不同高度的左、右床静压差，图 8-3(d) 为炉膛裤衩腿以上3 个轴向不同高度的左、右床静压差。当裤衩腿炉膛处于自平衡状态时，两侧风量偏差和床压偏差值均以零点为中心上下振荡，各位置的左、右侧床压均处于自动平衡状态。比较不同高度床压偏差曲线的振荡幅度，其振幅随着测点距离布风板的高度增加而减小，其中图 8-3(d) 中第 4～7 层测点的两侧床压偏差曲线振荡幅度降低至 200Pa 以内。

持续运行表明，在保持其他运行参数不变而逐渐减小总流化风量的过程中，裤衩腿的左、右侧流化风量一开始能够同步地减小，各位置的左、右侧床压也仍然处于自平衡状态；但是当总流化风量减小到某一临界值以后，裤衩腿炉膛的床压平衡将瞬间恶化，两侧支腿炉膛内的气固流动出现差异，一侧炉膛内的床料持续地向另一侧炉膛迁移，直至该侧炉膛内的床料被全部吹空，而另一侧炉膛因过多床料堆积无法正常流化。这就是锅炉实际运行中俗称裤衩腿炉膛的“翻床”事故[1]。

图 8-4 为随总流化风量减小直至出现翻床现象的裤衩腿炉膛各参数动态曲线。图 8-4(a) 为流化风量的实时变化情况，可见试验台减小总流化风量时两侧支腿炉膛的流化风量一开始能够同步地减小。但是从 1075s 时刻开始发生了翻床现象，总流化风量 Q_T 减小到了约 1300m^3/h(空截面气速约为 1.32m/s)，此时左侧支腿的流化风量突然增大，而右侧流化风量随之减小；直至 1200s 时刻翻床结束，此时右侧流化风量几乎为零，全部流化风都从左侧支腿通过。从时间上看，整个翻床过程仅需约 125s。

由图 8-4(b)～(d) 的裤衩腿炉膛风室压力偏差和床压偏差动态曲线可见，翻床过程中的炉膛压力偏差与流化风量偏差的方向相反，这也反映了裤衩腿循环流化床在床料翻床过程中表现出来的阻力和风量的正反馈特性。如图 8-4(c) 中的曲线所示，当发生翻床时右侧支腿的床压大于右侧支腿，即右侧支腿的床料量大于左侧；根据能量最小原则此时流化风自然更多地从阻力较小的左侧支腿通过，如此又反过来将更多的床料带到右侧，这样循环作用的结果便形成翻床现象。

如图 8-4(d) 中第 4～7 层床压测点的动态曲线所示，由于试验台裤衩腿以上两侧炉膛合为一体，两侧的床料可以自由混合，因此在整个翻床过程中裤衩腿以上高度的左、右侧床压偏差动态曲线始终处于均值为零的小幅度振荡状态。

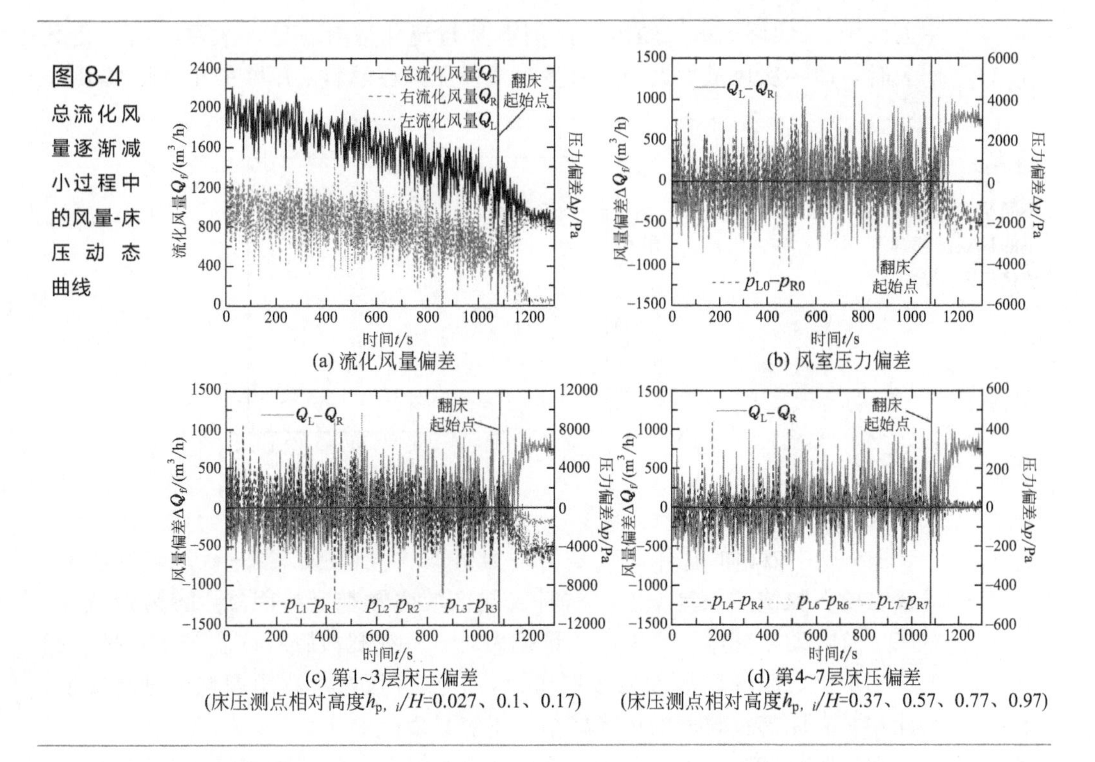

(a) 流化风量偏差　　(b) 风室压力偏差

(c) 第1~3层床压偏差（床压测点相对高度$h_{p,i}/H$=0.027、0.1、0.17）

(d) 第4~7层床压偏差（床压测点相对高度$h_{p,i}/H$=0.37、0.57、0.77、0.97）

图 8-4 总流化风量逐渐减小过程中的风量-床压动态曲线

总结各工况的运行状态，可以归纳得到一次风流化数（F_{PA}）和裤衩腿段压降占总压降的比例（P_{pl}）两个参数对裤衩腿循环流化床的运行状态起重要作用，是比较关键的因素。其中，一次风流化数是通常意义上的流化数扣除了二次风部分，总压降包括床内料层压降和布风板压降。两参数的计算如下：

$$F_{PA}=\frac{Q_{PA}}{Au_{mf}} \tag{8-1}$$

$$P_{pl}=\frac{\Delta p_{pl}}{\Delta p_d+\Delta p_{pl}+\Delta p_s} \tag{8-2}$$

式中，Q_{PA}为一次风量；A 为炉膛截面积；u_{mf}为临界流化风速；Δp_{pl}为裤衩腿段料层压降；Δp_d 为布风板压降；Δp_s 为裤衩腿以上至炉顶的床层压降。

图 8-5 给出了以 F_{PA}和 P_{pl}两参数为横、纵坐标对各工况的分析变化图。由图可见，F_{PA}和 P_{pl}两参数对运行状态有较大影响。图中方形工况点表示试验台处于自平衡运行状态，圆形工况点表示试验台处于非自平衡运行状态（若不控制则系统会发生翻床）。可见，试验台自平衡状态基本上出现在流化数较大、裤衩腿压降比例较小的参数范围内（图中的右下区域），而翻床状态比较容易出现在流化数较小、裤衩腿压降比例较大的参数范围内（图中的

左上区域)。实际上裤衩腿压降比例本身与流化数有一定的关系，当流化数增大时，即一次风量增大，此时裤衩腿段压降占总料层压降的比例将减小。

图 8-5
不同风速和床压下的裤衩腿循环流化床运行状态

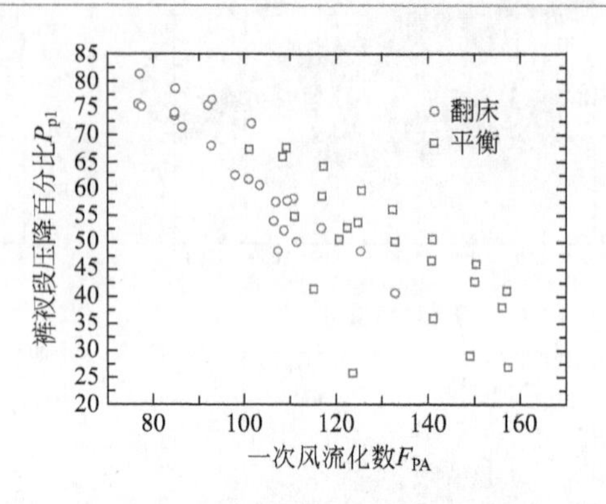

图 8-5 中数据的整体趋势是斜率为负的一次函数。当一次风量较小时，裤衩腿段颗粒浓度较高，左、右裤衩腿区域内颗粒交换困难，容易造成左、右床压差，发生翻床；当一次风量较大时，裤衩腿段颗粒浓度较小，裤衩腿上部到炉顶之间的区域颗粒浓度增大，而该区域左、右侧颗粒可进行交换，因此左、右床裤衩腿段的压降减小，不容易发生翻床。

在试验台试验范围内，当一次风流化数大于 120、裤衩腿段压降比例小于 50%时，试验裤衩腿基本处于自平衡运行状态；当一次风流化数小于 100、裤衩腿段压降比例大于 70%时，裤衩腿段将会发生翻床；在两个区域之间时，处于过渡状态。

影响裤衩腿循环流化床系统运行状态的参数除了上述几个以外，例如二次风量、风道和阀门阻力、裤衩腿段高度等参数也存在一定的影响。

对于裤衩腿循环流化床锅炉，如果能处于自平衡运行状态是最理想的状态，此时系统能够平稳运行而无需任何人为控制。不同的裤衩腿循环流化床系统由于其床料物性粒径、供风系统压力流量特性、布风板等阻力件压降、料层压降等参数不同，其处于自平衡运行状态的参数也不同。实践中可通过锅炉冷态试验得到相应的自平衡运行状态参数范围。

8.1.2 避免翻床的控制运行

为研究裤衩腿的翻床过程，在试验台上建立了床压平衡控制系统，采用可编程逻辑控制器（programmable logic controller，PLC）实现控制。控制系统实时采集裤衩腿两侧支腿的流化风量，对流化风量偏差进行逻辑计算后输出控制信号调节两个流化风阀门的开度。当试验台出现翻床状况时，床压平衡控制系统将根据左、右流化风量的偏差自动调整左、右流化风阀门的开度，使左、右支腿炉膛的风量恢复平衡从而控制床压平衡。

图 8-6 为试验台裤衩腿在非自平衡状态下通过床压控制系统进行流化风量控制的运行参数动态曲线。由图 8-6(a) 可见在系统控制下左、右两侧的流化风量动态曲线为两条周期相同、相位相差半个周期的波动函数，函数周期约为 90s。当一侧曲线处于波峰时另一侧曲线则处于波谷，总流化风量基本保持恒定。

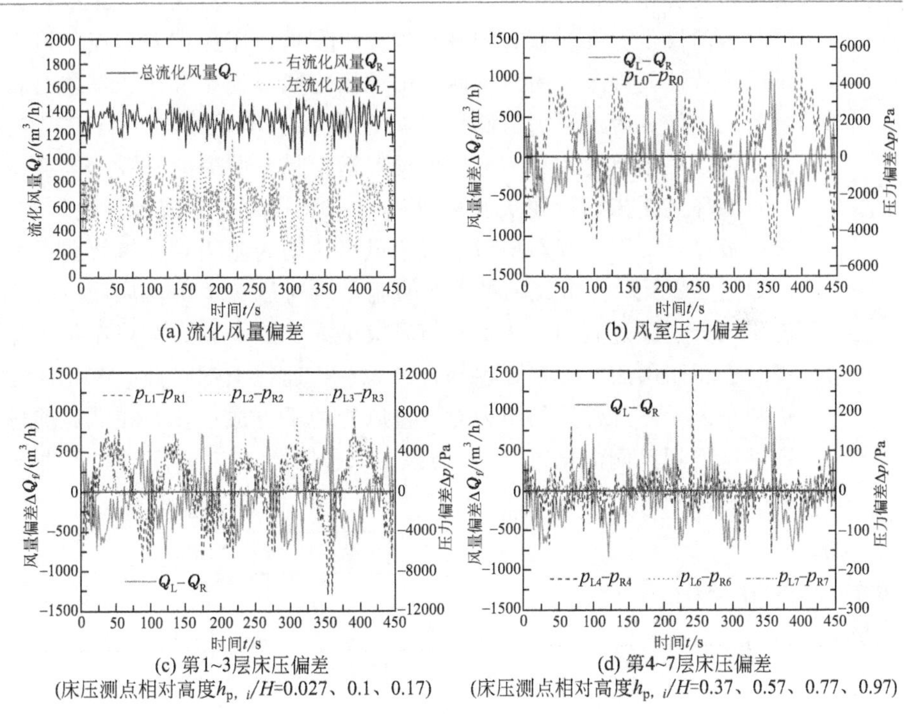

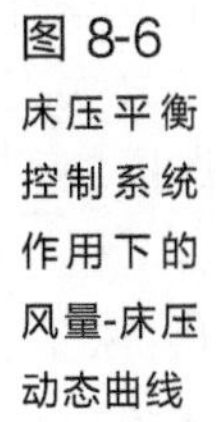
图 8-6 床压平衡控制系统作用下的风量-床压动态曲线

图 8-6(b) 和（c）中的炉膛两侧风室压力偏差和裤衩腿区第 1～3 层测点床压偏差动态曲线同样为周期波动函数，波动周期与两侧流量偏差波动曲线的周期相同，但相位相差半个周期。可见调节阀门开度的方法实际上是利用两个阀门的阻力平衡裤衩腿内的料层阻力偏差，使得裤衩腿两条并行流道的总阻力相同，实现两侧流量和床压的平衡。

从图 8-6(d) 中第 4～7 层测点的曲线可看出，裤衩腿以上的炉膛区域两侧床压偏差曲线始终处于均值为零的小幅度振荡状态，可见两侧炉膛的物料交换主要发生在 $z=2050$mm 高度（第 4 层测点）以下，该高度以上的炉膛左右侧颗粒分布不受下部翻床过程的影响。

实际过程锅炉中解决翻床的措施除了调整一次风阀门外，还可以通过左右床排渣量、左右床给煤量、二次风量等方式进行调整。但是让系统进入自平衡状态运行是锅炉平稳运行的第一选择。

8.1.3 裤衩腿运行平衡状态分析

裤衩腿炉膛在某些工况参数下具有一定的床压自平衡特性，在自平衡状态下两侧支腿的流化风量和床压均处于动态平衡，某一瞬时两侧支腿的流化风量和床压偏差会相互纠正使系统自动平衡。这种自平衡特性会随运行工况的变化而变化，比如在自平衡状态下持续减小总流化风量最终将会导致裤衩腿翻床的发生。在裤衩腿的翻床过程中发现，床压偏差和流化风量偏差具有正反馈特性，即某一瞬时两侧支腿的流化风量偏差和床压偏差会相互放大直至系统失衡。因此，裤衩腿炉膛内的床料平衡状态与运行工况是直接相关的，可以根据流化风量和床压数据对运行状态做理论分析。

循环流化床裤衩腿炉膛可以视为两个并联气固流动通道，阀门、风室、布风板以及支腿炉膛料层对于流化风来说均为阻力件。裤衩腿系统的阻力组成如图 8-7 所示。由鼓风机送出的流化风通过一个等压风箱一分为二，两路流化风分别经过阀门、风室和布风板进入支腿炉膛，两路流化风穿过支腿炉膛的密相床层后在裤衩腿顶部合二为一，通往上部炉膛。流化风在阀门、管道和布风板等部件处的阻力与流量风量的平方成正比，在试验前进行空床标定可以得到单侧流化风量 Q_f 与该布风板阻力 Δp_d 之间的关系曲线。

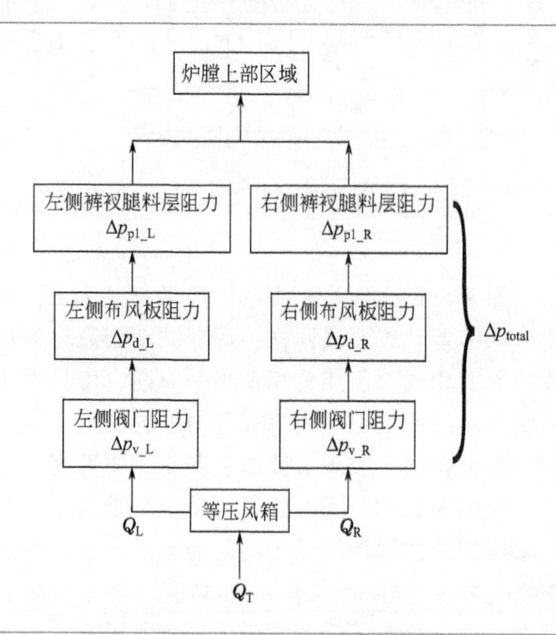

图 8-7
裤衩腿炉膛系统的阻力组成

如果系统阻力只有布风板阻力一项，则气流在两个支腿炉膛之间均匀分布。这是因为当任何一侧的风量大于另一侧时，该侧的布风板阻力便大于另一侧，根据“能量最小化”原则，更多的气流将自动分配进入阻力较小的另一侧布风板。只有两侧风量相等时，两侧布风板的阻力才相等，系统总阻力最小，此时气流通过布风板的能量损失最小。

流化风在支腿炉膛内对床料进行流化，流态化的床料颗粒对流化风的料层阻力与颗粒悬浮浓度有关。若维持某一静止床料高度恒定，逐渐增大流化风量将使炉膛底部裤衩腿的颗粒更多地被气流携带至炉膛上部空间，使得裤衩腿区颗粒悬浮浓度减小，炉膛上部区域颗粒浓度增大。

因此，不同静止床料高度 H_0 条件下，裤衩腿料层阻力 Δp_{pl} 随着流化风量 Q_f 的增加而减小，且流化风量对裤衩腿料层阻力的影响随着静止床料高度的增加而减弱。风道上的阀门和风室等阻力件的阻力特性与布风板相似，均与风量的平方成正比，且阻力相对于布风板而言较小，可将裤衩腿并行流道系统的总阻力 Δp_{total} 简化为布风板阻力 Δp_d 和裤衩腿料层阻力 Δp_{pl} 之和。

$$\Delta p_{total}=\Delta p_d+\Delta p_{pl} \tag{8-3}$$

图 8-8 给出了不同静止床料高度时裤衩腿系统总阻力随流化风量的变化规律，可见系统总阻力的曲线为倒置的抛物线。从系统总阻力的抛物线形式上可以分析炉膛裤衩腿部分的运行状态。在抛物线对称轴右侧，系统总阻力随着一侧流化风量的增加而增大，两者为负反馈关系。当有微小波动使一侧风量大于另一侧时，将引起该侧阻力增大，因此两侧的风量和床压都将保持相等，裤衩腿此时具有自平衡特性。在抛物线对称轴左侧，系统总阻力随着一侧流化风量的增加而减小，两者为正反馈关系。当有微小波动使一侧风量大于另一侧时，将引起该阻力减小，阻力又将反馈回去给风量，最终系统有两个结果：一是在一侧风量减小另一侧增大的过程中，风量增大的一侧越过了抛物线对称轴，系统总阻力增加，而风量减小的一侧尚未衰减为零，此时两侧支腿风量分别位于抛物线对称轴两侧，理论上系统可以存在稳定状态，虽然风量存在较大偏差，但是系统总阻力可以是平衡的；二是在一侧风量减小另一侧增大的过程中，风量减小的一侧衰减为零，而另一侧风量无法到达对称轴右侧，或者已经到达对称轴右侧但是系统总阻力无法与另一侧支腿抗衡，最终都将导致裤衩腿的翻床。

此外，对比图 8-8(a)～(d) 可以看出，静止料层越薄，影响越大。炉膛静止床料高度的不同主要影响了裤衩腿料层阻力的曲线斜率，静止床料高度越高，炉膛底部裤衩腿区域的颗粒浓度越高，受流化风量的影响越小。因此，裤衩腿炉膛发生翻床的临界总流化风量随着静止床料高度的增加而减小，静止床料高度 H_0 从 300mm 增加到 600mm 的过程中，翻床临界总流化风量 Q_T 从 $1802m^3/h$ 减小到了 $804m^3/h$。

图 8-8 不同静止床料高度下裤衩腿系统总阻力与流化风速的关系

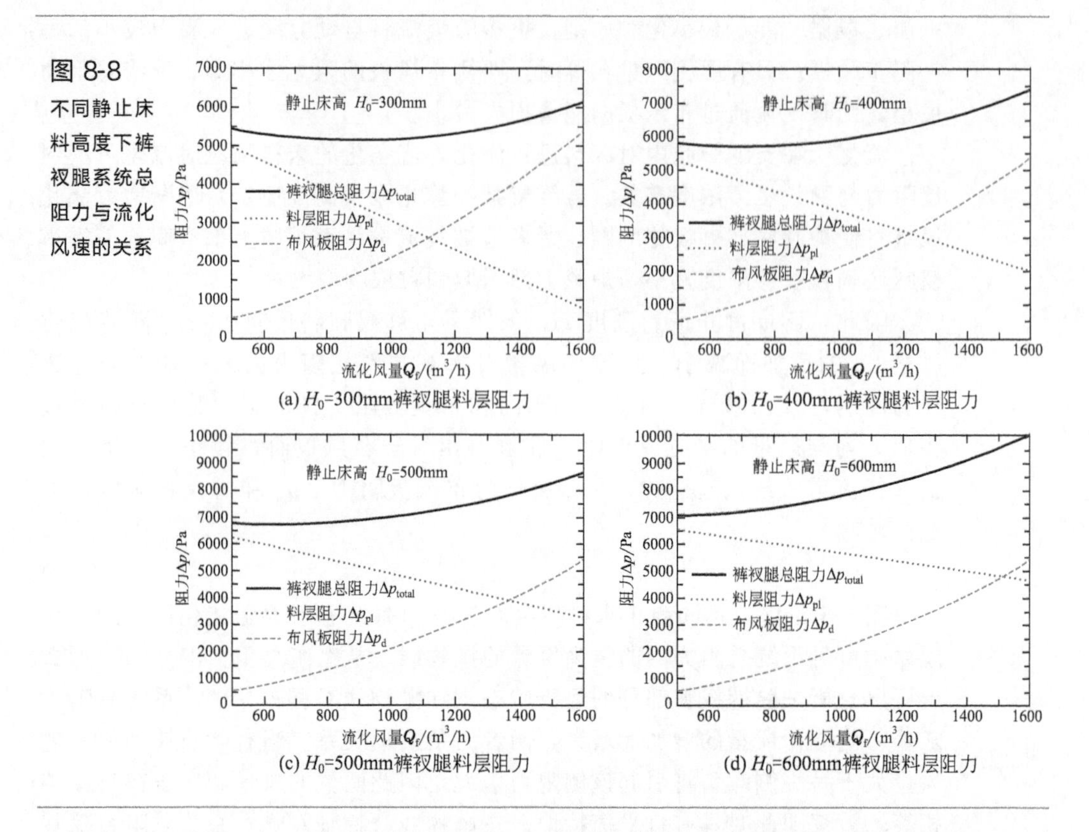

(a) H_0=300mm裤衩腿料层阻力

(b) H_0=400mm裤衩腿料层阻力

(c) H_0=500mm裤衩腿料层阻力

(d) H_0=600mm裤衩腿料层阻力

另一方面，系统总阻力与流化风量的正反馈特性主要由料层阻力引起，布风板阻力在系统总阻力中则起到抵消料层阻力的正反馈特性作用，将系统引向平衡状态。因此，翻床临界状态下的布风板阻力在系统总阻力中所占的比例能够反映该裤衩腿系统的自平衡性能。布风板阻力所占的比例越大，说明裤衩腿系统本身的自平衡性能越差，供风系统为了保证床压平衡需要在布风板处消耗更多的能量。如图 8-8(a) 所示，H_0＝300mm 工况临界状态的布风板阻力比例高达 33.2%，而 H_0＝600mm 工况该比例仅为 4.8%。

总体来说，双布风板/裤衩腿循环流化床锅炉具有如下特点：

① 循环流化床裤衩腿炉膛具有自平衡特性，总流化风量能均匀地分配进入两侧支腿炉膛，两侧风量偏差和床压偏差曲线值均为以零点为中心的振荡曲线，各位置的左右侧床压处于自动平衡状态。不同高度床压偏差曲线的振幅随着测点距离布风板的高度增加而减小。在自平衡状态下，通过减小总流化风量将使系统的平衡被破坏而引发翻床现象。

② 采用 PLC 控制系统可实现床压的平衡控制，根据左、右流化风流量偏差进行逻辑计算输出控制信号调整左右流化风阀门的开度，能够有效地控

制裤衩腿两侧的风量和床压的动态平衡。在系统控制下两侧的流化风量动态曲线为两条周期相同、相位相差半个周期的波动函数，当一侧曲线处于波峰时另一侧曲线则处于波谷，总流化风量基本保持恒定。

③ 裤衩腿系统的总阻力主要由布风板阻力和裤衩腿料层阻力组成，系统总阻力与单侧流化风量的关系曲线为倒置抛物线，抛物线的对称轴为裤衩腿系统的翻床临界点。当单侧风量处于对称轴右侧时，系统总阻力与风量之间为负反馈关系，裤衩腿具有自平衡能力；当单侧风量处于对称轴左侧时，系统总阻力与风量之间为正反馈关系，裤衩腿容易发生翻床。

④ 裤衩腿炉膛的静止床料高度越高，翻床临界状态的总流化风量越小，布风板阻力占系统总阻力的比例越小，裤衩腿系统本身的自平衡性能越好。

8.1.4　裤衩腿循环流化床锅炉防止翻床的设计与运行平衡策略

裤衩腿炉膛系统的翻床问题主要是由裤衩腿炉膛的料层阻力与流化风量的正反馈特性引起的，对裤衩腿炉膛的平衡策略主要针对减小这种正反馈特性进行。

对裤衩腿型循环流化床锅炉设计的 3 点建议如下：

① 保证裤衩腿炉膛两支腿一次风道的结构一致性，尽量减小锅炉两个一次风通道本身的结构差别，使两侧一次风道上的阻力特性基本相同。这些阻力包括一次风管道的沿程阻力，管道弯头、阀门、挡板的局部阻力和布风板阻力。

② 对于布风板开孔率、裤衩腿内墙高度、床料粒径、运行风速、一二次风配比等参数的设计应该考虑翻床问题。可以通过实炉测试或者根据设计经验建立阀门挡板阻力、布风板阻力、裤衩腿料层阻力的经验式，基于系统阻力分析方法计算出锅炉不同条件下的翻床临界状态参数，使锅炉设计运行工况处于该锅炉的自平衡区域。

③ 对于裤衩腿炉膛循环流化床的 DCS 控制系统应配合设计翻床状态控制功能，根据两侧风量和床压的变化自动调整两侧风门挡板的开度，以应对可能发生的床料翻床问题。

对裤衩腿型循环流化床锅炉运行的 4 点建议如下：

① 不同的裤衩腿循环流化床系统由于其床料物性粒径、供风系统压力流量特性、布风板等阻力件压降、料层压降等参数不同，其处于自平衡运行状态的参数也不同。建议在锅炉冷态调试试验中增加翻床试验，以得到相应的自平衡运行状态参数范围。

② 运行中注意布风板阻力的变化。对于经过长期运行的循环流化床锅炉可能存在风帽孔堵塞或磨损的情况，造成两侧布风板固有阻力特性失衡。因此在锅炉运行前要检查布风板，确保两侧布风板阻力特性相同。裤衩腿系统

是具有自平衡能力的，对于锅炉运行的首选策略是控制运行工况处于自平衡状态区域。

③ 运行中要注意保持两侧炉膛流动和燃烧参数的平衡，包括给煤量、石灰石投入量、排渣量、密相区床压、密相区温度和一二次风量。锅炉变负荷运行时，需要对给煤量等运行参数进行调整，此时系统便有可能进入翻床状态。实炉运行经验表明，锅炉低负荷运行时易发生翻床状况[2]。锅炉在降低负荷操作时，给煤量和送风量均相应减小，炉膛内的床料存量下降，单侧支腿的流化风量容易移到系统总阻力抛物线对称轴的左侧而引发翻床。因此在锅炉低负荷运行时，可以采用较大的一、二次风比例，增加炉底流化风量的比例，尽可能地利用布风板阻力的负反馈特性来抵消料层阻力的正反馈特性，使裤衩腿系统处于自平衡状态。

④ 一旦发生翻床，一侧炉膛的流化风量突然减小，床压急剧上升，此时可以通过增大该侧一次风挡板的开度，减小另一侧挡板的开度，利用挡板阻力弥补布风板阻力负反馈调节能力的不足。同时可以采取调整两侧炉膛的给煤量、石灰石量和排渣量等方法，直接改变炉内的床料存量，避免床料翻床引发严重的锅炉事故。需要强调的是，虽然有诸多翻床应对措施，但是使裤衩腿系统始终处于自平衡状态运行是保证锅炉安全运行的第一选择。

8.2 床存量、粒径对炉膛压降的影响

循环流化床中，床存量和粒径大小对炉膛内的浓度分布和压降存在影响，从而影响风机的运行功率。为研究循环流化床锅炉中不同静止床料高度、不同平均粒径条件对锅炉运行状态的影响，以某 660MW 超超临界循环流化床锅炉为例，基于双流体模型及 EMMS 曳力模型，采用 2 维快速模拟计算法进行了研究。

计算模拟工况如表 8-1 所示。

表 8-1 计算模拟工况

案例	静止床料高度/mm	平均床料粒径/μm	案例	静止床料高度/mm	平均床料粒径/μm
1	500	300	4	1600	300
2	800	300	5	1200	200
3	1200	300	6	1200	100

图 8-9 给出了床料粒径为 300μm，床料静止高度分别为 500mm、800mm、1200mm、1600mm 时炉膛颗粒浓度沿着床高的变化。炉膛床料

静止高度由 1600mm 减小到 1200mm 对稀相区的颗粒浓度降低影响较大，随着炉膛床料静止高度的减小，稀相区颗粒浓度下降，但下降幅度有所降低。

锅炉床料静止高度为 1200mm，固体颗粒粒径分别为 100μm、200μm、300μm 时炉膛颗粒浓度沿着床高的变化如图 8-10 所示。随着颗粒平均粒径的下降，炉膛稀相区的颗粒浓度增加。颗粒平均粒径为 100μm、静止床高为 1200mm 时稀相区的颗粒浓度水平与颗粒平均粒径为 300μm、床高为 1600mm 时稀相区的颗粒浓度水平相近。

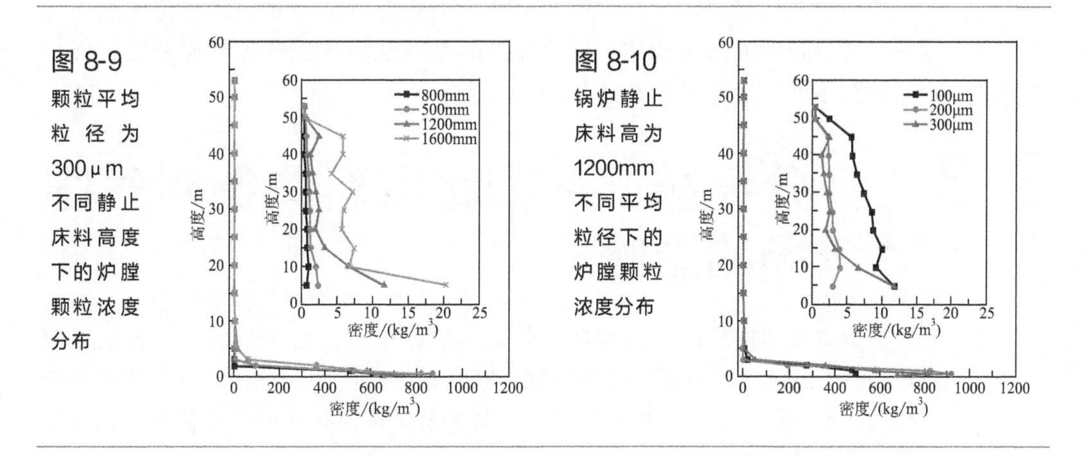

图 8-9 颗粒平均粒径为 300μm 不同静止床料高度下的炉膛颗粒浓度分布

图 8-10 锅炉静止床料高为 1200mm 不同平均粒径下的炉膛颗粒浓度分布

图 8-11 为床料粒径为 300μm，床料静止高度分别为 500mm、800mm、1200mm、1600mm 时炉膛压力沿床高的变化曲线图。图 8-12 为锅炉静止床料高为 1200mm，不同平均粒径下的炉膛压力分布。

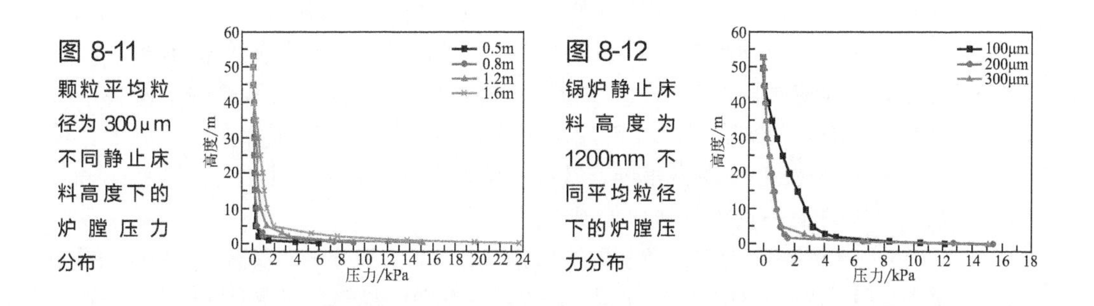

图 8-11 颗粒平均粒径为 300μm 不同静止床料高度下的炉膛压力分布

图 8-12 锅炉静止床料高度为 1200mm 不同平均粒径下的炉膛压力分布

图 8-13 给出了同一粒径不同静止床料高度下的炉膛总压降 Δp。随着床料高度的增加，炉膛总压降增加，此时所需的一次风机压头也随之增加。床料高度为 1200mm 时，不同粒径下的炉膛总压降 Δp 如图 8-14 所示。炉膛总压降值变化幅度较小。

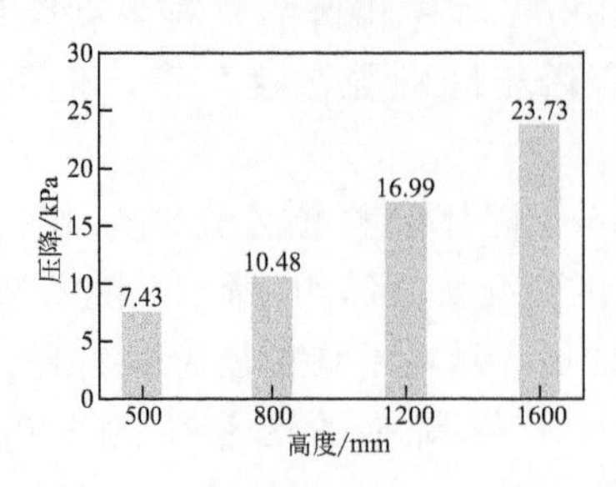

图 8-13 颗粒平均粒径为 300μm 不同静止床料高度下的炉膛总压降

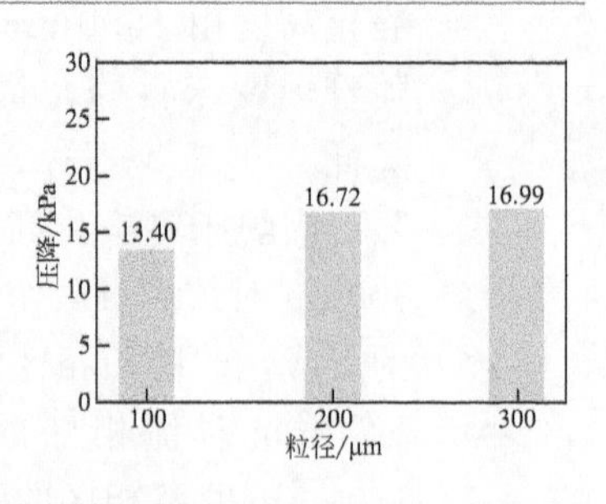

图 8-14 锅炉静止床料高度为 1200mm 不同平均粒径下的炉膛总压降

炉膛压降直接影响锅炉风机的能耗，上述分析结果对循环流化床锅炉运行的能耗分析具有参考作用。需要注意的是粒径对床压的影响要关注包括炉内气流对不同粒径颗粒的加速作用。

8.3 多分离器循环回路回料失衡对气固流场的影响

多分离器多循环回路的循环流化床锅炉系统中，由于某些不可预知的原因，当一个或几个固体颗粒循环回路中断时，炉膛内的局部固体颗粒浓度会发生变化，影响锅炉的安全性和稳定性。为了解循环流化床锅炉固体颗粒循环回路部分或全部中断时，炉膛内局部固体颗粒浓度的变化情况，以某六分离器六固体颗粒循环回路的循环流化床锅炉为研究对象开展了数值计算研究。

研究对象六分离器六循环回路循环流化床炉膛为双布风板结构，炉膛底部双支腿内外侧墙上分两层共设置了 38 个二次风口；左右两侧墙上各布置一排 8 个二次风口，左右两侧内墙二次风口分上下两层布置，上层各布置 5 个二次风口，下层各布置 6 个二次风口。炉膛顶部六个旋风分离器成中心对称分布，对应炉膛底部的六个回料口，其中对应中间分离器的两个回料口布置在左、右墙上，另外四个对应两边分离器的回料口则布置在前后墙上。炉内设有中隔墙和 16 块悬吊屏，其中中隔墙位于炉膛中心且平行于左、右墙，从双支腿顶部一直贯穿到炉膛顶部。

图 8-15 给出了计算对象的网格划分情况。网格划分中，双支腿密相区和分离器圆锥段采用四面体非结构化网格，二次风管和回料管采用楔形网格进行局部加密，炉膛上部稀相区、悬吊屏区、水平烟道、分离器直筒段和立管采用六面体网格。考虑边界层的影响，悬吊屏区和无悬吊屏区的边壁区域均进行了网格加密。

模拟计算模型选用欧拉双流体非稳态模型，锅炉系统物料的外循环过程计算采用 UDF 自定义函数实现。在模拟过程中，监视炉膛出口的固体颗粒质量流率。图 8-16 为循环流率随时间的变化曲线。由图可见，模拟时间达到

60s 后，循环流率趋于稳定，可认为炉内的气固流动达到了稳定状态。

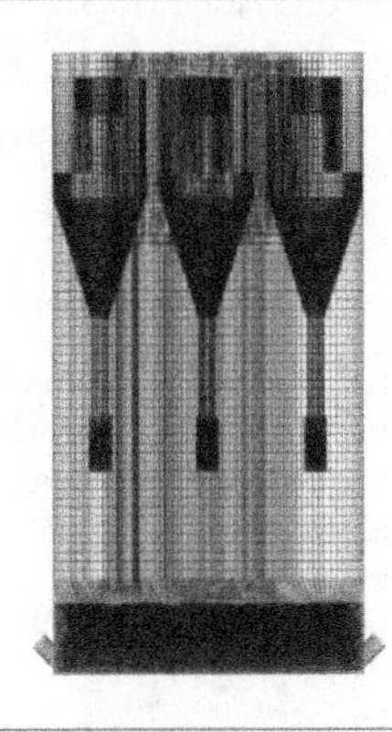

图 8-15 网格图（侧视图）

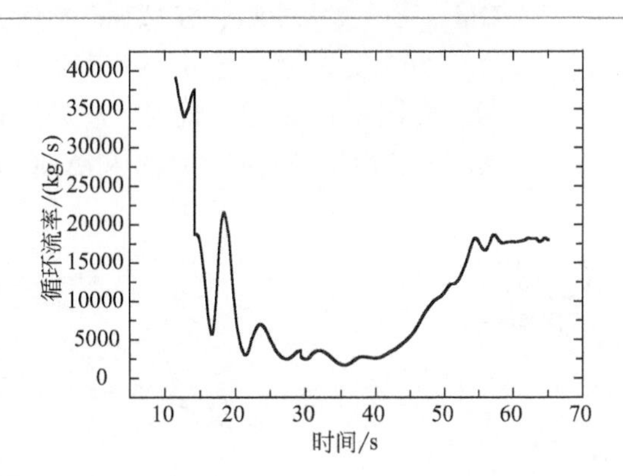

图 8-16 循环流率随时间的变化曲线

模拟回路中断数值模拟从 65s 开始，即在 $t=65$s 时，将需要中断回路的回料器出口原流动设置为断路，同时将对应回料口的气固两相进口速度均设为 0，使得该循环回路停止回料，模拟冷态试验中的回路中断工况。参数设定完成后，模拟计算继续进行，直到系统再次达到稳定状态。

图 8-17 为循环回路中断前数值模拟达到平衡时炉膛固体颗粒悬浮浓度沿轴向高度的分布与试验结果的对比。从图中可见，颗粒悬浮浓度以“双支腿”上平面为界，下部为颗粒悬浮浓度较高的密相区，上部为颗粒悬浮浓度较低的稀相区，与循环流化床锅炉炉内轴向固体颗粒悬浮浓度的典型分布规律一致。密相区内，颗粒悬浮浓度较大；稀相区内，固体颗粒悬浮浓度随炉膛高度的增加而缓慢降低；在炉膛顶部区域，因受炉膛出口的影响，固体颗粒悬浮浓度降低。

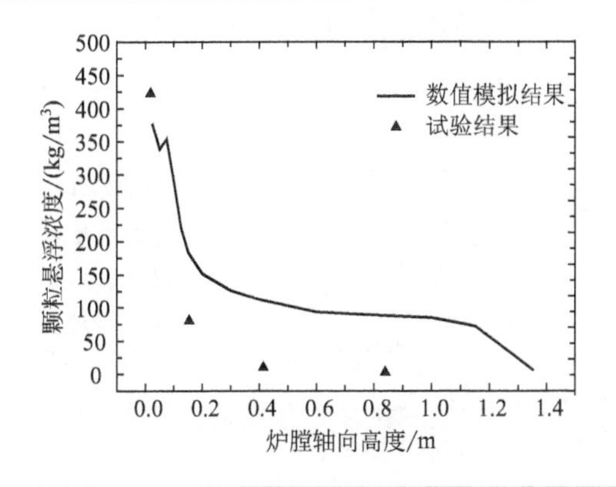

图 8-17 颗粒悬浮浓度轴向分布的模拟与试验结果对比

该数值模拟结果在炉内固体颗粒悬浮浓度沿轴向整体分布规律方面与试验结果相比较为一致，且密相区颗粒悬浮浓度与试验数据较为吻合，但稀相区颗粒悬浮浓度较试验结果偏大。其原因在于模拟计算中曳力模型采用了 Gidaspow 曳力模型，模拟循环流化床锅炉炉内的气固流动存在一定缺陷。

为方便讨论，将 6 个分离器循环系统的 6 条物料外循环回路进行了编号，如图 8-18 所示。同时，将炉膛轴向对应各条外循环回路划分为了 ALA、ALB、ALC、ARA、ARB 和 ARC 共六个区域。

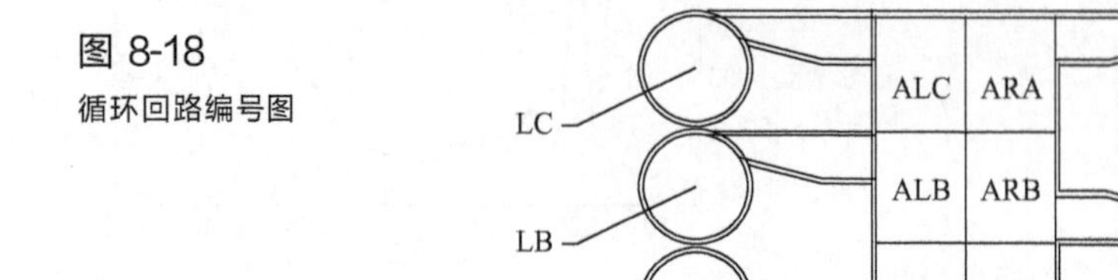

图 8-18
循环回路编号图

8.3.1 单条循环回路中断受阻的影响

取轴向相对高度 0.25～0.40 的部分体积为研究对象，记录其颗粒悬浮浓度随中断时间的变化，结果如图 8-19 所示。LB 循环回路中断受阻后，随着中断时间的推移，颗粒悬浮浓度逐渐降低，系统约 20s 后再次处于波动平衡状态。图 8-20 给出了 LB 循环回路中断受阻后，对象高度横截面各区域颗粒悬浮浓度的变化曲线。由图可见，各区域颗粒悬浮浓度下降曲线并不一致，说明循环回路中断受阻后，炉内固相颗粒悬浮浓度分布不稳定，固体颗粒浓度分布受到横向扰动的影响。图 8-21 为对象高度炉膛左、右两侧颗粒平均浓度随时间变化的曲线。由图可见，颗粒悬浮浓度呈波动下降状态，且左、右两侧的颗粒悬浮浓度下降规律基本一致，但相差半个波动周期。

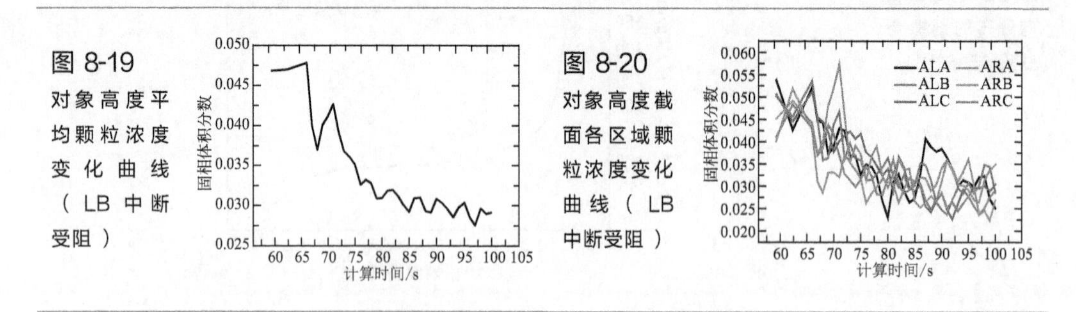

图 8-19
对象高度平均颗粒浓度变化曲线（LB 中断受阻）

图 8-20
对象高度截面各区域颗粒浓度变化曲线（LB 中断受阻）

图 8-22 为 LB 循环回路中断受阻后，炉膛左、右两侧颗粒平均悬浮浓度下降曲线的对比。由图可见，无量纲化后，对象高度左、右两侧颗粒平均悬

浮浓度下降曲线的数值模拟结果与试验结果[3]符合较好。

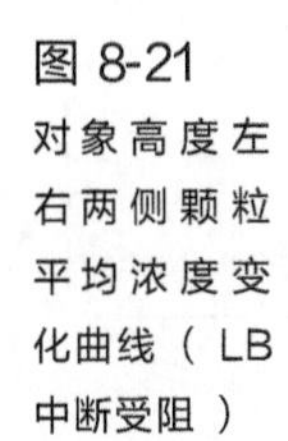

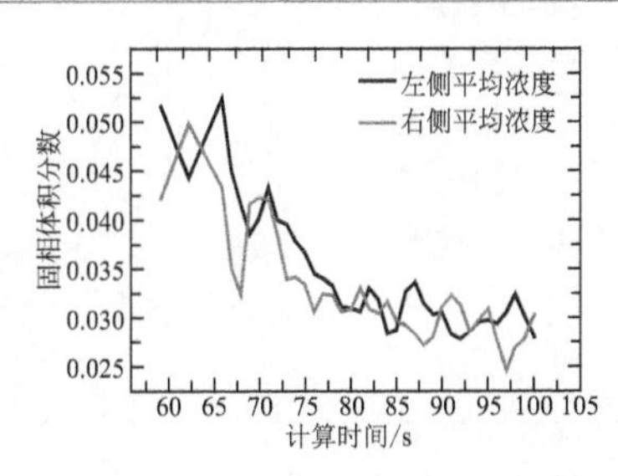

图 8-21　对象高度左右两侧颗粒平均浓度变化曲线（LB 中断受阻）

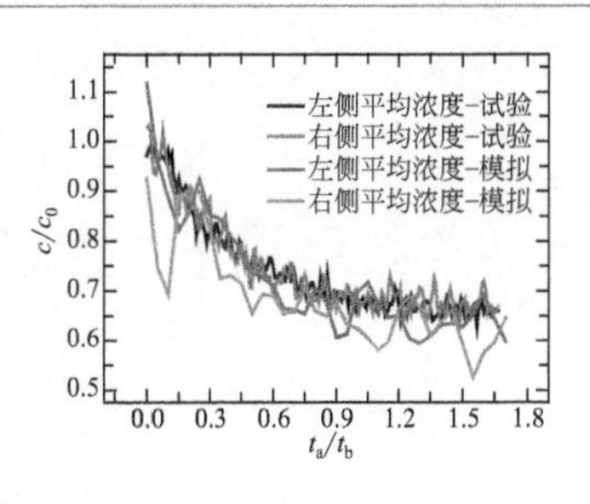

图 8-22　对象高度左右两侧颗粒平均浓度对比（LB 中断受阻）

8.3.2　异侧两条循环回路中断受阻的影响

图 8-23 给出了中断 LB 和 RB 循环回路回料对象高度平均颗粒悬浮浓度的变化曲线。LB 和 RB 循环回路中断受阻后，炉内颗粒悬浮浓度波动下降，总体随时间呈线性下降关系，达到新的平衡状态的平衡时间约为 30s。图 8-24 为对象高度各区域颗粒悬浮浓度随时间的变化曲线，图 8-25 为对象高度左、右两侧平均颗粒悬浮浓度随时间的下降曲线。可见，左右两侧颗粒下降趋势一致，但相差半个波动周期，与中断单条循环回路的模拟结果类似。

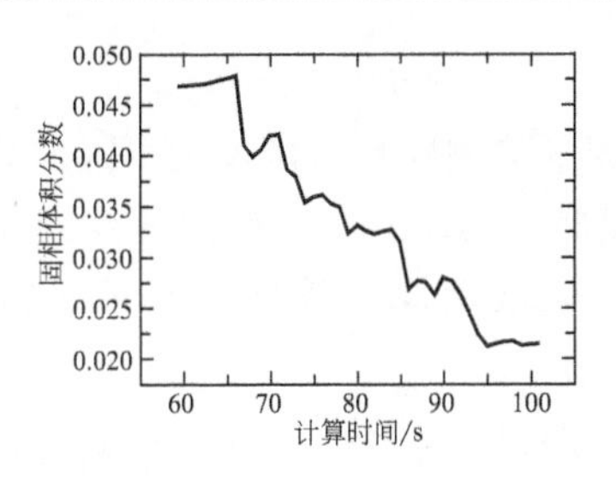

图 8-23　对象高度平均颗粒浓度下降曲线（LB + RB 中断受阻）

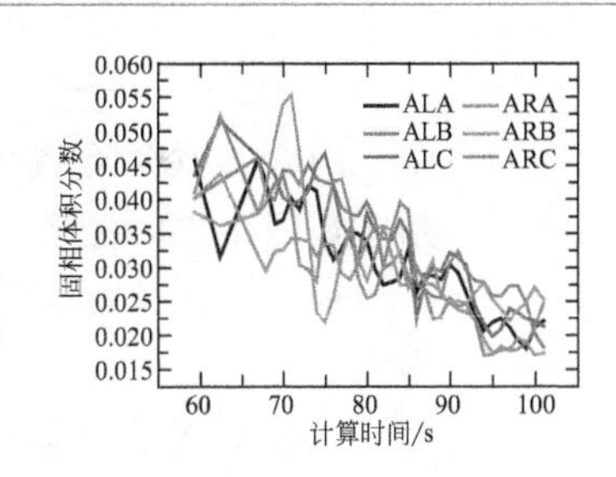

图 8-24　对象高度各区域颗粒浓度下降曲线（LB + RB 中断受阻）

图 8-26 为异侧两条循环回路（LB+RB 回路）中断受阻后，炉膛对象高度整体平均浓度的数值模拟与试验结果[3]对比。由图可见，其变化趋势类似，在数值上存在一定差异，这与曳力模型的选取等因素有关。

8.3.3　同侧两条循环回路中断受阻的影响

图 8-27 给出了同侧循环回路 LA 和 LB 回料中断时对象高度平均颗粒悬浮浓度的变化曲线。回路中断后，颗粒悬浮浓度随时间基本呈线性下降，约 28s 后达到新的平衡状态，其结果与中断异侧两条循环回路的计算结果类似。

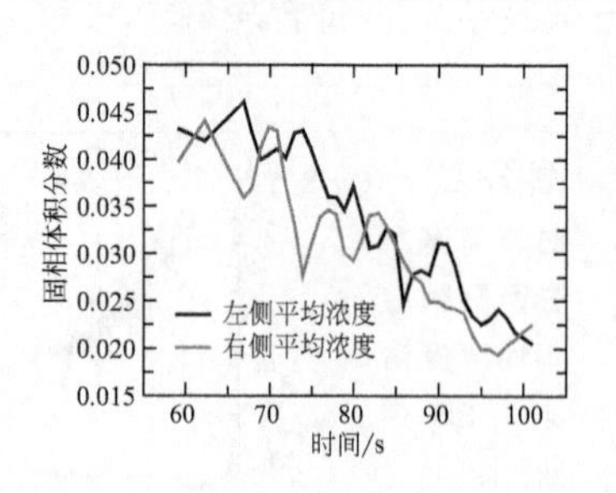

图 8-25 对象高度左右两侧平均颗粒浓度下降曲线（LB + RB 中断受阻）

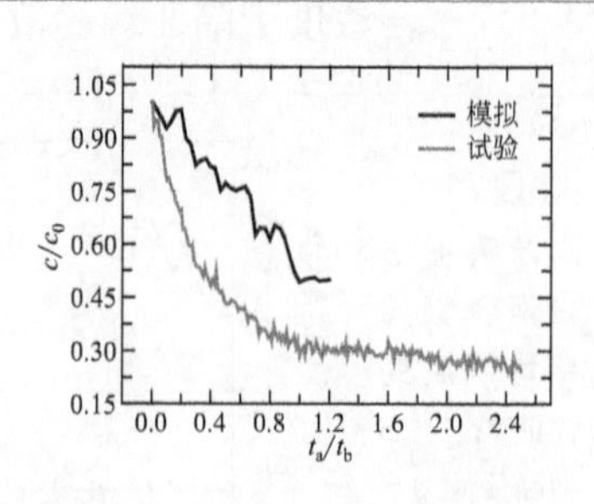

图 8-26 对象高度平均颗粒浓度下降曲线对比（LB + RB 中断受阻）

图 8-28 为对象高度各区域颗粒悬浮浓度的下降曲线。对比异侧两条循环回路中断受阻的结果，同侧两条循环回路中断受阻时，各区域颗粒悬浮浓度的波动周期增大。其原因在于，中断同侧两条回路后，需要跨越中隔墙转移的物料量增加。

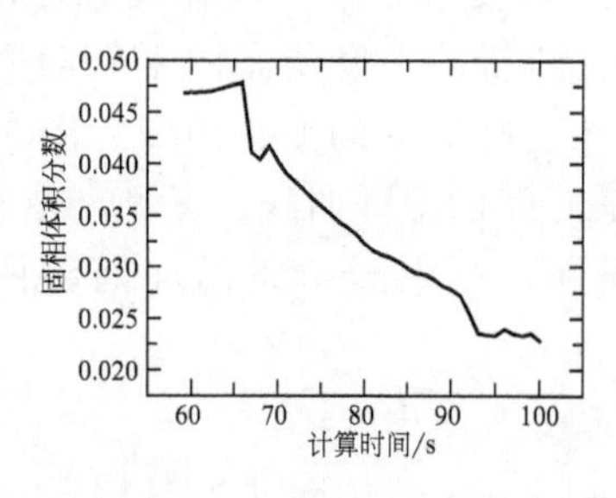

图 8-27 对象高度平均颗粒浓度变化曲线（LA + LB 中断受阻）

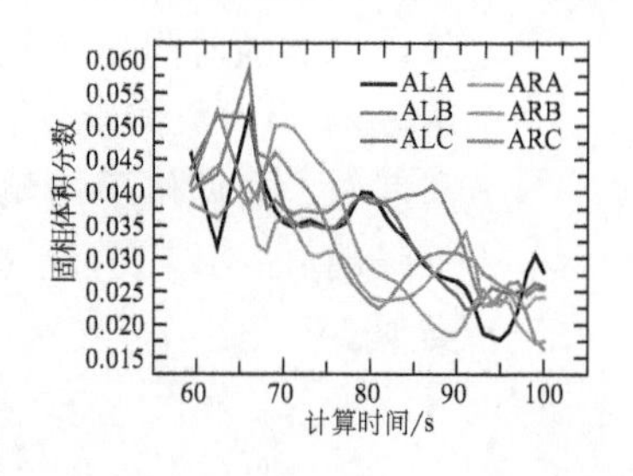

图 8-28 对象高度各区域颗粒浓度下降曲线（LA+ LB 中断受阻）

图 8-29 为对象高度左、右两侧平均颗粒悬浮浓度的下降曲线。与异侧两条循环回路中断受阻的模拟结果类似，其左、右两侧的平均颗粒悬浮浓度变化趋势一致，相差半个波动周期，但波动周期较异侧两条回路中断受阻时增大。

图 8-30 给出了同侧两条循环回路（LA+LB 回路）中断后，炉膛对象高度整体平均浓度的数值模拟与试验结果[3]对比。由图可见，其颗粒悬浮浓度下降程度基本相同。

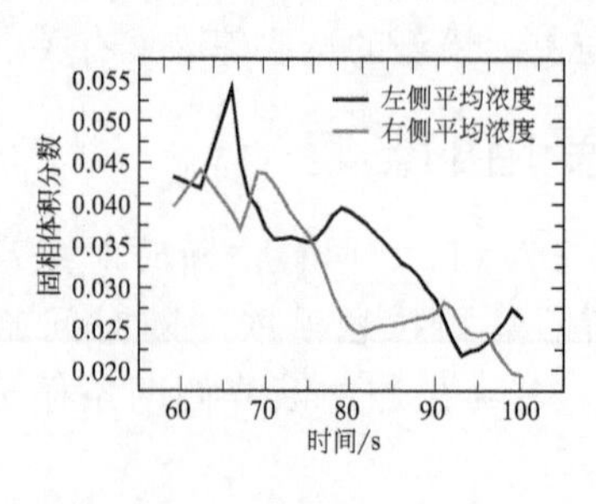

图 8-29 对象高度左右两侧平均颗粒浓度下降曲线（LA + LB 中断受阻）

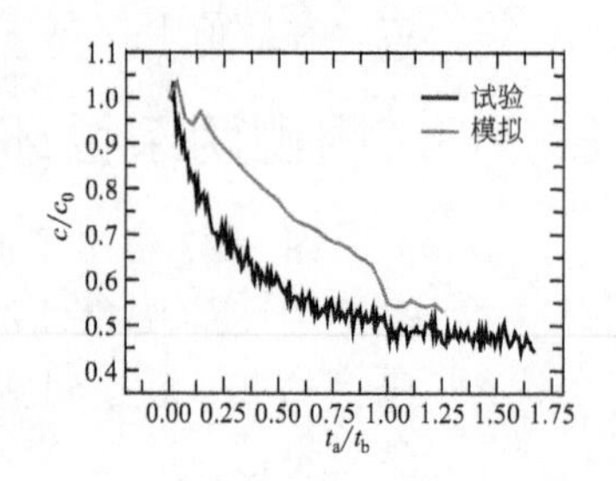

图 8-30 对象高度平均颗粒浓度下降曲线对比（LA + LB 中断受阻）

针对 6 分离器 6 固体颗粒循环回路具有中隔墙的循环流化床数值模拟计算表明，循环回路中断受阻后，炉内颗粒悬浮浓度波动下降，而后趋于稳定；同侧两条循环回路中断受阻时的波动周期大于异侧两条循环回路中断受阻时的波动周期；炉膛左、右两侧的颗粒悬浮浓度下降趋势基本一致，但相差半个波动周期。

8.4　布风板布风对回料流率的影响

300MW 循环流化床锅炉较多采用单炉膛单布风板结构，该结构炉膛简单，有利于炉内屏式受热面布置，无“翻床”现象等，但炉膛宽深比较大，风室狭长需要关注布风不均匀问题，尤其是低负荷时布风板阻力下降，影响宽床面流化均匀性。此外，采用三个分离器非对称布置方式，炉膛气固流进入各分离器不均使各分离器分离的固体颗粒量不同，即各分离器固体颗粒返料流率出现不均匀现象，引起密相区温度场分布不均匀[4,5]。

为考察三分离器单布风板循环流化床锅炉流化布风对固体颗粒返料流率的影响，以某锅炉厂的 300MW 循环流化床锅炉为对象建立了网格模型，如图 8-31 所示。该锅炉为单炉膛单布风板结构，布风板尺寸为 8.96m×28m。炉膛后墙布置了三个非对称分离器，各分离器下设置返料装置对应三个返料口；前墙、后墙下部设置了二次风口，炉膛上部布置有多片受热屏。

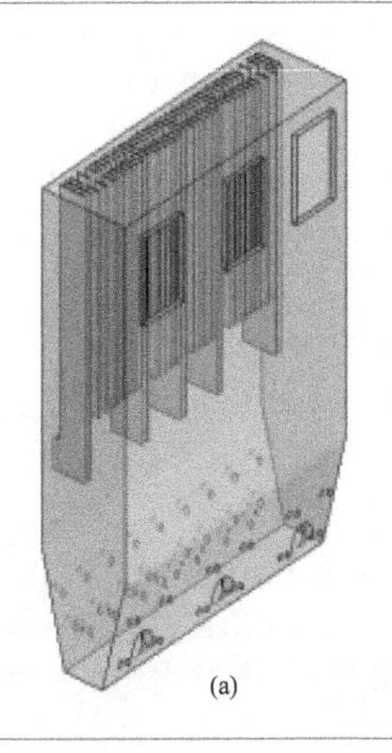
(a)

(b)

图 8-31
某 300MW 循环流化床锅炉的几何模型及网格划分

模拟采用结合颗粒动力学理论的双流体模型，湍流模型中气相湍流采用 RNG k-ε 湍流模型；颗粒相湍流采用 per phase k-ε 多相湍流模型。气固间的动量传递采用 EMMS 曳力模型描述[6]。模型中气固间作用不考虑升力以及虚拟质量力。固体颗粒碰撞恢复系数选取 0.95。壁面边界条件中气相为无滑移，固相为部分滑移，镜面反射系数取 0.01。采用控制容积法离散控制方程，控制容积界面物理量采用一阶迎风差分格式获得，流体压力-速度耦合基于 Simple 算法。

锅炉外循环由用户自定义函数（UDF）实现，三个返料口分别对应三个分离器。

模拟研究了不同布风风速下固体颗粒返料流率的变化规律。一般地，对于宽床面循环流化床锅炉，布风板风速沿宽度方向的分布可分为以下四种：①布风板两侧风速大中间风速小；②布风板两侧风速小中间风速大；③布风板一侧风速大另一侧风速小；④布风板风速沿宽度方向均匀分布。图 8-32 示出了这 4 种布风方式。

图 8-32
一次风速沿炉膛宽度方向分布

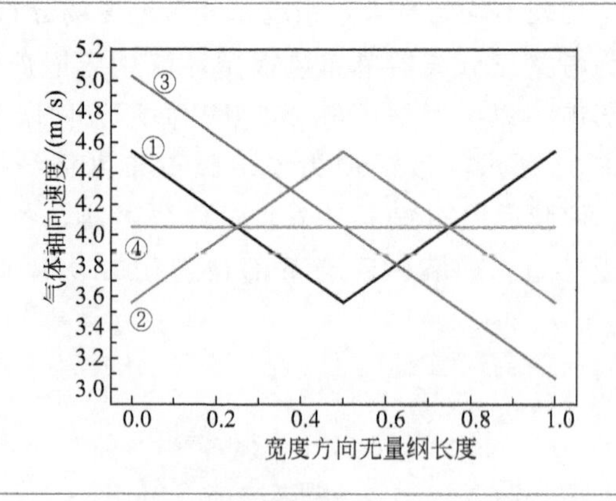

数值研究中根据以上不同布风方式的风速分布特点，通过编写 UDF 将沿炉膛宽度方向不同分布特点的风速送入炉内，表征不同布风方式，计算炉内气固流场分布。

循环流化床中，通常使用等压风室，使布风板上的气流速度分布均匀，计算中设定一次风速在布风板上均匀分布，计算炉内气固流场，监视三个分离器的返料流率，如图 8-33 所示。由图可知，各分离器返料量在 $t=90$s 以后变化较小，可认为此时炉内气固流场已达到稳定。

取 $t=90\sim210$s 间各分离器返料流率的平均值比较，中间分离器的返料流率比左右两侧小约 9%。图 8-34 给出了数值计算与文献研究对比结果。由图可以看出，数值模拟结果与大多数研究结果一致，中间分离器的返料流率小于左右两侧分离器的返料流率。

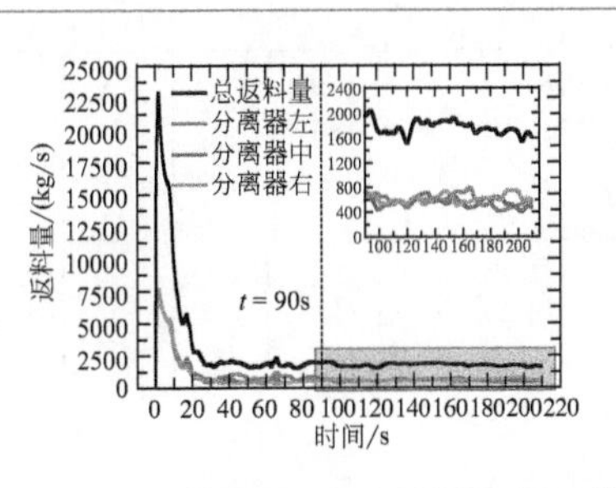
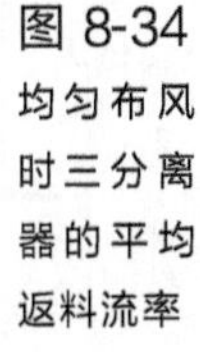

图 8-33
均匀布风时各分离器的返料流率随时间变化

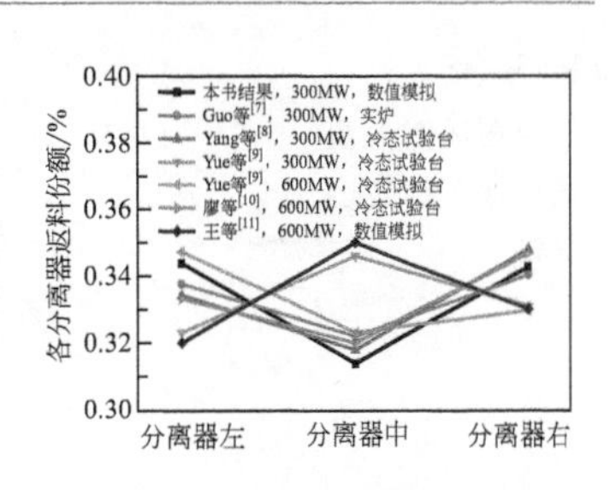

图 8-34
均匀布风时三分离器的平均返料流率

多分离器并列布置时气固分配不均的影响包括进入分离器的颗粒浓度和气固流速度。图 8-35 给出了均匀布风时炉膛烟窗出口 $Z=32\mathrm{m}$ 平面的固体颗粒浓度分布。可以看出，中间分离器入口处的固体颗粒浓度略低于两侧分离器。

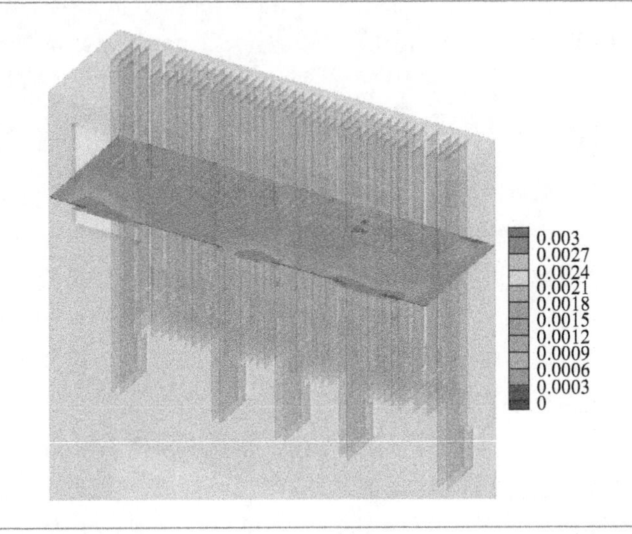

图 8-35
均匀布风时 $Z=32\mathrm{m}$ 截面固体颗粒浓度分布云图

图 8-36 给出了均匀布风时分离器入口的气体速度分布，三分离器的气体入口速度基本相同。图 8-37 是 $t=210\mathrm{s}$ 时刻 $Z=32\mathrm{m}$ 截面的气体速度矢量分布。根据气流矢量方向将炉膛上部分为三个区域，每个区域的气流进入该区域的分离器。屏区由于采用非结构网格，矢量分布较为紊乱。从图 8-37 中可看出，由于分离器的非对称布置，不同分离器对应区域的宽度不同，中间分离器对应区域的宽度为 8.5m，左侧和右侧分离器分别为 10m 和 9.5m。这可以解释中间分离器的返料流率比左右两侧小约 9%，同时也提示分离器入口对应区域的均衡性在设计中需要考虑。

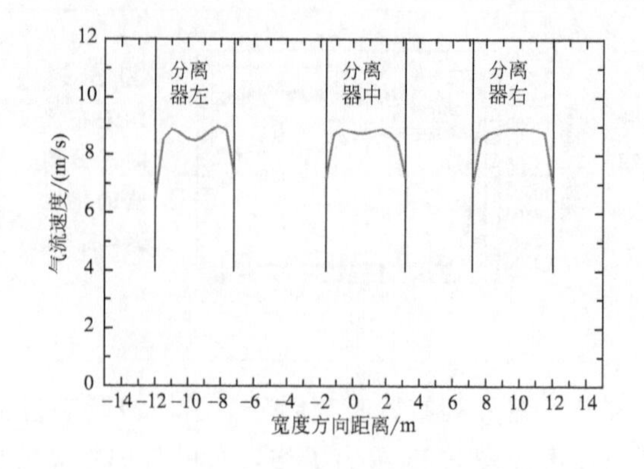

图 8-36
均匀布风时分离器气体入口速度分布

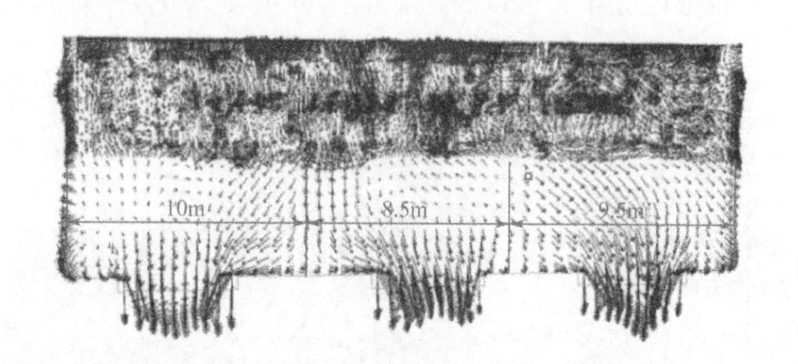

图 8-37
t= 210s 时刻 Z= 32m 截面气体速度矢量分布

因此，均匀布风时，由于三分离器非对称布置，分离区入口气流区域大小存在不同，中间分离器入口气流区域小于左右侧；中间分离器入口处的固体颗粒浓度略低于两侧分离器，而入口气流速度相差不大。中间分离器的返料流率比左右两侧小约 9%。

图 8-38 给出了不同风速分布下各分离器时均返料流率占总返料流率的百分比，不同风速分布下各分离器时均返料流率占总返料流率的百分比是不同的。由图 8-38 可知，①布风板两侧风速大时，中间分离器的返料量相比左右侧分离器小，且偏差较均匀布风时更大；②布风板中间风速大时，中间分离器的返料量高于两侧分离器；③布风板右侧风速大时，右侧分离器的返料量最大，左侧分离器的返料量最小。综上，非均匀布风对三分离器返料流率的偏差具有较大影响，一般为一次风速较大侧的分离器返料流率亦较大。

不同布风方式下烟窗出口 $Z=32$m 平面的固体颗粒浓度分布比较，如图 8-39所示。由图 8-39(a) 可以看出，布风板两侧风速大时，中间分离器入口处的颗粒浓度低于两侧分离器入口处；由图 8-39(b)、(d) 可以看出，布风板中间风速大时，三分离器入口处的颗粒浓度相差不大，但与均匀布风相比，中间分离器入口处的颗粒浓度有明显增加；由图 8-39(c) 可以看出，布风板右侧风速大时，右侧分离器入口处的颗粒浓度最大，左侧分离器入口处的颗粒浓度最小。结合图 8-38 不同布风方式下各分离器返料流率的差异发现，返料流率较大的分离器入口处固体颗粒浓度也较大，说明非均匀布风会影响烟窗出口处的固体颗粒浓度分布，从而影响分离器的返料流率，导致各分离器间气固分配不均匀。

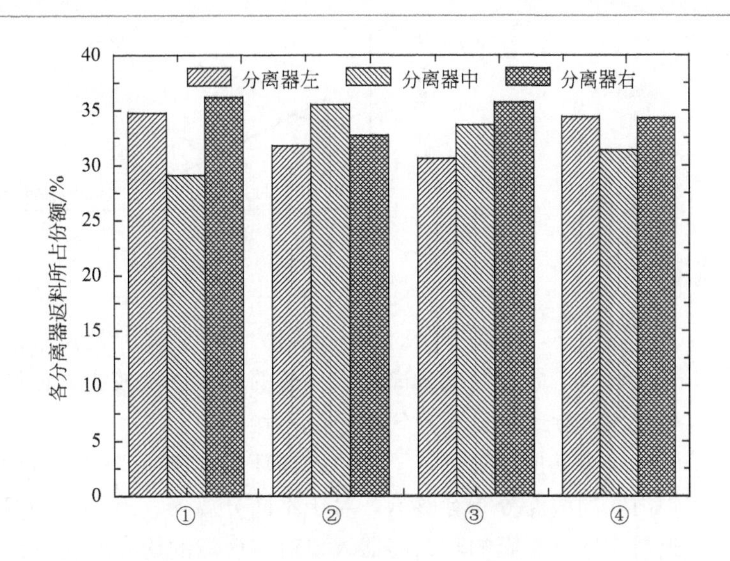

图 8-38
四种不同风速分布下各分离器返料不均匀性

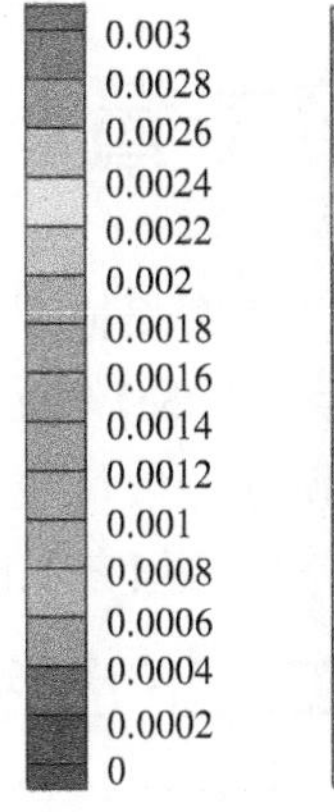
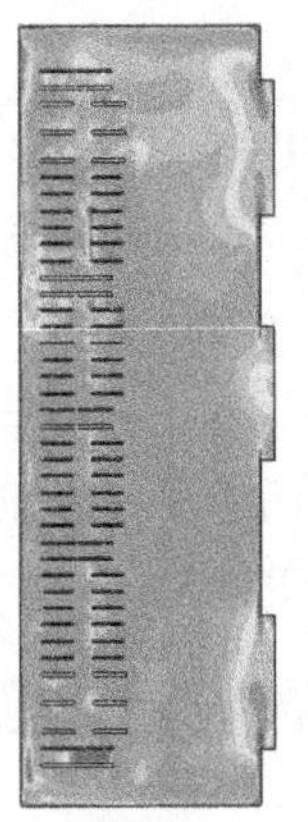
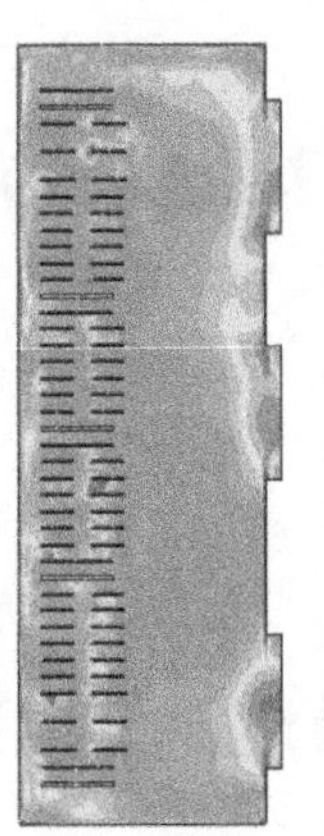
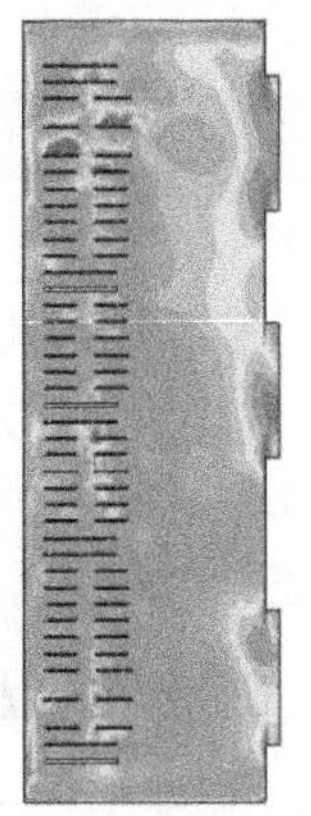
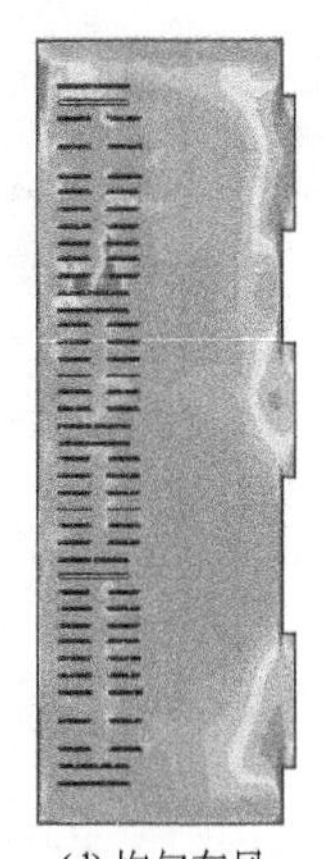

图 8-39
不同风速分布下 $Z=32m$ 截面颗粒浓度分布

按照图 8-37 的气流矢量方向可以将烟窗出口区域分为三个分离器对应入口区域，取不同布风方式下 $Z=32m$ 截面三个分离器入口区域的平均固体颗粒浓度进行比较，结果如图 8-40 所示。可见非均匀布风影响上部稀相区固体颗粒浓度的分布，风速大侧的分离器入口区域平均固体颗粒浓度亦大，因为一次风速大，更多的固体颗粒被携带进入同一侧的稀相区，最终被同一侧的分离器分离。

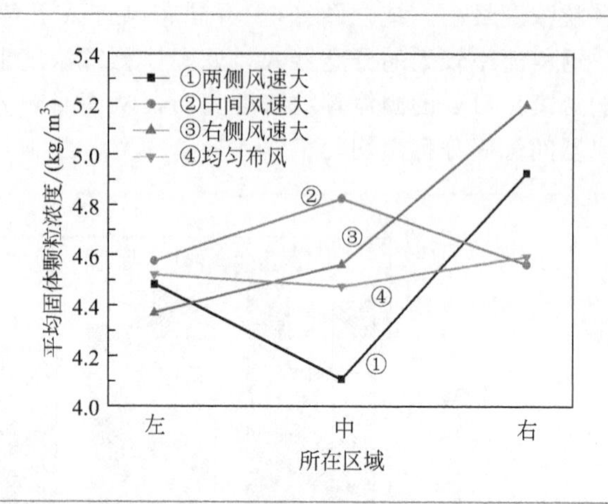

图 8-40 Z= 32m 截面分离器对应入口区域的平均颗粒浓度比较

综上，非均匀布风时，风速较大侧较多颗粒被携带进入同侧分离器入口气流区域，导致同侧分离器入口处的颗粒浓度较大，使同侧分离器的返料流率较大，导致三分离器气固分配不均。

这个模拟计算给出了提示，循环流化床锅炉一次风的布风均匀性不但对炉内气固浓度分布有影响，对于不同分离器、返料机构组成的各循环系统的返料流率也有影响，分离器入口对应区域的均衡性在设计中需要考虑。

8.5 受热面磨损与防磨梁布置

本小节采用第 4 章建立的水冷壁颗粒稀密两相磨损模型并基于炉内水冷壁面气固流动特性数值计算结果（5.6 节）对某 330MW 循环流化床锅炉和某 600MW 超临界循环流化床锅炉的水冷壁磨损进行数值模型计算研究，探讨水冷壁总磨损速率的分布，分析防磨梁对水冷壁磨损参数的影响。

8.5.1 某 330MW 循环流化床锅炉典型工况下水冷壁磨损速率分布特性

对象为 5.6 节的 330MW 循环流化床锅炉，将水冷壁面（最贴壁层网格）的气固流动特性数值计算结果作为输入参数，计算研究该锅炉加装防磨梁后水冷壁磨损速率参数的分布特性。

图 8-41 为典型工况（表 5-9 中的工况 1）下 330MW 循环流化床锅炉加装防磨梁后的水冷壁磨损速率三维分布。磨损速率参数包括总磨损速率、颗粒团摩擦磨损速率、颗粒分散相摩擦磨损速率以及颗粒分散相撞击磨损速

率。循环流化床锅炉锥段水冷壁一般被耐火耐磨浇注料覆盖，因此不计算锥段水冷壁的磨损速率。从图 8-41(a) 中可以看出，防磨梁对水冷壁磨损分布的影响较大，沿床高每两层防磨梁之间，水冷壁总磨损速率分布相似，表现为防磨梁下沿区域水冷壁总磨损速率较小，往下逐渐增大，直至接近或遇到下一层防磨梁时，总磨损速率达到最大。图 8-41(b)～(d) 中三种磨损速率分量的分布规律也类似。

图 8-41
典型工况下 330MW 循环流化床锅炉加装防磨梁后的水冷壁磨损速率三维分布（单位：μm/kh）

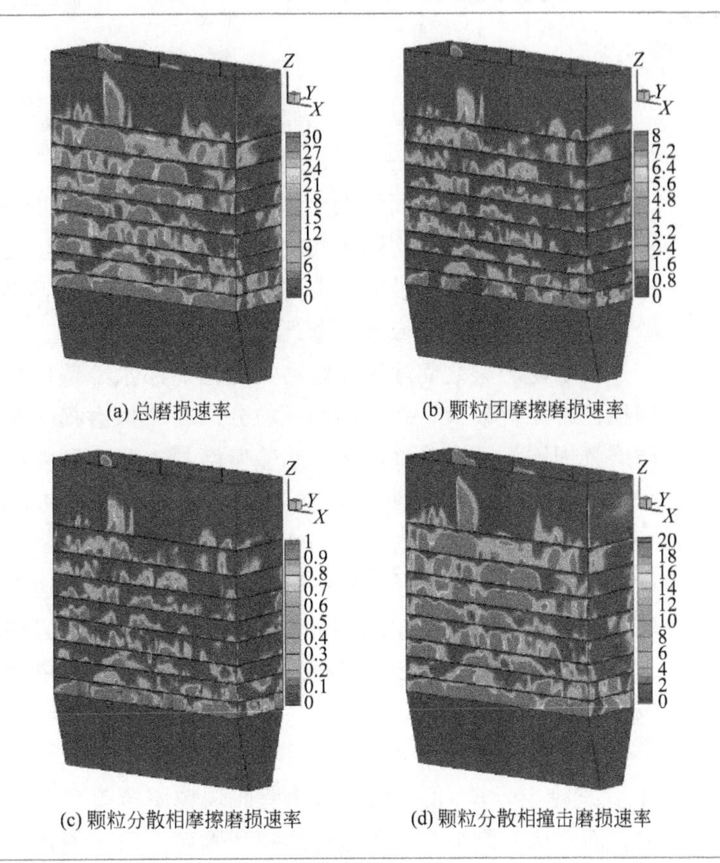

(a) 总磨损速率　(b) 颗粒团摩擦磨损速率

(c) 颗粒分散相摩擦磨损速率　(d) 颗粒分散相撞击磨损速率

此外，从图 8-41(b)～(d) 中还可以看出，颗粒分散相撞击磨损速率总体相对较大，颗粒分散相摩擦磨损速率总体相对较小，而颗粒团摩擦磨损速率相对居中。

图 8-42 为典型工况下 330MW 循环流化床锅炉加装防磨梁后的水冷壁磨损速率轴向沿床高分布，包括总磨损速率、颗粒团摩擦磨损速率、颗粒分散相摩擦磨损速率以及颗粒分散相撞击磨损速率。图 8-43 为对应的典型工况下水冷壁总摩擦磨损速率（颗粒团摩擦磨损速率＋颗粒分散相摩擦磨损速率）占总磨损速率的比例沿床高分布。

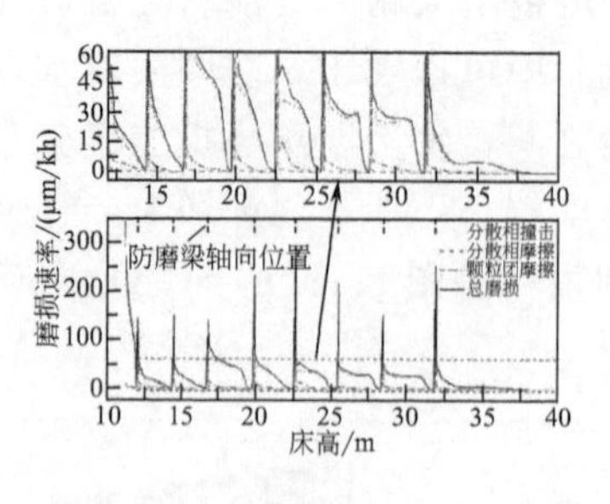

图 8-42 典型工况下 330MW 循环流化床锅炉加装防磨梁后的水冷壁磨损速率沿床高分布

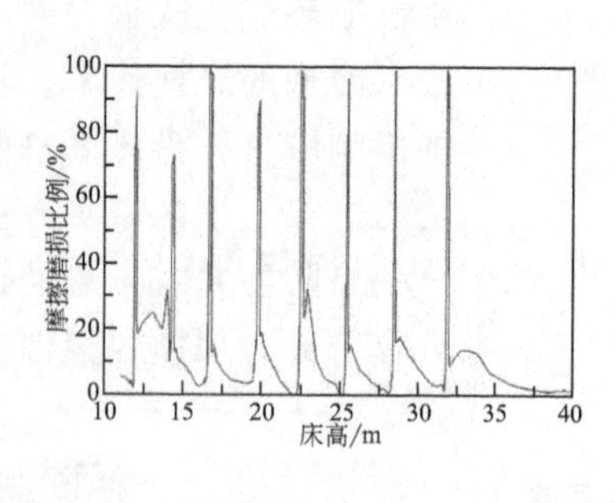

图 8-43 典型工况下水冷壁摩擦磨损速率占总磨损速率的比例沿床高分布

可见，加装防磨梁后，除紧靠防磨梁上沿局部水冷壁区域外，水冷壁总磨损速率约在 0～60μm/kh 之间，其中绝大部分低于 50μm/kh，而 50μm/kh 为燃煤电厂一般受热面最大允许磨损速率；每两层防磨梁之间，总磨损速率和三种磨损速率分量均随床高的减小而增大，直至接近或遇到下一层防磨梁时，总磨损速率达到最大，约为 100～300μm/kh，防磨梁上沿局部区域水冷壁的磨损相比其余区域水冷壁严重。

两层防磨梁之间除紧靠防磨梁周围局部水冷壁区域外，颗粒分散相撞击磨损速率相对较大，颗粒团和颗粒分散相摩擦磨损速率相对较小，而在紧靠防磨梁周围局部水冷壁区域，水冷壁磨损主要为颗粒团和颗粒分散相产生的摩擦磨损。如图 8-43 所示，在紧靠防磨梁周围尤其是其上沿局部水冷壁区域，总摩擦磨损速率占总磨损速率的比例基本可达 80%以上，而在两层防磨梁之间除防磨梁周围局部水冷壁区域，总摩擦磨损速率占总磨损速率的比例较小，基本低于 20%，此时水冷壁磨损主要为颗粒分散相撞击磨损。此外，从图 8-43 中还可以看出，每两层防磨梁之间，总摩擦磨损速率比例随床高的减小总体上逐渐增大。

对于磨损计算中水冷壁面颗粒团覆盖率 f 计算公式[式(4-112)] 中的 K_c，理论上，K_c 值越大，水冷壁面颗粒团覆盖率越大，颗粒团摩擦磨损越大，而对应的颗粒分散相摩擦磨损和颗粒分散相撞击磨损越小。水冷壁磨损计算中，磨损模型建立过程中部分参数基于计算与实验结果相差最小原则拟合确定，这使得 K_c 在其取值推荐范围（0.1～0.5）内对水冷壁总磨损速率和总摩擦磨损速率比例的影响不大，如图 8-44 所示。典型工况下 K_c 取 0.25 或 0.5 时，330MW 循环流化床锅炉加装防磨梁后的水冷壁总磨损速率沿床高分布相差很小，同时，如图 8-45 所示，当 K_c 取 0.25 或 0.5 时，总摩擦磨损速率占总磨损速率的比例沿床高分布相差很小。考虑水冷壁加装防磨梁后，防磨梁上沿水冷壁面会出现高浓度颗粒动态堆积区域，K_c 宜取大值，计算中取值为 0.5。

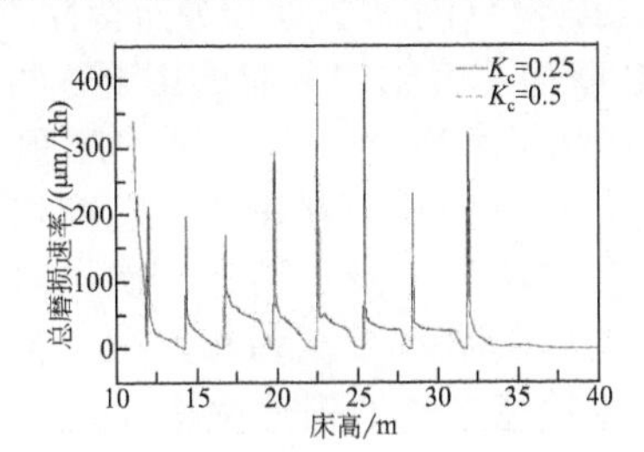

图 8-44 K_c 取不同值时水冷壁总磨损速率沿床高分布

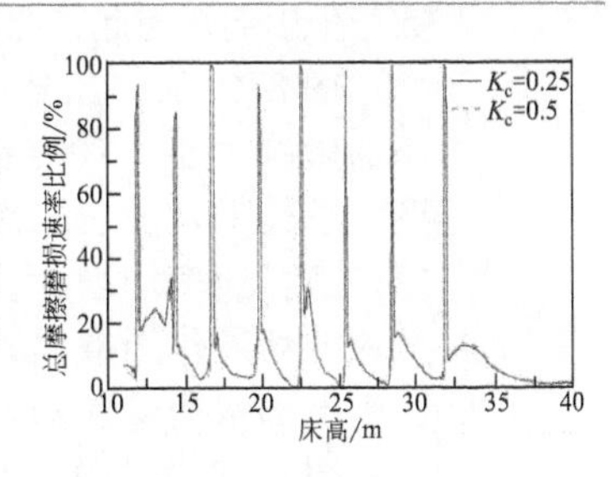

图 8-45 K_c 取不同值时水冷壁总摩擦磨损速率比例沿床高分布

8.5.1.1 空截面气速对水冷壁磨损速率的影响

锅炉实际运行经验表明空截面气速大小是影响水冷壁磨损的重要因素之一。图 8-46 为空截面气速对水冷壁总磨损速率轴向分布的影响。随着空截面气速的增大，更多的颗粒被携带至炉膛稀相区进而导致稀相区水冷壁面的颗粒浓度逐渐增大，因而单位时间、单位面积上对水冷壁产生摩擦磨损和撞击磨损的颗粒数量也增大。因此，总体上，防磨梁之间和炉膛顶部无防磨梁区域水冷壁总磨损速率、总摩擦磨损速率和撞击磨损速率均随空截面气速的增大而增大，且炉膛高度越大，各项磨损速率随空截面气速增大而增大的幅度越大。

图 8-47 为空截面气速对水冷壁总摩擦磨损速率比例轴向分布的影响。从图中可以看出，最上层和最下层防磨梁之间水冷壁总摩擦磨损速率比例随空截面气速的增大而增大。这是因为，空截面气速增大将导致稀相区水冷壁面的颗粒浓度逐渐增大，所以水冷壁面颗粒团时均覆盖率逐渐增大，相应的摩擦磨损速率也就逐渐增大。此外，对于炉膛顶部无防磨梁区域水冷壁，当空截面气速较大时，摩擦磨损速率比例反而较小。这是因为炉膛顶部区域水冷壁面贴壁颗粒下降流较少，水冷壁面颗粒团覆盖率较低，空截面气速增大将导致炉膛顶部区域颗粒流动湍动能增强，颗粒对壁面的斜向冲击作用增强，因此，颗粒对水冷壁产生的撞击磨损速率比例增大，而摩擦磨损速率比例减小。

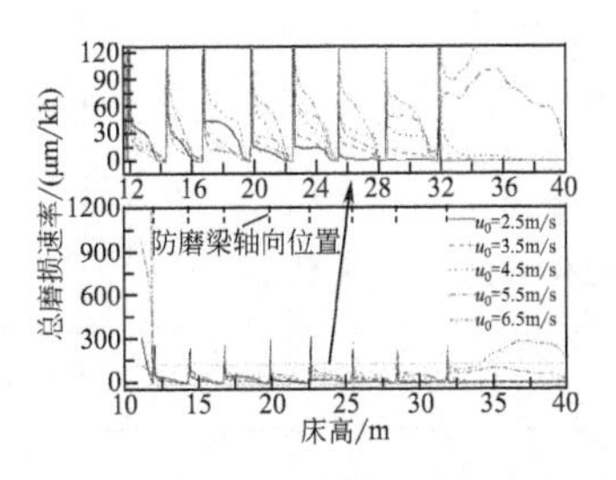

图 8-46 空截面气速对水冷壁总磨损速率轴向分布的影响

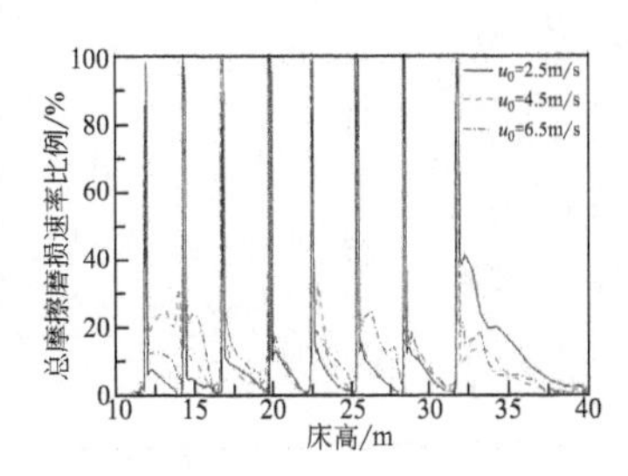

图 8-47 空截面气速对水冷壁总摩擦磨损速率比例轴向分布的影响

8.5.1.2 二次风率对水冷壁磨损速率的影响

5.6.1 小节数值研究结果表明，二次风率对水冷壁面颗粒轴向速度和体积分数产生影响，因此，二次风率的大小也将会对水冷壁磨损分布特性产生影响。

图 8-48 为二次风率对水冷壁总磨损速率轴向分布的影响。可见，二次风率的影响主要体现在锅炉稀相区中上部水冷壁，尤其是炉膛顶部区域水冷壁。总体上，随着二次风率的减小，水冷壁总磨损速率、总摩擦磨损速率和撞击磨损速率均增大。这是因为，当二次风率减小后，二次风对炉内颗粒上升流的切断作用减弱，密相区更多的颗粒被携带至稀相区中上部，导致稀相区中上部水冷壁面颗粒浓度增大，水冷壁各项磨损速率增大。

图 8-49 为二次风率对水冷壁总摩擦磨损速率比例轴向分布的影响。总体上，每两层防磨梁之间和炉膛顶部区域水冷壁总摩擦磨损速率比例随二次风率的减小而增大，同样，这种趋势对于炉膛顶部区域水冷壁更为明显。

图 8-48 二次风率对水冷壁总磨损速率轴向分布的影响

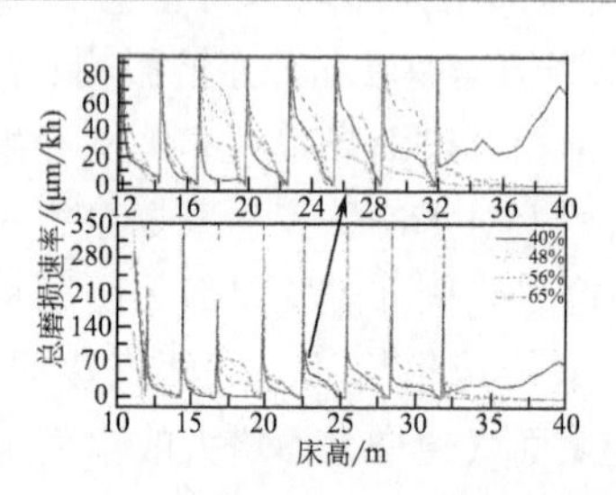

图 8-49 二次风率对水冷壁总摩擦磨损速率比例轴向分布的影响

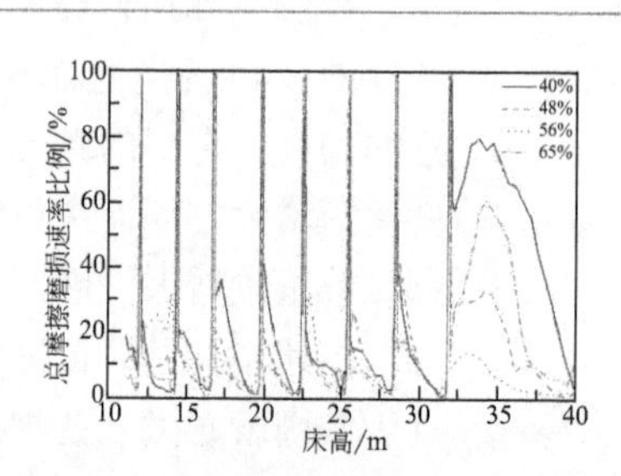

8.5.1.3 床存量/静止床料高度对水冷壁磨损速率的影响

图 8-50 为静止床高对水冷壁总磨损速率轴向分布的影响。当静止床料高度增大时，炉膛颗粒悬浮密度逐渐增大，水冷壁面颗粒浓度也逐渐增大，因此，不管是撞击磨损速率还是摩擦磨损速率均有所增大，进而带来更严重的水冷壁磨损。图 8-51 为水冷壁总摩擦磨损速率比例受静止床高的影响情况。总体上，当静止床高增大时，水冷壁面颗粒浓度增大带来颗粒团覆盖率增大，进而导致颗粒团摩擦磨损速率和比例增大。从图中可以看出，水冷壁总摩擦磨损速率比例随静止床高的增大而增大，但增大幅度并不是很大。

图 8-50 静止床高对水冷壁总磨损速率轴向分布的影响

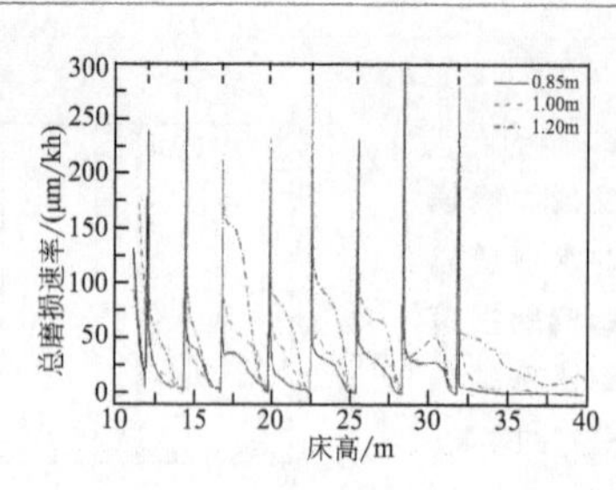

图 8-51 静止床高对水冷壁总摩擦磨损速率比例轴向分布的影响

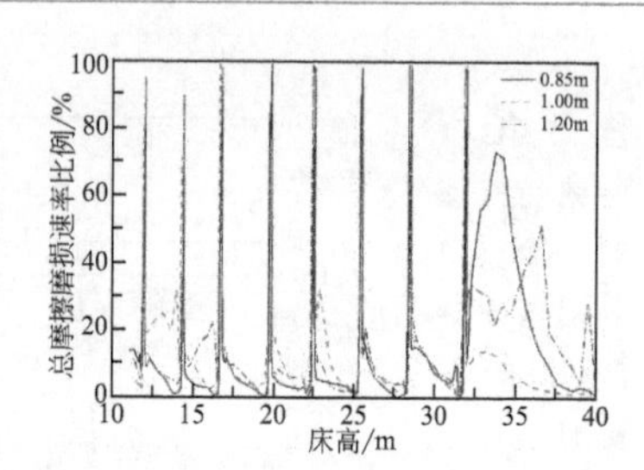

8.5.1.4 颗粒粒径对水冷壁磨损速率的影响

图 8-52 为颗粒粒径对水冷壁总磨损速率轴向分布的影响。在第一层防磨梁与最下层防磨梁之间，当床料颗粒粒径较大时，水冷壁不管是摩擦磨损速率还是

撞击磨损速率均较大，进而导致水冷壁总磨损速率较大；而对于炉膛顶部无防磨梁区域水冷壁，趋势正好相反，这是因为当颗粒粒径较小时，炉内被携带至炉膛顶部区域的颗粒较多，顶部水冷壁面颗粒浓度相对较大。值得注意的是，总体上，当颗粒粒径由 200μm 增大到 250μm 时，水冷壁各磨损速率变化较大；当颗粒粒径由 250μm 进一步增大到 300μm 时，各磨损速率变化较小。这说明颗粒粒径对水冷壁磨损的影响存在一个阈值，当粒径增大到一定程度之后，在其他条件不变的情况下，水冷壁各磨损速率受颗粒粒径变化的影响变弱。

8.5.1.5　实炉水冷壁磨损速率实测值与计算值对比

图 8-53 为水冷壁磨损模型计算的磨损速率与现场测得的磨损速率对比。由于测量间隔时间段内锅炉在多种工况参数下运行，以典型工况（表 5-9 中的工况 1）下水冷壁的计算磨损速率与实际测得的磨损速率进行对比。同时，不管是磨损速率计算值还是测量值，由于水冷壁局部不同点磨损速率差别较大（如在实炉测量中，各层测点测得的磨损速率最大值与最小值之间差值分布在 61～148μm/kh 之间），为方便比较，将同一轴向高度所有径向点的磨损速率数据平均后进行计算值与实测值的对比。

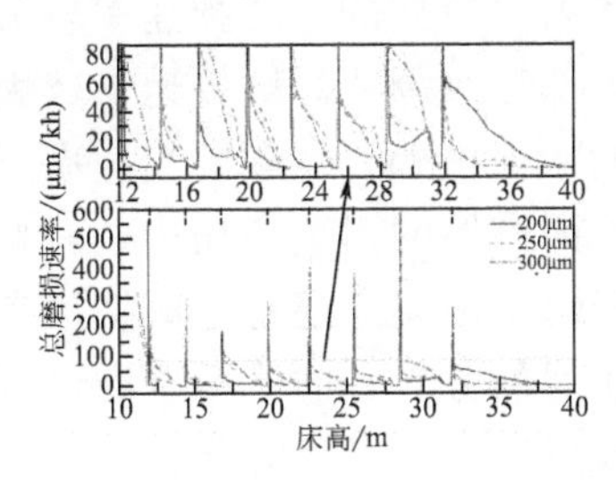

图 8-52　颗粒粒径对水冷壁总磨损速率轴向分布的影响

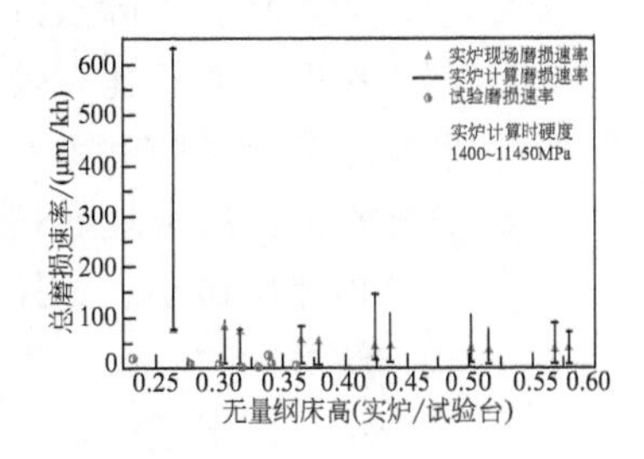

图 8-53　实炉水冷壁模型计算磨损速率与现场测得的磨损速率对比

为方便对比，图 8-53 中磨损速率计算值的上限和下限分别基于 Fe、硬度 H_m 为 1400MPa，Fe_2O_3、硬度为 11450MPa 的两种硬度预设值计算所得。

从图中可以看出，现场测得的水冷壁磨损速率在 10～100μm/kh 之间，位于磨损模型计算的磨损速率范围之内。

8.5.2　某 600MW 循环流化床锅炉加装防磨梁后的水冷壁磨损分布特性

基于 5.6.2 小节 600MW 循环流化床锅炉加装防磨梁前、后的水冷壁面气固流动特性数值计算结果，本节采用第 4 章建立的水冷壁颗粒稀密两相磨损模型计算了该锅炉水冷壁磨损速率参数的三维分布。

图 8-54 为 600MW 循环流化床锅炉水冷壁无防磨梁时各项磨损速率参数（总磨损速率、颗粒团摩擦磨损速率、颗粒分散相摩擦磨损速率和颗粒

分散相撞击磨损速率）的轴向分布。可见，靠近炉膛出口下沿（$Z=44.49\text{m}$）一段距离内的水冷壁总磨损速率较大，这是因为气固流从炉膛出口流出，炉膛出口下沿炉内区域颗粒径向流动较强烈，颗粒以较大的角度和速度撞击出口下沿一段距离内的水冷壁面导致水冷壁颗粒分散相撞击磨损速率和总磨损速率较大，而此区域水冷壁的颗粒团和颗粒分散相摩擦磨损速率相对较小。

沿床高往下，稀相区中部区域，水冷壁总磨损速率相对较小，颗粒分散相撞击磨损速率和颗粒团摩擦磨损速率相差不大，而颗粒分散相摩擦磨损速率比例较小。再往下，对于稀相区下部区域水冷壁，总磨损速率随床高的减小而逐渐增大，这主要是因为此区域水冷壁面颗粒浓度较大，且沿床高降低壁面颗粒浓度进一步增大，所以水冷壁面颗粒团覆盖率较大且随床高的降低逐渐增大，进而导致稀相区下部区域水冷壁颗粒团摩擦磨损速率较大且随床高的降低而逐渐增大。此外，稀相区中下部水冷壁的颗粒分散相摩擦磨损速率为三者中最小，而颗粒分散相撞击磨损速率居中。

图 8-55 为 600MW 循环流化床锅炉水冷壁有防磨梁时各项磨损速率参数的轴向分布。总体趋势上，水冷壁总磨损速率的轴向分布与无防磨梁时相似，均表现为炉膛出口下沿一段距离内水冷壁的总磨损速率较大，稀相区中部水冷壁总磨损速率较小，稀相区下部，水冷壁总磨损速率较大；每两层防磨梁之间除了防磨梁上沿局部区域的水冷壁外，各项磨损速率分量中，颗粒分散相撞击磨损速率相对较大，颗粒团摩擦磨损速率居中，而颗粒分散相摩擦磨损速率最小。此外，不管是对于总磨损速率还是各磨损速率分量轴向分布，防磨梁均将其分为轴向一段段相似的分布，防磨梁下沿水冷壁各磨损速率较小，往下逐渐增大，直至接近或遇到下一层防磨梁。

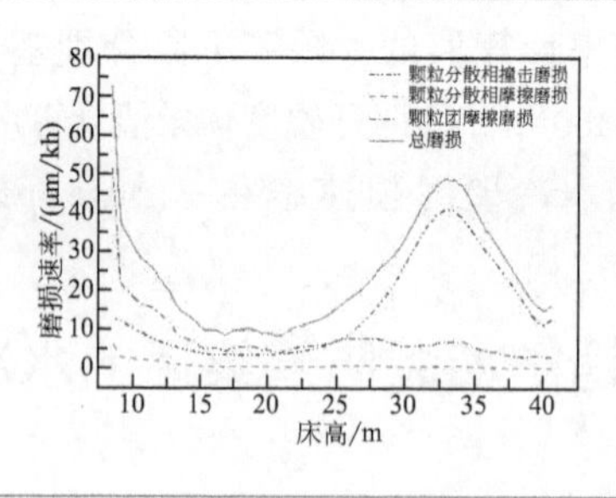

图 8-54 600MW 循环床锅炉水冷壁无防磨梁时各项磨损速率轴向分布

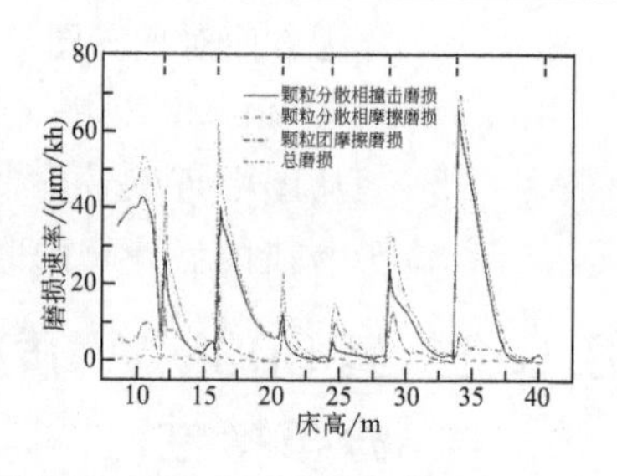

图 8-55 600MW 循环床锅炉水冷壁有防磨梁时各项磨损速率轴向分布

图 8-56 为 600MW 循环流化床锅炉有、无防磨梁时水冷壁各项磨损速率参数的轴向分布对比。其中，图 8-56(a) 为总磨损速率轴向分布对比，当锅炉加装防磨梁后，总体上水冷壁总磨损速率减轻，尤其是稀相区中上部区域水冷壁，但紧靠防磨梁上沿一小段距离内的水冷壁由于其表面气固流动的影响，总磨损速率反而变得比无防磨梁时大，这与水冷壁磨损试验[12]和实际情况一致。

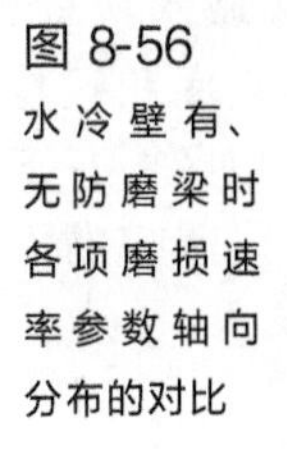

图 8-56

水冷壁有、无防磨梁时各项磨损速率参数轴向分布的对比

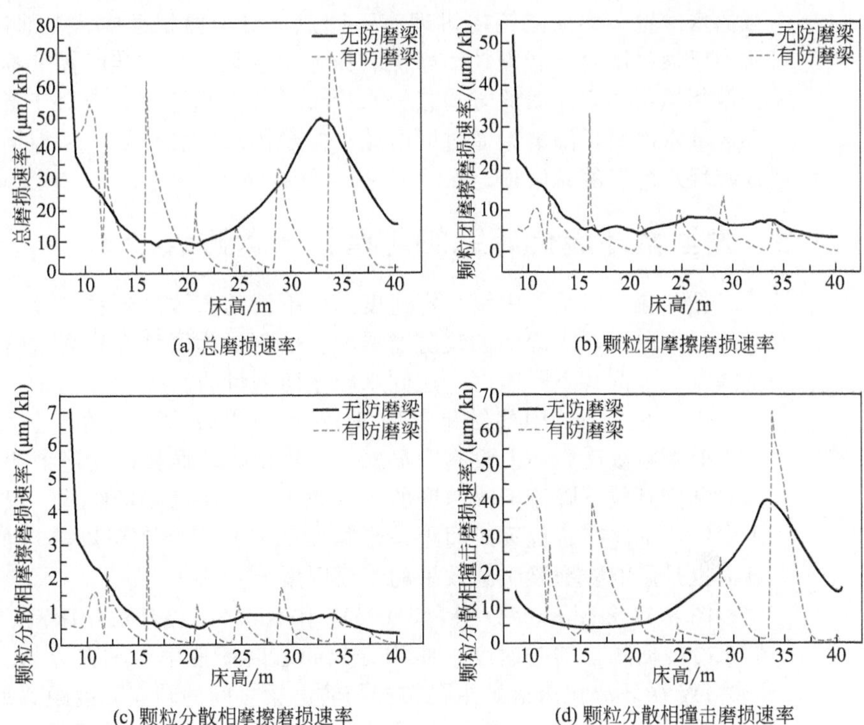

图 8-56(b)～(d) 为各磨损速率分量轴向分布的对比。当水冷壁加装防磨梁后，颗粒团摩擦磨损速率和颗粒分散相摩擦磨损速率均减轻，尤其是对于炉膛稀相区下部水冷壁，减小幅度较大，使得此区域水冷壁摩擦磨损速率与稀相区中上部水冷壁接近。对于颗粒分散相撞击磨损速率，防磨梁降低了稀相区中上部区域水冷壁的该磨损速率，而稀相区下部区域水冷壁的颗粒分散相撞击磨损速率反而有所增大。从图 8-57 中可以看出，防磨梁的存在降低了稀相区中、下部区域水冷壁的总摩擦磨损速率比例。

图 8-57

水冷壁有、无防磨梁时总摩擦磨损速率比例轴向分布的对比

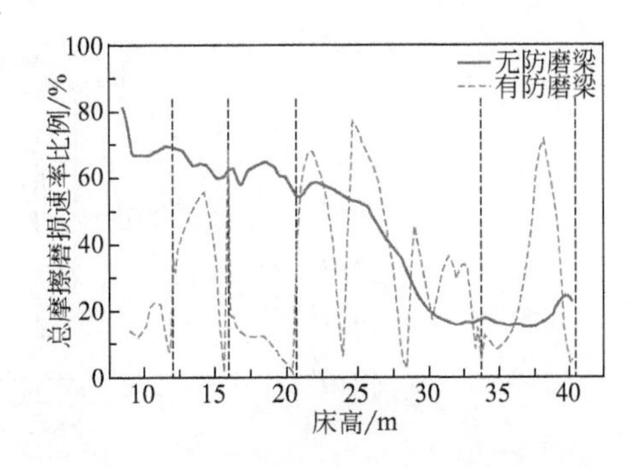

防磨梁降低循环流化床锅炉稀相区水冷壁总磨损速率，对于轴向不同区域的水冷壁，磨损减轻的机理有不同点。对于稀相区中、上部区域水冷壁，防磨梁通过同时减轻颗粒团摩擦磨损速率、颗粒分散相摩擦磨损速率和颗粒分散相撞击磨损速率的方式减轻水冷壁的总磨损速率，而对于稀相区中、下部区域水冷壁，防磨梁通过同时减小颗粒团和颗粒分散相摩擦磨损速率的方式减轻水冷壁的总磨损速率。

8.5.3 大型循环流化床锅炉防磨梁布置建议

循环流化床锅炉中以一定速度贴壁下滑的高浓度颗粒流是水冷壁磨损产生的根本原因，水冷壁加装防磨梁的目的就是为了破坏这高浓度的贴壁颗粒下降流，降低其下降速度，达到水冷壁防磨目的。

由 5.6.2 小节中的结果（图 5-127）可以发现，水冷壁加装防磨梁后，其表面颗粒浓度整体上没有明显减小。因此，防磨梁的防磨效果主要取决于其对贴壁颗粒下降流下降速度的改变效果，在防磨梁的结构、尺寸和布置等因素中，轴向布置位置或间距是影响贴壁颗粒下降流下降速度的主要因素，进而也是影响防磨梁防磨效果的主要因素。

图 8-58 和图 8-59 分别为 330MW 和 600MW 循环流化床锅炉加装防磨梁后水冷壁面颗粒轴向速度、体积分数和总磨损速率的轴向分布。330MW 和 600MW 循环流化床锅炉主要结构与防磨梁之间的轴向高度距离见表 8-2。

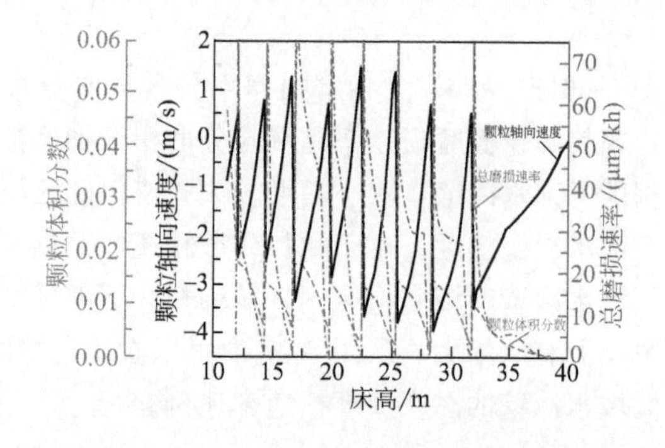

图 8-58 330MW 锅炉加装防磨梁后水冷壁面颗粒轴向速度、体积分数和总磨损速率的轴向分布

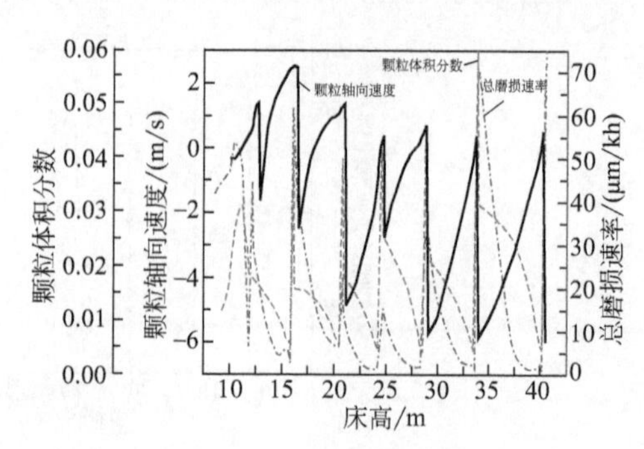

图 8-59 600MW 锅炉加装防磨梁后水冷壁面颗粒轴向速度、体积分数和总磨损速率的轴向分布

表 8-2　330MW 和 600MW 循环流化床锅炉主要结构与防磨梁之间的轴向距离

项目	轴向距离(330MW)/m	轴向距离(600MW)/m
炉顶与第 1 层防磨梁之间	8.01	14.58
炉膛出口上沿与第 1 层防磨梁之间	6.66	12.57
炉膛出口下沿与第 1 层防磨梁之间	−4.31①	4.07
第 1 层与第 2 层防磨梁之间	3.44	6.66
第 2 层与第 3 层防磨梁之间	3.01	5.11
第 3 层与第 4 层防磨梁之间	2.90	4.28
第 4 层与第 5 层防磨梁之间	2.70	3.69
第 5 层与第 6 层防磨梁之间	3.07	4.73
第 6 层与第 7 层防磨梁之间	2.39	3.96
第 7 层与第 8 层防磨梁之间	2.41	

① 330MW 循环流化床锅炉第 1、2 层防磨梁高度在炉膛出口下沿之上。

对于 600MW 循环流化床锅炉，第一层防磨梁在炉膛出口下沿以下，与炉顶距离较大，为 14.58m，贴壁颗粒下降流从炉顶水冷壁面形成后加速下降至此时，下降速度已较大，达到 6m/s，第一层防磨梁以上炉膛顶部出口区域水冷壁总磨损速率相对较大；对于 330MW 循环流化床锅炉，第一层防磨梁在炉膛出口下沿以上，与炉顶距离相对较小，为 8.013m，贴壁颗粒下降流下降至第一层防磨梁时，速度约为 3.5m/s，第一层防磨梁以上至炉顶之间区域水冷壁总磨损速率相对较小。

因此，水冷壁加装防磨梁时，第一层防磨梁的高度位置十分重要，其与炉顶的距离决定了该防磨梁至炉顶之间水冷壁面颗粒轴向速度的大小，进而在很大程度上决定了此段水冷壁磨损速率的大小；当炉膛总高度较大且炉膛出口下沿与炉顶距离较大时，有必要将第一层防磨梁布置在炉膛出口下沿以上。

相邻两层防磨梁之间的轴向距离影响着这两层防磨梁之间水冷壁面的颗粒轴向速度，进而影响水冷壁磨损速率。如图 8-59 所示，600MW 循环流化床锅炉第一、二层防磨梁之间轴向距离为 6.655m，第二、三层防磨梁之间轴向距离 5.11m，如此大的距离使得贴壁颗粒下降流到达防磨梁上沿时速度接近 6m/s，进而导致了较大的水冷壁磨损速率，如第

一、二层防磨梁之间下部区域水冷壁磨损速率已超过 50μm/kh(该数值为燃煤电厂一般受热面最大允许磨损速率)；而对于 330MW 循环流化床锅炉，第一层至第五层防磨梁相邻两两之间轴向距离较小，使得水冷壁面颗粒下降流速度均小于 4m/s，并且整体磨损速率在 50μm/kh 以下(图 8-58)。

因此，水冷壁加装防磨梁时，相邻两防磨梁之间的距离不应过大，应保证之间区域贴壁颗粒下降流速度小于 4m/s，水冷壁磨损速率小于 50μm/kh；但相邻两层防磨梁之间的距离也不应过小，否则较多的布置层数会占据大量水冷壁吸热面积，不利于炉内热量吸收。

沿炉膛高度往下，炉膛悬浮密度逐渐增大，水冷壁面颗粒浓度也将逐渐增大，进而导致水冷壁磨损速率也逐渐增大，此时，若两层防磨梁之间间隔相对较大，那么，较大的贴壁颗粒体积分数和下降速度必然带来较严重的水冷壁磨损。图 8-58 所示的 330MW 循环流化床锅炉第五层和第六层防磨梁之间轴向距离为 3.065m，大于其上下侧两层防磨梁之间的距离，这使得第五层和第六层防磨梁之间水冷壁磨损速率相对较大。类似地，图 8-59 所示的 600MW 循环流化床锅炉第五、六层防磨梁之间轴向距离为 4.733m，大于其上下侧两层防磨梁之间的距离，这使得第五、六层防磨梁之间水冷壁磨损速率也相对较大。

因此，炉膛稀相区下部水冷壁面防磨梁之间的间隔距离应比中上部水冷壁面小。水冷壁防磨梁间距的确定，具体间隔距离大小可借助炉膛气固流动数值计算和水冷壁磨损模型进行预测计算后确定。

此外，值得注意的是，图 8-58 和图 8-59 中紧靠防磨梁上沿的水冷壁磨损速率均较大，尤其是稀相区下部区域的水冷壁。因此，在实际应用中，防磨梁技术的使用可以辅助其他防磨技术如喷涂技术等对防磨梁上沿一段距离内的水冷壁进行附加防磨处理。

8.6 高碱煤燃烧碱金属迁移与受热面沾污

关于高碱煤燃烧的碱金属迁移与受热面沾污问题以某 300MW 循环流化床锅炉为例进行介绍。锅炉概要参见 7.1.1 小节。

考虑计算时间与计算能力，模拟计算研究针对炉膛主体部分进行，不包括外循环回路（分离器、回料管），几何模型根据炉膛实际尺寸按照 1∶1 建立，采用 GAMBIT 软件划分网格。炉膛边壁区域进行加密处理，最小尺寸为 0.08m，网格总数约为 300 万，如图 8-60 所示。

图 8-60
300MW 循环流化床锅炉网格划分

模拟计算气固流动采用流体力学计算软件 Fluent 进行，气相湍流的计算选用 RNG k-ε 湍流模型，颗粒相湍流的计算采用 per phase k-ε 多相湍流模型。气固相间曳力作用选用 EMMS 模型，不考虑升力以及虚拟质量力，固体颗粒间的碰撞恢复系数设置为 0.95。对于壁面边界条件，气相设置为无滑移，固相设置为部分滑移，镜面反射系数选为 0.01。模拟中采用的煤燃烧、传热以及碱金属模型参见第 4 章，相关子模型通过自定义函数 UDF 编译，并与 Fluent 相耦合。另外，微分方程采用控制容积法进行离散，控制容积界面的物理量采用一阶迎风差分格式计算，流体压力-速度的耦合基于 Simple 算法。

边界条件设定如下：一次风口与二次风口设置为气体速度入口边界条件；给煤口为速度入口边界条件，播煤风、煤粉与石灰石均从该口给入；回料口同样设置成速度入口边界条件，固相入口速度根据炉膛出口的固相流率计算，并有一定量的回料风给入；炉膛出口选取压力出口边界条件，根据实际运行情况取背压值为－250～200Pa。炉内再热管屏、过热管屏均设置成温度边界条件，壁面的固相为部分滑移，镜面反射系数选取 0.01，具体的边界条件设置如表 8-3 所示。

表 8-3 300MW 循环流化床锅炉主要运行参数

参数	单位	数值	参数	单位	数值
设计床温	℃	915	给煤量	t/h	251
总风量	m^3/h	979000	石灰石量	t/h	14.9
一次风风量	m^3/h	444060	给水温度	℃	280.6
一次风温度	℃	282	过热蒸汽压力/温度	MPa/℃	17.4/541
二次风风量	m^3/h	544040	再热蒸汽进口压力/温度	MPa/℃	4.08/337.2
二次风温度	℃	282			

300MW 锅炉燃煤为准东煤，煤分析数据参见表 7-1。

8.6.1 气固流场

图 8-61(a) 为水冷壁面的固相浓度分布。可以看出固相浓度沿轴向逐渐减小，炉膛上部和底部有明显的分界，形成底部密相区和上部稀相区的典型分布。图 8-61(b) 图是炉膛截面平均浓度沿床高的分布。炉膛底部密相区的固相浓度约为 $708kg/m^3$，炉膛顶部稀相区的固相浓度约为 $5kg/m^3$。固相浓度分布较为合理，与锅炉实际运行情况相符。

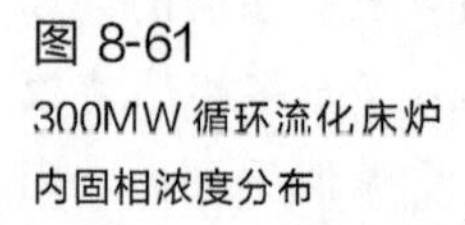
图 8-61
300MW 循环流化床炉内固相浓度分布

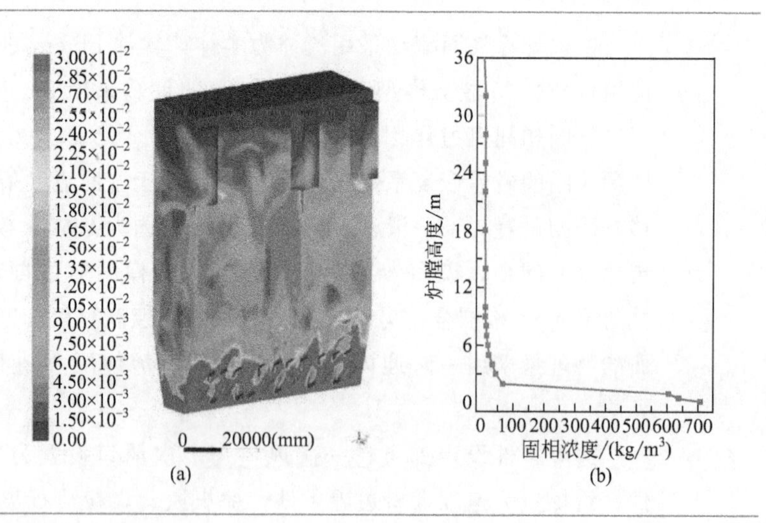

8.6.2 气相碱金属钠分布

图 8-62 给出了主要气相钠化合物在炉内的分布。由图 8-62(a) 可看出，NaCl 的浓度在给煤口附近较高，表面大量碱金属钠在脱挥发分和焦炭燃烧过程中析出。沿着炉膛高度方向，其浓度在炉膛截面的分布趋向于均匀。由于 NaCl 向 Na_2SO_4 的转化反应，以及灰中硅铝酸盐的吸附作用，NaCl 的浓度有所下降。

图 8-62
300MW 循环流化床炉内气相碱金属分布

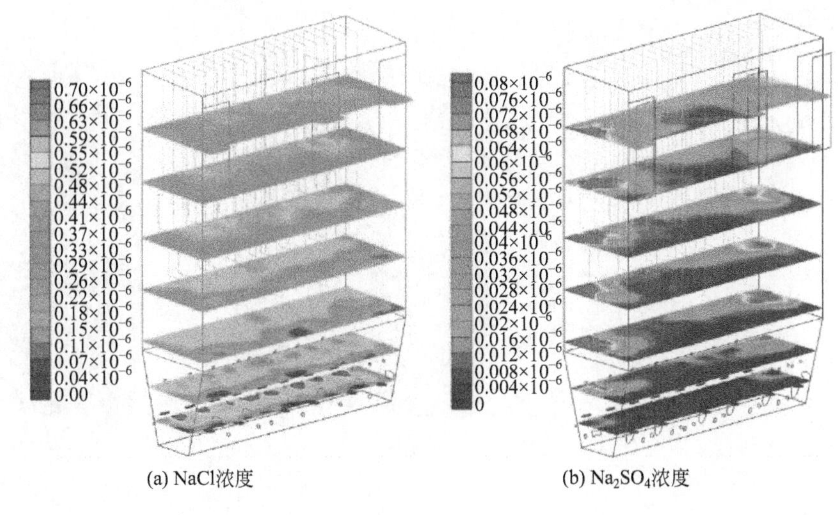

相比于 NaCl，炉内 Na_2SO_4 的浓度较低，其分布如图 8-62(b) 所示。Na_2SO_4 的含量在炉膛底部不高，沿炉膛高度逐渐增大。其生成主要来自于 Na 化合物与 SO_2 的反应，故其浓度分布与 SO_2 相关。由图 7-7 可知，炉膛底部处 SO_2 集中分布在前墙侧且在边角处浓度相对较大，因而 Na_2SO_4 在相应位置处的浓度也较高。由于 Na_2SO_4 是引起凝结作用的主要组分，因此前墙以及邻近边角处的蒸气凝结现象将会更严重。

8.6.3　碱金属钠沉积速率

图 8-63～图 8-65 为凝结、惯性碰撞和热泳三种作用下，钠在水冷壁面的沉积速率。

由图 8-63 可知，气相钠化合物在前墙的凝结速率较大，在左墙和右墙的凝结亦发生在靠近前墙的边角处，原因是前墙一侧壁面附近的 Na_2SO_4 含量要高于后墙一侧。

与凝结相比，由惯性碰撞引起的钠沉积在壁面上的分布不同。如图 8-64 所示，惯性碰撞在后墙处的沉积速率高于前墙壁面，且随着炉膛高度的上升，沉积速率不断增大，在炉膛出口附近处达到最大值。主要原因是该锅炉的炉膛出口单侧布置于后墙，炉内颗粒在靠近出口时，其速度方向指向后墙方向，颗粒的碰撞概率增大，导致惯性沉积速率增加。

图 8-65 为炉膛水冷壁面处由热泳现象引起的沉积。与前两种机理不同，热泳沉积在水冷壁四个面均有分布，且不同壁面之间的差别不大，这与热泳作用受温度梯度影响直接相关。从图中可看出，后墙处的热泳沉积速率总体上比前墙处略高，原因可能是贴近后墙壁面处的烟气温度略高，温度梯度较前墙更大。

图 8-63

水冷壁面上钠的凝结沉积速率分布［单位：kg/（m²·s）］

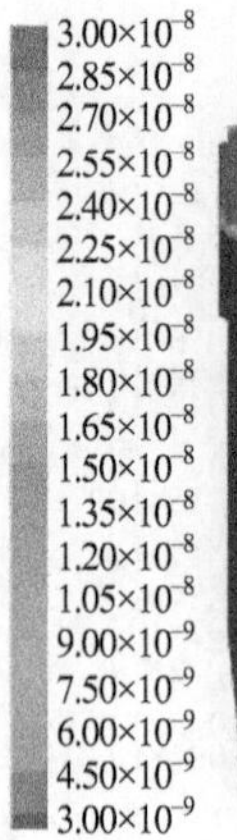

(a) 前墙

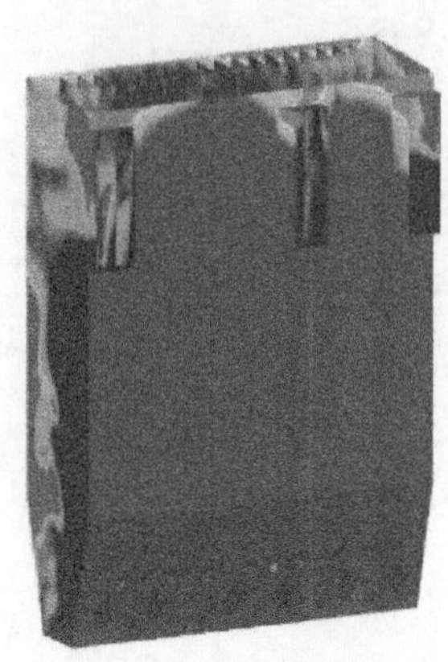

(b) 后墙

图 8-64

水冷壁面上钠的惯性碰撞沉积速率分布［单位：kg/（m²·s）］

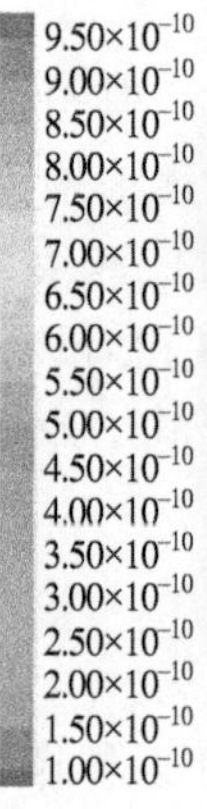

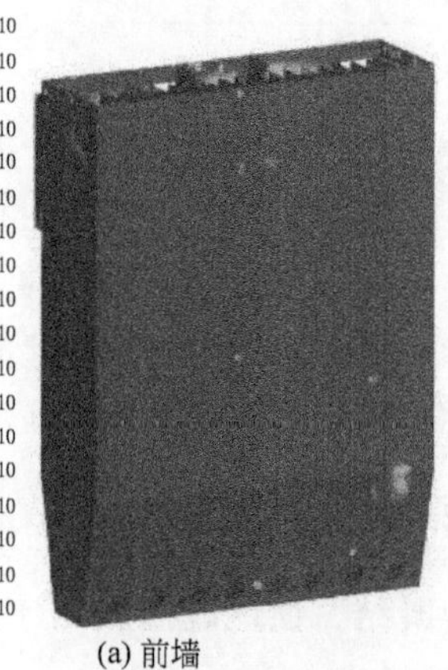

(a) 前墙

(b) 后墙

图 8-65

水冷壁面上钠的热泳沉积速率分布［单位：kg/（m²·s）］

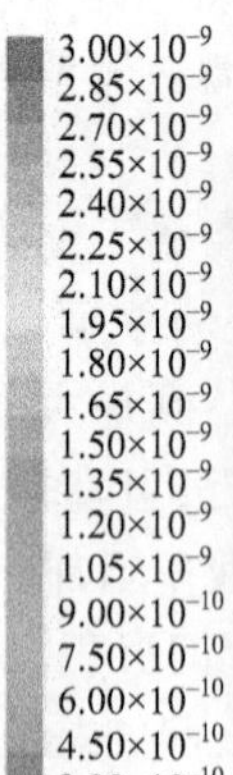

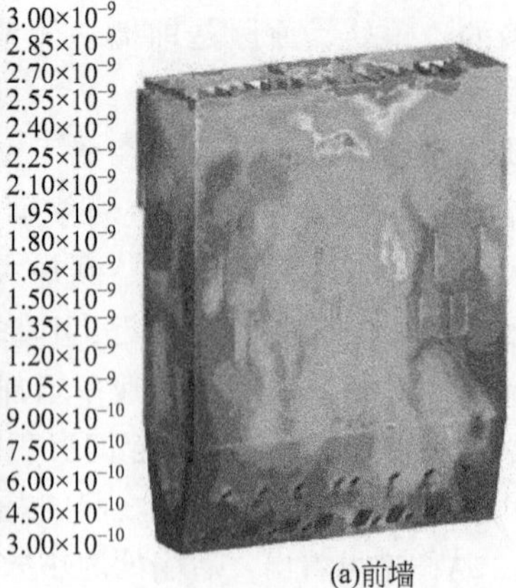

(a)前墙

(b)后墙

对比三种沉积机理，水冷壁面上由惯性碰撞和热泳引起的钠沉积速率在数量级上相近，但均比凝结沉积量小。

图 8-66 给出了炉内悬吊屏（过热屏、再热屏、水冷蒸发屏）上的钠沉积分布。对于凝结，由于 Na_2SO_4 在炉膛截面分布不均匀，导致中间管束上的凝结量较少；但是沿挂屏高度方向，沉积速率差别不大。对于惯性碰撞，在靠近后墙的 2 片水冷蒸发屏上有较大的沉积速率，而靠近前墙的过热屏和再热屏上均很低。对于热泳，在悬吊屏高度上分布较为均匀，在顶部位置略高。三种沉积形式中，钠的凝结沉积速率最大。

图 8-66 炉内悬吊屏上的钠沉积速率分布［单位：kg/（m²·s）］

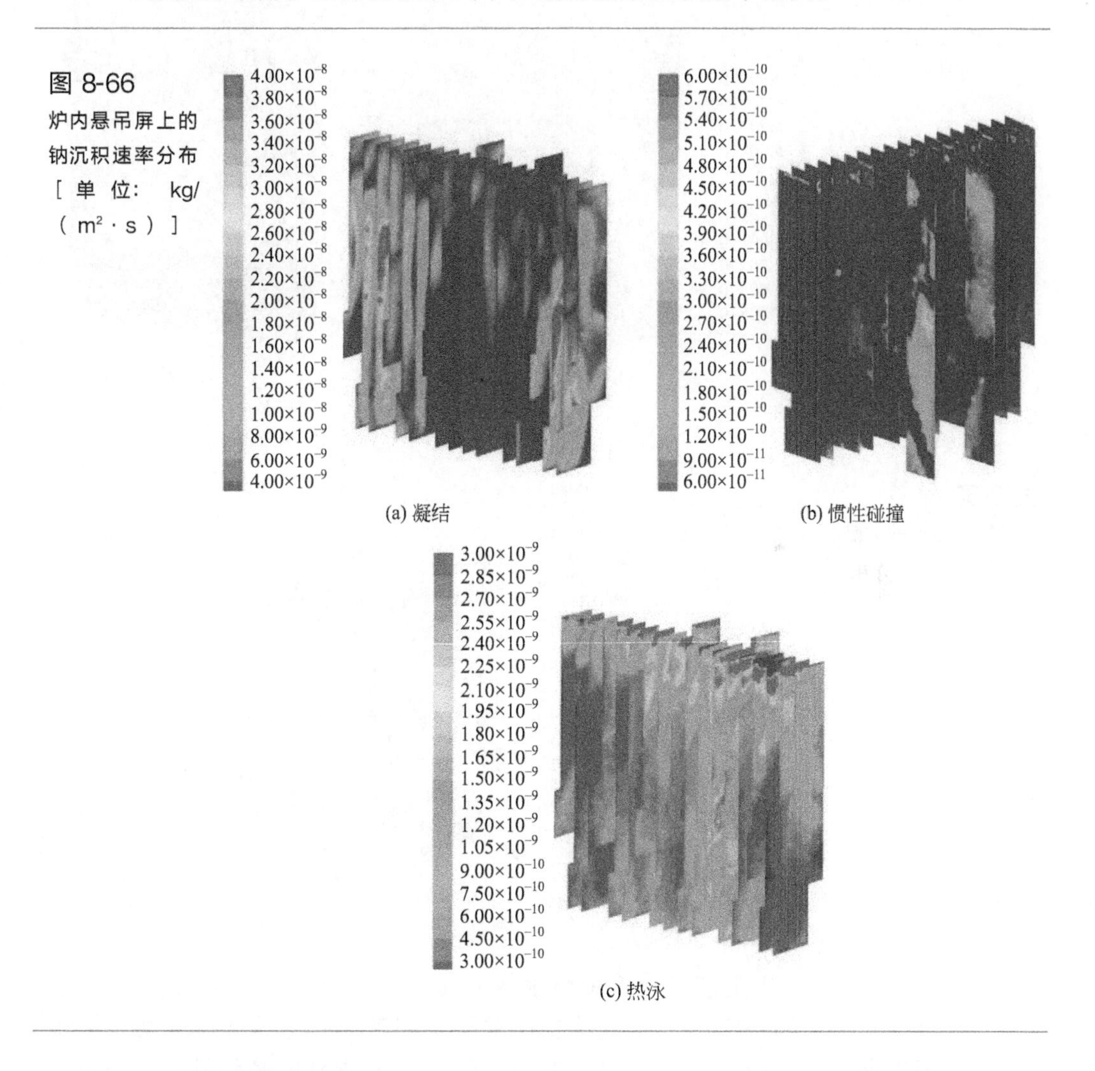

8.6.4 飞灰沉积速率

综合考虑凝结、碰撞和热泳作用下的飞灰沉积速率以及脱落速率，得到了水冷壁面和悬吊屏壁面的净积灰速率分布，如图 8-67 和图 8-68 所示。可见，炉膛后墙比其他三个面的净积灰速率略大。悬吊屏顶部的净积灰速率比下部大，原因是炉膛顶部的柜体颗粒浓度较低，颗粒冲刷作用较弱。

图 8-67
水冷壁面上的净积灰速率分布［单位：kg/（m²·s）］

(a) 前墙　　(b) 后墙

图 8-68
悬吊屏上的净积灰速率分布［单位：kg/（m²·s）］

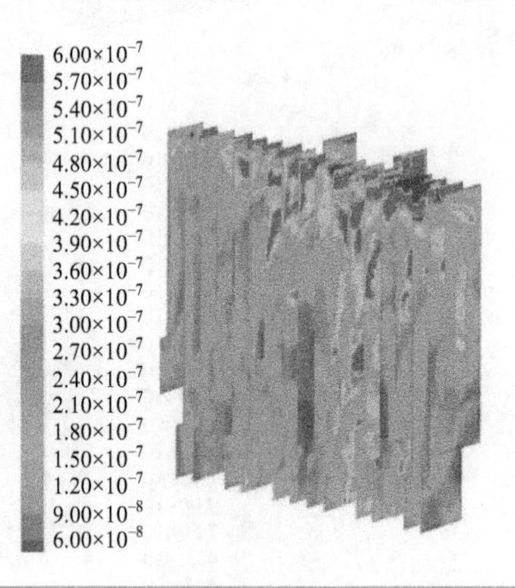

表 8-4 给出了模拟计算炉内水冷壁面的积灰速率与文献数值的对比。可以看出，循环流化床炉内受热面的灰沉积速率小于煤粉炉，在流化床炉内发生沾污结渣等问题的可能性较低，但需注意的是炉膛出口处仍有较多的碱金属蒸气以及含碱金属的灰颗粒，易在尾部受热面产生积灰现象。

表 8-4　不同燃烧炉内沉积速率对比

研究者	燃料	燃烧炉	受热面	沉积速率/[kg/(m^2·s)]
本书计算	准东煤	循环流化床锅炉	水冷壁(334～361℃)	$<9\times10^{-7}$
Beckmann 等[13]	米德尔堡煤	15kW 沉降炉	探针(600℃)	$9.6\times10^{-6}\sim1.7\times10^{-5}$
Weber 等[14]	烟煤	15kW 沉降炉	探针(1096℃)	$3.3\times10^{-5}\sim5.3\times10^{-4}$
Modliński[15]	烟煤	四角切圆炉	水冷壁	$1\times10^{-4}\sim1\times10^{-3}$
Zheng 等[16]	晋城无烟煤	循环流化床试验炉	尾部受热面	$1.1\times10^{-6}\sim2.2\times10^{-6}$
Chernetskii 等[17]	贝列佐夫煤	煤粉炉	水冷壁	$1.5\times10^{-5}\sim2.1\times10^{-4}$
Tomeczek 等[18]	西尔萨煤	煤粉炉	过热器管屏(527℃)	$5\times10^{-6}\sim5\times10^{-5}$
Kupka 等[19]	米德尔堡煤	沉降炉	探针(550～700℃)	$1.3\times10^{-5}\sim3.5\times10^{-5}$

8.6.5　实测结果对比

针对研究对象 300MW 循环流化床锅炉上层低温再热器表面的实测渣层平均增长速度为 1.35×10^{-10} m/s，而模拟计算结果为 4.17×10^{-10} m/s，理论计算与实测结果符合较好。

陈衡等[20]对该循环流化床锅炉各部位的结渣、沾污产物进行取样分析，得到了焦块中每层主要元素的化合物形态以及定量含量。表 8-5 给出了上层低温再热器转弯弯头迎风面的灰样中 Na/S 的质量比。选取模拟结果中屏式再热器表面沉积物的 Na/S 与测量结果进行对比，由表可见，模拟值位于实测数据范围之内。

表 8-5　沉积物中 Na、S 元素含量比值

项目	内层(实测)	中间层(实测)	次外层(实测)	外层(实测)	模拟
Na/S	0.295	0.560	0.129	0.669	0.587

参考文献

[1]　蒋茂庆，高洪培，邝伟，等．300MW 循环流化床锅炉床料翻床原因分析及运行对策 [J]. 热力发电，2007，36 (6)：127-129.

[2]　陈驰东．双支腿结构循环流化床锅炉长期低负荷运行的危险点分析及对策 [J]. 浙江电力，2011 (5)：39-41，57.

[3]　Zou Y J，Cheng L M，Xu L J，et al. Local riser voidage variation with interrupting one circulating loop in a six-cyclones CFB system [C]//Proceedings of the 11th International Conference on Fluidized Bed Technology，2014.

[4]　潘昕，孟洛伟，江建忠．东锅自主开发型 300MW 循环流化床锅炉运行分析及完善 [J]. 电力建设，2010 (5)：108-110.

[5]　马赫．300MW 循环流化床锅炉炉膛形式的比较 [J]. 电站系统工程，2010 (2)：37，38.

[6]　李静海，欧阳洁，高士秋，等．颗粒流体复杂系统的多尺度模拟 [M]．北京：科学出版

社，2005.

[7] Guo Q，Zheng X S，Zhou Q，et al. Operation experience and performance of the first 300MWe CFB boiler developed by DBC in China [C]//Proceedings of the 20th International Conference on Fluidized Bed Combustion. 2010.

[8] Yang S，Yang H R，et al. Research on flow non-uniformity in main circulation loop of a CFB boiler with multiple cyclones [C]//Proceedings of the 20th International Conference on Fluidized Bed Combustion. 2010.

[9] Yue G X，Yang H R，et al. Hydrodynamics of 300 MW and 600 MW circulating fluidized bed boilers with asymmetric cyclone layout [C]//Proceedings of the 9th International Conference on Circulating Fluidized Beds. Hamburg，2008.

[10] 廖磊，那永洁，吕清刚，等．六个旋风分离器并联布置循环流化床的实验研究 [J]. 中国电机工程学报，2011 (11)：11-16.

[11] 王超，程乐鸣，周星龙，等．600MW 超临界循环流化床锅炉炉膛气固流场的数值模拟 [J]. 中国电机工程学报，2011 (14)：1-7.

[12] Xia Y F，Cheng L M，Xu L J，et al. Anti-wear beam effects on water wall wear in a CFB boiler [C]//The 8th International Symposium on Coal Combustion，2015.

[13] Beckmann A M，Mancini M，Weber R，et al. Measurements and CFD modeling of a pulverized coal flame with emphasis on ash deposition [J]. Fuel，2016，167：168-179.

[14] Weber R，Poyraz Y，Beckmann A M，et al. Combustion of biomass in jet flames [J]. Proceedings of the Combustion Institute，2015，35 (3)：2749-2758.

[15] Modliński N J. Computational modelling of a tangentially fired boiler with deposit formation phenomena [J]. Chemical and Process Engineering，2014，35 (3)：361-368.

[16] Zheng Z，Wang H，Guo S，et al. Fly ash deposition during oxy-fuel combustion in a bench-scale fluidized-bed combustor [J]. Energy & Fuels，2013，27 (8)：4609-4616.

[17] Chernetskii M Y，Alekhnovich A N，Dekterev A A. A mathematical model of slagging of the furnace of the pulverized-coal-firing boiler [J]. Thermal Engineering，2012，59 (8)：610-618.

[18] Tomeczek J，Wacławiak K. Two-dimensional modelling of deposits formation on platen superheaters in pulverized coal boilers [J]. Fuel，2009，88 (8)：1466-1471.

[19] Kupka T，Zajac K，Weber R. Effect of fuel type and deposition surface temperature on the growth and structure of an ash deposit collected during co-firing of coal with sewage sludge and sawdust [J]. Energy & Fuels，2009，23 (7)：3429-3436.

[20] 陈衡，王云刚，马海东，等．循环流化床锅炉燃用准东煤结渣、沾污分析 [J]. 热能动力工程，2015，30 (03)：431-435.

附录1 符号说明

主要符号说明

符号	意义	计量单位
A	受热面传热面积	m^2
A_c	颗粒与壁面接触面积	m^2
A_t	总摩擦面积	m^2
Ar	阿基米德数	
a_s	固相吸收系数	
C	组分浓度	kg/kg
C_c	颗粒团比热容	J/(kg·K)
C_D	颗粒曳力系数	
C_g	气相比热容	J/(kg·K)
C_p	颗粒相比热容	J/(kg·K)
D	深度	m
Dev	分离器参数分布相对偏差量	
D_g	氧在空气中的扩散系数	m^2/s
D_h	管径	m
d	直径	m
d_p	床料平均粒径	μm
d_{cl}	颗粒团直径	m
E	活化能;单位质量磨粒磨损量	kJ/mol;mg/g
$E'_{a\text{-}m}$	单位面积摩擦磨损质量速率	$kg/(m^2 \cdot s)$
$E'_{a\text{-}v}$	单位面积摩擦磨损体积速率	m/s
E'_m	实验测得的磨损速率	m/s
E'_t	水冷壁总磨损速率	m/s
$E'_{t\text{-}a\text{-}c}$	颗粒团摩擦磨损速率	m/s
$E'_{t\text{-}a\text{-}d}$	颗粒分散相摩擦磨损速率	m/s
$E'_{t\text{-}i\text{-}d}$	颗粒分散相撞击磨损速率	m/s
E_Y	杨氏模量	
$(E'_v)_{bm}$	脆性材料磨损厚度速率	m/s
$(E'_v)_{dm}$	塑性材料磨损厚度速率	m/s

续表

符号	意义	计量单位
e	颗粒壁面碰撞反弹恢复系数或元电荷	
e_{ss}	颗粒间碰撞弹性恢复系数	
F	力	N
F_d	煤颗粒破碎粒度变化率	
Fr	弗洛伊德数	
f	壁面颗粒团时均覆盖率	
f_c	EMMS 曳力模型中密相的体积分数	
f_p	颗粒熔融百分比	
G	管内工质质量流率	
G_s	固相流率	kg/(m^2 · s)
G_s^*	颗粒饱和夹带速率	kg/(m^2 · s)
g	重力加速度	m/s^2
H	高度	m
H_0	静止床料高度	m
H_m	被磨材料硬度	Pa
h	传热系数;流体焓值	W/(m^2 · K);kJ/kg
Δh	相邻两压力测点间距离	m
h_0	防磨梁壁面高度	m
h_{hs}	防磨梁上表面颗粒堆积区域覆盖水冷壁高度	m
h_s	防磨梁炉内高度	m
$\bar{\bar{I}}$	单位张量	
IP	电离电势	
$\vec{J}_k$	组分 k 的扩散通量	
K	总反应速率;颗粒团壁面覆盖率比例系数	mol/(m^3 · s)
K_{th}	热泳系数	
k	热导率;反应速率系数	W/(m · K)
Kn	克努森数	
L_a	颗粒摩擦磨损距离	m
L_c	颗粒团下滑特征长度	m
M	摩尔质量	kg/kmol
M_s	返料口颗粒质量流率	kg/s
m	质量	kg
$\dot{m}$	质量交换率	kg/s

续表

符号	意义	计量单位
m_p	撞击磨损单颗粒质量	kg
m_{sf}	撞击水冷壁颗粒质量流率	$kg/(m^2 \cdot s)$
MW	摩尔质量	kg/kmol
n	摩尔数，气膜厚度系数	mol
Nu	努塞尔数	
p	材料塑性流动应力	Pa
p	压力	Pa
Δp	相邻两压力测点间压差	Pa
Δp_{cyc}	分离器压降	Pa
Δp_d	布风板压降	Pa
Δp_{pl}	裤衩腿料层压降	Pa
Pe	佩克莱数	
Pr	普朗特数	
P_f	爆裂概率系数	
Q	体积流率	m^3/s
Q_L	左侧支腿流化风量	m^3/s
Q_R	右侧支腿流化风量	m^3/s
q	热流密度	W/m^2
q_c	CO和CO_2的摩尔比	
R	通用气体常数	$8.314J/(mol \cdot K)$
R_e	颗粒团与壁面的瞬态导热热阻	$m^2 \cdot K/W$
$R_{Na(g)}$	气相钠排放速率	$kg/(m^2 \cdot s)$
R_{sa}	二次风率	%
R_w	颗粒团与壁面的接触热阻	$m^2 \cdot K/W$
Re	雷诺数	
R_s	钠析出速率	kg/s
r	半径	m
S	防磨梁宽度	mm
$\dot{S}$	质量源项	$kg/(m^3 \cdot s)$
S_A	过饱和度	
$\dot{S}_q$	能量源项	$kJ/(m^3 \cdot s)$
Sc	施密特数	
Sh	舍伍德数	

续表

符号	意义	计量单位
St	斯托克斯数	
S_g	煅烧后生石灰比表面积	m^2/kg
T	温度	K
t	时间	s
t_c	颗粒团贴壁时间	s
Δt	颗粒摩擦磨损时间	s
t_v	挥发分析出时间	s
U_c	颗粒团贴壁下滑速度	m/s
u	速度	m/s
u_0	空截面气速	m/s
u_t	颗粒终端速度	m/s
V_s	电压信号	V
v_g	气相速度	m/s
v_s	固相速度	m/s
v_{s-n}	颗粒相对壁面法向速度	m/s
v_{s-p}	颗粒平行材料表面的相对速度	m/s
$v_{s-slip-c}$	颗粒团相对水冷壁切向速度	m/s
$v_{s-slip-d}$	分散相相对水冷壁切向速度	m/s
W	宽度	m
W_{a-v}	颗粒摩擦磨损体积	m^3
W_{i-v}	颗粒撞击磨损体积	m^3
$(W_{i-v})_c$	颗粒撞击切削磨损体积	m^3
$(W_{i-v})_d$	颗粒撞击变形磨损体积	m^3
Y	组分质量分数	%
z	轴向高度	m
z_h	贴壁颗粒上升流覆盖水冷壁高度	m
z_{NW}	防磨梁下游低颗粒浓度区覆盖水冷壁高度	m
z_{lvof}	防磨梁下游低颗粒浓度区高度	m
α	体积分数；颗粒撞击壁面角度	—；(°)
β	相间动量交换系数，扩散速率	$kg/(m^3 \cdot s)$
β_0	对流传质系数	$kg/(m^2 \cdot s \cdot kPa)$
δ	厚度	m
ε	空隙率	
ε_1	稀相区的极限空隙率	

续表

符号	意义	计量单位
ε_a	密相区的空隙率	
ε_c	颗粒团空隙率;切削磨损因子	$kg/(m \cdot s^2)$
ε_d	颗粒分散相的当量辐射率;变形磨损因子	$kg/(m \cdot s^2)$
ε_p	颗粒表面吸收率	
ε_r	相对颗粒体积分数	
ε_{gc}	颗粒团中气相体积分数	
ε_{gw}	水冷壁面气相体积分数	
ε_{sc}	颗粒团中颗粒体积分数	
ε_{sd}	壁面颗粒分散相中颗粒体积分数	
η	碰撞效率	
$\boldsymbol{\Phi}$	热泳系数	
$\boldsymbol{\Phi}_s$	床料颗粒球形度	
φ_c	碳燃烧机械因子	
φ	表面功函数	
γ	表面张力	N/m
λ	体积黏度;热导率	$kg/(m \cdot s)$;$W/(m \cdot K)$
λ_{sor}	石灰石的反应活性系数	
μ	动力黏度	$Pa \cdot s$
$\vec{v}$	速度矢量	
ν	运动黏度	m^2/s
θ	微元温度;角度	m^2/s^2;(°)
ρ	密度	kg/m^3
ρ_w	被磨材料密度	kg/m^3
σ_0	斯蒂芬-玻尔兹曼常数	$5.67 \times 10^{-8} W/(m^2 \cdot K^4)$
σ_{ss}	固相散射系数	
$\overline{\overline{\tau}}$	压力应变张量	N/m^2
τ	应力	Pa
$\tau_{s\text{-}n}$	颗粒对材料表面的法向应力	Pa
$\tau_{s\text{-}n\text{-}c}$	颗粒团对水冷壁的法向应力	Pa
$\tau_{s\text{-}n\text{-}d}$	颗粒分散相对水冷壁的法向应力	Pa
υ	泊松比	
ψ	修正因子	
ξ	黏附概率	

续表

符号	意义	计量单位
ξ_d	颗粒质量扩散系数	
ξ_g	气相速度系数	
ζ	飞灰收集效率	
Θ_s	颗粒温度	m^2/s^2
∇	拉普拉斯算子	

主要下标说明

符号	意义	符号	意义
attr	磨损	n	法向
b	床层	p	颗粒
c	颗粒团	s	固相
conv	对流	se	二次风
crit	临界值	sul	硫化
d	颗粒分散相	sus	离散悬浮相
eff	有效	t	切向
f	工质流体	total	总
g	气体	th	热泳
i	组分 i	rad	辐射
mf	临界流化状态	w	壁面

附录 2　作者在本领域部分相关文献

刊物论文：

[1] 程乐鸣，周星龙，郑成航，等．大型循环流化床锅炉的发展 [J]. 动力工程，2008，28 (6)：817-826.

[2] 郑成航，程乐鸣，周星龙，等．300MW 单炉膛循环流化床锅炉二次风射程的数值模拟 [J]. 动力工程，2009，29 (9)：801-812.

[3] Cheng L M，Zhang J C，Luo Z Y，et al. Problems with circulating fluidised bed (CFB) boilers in China and their solutions [J]. VGB powertech，2011，91 (10)：60-69.

[4] 王超，程乐鸣，周星龙，等，600MW 超临界循环流化床锅炉炉膛气固流场的数值模拟 [J]. 中国电机工程学报，2011，31 (14)：1-7.

[5] 王超，程乐鸣，邱坤赞，等．循环流化床锅炉添加脱硫剂对热平衡的影响 [J]. 热力发电，2011，40 (3)：72-77.

[6] 黄晨，程乐鸣，周星龙，等．大型循环流化床炉内悬吊受热面传热特性研究 [J]. 浙江大学学报（工学版），2012，11：2128-2132.

[7] 周星龙，程乐鸣，张俊春，等．六回路循环流化床颗粒浓度及循环流率实验研究 [J]. 中国电机工程学报，2012，32 (5)：9-14.

[8] 张俊春，程乐鸣，黄晨，等．煤灰对流化床氮氧化物排放影响的试验研究 [J]. 动力工程学报，2012，32 (6)：469-475.

[9] Cheng L M，Yang C，Zhou X L，et al. Operation problems with suspended heat exchanger surfaces in a CFB furnace [J]. VGB powertech，2012，92.

[10] 周星龙，程乐鸣，王勤辉，等．炉顶凸起对 6 分离器 CFB 气固流动的影响 [J]. 工程热物理学报，2012，33 (3)：517-520.

[11] Zhou X L，Cheng L M，Wang Q H，et al. Non-uniform distribution of gas-solid flow through six parallel cyclones in a CFB system：An experimental study [J]. Particuology，2012，10 (2)：170-175.

[12] 黄勋，程乐鸣，蔡毅，等．循环流化床中烟气飞灰汞迁移规律 [J]. 化工学报，2013，65 (4)：1387-1395.

[13] 夏云飞，程乐鸣，张俊春，等．600MW 循环流化床锅炉水冷壁设置防磨梁后炉内气固流场的数值研究 [J]. 动力工程学报，2013，33 (2)：81-87.

[14] 蔡毅，程乐鸣，邱坤赞，等．循环流化床锅炉专利现状与趋势分析 [J]. 能源工程，2013，1：1-6.

[15] 周星龙，程乐鸣，岑可法，等．双支腿循环流化床炉膛翻床条件与防止控制试验研究 [J]. 动力工程学报，2014，34 (2)：85-90.

[16] 周星龙，程乐鸣，夏云飞，等．600MW 循环流化床锅炉水冷壁和中隔墙传热特性 [J]. 中国电机工程学报，2014，34 (2)：225-230.

[17] 黄勋，程乐鸣，张俊春，等．褐煤在鼓泡流化床和循环流化床燃烧的汞迁移试验研究 [J]. 能源工程，2014，3：42-45.

[18] Xia Y F，Cheng L M，Yu C J，et al. Anti-wear beam effects on gas-solid hydrodynamics in a circulating fluidized bed [J]. Particuology，2015，19：173-184.

[19] Cheng L M, Xia Y F, Yu C J, et al. Experimental study of gas-solid flow over a novel heating surface in a CFB furnace [J]. Powder Technology, 2015, 277: 74-81.

[20] 程乐鸣，许霖杰，夏云飞，等 . 600MW 超临界循环流化床锅炉关键问题研究 [J]. 中国电机工程学报，2015，35 (21)：5520-5532.

[21] 许霖杰，程乐鸣，邹阳军，等 . 1000MW 超临界循环流化床锅炉环形炉膛气固流动特性数值模拟 [J]. 中国电机工程学报，2015，35 (10)：2480-2486.

[22] 夏云飞，程乐鸣，余春江，等 . 循环流化床锅炉新型悬吊屏周边气固流动特性实验研究 [J]. 中国电机工程学报，2015，35 (8)：1962-1968.

[23] 周星龙，谢建文，范永胜，等 . 330MW 循环流化床锅炉炉膛壁面颗粒浓度分布测量 [J]. 热力发电，2015，1：39-43.

[24] Xia Y F, Cheng L M, Huang R S, et al. Anti-wear beam effects on water wall wear in a CFB boiler [J]. Fuel, 2016, 181: 1179-1183.

[25] 刘炎泉，程乐鸣，季杰强，等 . 准东煤燃烧碱金属析出气，固相分布特性 [J]. 燃料化学学报，2016，44 (3)：314-320.

[26] Xu L J, Cheng L M, Cai Y, et al. Heat flux determination based on the waterwall and gas-solid flow in a supercritical CFB boiler [J]. Applied Thermal Engineering, 2016, 99: 703-712.

[27] 吴灵辉，程乐鸣，许霖杰，等 . 直筒型分离器流场和分离性能的数值分析 [J]. 能源工程，2016，2：62-68.

[28] Xu L J, Cheng L M, Ji J Q, et al. Effect of anti-wear beams on waterwall heat transfer in a CFB boiler [J]. International Journal of Heat and Mass Transfer, 2017, 115: 1092-1098.

[29] 邹阳军，程乐鸣，许霖杰，等 . 六回路循环流化床锅炉回路中断时炉内固相分布数值模拟[J]. 热力发电，2017，46 (1)：106-111.

[30] 蔡毅，程乐鸣，许霖杰，等 . 循环流化床锅炉组合脱硫系统运行策略研究 [J]. 中国电机工程学报，2017，37 (1)：161-171.

[31] 季杰强，程乐鸣，刘炎泉，等 . 准东煤中钠高温形态的化学动力学模拟 [J]. 动力工程学报，2017，37 (10)：780-787.

[32] 许霖杰，程乐鸣，季杰强，等 . 超/超临界循环流化床锅炉整体数值模型 [J]. 中国电机工程学报，2018，38 (2)：348-355.

[33] Liu Y Q, Cheng L M, Ji J Q, et al. Ash deposition behavior of a high-alkali coal in circulating fluidized bed combustion at different bed temperatures and the effect of kaolin [J]. RSC advances, 2018, 8 (59): 33817-33827.

[34] Liu Y Q, Cheng L M, Zhao Y G, et al. Transformation behavior of alkali metals in high-alkali coals [J]. Fuel Processing Technology, 2018, 169: 288-294.

[35] 刘炎泉，程乐鸣，季杰强，等 . 添加剂对高碱煤钠迁移和灰分烧结温度的影响 [J]. 燃料化学学报，2018，46 (11)：1298-1304.

[36] 张维国，赵勇纲，程乐鸣，等 . 准东五彩湾煤中碱/碱土金属含量及迁移特性试验研究 [J]. 能源研究与信息，2018，34 (4)：225-232.

[37] Ji J Q, Cheng L M, Liu Y Q, et al. Investigation on sodium fate for high alkali coal during circulating fluidized bed combustion [J]. Energy & Fuels, 2019, 33 (2): 916-926.

[38] Ji J Q, Cheng L M, Liu Y Q, et al. Direct measurement of gaseous sodium in flue gas for high-alkali coal [J]. Energy & Fuels, 2019, 33 (5): 4169-4176.

[39] Liu Y Q, Cheng L M, Ji J Q, et al. Ash deposition behavior in co-combusting high-alkali coal and bituminous coal in a circulating fluidized bed [J]. Applied Thermal Engineering, 2019,

149：520-527.

[40] Xu L J，Cheng L M，Ji J Q，et al. A comprehensive CFD combustion model for supercritical CFB boilers [J]. Particuology，2019，43：29-37.

[41] Ji J Q，Cheng L M，Wei Y J，et al. Predictions of NO_x/N_2O emissions from an ultra-supercritical CFB boiler using a 2-D comprehensive CFD combustion model [J]. Particuology，2020，49：77-87.

[42] Ji J Q，Cheng L M，Nie L，et al. Sodium transformation simulation with a 2-D CFD model during circulating fluidized bed combustion [J]. Fuel，2020，267：117175.

[43] Cheng L M，Ji J Q，Wei Y J，et al. A note on large-size supercritical CFB technology development [J]. Powder Technology，2020，363：398-407.

著/译作：

[1] 岑可法，樊建人．工程气固多相流动的理论及计算 [M]. 杭州：浙江大学出版社，1990.

[2] 岑可法，樊建人．燃烧流体力学 [M]. 北京：中国水利电力出版社，1991.

[3] Basu P，Fraser S A. 循环流化床锅炉的设计与运行 [M]. 岑可法，倪明江，骆仲泱，等译．北京：科学出版社，1994.

[4] 岑可法，倪明江，骆仲泱，等．循环流化床锅炉理论设计与运行 [M]. 北京：中国电力出版社，1997.

[5] 岑可法，倪明江，严建华，等，气固分离理论及技术 [M]. 杭州：浙江大学出版社，1999.

会议论文：

[1] Zhou X L，Cheng L M，Wang Q H，et al. Study of air jet penetration in a fluidized bed [C]// In Proceedings of the 20th International Conference on Fluidized Bed Combustion. Springer，Berlin，Heidelberg，2009.

[2] Zhou X L，Cheng L M，Wang Q H，et al. Influence of secondary air ratio on gas-solid mixing and combustion in a 300MWe cFB boiler furnace [C]//International Conference on E-Product E-Service and E-Entertainment. IEEE，2010.

[3] Zhou X L，Cheng L M，Wang C，et al. Experimental investigations on multiple cyclones in a circulating fluidized bed [C]//In The 8th International Symposium on Gas Cleaning at High Temperatures. Taiyuan，China，2010.

[4] 程乐鸣，周星龙，王勤辉，等．循环流化床六分离器气固均匀性试验研究 [C]//全国循环流化床协作网第九届年会．贵阳，2010.

[5] Cheng L M，Zhou X L，Wang C，et al. Gas-solids hydrodynamics in a CFB with 6 cyclones and a pant-leg [C]//The 10th International Conference on Circulating Fluidized Beds and Fluidization Technology. Oregon，USA，2011.

[6] Cheng L M，Zhou X L，Wang C，et al. Gas-solids hydrodynamics in a CFB with 6 cyclones and a pant leg [C]//International Conference on Circulating Fluidized Beds & Fluidization Technology-cfb. 2011.

[7] Zhou X L，Cheng L M，Zhang J C，et al. Dynamics characteristics of solids overturn in a pant-leg CFB riser [C]//UK-China Particle Technology Forum Ⅲ. Birmingham，UK，2011.

[8] 程乐鸣，周星龙，夏云飞，等．600MW 循环流化床悬吊屏气固流动与传热特性 [C]//全国循环流化床协作网第十届年会．成都，2011.

[9] Cheng L M，Zhou X L，Huang C，et al. Heat transfer of suspended surface in a CFB with 6 cyclones and a pant-leg [C]//In 21st International Conference on Fluidized Bed Combus-

tion. Naples，2012.
[10] 程乐鸣，夏云飞，周星龙，等. 600MW 循环床锅炉水冷壁/中隔墙气固流动与传热特性[C]//全国电力行业 CFB 机组技术交流服务协作网第十一届年会暨第三届中国循环流化机床燃烧理论与技术学术会议. 中国电力企业联合会，2012.
[11] Xia Y F，Cheng L M，Xu L J，et al. Gas-solid hydrodynamics around a novel suspension surface in a CFB [C]//The 7th World Congress on Particle Technology. Beijing，2014.
[12] Xu L J，Cheng L M，Xia Y F，et al. Heat transfer of an L-shape suspended surface in a supercritical CFB octagonal furnace [C]//11th International Conference on Fluidized Bed Technology. Beijing，2014.
[13] Cai Y，Cheng L M，Xu L J，et al. NO_x and N_2O emissions of burning coal with high alkali content in a circulating fluidized bed [C]//In Proc. of the 22nd Int Conf on Fluidized Bed Combustion. Turku，Finland，June 14-17，2015.
[14] Ji J Q，Cheng L M，H X，et al. Effect of additives on ash fusion temperature [C]//Proceedings of 12th international conference on fluidized bed technology. Krakow，Poland，2017.
[15] Cheng L M，Ji J Q，Wang Q H，et al. Current developments of large-size/supercritical CFB technology and its developing trend [C]//Proc 23rd Int Conf on Fluidized Bed Combustion. Seoul，Korea，2018.
[16] Wei Y J，Cheng L M，Ji J Q，et al. A comprehensive model for an ultra/supercritical CFB boiler and its prediction of NO_x，N_2O for a 660 MW CFB boiler [C]//23rd International Conference on Fluidized Bed Conversion. Seoul，Korea，2018.
[17] 季杰强，程乐鸣，韦泱均，等. 660MW 超/超临界循环流化床燃烧数值模拟 [C]//中国动力工程学会第七届青年学术会议. 哈尔滨，2018.

研究生论文：

[1] 王超. 600MW 超临界 CFB 锅炉炉膛气固流动特性的数值模拟研究 [D]. 杭州：浙江大学，2011.
[2] 周星龙. 600MW 循环流化床锅炉炉膛气固流动和受热面传热的研究 [D]. 杭州：浙江大学，2012.
[3] 黄晨. 大型循环流化床锅炉炉内受热面对流传热特性研究 [D]. 杭州：浙江大学，2012.
[4] 黄勋. 流化燃烧条件下汞迁移试验研究 [D]. 杭州：浙江大学，2014.
[5] 夏云飞. 循环流化床锅炉水冷壁磨损机理与防止研究 [D]. 杭州：浙江大学，2015.
[6] 邹阳军. 六回路循环流化床锅炉回料失衡对炉内气固流动的影响研究 [D]. 杭州：浙江大学，2015.
[7] 吴灵辉. 折角入口、圆台出口和直筒型旋风分离器的性能研究 [D]. 杭州：浙江大学，2016.
[8] 蔡毅. 循环床炉内脱硫气氛效应与组合脱硫运行优化 [D]. 杭州：浙江大学，2016.
[9] 许霖杰. 超/超临界循环流化床锅炉数值模拟研究 [D]. 杭州：浙江大学，2017.
[10] 季杰强. 高碱煤燃烧碱金属钠迁移特性研究 [D]. 杭州：浙江大学，2019.
[11] 刘炎泉. 循环流化床燃用新疆准东煤结渣沾污机理及防止研究 [D]. 杭州：浙江大学，2019.
[12] 丰凡. 流态化燃烧 NO、N_2O 和 SO_2 同步排放试验 [D]. 杭州：浙江大学，2019.
[13] 彭宇. 平行管束超临界工质流动不均匀性研究 [D]. 杭州：浙江大学，2019.
[14] 聂立. 660MW 超超临界循环流化床锅炉关键技术与方案研究 [D]. 杭州：浙江大学，2021.